动物基础营养之动态配方体系建设（家禽与猪）

——以动物生长性能为基础的营养体系

李安军◎编著

中国农业出版社

北 京

内容简介

　　本书较为详细地介绍了猪与禽的"动态配方体系"。"动态配方"不是某种概念或理念，而是切切实实的"数据组群"，包括"动态的原料数据库""动态的营养需要数据库"和"动态的采食量"。全书用数据进行呈现，这些"数据"主要包括：家禽和猪营养需要公式，共计160多个及数十万个营养需要数据；猪与禽原料能量等计算公式430多个，它们计算了150多种、660多个原料的470多个营养素中的能值及其他可计算部分，合计30余万个原料数据。

　　本书不仅在技术上包含动态的动物营养体系，而且这些动物营养体系可以直接转化为畜牧与饲料企业的动态配方操作系统，适合教学和关注动物生长性能及动物营养需要的行业人员参考并应用。

自序：详解动物的动态配方体系

鉴于本书内容较多，笔者认为有必要就书中的一些重要定义及逻辑脉络等作简单说明。

"动态"的含义是"某种事情变化发展的情况"。生产中在制作配方时，我们的目标要兼顾经济学特性和动物的生理需求（维持和生产）。影响这两方面的众多因素（如品种、环境、疾病、原料质量和价格、客户要求的生长性能等）共同组成了配方的"动态变化因素"，配方也因其"动态变化因素"而理所当然地发生了变化，是谓"因变而变"，这即是本书"动态配方"的定义。在本书中，"动物基础营养"则是指"四个层面基础上营养物质的来与去"。这句话中，四个层面指系统、器官、组织、细胞和分子；营养物质指六大营养素及辅助其形成、消化、吸收、代谢起作用者；来与去指利用途径和过程。因此，研究基础营养就是要搞清楚"这是什么""有什么用""在哪里，如何起的作用"等诸如此类的基本问题。基于此定义，学习基础营养的意义是使我们"明白"。

用一句话总结"动态配方"，那就是"因变而变"，变化的不就是"动态的"吗？它的反义词是"静态的"。现在我们当中绝大多数的人，无论是思维，还是行为，都还在"静态的"状态，当然也有人走在追求"动态的"路上。现在，也有人说"精准配方"，至少从数学意义上，"精准"的程度是很难达成的。总之，"精准"一词是"过犹不及"。中庸之道，在于去其两端，取其中间。现在，我们定义、使用"动态配方"，就是去掉了"静态"和"精准"这两个端，取其可达成的、比较成熟的中间。本书中阐述的"动态配方"的几乎所有内容，包括方法、公式和计算结果，都是在生产中使用的。因此，今天所说的"动态配方"是实际已在用的，只是我国未综合、未推行而已。从这个角度讲，对众多动物营养学者而言，体系化的原料评估、营养需要评估和采食量评估，以及动物生长曲线等也应是我们要认真研究与完善的工作。

作为一名基层的配方师，20 年前我们（注意：是我们）就已经开始使用"因变而变"的配方了，那时候主要是原料的"因变而变"。反刍动物，特别是奶牛的营养需要，在那时是能变化的，我还记得是根据体重、胎次、产乳量、产乳阶段、乳成分、温度等，来计算干物质采食量、粗蛋白质、脂肪、精饲料 NDF、精饲料 ADF、粗饲料 NDF、粗饲料 ADF 及钙、磷等的需要量。关于奶牛和肉牛原料与营养需要的计算，在我国 2004 出版的饲养标准中，已经有很详细的说明，在被广泛使用的 CPM 和康奈尔 CNCPS 体系中也有很详细的说明和应用效果。那时猪的营养需要计算体系也有几个，如 ARC、CVB 和 NRC（1998），相较于最新的 NRC（2012），NRC（1998）在妊娠、泌乳母猪的公式上、在采食量的计算上、在温度和密度的影响上，都是不成熟的。家禽营养需要量的计算一直是个问题，如果像奶牛和猪一样，使用较普遍的析因法，则很难得到可适应复杂情况的合理结果。因此，总的来说，家禽营养需要量的计算相对是难度最高的，对计算结果的使用需要我们作更多的调整，或者需要对公式进行很多微调才能得到合理的结果。上述认识，有些是在完成了"动物动态配方体系建设"的总结以后才有的。

我认为，动物的动态配方体系包括以下几个内容：

1. 比较全面的动物需要的营养物质（素） 包括营养物质的来源、结构、有效性、消化、吸收、体内代谢、排泄；营养素的作用；营养素间的互作；影响营养素利用的因素；有害的营养素等。

2. 给动物提供营养素的原料 包括原料的来源、加工、化学组成、变异；原料中主要营养素的变化及这些变化对有效能量的影响；蛋白质含量变化与氨基酸；脂肪含量变化与脂肪酸；其他原料营养素间的变化关系；原料在不同动物不同生长阶段时的使用限制等。

3. 以动物生长性能为基础的营养需要量的计算 猪的营养需要按哺乳乳猪、断奶仔猪、仔猪、生长育肥猪、后备母猪、妊娠母猪和泌乳母猪的阶段划分来计算。肉鸡根据日龄划分，可设置 2 阶段、3 阶段、4 阶段、5 阶段等；按品种可分为爱拔益加、罗斯、哈伯德、科宝、817 肉杂鸡；蛋鸡的按品种有海兰、罗曼，按羽色分为褐色和白色；种鸡则可包括以上品种的肉种鸡和蛋种鸡。

4. 动物采食量的计算 饲料营养浓度等于动物营养需要量除以采食量。

总结起来，动态配方体系包括营养素内容、原料评估和使用、营养需要量计算、饲料营养浓度计算共四大部分，具体的配方设计则以这四个部分为基础。

用具体的数据来描述动态配方体系内容，包括家禽营养需要公式 60 个，猪的营养需要计算公式 100 个，家禽原料代谢能计算公式 110 个，猪的原料能值计算公式 59 个，辅助公式 260 多个，它们计算了 150 多种、660 多个原料的 470 多个营养素中的能值及其他可计算成分（化学成分计算公式百余个）；主要的营养素则包括水、51 种碳水化合物、20 种氨基酸、25 种脂质、13 种维生素、8 种类维生素、17 种矿物质（150 个金属酶或金属蛋白）；另外，还有 24 种抗营养因子的来源、结构、危害、作用机理和预防措施，8 种主要霉菌毒素的形成、体内代谢、毒性、动物剂量依赖的临床反应、预防等；另外，也分享了 150 多种原料的使用限制（配方设计时的上下限设置）。这些具体的"数"动起来织成的一张网，就是"动态的配方体系"。

　　流水不腐，大道不孤。一个动态体系的生命力在于其开放性，这也是"动态体系"本身的本质要求，与人无关。作为开放性的体系，对于国内的动物营养工作者来讲，我们的目标首先是先从"静态"中解放出来，然后不断地在"动态配方体系"的身体力行中达到理论与实践的良好结合，实现动物生理特性和经济特性的最大统一。

李安军

2020 年 12 月 28 日

前　言

作者编写此书的目的是基于这样的想法：上承于国内 20 世纪 80 年代末的动物基础营养发展（特别是猪的营养），综合国外各成熟系统内容，将之形成猪与禽的实用营养体系。知识的使用过程是"发自问题提出，而终于问题解决"。就是说，写此书时是遵循"以问题为导向"这个基本思路，从"原料评估"和"营养需要"两个方面建立"以生长性能为基础"的动态配方体系。因此，在技术上，动态配方体系是"始于生长性能预期，而终于生长性能实践"的，采食量计算在动态配方体系中则起到关键的"桥梁"作用。

本书作为基础营养的实用性图书，除了含有基础的营养素内容外，还有很多公式、计算过程及表格。这些内容在起到引导计算步骤作用的同时，无疑也增加了阅读的难度。因此，仅仅"阅读"理解是不够的，最关键的是将之应用，应用的过程要如"泰山挑山工"般，一步一步地前行。本书也是按照此思路写的。

它既能外联动物生长性能、内联产品质量和成本控制，对于关心动物营养、生长性能、成本、利润、质量、客户满意度、销售工具和信心等的人们来讲，本书可以帮助他们深化对原料、营养需要、动物生理、动物生产等技术或市场问题进行了解，尤其是对意图建立动态配方体系的动态配方师和企业帮助较大。

笔者曾于 2014 年完成第一本书《饲料企业核心竞争力构建指南》的出版，在书中，笔者提出了"建立以动物营养需要为基础的配方技术服务体系（含原料评估）"和"建立以平衡计分卡、TQM、点线面为基础，客户服务为指挥棒的管理体系"两大目标，本书的出版标志着第一个目标的初步实现（书中已改为"建立以动物生长性能为基础的动态配方体系"）。

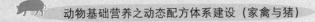

"动态配方体系"作为一个应用性体系，它是开放的，不断变化、发展、与时俱进的，因此，能与大家一起共建基础营养的应用，是笔者的夙愿与荣幸！

李安军

2020 年 12 月 28 日

目　录

自序：详解动物的动态配方体系

前言

01 | **第一章　原料的营养素成分及其在动物体内的营养过程** …………… 1

第一节　动物营养中的营养素 ……………………………………………… 1

第二节　水 ………………………………………………………………… 5

一、猪的水营养需要（需水量） ……………………………………… 6

二、家禽的水营养需要（需水量） …………………………………… 14

第三节　碳水化合物 ……………………………………………………… 18

一、分类 ……………………………………………………………… 18

二、单糖 ……………………………………………………………… 19

三、二糖 ……………………………………………………………… 20

四、寡糖 ……………………………………………………………… 21

五、同聚多糖 ………………………………………………………… 22

六、杂聚多糖 ………………………………………………………… 25

七、根据不同测定方法进行的碳水化合物分类 …………………… 27

第四节　碳水化合物的消化、吸收与代谢 ……………………………… 29

一、淀粉和糖原的消化 ……………………………………………… 29

二、二糖和寡糖的消化 ……………………………………………… 31

三、猪与禽碳水化合物酶的发育性变化 …………………………… 31

四、单糖吸收 ………………………………………………………… 31

五、糖代谢 …………………………………………………………… 33

六、碳水化合物在（猪）大肠中的消化吸收与代谢 ……………… 36

第五节　蛋白质和氨基酸的消化吸收与代谢 …………………………… 40

一、概述 ……………………………………………………………… 40

二、蛋白质和氨基酸的消化吸收与代谢 …………………………… 50

第六节　脂质消化吸收与代谢 …………………………………………… 62

一、脂质简介 ·· 62

二、脂质消化吸收与代谢 ································ 67

第七节 维生素的营养 ································· 72

一、水溶性维生素的消化、吸收与代谢 ········· 76

二、脂溶性维生素的消化、吸收与代谢 ········· 85

三、类维生素的消化、吸收与代谢 ················ 91

第八节 矿物质的消化、吸收、代谢及其功能 ····· 97

一、钠 ·· 99

二、钾 ··· 100

三、氯 ··· 101

四、钙 ··· 102

五、磷 ··· 108

六、镁 ··· 109

七、硫 ··· 114

八、铁 ··· 115

九、锌 ··· 123

十、铜 ··· 130

十一、锰 ·· 134

十二、硒 ·· 136

十三、碘 ·· 140

十四、铬 ·· 141

十五、钴 ·· 142

十六、钼 ·· 143

十七、氟 ·· 145

02 第二章 原料评估与使用 ···························· 147

第一节 原料氨基酸和能值评估 ·················· 148

一、家禽原料能值评估 ····························· 149

二、猪原料能值评估 ································· 157

三、原料中氨基酸的计算公式 ···················· 181

第二节 原料与原料的使用 ························· 185

一、原料概述 ··· 185

二、原料的使用 ······································ 226

03 第三章 家禽与猪的营养需要计算 ············· 260

第一节 家禽营养需要计算 ························· 260

一、爱拔益加（AA）肉鸡三阶段营养需要计算方法与步骤 ·············· 260

二、其他品种肉鸡营养需要（营养浓度）计算 ············· 270

三、蛋鸡营养需要/饲料营养素浓度计算 ·············· 284

四、种鸡营养需要/饲料营养素浓度计算 ·············· 292

第二节　猪营养需要计算 ·············· 297

一、猪营养需要计算公式（NRC，2012） ·············· 298

二、生长育肥猪营养需要量计算 ·············· 306

三、妊娠母猪营养需要量计算 ·············· 347

四、泌乳母猪营养需要量和哺乳仔猪生长性能计算 ·············· 390

附录　英中文对照 ·············· 402

主要参考文献 ·············· 413

第一章
原料的营养素成分及其在动物体内的营养过程

第一节　动物营养中的营养素

　　我们通过原料的化学成分认识其营养素，又通过其结构、消化、吸收与代谢解析其营养过程和价值，本章中列出了660多种原料的470多个化学成分及由化学成分计算得出的营养素指标（表1-1，饲料化学成分的主要分析方法见表1-2）；后续章节中则列出了主要营养素的结构、消化、吸收和代谢，这些成为基础营养的实用性知识。

表1-1　原料化学成分及由化学成分计算得出的营养素指标

营养素分类	化学成分	由化学成分计算得出的营养素
碳水化合物	淀粉（偏振法）、淀粉（酶解法）、中性洗涤纤维、酸性洗涤纤维、酸性洗涤木质素、水不溶性细胞壁、粗纤维、总糖、寡糖、乙酸、丙酸、丁酸、乙醇、乳酸、甘油、有机酸、可溶性NSP、总膳食纤维、不溶性膳食纤维、可溶性膳食纤维、乳糖	半纤维素、纤维素、木质素、无氮浸出物、无氮浸出物（水解脂肪）、非纤维性碳水化合物、可溶性碳水化合物、淀粉（酶解法，计算值）、酶可消化淀粉（抗性淀粉适用）、酶不可消化淀粉（抗性淀粉适用）、酶可消化糖、可发酵糖、原料中发酵后产物、总发酵碳水化合物、残渣、总碳、非细胞壁成分、细胞壁成分、果胶等、NSP（计算值）、NSP（CVB）、NSP残渣（residual NSP，CVB）、NSP_h（以水解脂肪计算的非淀粉多糖，CVB）、NSP_h残渣［NSP_h residual（CVB）］、可消化中性洗涤纤维
蛋白质和氨基酸	粗蛋白质、赖氨酸标准回肠消化率（猪、禽）、蛋氨酸标准回肠消化率（猪、禽）、胱氨酸标准回肠消化率（猪、禽）、苏氨酸标准回肠消化率（猪、禽）、色氨酸标准回肠消化率（猪、禽）、精氨酸标准回肠消化率（猪、禽）、异亮氨酸标准回肠消化率（猪、禽）、亮氨酸标准回肠消化率（猪、禽）、缬氨酸标准回肠消化率（猪、禽）、组氨酸标准回肠消化率（猪、禽）、苯丙氨酸标准回肠消化率（猪、禽）、酪氨酸标准回肠消化率（猪、禽）、甘氨酸标准回肠消化率（猪、	总氮、蛋白值、猪可消化赖氨酸、猪可消化支链氨基酸、猪可消化总必需氨基酸、猪可消化总非必需氨基酸、猪可消化赖氨酸、猪可消化蛋氨酸、猪可消化胱氨酸、猪可消化蛋氨酸＋胱氨酸、猪可消化苏氨酸、猪可消化色氨酸、猪可消化异亮氨酸、猪可消化缬氨酸、猪可消化精氨酸、猪可消化亮氨酸、猪可消化苯丙氨酸、猪可消化酪氨酸、猪可消化苯丙氨酸＋酪氨酸、猪可消化组氨酸、猪可消化丙氨酸、猪可消化天冬氨酸、猪可消化谷氨酸、猪可消化甘氨酸、猪可消化丝氨酸、猪可消化脯氨酸、总支链氨基酸、总

（续）

营养素分类	化学成分	由化学成分计算得出的营养素
蛋白质和氨基酸	禽）、丝氨酸标准回肠消化率（猪、禽）、脯氨酸标准回肠消化率（猪、禽）、丙氨酸标准回肠消化率（猪、禽）、天冬氨酸标准回肠消化率（猪、禽）、谷氨酸标准回肠消化率（猪、禽）、精氨酸/粗蛋白质、组氨酸/粗蛋白质、异亮氨酸/粗蛋白质、亮氨酸/粗蛋白质、赖氨酸/粗蛋白质、蛋氨酸/粗蛋白质、胱氨酸/粗蛋白质、苯丙氨酸/粗蛋白质、苏氨酸/粗蛋白质、色氨酸/粗蛋白质、缬氨酸/粗蛋白质、丙氨酸/粗蛋白质、天冬氨酸/粗蛋白质、谷氨酸/粗蛋白质、甘氨酸/粗蛋白质、脯氨酸/粗蛋白质、丝氨酸/粗蛋白质、酪氨酸/粗蛋白质	氨基酸、总氨基酸/粗蛋白质、总必需氨基酸、总非必需氨基酸、必需氨基酸/非必需氨基酸、赖氨酸、蛋氨酸、胱氨酸、蛋氨酸＋胱氨酸、苏氨酸、色氨酸、精氨酸、异亮氨酸、亮氨酸、缬氨酸、组氨酸、苯丙氨酸、酪氨酸、苯丙氨酸＋酪氨酸、甘氨酸、丝氨酸、脯氨酸、丙氨酸、天冬氨酸、谷氨酸、赖氨酸（计算值）、蛋氨酸（计算值）、胱氨酸（计算值）、苏氨酸（计算值）、色氨酸（计算值）、蛋氨酸＋胱氨酸（计算值）、各氨基酸/赖氨酸、尿氮、禽可利用（赖氨酸、蛋氨酸、胱氨酸、蛋氨酸＋胱氨酸、苏氨酸、色氨酸、异亮氨酸、缬氨酸、精氨酸、亮氨酸、苯丙氨酸、酪氨酸、苯丙氨酸＋酪氨酸、组氨酸、丙氨酸、天冬氨酸、谷氨酸、甘氨酸、丝氨酸、脯氨酸）
脂质	粗脂肪（乙醚提取物）、水解粗脂肪、胆固醇、游离脂肪酸、C6＋C8＋C10脂肪酸（%，脂肪）、C-12：0（月桂酸）（%，脂肪）、C-14：0（肉豆蔻酸）（%，脂肪）、C-16：0（软脂酸）（%，脂肪）、C-16：1（%，脂肪）、C-18：0（硬脂酸）（%，脂肪）、C-18：1（油酸）（%，脂肪）、C-18：2（亚油酸）（%，脂肪）、C-18：3（亚麻酸）（%，脂肪）、C-18：4（%，脂肪）、C-20：0（花生酸）（%，脂肪）、C-20：1（%，脂肪）、C-20：4（花生四烯酸）（%，脂肪）、C-20：5（%，脂肪）EPA、C-22：0（山嵛酸）（%，脂肪）、C-22：1（芥子酸）（%，脂肪）、C-22：5（%，脂肪）、C-22：6（%，脂肪）DHA、C-24：0（%，脂肪）	亚麻酸、亚油酸、花生四烯酸、EPA、DHA、EPA＋DHA、总脂肪酸、必需脂肪酸、饱和脂肪酸、单不饱和脂肪酸、多不饱和脂肪酸、总不饱和脂肪酸、U/S（不饱和脂肪酸/饱和脂肪酸）、碘价（IV值，基于脂肪酸基础）、碘价（IV值，基于脂肪酸，纯甘油三酯）、碘价（IVP值，NRC公式计算值）、胴体碘价值、总ω-3脂肪酸、总ω-6脂肪酸、ω-6脂肪酸/ω-3脂肪酸
矿物质	粗灰分、钙、总磷、钠、氯、钾、镁、无机硫、钴、铜、碘、铁、锰、硒、锌	猪可消化磷、植酸磷、氯化钠当量、总硫、有机硫、钴（添加）、铜（添加）、碘（添加）、铁（添加）、锰（添加）、硒（添加）、锌（添加）、禽可利用磷
维生素	维生素 B_1、维生素 B_2、烟酰胺、胆碱、泛酸、维生素 B_6、维生素 B_{12}、维生素 E、生物素、叶酸、维生素 A、维生素 D、维生素 K、β-胡萝卜素、维生素 C、肉碱	添加的维生素（维生素 B_1、维生素 B_2、烟酰胺、胆碱、泛酸、维生素 B_6、维生素 B_{12}、维生素 E、生物素、叶酸、维生素 A、维生素 D、维生素 K、β-胡萝卜素、维生素 C）
有害物质	总砷、铅、汞、镉、铬、氟、亚硝酸盐（以 $NaNO_3$ 计）、黄曲霉毒素 B_1、赭曲霉毒素 A、玉米赤霉烯酮、脱氧雪腐镰刀菌烯醇/呕吐毒素、T-2 毒素、伏马毒素（B_1＋B_2）、麦角毒素、氰化物（以 HCN 计）、游离棉酚、异硫氰酸酯（以丙烯基异硫氰	

（续）

营养素分类	化学成分	由化学成分计算得出的营养素
有害物质	酸酯计）、噁唑烷硫酮（以5-乙烯基-噁唑-2-硫酮计）、多氯联苯、六六六、滴滴涕、六氯苯（HCB）、霉菌总数、细菌总数、沙门氏菌（25g中）	
其他	水分、糖单位校正系数、酶可消化糖系数、猪的磷消化率、植酸磷比例（植酸磷/总磷）、总能校正系数（INRA）、总脂酸/粗脂肪、玉米当量、豆粕当量、玉米副产品当量、小麦副产品当量、中性洗涤纤维消化率，以及不同体系中的粗蛋白质消化率（猪与禽）、粗脂肪消化率（猪与禽）、中性洗涤纤维消化率（猪）、粗纤维消化率（猪）、酸性洗涤纤维消化率（猪）、无氮浸出物消化率（猪与禽）、有机物消化率（猪）、水解脂肪消化率（猪与禽）、NSP消化率（猪）、NSP_h消化率（猪）、淀粉消化率（猪与禽）、磷消化率（猪与禽）	干物质、钙/总磷、钙/猪可消化磷、有机物、能量消化率（INRA）、氮（粗蛋白质）消化率（INRA）、粗脂肪消化率（INRA）、有机物消化率（INRA）、可消化有机物（INRA）、可消化蛋白（INRA）、可消化脂肪（INRA）、可消化残渣（INRA）、总能、猪的消化能、代谢能/消化能（生长猪、母猪）、猪的代谢能、生长猪净能、母猪净能、可消化赖氨酸/猪净能、DCAD、电解质平衡dEB、锌/铜、尿能（生长猪、母猪）、甲烷能（生长猪、母猪）、家禽氮校正表观代谢能AME_n、肉鸡代谢能ME_{br}、禽用代谢能ME_{po}、蛋鸡代谢能ME_{la}

注：NSP, non-starch polysaccharides, 非淀粉多糖；CVB, central veevoederbureau, 荷兰动物饲料产品委员会；EPA, eicosapentaenoic acid, 二十碳五烯酸；DHA, docosahexaenoic acid, 二十二碳六烯酸；INRA, French National Institute for Agricultural Research, 法国农业科学研究院；DCAD, dietary cation anion difference, 阴阳离子差；dEB, dietary electrolyte balance, 电解质平衡。

表1-2　饲料化学成分的主要分析方法

化学成分	方　法
干物质（DM）	在103℃烘箱中烘干至恒重后残留物的重量。含较高糖分（大于4%）或高水分原料在真空状态，80℃温度烘干至恒重
粗灰分（ASH）	原料在550℃焚化后的残留物
粗蛋白质（CP）	根据凯氏定氮法（富有叶子的原料除外，如干草或苜蓿饲料）或Dumas定氮法测出的氮乘以6.25
粗脂肪（CFAT, $CFAT_h$）	粗脂肪（CFAT）是使用溶剂（如石油醚）在40～60℃条件下的脂质提取物，提取前用酸水解的称为（酸）水解粗脂肪（$CFAT_h$）。大部分原料的CFAT数据比较全且足够多，只有谷物蛋白产品、大豆和马铃薯蛋白、动物源性产品和部分高湿原料于近些年分析了$CFAT_h$数据。鉴于此，CVB根据每个原料的CFAT和$CFAT_h$数据建立了二者之间的回归公式，并用这些回归公式由CFAT来计算$CFAT_h$
粗纤维（CF）	将原料经稀硫酸和稀氢氧化钠水解的残余物在约500℃焚烧后的损失即粗纤维；当原料中脂肪超过10%时，焚烧前还需用乙醇和乙醚提取出醚提取物；当含有超过5%的碳酸钙时还应用酸水解。稀酸水解可去除淀粉、果胶和部分半纤维素；稀碱水解可去除蛋白质、部分半纤维素、部分木质素、部分脂肪；乙醇和乙醚可除去单宁、色素、脂肪、蜡质及部分蛋白质和戊糖
无氮浸出物（NFE和NFE_h）	计算公式：$NFE=DM-CP-ASH-CFAT-CF$。如果将公式中粗脂肪（$CFAT$）更换为酸水解粗脂肪（$CFAT_h$），则计算结果是NFE_h的值。能影响公式中5个成分结果的因素也将影响NFE_h的准确性，甚至会出现负值

（续）

化学成分	方　　法
淀粉（STA$_{ew}$）	使用 Ewers 偏振法测定的原料中的淀粉含量值
淀粉（STA$_{am}$）	样品先经 40％乙醇提取糖后，再使用 DMSO 凝胶化并用淀粉葡萄苷酶水解，水解释放的葡萄糖用已糖激酶测定得出结果。CVB 提供了部分原料由 STA$_{ew}$值计算 STA$_{am}$值的回归公式
寡糖（GOS）	使用两个样品分别检测后取差值： 1. 使用 Luff-Schoorl 法检测 40％乙醇可溶物中的葡萄糖单元含量，得值 a； 2. 使用 Luff-Schoorl 法检测经超量淀粉葡萄苷酶酶解的 40％乙醇可溶物的葡萄糖单元含量，得值 b； 寡糖含量＝$b-a$
糖（SUG）	糖是使用 Luff-Schoorl 法检测的 40％乙醇可溶物中的葡萄糖单元含量
中性洗涤纤维（NDF）	原料经中性溶剂煮沸溶解后的残渣减去残渣灰化后的物质
酸性洗涤纤维（ADF）	原料经酸性溶剂煮沸溶解后的残渣减去残渣灰化后的物质
酸性洗涤木质素（ADL）	酸性洗涤纤维经 72％硫酸处理后的残渣减去残渣灰化后的物质
非淀粉性多糖（NSP）	计算公式：$NSP=DM-ASH-CP-CFAT_h-STA_{am}-GOS-CF\_DI \times SUG-0.92 \times LA-0.5 \times (AC+PR+BU)$。式中，$CF\_DI$ 为校正因子，用于将原料中总糖含量转换成原糖含量
非淀粉多糖残留物（RNSP）	计算公式：$RNSP=NSP-NDF$
矿物质和微量元素	分光光度计法
硫	总硫＝无机硫（S-i）＋有机硫（S-o）； 有机硫＝$32 \div 149 \times$蛋氨酸含量（g/kg）＋$32 \div 120 \times$胱氨酸含量（g/kg）
植酸磷	与植酸结合的有机磷，植酸磷由植酸乘以 28.2％换算而来，植酸可以用不同的方法测定，如铁混合物沉淀法和高效液相色谱法（HPLC）
氨基酸	采用 6mol/L 盐酸水解后再层析的方法。该方法中，不同测定者使用的水解持续时间（24～48h）和温度（110～145℃）不同。蛋氨酸和胱氨酸测定的前处理方法为过甲酸氧化法，色氨酸测定的全处理方法为碱水解法
脂肪酸	基于氯仿或甲醇甲基化和甲酯提取，然后再层析的方法。脂肪酸转换为粗脂肪的转换系数是由文献资料得到的
挥发性脂肪酸（VFA）、乙醇（ETH）、乳酸（LA）、乙酸（AC）、丙酸（PR）和丁酸（BU）	由新鲜原料中提取后使用高效液相色谱法（HPLC）测定

资料来源：表中内容主要译自 CVB（2018），部分来自 INRA（2004）。

注：DMSO, dimethylsulfoxide, 二甲基亚砜。

表1-1中的营养素内容基本囊括了标准的动物所需营养素（表1-3），但因综合了不同营养体系，如美国 NRC、英国 ARC、法国 INRA、荷兰 CVB 等的内容，以致化学成分数量有所扩大。

表1-3 动物所需的营养素

营养素分类		所需的营养素[1]
氨基酸[2]	蛋白质来源的氨基酸	丙氨酸、精氨酸、天冬氨酸、天冬酰胺、半胱氨酸、谷氨酸、谷氨酰胺、甘氨酸、组氨酸、异亮氨酸、亮氨酸、赖氨酸、蛋氨酸、苯丙氨酸、脯氨酸、丝氨酸、苏氨酸、色氨酸、酪氨酸、缬氨酸
	非蛋白质来源的氨基酸	牛磺酸
碳水化合物	单糖	葡萄糖和果糖
	纤维	植物来源的纤维（有益于肠道健康）
脂肪酸	必需脂肪酸	亚油酸和花生四烯酸[3]，α-亚麻酸，EPA[2] 和 DHA[2]
维生素	脂溶性维生素	维生素 A、维生素 D、维生素 E、维生素 K
	水溶性维生素	硫胺素，核黄素，尼克酸（烟酸和烟酰胺），泛酸，吡哆醇、吡哆醛和吡哆胺，钴胺素，生物素，叶酸，抗坏血酸，胆碱，肌醇
矿物质	常量元素	钠、钾、氯、钙、磷、镁、硫
	微量元素	铁、锌、铜、钴、碘化物、锰、硒、铬、钼、硅、氟化物、钒、硼、镍、锡
	可能必需的超痕量元素	钡、溴、铷、锶

资料来源：伍国耀（2019）。

注：[1] 除了表中列出的营养素以外，还包括最重要的营养素——水。

[2] 动物可能无法充分合成所有的氨基酸以满足最大生长和生产性能或最佳健康和福利的需要。牛磺酸用于宠物。

[3] 日粮中添加少量的该物质对最大的生长和生产性能或最佳的健康和福利是必要的。

第二节 水

水是重要而相对便宜的营养物质。动物所需的水有三个来源：原料中的水、饮用的水、代谢过程产生的水。动物的肠道既能吸收水也能分泌水，食糜在小肠末端含水量仍有80%，所以大部分的水在结肠末端被吸收。水占动物体的比例随着年龄和体重的增加而减少，如猪。这点从计算猪体水分的公式 [体水分（kg）=0.93×(kg/1.05)$^{0.86}$，kg 指猪的体重] 中即可看出。在生长的过程中，体水分与体灰分均和体蛋白直接相关，由体蛋白计算体水分的两个公式为：①体水分（kg）=3.62×体蛋白$^{0.938}$（kg）（ARC，2003）；②体水分（kg）=4.1×体蛋白$^{0.89}$（kg）（《最新猪营养与饲料》，韩仁圭等，2000）。动物体内的水被分为三部分：细胞内的水（约占总水量的69%）、细胞间的水（约占总水量的22%）和血管系统的水（约占总水量的9%）。动物通过肺脏呼吸、皮肤蒸发、粪尿液排出体内的水。水对动物的重要性可体现在"机体损伤所有的脂肪和一半以上的蛋白质时仍能存活，但是失去 10% 的水分就会导致死亡（Maynard，1979）"。水的营养作用主要有：①产生热应激时可吸收更多热量，维持体温稳定；②维持酸碱平衡，清除二氧化碳等其他气体；③是细胞间和器官间进行交换的主要运输介质；④是机体内氧化和水解反应的基础。

一、猪的水营养需要（需水量）

研究猪水需要量的方法有：①自由饮水时达到最佳生长性能时的饮水量；②确定预防猪脱水时的饮水量；③水料比。大多数的文献和资料使用水料比来推荐猪的需水量，如生长猪早期水料比为 2.5：1、末期水料比为 2.0：1。这种方法虽然实用，但忽视了体重、环境温度、饲料组成、健康等影响猪需水量的关键因素，具有一定的局限性。

有学者根据水的来源、排泄和存留来计算机体水的平衡（表 1-4）。Schiavon 和 Emmans（2000）也曾提出一个简化的模型来预测生长猪的饮水量（表 1-5）。

表 1-4   估算 45kg 生长猪的水平衡（mL/d）

项　目	摄入量	项　目	排泄量
饮水量[1]	5 552	粪便中水量[3]	672
代谢水量[2]	788	尿中水量[3]	2 839
饲料中水量[2]	252	消化过程损失水量	185
组织合成的水量	74	其他损失水量[4]	2 335
		排出的总水量	6 031
		体增重存留水量[5]	635
摄入的总水量	6 666	排出＋存留总水量	6 666

注：[1]猪的体重为 45kg，日采食量为 2.1kg，日增重 0.98kg，日饮水量 5.55kg（Shaw 等，2006）。推测的蛋白沉积量为 160g/d，灰分沉积量为 35g/d，脂肪沉积量为 150g/d（均非实测值）（Oresanya 等，2008）。

[2]饲料含有 12% 水分、5% 粗脂肪（85% 被消化，转化成体脂的沉积效率为 90%）、18% 的粗蛋白质（80% 被消化，且 80% 是真蛋白、20% 是非蛋白氮；35% 的可消化蛋白在体内沉积，其余被氧化代谢，因而每天大概有 9g 脂肪、157g 蛋白质和 1 260g 碳水化合物被氧化代谢。每千克脂肪、蛋白质、碳水化合物产生的代谢水分别为 1 190mL、450mL、560mL（NRC，1981）。

[3]假设饲料消化率为 82%，则粪便含水量为 64%。

[4]由其他原因引起的水损失中大部分是通过蒸发而损失的。

[5]组织沉积速度：每天的沉积总量为 345g，其中 150g 为脂肪、35g 为灰分、160g 为蛋白质；日增重 980g，日水沉积 635g。

表 1-5   预测生长猪饮水量模型中的因子

增加饮水项目	减少饮水项目	其他需确认项目
消化所需	饲料水	排泄多余氮和电解质所需水
粪尿	氧化过程中的代谢水	通过尿和粪排泄矿物质所需水
生长沉积的水	蛋白质和脂肪合成时释放的水	调节渗透压所需水
		其他影响因素

资料来源：Schiavon 和 Emmans（2000）。

（一）哺乳仔猪的需水量

仔猪出生后 1～2d 就可以开始饮水，而在潮湿的热带环境中出生后 3～5h 即开始饮水（Kabuga 和 Annor，1992；Nagai 等，1994）。Deligeorgis 等（2006）的研究表明，仔猪在出生后平均 16h 开始接触饮水器，出生后 48h 内接触饮水器的仔猪体重比不接触饮水器的仔猪要重得多。仔猪摄入的水（含乳汁中的水）主要用于机体的存留、排泄、呼吸及皮肤蒸发，在母猪所需的环境温度下（22℃左右）仔猪的蒸发水分损耗不多，但是当在温暖的（30℃以上）环境中仔猪的体水分蒸发增加，因而需要额外补充饮水。分娩后的前 4d，当环境中温度为 28℃时，窝饮水量在 0～200mL/d，平均 46mL/d（Fraser 等，1988）；而当环境温度为 20℃，饮水量只有 10mL/d。额外的饮水可减少乳猪脱水的可能性，从而降低断奶前的死亡率（Fraser 等，1988）。

出生 1 周后的仔猪，通过饮水可刺激其采食教槽料；虽然在出生后的前 3 周仔猪采食量很少，但是若不提供饮水则其采食量会更少（Friend 和 Cunningham，1996）。但 Gill 等（1991）也发现，3 周龄以前的仔猪每头消耗的教槽料为（34.7±3.4）g，提供饮水没有明显增加采食量。Fraser 等（1990）指出，仔猪早期的饮水量为 0～100mL/d，甚至可达 100mL/d 以上。Nagai 等（1994）发现，仔猪饮水量可由 1 日龄时的 36mL/d 增加到 28 日龄时的 403mL/d。

总的来说，在哺乳的第 17～21 天时，母猪的泌乳量达到最大而仔猪的需求在持续增加，此时乳汁已不能满足仔猪的营养需要，需要补充教槽料；同样也可以假设此时仅仅依靠乳汁中的水分也难以完全满足仔猪需要，因此仔猪的需水量增加。这可能是众多试验结果差异较大的原因之一。虽然随着日龄的增加，仔猪的总需水量在增加，但 4 周龄前的仔猪消耗的水量一直保持在 50～65mL/kg（以体重计）（Phillips 和 Fraser，1990），用此数值乘以体重得出的耗水量数据可以作为哺乳仔猪需水量的指导性数据。

（二）断奶仔猪的需水量

断奶的前几天，仔猪每天从乳汁中可获得 700～1 000mL 甚至 1L 以上的水（母猪泌乳量 12～16L/d，乳中含水量占 80%）。但刚刚断奶后仔猪的水摄入量异常降低，从断奶第 1 天的 1.0～1.5L/d 下降到第 4 天的 0.4～1.0L/d（McLeese 等，1992；Maenz 等，1993，1994；Torrey 等，2008），而且这种降低无法通过调整饮水方式来改变。此时饮水量的降低并不与采食量的变化模式相符，可能是限制断奶后仔猪生长速度的重要原因（从断奶仔猪体成分损失公式计算结果看，当体损失较高时确实如此）。此时如果让仔猪采食液体饲料（水料比从 3∶1 到 5∶1）将有助于缓解这段特殊时期产生的问题。

断奶仔猪的饮水量可用以下公式计算：

断奶仔猪的饮水量（L/d）＝0.149＋（3.053×每天干饲料的摄入量，kg）

此公式的计算结果高于 Gill 等（1986）的试验结果（断奶后第 1、2、3 周的饮水量分别是 0.49L/d、0.89L/d、1.46L/d）。

至今为止，还没有发现仔猪饮水量与断奶后 1 周内的腹泻程度有关（Maenz 等，1994）。关于水质对仔猪的影响参见"水质"的相关内容。

（三）生长育肥猪的需水量

猪的饮水时段有一定的规律性，两个饮水高峰分别出现在：①进食开始和进食结束时；②进食间隔的高峰出现在上午进食后 2h 和下午进食后 1h。推荐的生长育肥猪的饮水量是基于其与采食量和体重成正比，然而实际上一个固定的水料比并不能充分体现影响饮水量的诸多因素，因为除采食量外还有日粮的原料组成、环境温度和湿度、健康状况、应激因素等。

一般的，常温环境下水料比（校正过浪费的水）在 25～50kg 体重阶段为 2.5：1，80kg 后为 2.0：1（Mroz 等，1995；Li 等，2005）。

影响生长育肥猪饮水量的因素有：

1. 饲料组成 不可消化物比例、纤维含量、轻泄饲料、高含量的矿物质、高含量的蛋白质、食盐含量。

2. 环境温度 温度升高时会增加饮水量（表 1-6），升高的幅度因温度区间不同而异。Mount 等（1971）的研究表明，在较低的环境温度时（分别为 7℃、9℃、12℃、20℃、22℃），温度升高的影响较少；但当温度从 30℃升至 33℃时，有的猪饮水量增加了25%～50%；当环境温度超过 30℃，猪会把尿液和粪便排泄到整个栏的区域，也会通过溅水来降温。

不同环境温度下，猪对不同水温的喜好亦不同。在凉爽（保持在 22℃）的条件下，45～90kg 体重的猪能喝更多的温水（30℃的水 4.0L/d 相对于 11℃的水 3.3L/d）；而在炎热（每天 35℃和 24℃各 12h）的条件下，猪更喜欢低温的水（11℃的冷水 10.5L/d 相对于 30℃的温水 6.6L/d）。

表 1-6 温度对生长育肥猪饮水量的影响

饮水量	资料来源
增加 0.12L/（d·℃）	Schiavon 和 Emmans（2000）
温度从 10℃升高至 25℃，育肥猪的饮水量从 2.2L/d 升高至 4.2L/d	Vandenheads 和 Nicks（1991）
温度从 12～15℃升高至 30～35℃，体重为 33.5kg 的猪饮水量增加 57%	Mount 等（1971）
温度从 12～15℃升高至 30～35℃，体重为 90kg 的猪饮水量增加 63%	Straub 等（1976）

3. 健康状况与应激 通过上文很容易了解水与猪的健康息息相关，但这方面的具体资料并不多见，当设备发生故障和发生疾病等情况时猪会发生脱水。

（1）轻度脱水 脱水量占体重的 4%左右，猪的精神一般，排尿量较少、尿液颜色较深，食欲衰减，皮毛粗乱，皮肤质地和弹性没有明显改变。

（2）中度脱水 脱水量占体重的 6%左右，猪精神相对沉郁，饮食欲望减退严重，饮水欲望旺盛，鼻镜发热、干燥，心跳加快，皮肤弹性和柔韧性明显变差，排尿量减少，尿液发黄，粪便干燥或排便困难。

（3）重度脱水 脱水量占体重的 9%左右，超过 16%时的猪进入濒死状态。精神高度低沉、舌苔发黄、变厚，嘴干舌燥，眼球明显下陷，眼结膜干枯、发红，不再排尿，体温升高，心律加快，心跳变弱，排便十分困难。

在疾病发生时，往往需要人为补充水分和矿物质，一般按体重5%～7%补充水分。

4. 其他因素　限饲与饥饿、玩耍、无聊等都会影响饮水量。

饮水量和水料比的增加会提高食糜从胃排空的速度（Low等，1985），从而可能影响消化效率。不同生长阶段猪的需水量和水流量见表1-7。

表1-7　每头猪不同生长阶段的需水量和水流量

不同生长阶段	需水量（L/d）	水流量（L/min）
限制饲喂		
妊娠母猪	12～25	2
泌乳母猪	10～30	2
公猪	20	2
保育期仔猪	1	0.3
断奶仔猪	2.8	1
生长猪	7～20	1.4
成年猪	10～20	1.7
自由采食		
断奶仔猪	2.8	1
生长育肥猪	7～20	1.4
成年猪	10～20	1.7

资料来源：Dewey和Straw（2006）。

注：公猪应自由饮水。

在欧洲，生长育肥猪的最低水需要量见如下公式：

生长育肥猪的最低水需要量（L/d）＝0.03＋3.6×日采食量（kg）。

（四）妊娠母猪的需水量

后备母猪在发情时采食量和饮水量都会减少（Friend，1973；Friend和Wolynetz，1981）。妊娠母猪需要额外的水用于胎儿生长、胎膜发育及保护胎儿。在不同的研究报告中，推荐的妊娠母猪饮水量差异很大，范围为2.5～25.8L/d，限饲母猪的饥饿感是造成差异如此之大的原因。一般的，胎次较高的母猪饮水量较高，但每千克代谢体重的饮水量接近（表1-8）。推荐妊娠母猪全天自由饮水，供给量为10～20L/（头·d）。少的供水量导致圈养猪行为变化和尿道炎症（表1-9），以及因膀胱排空频率下降引起的膀胱炎（Smith，1983）。

表1-8　妊娠母猪不同胎次对饮水量的影响

项　　目	胎　　次	
	1和2胎	3胎以上
饮水量（L/d）	7.0	8.7[b]
饮水 [L/（$W^{0.75}$·d）][a]	0.14	0.13

资料来源：van der Peet-Schwering等（1997）。

注：[a]$W^{0.75}$指代谢体重（kg），[b]$P<0.001$。

表1-9　妊娠母猪的饮水量和严重感染菌尿情况（L/d）

项　目	平均饮水量	
	<11.5	>11.5
样品数	53	129
严重的菌尿	6（11.3%）	3（2.3%）

资料来源：Madec（1984）。

（五）泌乳母猪的需水量

泌乳母猪饮水要满足自身和分泌乳汁的需要，相较于其他阶段的猪还要排出更多的代谢产物（如氨基酸转化成乳汁氨基酸过程中因效率较低产生更多的尿素）。试验观察到，母猪在产前的饮水量达到妊娠期的最大，在产仔当天饮水量明显下降，并持续到产仔后3～4d。其后饮水量呈曲线增加，在产后18d时达到哺乳期最大（此时也是产乳量最多时）。众多试验中泌乳母猪的饮水量变动范围相当大。Fraser等（1990）对12篇报道的总结得出平均饮水量为8.1～25.1L/d，推荐的实际范围为10～30L/d（表1-7），有时可能会高于表1-10中的数据。在热应激（持续高于25℃条件下）时，给母猪以10℃或15℃的水（而不是22℃的水）可以缓解热应激，并有更多的饲料采食量（5.3kg/d比3.8kg/d）。

表1-10　母猪和公猪的饮水标准

项　目	空怀和妊娠母猪	泌乳母猪	公猪
供水量（L/d）[1]	10～30	20～60	14～40
供水量（L/kg，以饲料计）	4～6	4～8	4～6
供水量（L/kg，以体重计）	0.10～0.15	0.15～0.20	0.10～0.15
水流量（L/min）[2]	1.0	1.5～2.0	1.5
行动标准饮水量（L/d）[3]	12	25	15

资料来源：《母猪与公猪的营养》（Close和Cole，2003）。
注：[1]较高的数值适合在高温下饲养的较大体重动物。
[2]喷嘴式或嚼咬式供水的水流量，用水槽供水时至少要保证这个量。
[3]行动标准饮水量是平均饮水量，低于此水平则猪的健康和生产性能都可能受到危害。

Faser和Phillips（1989）得到一组有趣的数据：母猪分娩后前5d的饮水量低与仔猪生长速度降低有关，因此哺乳早期阶段母猪的饮水量对仔猪生长至关重要。因为此时猪更多地在昏睡，母猪的饮水时间相对较少，所以合适的供水方式显得尤其重要。

Fraser等（1989）发现，母猪运动时间的长短与其饮水量有关（表1-11）。圈养和热应激下的母猪活动量减少将导致饮水量减少，容易引起便秘，易使母猪患子宫炎、乳腺炎、无乳综合征。

表1-11　母猪产前24h和产后72h运动时间的百分率（站立和卧坐）与饮水量

时间（h）	运动时间百分率 （%，平均和范围）	饮水量 （L，平均和范围）	r^2
24（产前）	30.5（22.4～42.8）	12.8（5.6～24.1）	0.63

（续）

时间（h）	运动时间百分率 （%，平均和范围）	饮水量 （L，平均和范围）	r^2
1~24（产后）	5.1（1.5~14.9）	4.9（0.0~15.7）	0.71
25~48（产后）	6.5（1.8~15.3）	8.4（1.0~21.2）	0.92
49~72（产后）	8.2（2.7~15.3）	10.9（3.2~20.0）	0.58

资料来源：Fraser 等（1989）。

Gill（1989）认为，泌乳母猪的饮水量增加对采食量的增加有明显影响，二者之间呈线性相关：

泌乳母猪饮水量（L/d）＝4.2＋2.52×日采食量（kg）。

（六）水质及对猪的影响

水的质量指标可以划分为三大类：感官指标、化学指标和微生物指标。感官指标包括浑浊度、颜色和气味等；化学指标（表1-12）包括总可溶性固形物（TDS）、硫酸盐、硝酸盐和亚硝酸盐、各种离子（铁、锰、钠、镁、氯等）；微生物指标可能有沙门氏菌、志贺氏菌、霍乱弧菌、弧形杆菌、肠道病毒、隐孢子虫、鞭毛虫等，有些水藻也可导致肠胃炎的发生。

表1-12　家畜饮用水质量标准指南（化学指标）

指　　标	推荐的最大值（mg/L）	
	TFWQG[1]	NRC[2]
TDS（总可溶性固形物）	3 000	
常量离子		
钙	1 000	—
硝态氮和亚硝态氮	100	100
亚硝态氮	10	10
硫酸盐	1 000	—
重金属离子和微量元素离子		
铝	5.0	—
砷	0.5	0.2
铍	0.1	—
硼	5.0	—
镉	0.02	0.05
铬	1.0	1.0
钴	1.0	1.0
铜	5.0	0.5
氟化物	2.0	2.0
铅	0.1	0.1
汞	0.003	0.01
钼	0.5	—
镍	1.0	1.0

（续）

指　　标	推荐的最大值（mg/L）	
	TFWQG[1]	NRC[2]
硒	0.05	—
铀	0.2	—
钒	0.1	0.1
锌	50.0	25.0

资料来源：NRC（2012）。

注：[1] 美国水质监控专家组（1987），"—"指无数据。

[2] NRC（1974）。

1. 总可溶性固形物　总可溶性固形物（total soluble solid，TDS）是水中的可溶性无机物总含量，其中钙、镁、钠的碳酸盐，氯盐或硫酸盐形式是高 TDS 水中的常见盐类（Thulin 和 Brumm，1991）。TDS 对猪饮用水的评估见表 1-13。

表 1-13　基于水中总溶解固形物对猪饮用水的评估

总可溶性固形物（mg/L）	水质评价	动物反应
≤1 000	安全	对猪无危害
1 001～2 999	满意	不适应的猪会出现轻度腹泻
3 000～4 999	满意	可能导致猪暂时性拒绝饮水
5 000～6 999	可接受	不适于种猪
≥7 000	不适合	不适于种猪和处于热应激的猪

资料来源：NRC（1974）。

注：TDS 并不是一个评价动物饮水品质的确切指标，加拿大环境部长理事会（1987）推荐家畜饮用水 TDS 含量不超过 3 000mg/L。

当 TDS 较低时（＜1 000mg/L），矿物质污染基本可不用考虑；当 TDS 为 1 000～3 000mg/L 时，可能会导致猪出现短暂腹泻（特别是仔猪，当阴离子主要是硫酸根时更容易导致腹泻）；当 TDS 为 3 000～5 000mg/L 时，要仔细观察猪的反应；当 TDS 超过 5 000mg/L 时，可能需要进一步的化验以保证适用性。

有资料认为即使 TDS 超过 6 000mg/L，一般也不会影响动物的健康和生长性能，可能会造成暂时性的腹泻和饮水量的增加。Paterson 等（1979）使用含 5 060mg/L TDS 的水饲喂配种后 30d 至哺乳 28d 的母猪，发现对其繁殖性能没有显著影响。断奶仔猪饮用 6 000mg/L TDS 含量的水时，日增重和饲料转化率未受影响。但 TDS 的升高会使饮水量增加，并伴随轻度腹泻和粪便松软现象（Anderson 和 Stothers，1978；Paterson 等，1979）。

2. pH　绝大部分水的 pH 为 6.5～8.5。pH 高时会影响氯的消毒作用，pH 低时会造成经水给药的药物（磺胺类）沉淀，从而发生药物残留隐患。

3. 硬度　硬度是衡量水中多价阳离子含量的指标，主要是指钙离子和镁离子。现在还不清楚硬度高的水对动物健康的影响。一般认为水的硬度高时会影响清洗和造成设备中水垢积累。美国地质勘查局认为，以碳酸钙的浓度计量硬度时，浓度低于 60mg/L 的水是软水，60～180mg/L 的水是硬水，大于 180mg/L 的是极硬水（硬水的标准划分尚未统

一，中国和德国的相同，与美国的不同）。有调查发现，极硬水可为妊娠母猪提供高达每日钙需要量的29%（Filpot 和 Ouellet，1 988）（注：假设硬水中碳酸钙浓度为300mg/L，钙离子浓度为120mg/L，妊娠母猪日饮水量为20L，则日提供钙2.4g；第4胎205kg体重的妊娠母猪在妊娠前90d，日需钙9.05g，则极硬水中提供的钙占妊娠母猪日需要量的26.5%）。由此可见，必要时需考虑水的硬度及钙含量对动物的影响。

4. 硫酸盐　水中硫酸盐浓度超过1 000mg/L时就有可能会导致大肠的渗透性腹泻（Maenz 和 Patience，1997）。更多浓度的硫酸钠和硫酸镁会使腹泻加剧，当 TDS 高于1 000mg/L时且发生腹泻时则有必要检测硫酸根的浓度。当水中含有1 900mg/L的硫酸盐时，会出现明显的"臭鸡蛋"味，这是水中的细菌利用硫酸盐产生的硫化氢气味，但对猪的生长没有影响（Dewitetal，1987）。实际上，即使2 650mg/L浓度的硫酸盐也不会对猪的生长有负面影响（Veenhuizen 等，1992；Maenz 等，1994；Patience 等，2004）。但当硫酸盐浓度超过7 000mg/L时，可致猪腹泻和生长性能降低（Anderson 等，1994）。综上所述，大多数情况下过高含量的硫酸盐虽然能造成猪的渗透性腹泻，但对其生长的影响几乎可忽略不计。猪大概需要几周的时间才能适应造成腹泻的较高硫酸盐浓度。

值得注意的是，仔猪在断奶前因接触含较高浓度硫酸盐的水比较少，所以对硫酸盐最为敏感，腹泻问题可能也更为严重，其严重程度取决于硫酸盐浓度和断奶日龄。McLeese 等（1992）研究表明，随着水中硫酸盐浓度的提高，4周龄的断奶仔猪腹泻评分增加，但生长未受影响。说明猪对高浓度的硫酸盐有非常强的耐受性（表1-14）。

表1-14　提高水中溶解性总固形物和硫酸盐浓度对断奶仔猪生长性能的影响

项　　目	硫酸盐浓度（mg/L）		
	83	1 280	2 650
溶解性总固形物（mg/L）	217	2 350	4 390
钙（mg/L）	24	184	288
镁（mg/L）	15	74	88
钠（mg/L）	24	446	947
硬度（mg/L）	124	767	1 080
pH	8.4	8.1	8.0
平均日增重（g）	430	430	440
平均日采食量（g）	550	560	570
增重/耗料	0.782	0.786	0.772
平均日摄水量（L）	1.60	1.84	1.81
腹泻得分	1.07	1.30	1.46

资料来源：McLeese 等（1992）。

注：腹泻得分按1～3分计，1=粪便形态正常，2=粪便难以成形，3=粪便呈水样。

5. 硝酸盐和亚硝酸盐　硝酸盐和亚硝酸盐能与血红蛋白结合，形成高铁血红蛋白，降低血红蛋白的携氧能力。与主要来源于自然界的硫酸盐不同，硝酸盐主要来自养殖中的粪尿污染，污染物能以1m/h的速度向下渗透污染地下水源。Garrison 等（1966）研究表明，饮用水中含200mg/L的硝酸盐会降低猪的生长速度，破坏维生素A的代谢。但与此研究不同的是，Sorensen 等（1994）则认为，给从断奶到出栏的仔猪饲喂浓度高达2 000mg/L的硝酸盐时，对仔猪的生长性能、血液中的血红蛋白或高铁血红蛋白的水平都没有显著影响。实际生产中，大部分水源中的硝酸盐和亚硝酸盐都不会达到上述两个试验中的浓度水平。

6. 其他离子

（1）铁　未发现由水中铁离子引起的猪的健康问题，水中的铁能促进需铁细菌的生长，引起水的恶臭。井水中的铁与氧气接触后氧化形成的氧化铁呈红褐色，可沉淀在设备上，水中的铁含量低至 0.1mg/L 就能造成这种沉淀。

（2）锰　未发现由水中锰离子引起的猪的健康问题。锰氧化后形成的氧化锰呈黑色，也会沉淀使设备变色。

（3）钠　如果水中的钠与硫酸根结合形成硫酸钠，则容易导致猪腹泻（硫酸钠是一种强力泻药）。如果与其他阴离子结合，则基本不会有负面影响。

（4）镁　硫酸镁被称为泄盐，同样是一种泻药，能引起猪腹泻。

（5）氯　氯离子浓度高于 400mg/L 时，水就会有金属味。目前还不清楚其对猪是否有不良影响。一般情况下，水中的氯离子含量不会很高。

二、家禽的水营养需要（需水量）

家禽的水需要量很难确定，一般认为是其采食量的 2 倍（中等温度下）。任何 8 周龄以下的家禽，大致需水量为：日龄×6mL/d。

（一）家禽的水平衡和饮水推荐

表 1-15 简单列出了家禽体内水的来源与排出。不同年龄的鸡其每周饮水推荐见表 1-16。

表 1-15　家禽体水分的来源与排泄

来源	来源情况	排出情况
日粮	饲料中的游离水与饲料消化代谢产生的结合水可提供总需水量的 7%～8%	通过粪尿排出，但因饮水量和原料组成不同而异，蛋鸡从粪中排出的水约是尿的 4 倍
代谢	家禽每代谢 1kcal* 的能量平均产生 0.14g 的水；每天消耗 280kcal 代谢能的产蛋鸡约产生 39g 的代谢水，占总需水量的 12%～13%	通过蒸发排出，蒸发是通过体表和呼吸道进行的，其中以呼吸道为主。蒸发 1g 水约需要 0.5kcal 热量。随着温度的升高，蒸发散失占身体总热损的比例增加，高温时蒸发所散失的水接近饮水量
饮水	理论上提供总需水量的 80%，实际供水量超过需水量。影响因素包括温度、钠与矿物质、管理因素、饲料组分、料型、健康状况等	

资料来源：根据《实用家禽营养》（第二版）（S. Leeson 和 J. D. Summers 著，沈慧乐和周鼎年译，2002）的内容编写。

——

* cal 为非法定计量单位。1cal≈4.184J。

表 1-16　不同年龄的鸡每周饮水量（mL/只）

周龄	肉鸡	白来航母鸡	褐壳蛋鸡
1	225	200	200
2	480	300	400
3	725	—	—
4	1 000	500	700
5	1 250	—	—
6	1 500	700	800
7	1 750	—	—
8	2 000	800	900
10	—	900	1 000
12	—	1 000	1 100
14	—	1 100	1 100
16	—	1 200	1 200
18	—	1 300	1 300
20	—	1 600	1 500

资料来源：NRC（1994）。

注："—"表示资料缺乏。数据随环境温度、日粮组成、生长或产蛋率和设备类型的变化差异很大，本数据适于环境温度为 20～25℃的条件。

（二）影响家禽饮水量的因素

影响家禽饮水量的因素众多，主要有：①饲料中蛋白质含量高时可以增加饮水量和水料比。②饲料中盐浓度的增加可使饮水量增加（Marks 等，1987）。③高含量的不可消化饲料可增加饮水量和粪便排泄量。④破碎料和颗粒料比粉料能同时增加饮水量和采食量，但水料比稳定（Marks 等，1987）。⑤水温升高可使饮水量增加（表 1-17），对肉用仔鸡而言，水温在 21℃的基础上每增加 1℃，饮水量增加 7%；蛋鸡在 30℃时的饮水量是 15℃时的 1 倍，此时饮水增加和采食量降低可造成湿粪；高温时给鸡饮用低温度的水有利于提高采食量和生长性能（表 1-18 和表 1-19）。⑥任何能通过肾脏增加矿物质或代谢物排泄量的营养素的变化都会影响饮水量，此时饮水量的增加导致湿粪发生。⑦当发生疾病或应激时，饮水量下降一般比采食量下降会提前 1～2d 出现。

表 1-17　水温对家禽饮水量的影响（L/d，以 1 000 只计）

品种	阶段	水温（℃）		饮水量增加（%）
		20	32	
来航幼龄母鸡	4 周龄	50	75	50
	12 周龄	115	180	56.5
	18 周龄	140	200	42.9

（续）

品种	阶段	水温（℃）		饮水量增加（％）
		20	32	
来航母鸡	产蛋率50%	150	250	66.7
	产蛋率90%	180	300	66.7
休产母鸡		120	200	66.7
幼龄肉用种母鸡	4周龄	75	120	60
	12周龄	140	220	57
	18周龄	180	300	66.7
肉用种母鸡	产蛋率50%	180	300	66.7
	产蛋率90%	210	360	71.4
肉用仔鸡	1周龄	24	40	66.7
	3周龄	100	190	80
	6周龄	240	500	108
	9周龄	300	600	100
鸭	1周龄	28	50	78.6
	4周龄	120	230	91.7
	8周龄	300	600	100
种鸭		240	500	108
鹅	1周龄	28	50	78.6
	4周龄	250	450	80
	12周龄	350	600	71.4
种鹅		350	600	71.4

资料来源：《实用家禽营养》（第二版）（S. Leeson 和 J. D. Summers 著，沈慧乐和周鼎年译，2002），在原表基础上增加了"饮水量增加（％）"一项。

注：表中所列数据是大致的饮水量，随生产阶段、健康和采食量而变化。

表1-18　在33℃环境下水温对蛋鸡生产性能的影响

生产性能	水温（℃）	
	33	2
采食量 [g/（只·d）]	63.8	75.8
产蛋率（％）	81.0	96.0
蛋重（g）	49.0	48.5

资料来源：《实用家禽营养》（第二版）（S. Leeson 和 J. D. Summers 著，沈慧乐和周鼎年译，2002）。

表1-19　水温对产蛋率的影响（环境温度为32℃）

周龄	水温（℃）	
	32	27
25	64	74

（续）

周龄	水温（℃）	
	32	27
26	74	79
27	77	86
28	76	84
29	88	93
平均	76	83
采食量［g/（只·d）］	83	90

资料来源：Bell（1987）。

（三）家禽用饮水不足或水质不好引发的问题

家禽饮水不足可引发的问题有：①当肉鸡限水 10％时，采食量会下降 10％；随着限水量的扩大，周采食量下降趋缓（表 1-20）。另有资料说明，给肉鸡限水 10％，并不影响其生产性能（注：可能仅指料重比），但限制 20％～50％时则严重影响饲料转化率。②缺水时间在 12h 以上对青年鸡的生长和蛋鸡的产蛋率都有不良影响。蛋鸡断水 24h 产蛋率下降 30％，补水后需 25～30d 才恢复生产；缺水 36h 以上死亡率明显升高；蛋鸡断水 48h 产蛋率可降至 0，并出现严重死亡。

表 1-20　限水对肉鸡周采食量的影响（g）

周龄	限水量（％）					
	0	10	20	30	40	50
2	200	168	168	150	168	141
4	363	358	372	327	308	290
6	603	531	494	472	440	431
8	776	667	644	612	572	522
合计	3 516	3 171	3 052	2 836	2 740	2 581
采食量降低幅度（％，未限制饮水）		10	13	19	22	27

资料来源：Kellerup 等（1971）。

注：全部肉鸡在第 1 周自由饮水。

影响水质的最大问题是化学污染。因家禽经过一段时期能够适应高矿物质含量的水，所以在大多数情况下，水中的矿物质很少能显著影响家禽的生产性能。表 1-21 列出了可能影响家禽生产性能的水中矿物质含量。

表 1-21　可能影响家禽生产性能的水中矿物质成分含量（mg/L）和 pH

项　　目	数　　值
总可溶性固形物（TDS）	1 500
氯	500
硫酸盐（SO_4^{2-}）	1 000

（续）

项　目	含　量
铁	50
镁	200
钾	500
钠	500
硝酸盐（NO_3^-）	50
砷	0.01
pH	6.0～8.5

资料来源：《实用家禽营养》（第三版）（S. Leeson 和 J. D. Summers 著，沈慧乐和周鼎年译，2010）。

第三节　碳水化合物

碳水化合物早期的定义是碳的水合物，通式为 $C_m(H_2O)_n$，现在碳水化合物被定义为多羟基醛、多羟基酮或其衍生物。

一、分类

营养学中的碳水化合物可被分为五类：①单糖，指醛糖和酮糖；②二糖（含 2 个单糖）；③寡糖（含 3～10 个单糖）；④多糖（含 10 个以上单糖，多糖又分为同聚多糖和杂聚多糖）；⑤共轭多糖，指糖与脂质或蛋白质共价结合形成的糖脂或糖蛋白（表 1 - 22）。

表 1 - 22　碳水化合物的分类

分　类	举　例
单糖	
丙糖	甘油醛和二羟基丙酮
丁糖	赤藓糖
戊糖	阿拉伯糖、木糖、木酮糖、核糖、核酮糖、5-脱氧核糖
己糖	葡萄糖、果糖、半乳糖、甘露糖、L-山梨糖
庚糖	景天庚酮糖、甘露庚酮糖、L-甘油-D-甘露庚糖
单糖衍生物	糖醛酸、糖醇、氨基糖、磷酸糖、糖苷、脱氧糖
二糖	蔗糖、乳糖、麦芽糖、异麦芽糖、纤维二糖、α，α-海藻糖、α，β-海藻糖、β，β-海藻糖、龙胆二糖
寡糖	
三糖	棉籽糖、蔗果三糖、麦芽三糖、车前糖、松三糖、潘糖

（续）

分 类	举 例
四糖	水苏糖、剪秋罗糖
其他寡糖	β-葡聚糖、果寡糖、低聚木糖
多糖	
同聚多糖	戊聚糖：阿拉伯聚糖和木聚糖 己聚糖：淀粉、纤维素、甘露聚糖、果聚糖、糖原
杂聚多糖	半纤维素、果胶、渗出树胶、海藻多糖［褐藻胶、卡拉胶、 琼胶、氨基多糖（如软骨素和透明质酸）和 硫酸化多糖（如软骨素硫酸盐）］
共轭糖	
糖脂	甘油糖脂和鞘脂
糖蛋白	黏蛋白、免疫球蛋白、膜上结合激素受体、凝集素

资料来源：伍国耀（2019）（内容有增加）。

二、单糖

（一）葡萄糖和果糖

葡萄糖和果糖是植物中含量占第一和第二的单糖。饲料作物中二者的总含量为 1%～3%。另外，葡萄糖是淀粉、糖原和纤维素的基本单位，属于醛糖，是脑和红细胞的唯一供能物质；果糖是自然界中唯一广泛存在的具有营养和生理意义的酮糖，存在于许多果实和蜂蜜中，在所有碳水化合物中甜度最高，由果糖聚合形成的果聚糖具有促进生长、增强免疫功能、降低血清胆固醇、减少粪便中的氨气排放量、通便等功用。在制糖工业中，通过葡萄糖异构酶的催化，D-葡萄糖可被转化成 D-果糖。

α-D-葡萄糖是非反刍动物胃肠道中淀粉消化的主要产物，动物血液中葡萄糖的稳态对动物十分重要。果糖在血浆中含量很少，但在雄性精液、有蹄类动物（牛、羊、猪等）的胎儿体液（含血液）中含量较多，胎儿体液中的高含量果糖有助于减少孕体蛋白质的糖基化。

（二）其他单糖

日粮中含量较高的单糖还有核糖、半乳糖、阿拉伯糖、木糖、甘露糖等。这些单糖游离得较少，大多聚合成二糖、寡糖或多糖。

葡萄糖在脱氢酶的作用下可被氧化生成 D-葡萄糖醛酸，D-葡萄糖醛酸是肝脏内的解毒剂。单糖的羰基被还原可生成糖醇，常见的糖醇有肌醇、甘露醇、半乳糖醇和山梨醇。其中，肌醇被用来治疗血管硬化、高脂血症等，山梨醇可用作表面活性剂和合成维生素C，D-甘露醇可用于抗脑水肿及治疗急性肾功能衰竭。磷酸糖（单糖磷酸酯）是由单糖的羟基被磷酸化产生的，由于带负电荷的磷酸基团具有极性，因此磷酸糖不易透过生物膜。大部分磷酸糖是糖代谢的中间产物，如葡萄糖-1-磷酸、葡萄糖-6-磷酸、甘油醛-3-磷酸、核糖-5-磷酸等。

氨基糖是己醛糖分子中 C2 上的羟基被氨基取代形成的衍生物，自然界中存在 60 多种氨基糖，N-乙酰-D-葡萄糖胺（几丁质的主要成分）含量最丰富，其他重要的氨基糖还有葡萄糖胺-6-磷酸、N-乙酰葡萄糖胺、唾液酸和氨基糖苷类。一些氨基糖苷类也是抗菌药物，如链霉素、庆大霉素、卡那霉素、新霉素、大观霉素等。

糖苷是单糖分子 C1 上的-OH 的 H 被其他基团取代生成的，其中提供半缩醛-OH 的糖部分称为糖基，与之缩合的"非糖"部分称为配基，这两部分间的化学键称为糖苷键。自然界中的大多数糖苷有苦味或特殊的香味或毒性，有的可用于药物，如毛地黄苷（强心）、橘皮苷（改善微血管韧性和通透性）、乌本苷（维持电解质平衡）等；糖苷的配基如果是糖，则形成寡糖或多糖。

三、二糖

二糖是由两个单糖分子通过糖苷键连接，同时失去一个水分子形成的，其中一个单糖单位的连接碳总是 C1，二糖在酸性条件下水解生成两分子单糖。一分子单糖的半缩醛羟基与另一个分子单糖的醇羟基缩合形成的二糖保留了一个游离的半缩醛羟基，具有还原性，因此称为还原性二糖（如乳糖）；如果二糖是由两个分子单糖的半缩醛羟基脱水而成的，则不存在游离的半缩醛羟基，因此不具还原性，是非还原性二糖（如蔗糖）。重要的二糖见表1-23。

表 1-23　重要的二糖

名　称	简　介	备　注
蔗糖	由 α-D-葡萄糖和 β-D-果糖通过 α-1，2-糖苷键连接形成的非还原性二糖。极易溶于水，能值为 17MJ/kg。可用于机体供能和甜味剂，对维生素 A 和铁的吸收有促进作用	甜菜和甘蔗中的含量非常高，其他水果、种子、牧草中的含量也较高（干物质基础的 2%～8%），是光合作用的终产物
乳糖	由 β-D-半乳糖和 α-D-葡萄糖通过半乳糖基 β-1，4-糖苷键连接形成的还原糖。白色晶体或结晶粉末，甜度为蔗糖的 70%；水溶液中的乳糖逐渐由 α-型变为 β-型，直至二者比例平衡，β-型更易溶于水；喷雾干燥形成的乳糖结晶是无定形玻璃态（乳粉中），当吸收水分达到 8% 时结晶成为 α-乳糖。吸收分解后的半乳糖以糖苷键结合神经酰胺，形成的半乳糖脑苷脂参与大脑发育，所以乳糖对婴儿神经系统发育至关重要。给断奶后的动物饲喂适当的乳糖有利于某些乳酸菌的生长，有益于肠道健康。乳糖的能值为 16.72MJ/kg	来自哺乳动物的乳汁和某些植物，是动物特别是幼龄动物的能源物质。商业上的乳糖结晶带有一分子结晶水
纤维二糖	由两分子的 β-D-葡萄糖通过 β-1，4-糖苷键连接而成的还原糖	是纤维素的基本二糖单位，可由两分子的 β-D-葡萄糖合成，或者通过酶或酸水解纤维素生成，存在于植物中

（续）

名　称	简　介	备　注
麦芽糖和异麦芽糖	麦芽糖由两分子α-D-葡萄糖通过α-1，4-糖苷键连接而成的还原糖，是淀粉和糖原的基本重复单位。异麦芽糖类似于麦芽糖，但其糖苷键是α-1，6-糖苷键，而不是α-1，4-糖苷键。麦芽糖是无色晶体，通常含有一个结晶水，易溶于水，吸湿性低，甜度为蔗糖的40%	麦芽糖是淀粉（直链和支链）和糖原的水解产物，异麦芽糖是支链淀粉和糖原的水解产物
α，α-海藻糖	由两分子的α-D-葡萄糖通过α，α-1，1-糖苷键连接形成的非还原糖，不易发生美拉德反应；易溶于水，具有低吸湿性和保水性，甜度为蔗糖的45%，甜味柔和、持久。海藻糖在高温、高寒、高渗透压及干燥、失水等恶劣环境中能在细胞表面形成独特的保护膜，可有效地保护蛋白质分子不变性失活，从而维持生命体的生命过程和生物特征，因此其作为蛋白质药物、酶、疫苗和其他生物制品（双歧杆菌、干扰素）的优良活性保护剂	存在于蘑菇类、海藻类、豆类、虾、无脊椎动物（昆虫）、啤酒和酵母发酵品中；作为昆虫的血糖，是昆虫主要的能量来源
龙胆二糖	由两分子的β-D-葡萄糖通过β-1，6-糖苷键连接而成的还原糖，溶于水，主要用于化学和生物化学研究	见于龙胆属的植物，也可由龙胆三糖水解或葡萄糖合成

四、寡糖

寡糖是由3～10个单糖分子通过糖苷键连接而成的。自然界中寡糖的种类可达千种以上，它们大多是通过非α-1，4-糖苷键连接的。动物消化道内的细菌能分泌酶水解所有含有α-1，4或β-1，4-糖苷键的寡糖，但是动物细胞不能产生水解α-1，6-半乳糖基寡糖（如水苏糖、棉籽糖和毛蕊花糖）或β-1，4-葡萄糖基寡糖（如纤维素的水解产物）所必需的酶。一些重要的寡糖见表1-24。

表1-24　部分重要寡糖

名　称	简　介	备　注
棉籽糖（三糖）	棉籽糖［α-D-吡喃半乳糖基-（1，6）-α-D-吡喃葡萄糖基-（1，2）-β-D-呋喃果糖苷］，又称为蜜三糖，白色或淡黄色晶状粉末，易溶于水，不易吸湿；非还原性糖，不易发生美拉德反应。甜度为22～30，能量值为6MJ/kg	存在于植物中，特别是棉籽仁（4%～5%）、甜菜和豆类（如大豆和绿豆）中
水苏糖（四糖）	水苏糖［α-D-吡喃半乳糖基-（1，6）-α-D-吡喃半乳糖基-（1，6）-α-D-吡喃葡萄糖基-（1，2）-β-D-呋喃果糖苷］为白色粉末，甜度是蔗糖的22%，味道纯正。在肠道能促进双歧杆菌、乳酸杆菌等有益菌的增殖	广泛存在于植物（如绿豆、大豆和其他豆类）中，一般含量在2%～4%，发芽后水苏糖消失；水苏糖在虫草参中的含量最高，常用中药地黄的寡糖中主成分也是水苏糖

（续）

名　称	简　介	备　注
毛蕊花糖 （五糖）	毛蕊花糖 [α-D-吡喃半乳糖基-（1，6）- α-D-吡喃半乳糖基-（1，6）-α-D-吡喃半乳 糖基-（1，6）-α-D-吡喃葡萄糖基-（1，2）- β-D-呋喃果糖苷] 是功能低聚糖，可增殖有益 菌，促进肠道蠕动，促进 B 族维生素、蛋白质 和钙、铁、锌等的吸收	存在于豆类（如绿豆）中
β-D-葡聚糖 （低聚糖）	相对分子质量在 6 500 以上，以 α-1，3-糖 苷键为主链、以 α-1，6-糖苷键为支链，存在 于多种微生物中	β-D-葡聚糖螺旋形的分子结构很容易被机 体免疫系统识别，可用于加强巨噬细胞活性， 增强高等哺乳动物补体系统的溶菌功能，促进 细胞毒性 T 细胞的分化，促进浆细胞产生专 一性抗体
果糖低聚糖	在蔗糖分子上以 β-1，2-糖苷键结合几个 （n≤8）D-果糖所形成的一组低聚糖的总称。 白色粉末，易溶于水，水溶液黏度低	存在于很多植物（如芦笋）的根、茎、叶及 种子中。有促进生长、增强免疫力、减少粪便 氨气排放量、通便等作用
低聚木糖	由 2~8 个 β-D-吡喃木糖分子以 β-1，4-糖 苷键连接而成，是木聚糖的水解产物。在肠道 中不消化，能值几乎为 0	低聚木糖是低聚糖中增殖双歧杆菌功能最好 的产品之一，另对免疫药剂和抗生素还有增效 作用

注：棉籽糖、水苏糖和毛蕊花糖均是水溶性膳食纤维，可使肠道中的食糜及粪便更加柔软，在动物小肠中无法被消化，在大肠中能被细菌分泌的酶降解成对结肠有益的短链脂肪酸。

五、同聚多糖

同聚多糖是由 10 个以上的单糖或单糖衍生物分子通过单一类型的糖苷键连接而成的聚多糖。根据单糖分子的类型，同聚多糖可分为葡聚糖（D-葡萄糖组成）、果聚糖（果糖组成）、半乳聚糖（半乳糖组成）、阿拉伯聚糖（阿拉伯糖组成）、木聚糖（木糖组成）等。自然界中植物源性的同聚多糖主要有淀粉、纤维素、果聚糖、半乳聚糖和 β-D-葡聚糖，动物源性的主要是糖原。动物细胞能水解含 α-1，4-糖苷键的同聚多糖，但不能水解含 β-1，4-糖苷键的同聚多糖。反刍动物瘤胃及所有动物大肠内的细菌能够分泌降解纤维素、果聚糖、半乳聚糖和 β-D-葡聚糖等多种物质。植物、动物和微生物中主要的同聚多糖见表 1-25。

表 1-25　植物、动物和微生物中主要的同聚多糖

名　称	简　介	备　注
淀粉	淀粉是直链淀粉和支链淀粉的混合物， 它们均由 α-D-葡萄糖组成。直链淀粉是 由 250~300 个 D-葡萄糖以 α-1，4-糖苷 键连接的长直链，没有分支。支链淀粉是 由 D-葡萄糖以 α-1，4-糖苷键连接的短	根据体外试验中被酶降解的速率不同，淀粉可分 为 3 种：①快速降解淀粉，具有高含量的支链淀粉 和高消化率，如类蜡质谷物（100%的支链淀粉）、 新鲜熟淀粉和白面包中的淀粉。②缓慢降解淀粉， 直链与支链为一定的比例但支链比例略高，如生的

（续）

名　称	简　介	备　注
淀粉	主链和由 $\alpha-1$，6-糖苷键形成的支链组成，每 24～30 个 $\alpha-D$-葡萄糖单位就有一个支链分支。淀粉来源不同，直链淀粉与支链淀粉的比例也不同。当直链淀粉与支链淀粉的比例较低时（约<15%），淀粉呈蜡状；中等直链淀粉含量占 16%～35%，高直链淀粉中的直链淀粉含量超过 36%。直链淀粉仅少量溶于热水中，而支链淀粉易溶于水。直链淀粉遇碘呈现蓝色，而支链淀粉遇碘呈现紫红色	谷物（玉米、大麦、小麦、大米）中的淀粉，其半结晶结构不易被消化降解。③抗性淀粉，直链淀粉含量高且消化率低，如高直链淀粉玉米、小麦、豆类和香蕉。抗性淀粉又可分为 RS1 型（物理上不易降解的）、RS2 型（抗性淀粉颗粒，如生的马铃薯和香蕉）、RS3 型（变性淀粉，如冷却的熟马铃薯）和 RS4 型（化学修饰淀粉）。一般情况下，无定形或完全分散的淀粉更容易被消化酶降解
纤维素	由 D-葡萄糖通过 $\beta-1$，4-糖苷键连接形成的直链大分子，没有支链结构，葡萄糖的分子数一般为 900～2 000 个。植物中的结晶微原纤维通过氢键结合而成的纤维素可以形成粗纤维。葡萄糖分子间的 $\beta-1$，4-糖苷键使纤维素不溶于水，且不被动物源消化酶降解	纤维素中的结晶微原纤维被大量无定形的半纤维素、木质素和一些蛋白质包裹在植物细胞壁上，细胞壁上的多糖、木质素和蛋白质通过氢键和范德华力相互连接。这种化学结构是植物刚性和强度的主要形成因素
阿拉伯聚糖	具有复杂的由 D-阿拉伯糖残基通过 $\alpha-1$，3-糖苷键、$\alpha-1$，5-糖苷键和 $\beta-1$，2-糖苷键连接形成的支链结构。不同来源的阿拉伯聚糖其结构差异较大，可归类于果胶类物质。阿拉伯聚糖具有益生元活性和免疫刺激活性等	植物细胞壁中纯的阿拉伯聚糖浓度很低
半乳聚糖	由 $\beta-D$-半乳糖残基通过 $\beta-1$，4-糖苷键连接形成的直链结构	在植物细胞壁中的含量很低
$\beta-D$-葡聚糖	由 $\beta-D$-葡萄糖通过 $\beta-1$，3-糖苷键连接形成的直链和 $\beta-1$，4-、$\beta-1$，6-糖苷键形成的支链组成的同聚物。$\beta-D$-葡聚糖广泛存在于植物（如大麦、小麦、燕麦）细胞壁、酵母、细菌、真菌和藻类中	不同来源的 β-葡聚糖其主链、支链、分子质量和水溶性不同。谷物中的 β-葡聚糖主链上有 $\beta-1$，3、1，4-糖苷键，地衣中是 $\beta-1$，3、1，6-糖苷键；酵母和真菌的 β-葡聚糖主链上除了有 $\beta-1$，3-糖苷键外，支链上还有 $\beta-1$，6-糖苷键；大麦和燕麦中的 $\beta-D$-葡聚糖不含支链。通常情况下，谷物中的 $\beta-D$-葡聚糖会在大肠发酵降解
果聚糖	由 D-果糖聚合形成，广泛存在于多种植物（如牧草、块茎和甜菜）中。主链由 100～200 个 D-呋喃果糖通过 $\beta-2$，6-糖苷键连接形成，支链由 D-呋喃果糖以 $\beta-2$，1-糖苷键连接形成，数量为 1～4 个	一些特殊种类植物中果聚糖可以代替淀粉作为碳水化合物的能量贮存方式，且不能被动物源消化酶消化
甘露聚糖	由 D-甘露糖以 $\beta-1$，4-糖苷键连接形成的直链同聚多糖，是植物半纤维素的重要组成部分；而在酵母细胞壁中，甘露聚糖多以 $\alpha-1$，6-甘露糖为骨架链。甘露聚糖无色、无毒、无异味，能有效防止食品腐败变质	棕榈籽和象牙坚果中甘露聚糖含量高达 60%

（续）

名　称	简　介	备　注
糖原（动物中）	由 α-D-葡萄糖通过 α-1，4-糖苷键形成的主链和 α-1，6-糖苷键连接的支链组成。糖原结构类似于支链淀粉，但比支链淀粉又有更密的分支，糖原中每隔 8～12 个葡萄糖残基就会存在支链。糖原的相对分子质量约为 10^8，相当于由 6×10^5 个葡萄糖残基组成	糖原存在于所有动物的细胞中，是哺乳动物体内唯一的同聚多糖，是鸟类和鱼类的主要同聚多糖，大量存在于昆虫和甲壳类的外壳中。在哺乳动物中，约 80% 的糖原存在于骨骼肌和心肌中，约 15% 存在于肝脏中，约 5% 存在于其他组织中。糖原易溶于水
壳多糖（动物中）	由 N-乙酰葡萄糖胺分子以 β-1，4-糖苷键连接而成的不溶于水的长链聚合物，存在于甲壳类和昆虫的外壳、软体动物的齿舌中。类似于植物中的纤维素	又称为甲壳素、几丁质，具有多种生理功能，如广谱抗菌、提高免疫力等
纤维素（微生物中）	细菌中含有的由 D-葡萄糖以 β-1，4-糖苷键直线连接形成的纤维素	主要用于保护自身细胞膜
壳多糖（微生物中）	真菌（包括酵母菌）、绿藻及褐色和红色海藻中存在的由 N-乙酰葡萄糖胺分子以 β-1，4-糖苷键连接而成的不溶于水的长链线性聚合物	用以维持生物的细胞结构，促进细胞膜中的生物矿化
葡聚糖（微生物中）	含有由 D-吡喃葡萄糖以 α-1，6-糖苷键连接形成的主链和 α-D-吡喃葡萄糖残基以 α-1，2、α-1，3 或 α-1，4-糖苷键连接形成的支链，不同种类细菌中其支链长度不同	易溶于水，能降低饲喂动物的血液黏度
糖原（微生物中）	主要含 D-葡萄糖以 α-1，4-糖苷键形成的主链和 D-葡萄糖以 α-1，6-糖苷键连接的支链。细菌和酵母中糖原的平均链长为 8～12 和 11～12 个葡萄糖单元	细菌、真菌、原生动物和蓝藻中含有糖原
果聚糖（微生物中）	由果糖以 β-2，6-糖苷键连接形成的多聚物。细菌中果聚糖也含有由 D-呋喃果糖残基以 β-1，2-糖苷键连接形成的支链	芽孢杆菌属和链球菌属能以蔗糖为原料合成果聚糖。微生物中的果聚糖用于细胞外多糖基质的合成
甘露聚糖（微生物中）	以 D-甘露糖为单元连接形成的同聚多糖，其结构因微生物的种类不同而不同	
芽霉菌糖（微生物中）	由 α-D-吡喃葡萄糖以 α-1，4 和 α-1，6-糖苷键以 2：1 的比例连接形成的直链。易溶于水。多种真菌可产生芽霉菌糖	

六、杂聚多糖

杂聚多糖是由两种或两种以上不同类型的单糖或单糖衍生物形成的聚多糖。植物中的杂聚多糖含量受植物种类和生长状态的影响,其包括渗出胶、半纤维素、菊粉、甘露聚糖、黏胶、果胶和共轭多糖。动物中的杂聚多糖通常含有氨基、硫酸根或羧基。它们是细胞外基质和细胞膜的重要结构,如糖胺聚糖包括透明质酸、硫酸软骨素、硫酸皮肤素、硫酸乙酰肝素、硫酸肝素、硫酸角质素和壳多糖等,糖胺聚糖能被动物源消化酶降解(表1-26)。

表1-26 植物、动物和微生物中的杂聚多糖及植物中的酚类聚合物

名　称	简　介	备　注
阿拉伯半乳聚糖	主链是半乳聚糖,分支主要是阿拉伯糖侧链,水溶性好,可从苹果、油菜籽、大豆种子和番茄中获取,落叶松的木质部分中的含量可达25%	可被大肠内某些微生物降解,是良好的膳食纤维,并具有免疫活性
树胶渗出物	由植物产生,用于密封树皮中的伤口。大部分树胶可溶于水,结构复杂,具有乳化、稳定、增稠和凝胶的特性。不能被动物源性消化酶降解,能在一定程度上被大肠中微生物发酵	按来源分类,分为:①植物分泌物,如阿拉伯胶、桃胶等;②植物的水浸提物,如果胶等;③种子胶,如瓜尔胶、角豆豆胶等;④海藻胶,如琼脂、褐藻胶等;⑤制备树胶,如生物合成树胶、纤维素衍生物等
半纤维素	半纤维素是含有多种单糖的直链和高支链多糖混合物。主要的糖残基包括β-二羟基吡喃糖、β-D-木糖、β-D-甘露糖、β-D-阿拉伯糖、β-D-葡萄糖、β-D-半乳糖和糖醛酸。来源不同其组成不同。可溶于碱性溶液,遇酸后远较纤维素易于水解	半纤维素主要存在于饲料植物的细胞壁中,比纤维素更易化学降解。非反刍动物大肠中的细菌可以发酵半纤维素
菊粉	存在于多种植物和部分藻类的根与块茎中的果聚糖类,一般由20～30个D-呋喃果糖以β-1,2-糖苷键连接形成。菊粉可溶于水,短链(DP≤9)菊粉甜度较高,相当于蔗糖的30%～50%,长链菊粉几乎无甜味,所以普通菊粉(含长、短链菊粉)甜度约为蔗糖的10%。菊粉吸湿性强	某些植物中菊粉能够代替淀粉作为能量的主要贮存方式,其中菊芋中含量最高(15%～20%)。可用于降血脂、血糖,能促进钙、铜、锌等离子的吸收,作为水溶性膳食纤维有利于有益菌生长
甘露聚糖类(葡甘露聚糖、半乳甘露聚糖、半乳葡甘露聚糖)	主链由β-1,4-D-甘露糖构成,而支链含有β-D-葡萄糖或D-半乳糖	
植物黏液	黏液是几乎所有植物和某些微生物产生的胶状物质,它们所含的多糖是通过共价键和蛋白质相连的。具体结构未知	

（续）

名　称	简　介	备　注
果胶	由 D-吡喃半乳糖醛酸以 α-1, 4-糖苷键连接形成，有些果胶也含有阿拉伯聚糖和鼠李糖。果胶是白色至黄色粉末，无味，口感黏滑，相对分子质量为 20 000～400 000，商业生产主要原料是柑橘皮和苹果皮。营养上果胶可作为一种水溶性的膳食纤维，具有降血脂、降胆固醇、吸附重金属离子和毒素、润肠通便等作用。在大肠可被细菌发酵生成短链脂肪酸	主要存在于植物细胞壁中，也存在于细胞壁和细胞膜之间，可被反刍动物微生物酶水解而利用。具有持水力，在镁离子或钙离子存在时或高糖浓度的酸性环境中，可形成凝胶
透明质酸（动物）	其直链结构式是由 D-葡萄糖醛酸和 D-N-乙酰基-葡萄糖胺二糖以交替的 β-1, 4-糖苷键和 β-1, 3-糖苷键连接的重复结构。长度为 250～25 000 个二糖重复单位。可由动物组织（鸡冠）提取、生物发酵和化学合成等方法获得	可由胎盘细胞合成并存在于胎盘基质中，主要作用：①保障胎盘的存活、生长和发育；②润滑关节；③血管再生；④支撑皮肤、血管和骨骼中的结缔组织。食品级可用于美容
硫酸化杂聚多糖（动物）	是结缔组织的主要成分，包括硫酸软骨素（软骨主要成分）、硫酸皮肤素（皮肤中）、硫酸角质素（红细胞、角膜、软骨和骨中）、硫酸肝素（抗凝血剂）	有润滑组织，组织成长和再生、修补，抗炎等作用
阿拉伯半乳聚糖（微生物中）	是阿拉伯糖和半乳糖残基由呋喃糖构型连接形成的杂聚多糖。是微生物细胞壁的主要构成成分，不能被动物源消化酶降解	
脂多糖（微生物中）	也称为内毒素，是革兰氏阴性菌外膜中的糖脂，是高效的动物免疫反应促进剂	
胞壁质（微生物中）	是微生物细胞壁中的主要成分，胞壁质与短肽交互连接形成不溶于水的肽聚糖，维持细菌的形状和刚度	
黄原胶（微生物中）	由革兰氏阴性菌产生，极易溶于水	
琼脂（藻类中）	是两个直链多糖的混合物（琼脂糖和琼脂胶），从海洋红藻中获得。不被动物源消化酶降解，可以作为益生元在动物营养中使用	
木质素	是植物中高度交联的高分子甲氧基酚聚合物，不溶于水，不是碳水化合物。存在于植物组织和一些海藻中，不存在于动物体内。木质素使纤维素变得坚硬，从而给植物提供坚硬的结构支撑。木质素几乎难以被微生物侵蚀，碱处理可以部分溶解木质素，破坏木质素与纤维素、半纤维素的连接，从而提高消化率	

（续）

名　称	简　介	备　注
单宁	是植物中含有的大量羟基的多酚聚合物，有苦味，可溶于水，不是碳水化合物。能与蛋白质、金属离子（如铁）、碳水化合物及生物碱结合。可降低非反刍动物的采食量、生长速率、饲料转化率和蛋白质消化率。单宁的多酚结构可用于清除氧自由基，改善动物的氧化应激	
非淀粉多糖（植物、藻类中）	指在植物、藻类和海藻中除淀粉以外的同聚多糖和杂聚多糖，一般包含通过线性β-葡聚糖或β-糖苷键连接的杂聚多糖	根据水溶性，非淀粉多糖分为水溶性非淀粉多糖和非水溶性非淀粉多糖，水溶性非淀粉多糖包括果胶、菊糖、黄原胶、海藻酸盐（钠盐）和卡拉胶（钠盐）；非水溶性非淀粉多糖包括纤维素、半纤维素、抗性淀粉、甲壳素和木质素

七、根据不同测定方法进行的碳水化合物分类

在上文中将多糖分为同质多糖和杂质多糖，而从化验和实用的角度讲，不同的化验方法中碳水化合物的分类形式也不同。

传统的 Weende（概略养分分析）分析法中，碳水化合物可由公式计算：总碳水化合物＝干物质－粗蛋白质－粗灰分－粗脂肪，无氮浸出物（NFE）＝总碳水化合物－粗纤维。粗纤维是测定值，NFE 是计算值。此外，粗纤维包括纤维素、部分半纤维素、部分木质素和角质，NFE 包括糖、淀粉、糖原、果聚糖、果胶、纤维素、部分半纤维素和部分木质素。在此分析方法基础上，碳水化合物又可根据被胃肠道酶消化与否分为可消化碳水化合物和不可消化碳水化合物。可消化碳水化合物包括糖和淀粉，不可消化碳水化合物包括抗性淀粉、寡聚糖、非淀粉多糖（NSP），木质素未被包含于碳水化合物中。

洗涤纤维分析法（Van Soest 法）通过中性洗涤剂将植物中的营养物质分成细胞壁（不溶于中性洗涤剂）和细胞内容物（溶于中性洗涤剂）。细胞内容物包括糖、可溶性碳水化合物、淀粉、果胶、蛋白质、脂质、非蛋白氮和其他可溶物（如氨基酸）；细胞壁物质又被称为中性洗涤纤维（NDF），包括木质素、纤维素和半纤维素；中性洗涤纤维用可溶解半纤维素和纤维结合蛋白的酸性洗涤剂进一步萃取分离，不溶的是酸性洗涤纤维（ADF），包括纤维素、木质素、酸性热损伤蛋白及二氧化硅。ADF 用 72％硫酸作用后得到木质素，称为酸性木质素（ADL）。此法中，半纤维素是中性洗涤纤维和酸性洗涤纤维的差值。

另一种方法是总膳食纤维（TDF）分析，这种方法可以对饲料原料中的所有纤维组分进行定量分析，还将纤维分为可溶性膳食纤维和不可溶性膳食纤维，用这种方法得到的结果更接近饲料中纤维的实际含量。但因其在实验室中的结果重现性差，所以未被广泛使用。基于现代分析技术（特异酶法、比色法和色谱分析法等）的碳水化合物和木质素分类原则见图 1-1。

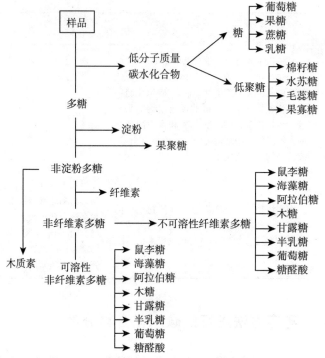

图 1-1　饲料中碳水化合物和木质素的分类原则

总的来讲，单糖含量可以通过酶法和高效液相色谱法（HPLC）分析，二糖、寡糖和淀粉含量通过酶-重量法分析，非淀粉多糖的分析方法则可以综合养分分析法、洗涤纤维分析法和总膳食纤维分析法，基于这 3 种分析方法的碳水化合物分类可见图 1-2。

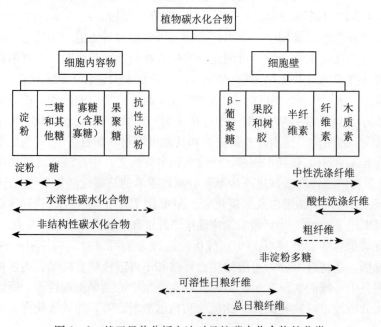

图 1-2　基于目前分析方法对日粮碳水化合物的分类

第四节　碳水化合物的消化、吸收与代谢

　　碳水化合物是猪与禽日粮中含量最丰富的营养素。在表1-1中，列出了配方制作中用到的碳水化合物成分。在实际的配方制作过程中，我们很少对其作上、下值的限制，碳水化合物更多是通过能量体系来体现其作用。

　　猪与禽采食到的碳水化合物，经过口腔、胃和小肠（以十二指肠为主）的消化，大肠的降解及小肠和大肠的吸收后，再运输至各组织、细胞进行代谢。

一、淀粉和糖原的消化

（一）口腔和胃

　　采食进入口腔的淀粉（少量糖原）通过咀嚼和唾液中的 α-淀粉酶（唾液腺分泌）水解进行消化。虽然淀粉酶可以一直持续到达胃的贲门区和胃底区而起作用，但胃对淀粉的消化很有限。淀粉在口腔和胃中被 α-淀粉酶分解为糊精、α-极限糊精、麦芽糖、麦芽三糖和异麦芽糖。糊精是通过 α-1，4 或 α-1，6-糖苷键结合的低分子质量的葡萄糖聚合物，α-极限糊精则是支链淀粉或糖原残余物的短支链葡萄糖聚合物。

（二）小肠

　　未被分解的淀粉（糖原）及其在口腔和胃中水解后的产物进入小肠，小肠中降解淀粉的酶及降解后产物见表1-27。

表1-27　小肠中降解淀粉的酶及降解后产物

消化酶	来源	作用
α-淀粉酶	胰腺	打开 α-1，4-糖苷键，水解直链淀粉生成麦芽三糖和麦芽糖；水解支链淀粉生成麦芽三糖、麦芽糖和 α-极限糊精
蔗糖酶-异麦芽糖酶	由小肠分泌到刷状缘起作用	打开 α-1，6-糖苷键，暴露支链淀粉，利于 α-淀粉酶水解
麦芽糖酶-葡萄糖淀粉酶	由小肠分泌到刷状缘起作用	水解 α-极限糊精成为麦芽糖、麦芽三糖和异麦芽糖

　　最终蔗糖酶-异麦芽糖酶水解异麦芽糖和麦芽三糖成为葡萄糖，麦芽糖酶-葡萄糖淀粉酶水解麦芽糖和麦芽三糖成为葡萄糖。淀粉（糖原）的最终产物是葡萄糖，其在口腔、胃、小肠中的消化过程可见图1-3。

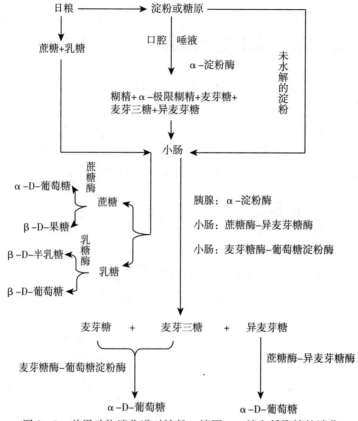

图1-3　单胃动物消化道对淀粉、糖原、二糖和低聚糖的消化

（三）淀粉结构对其在小肠消化的影响

淀粉消化受到淀粉直链和支链比率、α-1，4链的长度，以及α-1，6支链数量、原料类型、加工方式、动物类型与日龄等因素的影响（表1-28）。

表1-28　影响淀粉在小肠消化的因素及举例

影响因素	举例
淀粉直链与支链比例及类型	回肠食糜收集法研究发现，糯米淀粉（含直链23.6%、支链76.4%）的消化率接近100%，蜡样玉米淀粉（100%支链淀粉）的消化率为93%，抗性淀粉（含直链96.5%、支链3.5%）的消化率为67%
原料类型	断奶仔猪中，谷物淀粉真消化率为95%，豆类淀粉的约为90%。豆类淀粉多被细胞壁包被而接触不到消化酶，且直链与支链比率较高
动物日龄	谷物淀粉在4～21日龄仔鸡中的真消化率为82%～89%，在3周龄以上肉鸡的真消化率则达95%以上
加工方式	马对碾压大麦、粉碎大麦和颗粒大麦中淀粉的消化率分别是25%、80%和95%

二、二糖和寡糖的消化

乳糖、蔗糖、海藻糖和寡糖的消化见表 1-29。

表 1-29　小肠中降解二糖和寡糖的酶及降解后产物

消化酶	来源	作用
乳糖酶	由小肠分泌到刷状缘起作用	将乳糖水解为 β-D-半乳糖和 β-D-葡萄糖
蔗糖酶-异麦芽糖酶	由小肠分泌到刷状缘起作用	将蔗糖水解为 α-D-葡萄糖和 β-D-果糖
海藻糖酶	结合在小肠细胞顶端膜上的一种酶	水解海藻糖成为两个分子的葡萄糖
α-1, 4-糖苷酶		水解通过 α-1, 4-糖苷键连接的寡糖
α-1, 6-糖苷酶		水解通过 α-1, 6-糖苷键连接的寡糖

最终二糖和寡糖被水解为相应的单糖用于吸收。

三、猪与禽碳水化合物酶的发育性变化

碳水化合物酶的发育性变化与底物数量和小肠重量息息相关。猪在出生时，麦芽糖酶特异性酶活和总酶活很低，从出生到 56 日龄逐渐升高；猪出生时，蔗糖酶-异麦芽糖酶和海藻糖酶在小肠中几乎没有酶活，7d 后才有酶活，之后酶活急剧增加直至 56 日龄，大量的蔗糖将导致哺乳仔猪的腹泻。而乳糖酶的特异性酶活和总酶活在猪出生时最高，这种高酶活可以一直保持到断奶，断奶后急剧下降。这些酶的活性变化，是猪适应日粮中碳水化合物从乳糖到淀粉的变化所必需的。

禽肠道中碳水化合物酶的发育模式和变化与猪的不同，甚至有些相反。新孵出的肉用仔鸡其小肠细胞顶端膜就有很强活性的 α-淀粉酶和蔗糖酶-异麦芽糖酶，这样雏鸡在刚孵化出就可以利用植物淀粉。乳糖酶和海藻糖酶在 1～7 日龄或大于 7 日龄禽类的肌胃、胰腺和黏膜（包括小肠）中基本检测不到酶活，所以刚孵化的雏鸡不能消化乳糖或海藻糖。鸡虽然不能耐受大量的乳糖，但日粮中添加适量的乳糖（如 0.5%～4%）可以被用来作为一种有效的益生元，在后肠发酵生产乳酸和短链脂肪酸来降低肠腔中的 pH，从而抑制病原微生物的生长和给大肠黏膜细胞提供能量。

四、单糖吸收

小肠对日粮中的单糖及寡糖和多糖水解后的单糖产物的吸收是通过其顶端膜的特异性单糖转运载体进行的（表 1-30）。这些转运载体包括 14 种葡萄糖转运蛋白（GLUT）和钠-葡萄糖协同转运载体-1（SGLT1）（表 1-31）。单糖（如 D-葡萄糖、D-半乳糖、D-果糖、D-甘露糖和 2-脱氧-D-葡萄糖）经过转运载体的转运（进出小肠细胞）从小肠进入固有层的间质液，再进入肠静脉，然后通过血液循环系统进入门静脉后最终被肝细胞吸

收。单胃动物日粮中的葡萄糖大概有 5％被小肠代谢利用，其余的 95％会进入肝门静脉。进入肝门静脉的葡萄糖有 10％～15％会被肝脏吸收用于合成糖原和有限的代谢，其他 85％～90％的葡萄糖则进入全身血液循环用于肝外组织代谢。

表 1-30　动物细胞中的葡萄糖易化转运蛋白（GLUT）及其作用

GLUT	在动物细胞和组织中的分布与作用
GLUT1	在细胞中普遍表达，尤其是在血液-大脑屏障、胶质细胞、红细胞、胎盘和乳腺组织，满足细胞对基本葡萄糖需求
GLUT2	主要在肝细胞、胰岛 β 细胞、肠上皮细胞的基底膜表达；肾脏中有少量表达；当小肠肠腔内的葡萄糖和钙离子浓度升高时，上皮细胞的顶端膜也有葡萄糖转运蛋白的表达；负责将葡萄糖、半乳糖和果糖从小肠细胞向固有膜的单向转运，以及葡萄糖、半乳糖和果糖在肝脏的双向转运；吸收日粮中的脱氢抗坏血酸
GLUT3	分布在许多组织中；胎盘、大脑神经组织、肾脏、胎儿骨骼肌中尤其丰富；在成年人骨骼肌中水平较低
GLUT4	组织中主要的葡萄糖转运蛋白，受胰岛素刺激促进葡萄糖的吸收，如骨骼肌、心脏、脂肪组织；褐色脂肪组织中也有表达；禽类的骨骼肌中不存在
GLUT5	是一种果糖转运蛋白，大量存在于精子、睾丸和小肠中；其次在脂肪组织、骨骼肌、心脏、大脑、肾脏、乳腺组织和胎盘（母体向胎儿单向转运）中表达；单胃动物的肝细胞中几乎不存在；禽类和牛肝脏中具有很高的 mRNA 丰度
GLUT6	存在于脾脏、白细胞和大脑中
GLUT7	存在于肝细胞内质网、大脑、小肠、结肠和睾丸中
GLUT8	存在于睾丸、胚胎细胞、大脑、骨骼肌、心脏、脂肪细胞、肠细胞的顶端膜中；在哺乳动物肝细胞中转运海藻糖；吸收日粮中的脱氢抗坏血酸
GLUT9	存在于肝脏和肾脏中
GLUT10	存在于肝脏和胰腺中
GLUT11	存在于心肌和骨骼肌中
GLUT12	存在于乳腺组织、骨骼肌、心脏、脂肪组织和小肠中
GLUT13	存在于动物细胞中，用于肌醇运输
GLUT14	存在于动物细胞中，用于葡萄糖和果糖运输

资料来源：伍国耀（2019）。

注：GLUT5 是小肠、精囊、精子、孕体及肌肉细胞顶端膜转运 D-果糖的特异性载体，除了 GLUT5 以外的其他葡萄糖载体可以转运 D-葡萄糖、D-半乳糖、D-木糖。

表 1-31　动物细胞中的钠-葡萄糖协同转运蛋白（SGLT）

SGLT	在动物细胞和组织中的分布与作用
SGLT1	小肠中肠细胞的顶端膜（吸收肠腔中的葡萄糖进入肠细胞的主要葡萄糖转运载体）
SGLT2	近肾小管膜（吸收肾小管中的葡萄糖进入血液的主要葡萄糖转运载体）
SGLT3	肠黏膜下层和肌间神经丛的胆碱类神经，骨骼肌（可能作为葡萄糖传感器）

（续）

SGLT	在动物细胞和组织中的分布与作用
SGLT4	小肠上皮细胞的顶端膜和近肾小管的管腔膜（吸收小肠中的甘露聚糖和果糖进入肠上皮细胞或者从肾小管中进入血液的单糖转运载体）
SGLT5	小肠上皮细胞的顶端膜和近肾小管的管腔膜（吸收小肠中的甘露聚糖、果糖、葡萄糖和半乳糖进入小肠上皮细胞或者从肾小管中进入血液的单糖转运载体）
SGLT6	小肠上皮细胞的顶端膜和近肾小管的管腔膜（吸收小肠中的肌醇进入小肠上皮细胞或者从肾小管吸收供给血液的单糖转运载体）

资料来源：伍国耀（2019）。

　　一些转运载体蛋白，如 GLUT1 和 SGLT1 在妊娠期就已在小肠细胞顶端膜存在，这使得刚出生时的猪就能吸收 D-葡萄糖、D-半乳糖和 D-木糖；同样，小肠细胞基底外侧膜的 GLUT2 蛋白也已在猪出生时就存在，GLUT2 可以将吸收入小肠细胞的 D-葡萄糖和 D-半乳糖从小肠细胞转运到固有层间质。转运果糖的 GLUT5 在猪 0～7 日龄时还未在小肠顶端膜表达，直到 2 周龄时才有少量表达。因此，给断奶前的仔猪饲喂果糖其大部分不能被吸收，从而引起腹泻。断奶后仔猪小肠顶端膜的 GLUT5 表达量逐渐升高，这时才可以高效吸收日粮中的果糖。

　　与猪不同，家禽的小肠顶端膜在孵化前 5d 就已表达 GLUT5 和 SGLT1。因此，家禽在刚孵化时就能吸收小肠内的 D-果糖、D-葡萄糖及 D-半乳糖及 D-木糖。能将以上单糖从小肠细胞转运至固有膜的 GLUT2 在胚胎第 18 天也在小肠细胞顶端膜表达，并在孵化时其丰度增加 10 倍。因此，如果在日粮加入高含量（15%）的 D-果糖，则可以提高家禽的生长性能。

五、糖代谢

（一）葡萄糖代谢

　　葡萄糖代谢（表 1-32）分为分解代谢和合成代谢，葡萄糖在体内持续合成和代谢称为葡萄糖周转。禁食可降低葡萄糖的周转率，而妊娠和哺乳时会增加周转率。葡萄糖的分解代谢主要包括有氧时的有氧分解，以及无氧（缺氧）时的糖酵解、戊糖磷酸途径和糖醛酸途径。过量的葡萄糖在动物体内以糖原的形式贮存，肌肉和肝脏是糖原贮存的主要部位。为维持血糖浓度，机体会通过糖原分解和糖异生来生成葡萄糖。

表 1-32　葡萄糖代谢

通路	参与的营养素与代谢过程、结果	营养意义
糖酵解	参与的营养素（辅因子）是 Mg^{2+}。发生于细胞质中，1mol 葡萄糖糖酵解转化为 2mol 丙酮酸，净生成 2mol ATP。在不含线粒体的细胞中，1mol 丙酮酸可继续在乳酸脱氢酶的作用下转变成 1mol 乳酸，在酵母或含有线粒体的细胞	在无氧或缺氧时给细胞提供能量，如表皮中 50%～75% 的葡萄糖经糖酵解生成乳酸，成熟的哺乳动物红细胞以糖酵解为唯一供能途径，厌氧微生物和其他缺氧细胞的供能途径，在有氧情况下的某些动物细胞，如免疫细胞、视网

（续）

通路	参与的营养素与代谢过程、结果	营养意义
糖酵解	中，则可生成乙醇和CO_2。当氧气含量较高时，丙酮酸可被氧化为乙酰辅酶A并进入三羧酸循环，最后生成CO_2和水，从而抑制了糖酵解过程	膜、神经、睾丸等）的供能途径
有氧分解	葡萄糖在有氧条件下彻底氧化成水和CO_2，参与的营养素（辅酶）有Mg^{2+}、Ca^{2+}、硫胺素、烟酸、核黄素、泛酸、谷氨酸和天冬氨酸。有氧分解包括三个阶段：第一阶段，葡萄糖转变成丙酮酸（与糖酵解的共同途径）；第二阶段，丙酮酸进入线粒体氧化脱羧生成乙酰辅酶A；第三阶段，乙酰辅酶A进入三羧酸循环彻底氧化成CO_2和水。1mol的葡萄糖可产生30mol的ATP，这是食物能量转变成生物能量的主要方式。缺氧或部分缺氧可导致三羧酸循环完全或部分被抑制	乙酰辅酶A是葡萄糖、氨基酸和脂肪酸的共同代谢产物，而三羧酸循环是动物代谢的核心。日粮中碳水化合物、脂质、蛋白质和氨基酸超过机体合成代谢所需时，这些养分均可被转化为乙酰辅酶A并生成CO_2，乙酰辅酶A再进入三羧酸循环进行氧化。据估计，人体内2/3的有机物质经三羧酸循环完全分解。当来自葡萄糖的乙酰辅酶A超过其氧化代谢时，乙酰辅酶A将在肝脏和脂肪组织中转化成脂肪酸；如果脂肪酸代谢生成的乙酰辅酶A的量超过其氧化代谢的量，将乙酰辅酶A将在肝脏被用于合成酮体，过多的酮体会造成酮症酸中毒
戊糖磷酸途径	动物细胞质中进行的戊糖磷酸途径是葡萄糖氧化形成CO_2的第二个重要途径。此途径由两步组成：①氧化性不可逆反应阶段；②非氧化性可逆反应阶段。最终，6mol葡萄糖-6-磷酸氧化生成了12mol的$NADPH＋H^+$和6mol的CO_2，其代谢过程中生成的中间产物则通过基团交换生成5mol的葡萄糖-6-磷酸。此途径无ATP产生，需要的营养素（辅因子）有Mg^{2+}、Ca^{2+}、Mn^{2+}等	戊糖磷酸途径存在于动物肝脏、脂肪组织、肾上腺皮质、甲状腺、红细胞、睾丸、泌乳期的乳腺、活化的吞噬细胞（巨噬细胞和单核细胞）、活化的中性粒细胞和肠细胞中，在需要NADPH参与的合成过程中及在储能（脂肪组织）和宿主防御（吞噬细胞）方面有重要作用。戊糖磷酸途径中生成的核糖-5-磷酸是合成核酸和核苷酸的原料，并参与蛋白质合成，用于损伤后修补、组织再生。此途径中由$NADP^+$生成的NADPH用于许多生化反应，在脂肪组织、肾上腺皮质、睾丸、哺乳期乳腺等组织中发挥重要作用，$NADPH＋H^+$还是谷胱甘肽还原酶的辅酶
糖醛酸通路	在这个通路中，6-磷酸葡萄糖转化为葡萄糖醛酸、抗坏血酸和戊糖。从代谢量上看，这是一个很小的通路。此通路无ATP产生	产生的葡萄糖醛酸参与蛋白聚糖和杂聚多糖（如透明质酸）的生成，葡萄糖醛酸可转化成葡萄糖醛酸苷来排出有毒代谢产物和外源化学物质
糖原合成	在细胞质中进行，肝脏、骨骼肌和心肌都是糖原合成的主要部位。糖原合成既可以葡萄糖为底物直接合成，也可依赖C3单位（如丙氨酸和乳酸）间接合成。糖原蛋白是糖原的生理引物，可不经体内预先存在的糖原作为引物而引导糖原合成	肌细胞中缺乏葡萄糖激酶，所以肌肉中贮存糖原的量相较于肝脏中的较少。糖原快速合成，可以防止由高浓度游离葡萄糖引起的细胞外和细胞内渗透压的显著增加
糖原降解	糖原在糖原磷酸化酶和糖原脱支酶的联合作用下完全分解，生成的1-磷酸葡萄糖可转化为6-磷酸葡萄糖。肝脏和肾脏中的葡萄糖-6-磷酸酶将6-磷酸葡萄糖转化为葡萄糖，葡萄糖可迅速扩散至血液维持血糖稳定。脑细胞和肌细胞没有葡萄糖-6-磷酸酶。肌细胞中葡萄糖-6-磷酸主要用来氧化分解以供能	肝糖原分解可以立即提供葡萄糖，以维持禁食、短时间饥饿、运动期间及可能导致低血糖的其他情况出现时的血糖浓度。肌糖原分解则在运动和禁食期间提供能量

（续）

通路	参与的营养素与代谢过程、结果	营养意义
糖异生	糖异生是非碳水化合物转化为葡萄糖的代谢过程，包括乳酸、丙酮酸、甘油、丙酸、氨基酸和奇数长链脂肪酸。哺乳动物的糖异生只发生在肝脏和肾脏中，因为葡萄糖-6-磷酸酶只存在于这两个组织中。糖异生可以被认为是部分糖酵解反应的逆反应，细胞内糖异生的进行需要丙酮酸羧化酶、磷酸烯醇丙酮酸羧激酶、果糖-1，6-二磷酸酶和果糖-6-磷酸酶来克服能量屏障。由丙酮酸开始的糖异生反应需要大量的 ATP，这些 ATP 可由脂肪酸氧化提供	糖异生对酸碱平衡、禁食或饥饿期、泌乳动物、新生儿的低血糖及血糖稳定均有重要意义 不同底物的糖异生：①乳酸。因为机体的乳酸主要由葡萄糖生成，所以由乳酸合成的葡萄糖是零生成，肝中的乳酸主要被转化为葡萄糖和糖原，有一小部分被转化为甘油三酯；其他组织中的乳酸可被氧化也可被转化成糖原。乳酸转化成糖原可以清除由糖酵解生成的 H^+，维持机体酸碱平衡。②甘油。长时间饥饿后甘油是糖异生的重要底物，甘油在肝脏和肾脏中甘油激酶、甘油-3-磷酸脱氢酶、磷酸丙糖异构酶、醛缩酶的作用下生成 1，6-二磷酸果糖。③氨基酸。生糖类氨基酸通过丙酮酸和三羧酸循环中间产物转化为葡萄糖，生糖兼生酮氨基酸代谢的中间产物能被转化成葡萄糖和乙酰辅酶 A。④丙酸。是反刍动物主要的葡萄糖来源，先转化为琥珀酰辅酶 A，再通过三羧酸循环进入糖异生途径，此途径需要生物素

（二）果糖代谢

日粮中的蔗糖分解后可生成 D-果糖。在动物细胞中，D-果糖由 D-葡萄糖在醛糖还原酶和山梨糖醇脱氢酶的作用下合成，肝脏、卵巢、胎盘、精囊、肾脏、红细胞和眼睛均可表达醛糖还原酶，其中肝脏、卵巢、胎盘和精囊又具有山梨糖醇脱氢酶活性。果糖在精囊和胎盘中的净合成率很高，在雄性精液和胎儿液体中的含量也非常高，因此可能对繁殖有重要的生理意义（胎儿的主要代谢原料是葡萄糖和氨基酸，而不是脂肪酸，因为胎儿产生的活性氧需要降到最低水平，孕体高浓度的谷胱甘肽和甘氨酸可以保护胎儿免受氧化损伤）。生殖激素能上调葡萄糖合成果糖。果糖在动物的细胞质中分解产生甘油、甘油酸-3-磷酸和葡萄糖。肝脏是哺乳动物和禽类降解果糖的主要器官。

（三）半乳糖代谢

D-半乳糖是 D-葡萄糖的 C4 差向异构体，体内 D-葡萄糖自发差向异构化产生 D-半乳糖的速率很低，D-葡萄糖需要通过几种细胞质酶的作用才能生成 UDP-半乳糖。细胞质中的 UDP-半乳糖被活性转运蛋白转运至高尔基体腔内，被用于合成磷脂、糖脂、蛋白多糖和糖蛋白。哺乳期动物乳腺上皮细胞高尔基体腔中含有的乳糖合成酶，可以将 UDP-半乳糖和 β-D-葡萄糖合成为 D-乳糖，乳糖合成酶在其他组织是缺失的。合成的乳糖进入乳汁后，又通过渗透压的作用调节进而影响水分进入，所以乳糖含量的增加能提高乳汁的产量。乳糖合成酶是半乳糖基转移酶和 α-乳清蛋白的复合物，α-乳清蛋白只能由乳腺的上皮细胞合成，表明氨基酸（作为蛋白质前体）在哺乳动物的乳糖生产中具有重要作用。

在小肠中，存在于肠细胞表面的乳糖酶能将 D-乳糖水解成 β-D-半乳糖和 β-D-葡萄糖。在细胞质中通过 Leloir 途径半乳糖可被磷酸化为 1-磷酸半乳糖，1-磷酸半乳糖尿苷酰转移酶将 UDP-葡萄糖的 UMP 基团转移至 1-磷酸半乳糖上，生成 UDP-半乳糖，UDP-葡萄糖-4-差向异构酶将 UDP-半乳糖转化为 UDP-葡萄糖，UDP-葡萄糖是糖原合成的通用底物。D-半乳糖还可以通过其他途径降解最终生成 D-木酮糖-5-磷酸，从而进入戊糖磷酸途径，或在细菌中生成 D-塔格糖-6-磷酸。

六、碳水化合物在（猪）大肠中的消化吸收与代谢

碳水化合物在猪小肠中的代谢情况可以概述如下：葡萄糖和蔗糖即使含量很高也几乎全部被消化吸收，但果糖的吸收率较低；乳糖在哺乳仔猪有很高的吸收率，断奶仔猪则不足以降解高含量的乳糖，吸收系数可能降半（Rérat 等，1984b）。猪的体内缺乏降解大多数寡糖的酶，但对大豆、羽扇豆和豌豆中的棉籽糖、果聚糖、低聚果糖及低聚反式半乳糖有高度变异的、相对较高的消化系数，含量低时消化系数越高。总的来说，小肠可消化 40% 的寡糖。经过适当加工的淀粉在小肠中的消化率很高，几乎可以认为都被消化完全（96% 以上）。适当的加工可以破坏原料的物理结构阻碍，使富含消化酶的小肠极性溶液直接接触淀粉颗粒；淀粉磨细及热加工（将淀粉的物理形态从晶体改变为凝胶结构）都会扩大淀粉颗粒的表面积，从而利于提高消化率。淀粉的类型能影响消化率，豆类淀粉比谷物淀粉更难消化，豌豆淀粉的消化率约 88%，蚕豆淀粉的消化率约 84%，马铃薯淀粉的消化率只有 30%～50%。20%～25% 的非淀粉多糖可以被小肠降解，这可能与胃和小肠中的厌氧菌有关。Jensen 和 Jørgensen（1994）曾报道，总厌氧菌从胃中的 10^7～10^9 活菌数逐渐增加到小肠远端的 10^9 活菌数。也有报道指出，在胃的食糜中存在相当高水平的乳酸和短链脂肪酸（SCFA），在小肠远端食糜中的含量则更高。不同纤维素多糖间的消化率存在巨大差异，线性 β-葡聚糖和相对可溶性 β-葡聚糖的回肠消化率总是大于不可溶性纤维素和不溶性的阿拉伯木聚糖复合物，果胶的降解率也存在很高的变异性。利用猪回肠瘘管对 78 种饲料的研究表明，在小肠中，可溶性纤维素和不可溶性纤维素对淀粉的消化率均无大的影响。

随着食糜中可消化营养素（淀粉和糖）被耗尽，到达小肠末端食糜中非淀粉多糖的浓度将大幅增加。非淀粉多糖浓度的增加导致食糜流速增加，其中溶解的非淀粉多糖还能增加食糜的黏度，而不同纤维的降解程度不同将导致不同的食糜黏度。

经过小肠消化后进入大肠中的食糜中仍有部分淀粉、糖和大部分的非淀粉多糖。进入大肠的乳糖、某些果糖和寡糖、残留淀粉（如 RS1 型淀粉）在盲肠和近端结肠中很快被降解，生成的短链脂肪酸会导致 pH 的大幅下降。

非淀粉多糖在大肠中的降解速率和降解程度受其化学性质、溶解度及木质化程度的影响。β-葡聚糖、可溶性的阿拉伯木聚糖及果胶在盲肠及结肠近端被降解，纤维素和不可溶性阿拉伯木聚糖则在结肠更远端被更慢地降解，这样沿着大肠就形成了营养素梯度。在盲肠及结肠近端营养浓度较高，快速发酵物含量较高，微生物生长速度快，SCFA 产生量得多，pH 较低；随着流动食糜中易利用物质的降解，营养物质浓度降低，在远端结肠和

直肠中细菌的生长被抑制，SCFA 生成量减少，pH 接近中性（表 1-33）。

表 1-33　猪大肠不同肠段中的发酵及其参数

盲肠和近侧结肠	富含碳水化合物 短链脂肪酸产生的速度快 含水量高 pH 呈酸性 滞留时间 9～14h 细菌生长快速 主要是 H_2 和 CO_2
末端结肠和直肠	富含蛋白质 游离水少 短链脂肪酸产生的速度慢 近中性 pH 滞留时间 12～18h 细菌生长缓慢 H_2、CO_2 和 CH_4 胺、酚和氨

注：在盲肠和近侧结肠中碳水化合物的浓度最大，此处较高的养分浓度导致微生物生长快速，SCFA 产生量多。因此，SCFA 的浓度较高，pH 较低（Bach Knudsen 等，1993；Jensen 和 JΦrgensen，1994；GlitsΦ 等，1998）。随着食糜向后移动，大多数容易被利用的碳水化合物被分解，细菌的生长被抑制，从而减少了 SCFA 的生成，SCFA 的浓度降低，pH 接近中性（Bach Knudsen 等，1991，1993）。某些情况下，SCFA 的组成也可能会发生改变，通常是从盲肠/近端结肠到远端结肠乙酸浓度增加、丙酸浓度降低（Bach Knudsen 等，1991）。

　　表 1-34 中显示了饲料纤维组分的化学组成对碳水化合物在大肠中消化的影响，表中数据证实非木质化原料（如小麦粉、磨碎的燕麦、黑麦粉、燕麦麸和甜菜浆）中纤维素和阿拉伯木聚糖的消化率比木质化原料（黑麦和小麦的果皮/种皮及小麦麸）的消化率高得多。母猪通常具有较低的单位体重采食量、较慢的食糜流动、更大的肠道容积和较高的纤维分解活性，所以一般比生长猪具有更高的纤维消化率和代谢能值。

表 1-34　利用含有不同纤维水平的植物原料开展的试验测定的总非淀粉多糖、
β-葡聚糖、纤维素和阿拉伯木聚糖的全消化道消化率

植物来源	纤维（g/kg DM）	消化率（%）			
		总 NSP	β-葡聚糖	纤维素	AX[1]
谷物混合物-豆粕	210	58	100	45	44
大麦-豆粕	148	74	100	56	66
小麦粉	35	83	100	60	85
小麦粉＋小麦糊粉	55	67	100	47	68
小麦粉＋小麦皮/壳	62	50	100	24	50
小麦粉＋小麦麸	62	62	100	44	62
磨碎的燕麦	93	90	100	78	82
磨碎的燕麦＋燕麦麸	109	92	100	83	84
全谷黑麦	156	67	ND[2]	28	65

（续）

植物来源	纤维 （g/kg DM）	消化率（%）			
		总 NSP	β-葡聚糖	纤维素	AX
黑麦粉	94	87	ND	84	83
黑麦糊粉	180	73	ND	35	73
黑麦皮（壳）	177	14	ND	10	—[1]
小麦细粉（2.9%>2mm）	154	68	100	—[2]	71
粗粉（12.0%>2mm）	148	64	100	—[2]	68
大麦-细粉（0.7%>2mm）	185	61	100	—[2]	62
小麦-粗粉（23.3%>2mm）	148	57	100	—[2]	53
半纯化+纤维素（低）	128	50	ND	51	ND
半纯化+纤维素（高）	229	12	ND	9	ND
半纯化+甜菜碱（低）	123	97	ND	93	ND
半纯化+甜菜碱（高）	211	96	ND	89	ND

资料来源：Bach Knudsen 和 Hansen（1991）；Bach Knudsen 等（1993，2005）；Canibe 和 Bach Knudsen 等（1997b）；Glits 等（1998）；Graham 等（1986）；Longland 等（1993）。

注：[1]阿拉伯木聚糖；[2]未测定。

基本上，根据22个研究中的78种日粮营养素回肠和粪便中回收率的结果发现，接近100%的糖、97%的淀粉、75%的蛋白质和72%的脂肪在通过小肠时消失；到达大肠的有机物有约50%被发酵，其中脂肪不会消失，而37%的粗蛋白质、59%的非淀粉多糖、71%的不明残留物和90%的淀粉会消失。这意味着，饲料中28%的粗脂肪、15%的粗蛋白质和40%的NSP会随粪便被排出体外。

有机物在大肠中发酵的产物包括SCFA、气体、粪便残渣及菌体。在微生物体内进行的发酵过程中，己糖氧化和戊糖氧化形成了丙酮酸，丙酮酸随后可被氧化为乙酸、丙酸和丁酸，三者从微生物细胞中排出进入肠腔，进入肠腔的SCFA通过离子扩散、阴离子交换（与HCO_3^-）和转运载体介导的主动运输这3种方式进入肠细胞。通过比较肠道内容物中和经肝脏循环后的乙酸：丙酸：丁酸摩尔浓度发现，丁酸在结肠或肝中被代谢，而大多数乙酸和丙酸未被代谢而进入了肝脏。其中，丙酸进入糖异生途径，乙酸则被转移到脂肪组织和骨骼肌中，用于脂肪酸合成或氧化作用。吸收和代谢的SCFA产生的ATP摩尔数见表1-35。发酵产生的气体主要是H_2和CH_4，可通过排气和呼吸排出，部分SCFA和菌体会与粪便一起排出。

表1-35 根据有机酸 ATP 生产量计算的代谢能值（猪）

项目	ATP （mol/mol 有机酸）	相对分子质量	猪有机酸能值 （ME MJ/kg）	在后肠中的比例
乙酸	10	60.05	13.99	0.65
丙酸	18	74	20.43	0.25
丁酸	28	88.11	26.70	0.1

（续）

项目	ATP （mol/mol 有机酸）	相对分子质量	猪有机酸能值 （ME MJ/kg）	在后肠中的比例
乳酸	15	98.08	12.85	
乙醇	10	46.07	18.24	
亚油酸	117	280.44	35.05	

注：每摩尔 ATP 能值为 84.01kJ。

　　SCFA 的吸收速度低于葡萄糖，机体能量来源中 SCFA 的占比一般也低于葡萄糖。动物采食后的 4～5h 内，葡萄糖的吸收量是 SCFA 的 4～5 倍，只有在吸收的后段，SCFA 的吸收量才赶上葡萄糖。SCFA 和葡萄糖的吸收比例受日粮中纤维类型和量的影响（表 1-36），纤维的类型也影响 SCFA 的组成。甜菜纤维替代麦麸可增加乙酸含量而减少丙酸含量，抗性淀粉可增加丁酸含量而减少乙酸含量，燕麦麸和黑麦可增加门静脉中丁酸比例的同时减少乙酸比例。因此，甜菜纤维可产生更多的能量，而抗性淀粉、燕麦麸和黑麦更利于大肠健康。

表 1-36　饲粮颗粒、可消化淀粉和不可消化淀粉摄入量对葡萄糖和短链脂肪酸
门静脉浓度和流速及以葡萄糖和短链脂肪酸形式吸收的能量比例的影响

饲粮	采食量（g）				葡萄糖		SCFA		吸收的能量（%）	
	饲粮颗粒	可消化淀粉	NDC		Mmol/L	Mmol/h	μmol/L	mmol/h	Glu	SCFA
			RS	NSP						
LF 小麦面包	1 300	746	4	77	8.1	175	775	30	93	7
HF 小麦麸	1 300	663	3	140	7.69	127	854	30.8	90.5	9.5
HF 燕麦麸	1 300	605	3	140	7.66	132	908	37.1	89.1	10.9
HF 黑麦面包	1 250	676	13	254	6.6	157	1 140	76.9	82.4	17.6
HF 小麦面包	1 250	610	7	275	6.43	117	1 001	66.5	80.2	19.8
玉米淀粉	860	536	9	39	8.85	146	459	13.9	96	4
豌豆淀粉	860	535	15	36	6.9	105	454	17.8	93.1	6.9
玉米淀粉	1 250	762	20	66	8.14	185	480	19.1	95.7	4.3
玉米：马铃薯淀粉（1：1）	1 250	609	189	66	6.94	109	1 240	60.3	80.6	19.4
马铃薯淀粉	1 250	361	458	66	5.97	49	1 620	88.9	55.9	44.1

　　资料来源：Bach Knudsen 等（2000，2005）；Van Der Meulen 等（1997a，1997b）。
　　注：NDC＝非消化性碳水化合物；RS＝抗性淀粉；Glu＝葡萄糖；LF＝低纤维；HF＝高纤维。

　　SCFA 的利用效率也低于葡萄糖，发酵产生 H_2 和甲烷损失约 25% 的能量。相对于生长猪，母猪通过气体损失的能量更多，INRA 中提供了气体能量损失的计算公式。大肠吸收的 SCFA 的利用率估计只有 69%（表 1-37）。不可消化碳水化合物的净能值较低，是其降解率低、气体损失、生成的 SCFA 利用率低的综合结果。

表1-37　大肠中发酵能量的利用

饲料组成	体重范围（kg）	大肠中的发酵能量（DE,%）	与小肠有关的效率（RE/ME,%）	资料来源
马铃薯淀粉、纤维素	60～90	18～33	51	Just 等（1983）
马铃薯、甜菜、青草、苜蓿粉	90～180	9～40	66	Hoffmann 等（1990）
玉米淀粉、纤维素、大豆荚	30～105	13～27	63	Bakker 等（1994）
甜菜浆、玉米蒸馏谷物、向日葵粕等	38～47	3～27	82	Noblet 等（1994）
豌豆纤维、果胶	40～125	7～29	73	Jorgensen 等（1996）
大麦秆、大麦壳、小麦麸、马铃薯纤维、大豆纤维	50～70	4～29	76	
小麦麸、甜菜浆、种子渣、啤酒渣	46～125	8～35	69	
豌豆壳、马铃薯浆、果胶渣、甜菜浆	160～243	5～40	90	

注：RE 为保留的能量，ME 为可代谢的能量。

第五节　蛋白质和氨基酸的消化吸收与代谢

一、概述

蛋白质是通过肽键（—CO—NH—）连接的氨基酸的大分子聚合物。自然界中蛋白质种类可达 $10^{10}\sim10^{12}$ 数量级，组成元素主要有碳（50%～55%）、氢（6%～7%）、氧（19%～24%）、氮（13%～19%）和硫（0～4%），有些蛋白质还含有磷、铁、铜、锌、锰、钴、钼、硒、碘等。各种蛋白质的含氮量很接近，平均为 16%。蛋白质按物理特性及功能不同可分为球状蛋白和纤维状蛋白质。球状蛋白质的形状近似球形或椭圆形，多数可溶于水；纤维蛋白质形似纤维，其分子长轴的长度比短轴长 10 倍以上，多为结构蛋白且难溶于水。蛋白质按化学组成的不同可分为简单蛋白质和结合蛋白质。简单蛋白质经过水解只产生各种氨基酸，根据溶解性分为清蛋白、球蛋白、谷蛋白、醇溶蛋白、组蛋白、精蛋白和硬蛋白等；结合蛋白根据辅基的不同分为核蛋白、糖蛋白、脂蛋白、磷蛋白、黄素蛋白、色蛋白及金属蛋白。

氨基酸是含有氨基和酸性集团（羧基或磺酸基）的有机物质。自然界中的氨基酸（L-和 D-氨基酸)有 700 多种，但其中只有 20 种是合成蛋白质的氨基酸。除甘氨酸外，均属于 L-α-氨基酸；另外，又在原核和真核生物的硒蛋白中发现了第 21 种氨基酸——硒代半胱氨酸，以及在微生物中发现了第 22 种氨基酸——吡咯赖氨酸，其他的为非蛋白质氨基酸；在大多数植物和动物来源的食品成分中，超过 98% 的总氨基酸存在于蛋白质和多肽中，只有少量（不足 2%）以游离形式存在。20 种蛋白质氨基酸根据侧链结构和理化性质分类情况分别见表 1-38 和表 1-39。在动物体内，蛋白质的相对分子质量平均是 100u，一般需要 118g 氨基酸才能在动物体内产生 100g 蛋白质，生成 100g 蛋白质需要完整氨基酸的能量为 2 326kJ（计算值见表 1 - 40），而 100g 蛋白质在体内氧化可释放 1 719kJ 能量。

由 2 种或 2 种以上氨基酸残基通过肽键连接组成的有机分子称为肽。由 2~20 个氨基酸残基组成的肽是寡肽，其中氨基酸残基数量≤10 个的是小肽，11~20 个的被称为大肽；蛋白质中氨基酸残基含量超过 50 个（多数蛋白质氨基酸残基含量在 50~2 000 个）并且具有三维结构；氨基酸残基数量在 21~50 个的为多肽，蛋白质可以由一个或多个多肽组成，由 1 个多肽组成的蛋白质没有四级结构。

表 1 - 38 氨基酸分类与理化性质

分类	名称	缩写	符号	相对分子质量	熔点（℃）	溶解度[1]	等电点（pI）
非极性脂肪族氨基酸	甘氨酸	Gly	G	75.07	290	25.0	6.07
	L-丙氨酸	Ala	A	89.09	297	16.5	6.11
	L-缬氨酸	Val	V	117.15	315	5.82	6.01
	L-亮氨酸	Leu	L	131.17	337	2.19	6.04
	L-异亮氨酸	Ile	I	131.17	284	4.12	6.02
	L-脯氨酸	Pro	P	115.13	222	162.3	6.30
极性中性氨基酸	L-丝氨酸	Ser	S	105.09	228	41.3	5.68
	L-半胱氨酸	Cys	C	121.16	178	17.4	5.07
	L-蛋氨酸	Met	M	149.21	283	5.06	5.74
	L-天冬酰胺	Asn	N	132.12	236	2.20	5.41
	L-谷氨酰胺	Gln	Q	146.14	185	4.81	5.65
	L-苏氨酸	Thr	T	119.12	253	9.54	5.64
含芳香环的氨基酸	L-苯丙氨酸	Phe	F	165.19	284	2.96	5.76
	L-酪氨酸	Tyr	Y	181.19	344	0.045	5.66
	L-色氨酸	Trp	W	204.22	282	1.14	5.89
酸性氨基酸	L-天冬氨酸	Asp	D	133.1	270	0.45	2.77
	L-谷氨酸	Glu	E	147.13	249	0.86	3.22
碱性氨基酸	L-精氨酸	Arg	R	174.2	238	18.6	10.76
	L-赖氨酸	Lys	K	146.19	224	78.2	9.74
	L-组氨酸	His	H	155.15	277	4.19	7.69

注：[1] 指在 25℃ 时水中的溶解度（g，以 100mL 计）。

表 1 - 39 20 种常见氨基酸的中文缩写和结构式

名　称	中文缩写	结构式
非极性氨基酸		
甘氨酸（α-氨基乙酸）	甘	CH_2-COO^- $\mid$ $^+NH_3$

（续）

名　称	中文缩写	结构式
丙氨酸（α-氨基丙酸）	丙	CH_3—CH—COO^- 　$\overset{+}{N}H_3$
亮氨酸（γ-甲基-α-氨基戊酸）*	亮	$(CH_3)_2CHCH_2$—CHCOO$^-$ 　$\overset{+}{N}H_3$
异亮氨酸（β-甲基-α-氨基戊酸）*	异亮	CH_3CH_2CH—CHCOO$^-$ 　CH_3 $\overset{+}{N}H_3$
缬氨酸（β-甲基-α-氨基丁酸）*	缬	$(CH_3)_2CH$—CHCOO$^-$ 　$\overset{+}{N}H_3$
脯氨酸（α-四氢吡咯甲酸）	脯	—COO^- $\overset{+}{N}$ H　H
苯丙氨酸（β-苯基-α-氨基丙酸）*	苯丙	—CH_2—CHCOO$^-$ 　$\overset{+}{N}H_2$
蛋（甲硫）氨酸（α-氨基-γ-甲硫基戊酸）*	蛋	$CH_3SCH_2CH_2$—CHCOO$^-$ 　$\overset{+}{N}H_3$
色氨酸［α-氨基-β-（3-吲哚基）丙酸］*	色	CH_2CH—COO^- $\overset{+}{N}H_3$ 　N H
非电离的极性氨基酸		
丝氨酸（α-氨基-β-羟基丙酸）	丝	$HOCH_2$—CHCOO$^-$ 　$\overset{+}{N}H_3$
谷氨酰胺（α-氨基戊酰胺酸）	谷胺	H_2N—$\overset{O}{\overset{\|}{C}}$—$CH_2CH_2$CHCOO$^-$ 　$\overset{+}{N}H_3$
苏氨酸（α-氨基-β-羟基丁酸）*	苏	CH_3CH—CHCOO$^-$ 　$OH_3\overset{+}{N}H_3$
半胱氨酸（α-氨基-β-巯基丙酸）	半胱	$HSCH_2$—CHCOO$^-$ 　$\overset{+}{N}H_3$
天冬酰胺（α-氨基丁酰胺酸）	天胺	H_2N—$\overset{O}{\overset{\|}{C}}$—$CH_2$CHCOO$^-$ 　$\overset{+}{N}H_3$

（续）

名　称	中文缩写	结构式
酪氨酸（α-氨基-β-对羟苯基丙酸）	酪	
酸性氨基酸		
天冬氨酸（α-氨基丁二酸）	天	
谷氨酸（α-氨基戊二酸）	谷	
碱性氨基酸		
赖氨酸（α，ω-二氨基己酸）*	赖	
精氨酸（α-氨基-δ-胍基戊酸）	精	
组氨酸［α-氨基-β-（4-咪唑基）丙酸］	组	

注：*必需氨基酸。

表 1-40　氨基酸的能量

名　称	能　量	
	kJ/mol	kJ/kg[1]
丙氨酸（Ala）	1 577	17 701
精氨酸（Arg）	3 739	21 464
天冬酰胺（Asn）	1 928	14 593
天冬氨酸（Asp）	1 601	12 029
半胱氨酸（Cyr）	2 249	18 562
谷氨酰胺（Gln）	2 570	17 589
谷氨酸（Glu）	2 244	15 252
甘氨酸（Gly）	973	12 961
组氨酸（His）	3 213	20 709
羟脯氨酸（OH-Pro）	2 593	19 774
异亮氨酸（Ile）	3 581	27 300
亮氨酸（Leu）	3 582	27 308
赖氨酸（Lys）	3 683	25 193
蛋氨酸（Met）	3 245	21 748

（续）

名　称	能　量	
	kJ/mol	kJ/kg[1]
苯丙氨酸（Phe）	4 647	28 131
脯氨酸（Pro）	2 730	23 712
丝氨酸（Ser）	1 444	13 741
苏氨酸（Thr）	2 053	17 235
色氨酸（Trp）	5 628	27 559
酪氨酸（Tyr）	4 429	24 444
缬氨酸（Val）	2 933	25 036

注：[1]根据《动物营养学原理》（伍国耀，2019）表 4.11 中数据计算，氨基酸的能量（kJ/kg）＝氨基酸的能量（kJ/mol）÷氨基酸的摩尔质量×1 000。1kg 蛋白质在体内氧化分解可产生 17.2MJ 的能量，与同质量的葡萄糖氧化产生的能量相当。

　　实践中常用的有关氨基酸和蛋白质的部分知识点见表 1-41。

表 1-41　关于氨基酸和蛋白质的部分知识点

项　目	内　容	应用举例
亲水氨基酸	根据 R 基团对水分子的亲和性，可将氨基酸分为亲水氨基酸和疏水氨基酸，亲水氨基酸有丝氨酸、苏氨酸、半胱氨酸、天冬酰胺、谷氨酰胺、天冬氨酸、谷氨酸、精氨酸、赖氨酸和组氨酸	丝氨酸和苏氨酸的 R 基团中含有羟基，天冬酰胺和谷氨酰胺的 R 基团中含有酰胺基。羟基和酰胺基的存在使这 4 种氨基酸不仅能和水分子形成氢键，而且它们彼此之间或者与肽链骨架、其他极性化合物间也可形成氢键。 氨基酸的疏水性直接影响蛋白质的折叠，在水溶液中，疏水氨基酸一般位于蛋白质内部，亲水氨基酸位于蛋白质表面，这是驱动蛋白质折叠的动力之一。 氨基酸 R 基团的亲水性使这些氨基酸通常分布在球状蛋白质的表面
疏水氨基酸	包括甘氨酸、丙氨酸、缬氨酸、亮氨酸、酪氨酸、异亮氨酸、脯氨酸、蛋氨酸、苯丙氨酸和色氨酸。因为甘氨酸和蛋氨酸相比其他疏水氨基酸 R 基团的疏水性要弱，因此也有人将二者单独列为中性氨基酸	此处的分类是根据 R 基团进行的，实际上因为氨基酸均含有亲水的氨基和羧基，因此所有的氨基酸是溶于水的
含硫氨基酸	蛋氨酸、半胱氨酸、高半胱氨酸、牛磺酸、硒代半胱氨酸、胱氨酸等氨基酸中含有硫原子	半胱氨酸中含有巯基，其 pK$_a$ 约为 8.4，因此在生理 pH 下主要以非解离形式存在。半胱氨酸在金属离子存在和还原剂不存在的情况下可快速脱氢并以二硫键形成胱氨酸，人的血清或血浆中胱氨酸：半胱氨酸约为 10：1，生理条件下，胱氨酸又很容易在细胞内转化成半胱氨酸的。蛋白质分子中，两个半胱氨酸的巯基形成二硫键，有助于稳定蛋白质的三维结构，含有二硫键的蛋白质一般是分泌蛋白或者细胞膜蛋白（如胰岛素、胰岛素受体、动物消化道内的各种蛋白酶），胞内蛋白很少有二硫键。蛋

（续）

项　目	内　容	应用举例
含硫氨基酸		氨酸在代谢中的重要作用与硫原子上的甲基有关，它受到激活后可作用甲基供体，从而参与多种生物分子的甲基化修饰，如 DNA、RNA 和组蛋白的甲基化。牛磺酸仅由动物肝脏合成，不在植物或微生物内形成
亚氨基酸	脯氨酸和羟脯氨酸的吡咯烷环中含有次级 α-氨基（—NH）基团，因此称为 α-亚氨基酸	羟脯氨酸是蛋白质在翻译后的修饰过程中，脯氨酸被羟化而形成的。在这两种氨基酸中，N 在吡咯烷环中的移动受到限制。脯氨酸和甘氨酸通常会造成多肽链的弯曲
氨基酸侧链与蛋白质性质的关系	色氨酸、苯丙氨酸和酪氨酸的紫外线吸收性质	3 种氨基酸内都含有苯环，对近紫外波长范围内（230～300nm）的光有强吸收。其中，色氨酸和酪氨酸的吸收峰靠近 280nm，与核苷酸或核酸的吸收峰不同（260nm），此性质可用来定性、定量测定蛋白质
	丝氨酸、苏氨酸和酪氨酸侧链的羟基	羟基中含有孤对电子，可作为亲核基团参与多种酶的反应；羟基还可被磷酸化修饰，通过这种方式可调节酶和蛋白质活性
	赖氨酸侧链的 ε-氨基	ε-氨基内含有孤对电子，可作为亲核基团参与多种酶的催化；许多蛋白质的辅酶（如生物素和硫辛酸）中含有的羧基能与 ε-氨基生成酰胺键，从而实现与蛋白质的共价连接；ε-氨基可发生特定的乙酰化、甲基化和磷酸化等化学修饰，组蛋白可通过这些修饰来调节活性，从而影响基因的表达
	半胱氨酸的巯基和含硒半胱氨酸的硒醇基	巯基可作为亲核基团参与多种酶的催化；二硫键对蛋白质的三维结构有稳定作用；硒醇基很容易被氧化，有抗氧化活性
	组氨酸侧链的咪唑基	咪唑环的 pK_a 接近 7，其在生理条件下既可作为质子受体，又可作为质子供体，因此许多酶的活性中心都含有组氨酸
	谷氨酸和天冬氨酸侧链的非 α-羧基	非 α-羧基在特定条件下可作为质子供体（非解离状态）或受体（解离状态），许多酶利用它作为一种催化手段。解离的羧基带有负电荷，有些金属蛋白质可用其结合金属离子
等电点（pI）	所有氨基酸都在生理液和细胞蛋白中离子化，其所带净电荷为 0 时的溶液 pH 为其等电点（pI）	α-氨基酸的 α-羧酸基团 pK_a 值为 2.0～2.4，α-氨基的 pK_a 值为 9.0～10.0。因此，在生理 pH 中，α-氨基酸的 α-羧酸和 α-氨基被完全电离。pI 的计算公式：$pI=(pK_1+pK_2)\div2$（pK_1 和 pK_2 分别是 α-羧基和 α-氨基的解离常数的负对数）

（续）

项　目	内　容	应用举例
美拉德反应	发生在某些氨基酸的游离氨基（特别是蛋白质中赖氨酸残基的 ε-氨基）和羰基化合物（特别是还原糖，如葡萄糖、果糖或核糖）之间	过热干草和青贮的黑色着色是美拉德反应的表现，制粒时的"黑料"可能也是美拉德反应
氨基酸参与的化学反应	在弱碱性溶液中，氨基酸的 α-氨基很容易与 2，4-二硝基氟苯（DNFB）反应，生成稳定的黄色物质，即 2，4-二硝基苯氨基酸（DNP-氨基酸），此反应亦称 Sanger 反应，可用来鉴定多肽或蛋白质的 N 端氨基酸。 在弱碱条件下，氨基酸的 α-氨基与异硫氰酸苯酯（PITC）反应，生成相应的苯氨基硫甲酰氨基酸（PTC-氨基酸）；在酸性条件下，PTC-氨基酸迅速环化，形成稳定的苯乙内酰硫脲氨基酸（PTH-氨基酸），氨基酸自动顺序分析仪就是根据该反应原理而设计的。 氨基酸及具有游离 α-氨基和 α-羧基的肽（除脯氨酸及其修饰产物外）可与水合茚三酮一起在水溶液中加热，反应生成蓝紫色物质。而脯氨酸及其修饰产物，如羟脯氨酸与茚三酮反应产生黄色物质。 氨基酸与亚硝酸、甲醛等发生特征反应，可用于氨基酸的定量或定性分析	
游离氨基酸	游离氨基酸是指那些未与肽或蛋白质共价结合的氨基酸，所有非蛋白质氨基酸都是游离氨基酸，游离的蛋白质氨基酸和蛋白质中的氨基酸共同组成了机体蛋白原性氨基酸。非蛋白质氨基酸是在蛋白质生物合成时不能直接参入到肽链中的氨基酸，包括蛋白质氨基酸在翻译后经化学修饰的后加工产物、具有特殊生理功能或作为代谢的中间物和某些物质的前体等	全身蛋白质中的氨基酸总体组成在不同物种中基本相似，全身和大多数组织中总游离氨基酸与总肽结合氨基酸的比例约为 1∶30（g∶g），说明人和动物中总游离氨基酸占总氨基酸的百分比约为 3%。但是不同氨基酸的游离形式和肽结合形式的比例不同，范围可从 0.1∶100 到 1∶10（g∶g），游离氨基酸的浓度差异反映了品种、阶段等条件下的代谢差异
氨基酸的味道	L-谷氨酸：肉味；L-丙氨酸和甘氨酸：甜味；L-丝氨酸和 L-苏氨酸：微弱的甜味；L-异亮氨酸：苦味；L-赖氨酸、L-天冬氨酸和 L-苯丙氨酸：轻微的苦味；其他 L-氨基酸：淡淡的苦味。碱性氨基酸的 α-氨基可与 HCL 反应，生成的盐酸盐没有苦味或刺激性气味	
氨基酸的稳定性	氨基酸的结晶形式很稳定，在 37～40℃ 的水中除了半胱氨酸和谷氨酰胺外通常稳定；谷氨酰胺侧链的酰胺基团和 α-氨基可自发缓慢地相互作用，形成环状吡咯烷酮羧酸铵（焦谷氨酸，一种潜在神经毒素）。 高温酸水解条件（6mol/L 盐酸，110℃和氮气下 24h），所有谷氨酰胺和天冬酰胺可分别转化成为谷氨酸和天冬氨酸，色氨酸被完全破坏，20% 的蛋氨酸氧化生成蛋氨酸亚砜，天冬氨酸和苏氨酸损失 3%，酪氨酸和脯氨酸损失 5%，丝氨酸损失 10%，其他氨基酸稳定。 高温碱性条件（4.2mol/L 氢氧化钠和 105℃），色氨酸可稳定 20h，其他氨基酸被破坏或水解	
氨基酸与 α-螺旋	一般而言，判断一个氨基酸残基是否有利于形成 α-螺旋，要看其侧链能否覆盖和保护螺旋在主链上的氢键	α-螺旋中常出现的氨基酸有丙氨酸、半胱氨酸、亮氨酸、蛋氨酸、谷氨酸、谷氨酰胺、组氨酸和赖氨酸，特别是蛋氨酸、丙氨酸、亮氨酸、谷氨酸、赖氨酸最常见。最常见的不利于形成 α-螺旋的氨基酸是甘氨酸和脯氨酸；甘氨酸的侧链太小，即自由度太大，无法形成相对固定的二面角；脯氨酸是亚氨基，亚氨基与其他氨基酸羧基形成肽键后不能充当氢键

（续）

项　目	内　容	应用举例
氨基酸与α-螺旋		供体，且脯氨酸侧链是刚性的环，使α-螺旋形成所需的Φ值难以达到。 异亮氨酸、缬氨酸、苏氨酸、苯丙氨酸和色氨酸因有较大的R基团或β碳原子上有分支，所以也不利于形成α-螺旋。丝氨酸、天冬氨酸和天冬酰胺在侧链上靠近主链的位置含有氢键供体或受体，容易与主链竞争形成氢键，从而不利于α-螺旋形成。谷氨酸、天冬氨酸、赖氨酸和精氨酸上带有电荷，当同种电荷连续排列时也不利于α-螺旋的形成
α-螺旋疏水性判断	使用螺旋轮作图，可显示各氨基酸残基侧链相对于螺旋边缘的分布情况。如果螺旋上亲水氨基酸较多，则螺旋可视为亲水的；若疏水氨基酸多，则视为疏水的；若二者相近，则为两亲的。疏水α-螺旋经常出现在膜内蛋白的跨膜区；许多载脂蛋白分子中有两亲螺旋，载脂蛋白通过疏水面与脂质结合，亲水面则暴露在水溶液中	
氨基酸与β-折叠	侧链基团庞大和β碳原子上有分支的氨基酸残基更倾向于形成β-折叠。这些氨基酸有缬氨酸、异亮氨酸、苯丙氨酸、酪氨酸、色氨酸和苏氨酸。脯氨酸因有刚性环结构，所以不会出现在β-折叠中	
氨基酸与β-转角	β-转角是指伸展的肽链形成180°的U形回折。β-转角一般由4个连续的氨基酸残基组成，其中n位氨基酸残基的C=O与n+3位氨基酸残基的N-H形成氢键，n位上的氨基酸经常是天冬酰胺、天冬氨酸、丝氨酸和半胱氨酸，n+3位上最合适的是甘氨酸；常见的Ⅰ型转角中，n+2位氨基酸残基最适合脯氨酸，而Ⅱ型转角中是n+1位最适合脯氨酸，n+2位适合甘氨酸和其他小的亲水氨基酸。β-转角通常出现在球状蛋白质的表面，以方便其他未形成氢键的氨基酸残基参与形成氢键。蛋白质的抗体识别、磷酸化、糖基化和羟基化位点经常出现在β-转角或紧靠β-转角的位置	
氨基酸与纤维状蛋白	纤维状蛋白质倾向于形成有规则的纤维状结构，这种结构源于其一级结构的高度规律性：氨基酸残基的种类有限，但序列通常以重复形式出现。纤维蛋白的主要功能是在结构或机械支持上，为机体提供支持和保护。 A.α-角蛋白：来源于动物的毛发、角、蹄、喙和爪等部位。一级结构有311~314个氨基酸残基组成，每个α-角蛋白分子在肽链的中央形成典型的α-螺旋，两端为非螺旋区。α-角蛋白分子借助螺旋区氨基酸残基上的疏水R基团间的结合，相互缠绕形成双股的卷曲螺旋，在卷曲螺旋的基础上又形成了原纤维，最后原纤维组装纤维。双股的卷曲螺旋和肽链间的二硫键提高了α-角蛋白的强度；指甲的强度高于毛发就是因为指甲内含有更多的半胱氨酸残基和由其形成的二硫键。 B.β-角蛋白：主要来源于蚕丝和蜘蛛丝中的丝心蛋白。一级结构富含丙氨酸和甘氨酸，二级结构主要是有序的反平行β-折叠，还有一些环绕在β-折叠周围的无规则卷曲和α-螺旋。β-折叠赋予蛛丝强度，而α-螺旋赋予蛛丝柔韧性。 C.胶原蛋白：广泛存在于动物的结缔组织和其他纤维样组织中，作为细胞胞外基质中的一种主要蛋白质，是哺乳动物体内含量最丰富的蛋白质。胶原蛋白的基本单位是由3条α链组成的原胶原，4个原胶原分子以平行交错的方式聚合成胶原微纤维，再进一步包装成胶原纤维，原胶原分子内部和原胶原单位间形成的特殊的共价交联稳定和加强了胶原结构。原胶原一级结构的主要特征是：约1/3（33%）是甘氨酸，脯氨酸含量也很高（约12%），酪氨酸含量很少，色氨酸

（续）

项　目	内　容	应用举例
氨基酸与纤维状蛋白	和半胱氨酸缺乏；有 3 种修饰的氨基酸，即 4-羟脯氨酸（Hyp）、3-羟脯氨酸（约 9%）和 5-羟赖氨酸；每一条肽链都有重复的 Gly-X-Y 三联体序列，重复次数在 200 左右；X 和 Y 通常是脯氨酸，也可能是赖氨酸；Y 位置上的脯氨酸常被羟基化为 4-羟脯氨酸；赖氨酸也常被羟基化为 5-羟赖氨酸，并且可能与相邻纤维上的正常赖氨酸形成不寻常的共价交联。原胶原的 3 条 α 链以氢键形成一种三股螺旋，体积最小的甘氨酸正好位于螺旋内部，构成紧密的疏水中心；而脯氨酸和 4-羟脯氨酸的侧链位于三股螺旋的表面，面向外，可以尽量减少空间位阻。一个三联体序列大约有 1 个甘氨酸残基的- NH 基团和 X 个残基的 C＝O 基团形成的氢键，而一般三股螺旋主链中脯氨酸残基缺乏氢键供体，因此氢键的数量不足以稳定三股螺旋的结构，这时就需要脯氨酸残基发生羟基化反应引入羟基作为氢键供体。催化羟化反应的羟化酶需要 O_2、Fe^{2+} 和维生素 C，Fe^{2+} 活化底物 O_2，而维生素 C 作为抗氧化剂，防止 Fe^{2+} 的氧化。非羟化的前 α 链在细胞内很容易降解，导致牙龈出血、创伤不易愈合等	
氨基酸与球状蛋白质	生物体的大部分功能是依赖于球状蛋白质完成的，机体内有各种各样的球状蛋白质，与健康关系比较密切的是珠蛋白家族核免疫球蛋白。 　珠蛋白家族都含有血红素辅基，能可逆地结合氧气，包括肌红蛋白（Mb）、血红蛋白（Hb）、神经珠蛋白（Ngb）和细胞珠蛋白（Cygb），以下主要介绍肌红蛋白和血红蛋白： 　1. 肌红蛋白　存在于肌肉中，心肌中的含量特别丰富，其功能是为动物肌肉组织储备氧气；另外，还能解除 NO 的毒性，其结构如下： 　（1）一级结构　由 1 条含有 153 个氨基酸残基的肽链组成，紧密结合 1 分子血红素辅基，血红素由原卟啉和 Fe^{2+} 组成。 　（2）二级结构　75% 为 α-螺旋，从 N 端到 C 端有 8 段螺旋，中间由小环和 β-转角连接。 　（3）三级结构　典型的球蛋白，内部含有珠蛋白折叠模体，分子表面有一个疏水口袋，血红素藏于其中。口袋的作用如下：①血红素藏在口袋里，与周围氨基酸残基形成次级键，而 Fe^{2+} 与 His F8（近端组氨酸）的咪唑基形成配位键。Fe^{2+} 一共可形成 6 个配位键，其中另外 4 个是与原卟啉吡咯环上的 N 原子结合形成，第 6 个用来可逆地结合氧气。该口袋允许 O_2 进入与 Fe^{2+} 结合，同时能防止 Fe^{2+} 被氧化成 Fe^{3+} 和阻止 H_2O 的进入；如果 Fe^{2+} 被氧化成 Fe^{3+}，则水分子就会立刻占据第 6 个配位键而导致无法和 O_2 结合；CO 和 O_2 差不多大小，因此也可以与血红素结合。②对 Fe^{2+} 的保护：血红素藏于 Mb/Hb 疏水口袋中的目的是被隔离，从而更好地保护 Fe^{2+}；游离的血红素也可以和氧气结合，但它们在溶液中很容易互相靠近，因而导致在有氧情况下，所有的铁最终都被氧化为高价铁。人体内预防 Fe^{2+} 被氧化的机制主要是依赖细胞色素 b5 还原酶（NADH-高铁血红蛋白还原酶），它可以利用细胞内的还原性辅酶Ⅰ（NADH）将被氧化的铁还原；另一种次要的酶是 NADPH⁻高铁血红蛋白还原酶；高铁血红蛋白可以降低红细胞的携氧能力，导致血液颜色比正常人的深，皮肤颜色呈现蓝色。③血红素结合到 Mb/Hb 的另一个好处是降低了血红素与 CO 的亲和力，游离血红素与 CO 的亲和力是与 O_2 亲和力的 25 000 倍，而结合血红素辅基与 CO 的亲和力是与 O_2 亲和力的 200 倍；这种与 CO 亲和力的降低与 E 螺旋中的第 7 号位的 His 残基（His E7，又称远端组氨酸）有关；远端组氨酸可以保护 Fe^{2+} 免受氧化，也能为 CO 与血红素的结合制造障碍；远端组氨酸的出现使 CO 与 Fe^{2+} 的结合角度变为 120°（最舒适角度是 90°），因此 CO 与血红素铁结合的亲和力下降，同时 O_2 与血红素铁结合的舒适角度是 120°，因而远端组氨酸对 O_2 与血红素的结合没有影响。④Mb 结合氧气的氧合曲线特征是双曲线，它倾向于结合氧气而不愿意释放氧气，当肌肉中氧分压极低时，它才释放氧。缺失 Mb 的小鼠可以正常生存，机体为此做出代偿性反应，包括 Hb 浓度、血流量和毛细血管密度的提高等。 　2. 血红蛋白　存在于红细胞中，用于运输氧气。Hb 由 4 个亚基组成，每个亚基称为珠蛋白，单个亚基的一级结构与 Mb 差异较大，只有 27 个位置的氨基酸残基与 Mb 相同，其二级和三级结构与 Mb 十分相似；其四级结构为 4 个亚基占据着四面体的四个角，链间以盐键结合，一条 α	

（续）

项　目	内　容	应用举例

氨基酸与球状蛋白质

链与一条 β 链形成二聚体，Hb 可以看成是由 2 个二聚体组成 $(\alpha\beta)_2$，二聚体内结合紧密，而二聚体间结合疏松。Hb 的每个亚基结合 1 分子的血红素（Fe^{2+}），因此 1 分子的血红蛋白可结合 4 分子的氧气。Hb 氧合曲线是 S 形，这表示只有在氧分压很高（肺部）时 Hb 才结合氧气，而氧分压一旦下降（外周血管）它就释放氧，而此时 Mb 还未有反应。Hb 游离的 α 链和 β 链和 Mb 结合氧的能力相同，但 4 价的 Hb 与氧的亲和力是不如 1 价的 Mb；Hb 的氧合曲线之所以与 Mb 的不同是因为它与氧气的结合具有正协同效应。①正协同效应：指 Hb 分子有一个亚基结合 O_2 后，其构象发生变化，使得其他亚基对 O_2 的亲和力突然增强。这种效应可用齐变或序变模型解释，模型假设血红蛋白存在 2 种构象，即紧张态（T 态）和松弛态（R 态）。未结合氧气时，Hb 的 4 条肽链结合紧密，称为 T 态，这种紧密结合由盐键和 2 条 β 链间缝隙中的 2,3-二磷酸甘油酸（2,3-BPG，糖酵解的副产物，血液中浓度与 Hb 差不多）造成的，它们屏蔽分子表面疏水的空穴，使得 Hb 结合氧气的能力降低。血红素中的 Fe^{2+} 一旦与氧结合，就会通过近端组氨酸带动 F 螺旋移动，F 螺旋的移动会影响 F 螺旋与 C 螺旋间的相互作用，最终导致相邻亚基的构象发生变化，相邻肽链间的盐键受到破坏，Hb 的四级结构发生改变，表现为 2 个二聚体（αβ）间发生滑移，移动 15° 并将 BPG 挤出去，随后四级结构进一步变化，每条肽链表面疏水的空穴都暴露在外，此时的构象称为 R 态，R 态下 Hb 结合氧的能力增强了（最后一个亚基对氧气的亲和力比第一个亚基增加了 100 倍）。②波尔效应：指 H^+ 和 CO_2 促进 Hb 释放氧气的现象，用反应式表示为：$Hb+O_2 \leftrightarrow Hb(O_2)_4 + nH^+$。若 pH 下降，$H^+$ 浓度升高，反应平衡向左移动，Hb 释放结合的氧气。产生波尔效应的原因是 H^+ 和 CO_2 能与 Hb 特定位点结合，从而促进 Hb 从 R 态转变为 T 态。外周组织的 CO_2 通过 2 种途径产生波尔效应，第 1 种是在碳酸酐酶催化下，红细胞内的 CO_2 发生反应：$CO_2+H_2O \leftrightarrow H_2CO_3 \leftrightarrow H^+ + HCO_3^-$，此反应释放的 H^+ 可产生波尔效应，同时产生的 HCO_3^- 进入血浆，随循环到达肺部；第 2 种是 CO_2 与珠蛋白的 N 端氨基可逆地反应：$CO_2+Hb-NH_2 \leftrightarrow H^+ + Hb-NH-COO^-$，生成氨基甲酸血红蛋白，同时释放 H^+，产生波尔效应。分别约有 85% 和 15% 的 CO_2 通过这 2 种途径进入肺，只有约 5% 的 CO_2 是以溶解的方式随循环进入肺。③别构效应：指除氧以外的各种配体在血红素铁以外的位点与 Hb 结合，导致 Hb 的构象发生变化，进而影响到 Hb 氧合能力的现象。上文中的 H^+、CO_2 和 2,3-BPG 都是别构效应物。BPG 只能与脱氧 Hb 内位于 2 条 β 亚基间带正电荷的空穴（1.1nm）结合，稳定 T 态，显著降低了 Hb 与 O_2 的亲和力，但促进了 O_2 在组织中的释放；氧合 Hb 的 2 条 β 亚基间的空穴明显变小（0.5nm），容纳不了 0.9nm 大小的 BPG。贫血、肺功能衰弱、高海拔地区、长期吸烟等可使体内 BPG 上升

氨基酸与膜蛋白

细胞内有 1/3～1/2 的蛋白质与膜结合或镶嵌在膜内，根据膜蛋白的结构，可分为外周蛋白、内在蛋白和脂锚定蛋白。外周蛋白是可溶的，与球状蛋白非常相似；内在蛋白结构比较复杂；脂锚定蛋白通过与其共价连接的疏水基团锚定在膜上

氨基酸与无折叠蛋白质

生理状态下，天然无折叠蛋白质（NUP，又称固有无结构蛋白质、固有无序化蛋白质）缺乏特定的二级或三级结构，处于完全无折叠或部分无折叠状态，但仍具备功能。已发现的 NUP 约占蛋白质总数的 30%，可分为完全无折叠蛋白质和部分无折叠蛋白质；NUP 通常分布在细胞核和无蛋白酶的细胞器中，其远离有蛋白酶的区域，因此虽然处于无折叠或部分无折叠状态，但并不比折叠状态的蛋白质更易水解。NUP 的一级结构中含有较多的谷氨酰胺、丝氨酸、脯氨酸、谷氨酸和赖氨酸，而侧链较大的疏水氨基酸（如缬氨酸、亮氨酸、异亮氨酸、蛋氨酸、苯丙氨酸、色氨酸和酪氨酸）很少，因此可以利用这些特质鉴别或预测其是否是 NUP。正因为 NUP 中疏水氨基酸残基含量少，所以 NUP 才不折叠或不完全折叠（疏水力是驱动蛋白质折叠的主要动力）。NUP 的功能主要是参与信号传导、细胞周期调控和基因表达调控；另外它还与翻译后加工有关，经常充当 RNA 和蛋白质的分子伴侣。在起作用时，有些 NUP 只有在无折叠状态下才具有一定的功能，但多数 NUP 遇到合适的配体后会发生折叠，然后行使功能

（续）

项　目	内　容	应用举例
氨基酸与无折叠蛋白质	NUP 的分布与生物的复杂性有关，生物越复杂 NUP 含量越多，因此 NUP 在真核生物中普遍存在，在原核生物中则少见。NUP 的优势表现在：①不需要折叠就起作用；②可以结合几种不同的配体，而表现多种功能；③拥有较大的分子之间相互作用的界面，有利于分子识别；④有利于细胞信号传导过程中开与关的切换	
氨基酸与酶	大多数酶是蛋白质，到目前为止，在已被研究的酶中，有 65% 的酶活性中心含有组氨酸、半胱氨酸、天冬氨酸、精氨酸和谷氨酸，它们出现的频率由组氨酸开始依次减少	

二、蛋白质和氨基酸的消化吸收与代谢

在猪与禽中，蛋白质的消化始于胃，大部分在小肠中被消化，吸收也主要发生在小肠，未被消化的蛋白质进入大肠被微生物发酵（图 1-4）。胃和小肠中参与蛋白质消化吸收的酶见表 1-42。在胃中，胃酸可使食物蛋白质变性〔应注意：酸水解会完全破坏色氨

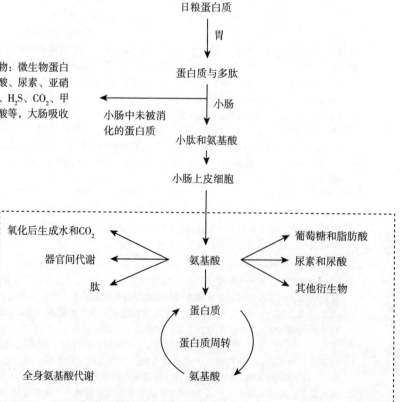

图 1-4　日粮蛋白质在猪与禽体内的代谢

（资料来源：伍国耀，2019）

酸，3 种羟基氨基酸（丝氨酸、苏氨酸和酪氨酸）也水解很多；谷氨酰胺和天冬酰胺在酸性条件下易水解成谷氨酸和天冬氨酸]，蛋白质被胃蛋白酶水解为多肽，和耐受胃蛋白酶的蛋白质一起进入十二指肠。十二指肠比较短，蛋白质水解作用有限；空肠是蛋白质水解和吸收（氨基酸和小肽形式）的主要部位，空肠内未被消化和吸收的蛋白质及多肽在回肠内进一步消化（图 1-5）。小肠内未被消化的蛋白质进入盲肠和结肠后被其中的微生物发酵，发酵后产生的含氮物质中氨基酸的量很少（不足 1%），且大肠对氨基酸的吸收很有限（不足 10%），总体可忽略不计。

表 1-42　胃和小肠中参与蛋白质消化及吸收的酶

酶	产生部位	在肽中识别的氨基酸残基	最适 pH
胃中的蛋白酶			
胃蛋白酶（A、B、C 和 D）[1]	胃黏膜	芳香族和疏水性氨基酸	1.8～2
凝乳酶（A、B 和 C）[1]	胃黏膜	弱蛋白水解活性，凝固乳蛋白	1.8～2
小肠肠腔中的蛋白酶			
胰蛋白酶[1]	胰腺	精氨酸、赖氨酸	8～9
糜蛋白酶（A、B 和 C）[1]	胰腺	芳香族氨基酸、蛋氨酸	8～9
弹性蛋白酶[1]	胰腺	脂肪族氨基酸	8～9
羧肽酶 A[2]	胰腺	芳香族氨基酸	7.2
羧肽酶 B[2]	胰腺	精氨酸、赖氨酸	8.0
氨基肽酶[2]	肠上皮细胞	含有游离 NH_2 基团氨基酸	7.0～7.4
小肠肠腔中的寡肽酶、三肽酶和二肽酶			
寡肽酶 A	肠上皮细胞	广谱，对寡肽无选择性	6.5～7.0
寡肽酶 B	肠上皮细胞	寡肽中的碱性氨基酸	6.5～7.0
寡肽酶 P	肠上皮细胞	寡肽中的脯氨酸和羟脯氨酸	6.5～7.0
二肽酶	肠上皮细胞	二肽（不包括亚氨基酸）	6.5～7.5
三肽酶	肠上皮细胞	三肽（不包括亚氨基酸）	6.5～7.5
脯氨酰氨基酸二肽酶 I[3]	肠上皮细胞	脯氨酸或羟脯氨酸	7.2
脯氨酰氨基酸二肽酶 II[4]	肠上皮细胞	X-羟脯氨酸	8.0

资料来源：伍国耀（2019）。

注：[1] 内切肽酶。

[2] 外切肽酶（金属蛋白酶），包括氨基肽酶（A、B、N、L 和 P），分别从多肽的 N 端切开酸性氨基酸、碱性氨基酸、中性氨基酸、亮氨酸和脯氨酸。氨基肽 M 既是氨基肽酶也是亚氨基肽酶，可从多肽的 N 端位置移除任何未被取代的氨基酸。

[3] 与所有的亚氨基二肽反应并具有很高的活性。

[4] 对甘氨酸-脯氨酸二肽具有很低的活性，可与 X（非甘氨酸的氨基酸，如蛋氨酸和苯丙氨酸）-羟脯氨酸的二肽反应并具有很高的活性。

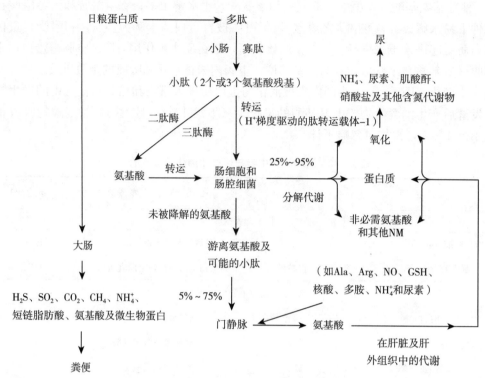

图1-5 日粮蛋白质在非反刍动物小肠中的消化
（资料来源：伍国耀，2019）

在小肠蛋白酶、寡肽酶、二肽酶、三肽酶、脯氨酰氨基酸二肽酶（Ⅰ和Ⅱ）的共同作用下，蛋白质最终被酶解为游离的氨基酸（20%）及二肽和三肽（80%），这些酶解作用发生在肠腔和肠上皮细胞顶端膜。蛋白质除了在小肠内被酶解外，还有10%～30%的日粮氨基酸也可被小肠细菌用来合成蛋白质。

游离的氨基酸、二肽、三肽进入血液循环系统的途径有：①细胞旁路吸收进入固有层微静脉；②从顶端膜进入肠上皮细胞后从基底膜离开细胞进入固有层微静脉的跨细胞途径。二肽和三肽借助顶端膜的Na^+依赖和H^+驱动的肽转运载体-1从肠腔被吸收至上皮细胞，在上皮细胞质中被肽酶水解成游离的氨基酸。因为上皮细胞中肽酶的活性很高，所以二肽和三肽不太可能通过跨细胞形式大量进入门静脉或肠淋巴中，另外基底膜也缺失转运二肽和三肽的肽转运载体-1。尽管如此，但仍有一定量的特殊小肽能通过跨细胞转运，这些特殊小肽可发挥其特定的生物活性作用。氨基酸在十二指肠和空肠中吸收十分迅速，但在回肠中逐渐减慢。不同氨基酸在肠上皮细胞的吸收速率也存在差异。肠上皮细胞顶端膜转运氨基酸有4种机制，即Na^+非依赖系统（易化系统）、Na^+依赖系统（主动转运）、简单扩散、γ-谷氨酰基循环。顶端膜Na^+依赖和Na^+非依赖的氨基酸转运载体分别负责将约60%和40%的游离氨基酸从小肠肠腔转运至肠上皮细胞。肠上皮细胞的基底膜包含另一套氨基酸转运载体，将氨基酸从细胞内转运至固有层，一些存在于顶端膜的氨基酸转运载体也可能存在于基底膜上。基底膜转运氨基酸的主要方式是Na^+依赖系统或Na^+非

依赖系统，有很少一部分氨基酸也可通过简单扩散从细胞进入固有层中。除谷氨酰胺外，肠道从血液一端吸收的氨基酸营养较少，所以日粮氨基酸对肠道的营养供给十分重要。但是相对于近端肠道，远端肠道的氨基酸更多依赖循环系统的供给。在猪、大鼠等肠上皮细胞中，不被降解的氨基酸有天冬酰胺、半胱氨酸、组氨酸、苯丙氨酸、赖氨酸、苏氨酸、色氨酸和酪氨酸；降解速率很低的氨基酸有丙氨酸、甘氨酸、蛋氨酸、丝氨酸；高降解率的氨基酸有精氨酸、脯氨酸和3个支链氨基酸（亮氨酸、异亮氨酸、缬氨酸），主要代谢燃料的有天冬氨酸、谷氨酸和谷氨酰胺。哺乳动物和禽类肠黏膜的氨基酸代谢存在显著差异，如鸡的小肠上皮细胞不能利用谷氨酰胺、谷氨酸和脯氨酸合成鸟氨酸、瓜氨酸或精氨酸，其降解谷氨酰胺的速率也非常低。氨基酸在生长猪小肠和肝脏中的代谢情况见表1-43。平均而言，约有50%的日粮氨基酸不能进入断奶仔猪、生长猪的门静脉。由于家禽小肠上皮细胞对许多氨基酸的降解能力有限，因此有超过50%的日粮氨基酸可进入门静脉。氨基酸从结构上可分为氨基和碳骨架两个部分，因此被吸收后的氨基酸在体内的分解代谢可简单地分为氨基代谢和碳骨架代谢（表1-44）。

表1-43 氨基酸在生长猪小肠和肝脏中的代谢

氨基酸	在小肠中的分解代谢[1]	口源性生物可利用率[2]	肝脏净摄取或净释放[3]
Ala	13	87	+52
Arg	40	60	+8
Asn	13	87	+56
Asp	95	5	−0.3g/kg（以饲料计）[4]
Cit	10	90	0.0
Cys	17	83	+70
Gln	67	33	+6.4g/kg（以饲料计）[4]
Glu	96	4	−35g/kg（以饲料计）[4]
Gly	18	82	+73
His	20	80	+9
Ile	35	65	+9
Leu	34	66	+9
Lys	25	75	+10
Met	21	79	+17
Phe	22	78	+51
Pro	40	60	+40
Ser	17	83	+28

（续）

氨基酸	小肠中的分解代谢[1]	口源性生物可利用率[2]	肝脏净摄取或净释放[3]
Thr	28	72	＋10
Trp	19	81	＋35
Tyr	20	80	＋54
Val	35	65	＋10

资料来源：伍国耀（2019）。

注：[1]在小肠肠腔中氨基酸的百分比。小肠细菌和小肠黏膜均可对氨基酸进行分解。

[2]猪口服氨基酸的百分比。

[3]除特殊标注外，其余均为门静脉流量的百分比。"＋"净吸收，"－"净释放。

[4]给生长猪饲喂含有16％粗蛋白质日粮时，每千克饲料的净吸收或净释放。

表 1-44　氨基酸的分解代谢

代谢途径	代谢方式	主要反应	反应说明
一、氨基的最初代谢（脱氨基反应、转氨基反应和联合脱氨基反应）			
	L-氨基酸氧化酶	氨基酸＋FMN＋H_2O→α-酮酸＋$FMNH_2$＋NH_4^+；$FMNH_2$＋O_2→FMN＋H_2O_2；$2H_2O_2$→$2H_2O$＋O_2（过氧化氢酶）	L-氨基酸氧化酶属于黄素蛋白，作用于L-氨基酸，以FMN或FAD为辅基。此酶在体内的分布并不普遍，其最适pH也远离生理pH，因此参与的反应并非脱氨基的主要反应
	D-氨基酸氧化酶	同上，辅基只能为FAD	D-氨基酸氧化酶属于黄素蛋白，作用于D-氨基酸，以FAD为辅基。由于D-氨基酸在体内并不常见，因此此酶参与的反应并非脱氨基的主要反应
脱氨基反应	谷氨酸脱氢酶	谷氨酸＋NAD（P）[+]＋H_2O↔α-酮戊二酸＋NH_4^+＋NAD（P），H＋H^+（ADP/GDP 激活正反应，ATP/GTP促进逆反应）	是氨基酸脱氨基的主要酶和主要反应。真核细胞发生于线粒体基质，属可逆反应。辅酶既可是辅酶Ⅰ，也可是辅酶Ⅱ。由反应式可知，当细胞能量状态低（ADP或GDP多）时，激活氨基酸脱氨基；若电子受体为NAD^+，则生成的NADH进入呼吸链；若电子受体为$NADP^+$，则生成的NADPH作为生物合成的还原剂。谷氨酸脱氢酶可受ADP-核糖基化的共价修饰而被抑制，此机制用于调节胰岛β细胞中胰岛素的分泌（下调时受氨基酸刺激的胰岛素分泌）
	丝氨酸	丝氨酸→丙酮酸＋NH_4^+	丝氨酸和苏氨酸侧链上含有容易脱去的羟基，因此可以在相应的脱水酶的催化下，以磷酸吡哆醛为辅基直接脱氨基
	苏氨酸	苏氨酸→α-氨基-β-羰基丁酸→丙酮酸＋NH_4^+	

（续）

代谢途径	代谢方式	主要反应	反应说明
转氨基反应	转氨酶		转氨酶催化一种氨基酸的氨基被转移到一种 α-酮酸的羰基上，形成一种新的氨基酸和一种新的 α-酮酸。在反应中，磷酸吡哆醛为转氨酶提供亲电基团参与催化。转氨反应是可逆的，因此既参与氨基酸的降解，又参与氨基酸的合成。绝大多数转氨酶以谷氨酸为氨基的供体，或以 α-酮戊二酸为氨基的受体。最常见的转氨酶有 2 种：谷丙转氨酶（GPT）和谷草转氨酶（GOT）。GPT 参与饥饿时肌肉组织释放的丙氨酸循环，可在肝细胞中进行糖异生以维持血糖浓度。GOT 存在于细胞质基质和线粒体中，主要用于维持细胞内两大氨基酸库，即谷氨酸库和天冬氨酸库间的平衡；GOT 还是苹果酸-天冬氨酸穿梭系统中必不可少的组分，参与将细胞质基质中的 NADH 转换成线粒体基质中的 NADH，以使细胞质基质的 NAD^+ 得以再生。苏氨酸、脯氨酸和赖氨酸不参与转氨基作用
联合脱氨基反应	转氨酶和谷氨酸脱氢酶		摄入的蛋白质约 75% 通过联合脱氨基作用进行氨基代谢。2 种酶的作用顺序是：先在转氨酶的作用下，一种氨基酸的氨基被转移到 α-酮戊二酸的羰基上形成谷氨酸，然后谷氨酸在谷氨酸脱氢酶的催化下发生氧化脱氨基反应，产生 α-酮戊二酸、NH_4^+ 和 NAD（P）H
二、氨基的进一步代谢（将脱氨基形成的有毒的氨变为无毒物或排出体外）			
氨的直接排出			水生动物可将氨通过鳃直接排出体外
转变为酰胺	天冬酰胺合成酶和谷氨酰胺合成酶		氨可转变为天冬酰胺和谷氨酰胺中的酰胺基团，在解毒的同时也合成了 2 种氨基酸。在高等动物中，大部分细胞利用谷氨酰胺暂时解除氨毒。谷氨酰胺作为氨的载体，最终会汇总到肝细胞。很多生物可利用谷氨酰胺的酰胺氮作为多种含氮物质（如核苷酸、某些氨基酸和氨基糖）合成的氮源。正因为谷氨酰胺在生物合成中的枢纽作用，所以谷氨酰胺合成酶（GS）活性受到严格的调控；哺乳动物 GS 的别构抑制剂有甘氨酸、丝氨酸、丙氨酸和氨甲酰磷酸，别构激活剂只有 α-酮戊二酸。甘氨酸、丝氨酸和丙氨酸是氨基酸代谢总体状态的指示剂
转变为尿素	尿素循环	总反应式：$NH_3 + HCO_3^- + Asp + 3ATP \rightarrow$ 尿素 + 延胡索酸 + 2ADP + 2Pi + AMP + PPi	是人类和胎盘类哺乳动物解除氨毒的方式。尿素循环发生在哺乳动物的肝细胞中（一部分在细胞质基质，一部分在线粒体基质），而肝外组织氨基酸分解产生的氨主要通过谷氨酰胺被转运到肝细胞，但肌肉蛋白分解产生的氨通过丙氨酸循环被丙氨酸带到肝细胞。尿素分子中的一个氮原子来自 Asp 中的氨基，另一个氮原子来自谷氨酸氧化脱氨或谷氨酰胺水解释放出的 NH_3，碳原子来自 CO_2。若尿素合成受阻，则血氨升高，氨进入脑组织后，与脑细胞中的 α-酮戊二酸合成谷氨酸，并进一步形成谷氨酰胺；脑细胞中 α-酮戊二酸浓度的降低，削弱了三羧酸循环的能力，减少了 ATP 的产生，这可能是氨中毒导致昏迷甚至死亡的原因

（续）

代谢途径	代谢方式	主要反应	反应说明
转变为尿酸	嘌呤的分解		先由氨基酸提供的氨基合成嘌呤，然后嘌呤分解产生尿酸，这是家禽体内氨排出的主要方式
三、碳骨架代谢			
生成丙酮酸		有丙氨酸、丝氨酸、半胱氨酸、甘氨酸、苏氨酸、色氨酸，丙酮酸可用于糖异生	
生成乙酰乙酸		有亮氨酸、赖氨酸、苯丙氨酸、酪氨酸，乙酰乙酸是一种酮体	
生成乙酰辅酶A		有异亮氨酸、亮氨酸、苏氨酸和色氨酸，乙酰乙酸和乙酰辅酶A可相互转化	
生成α-酮戊二酸		有精氨酸、谷氨酰胺、谷氨酸、脯氨酸和组氨酸，α-酮戊二酸既是三羧酸循环中的一种物质	
生成琥珀酰辅酶A		有异亮氨酸、蛋氨酸、缬氨酸，琥珀酰辅酶A是三羧酸循环中的一种物质	
生成延胡索酸		有天冬氨酸、苯丙氨酸、酪氨酸，延胡索酸是三羧酸循环中的一种物质	
生成草酰乙酸		有天冬氨酸和精氨酸，草酰乙酸既是三羧酸循环中的物质，也是糖异生中的物质	

　　20种蛋白质氨基酸按动物体内合成情况可分为：①不能从头合成的9种蛋白质氨基酸，即组氨酸、异亮氨酸、亮氨酸、赖氨酸、蛋氨酸、苯丙氨酸、苏氨酸、色氨酸和缬氨酸；②可以从头合成的8种氨基酸，即丙氨酸、天冬氨酸、天冬酰胺、谷氨酸、谷氨酰胺、甘氨酸、脯氨酸和丝氨酸；③苯丙氨酸可水解生成酪氨酸，蛋氨酸可转化生成胱氨酸，因此酪氨酸和胱氨酸又称为半必需氨基酸；④精氨酸的合成有较高的种属特异性。

　　在动物细胞内，除了5种氨基酸（L-精氨酸、L-半胱氨酸、L-赖氨酸、L-苏氨酸和甘氨酸）外，其他蛋白质氨基酸可以通过以下途径合成：①L-氨基酸转氨酶利用对应的α-酮酸；②通过D-氨基酸氧化酶和广泛存在于动物组织内的L-氨基酸转氨酶利用对应的D型异构体。动物细胞内氨基酸的合成情况见表1-45。另外，对植物和微生物来讲，任何氨基酸合成的前体都可来自糖酵解、三羧酸循环或磷酸戊糖途径，合成的场所有的在细胞质基质，有的在线粒体，合成所需的氮原子可通过谷氨酸或谷氨酰胺途径获得。按照各氨基酸合成前体的性质，除了组氨酸外，所有的氨基酸可分为五大家族（表1-46）。

表1-45　动物细胞内氨基酸的合成（主要是非必需氨基酸的合成）

合成位置	合成的氨基酸	途　径
肝脏	可由EAA合成NEAA，但不能净合成瓜氨酸和精氨酸	EAA为NEAA提供氨基和大部分碳骨架（通过联合脱氨基作用）

（续）

合成位置	合成的氨基酸	途　径
骨骼肌、心脏、大脑、白色脂肪组织、乳腺组织和胎盘	利用支链氨基酸和 α-酮戊二酸合成丙氨酸、天冬氨酸、谷氨酸、谷氨酰胺	支链氨基酸转氨基后生成谷氨酸，后者可与 NH_4^+ 酰胺化生成谷氨酰胺。谷氨酸与丙酮酸（或草酰乙酸）发生转转基作用生成丙氨酸（或天冬氨酸）。丙氨酸和谷氨酰胺可作为肝脏和肾脏葡萄糖异生的底物，而谷氨酰胺可被小肠和肾脏摄取分别产生瓜氨酸和氨。瓜氨酸也可在肾脏中转化为精氨酸
哺乳动物的小肠	①利用谷氨酸和谷氨酰胺合成丙氨酸、精氨酸、天冬氨酸、天冬酰胺、鸟氨酸、瓜氨酸、脯氨酸；②利用支链氨基酸、葡萄糖、谷氨酰胺和脯氨酸合成谷氨酸；③利用苯丙氨酸合成酪氨酸	肠道可净合成丙氨酸、精氨酸、鸟氨酸、瓜氨酸和脯氨酸。精氨酸的净合成在禽类中缺乏，所以家禽相对哺乳动物有更高的精氨酸需求量
肾脏	可合成丙氨酸、天冬氨酸、谷氨酸、甘氨酸、丝氨酸，还可以将肠道来源的瓜氨酸转化成精氨酸	肾脏近曲小管处的精氨基琥珀酸合成酶（ASS）和精氨基琥珀酸裂解酶（ASL）可将瓜氨酸转化为精氨酸，这一器官间的代谢通路被称为精氨酸合成的肠肾轴
血管内皮细胞、平滑肌细胞、心肌细胞、巨噬细胞和淋巴细胞	可降解谷氨酰胺为丙氨酸、天冬氨酸和谷氨酸；可将瓜氨酸转化为精氨酸，并维持 NO 的合成	骨骼肌是谷氨酰胺的主要来源，谷氨酰胺是整合动物循环系统、免疫系统和肌肉系统功能的一种氨基酸。谷氨酰胺在移除骨骼肌、心脏和脑组织的氨中扮演着关键角色；从胎盘中释放的谷氨酰胺支持胎儿的快速生长；乳腺组织大量合成的谷氨酸、谷氨酰胺和脯氨酸确保了新生动物小肠及其他组织的生长发育

注：氨基酸脱氨基是其分解代谢的主要途径，氨基酸脱羧是次要途径。脱氨形成 α-酮酸可以作为非必需氨基酸合成的骨架，而形成的氨则是有毒的物质。氨在体内以无毒的谷氨酰胺方式运输和贮存，肌肉则利用丙氨酸-葡萄糖循环将氨运送到肝。

表1-46　根据氨基酸合成前体的性质划分的氨基酸家族（在动物、植物和微生物中）

α-酮戊二酸家族	丙酮酸家族	3-磷酸甘油家族	天冬氨酸家族	磷酸烯醇式丙酮酸（PEP）和赤藓糖家族	其他（需要 PRPP）
谷氨酸、谷氨酰胺、脯氨酸、精氨酸、赖氨酸*	丙氨酸、缬氨酸、亮氨酸	丝氨酸、甘氨酸、半胱氨酸	天冬氨酸、天冬酰胺、蛋氨酸、苏氨酸、异亮氨酸、赖氨酸*	苯丙氨酸、酪氨酸、色氨酸	组氨酸

注：*表示不同的生物体有所不同。动物、植物和微生物的氨基酸合成可能有相同的途径。植物和微生物能合成所有蛋白质氨基酸，而动物只能合成非必需氨基酸。

因为在动物体内存在氨基酸降解酶，所以无论营养状况如何，动物体内时刻存在氨基酸降解。不同的氨基酸其分解代谢途径存在差异（表1-47至表1-49），氨基酸在体内分解代谢的主要终产物为CO_2、氨、尿素、硫酸盐及其他具有营养和生理意义的代谢产物（表1-50）。哺乳动物氨基酸氧化产生的氨通过肝脏中的尿素循环转化为无毒的尿素，尿素通过肾排出体外，尿素合成需消耗氨基酸氧化产生的$10\%\sim15\%$的ATP。禽类体内产生的氨则在肝、肾、胰腺中被合成为尿酸，尿酸合成需要大量的能量（每脱毒1mol的氨，尿酸较于尿素就多消耗46%的ATP），因此家禽的体温会高于哺乳动物。

表1-47　正常生理条件下，氨基酸在哺乳动物和禽类细胞及组织中的特异性降解

氨基酸	哺乳动物					禽类			
	肠细胞[1]	肝脏	骨骼肌	肾脏	乳腺	肠细胞[1]	肝脏	骨骼肌	肾脏
丙氨酸	有限	+++	有限	++	+	有限	+++	有限	++
精氨酸	+++	+++++	无	+[2]	+++	无	无	无	+[2]
天冬酰胺	无	+++	无	++	+	无	+++	无	++
天冬氨酸	+++++	+++	+	++	+	？	+++	+	++
胱氨酸	无	+++	无	+	无	无	+++	无	++
谷氨酰胺	+++++	+++	++	++	无	有限	有限	++	+++
谷氨酸	+++++	+++	++	++	+	？	+++	++	+++
甘氨酸	有限	+++	无	++	有限	有限	+++	无	++
组氨酸	无	+++	无	+	无	无	+++	无	+
异亮氨酸	+++	有限	+++	+++	+++	+++	有限	+++	+++
亮氨酸	+++	有限	+++	+++	+++	+++	有限	+++	+++
赖氨酸	无	+++	无	+	无	无	+++	无	+
蛋氨酸	无	+++	无	+	无	无	+++	无	++
鸟氨酸	++++	+++	无	++	+	+	+++	无	+++
苯丙氨酸	无	+++	无	++	无	无	+++	无	++
脯氨酸	+++	++	无	无	无	？	++	无	++
丝氨酸	有限	+++	无	+	有限	有限	+++	无	++
苏氨酸	无	+++	无	+	++	无	+++	无	+
酪氨酸	无	+++	无	+	+	无	+++	无	++
缬氨酸	+++	有限	+++	++	+++	+++	有限	+++	+++
D-氨基酸	有限	+	无	++	无	有限	+	无	++

资料来源：伍国耀（2019）。

注："+"表示可以降解，分为5个等级，"+"越多代表降解能力越强，"？"表示未知。

[1]小肠上皮细胞。

[2]由瓜氨酸合成精氨酸主要在肾脏中进行。近端肾小管中的活性有限，但在肾脏等其他部位的活力很高。

表 1-48　主要氨基酸（以必需氨基酸为主）的降解及其产物

氨基酸	降解	产物
支链氨基酸	肝外组织，如骨骼肌、肾脏、小肠、乳腺等	异亮氨酸：乙酰辅酶 A、琥珀酰辅酶 A、葡萄糖；缬氨酸：琥珀酰辅酶 A、葡萄糖；亮氨酸：乙酰辅酶 A
赖氨酸	通过酵母氨酸和过氧化物酶体哌啶酸途径在肝脏和肾脏线粒体中降解	乙酰辅酶 A
苏氨酸	通过苏氨酸脱氢酶和细胞质脱水酶途径在肝脏和肾脏线粒体中降解	乙酰辅酶 A、甘氨酸、丙酮酸、丙酰辅酶 A
芳香族氨基酸	肝脏、肾脏和胰脏中通过羟化酶降解芳香族氨基酸，精氨酸通过 NO 合成酶完成精氨酸的羟化	苯丙氨酸：酪氨酸；酪氨酸：多巴和多巴胺；色氨酸：5-羟色胺；精氨酸：瓜氨酸和 NO
蛋氨酸	转硫途径降解，可发生在多个组织	在肝脏中：半胱氨酸、牛磺酸、CO_2 和水；在其他组织中：S-腺苷甲硫氨酸
色氨酸	肝脏和脑中的犬尿氨酸途径，此途径可降解外周可利用色氨酸的 95%	吲哚乙酸、烟酸、丙酮酸和乙酰辅酶 A
	胃肠道和脑神经细胞中的 5-羟色胺途径	5-羟色胺、褪黑激素
	转氨基途径	吲哚类化合物

注：细胞外源和细胞内源的氨基酸可能有不同的代谢去向。在动物体内转变成葡萄糖的氨基酸称为生糖氨基酸，包括丙氨酸、半胱氨酸、甘氨酸、丝氨酸、苏氨酸、天冬氨酸、天冬酰胺、蛋氨酸、缬氨酸、精氨酸、谷氨酸、谷氨酰胺、脯氨酸和组氨酸；转变成酮体的氨基酸称为生酮氨基酸，包括亮氨酸和赖氨酸；二者兼有的称为生糖兼生酮氨基酸，包括色氨酸、苯丙氨酸、酪氨酸和异亮氨酸。氨基酸生成的糖和酮均可转化为脂肪。

表 1-49　日粮氨基酸的器官间代谢

项　目	代　谢
精氨酸合成的肠肾轴	日粮谷氨酰胺、谷氨酸和脯氨酸在大多数哺乳动物的小肠上皮细胞转化为瓜氨酸和精氨酸，瓜氨酸还可被肾脏和其他肝外组织利用合成精氨酸
谷氨酰胺在肾脏中和对机体酸碱平衡的调节	肾脏摄取来源于骨骼肌、白色脂肪组织和肝脏的谷氨酰胺可以移除肾脏产生的 NH_4^+
支链氨基酸合成谷氨酰胺和丙氨酸	日粮中的支链氨基酸大部分可绕过肝脏进入血液，被肝外组织利用，在细胞质和线粒体中的支链氨基酸转氨酶的催化下与 α-酮戊二酸反应，生成谷氨酸和支链 α-酮酸。谷氨酸在谷氨酰胺合成酶的催化下与氨发生酰胺化反应生成谷氨酰胺，谷氨酸也可与丙氨酸和 α-酮戊二酸发生转氨基作用分别生成丙酮酸和天冬氨酸。谷氨酰胺对合成蛋白质、核酸、氨基糖和 NAD（P）H 是必需的，且不能被其他氨基酸替代。组织蛋白中至少 30% 的丙氨酸来自内源性合成，丙氨酸参与机体的葡萄糖-丙氨酸循环
脯氨酸通过羟脯氨酸途径转化为甘氨酸	哺乳动物乳汁中严重缺乏甘氨酸，如猪乳中最多只提供甘氨酸需要量的 23%。羟脯氨酸可在肾脏中转化为甘氨酸
NO 对血流的调节作用	NO 是由血管内皮细胞释放的主要血管扩张剂，可以调控血液流入小肠、子宫、胎盘、肝脏、骨骼肌及乳腺等，可在几乎所有细胞内经四氢生物蝶呤（BH_4）和 NADPH 依赖的 NO 合成酶催化精氨酸合成。因此，来自日粮或由谷氨酸、谷氨酰胺和脯氨酸合成的内源精氨酸就十分重要

表1-50　动物体内氨基酸的主要代谢产物及其功能

氨基酸[1]	代谢产物	主要功能
	氨	桥接氨基酸和葡萄糖代谢；调节酸碱平衡
	尿素	移除哺乳动物体内多余的氨
所有氨基酸	葡萄糖	脑和红细胞主要的能量来源
	酮体	肝外细胞主要的能量底物，信号分子
	脂肪酸	细胞膜组成部分，用于贮存能量的甘油三酯的组成部分
丙氨酸	D-丙氨酸	细菌细胞壁肽聚糖层的组成部分
	辅酶A	多种代谢反应（如丙酮酸脱氢酶）
	泛酸	代谢反应（如脂肪酸合成）
β-丙氨酸	抗氧化物二肽	合成肌肽（β-丙氨酸-L-组氨酸）、肌肽胺（β-丙氨酸-L-组胺）、鹅肌肽（β-丙氨酸-1-甲基-L-组氨酸）和蛇肌肽（β-丙氨酸-3-甲基-L-组氨酸）
	一氧化氮	信号分子，主要的血管扩张剂，神经递质
	胍丁胺	抑制NOS，在反刍动物子宫体中合成腐胺
精氨酸	鸟氨酸	尿素循环，合成脯氨酸、谷氨酸和多胺
	甲基精氨酸	竞争性抑制NOS
	肌酸磷酸	肌肉细胞内的能量贮存
天冬氨酸	精氨酸	见上文"精氨酸"
	D-天冬氨酸	在脑中激活NMDA
半胱氨酸	牛磺酸	抗氧化剂，调节细胞氧化还原状态，渗透物
	H$_2$S	信号分子，主要的血管扩张剂，神经递质
	N-乙酰谷氨酸	参与尿素循环，参与肠道精氨酸合成
谷氨酸	卟啉	血红素前体
	γ-氨基丁酸	依据脑中部位不同，抑制性或兴奋性神经递质
	谷氨酸和天冬氨酸	兴奋性神经递质，苹果酸穿梭，细胞代谢
谷氨酰胺	6-磷酸葡萄糖胺	合成氨基糖和糖蛋白，调节细胞生长和发育
	氨	肾脏中酸碱平衡的调节
	血红素	血红素蛋白质（如血红蛋白、肌球蛋白、触酶和细胞色素c）
甘氨酸	肌酸磷酸	肌肉细胞内的能量贮存
	胆红素	细胞质中芳香烃受体的天然配体
	组胺	过敏反应，血管扩张剂，胃肠道功能
组氨酸	咪唑乙酸	镇痛和麻醉作用
	尿刊酸	调节皮肤免疫，保护紫外线辐射对皮肤的损伤
异亮氨酸、亮氨酸、缬氨酸	谷氨酰胺和丙氨酸	见上文"谷氨酰胺"和"丙氨酸"
亮氨酸	HMB	调节免疫反应和骨骼肌蛋白质合成

（续）

氨基酸[1]	代谢产物	主要功能
赖氨酸	羟赖氨酸	胶原蛋白的结构和功能
	肉碱	脂肪酸跨线粒体内膜的转运
	同型半胱氨酸	氧化剂：抑制一氧化氮的合成
	甜菜碱	将同型半胱氨酸甲基化为蛋氨酸，一碳单位的代谢
蛋氨酸	半胱氨酸	细胞代谢和营养
	SAM	蛋白质和 DNA 的甲基化，参与肌酸、肾上腺素和多胺的合成
	牛磺酸	作为抗氧化剂，作为渗透物，与胆酸结合
	磷脂	合成卵磷脂，磷脂酰胆碱的细胞信号
苯丙氨酸	酪氨酸	见下文"酪氨酸"
	H_2O_2	杀死致病菌，作为信号分子，作为氧化剂
脯氨酸	P5C	细胞氧化还原状态，参与鸟氨酸、瓜氨酸、精氨酸和多胺的合成
	甘氨酸	弥补新生仔猪甘氨酸不足，促进乳猪生长
丝氨酸	甘氨酸	见上文"甘氨酸"
	D-丝氨酸	在脑中激活 NMDA
苏氨酸	黏蛋白	维持肠道的完整和功能
	血清素	神经递质，采食调控
	N-乙酰血清素	抗氧化剂
	褪黑激素	抗氧化剂，调节昼夜规律
色氨酸	羟色胺	血管收缩
	邻氨基苯甲酸	抑制促炎性 Th1 细胞因子的产生
	烟酸	NAD（H）和 NADP（H）的组分
	吲哚类化合物	芳香烃受体的天然配体，免疫调节
	多巴胺	神经递质，调节免疫反应
酪氨酸	EPN 和 NEPN	神经递质，细胞代谢
	黑色素	抗氧化剂，皮肤和毛发的色素
	T3 和 T4	调节能量和蛋白质代谢
精氨酸和蛋氨酸	多胺	基因表达，DNA 和蛋白合成，细胞功能
精氨酸、蛋氨酸和甘氨酸	肌酸	抗氧化剂，抗病毒，抗肿瘤，脑和肌肉中的能量代谢
半胱氨酸、谷氨酸和甘氨酸	谷胱甘肽	自由基清除剂，抗氧化剂，细胞代谢，基因表达
谷氨酰胺、天冬酰胺和甘氨酸	核酸	RNA 和 DNA 的组分，参与蛋白质合成
	尿酸	抗氧化剂，禽类体内氨的脱毒
赖氨酸和蛋氨酸	肉碱	将长链脂肪酸转运至线粒体内氧化
丝氨酸和蛋氨酸	胆碱	乙酰胆碱和磷脂酰胆碱的组分，参与甜菜碱的合成
缬氨酸、天冬氨酸、半胱氨酸	辅酶 A	参与脂肪酸和丙酮酸代谢

资料来源：伍国耀（2019），内容有增加。

注：[1]除特殊注明外，此处提及的氨基酸为 L-氨基酸。BCAA，支链氨基酸；EPN，肾上腺素；HMB，β-羟基-β-甲基丁酸；NMDA，N-甲酰-D-天冬氨酸受体（在神经细胞中的谷氨酸受体和离子通道蛋白）；NEPN，去甲肾上腺素；NOS，NO 合成酶；P5C，吡咯啉-5-羧酸；SAM，S-腺苷甲硫氨酸；T3，三碘甲腺原氨酸；T4，甲状腺素。

日粮蛋白质通过消化、吸收和代谢转化为组织蛋白质，组织细胞内的蛋白质以能量依赖的方式进行连续的合成与降解（此即蛋白质周转），从而调控蛋白质沉积、细胞生长、移除被氧化的蛋白质，以及维持全身的稳态（图1-6）。使用来源于细胞内的氨基酸合成100g蛋白质需要5mol的ATP，若使用日粮氨基酸则需增加转运所需的能量0.5mol（以100g蛋白质计）。蛋白质降解需2mol ATP（以100g蛋白质计），溶酶体途径降解细胞内蛋白质的20%～30%，非溶酶体途径降解其余的70%～80%。

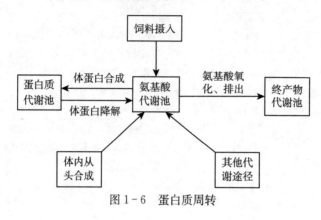

图1-6　蛋白质周转

第六节　脂质消化吸收与代谢

一、脂质简介

脂质是一类不溶于水而溶于有机溶剂的碳氢化合物，具有多种化学结构和生物学功能。一般的脂质分为脂肪和类脂，从营养学角度也可更详细地分为脂肪酸、简单脂质、复合脂质、衍生脂质。脂质中脂肪占比（95%）远高于类脂（5%）。配方中使用醚提取物表示脂肪（粗脂肪）。配方师应多关注粗脂肪的能量、必需脂肪酸、对饲料加工和外观的影响及其变质的影响等方面。有关脂质及其分类化合物定义、营养作用等综述见表1-51，脂质分类见图1-7。

表1-51　脂质及其分类化合物定义和营养作用

脂质	定义或描述	生理及营养作用
脂肪	由饱和或不饱和脂肪酸与甘油形成的酯，甘油分子的第1、2、3个碳原子分别表示为sn-1、sn-2、sn-3，甘油三酯是脂肪最主要的贮存方式；与1个甘油分子结合的3个脂肪酸可能是相同的，也可能是不同的；甘油三酯的物理形态与其脂肪酸的碳链长度和不饱和程度有关	外源脂肪作为能量和必需脂肪酸的来源；机体合成的脂肪作为能量贮存的形式，并在必要时分解脂肪以供给能量和脂肪酸及合成激素。机体组织和皮下脂肪有保护相关器官的作用

（续）

脂质	定义或描述	生理及营养作用
蜡类	脂肪酸与脂肪族或脂环族高分子质量一元醇形成的酯	动物通常不能消化和利用蜡作为营养物质
脂肪酸	由2个或2个以上碳原子和1个羧基构成的烃基（只含有碳、氢2种原子）。自然界中的脂肪酸绝大多数是从二碳的乙酰辅酶A合成的，因此都具有偶数个碳原子。	见各分类的脂肪酸
短链脂肪酸	指含2～5个碳原子的脂肪酸，易溶于水。反刍动物瘤胃发酵及单胃动物的大肠发酵可产生乙酸、丙酸和丁酸。青贮饲料发酵也会产生短链脂肪酸	丁酸是结肠细胞主要的能量来源（见碳水化合物相关内容），对维持结肠屏障功能有重要作用。短链脂肪酸形成的酸性环境不利于肠道中大肠杆菌的生长
中链脂肪酸	指含6～12个碳原子的脂肪酸，6碳脂肪酸在水中有很好的溶解度，8～12碳脂肪酸在水中的溶解度较低；在体内生理温度和浓度下，中链脂肪酸可以溶于水。热带油（如椰子油和棕榈仁油）中富含中链脂肪酸	中链脂肪酸因其水溶性好在小肠可被吸收而直接进入门静脉；中链甘油三酯在体液中的溶解性同样较高，可直接通过门静脉吸收，但随着碳链的增加，相对吸收率显著减少，C6：0的甘油三酯吸收率最高。中链甘油三酯和脂肪酸对新生动物有较好的效果（较高的表观消化率和较低的死亡率等）
长链脂肪酸	指含13～20个碳原子的脂肪酸，一般不溶于水。按双键的数量可分为饱和脂肪酸、单不饱和脂肪酸和多不饱和脂肪酸；按是否含有支链（如甲基）可分为直链脂肪酸和支链脂肪酸；根据不饱和脂肪酸双键结构的不同可分为顺式脂肪酸（氢原子在双键同一侧）、反式脂肪酸（氢原子在双键的不同侧）、共轭脂肪酸（至少有1对双键被1个碳原子分开）。自然界中多是碳原子数为16～18个的顺式脂肪酸。共轭脂肪酸在是细菌代谢中生成的	供给机体不能合成的必需脂肪酸（亚油酸和α-亚麻酸）；体内氧化功能；细胞膜的组成成分等。 共轭亚油酸的作用包括提高猪肉脂肪品质和减少肉中脂肪沉积。 适当的n-6/n-3脂肪酸比例：有营养上的价值；虽然有些推荐数据，但仍未有确定的数据。 不饱和脂肪酸：饱和脂肪酸（U/S）：一些清晰的数据说明，U/S可用于猪和肉鸡脂肪能值的计算
超长链脂肪酸	指碳原子数大于20个的脂肪酸。有营养意义的多不饱和脂肪酸，如DHA（5，8，11，14，17，20-二十二碳六烯酸）	有数据证实源于鱼油（如鲑鱼油）的EPA和DHA对母猪产仔数有利
糖脂类	甘油糖脂：通常由1个碳水化合物（如单糖或寡糖）通过糖苷与脂质结合所形成	糖脂是细胞膜的两亲性成分、是神经髓鞘的组成部分，可作为细胞识别的标记和能量来源，是牧草的主要脂质成分
磷脂类	磷脂（酸）是甘油的2个羟基被长链脂肪酸酯化，而第3个羟基（sn-3）被磷酸酯化形成的，在sn-3位置上会再结合1个X基团（含氮或非氮化合物）[磷脂（酸）的X是氢基，作为磷脂的共同前体物质]，从而形成相应的磷脂衍生物，其衍生物包括磷脂酰胆碱（X为胆碱）、脑磷脂（磷脂酰乙醇胺，X为乙醇胺）、磷脂酰丝氨酸（X为丝氨酸）、磷脂酰肌醇（X为肌醇）、心磷脂（双磷脂酰甘油，X为磷脂酰甘油）。植物和动物中的磷脂常常包括多个磷脂衍生物	磷脂作为细胞膜的主要成分；是细胞信号中的第二信使；是胆碱、肌醇和重要生理功能脂肪酸的来源；可以调控营养物质（脂质、氨基酸和葡萄糖）代谢、肠道脂质吸收，以及胆固醇和脂蛋白在器官间的运输

（续）

脂质	定义或描述	生理及营养作用
鞘脂类	鞘脂是以鞘氨醇（一个 18 碳的氨基醇）为基础形成的。以鞘氨醇骨架为基础与不同基团可以形成各种衍生物，如神经酰胺、神经鞘磷脂、脑苷脂等。肉品、乳制品、蛋和大豆是很好的神经酰胺、鞘磷脂、脑苷脂、神经节苷脂与硫苷脂的来源	鞘脂在神经系统，如大脑中的含量很丰富；可以作为胞外蛋白的黏附点，在细胞信号传导和细胞识别过程中起重要作用
醚甘油磷脂	醚甘油磷脂是甘油、脂肪酸、磷和乙醇胺的衍生物，其 sn-1 位置是一个醚键，sn-2 位置是一个酯键，sn-3 头部位置是一个磷氧基含氮基团。醚甘油磷脂包括缩醛磷脂和血小板活化因子	缩醛磷脂在神经、免疫和心血管系统中的含量很丰富；血小板活化因子在调控动物的白细胞趋化性和功能、血小板聚集与去颗粒化、炎症、过敏症、血管通透性及活性氧迸发等过程中起重要作用
脂蛋白	脂蛋白是脂质通过非共价键与特定蛋白质（载脂蛋白）偶联形成的，在小肠和肝脏中合成并释放，其作用是参与脂质分子乳化（亦有代谢作用）。脂蛋白包括高密度脂蛋白（HDL）、中密度脂蛋白（IDL）、低密度脂蛋白（LDL）、极低密度脂蛋白（VLDL）和乳糜微粒（CM）。不同脂蛋白中，由于其蛋白质、胆固醇、胆固醇酯、磷脂和甘油三酯的比例不同，因此具有不同的密度值	脂蛋白对脂质消化、吸收、运输、代谢有重要作用。乳糜微粒残粒、VLDL、IDL 和 LDL（坏的胆固醇）具有促动脉粥样硬化的作用，而 HDL 具有抗动脉粥样硬化和抗氧化的作用，属于好的胆固醇
衍生脂类	指由胆固醇和异戊二烯化合物形成的具有复杂结构的脂质，包括类固醇、类二十烷酸和萜烯。类固醇具有环戊烷多氢菲环结构（基础类固醇有 17 个碳），包括固醇、类固醇激素、胆汁酸和胆汁醇。类二十烷酸是 $\omega-3$ 和 $\omega-6$ 多不饱和脂肪酸的产物。萜烯是一类含有异戊二烯单元的有机化合物	见分类
固醇/甾醇	固醇是类固醇的一类，是含有羟基的类固醇（菲环结构 C3 位置上结合羟基），包括动物甾醇（如胆固醇和胆固醇硬脂酸酯）、植物甾醇（如豆甾醇和 β-谷甾醇）和真菌甾醇（如羊毛甾醇）	动物甾醇可被小肠吸收；麦角固醇广泛存在于褐藻、细菌、酵母和高等植物中，在日光的照射下可转化生成麦角钙化醇（维生素 D_2）。生理浓度的胆固醇对动物营养和代谢是必需的（细胞膜的组成部分，用于营养物质转运，是 7-脱氢胆固醇、类固醇激素、胆汁酸和胆汁醇的共同前提物）
类固醇激素	类固醇激素是生物学上具有激素功能的类固醇。动物体内的类固醇激素是从胆固醇合成的，可分为皮质类激素和性类激素，维生素 D 也是一种类固醇激素	类固醇激素在生殖、免疫功能、抗炎反应，以及营养物质（蛋白质、脂质、碳水化合物、矿物质和水）代谢中起重要作用

（续）

脂质	定义或描述	生理及营养作用
胆汁酸	猪和鸡中的胆汁酸是含有 24 个碳原子的复合物（其中一个是 5 碳的侧链），胆汁酸包括初级胆汁酸和次级胆汁酸。猪的初级胆汁酸和次级胆汁酸分别是猪胆酸和猪脱氧胆酸，鸡的初级胆汁酸和次级胆汁酸分别是胆酸和脱氧胆酸。初级胆汁酸在肝脏中由胆固醇合成，肝中超过 50% 的胆固醇会转化成胆汁酸。肝脏和小肠中的细菌可以将初级胆汁酸 C-6 位置脱羟基化，产生次级胆汁酸。 胆汁酸在由肝脏分泌之前，98% 的胆汁酸末端羧基会与牛磺酸和甘氨酸共价偶联形成高度溶于水的胆汁盐。不同动物胆汁盐中牛磺酸或甘氨酸的量是不同的。从肝脏分泌到十二指肠的胆汁盐浓度一般为 0.2%～2%（g，以 100mL 液体计）。在回肠末端，95% 的胆汁盐通过肠肝循环回到肝脏，5% 的胆汁盐进入大肠并被细菌产生的酶进行修饰，脱羟基和去偶联（如去除牛磺酸和甘氨酸）后转化生成次级胆汁酸，次级胆汁酸随粪便排出	典型哺乳动物胆汁（人：红褐色；草食动物：暗绿色；猪：橙黄色）中包含 82% 的水、12% 的胆汁酸、4% 的磷脂（主要是磷脂酰胆碱）、1% 的非酯化胆固醇和 1% 的其他物质 [包括电解质、蛋白质、色素（与可溶性葡萄糖醛酸偶联的胆红素和胆绿素）]。小肠中的胆汁酸、胆固醇和卵磷脂可乳化脂质形成 3～10μm 的脂肪微粒，以有利于脂质消化；胆汁盐还可以聚合成微胶粒，包裹脂肪消化产物并运载至小肠黏膜表面利于脂质吸收；胆汁可激活胰脂肪酶、中和胃酸、促进脂溶性维生素的吸收
胆汁醇	胆汁醇是鱼类和爬行动物肝脏中由胆固醇合成、通常含有 27 个碳原子的复合物，在其 27 碳末端往往含有羟基	
甾体皂苷	甾体皂苷是植物代谢物，在北美洲的丝兰树中含量丰富，可以占其干物质的 10%。甾体皂苷中含有 1 个醚键和 1 个或多个通过 β-1，2 或 β-1，3-糖苷键连接的单糖。甾体皂苷与动物中的糖皮质激素具有类似的结构。其中，西地格丝兰提取物已被 FDA 批准为食品天然佐剂。丝兰提取物（天然类固醇萨洒皂角苷，源自丝兰，适用养殖动物）也被列入《中国饲料添加剂目录》（2019）中	丝兰提取物可结合氨，从而减少动物氨气的排放；甾体皂苷对动物有很强的促进合成代谢和抗氧化的作用，在高温环境下，可以颉颃糖皮质激素和氧化应激在动物体内的作用。因此，丝兰提取物对畜禽的生长发育和健康有利
类二十烷酸	类二十烷酸是 ω-3 多不饱和脂肪酸（α-亚麻酸）和 ω-6 多不饱和脂肪酸（亚油酸和花生四烯酸）的衍生物，包括前列腺素、血栓素、白三烯和脂氧素	见分类
前列腺素	每个前列腺素分子有 20 个碳原子，其中有一个为 5 碳环，体内很多细胞都可产生前列腺素。前列腺素有 3 个系列，系列 1（有 1 个双键）和系列 2（有 2 个双键）分别来自亚油酸和花生四烯酸，系列 3（有 3 个双键）来源于 α-亚麻酸	前列腺素在生殖系统、血管、支气管平滑肌、胃肠道、神经系统、呼吸系统、内分泌系统、免疫系统中均有作用
白三烯	白三烯是不饱和长链脂肪酸的衍生物，含有 3 个共轭双键。白三烯 A 是环氧化合物，白三烯 B 含有 2 个羟基。系列 3、4、5 白三烯分别由二十碳三烯酸、花生四烯酸和 EPA 合成	系列 4 白三烯可诱导血管内皮部位白细胞的黏附和激活；系列 5 白三烯可抑制系列 4 白三烯的合成，从而发挥其在血管中的抗炎作用

（续）

脂质	定义或描述	生理及营养作用
叶绿醇	是存在于植物、藻类和细菌中的一种无环的双萜醇，含有1个异戊二烯结构	植物、藻类和细菌可将叶绿醇转化成维生素E和维生素K_1
类胡萝卜素	类胡萝卜素来源于无环的$C_{40}H_{56}$结构，有类异戊二烯单位和共轭双键，是植物或藻类的色素，自然界中有600多种不同的类胡萝卜素，可形成鲜红色、黄色与橙色等不同颜色。类胡萝卜素可分为胡萝卜素（α-胡萝卜素、β-胡萝卜素、γ-胡萝卜素和番茄红素）和叶黄素（叶黄质、玉米黄质、环氧玉米黄质和β-隐黄质）。叶黄素是结构中含氧的烃类化合物，而胡萝卜素是不含氧的烃类化合物	动物不能合成类胡萝卜素，类胡萝卜素是动物日粮中重要的抗氧化剂，具有提高免疫力的作用。在小肠中，β-胡萝卜素可以转化生成维生素A
精油	植物中提取的精油是一种含有酚环的、浓缩的疏水液体。常见的精油有肉桂醛、丁香油酚、百里香酚、香芹酚、樟脑等	精油具有抗菌、抗寄生虫、抗炎、抗氧化和免疫调节的功能，但过量的精油有毒
辅酶Q	存在于所有动物细胞器中，常见的是辅酶Q10和辅酶Q9，猪和鸡体内辅酶Q10的占比超过96%，辅酶Q9的占比则不超过4%	辅酶Q可在动物肝脏和大脑等组织中合成，不需要日粮中添加。辅酶Q在线粒体电子传递和ATP生产过程中起着必不可少的作用，同时还可以作为一种抗氧化剂，在细胞膜、线粒体和脂蛋白中发挥作用

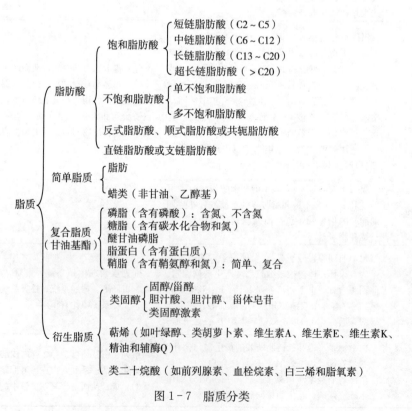

图1-7 脂质分类

二、脂质消化吸收与代谢

日粮中外源脂质（98%～99%为甘油三酯）的消化始自口腔，继而在胃和小肠中消化，消化形成的2-单酰甘油、磷脂酸、长链脂肪酸、胆固醇、甘油分别以扩散和结合蛋白质载体的形式在空肠吸收进入小肠上皮细胞。脂质物质在小肠上皮细胞内最终形成乳糜微粒（CM）、极低密度脂蛋白（VLDL）和初级高密度脂蛋白（初级HDL），从而进入淋巴系统（图1-8和表1-52），与单胃动物不同，家禽的乳糜微粒进入的是门静脉。体内主要脂质物质的营养代谢见表1-53。

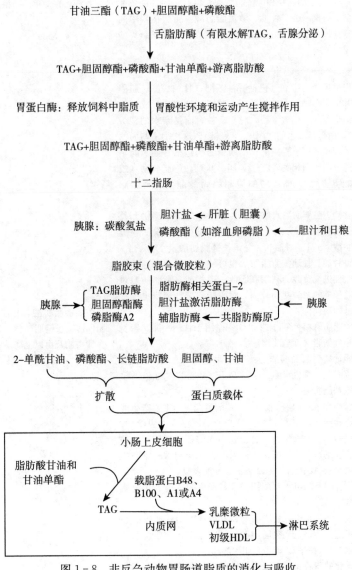

图1-8 非反刍动物胃肠道脂质的消化与吸收

［资料来源：伍国耀（2019），有修改］

表 1-52　脂质在口腔、胃、小肠中的消化与吸收

位置	过　程	主要产物
口腔	舌腺分泌的舌脂肪酶水解甘油三酯，主要作用部位为甘油三酯 sn-3 上的短链和中链脂肪酸键，但是水解的甘油三酯数量有限	甘油单（二）酯和游离脂肪酸
胃	①胃蛋白酶使饲料中的脂质释放；②脂质在胃中酸性环境和胃运动的作用下形成粗脂乳液；③舌脂肪酶和由胃底部分泌的胃脂肪酶在胃中作用于甘油三酯 sn-3 位置上的短链和中链脂肪酸，将有限的甘油三酯分解为甘油一酯、甘油、游离脂肪酸。脂肪在胃中的排空速度慢于糖和蛋白质，且过多的脂肪可抑制胃酸分泌	甘油、甘油单酯、游离脂肪酸
在小肠中的消化（以空肠为主）	胃部形成的脂滴（包括甘油三酯、甘油一酯、胆固醇和磷脂）进入十二指肠后，与胆汁盐聚合形成有胆汁盐包裹的乳化微（胶）粒，微粒表面是亲水的"头部"，内部是疏水的"尾巴"（烃链），这增加了与酶的接触面积。用于脂肪消化的胰脂肪酶包括甘油三酯脂肪酶、脂肪酶相关蛋白-2、胆汁盐刺激的脂肪酶（羧基酯脂肪酶）、辅脂肪酶原和胆固醇酯酶、磷脂酶A2 等。 　　甘油三酯脂肪酶水解中链甘油三酯的 3 个酯键和长链脂肪酸的 sn-1、sn-3 酯键，因此生成 3 分子中链脂肪酸、3 分子甘油和 2 分子长链脂肪酸及 1 分子 2-单酰甘油。甘油三酯脂肪酶也可能参与视黄醇酯的水解，促进视黄醇的利用和吸收。但甘油三酯脂肪酶对胆固醇酯的亲和性则较弱，对磷脂和半乳糖脂也仅有极低的活性。 　　脂肪酶相关蛋白-2 可优先作用于甘油一酯、磷脂和半乳糖脂（反刍动物）。 　　胆汁盐刺激的胰脂肪酶能够水解甘油三酯、磷脂、胆固醇酯、维生素酯、ω-3 多不饱和脂肪酸和 ω-6 多不饱和脂肪酸。 　　磷脂酶 A2 水解磷脂 sn-2 位的酰酯键，主要产生溶血卵磷脂和游离脂肪酸。磷脂酶 A2 在包含胆汁酸、胆固醇和甘油三酯的混合微粒中水解磷脂酰胆碱，是磷脂在肠道摄取的第一步，因此胆汁盐刺激的脂肪酶和磷脂酶 A2 配合可使磷脂被很好地吸收。 　　胆固醇酯酶可水解胆固醇酯，产生胆固醇和长链脂肪酸。 　　辅脂肪酶是维持胰脂肪酶具有最佳酶活性所需的小分子蛋白质，正是在辅脂肪酶的作用下，胰脂肪酶才能水解甘油三酯、磷脂和胆固醇酯。 　　乳化的脂质和脂质产物通过混合微粒吸收进入小肠上皮细胞	中短链脂肪酸、甘油、少量甘油三酯、胆固醇、长链脂肪酸、长链甘油单酯、溶血卵磷脂及由以上脂质和胆汁盐形成的微粒等

（续）

位置	过程	主要产物
在小肠中的吸收（以空肠为主）	肠腔中形成的混合微粒通过静水层后扩散到上皮细胞顶端膜，不同的脂质通过不同的方式进入上皮细胞内。 ①长链脂肪酸以不依赖能量的方式通过简单扩散和蛋白质载体（如多配体受体 CD36）被吸收。 ②甘油一酯（主要是 2-单酰甘油）、磷脂和少量的甘油三酯通过简单扩散进入上皮细胞内。 ③短链脂肪酸通过特定跨膜蛋白载体进入上皮细胞内。 ④胆固醇通过特定的蛋白载体，如 Niemann-Pick C1-like1 蛋白载体进入上皮细胞中，此过程消耗能量；位于肠上皮细胞顶端膜的 ATP 结合盒（ABC）转运蛋白、ABCG5 和 ABCG8 是胆固醇流出上皮细胞的转运蛋白。胆固醇的净吸收是流入和流出间的平衡确定的。 除了进入门静脉的中短链脂肪酸和甘油外，其他进入上皮细胞的脂质在不同的细胞器最终转化成乳糜微粒、极低密度蛋白或初级高密度蛋白，进入小肠黏膜固有层，然后通过固有层进入淋巴管。与单胃动物不同，家禽中乳糜微粒穿过基底膜进入门静脉。 吸收进上皮细胞的胆汁盐在细胞内被释放后，其中95%的胆汁盐在回肠末端被主动运输系统吸收进入肝门静脉血，进入肝脏后再次分泌到十二指肠内腔中，称为"肠肝循环"	小肠上皮细胞内的脂质物质有中短链脂肪酸、甘油、胆固醇，以及由甘油三酯、磷脂、蛋白质、胆固醇组装而成的乳糜微粒、极低密度蛋白、初级高密度蛋白。因此，在小肠的上皮细胞内，发生了甘油三酯的再合成、胆固醇酯化、磷脂的再合成及转运、甘油三酯+胆固醇+磷脂+载脂蛋白组装后进入乳糜微粒、极低密度蛋白和初级高密度蛋白
脂质在体内的运输与代谢	因为脂类不溶于水，因此不能以游离的形式运输，而必须以某种方式与蛋白质结合起来才能在血浆中转运。非酯化的游离脂肪酸是和血浆清蛋白结合起来形成可溶性复合物后运输的，而其他脂类都是以血浆脂蛋白的形式运输的，其中乳糜微粒运输外源甘油三酯和胆固醇酯；极低密度脂蛋白将肝内合成的甘油三酯、胆固醇及其酯运到肝外组织贮存或利用；低密度脂蛋白主要由极低密度脂蛋白代谢转变而来，其作用是向组织转运胆固醇。高密度脂蛋白则通过胆固醇的反向转运，将外周组织和血浆中的胆固醇运回肝脏代谢，它是胆固醇的"清扫机"	

表 1-53　脂质的主要营养代谢

代谢途径	部位	主要代谢途径和生理学意义
脂肪酸合成	所有细胞的细胞质	脂肪酸主要从乙酰 CoA 合成，凡是代谢中产生乙酰 CoA 的物质都是合成脂肪酸的原料。机体多种组织均可合成脂肪酸，肝是主要合成场所，脂肪酸合成酶系存在于线粒体外胞液中。但乙酰 CoA 不易透过线粒体膜，所以需要穿梭系统将乙酰 CoA 转运至胞液中，主要通过柠檬酸-丙酮酸循环来完成。脂肪酸的合成还需 ATP、NADPH 等，所需氢全部由 NADPH 提供，NADPH 主要来自磷酸戊糖通路。机体合成脂肪酸的酶系，合成速度最快的是肝脏、脂肪组织和小肠黏膜上皮，其次是肾脏和其他内脏，最慢的是肌肉、皮肤和神经组织。 主要步骤：①丙二酸单酰 CoA 的生成，除了起始的 1mol 乙酰辅酶 A 外，所有的乙酰辅酶 A 原料分子首先要羧化成丙二酸单酰辅酶 A，这是一步不可逆反应，有乙酰辅酶 A 羧化酶催化，此酶也是脂肪酸合成的限速

（续）

代谢途径	位　置	主要代谢途径和生理学意义
脂肪酸合成	所有细胞的细胞质	酶，存在于细胞液中，以生物素为辅基、以柠檬酸为激活剂，棕榈酰辅酶A则是其抑制剂。②从乙酰 CoA 和丙二酰 CoA 合成长链脂肪酸，实际上是一个重复加长过程，每次延长 2 个碳原子，由脂肪酸合成多酶体系（脂酰基载体蛋白＋7 个合成酶）催化。其结果是经过 7 次循环之后，即可生成 16 个碳原子的软脂酸。③碳链延长在肝细胞的内质网或线粒体中进行，在软脂酸的基础上生成更长碳链的脂肪酸。 　　脂肪酸合成的调节：胰岛素诱导乙酰 CoA 羧化酶、脂肪酸合成酶的合成，促进脂肪酸合成，促使脂肪酸进入脂肪组织，加速合成脂肪，而胰高血糖素、肾上腺素、生长素则抑制脂肪酸合成。 　　主要作用：将过量的葡萄糖和氨基酸转化为脂肪酸，作为甘油三酯合成的前体；防止体内水溶性物质的流失
甘油三酯合成	大多数细胞的细胞质和线粒体	合成甘油三酯所需的甘油及脂肪酸主要由葡萄糖代谢提供。其中，甘油由糖酵解生成的磷酸二羟丙酮转化而成，脂肪酸由糖氧化分解生成的乙酰CoA 合成。 　　合成途径：甘油一酯途径（小肠细胞）和甘油二酯途径（肝和脂肪细胞）；脂肪细胞因缺乏甘油激酶而不能利用游离甘油，只能利用葡萄糖代谢提供的 3-磷酸甘油。 　　主要作用：将脂肪酸和甘油转化为脂肪贮存；避免游离脂肪酸的毒性
甘油三酯-脂肪酸循环	大多数细胞；主要是白色脂肪组织	甘油三酯（TAG）在脂肪细胞内激素敏感性甘油三酯脂酶的作用下，将脂肪分解为脂肪酸及甘油并释放入血供其他组织氧化。 　　甘油的去处：在甘油激酶的作用下生成磷酸甘油↔磷酸二羟丙酮↔甘油三磷酸↔糖酵解或→三羧酸循环→有氧氧化供能，也可经糖异生途径转变成糖原或葡萄糖；分解的脂肪酸与清蛋白结合转运入各组织经 β-氧化供能。 　　主要作用：调节体内甘油三酯平衡
胆固醇合成	主要是肝细胞质和线粒体	几乎所有组织都可以合成胆固醇，其中肝是合成胆固醇的主要场所，占合成量的 70%～80%；其次是小肠，占 10%。胆固醇合成酶系存在于细胞液的内质网膜，合成的原料是乙酰 CoA。乙酰 CoA 在线粒体中产生，与前述脂肪酸合成相似，需通过柠檬酸-丙酮酸循环进入胞液；另外，反应还需大量的 $NADPH+H^+$ 及 ATP。合成 1 分子 27 个碳原子的胆固醇需 18 分子乙酰 CoA、36 分子 ATP 及 16 分子 $NADPH+H^+$。乙酰 CoA 及 ATP 多来自线粒体中糖的有氧氧化，而 NADPH 则主要来自胞液中糖的磷酸戊糖途径。合成可分为三个阶段，第一阶段是甲羟戊酸 MVA 的合成，第二阶段是合成鲨烯，第三阶段是生成胆固醇。血浆中的胆固醇大部分来自肝脏的合成，小部分来自饲料和食物。存在形式主要有两种，即游离型和酯型，以酯型为主。 　　主要作用：将血中的胆固醇运送到组织中，作为细胞膜的组成成分；转变为维生素 D_3；合成的胆固醇中约 40% 在肝实质细胞中经羟化酶作用先转化为胆汁酸，再转化为胆酸盐，排入小肠，促进脂类吸收；胆固醇是肾上腺皮质、睾丸和卵巢等内分泌腺合成类固醇激素的原料。HMG 辅酶 A（β-羟-β-甲基戊二酸单酰辅酶 A）还原酶是胆固醇合成的限速酶，其在肝中的半衰期只有 4h，多种因素可调节 HMG 辅酶 A 的合成。 　　主要作用：从乙酰辅酶 A 合成胆固醇；形成细胞膜；合成胆汁酸、胆汁醇和甾体激素

（续）

代谢途径	位　　置	主要代谢途径和生理学意义
脂蛋白	小肠和肝脏	血浆脂蛋白主要由蛋白质、甘油三酯、磷脂、胆固醇及其酯组成。游离脂肪酸与清蛋白结合而运输不属于血浆脂蛋白之列。乳糜微粒（CM）最大，含甘油三酯最多、含蛋白质最少，故密度最小。极低密度脂蛋白（VLDL）含甘油三酯亦多，但其蛋白质含量高于 CM。低密度脂蛋白（LDL）含胆固醇及胆固醇酯最多。高密度脂蛋白（HDL）含蛋白质的量最多。血浆中各种脂蛋白具有大致相似的基本结构。疏水性较强的甘油三酯及胆固醇酯位于脂蛋白的内核，而载脂蛋白、磷脂及游离胆固醇等双性分子则以单分子层覆盖于脂蛋白表面。其非极性向朝内，与内部疏水性内核相连；极性基团朝外，脂蛋白分子呈球状。CM 及 VLDL 主要以甘油三酯为内核，LDL 及 HDL 则主要以胆固醇酯为内核。因脂蛋白分子朝向表面的极性基团亲水，故增加了脂蛋白颗粒的亲水性，能均匀分散在血液中。从 CM 到 HDL，直径越来越小，故外层所占比例增加，HDL 中载脂蛋白、磷脂含量最高。脂蛋白中的蛋白质部分称载脂蛋白（apo），主要有 apoA、apoB、apoC、apoD、apoE 五类。不同脂蛋白含不同的载脂蛋白。载脂蛋白是双性分子，疏水性氨基酸组成非极性面，亲水性氨基酸组成极性面，以其非极性面与疏水性的脂类核心相连，使脂蛋白的结构更稳定。 主要作用：在小肠中合成乳糜微粒，在肝脏中合成超低密度脂蛋白，在外周组织中合成高密度脂蛋白
β 氧化	主要在肝脏、心脏和骨骼的线粒体	大多数组织均能氧化脂肪酸，但脑组织例外，因为脂肪酸不能通过血脑屏障。氧化步骤：①脂肪酸活化，生成脂酰 CoA。②脂酰 CoA 进入线粒体，因为脂肪酸的 β-氧化在线粒体中进行，这一步需要肉碱转运。脂酰 CoA 进入线粒体是脂肪酸 β-氧化的主要限速步骤，如饥饿时糖提供不足，肉碱脂酰转移酶活性增强，脂肪酸氧化增强，机体靠脂肪酸来供能。③脂肪酸的 β-氧化。每次 β 氧化 1 分子脂酰 CoA 生成 1 分子 $FADH_2$、1 分子 $NADH+H^+$、1 分子乙酰 CoA；通过呼吸链氧化 $FADH_2$ 生成 1.5 分子 ATP，氧化 $NADH+H^+$ 生成 2.5 分子 ATP。 主要作用：将脂肪酸氧化成乙酰辅酶 A，后者通过三羧酸循环氧化；为禁食期、哺乳期、妊娠后期的生酮及为肝脏丙酮酸羧化酶的活化提供乙酰辅酶 A
HMG-辅酶 A 循环	肝细胞；瘤胃上皮	HMG 辅酶 A 在人体中主要参与酮体代谢，即 HMG-辅酶 A 裂解为乙酰乙酸，乙酰乙酸还原形成 β-羟基丁酸，和脱羧形成丙酮。另外，还可参与胆固醇的合成代谢，经过还原生成甲羟戊酸，合成鲨烯，最后形成胆固醇。 主要作用：从乙酰辅酶 A 形成乙酰乙酸，有助于调节细胞中乙酰辅酶 A 的浓度
生酮作用	肝脏、结肠和瘤胃上皮的线粒体	酮体包括乙酰乙酸、β-羟丁酸、丙酮。酮体是脂肪酸在肝分解氧化时特有的中间代谢物，脂肪酸在线粒体中 β-氧化生成的大量乙酰 CoA 除氧化磷酸化提供能量外，也可合成酮体。但是肝却不能利用酮体，因为其缺乏利用酮体的酶系。当长期饥饿、糖供应不足时，脂肪酸被大量动用，生成乙酰 CoA 氧化供能。但如脑组织不能利用脂肪酸，因其不能通过血脑屏障，而酮体溶于水，分子质量小，可通过血脑屏障，故此时肝中合成酮体的量增加，并将其转运至脑为其供能。但在正常情况下，血中酮体含量很少。严重糖尿病患者，葡萄糖得不到有效利用，脂肪酸转化生成大量酮体，超过肝外组织利用的能力，引起血中酮体升高，可致酮症酸中毒。 主要作用：当血糖浓度低时，乙酰辅酶 A 转化为酮体，后者为大脑和其他肝外组织提供能量

（续）

代谢途径	位　置	主要代谢途径和生理学意义
甘油磷脂合成	各组织细胞内质网（肝、肾最活跃）	动物体内有甘油磷脂和鞘磷脂两种。甘油磷脂包括卵磷脂、脑磷脂、丝氨酸磷脂和肌醇磷脂等。甘油磷脂由1分子甘油与2分子脂肪酸和1分子磷酸组成，2位上常连的脂酸是花生四烯酸。由于与磷酸相连的取代基团不同，因此可分为磷脂酰胆碱（卵磷脂）、磷脂酰乙醇胺（脑磷脂）、二磷脂酰甘油（心磷脂）等。 甘油磷脂合成所用的甘油、脂肪酸主要由糖代谢转化而来。其2位的多不饱和脂肪酸常需靠食物供给，合成还需ATP、CTP。步骤：①二酰甘油合成：把2mol的脂酰辅酶A转移到甘油-3-磷酸分子上，生成磷脂酸，接着由磷脂酸磷酸酶水解脱去磷酸生成1,2-二酰甘油。②合成脑磷脂和卵磷脂所必需的胆胺及胆碱原料可从饲料中直接摄取，或者由丝氨酸及甲硫氨酸在体内合成［丝氨酸脱去羧基后成为胆胺，胆胺接受S-腺苷甲硫氨酸（SAM）提供的3个甲基后转变为胆碱］。胆胺和胆碱被ATP磷酸化，再利用CTP，经过转胞苷反应分别转变为CDP-胆胺或CDP-胆碱。③CDP-胆胺或CDP-胆碱释放CMP后将磷酸胆胺或磷酸胆碱转到二酰甘油分子上形成脑磷脂或卵磷脂。④与脑磷脂和卵磷脂合成的二酰甘油途径不同，丝氨酸磷脂和肌醇磷脂合成途径是CDP-二酰甘油途径：磷脂酸未水解脱磷酸形成二酰甘油，而是利用CTP进行转胞苷反应，生成CDP-二酰甘油，然后在相应合成酶的作用下，与丝氨酸、肌醇等缩合成丝氨酸磷脂、肌醇磷脂
甘油磷脂分解		水解甘油磷脂的酶类称为磷脂酶，作用于甘油磷脂分子不同的酯键。磷脂酶A1、A2分别作用于甘油磷脂的第1和2位酯键，产生溶血磷脂2和溶血磷脂1。溶血磷脂是一类较强表面活性物质，可使红细胞膜和其他细胞膜破坏引起溶血或坏死。溶血磷脂2和1又可分别在磷脂酶B2（溶血磷脂酶2）和磷脂酶B1（溶血磷脂酶1）的作用下，水解脱去脂酰基生成不具溶血性的甘油磷脂——X（X代表胆胺和胆碱等取代基）。磷脂酶C可以特异地水解甘油磷酸-X中甘油的3位磷酸酯键，产物是二酰甘油、磷酸胆胺或磷酸胆碱，磷酸与取代基X间的酯键可由磷脂酶D催化水解

第七节　维生素的营养

从1915年发现维生素 B_2 到1948年发现维生素 B_{12} 以来，维生素的发现主要集中于20世纪前50年。在人和动物营养领域，主要通过维生素缺乏症和相关疾病来研究维生素的作用，因此现在的推荐标准是以预防动物出现维生素缺乏症为目的的。目前动物生产中维生素的推荐量（特别是B族）是依据20世纪五六十年代的研究结果来制定的，很多资料（超过2/3）是在1980年以前发表的，1998年以后的研究集中在个别维生素上（如维生素E、泛酸和叶酸）。因此，总体来说各营养研究中关于维生素的内容变动得并不是很大。

维生素可分为脂溶性维生素和水溶性维生素，脂溶性维生素包括维生素A、维生素D、维生素E、维生素K，水溶性维生素包括维生素 B_1（硫胺素）、维生素 B_2（核黄素）、

维生素 B_3（烟酸）、维生素 B_5（泛酸）、维生素 B_6（吡哆醇）、维生素 B_{12}（氰钴胺）、叶酸或维生素 B_9（蝶酰谷氨酸）、维生素 C（抗坏血酸）、维生素 H（生物素）。另外，还有一些物质被称为类维生素，包括对氨基苯甲酸、肉碱、胆碱、类黄酮、硫辛酸、肌醇、吡咯并喹啉醌和泛醌。维生素中有些是单一物质，如核黄素和泛酸；有些则是在化学上相关的一个家族，如烟酸和烟酰胺。常用维生素与类维生素名称、活性物质、化学性质等的描述见表 1-54，维生素与类维生素在日粮中的形式及代谢活性形式与主要功能见表 1-55，表 1-56 和表 1-57 中则分别介绍了拟定维生素需要量时需考虑的因素，以及测定维生素需要量时所用的生理生化指标。

表 1-54　常用维生素与类维生素名称、活性物质、化学性质及在饲料中的月损失率

维生素	发现/分离/合成（年）	活性形式	预混料/饲料（月损失率,%）	形态	相对分子质量	颜色（25℃）	形式（25℃）
维生素 A	1909/1937/1947	视黄醇、视黄酸、视黄醛、胡萝卜素	1/6～7	视黄醇	286.4	黄色	结晶
				视黄醛	284.4	橙色	结晶
				视黄酸	300.4	黄色	结晶
维生素 E	1922/1936/1938	生育酚、生育三烯酚	0.3/—	α-生育酚	430.7	黄色	油
				γ-生育酚	416.7	黄色	油
维生素 D	1918/1932/1959	钙化醇、胆钙化醇	10/10	维生素 D_2	396.6	白色	结晶
				维生素 D_3	384.6	白色	结晶
维生素 K	1929/1936/1939	甲萘醌、叶绿醌、甲萘醌	34～38/50	维生素 K_1	450.7	黄色	油
				维生素 K_2	649.2	黄色	结晶
				维生素 K_3	172.2	黄色	结晶
维生素 C	1912/1928/1933	抗坏血酸	1～2/2～5	游离酸	176.1	白色	结晶
				钠盐	198.1	白色	结晶
维生素 B_1	1890/1910/1936	硫胺素	17/5～20	游离形态	265.4	白色	结晶
				二硫形式	562.7	黄色	结晶
				盐酸盐	337.3	白色	结晶
				一硝酸盐	327.4	白色	结晶
维生素 B_2	1920/1933/1935	FMN、FAD	5～40/2～10	游离形态	376.4	橙黄色	结晶
维生素 B_3	1935/1935/1949	NAD、NADP	2～4/1～2	尼克酸	123.1	白色	结晶
				尼克酰胺	122.1	白色	结晶
维生素 B_5	1931/1938/1940	泛酸	1～8/0～5	游离形式	219.2	黄色	油
				钙盐	476.5	白色	结晶
维生素 B_6	1934/1938/1939	吡哆醇、吡哆醛、吡哆胺	20/2～5	吡哆醛	167.2	白色	结晶
				盐酸吡哆醇	205.6	白色	结晶
维生素 H	1931/1935/1943	生物素	5/1～2	游离形态	244.3	白色	结晶

（续）

维生素	发现/分离/合成（年）	活性形式	预混料/饲料（月损失率，%）	形态	相对分子质量	颜色（25℃）	形式（25℃）
维生素 B_9	1941/1941/1946	甲基四氢叶酸、四氢叶酸	10～40/10～50	蝶酰谷氨酸	441.1	橙黄色	结晶
维生素 B_{12}	1926/1948/1972	甲基钴胺素、腺苷钴胺素	5～25/1～5	氰钴维生素	1 355.4	红色	结晶
胆碱	1932	乙酰胆碱、磷脂酰胆碱	1～2/0.5	氯化胆碱	139.63	白色	结晶

注："—"指无数据。

表1-55　维生素与类维生素在日粮中的形式及代谢活性形式与主要功能

维生素	日粮中的主要形式	代谢活性形式	主要功能
维生素 A	棕榈酸视黄酯和乙酸盐、维生素 A 原（β-胡萝卜素）	视黄醇、视黄醛、视黄酸	维持视力，上皮细胞功能和基因表达
维生素 D	胆钙化醇（D_3）、钙化醇（D_2）	1，25-二羟基维生素 D	骨骼生长发育
维生素 E	全消旋-α-生育酚乙酸盐	α-生育酚、β-生育酚、γ-生育酚和δ-生育酚	抗氧化功能
维生素 K	叶绿醌、甲基萘醌、甲基萘醌亚硫酸氢钠	叶绿醌、甲基萘醌	血液凝固以应对出血
维生素 C	L-抗坏血酸	L-抗坏血酸、脱氢抗坏血酸	胶原蛋白脯氨酸和赖氨酸残基羟基化，抗氧化
维生素 B_1	硫胺素、硫胺素焦磷酸盐	硫胺素焦磷酸盐	α-酮酸的氧化脱羧
维生素 B_2	FMN、FAD、黄素蛋白、核黄素	FMN、FAD	黄素蛋白的辅因子
维生素 B_3	NAD（P）、烟酰胺、尼克酸	NAD（P）	氧化还原酶的辅酶
维生素 B_6	吡哆醛和吡哆胺 5′-磷酸盐	吡哆胺 5′-磷酸盐	氨基酸转氨酶的辅酶
维生素 H	生物胞素、D-生物素	D-生物素	ATP 依赖性羧化作用
维生素 B_5	辅酶 A、乙酰辅酶 A、泛酸钙	辅酶 A	辅酶 A 和酰基载体蛋白质（ACP）的组分
维生素 B_9	单谷氨酸、聚合谷氨酸、蝶酰谷氨酸	四氢叶酸、N^5，N^{10}-亚甲基四氢叶酸、N^5-甲基四氢叶酸	一碳代谢
维生素 B_{12}	氰基-脱氧腺苷-钴胺素、甲基-脱氧腺苷-钴胺素、5′-脱氧腺苷-钴胺素	甲基-或 5′-脱氧腺苷-钴胺素	清除同型半胱氨酸

（续）

维生素	日粮中的主要形式	代谢活性形式	主要功能
胆碱	卵磷脂、氯化胆碱	乙酰胆碱	神经传递
肉碱	肉碱（肉中）、乙酰肉碱		长链脂肪酸氧化
肌醇	磷脂酰肌醇、植酸盐	磷脂酰肌醇	细胞信号
PQQ	吡咯并喹啉醌（PQQ）	PQQ	氧化还原反应辅因子
硫辛酸	硫辛酸结合蛋白、游离硫辛酸	硫辛酸结合蛋白	α-酮酸的氧化脱羧
泛醌	泛醌	辅酶 Q（动物体内）	线粒体电子传递
生物类黄酮	生物类黄酮苷类	生物类黄酮	抗氧化剂、色素
PABA	对氨基苯甲酸（PABA）	PABA	细菌中叶酸的合成

资料来源：伍国耀（2019）。

表 1-56　拟定维生素需要量时需考虑的因素

维生素	需考虑的因素
维生素 A	维生素 A 的稳定程度，类胡萝卜素的转化率，饲料中亚硝酸盐的含量，能量，蛋白质和脂肪水平，饲料脂肪的类型
维生素 D	钙和磷的水平，日光照射的时间和强度
维生素 E	稳定性程度，存在的形式，抗氧化剂的颉颃物，硒、不饱和脂肪酸及含硫氨基酸在饲粮中的水平
维生素 K	微生物合成作用的程度，颉颃物，抗生素和磺胺类药物，应激
维生素 B_1	稳定性程度，饲粮内碳水化合物和硫的水平，硫胺素酶和氨丙啉的存在，环境温度
维生素 B_2	饲粮能量和蛋白质水平，抗生素和磺胺药物，环境温度
维生素 B_3	在饲料中的可利用性，色氨酸水平，环境温度
维生素 B_6	饲粮能量和蛋白质水平，颉颃物（亚麻籽）的存在，抗生素和磺胺类药物的存在
维生素 B_5	本身的稳定性，环境温度，抗生素和磺胺类药物
维生素 H	在饲料中的可利用性，硫的水平，颉颃物的存在
维生素 B_9	颉颃物的存在，抗生素和磺胺类药物的存在
维生素 B_{12}	饲粮内钴、蛋氨酸、叶酸和胆碱水平
维生素 C	稳定性（稳定型，纤维包被或形成稳定性盐），环境温度，应激
胆碱	饲粮内蛋白质水平

表 1-57　测定维生素需要量时所用的生理生化指标

维生素	生理生化指标
维生素 A	脑脊椎液压[1]，血和肝内浓度
维生素 D	骨骼灰分含量，血清内碱性磷酸酶活性
维生素 E	溶血试验，肌肉内肌酸磷酸转移酶（CPK）和乳酸盐脱氢酶活性，血浆内维生素 E 含量

（续）

维生素	生理生化指标
维生素 K	血液凝固时间
维生素 B_1	血液水平，尿内排出量，红细胞内酮糖转运酶活性
维生素 B_2	血液谷胱甘肽还原酶活性（血和尿内核黄素水平）[2]
维生素 B_3	甲基烟酰胺在尿中的排出量（血液和尿内烟酸水平）[2]
维生素 B_6	在色氨酸负荷后的尿内黄尿酸的排出量，氮存留量，血清内谷氨酸草酰乙酸转移酶（GOT）活性
维生素 B_5	肝内和尿内泛酸和辅酶 A 水平，血液内蛋白质和葡萄糖水平
维生素 H	血浆生物素浓度
维生素 B_9	亚胺甲基谷氨酸在尿内的排出量
维生素 B_{12}	甲基丙二酸在尿内的排出量
维生素 C、胆碱	血浆水平[2]

注：[1]维生素 A 缺乏时脑脊椎液压增加，雏鸡共济失调，是维生素 A 缺乏初期症状，脑损伤不常见，但脑干压增加（Woolan，1955）。

[2]表示参数不足。

一、水溶性维生素的消化、吸收与代谢

水溶性维生素大多不能在非反刍动物体内合成，必须在日粮中添加。水溶性维生素经特定的转运蛋白通过顶端膜被吸收进入小肠上皮细胞（主要在空肠，除维生素 B_{12} 在回肠外），然后经特定的转运载体（表 1-58）通过基底外侧膜离开肠上皮细胞进入肠黏膜固有层，最后进入到门静脉循环。大多数维生素（烟酸、泛酸、生物素、维生素 C 和 50% 的核黄素）以游离形式在血浆中运输，其他维生素（硫胺素、维生素 B_6、维生素 B_{12} 和 50% 的核黄素）以蛋白质形式在血浆中运输。血液中的水溶性维生素通过特定的转运蛋白被身体的所有细胞吸收，但微生物 B_{12} 通过受体介导的内吞作用被吸收。除了维生素 B_{12} 外，水溶性维生素主要通过尿液排出体外。水溶性维生素在组织中的贮存有限，很少能累积到产生毒性的浓度。

各水溶性维生素的消化、吸收、代谢及其功能等内容分别见表 1-59 至表 1-67。

表 1-58　动物小肠和结肠上皮细胞对维生素的转运

维生素	顶端膜转运载体		基底膜转运
	常规名称	基因名称	
维生素 B_1	硫胺素转运载体 1（ThTr1：Na^+-非依赖）	*SLC19A2*	跨膜蛋白载体
	硫胺素转运载体 2（ThTr2：Na^+-非依赖）	*SLC19A3*	
	硫胺素焦磷酸盐转运载体（结肠上皮细胞中，能量依赖但 Na^+-非依赖）	*SLC44A4*	

（续）

维生素	顶端膜转运载体		基底膜转运
	常规名称	基因名称	
维生素 B_2	核黄素转运蛋白-1（RF-1，Na^+-非依赖）	*SLC52A1*	跨膜蛋白载体
	核黄素转运蛋白-2（RF-2，Na^+-非依赖）	*SLC52A3*	
维生素 B_3	烟酸载体（H^+依赖，Na^+-非依赖）	??	跨膜蛋白载体
	钠偶联单羧酸转运载体	*SLC5A8*	
维生素 B_5	复合维生素转运载体（Na^+-依赖）	*SLC19A6*，*5A6*	Na^+-非依赖转运载体
维生素 B_6	维生素 B_6 载体（H^+依赖，Na^+-非依赖）	??	跨膜载体蛋白
维生素 H	复合维生素转运载体（Na^+-依赖）	*SLC19A6*，*5A6*	Na^+-非依赖转运载体
维生素 B_{12}	受体介导的内吞作用	??	多药耐药性蛋白-1
维生素 B_9	还原型叶酸载体-1（RFC-1，Na^+-非依赖）	*SLC19A1*	多药耐药性蛋白
	还原型叶酸载体-2（RFC-2，Na^+-非依赖）	??	
	H^+-偶联叶酸转运载体	*SLC46A1*	
维生素 C	维生素 C 转运载体 1（Na^+-依赖）	*SLC23A1*	跨膜蛋白载体
	维生素 C 转运载体 2（Na^+-依赖）	*SLC23A2*	
脱氢抗坏血酸	GLUT2（协助扩散，Na^+-非依赖）	*SLC2A2*	跨膜蛋白载体
	GLUT8（协助扩散，Na^+-非依赖）	*SLC2A8*	
维生素 A、维生素 D、维生素 E、维生素 K	通过脂质微粒被动扩散		通过乳糜微粒和极低密度脂蛋白被动扩散

资料来源：伍国耀（2019）。

注："??"表示信息缺乏。[1]胃内因子-维生素 B_{12} 复合物靶标，传递蛋白-维生素 B_{12} 复合物的脱唾液酸糖蛋白受体。

表 1-59 硫胺素的消化、吸收、代谢及其功能

维生素	硫胺素（维生素 B_1），第一个被发现的维生素
活性成分	硫胺素焦磷酸（TPP，硫胺素中的-OH 基团被焦磷酸取代），占体内硫胺素总量的 80%（其他形式为硫胺素单磷酸和三磷酸）
结构与描述	嘧啶环和噻唑环通过亚甲基结合而成，噻唑环上含有硫，嘧啶环上含有氨基，因此称为硫胺素；添加物多是硫胺素盐酸盐
消化与吸收转运	硫胺素焦磷酸随着日粮蛋白质的水解从复合物中释放，并水解生成硫胺素。硫胺素很容易被小肠吸收（空肠和回肠）。硫胺素焦磷酸也可被结肠上皮细胞吸收（吸收率极差）。硫胺素通过特异性载体由肠上皮细胞基底外侧膜转运入门静脉，以蛋白质结合方式转运到各种组织。在肝中，硫胺素激酶活化硫胺素为硫胺素焦磷酸。猪贮存硫胺素的能力比其他动物强，可供 1~2 个月之需；家禽对硫胺素的贮存量有限，要经常补充。硫胺素主要经粪和尿排出

（续）

代谢与功能	①TPP是ATP生成时催化α-酮酸氧化脱羧酶的辅酶（转移醛基）；②TPP是磷酸戊糖途径中转酮酶的辅酶；③以焦磷酸硫胺素作为辅酶的酶还参与了氨基酸合成及其他细胞代谢过程中有机化合物合成；④维生素B₁的衍生物能够参与基因表达调控、细胞应激反应、信号转导途径及神经系统信号转导（如抑制乙酰胆碱酯酶的作用）等机体重要的生理过程，而维生素B₁衍生物的这些作用不依赖于其辅酶。硫胺素可用于治疗心肌炎、食欲不振、胃肠功能障碍的辅助药物
缺乏	①当维生素B₁缺乏、TPP合成不足、糖氧化利用受阻时，首先受到影响的是神经组织的能量供应，同时伴有丙酮酸和乳酸等在神经组织的蓄积，出现多发性外周神经炎症状（临床称为脚气病）。②当维生素B₁不足、乙酰辅酶A生成减少时，影响乙酰胆碱合成；同时，维生素B₁不足使乙酰胆碱酯酶活性增强，乙酰胆碱水解加速，神经传导受到影响，造成胃肠蠕动缓慢、消化液分泌减少、食欲缺乏和消化不良等。③当维生素B₁缺乏时，会导致焦磷酸硫胺素含量下降，使得以焦磷酸硫胺素为辅酶的丙酮酸脱氢酶复合体和α-酮戊二酸脱氢酶复合体受到损伤，活力下降，最终导致线粒体损伤，产生氧化应激。硫胺素缺乏是经典的由代谢性氧化损伤导致神经系统损伤的模型。 家禽对硫胺素缺乏最敏感，其次是猪，补充硫胺素可防治因硫胺素缺乏引起的多发性神经炎及各种原因引起的疲劳和衰竭。当高热、重度使役和大量输注葡萄糖时要补充硫胺素。贝类、淡水鱼类、一些蕨类植物及体内细菌会产生硫胺素酶，该酶分解硫胺素并使之缺乏。

表1-60 核黄素的消化、吸收、代谢及其功能

维生素	核黄素（维生素B₂）
活性成分	FMN（黄素单核苷酸）和FAD（黄素腺嘌呤二核苷酸）
结构与描述	核黄素由核糖醇与7,8-二甲基异咯嗪结合而成，氧化型的维生素B₂呈黄色，又因含有核糖醇，因而称为核黄素。其异咯嗪环上1，5位N存在活泼共轭双键，既可作为氢的供体，又可作为氢的传递体，这一特点与核黄素的主要生理功能直接相关。核黄素经磷酸化形成FMN，FMN与ATP在FAD合成酶的作用下合成FAD。在植物或动物原料中，核黄素主要以FMN和FAD的形式存在，并与蛋白质结合。核黄素在碱性溶液和光照下不稳定
消化与吸收转运	日粮中FMN和FAD被肠道（主要在空肠）磷酸酶水解，生成游离核黄素。在肠上皮细胞内，大部分核黄素在ATP依赖性黄素激酶的作用下，转化成FMN，FMN进一步代谢为FAD。剩余的游离核黄素则通过基底膜外侧进入固有层和静脉血液循环，并以游离和蛋白质结合的形式（各约50%）在血浆中运输。 核黄素在体内贮存量较少，主要以核黄素的形式从尿中排出，少量从汗、粪和胆汁中排出。过量的核黄素可迅速从尿中排出体外
代谢与功能	FMN和FAD是黄素蛋白氧化还原酶的辅助因子，许多黄素蛋白含有一种或多种金属作为必需辅因子，因此又称为金属黄素蛋白。黄素蛋白酶参与很多生化反应，涉及呼吸链能量产生，氨基酸、脂类氧化，嘌呤碱转化为尿酸，芳香族化合物羟化，蛋白质与某些激素的合成，铁的转运、贮存及动员，参与叶酸、吡哆醛、尼克酸代谢，胆碱降解，鞘氨醇合成，抗氧化作用（核黄素作为谷胱甘肽还原酶的辅酶）等。重要的黄素蛋白酶有NADH脱氢酶、二氢硫辛酸脱氢酶、琥珀酸脱氢酶、脂酰辅酶A脱氢酶、3-磷酸甘油脱氢酶、氨基酸氧化酶、黄嘌呤氧化酶等。 核黄素的具体功能包括：①促进发育和细胞再生；②促使皮肤、指甲、毛发正常生长；③帮助预防和消除口腔内、唇、舌及皮肤的炎症反应（统称为口腔生殖综合征）；④增进视力，缓解眼睛疲劳；⑤影响机体对铁的吸收；⑥与其他物质结合在一起，从而影响生物氧化和能量代谢

（续）

缺乏	动物中核黄素缺乏的症状包括食欲低下、生长迟缓、口腔病变（唇干裂、口角炎）、皮炎、阴囊或外阴疹、恐光症（角膜炎）、神经系统退化性病变、内分泌功能障碍和贫血。在动物体内，核黄素和蛋白紧密结合，周转速度慢，因此其耗尽需要很长时间。核黄素对维持母猪正常发情和预防早产至关重要，缺乏时猪还表现为特征性眼角膜炎、晶状体浑浊等；雏鸡则表现为麻痹性弯趾症，是周围神经退化引起的特定症状；种母鸡则表现为产蛋率和孵化率下降，胚胎畸形，羽毛呈现棍棒状

表 1-61　烟酸的消化、吸收、代谢及其功能

维生素	烟酸、烟酰胺，烟酸是 NAD 和 NADP 的组成部分，又称尼克酸
活性成分	NAD（烟酰胺腺嘌呤二核苷酸）、NADP（烟酰胺腺嘌呤二核苷酸磷酸）
结构与描述	烟酸的化学名称为 3-吡啶甲酸，烟酰胺是烟酸羧基上的-OH 基被氨基取代，二者在动物体内可相互转化。烟酰胺不易被热、酸、碱或氧化破坏。动物体内的烟酸多以烟酰胺的形式存在，饲料中的烟酸多以 NAD 或 NADP 的形式与蛋白质结合。玉米中的烟酸以一种结合的、不可用的方式存在（烟酸复合素），高粱中过量的亮氨酸可以抑制将色氨酸转化为烟酸的关键酶（喹啉酸磷酸核糖基转移酶），体内多余的色氨酸在动物体内可转化为烟酸单核苷酸（如在猪体内，50mg 色氨酸可转化为 1mg 烟酸）。NAD 和 NADP 具有可逆的加氢和脱氢特性，作为辅酶参与生物氧化
消化与吸收转运	含有烟酸的 NAD 和 NADP 经 NAD（P）-糖水解酶（一种肠黏膜酶）水解，产生烟酰胺和 ADP-核糖，烟酰胺和烟酸通过特异性载体进入肠上皮细胞，并经特定的转运蛋白转运至肠道固有层，然后以烟酸和烟酰胺游离形式在血液中运输；烟酸和烟酰胺通过阴离子转运系统（红细胞中）、Na^+ 依赖转运系统（肾小管）和能量依赖系统（脑）被组织吸收。吸收进细胞的烟酸经细胞质酶作用转化为 NAD 和 NADP。 在猪体内，烟酸代谢转化成 N-甲基-3-甲酰胺-4-吡啶酮和 N-甲基-5-甲酰胺-2-吡啶酮，随尿液排出，少量以原形排出；鸡尿中排出的则是上两者的代谢物，即二酰胺鸟氨酸
代谢与功能	含有烟酸的 NAD 和 NADP 是多种氧化还原酶的辅酶，涉及碳水化合物、脂肪酸、酮体、氨基酸和乙醇代谢，NAD 还可用于各种蛋白质的翻译后修饰。烟酸可用来扩张血管，使皮肤发红、发热，降低血脂和胆固醇含量，而烟酰胺则无此作用。烟酸可降低脂肪沉积部位游离脂肪酸的释放速度，可辅助治疗牛酮血症，而烟酰胺不能替代这一作用。 烟酸的功能主要有：①影响造血过程，促进铁吸收和血细胞的生成；②维持皮肤的正常功能和消化腺分泌；③提高中枢神经的兴奋性和心血管系统、网状内皮系统与内分泌功能；④显著提高饲料转化率和产蛋率
缺乏	烟酸不足时可影响糖的酵解、柠檬酸循环、呼吸链及脂肪酸的生物合成。烟酸缺乏症被称为癞皮病，以严重的皮炎、裂缝性痂疮、腹泻和精神抑郁为特征，也称为 4D 病（皮炎、腹泻、痴呆和死亡）。维生素 B_6 是从色氨酸合成烟酸的辅助因子，其缺乏可加重烟酸的缺乏症。猪烟酸缺乏症状包括生长不良、厌食、肠炎、呕吐和皮炎。家禽烟酸缺乏时会导致骨疾、羽化畸形、口腔和食管上部炎症。烟酸常与硫胺素和核黄素合用，对各种疾病进行综合性辅助治疗

表 1-62　泛酸的消化、吸收、代谢及其功能

维生素	泛酸
活性成分	在体内的活性形式为辅酶 A（CoA）
结构与描述	由泛解酸和 β-丙氨酸通过酰胺键缩合而成的酸性物质，因广泛存在于动植物中，故名泛酸或遍多酸。商品形式为泛酸钙，白色结晶，有吸湿性。泛酸在原料中主要以 CoA 的形式存在，少量以蛋白质结合的 4'-磷酸泛酰巯基乙胺存在。泛酸在体内与巯基乙胺、焦磷酸及 3'-AMP 磷酸结合成为 CoA，CoA 最重要的活性基团为巯基，在脂肪代谢中作为脂酰基的载体
消化与吸收转运	在小肠肠腔内，CoA 被磷酸酶水解成脱磷酸辅酶 A、4'-磷酸泛酰巯基乙胺和泛酰巯基乙胺；日粮中蛋白质结合的 4'-磷酸泛酰巯基乙胺被正磷酸酯酶水解，释放出 4'-磷酸泛酰巯基乙胺，4'-磷酸泛酰巯基乙胺被焦磷酸酶或磷酸酶去磷酸化生成泛酰巯基乙胺，然后被肠道泛酰巯基乙胺酶水解成泛酸和半胱氨酸。泛酸被吸收进入肠上皮细胞后又进入肠道固有层，在血浆中泛酸以游离形式运输，主要由红细胞携带。泛酸在体内很少贮存，主要以游离酸的形式经尿排出
代谢与功能	在动物细胞内，泛酸经磷酸化并与半胱氨酸反应生成 4'-磷酸泛酰巯基乙胺，后者是辅酶 A、脂肪酸合成复合物的酰基载体蛋白（ACP）和 N^{10}-甲酰四氢叶酸脱氢酶的组成部分。辅酶 A 涉及的反应有三羧酸循环、脂肪酸合成与氧化、氨基酸代谢、酮体代谢、胆固醇合成、乙酰胆碱合成、血红素合成及胆汁盐的形成。ACP 在脂肪酸合成中起重要作用。N^{10}-甲酰四氢叶酸脱氢酶催化 N^{10}-甲酰四氢叶酸转化为四氢叶酸，四氢叶酸是核酸和氨基酸代谢的必需辅因子
缺乏	尽管泛酸的缺乏很少见，但其缺乏可导致食欲不振、生长缓慢、皮肤病变、掉发、抑郁、疲劳、肠溃疡、衰弱和死亡。猪缺乏导致生长不良、腹泻、掉毛、皮肤鳞屑及特征性的"鹅步"，严重时不能站立。家禽缺乏导致生长受限、皮炎，产蛋量和孵化率降低

表 1-63　维生素 B$_6$ 的消化、吸收、代谢及其功能

维生素	维生素 B$_6$（吡哆醛、吡哆醇和吡哆胺）
活性成分	吡哆醛、吡哆醇和吡哆胺在机体内可相互转化，有等效的维生素活性。在体内多以磷酸化后磷酸酯（磷酸吡哆醛和磷酸吡哆胺）的形式作为辅酶发挥作用。体内约 80% 的维生素 B$_6$ 以磷酸吡哆醛的形式存在于肌组织中，并与糖原磷酸化酶结合
结构与描述	维生素 B$_6$ 是吡啶衍生物，母体是吡哆醇，在饲料中的存在方式有吡哆醇、磷酸吡哆醛和磷酸吡哆胺。植物中主要以吡哆醇糖苷形式存在，动物产品中则三者存在形式均有。在原料中除了与糖结合外，大部分维生素 B$_6$ 通过赖氨酸残基的 ε-氨基和半胱氨酸残基的巯基与蛋白质结合。日粮中的添加形式是盐酸吡哆醇
消化与吸收转运	糖苷和蛋白质中的维生素 B$_6$ 在吸收前先在肠腔内水解。磷酸吡哆醇和磷酸吡哆胺会被肠上皮细胞膜结合的碱性磷酸酶分别水解为吡哆醛和吡哆胺。吡哆醛、吡哆胺和吡哆醇在空肠和回肠中通过载体吸收进入肠上皮细胞，然后在肠黏膜中吡哆醛通过吡哆醛激酶磷酸化成磷酸吡哆醛，吡哆醇和吡哆胺则代谢成磷酸吡哆醛。磷酸吡哆醛是血液运输中的主要形式，通过席夫碱与血浆中的白蛋白和红细胞中的血红蛋白紧密结合。其他较少量的吡哆醛、吡哆醇和吡哆胺也以蛋白质结合形式在血浆中运输。肠外各组织细胞通过特定的膜转运蛋白摄取维生素 B$_6$，维生素 B$_6$ 的最终代谢产物吡哆酸通过尿液排出体外

（续）

代谢与功能	磷酸吡哆醛是体内百余种酶的辅酶，参与氨基酸脱氨和转氨作用、鸟氨酸循环、血红素合成、苏氨酸代谢和糖原分解等。①磷酸吡哆醛是谷氨酸脱羧酶的辅酶，可增大大脑抑制性神经递质 γ-氨基丁酸的生成。②是催化同型半胱氨酸分解代谢酶的辅酶，与叶酸、维生素 B_{12} 一起对治疗高同型半胱氨酸血症有一定作用。③可以将类固醇激素-受体复合物从 DNA 中移去，终止这些激素的作用。因此，当维生素 B_6 缺乏时，可增加机体对雌激素、雄激素、皮质激素和维生素 D 作用的敏感性。④与色氨酸转化成烟碱酸有关，缺乏维生素 B_6 时即产生中间代谢物——黄尿酸，此物质会在体内破坏胰脏 β 细胞，最后导致糖尿病的发生。在临床上，以检验尿液中黄尿酸的多寡来判断有无维生素 B_6 缺乏症。⑤将亚麻油酸转化成花生油酸所需，若缺乏花生油酸则会造成皮肤皲裂，严重者甚至会因细胞膜变性而引起身体不适。⑥维生素 B_6 参与一碳单位、维生素 B_{12} 和叶酸盐代谢，如果出现代谢障碍则可造成巨幼红细胞贫血。⑦参与某些神经介质（5-羟色胺、牛磺酸、多巴胺、去甲肾上腺素和 γ-氨基丁酸）合成。⑧参与核酸和 DNA 合成，缺乏时会损害 DNA 的合成，这个过程对维持适宜的免疫功能非常重要。⑨与维生素 B_2 的关系十分密切，维生素 B_6 缺乏常伴有维生素 B_2 症状。⑩参与蛋白质合成与分解代谢，参与所有氨基酸代谢，如血红素代谢
缺乏/中毒	维生素 B_6 与氨基酸代谢紧密相关，其缺乏时氨基酸代谢受损。缺乏症状包括高氨血症、高同型半胱氨酸血症、氧化应激、心血管功能障碍、皮肤和神经组织病变、贫血、生长受阻、抑郁、癫痫、皮肤病变和惊厥。猪的维生素 B_6 缺乏时导致生长不良、惊厥（γ-氨基丁酸生成受阻）、免疫功能受损和脾脏高铁贫血症。超量的维生素 B_6 可引起中毒（人每天 200mg 可引起神经损伤，表现为周围感觉神经病）。核黄素和烟酸是维生素 B_6 磷酸化及激活所必需，二者缺乏可导致维生素 B_6 的间接缺乏。维生素 B_6 常和维生素 B_1、维生素 B_2、烟酸等联合用于 B 族维生素缺乏症的治疗；维生素 B_6 是青霉胺、异烟肼等药物的颉颃剂，可用于治疗由氰乙酰肼、异烟肼、青霉胺、环丝胺酸等中毒引起的胃肠道反应和痉挛等兴奋症状；维生素 B_6 有止吐作用

表 1-64　生物素的消化、吸收、代谢及其功能

维生素	生物素
活性成分	D-生物素
结构与描述	尿素与噻吩相结合的骈环，带有戊酸侧链。原料中常以游离形式或生物胞素（生物素戊酸侧链通过酰胺键与酶的赖氨酸残基上的 ε-氨基结合形成）形式存在。饲料中的生物素因与蛋白质（酶）结合而难以消化，因此总的生物利用率通常小于 50%。一般情况下，肠道微生物可合成机体所需生物素的 50%。生的鸡蛋蛋清中含有抗生物素蛋白，因此能影响生物素的吸收
消化与吸收转运	与蛋白质结合的生物素在小肠中被胃蛋白酶和肽酶消化，形成生物素酰-L-赖氨酸（生物胞素），生物胞素在肠上皮细胞顶端膜上生物素酶的作用下进一步裂解，生成赖氨酸和生物素。游离的生物素通过载体吸收进小肠和大肠的肠上皮细胞中，并经特异载体通过上皮细胞基底外侧膜进入固有层。生物素主要以游离形式在血浆中运输，肠外细胞再通过特定转运蛋白摄取生物素。在组织的细胞内，生物素通过酰胺键与赖氨酸的 ε-氨基共价结合，从而连接到酶上，这种反应称为蛋白质生物素化。生物素与酶结合参与体内二氧化碳的固定和羧化过程。未被吸收的生物素由粪便排出，体内过多的生物素与生物素代谢物则随尿液排出

（续）

代谢与功能	生物素是丙酮酸羧化酶、乙酰辅酶 A 羧化酶、丙酰辅酶 A 羧化酶和 β-甲基巴豆酰辅酶 A 羧化酶等羧化酶的辅酶，在糖异生、脂肪酸合成、亮氨酸和类异戊二烯化合物分解代谢方面起作用。除了作为羧化酶的辅酶外，生物素还参与细胞信号传导和基因表达；可使组蛋白生物素化，影响细胞周期、转录和 DAN 损伤的修复。总的来说，生物素的主要功能可包括：①构成视紫细胞内感光物质，预防夜盲症。②维持上皮组织结构的完整和健全。生物素是维持机体上皮组织健全所必需的物质。③增强机体免疫反应和抵抗力。生物素能增强机体的免疫反应和感染的抵抗力，稳定正常组织的溶酶体膜，维持机体的体液免疫、细胞免疫并影响一系列细胞因子的分泌。大剂量可促进胸腺增生，如同免疫增强剂合用，可使免疫力增强。④维持正常生长发育。生物素影响生殖功能、骨骼生长、胚胎和幼儿的生长发育
缺乏	生物素缺乏时可引起黏膜与表皮的角化、增生和干燥，产生干眼病，严重时角膜角化增厚、发炎，甚至穿孔导致失明。而当皮脂腺及汗腺角化时导致皮肤干燥，发生毛囊丘疹和毛发脱落。当引起消化道、呼吸道和泌尿道上皮组织不健全时，则组织易被感染。 生物素缺乏症包括生长受阻、抑郁、肌肉疼痛、皮炎、神经障碍、厌食和极度疲劳。猪的缺乏症有生长不良、足部损伤、脱毛、干性鳞状皮肤和生殖功能受损。家禽的缺乏症包括生长缓慢、皮炎、腿骨畸形、脚裂、羽毛发育不良和脂肪肝综合征。脂肪肝综合征主要发生于 2~5 周龄的仔鸡，以昏睡状态为特征，随后几个小时便死亡，剖检可见肝和肾苍白、肿胀和异常的脂类沉积

表 1-65　维生素 B_{12} 的消化、吸收、代谢及其功能

维生素	维生素 B_{12}（钴胺素）
活性成分	甲基钴胺素、5′-脱氧腺苷钴胺素
结构与描述	由 4 个还原的吡咯环连在一起变成为 1 个咕啉大环（与卟啉相似），钴元素位于中央，钴有一价、二价和三价共 3 种离子形态，C-Co 键是活泼的键，一旦断裂将引发催化。维生素 B_{12} 中因含有若干酰胺基和钴元素，故而被称为钴胺素。位于中央的钴可以和氰基、羟基、甲基、5′-脱氧腺苷等基团相连，分别称为氰钴胺素、羟钴胺素、甲基钴胺素和 5′-脱氧腺苷钴胺素。最后 2 种作为辅酶是钴胺素的活性形式，但它们在代谢中的作用不同。植物原料中基本无维生素 B_{12}，动物原料中的维生素 B_{12} 与酶蛋白结合，以辅酶形式存在。维生素 B_{12} 的商业形式是氰钴胺素
消化与吸收转运	一般水溶性维生素的消化吸收可能仅需要几秒钟，而维生素 B_{12} 则需要几个小时，且其吸收位置和排泄方式也与其他水溶性维生素不同。它的吸收主要在回肠，也有一部在空肠和大肠中被吸收，主要通过胆汁分泌到粪便中而被排出。 维生素 B_{12} 在胃内通过酸化和蛋白酶水解从食物中释放出来，然后与胃中的胃内在因子（intrinsic factor，IF）和钴胺素蛋白（HC，也称为 R-蛋白，由唾液腺和胃腺产生）结合。在小肠中，IF 不被小肠内的蛋白酶降解，但 HC 能被这些胰蛋白酶降解，降解后的物质是 IF 和维生素 B_{12} 的结合物。在新生仔猪中，如 1~28 日龄的仔猪，因为 IF 的产生量太低，所以 HC 和嗜钴素（乳中的维生素 B_{12} 结合蛋白）在吸收中起重要作用。成年动物肠道中的维生素 B_{12} 和 IF 复合物从肠腔到肠上皮细胞顶端膜是由特异性受体介导的，这种受体在回肠中的表达量最高；然后复合体通过内吞作用进入肠上皮细胞，随后被转到溶酶体中，溶酶体蛋白水解维生素 B_{12} 复合物后释放出维生素 B_{12}。最终在肠上皮细胞内，维生素 B_{12} 与细胞质内的钴胺素 D 蛋白结合，并通过耐多药蛋白 1（MRP1）通路穿过基底膜外侧膜进入肠黏膜固有层中。维生素从固有层进入静脉血液循环，与血浆中的钴胺传递蛋白结合，钴胺传递蛋白包括 I、II、III 3 种，其中以传递蛋白 II 为主。维生素 B_{12}-钴胺传递蛋白复合物通过内吞受体跨膜 CD320 蛋白被肠外

（续）

消化与吸收转运	细胞吸收。内吞后，钴胺传递蛋白在溶酶体中被降解释放出维生素 B_{12}（羟钴胺素），羟钴胺素在细胞质中转化为甲基钴胺素或进入线粒体转化为 5′-脱氧腺苷钴胺素。甲基钴胺素和 5′-脱氧腺苷钴胺素在体内发挥辅酶的作用。由 IF 介导的在回肠的重新吸收维生素 B_{12} 的肠肝循环效率很高，大部分胆源性维生素 B_{12} 被保留在体内，每天通过粪便和尿液排泄的总量不到动物体内总贮量的 1%
代谢与功能	甲基钴胺素是甲硫氨酸合成酶的辅酶，此合成酶催化由同型半胱氨酸合成甲硫氨酸和由 N^5-甲基四氢叶酸合成四氢叶酸，四氢叶酸可用于嘌呤、嘧啶和核酸的合成。因此，甲基钴胺素参与了体内转甲基反应和叶酸代谢，并和叶酸一起参与一碳单位代谢。 5′-脱氧腺苷钴胺素是 L-甲基丙二酰 CoA 变位酶的辅酶，催化琥珀酰 CoA 的生成。当维生素 B_{12} 缺乏时，L-甲基丙二酰 CoA 大量堆积。因 L-甲基丙二酰 CoA 的结构与脂肪酸合成的中间产物丙二酰 CoA 相似，所以影响脂肪酸的正常合成
缺乏	当维生素 B_{12} 缺乏时，甲硫氨酸合成酶和 L-甲基丙二酰 CoA 变位酶的活性降低导致的 DNA 合成障碍阻止了细胞分裂，因而产生巨幼红细胞性贫血。同型半胱氨酸堆积可造成高同型半胱氨酸血症。与维生素 B_{12} 相关的神经系统疾病可能是甲硫氨酸缺乏或脂肪酸合成异常而影响髓鞘质的转换，从而引发进行性脱髓鞘所致。猪缺乏通常表现为巨幼红细胞性贫血，家禽主要表现为产蛋率和孵化率下降。猪和雏鸡还会出现生长发育受阻，饲料转化率降低，抗病力下降，皮肤变粗糙，出现皮炎。当叶酸不足时，维生素 B_{12} 的缺乏症更严重。日粮中胆碱、蛋氨酸、叶酸的缺乏都会增加维生素 B_{12} 的需要量

表 1-66　叶酸的消化、吸收、代谢及其功能

维生素	叶酸（碟酰谷氨酸）
活性成分	四氢叶酸、N^5，N^{10}-亚甲基四氢叶酸、N^5-甲基四氢叶酸
结构与描述	叶酸由碟酰（蝶啶＋对氨基苯甲酸）与 1 个或多个谷氨酸结合（γ-连接的肽链）而成，是蝶啶衍生物家族的母体结构，又称为碟酰谷氨酸，因绿叶中含量丰富而得名叶酸。植物中叶酸含有 7 个谷氨酸残基，动物中叶酸含有 5 个谷氨酸残基，在牛奶和蛋黄中也存在碟酰单谷氨酸。饲料中叶酸的生物学利用率为 30%～80%，因来源不同和加工方式而异。动物体内微生物可合成叶酸，所以一般情况下不易缺乏。叶酸易被氧化、潮解，可被紫外线破坏
消化与吸收转运	饲料中的碟酰多谷氨酸（叶酰多聚谷氨酸）在小肠近端被肠上皮细胞顶端膜上的 γ-谷氨酰水解酶水解生成碟酰单谷氨酸（叶酰单谷氨酸），与饲料中的碟酰单谷氨酸一起可通过质子偶联叶酸转运蛋白（PCFT）和载体（2 个还原型叶酸载体 RFC-1 和 RFC-2）被小肠的上皮细胞吸收（大肠也可吸收叶酸）。在肠上皮细胞内，大多数碟酰单谷氨酸被叶酸还原酶还原为四氢叶酸，有些也能形成 N^5-甲基四氢叶酸。游离的叶酸以碟酰单谷氨酸衍生物（主要是 N^5-甲基四氢叶酸）的形式在血液中运输，通过 PCFT（质子偶联叶酸转运蛋白）、RFC（还原型的叶酸载体）和高亲和力的叶酸受体被肠外细胞摄取。肾脏可重吸收叶酸，对体内叶酸的稳态有重要作用。未被代谢的叶酸则以原形随胆汁和尿液排出体外
代谢与功能	细胞代谢中活化的叶酸是四氢叶酸，四氢叶酸在组织中主要以四氢叶酸多谷氨酸存在。四氢叶酸是活化的一碳基团的载体，其分子中 N^5、N^{10} 是一碳单位的结合位点，一碳单位在体内参加嘌呤、胸腺嘧啶核苷酸等物质的合成。叶酸参与的生物过程有：①丝氨酸和甘氨酸的相互转化；②嘌呤合成；③组氨酸降解；④提供甲基反应必需的甲基，如胆碱和蛋氨酸合成（来自高半胱氨酸）；⑤是微生物利用甲酸或二氧化碳和氢气形成甲烷所需。总之，叶酸

（续）

代谢与功能	主要参与机体内遗传物质和部分蛋白质代谢；可影响动物繁殖性能和胰腺分泌；与维生素 B_{12} 和维生素 C 一起共同参与红细胞及血红蛋白生产，促进免疫球蛋白合成，能提高机体免疫力，增加对谷氨酸的利用，保护肝脏并参与解毒等。叶酸对核酸合成极旺盛的造血组织、消化道黏膜和发育中的胎儿（提高胎儿的成活率）等十分重要
缺乏	妊娠和哺乳动物及产蛋期的禽对叶酸的需要量增加；叶酸缺乏可引起巨幼红细胞性贫血（一碳单位转移障碍，核苷酸尤其是脱氧胸苷酸合成减少，骨髓幼红细胞 DNA 合成减少，细胞分裂速度降低，细胞体积变大，造成巨幼红细胞性贫血）；妊娠期间叶酸缺乏可引起婴儿的神经管缺陷和脊柱裂。维生素 B_{12} 因参与四氢叶酸转化而对叶酸代谢有重要作用，二者共同参与蛋氨酸合成。家禽肠道细菌合成叶酸的能力差，后肠吸收叶酸的能力也低，叶酸缺乏将致肉鸡巨幼红细胞性贫血、生长不良、饲料转化率降低、贫血、骨发育不良、羽毛生长不良、羽毛脱落，以及蛋鸡产蛋率和孵化率低、强直性颈瘫等。家畜叶酸缺乏较少见。猪缺乏时主要表现为贫血、白细胞减少、腹泻和生长率下降

表 1-67　维生素 C 的消化、吸收、代谢及其功能

维生素	维生素 C（抗坏血酸）
活性成分	L-抗坏血酸、脱氢抗坏血酸
结构与描述	维生素 C 是 2，3-二脱氢-L-苏-己酸-1，4-内酯的葡萄糖衍生物，其氧化形式是脱氢抗坏血酸。维生素 C 具有弱酸性（分子中 C2 和 C3 上的 2 个烯醇式羟基易解离质子）和强还原性。在植物和动物来源的饲料中，维生素 C 以抗坏血酸和脱氢抗坏血酸的形式存在，抗坏血酸与脱氢抗坏血酸具有同样的功能，二者可互相转换。但是当植物中脱氢抗坏血酸被抗坏血酸氧化酶氧化为 2，3-二酮-L-古洛糖酸后，此反应不可逆，抗坏血酸因而失活。大多数哺乳动物的肝脏及家禽的肝脏和肾脏都能利用葡萄糖经糖醛酸途径合成维生素 C。但是某些灵长类动物、豚鼠和某些昆虫、鸟类、鱼类及无脊椎动物由于缺乏 L-古洛糖内酯氧化酶，因此不能由葡萄糖合成维生素 C
消化与吸收转运	小肠前段的肠上皮细胞顶端膜上的维生素 C 转运蛋白 SVCT1 和 SVCT2 负责摄取小肠肠腔内的维生素 C，脱氢抗坏血酸可以通过葡萄糖转运蛋白 GLUT2 和 GLUT8 吸收到肠上皮细胞，但可被己糖和类黄酮竞争性抑制。在肠上皮细胞内，脱氢抗坏血酸能被脱氢抗坏血酸还原酶转化为抗坏血酸。维生素 C 依靠特定的蛋白质载体通过肠上皮细胞基底外侧膜进入肠黏膜的固有层，然后进入到静脉系统。动物血液中的维生素 C 以游离形式运输，脱氢抗坏血酸的比例很少（人的不足 1/15）。维生素 C 通过 SVCT2 被肠外组织摄取，在组织细胞中，维生素 C 可以依次被氧化成抗坏血酸自由基、脱氢抗坏血酸，脱氢抗坏血酸经不可逆水解生成 2，3-二酮古洛糖酸（6 个碳），2，3-二酮古洛糖酸可被氧化成五碳片段、四碳片段、草酸、水和二氧化碳。维生素 C 的这些代谢物一般可通过尿液排泄。多余的维生素 C 也由尿液排出，因此尿的 pH 降低，有防止细菌滋生的作用
代谢与功能	维生素 C 是一些羟化酶的辅酶，又是一种强抗氧化剂，可以帮助维持酶的金属辅因子（如 Cu^+ 和 Fe^{2+}）处于还原状态，其参与的反应有：①在苯丙氨酸代谢中，对羟基苯丙酮酸羟化酶（Fe^{2+}）和尿黑酸氧化酶（Fe^{2+}）催化的酪氨酸的氧化，缺乏时尿中可出现大量对羟基苯丙酮酸。②多巴胺 β-羟化酶催化酪氨酸转化为儿茶酚胺，维生素 C 缺乏可引起儿茶酚胺代谢异常。③维生素 C 是胆汁酸合成的关键酶 7α-羟化酶的辅酶，参与将 40% 的胆固醇转变为胆汁酸。④肾上腺皮质类固醇合成过程中的羟化作用也需要维生素 C 的参与。⑤胶原蛋白通过脯氨酰羟化酶（Fe^{2+}）合成羟脯氨酸，此酶需要维生素 C 和 α-酮戊二酸。

（续）

代谢与功能	⑥胶原蛋白通过赖氨酸羟化酶（Fe^{2+}）合成羟赖氨酸，胶原是骨、毛细血管和结缔组织的重要成分。⑦体内肉碱的合成过程需要 2 个依赖维生素 C 的含 Fe^{2+} 羟化酶，维生素 C 缺乏时脂肪酸的 β-氧化减弱。⑧维生素 C 具有保护巯基的作用，可以使巯基酶的-SH 保持还原状态。在谷胱甘肽还原酶作用下，维生素 C 可将氧化型谷胱甘肽（GSSG）还原成还原型（GSH）。还原型 GSH 能清除细胞膜的脂质过氧化物，起到保护细胞膜的作用。⑨维生素 C 能使红细胞中的高铁血红蛋白（MHb）还原为血红蛋白（Hb），使其恢复携氧能力。⑩小肠中的维生素 C 可将 Fe^{3+} 还原成 Fe^{2+}，有利于饲料中铁的吸收。⑪在消化过程中，维生素 C 抑制亚硝胺的生成。⑫维生素 C 可以通过稳定 BH4（四氢叶酸）而增加内皮细胞内 BH4 的浓度，从而促进内皮细胞 NO 合成，对调节心血管功能至关重要。⑬作为抗氧化剂，影响细胞内活性氧敏感的信号传导系统，从而调节基因表达和细胞功能，促进细胞分化。⑭可以增强机体免疫力。维生素 C 促进体内抗菌活性、NK 细胞活性，促进淋巴细胞增殖和趋化作用，提高吞噬细胞的吞噬能力，促进免疫球蛋白的合成，从而提高机体的免疫力
缺乏	维生素 C 缺乏症的典型症状是坏血病，该病与结缔组织（如血管）中的胶原合成缺陷有关。除了结缔组织异常（皮下出血、牙龈肿胀变软、牙齿松动、毛细血管变脆）外，还出现伤口愈合受损、肌肉无力、疲劳、抑郁、生长不良、摄入量下降，增加患传染病的风险。维生素 C 缺乏时尿中可出现大量对羟基苯丙酮酸，也可引起儿茶酚胺代谢异常。家畜能合成维生素 C，一般不会缺乏，但在热应激等条件下对维生素的需求量会增加，从而需要额外补充。人大量服用维生素 C 以后，会促进体内维生素 A 和叶酸的排泄。因此，在大量服用维生素 C 的同时，一定要注意维生素 A 和叶酸的补充。维生素 C 不仅可用作急慢性感染、高热及心源性和感染性休克等的辅助治疗药，而且也用于各种贫血、出血症、各种因素诱发的高铁血红蛋白血症，或用于重度创伤或烧伤，重金属铅、汞或其他化学物质苯、砷的慢性中毒，以及过敏性皮炎、过敏性紫癜和湿疹等的辅助治疗

二、脂溶性维生素的消化、吸收与代谢

　　脂溶性维生素包括维生素 A、维生素 D、维生素 E、维生素 K，它们的消化吸收是与脂质的消化吸收联系在一起的，主要在空肠中被吸收，随胆汁进入肠道后由粪便排出。日粮中的脂溶性维生素在小肠肠腔内溶解在脂质和胆汁盐中作为微团（乳化微粒），微团随后被肠上皮细胞经被动扩散吸收，吸收的脂溶性维生素在肠上皮细胞中被组装成乳糜微粒，维生素 E 也能被组装成极低密度脂蛋白。在单胃动物中，乳糜微粒和极低密度脂蛋白以胞吐的方式释放到固有层，然后通过淋巴管进入静脉系统。家禽肠上皮细胞的乳糜微粒和极低密度脂蛋白直接进入门静脉。脂溶性维生素以蛋白质结合的形式在血浆中运输。通过血液中脂蛋白的代谢，含脂溶性维生素的乳糜微粒和极低密度脂蛋白分别转化为乳糜微粒残留物和低密度脂蛋白，随后由肝脏通过受体介导的机制吸收。维生素 A、维生素 D、维生素 E、维生素 K 的消化、吸收、代谢及其功能分别见表 1-68 至表 1-71。

表 1-68　维生素 A 的消化、吸收、代谢及其功能

维生素	维生素 A
活性成分	视黄醇、视黄醛、视黄酸

（续）

结构与描述	维生素A的主体是视黄醇，视黄醛、视黄酸和其他衍生物被称为"类维生素A"。视黄醇是由1分子β-白芷酮环和2分子异戊二烯构成的不饱和一元醇（或者是由1个β-紫罗酮环、1个由4个头尾相连的类异戊二烯单元组成的侧链及在C15位结合了1个羟基），当C15位置分别结合醛基、羧基、酯基时则称为视黄醛、视黄酸和视黄酯。通常所说的维生素A是天然存在于哺乳动物和咸水鱼肝中的维生素A_1（视黄醇酯型），维生素A_2则是存在于淡水鱼类肝中的3-脱氢视黄醇，其只有视黄醇的40%活性。视黄醇的化学名称为全反式3，7-二甲基-9-（2，6，6-三甲基-1-环己烯基-1）-2，4，6，8-壬四烯-1-醇，其侧链上有4个共轭双键，理论上有16个几何异构体。由于立体位阻效应，因此自然界中存在的几何异构体只有无位阻的全反式体、9-顺式体、13-顺式体、9，13-双顺式体和有位阻的11-顺式体，其中以全反式体的生物活性最高。视黄醇和视黄醛经视黄醛还原酶催化后可相互转化，但视黄醛一旦生成视黄酸，就不能转化回视黄醛或视黄醇。 植物中不含有维生素A，但含有维生素A原（前体物质，即类胡萝卜素）如α-胡萝卜素、β-胡萝卜素、γ-胡萝卜素、β-隐黄质、角黄素。β-胡萝卜素分子实际上就是2个尾部相连的视黄醇分子，在双加氧酶的作用下通过中心裂解或偏心裂解，可转变成2个或1个维生素A。β-胡萝卜素又分为全反式和顺式异构体。全反式β-胡萝卜素经过中心裂解，可以生成2分子全反式视黄醇（维生素A），顺式β-胡萝卜素转换为维生素A的产量则较低。在家禽体内，3.0mg的β-胡萝卜素相当于1.0mg的视黄醇（3 333IU维生素A）。猪体内比例为3：1（以前为1：1），人体内为6：1。α-胡萝卜素与β-胡萝卜素分子结构相似，为同分异构体，差别在于一端的β-紫罗酮环中5′，6′-双键发生变化，而此β-紫罗酮环是维生素A活性所必需的结构。因此，α-胡萝卜素转变为维生素A的产量只有β-胡萝卜素的一半。除维生素A活性外，α-胡萝卜素的性质和功效与β-胡萝卜素相似。β-隐黄质是一种含氧的叶黄素类的类胡萝卜素，与β-胡萝卜素相比，β-隐黄质分子结构是在3位由1个羟基取代原来的1个氢原子，其分子结构比β-胡萝卜素多1个氧原子，由此造成β-紫罗酮环结构变化，使这一半分子失去维生素A活性的可能。故β-隐黄质和α-胡萝卜素一样，转变为维生素A的产量只有β-胡萝卜素的一半。除了维生素A活性外，β-隐黄质也同样具有较强的抗氧化活性。γ-胡萝卜素、角黄素都可以在猪和家禽体内转化为维生素A，但效率与β-胡萝卜素相比非常低（番茄红素、叶黄素和玉米黄质不是哺乳动物和鸟类中的维生素A前体）。 商品化的产品一般是视黄醇的酯类，如乙酸酯和棕榈酸酯
消化与吸收转运	日粮中的视黄醇酯在胆汁液滴中被胰酶水解产生视黄醇，视黄醇与脂质和胆汁盐溶解在一起形成微粒，经被动扩散通过顶端膜被肠上皮细胞（空肠为主）摄取。肠上皮细胞内的维生素A（含类胡萝卜素转化来的维生素A）从细胞质进入内质网与饱和长链脂肪酸的酯化对于产生跨顶端膜浓度梯度吸收维生素和类胡萝卜素是必需的。在肠上皮细胞内，酯化的视黄醇酯掺入乳糜微粒，并随乳糜微粒以被动扩散方式通过基底外侧膜进入肠道淋巴管，然后流入血液（哺乳动物）或门静脉循环（鸟类）。当乳糜微粒被水解后，含有视黄醇酯（RE）的微粒残留物通过LDL（低密度脂蛋白）受体的介导被肝细胞吸收，吸收后的RE经羟基酯脂肪酶、羧酸酯酶和肝脂肪酶水解释放视黄醇，视黄醇与RBP（视黄醇结合蛋白）结合，结合的视黄醇-RBP在高尔基体中经加工后分泌到血液中。肝中的维生素A则是以糖蛋白复合物酯的形式贮存在特定脂肪细胞内的（毛细血管和肝细胞间的窦周星状细胞）（复合物组成：13%RBP+42%视黄醇酯+28%甘油三酯+13%胆固醇+4%磷脂）。从肝脏分泌到血液中的维生素A以RBP结合的形式运输，直至视黄醇-RBP复合物通过质膜受体被肝外细胞摄取。在肝外细胞中，视黄醇与各细胞内特定的视黄醇结合蛋白相结合。 日粮中的类胡萝卜素通过结合到清道夫B类Ⅰ型受体被肠上皮细胞吸收。家禽上皮细胞吸收到的大部分类胡萝卜素被裂解为视黄醇，少量被吸收到循环系统，而在猪肠上皮细胞中有一些类胡萝卜素未经转化便进入循环系统。未转化的类胡萝卜素有利于肉、蛋和奶的色素沉积。未转化的类胡萝卜素在上皮细胞内被并入乳糜微粒后进入淋巴循环，然后通过血液进

（续）

消化与吸收转运	入肝脏。在肝脏中，乳糜微粒残留物中的类胡萝卜素被内化，并组装到极低密度脂蛋白中，以分泌到血液循环中。 　　日粮中的视黄酸被小肠吸收后进入门静脉，视黄酸在血液中主要以白蛋白结合的形式转运。血浆和组织中视黄酸的浓度远低于视黄醇
代谢与功能	1. 维持正常的视觉功能：视黄醛与视蛋白结合维持正常的视觉功能，缺乏会导致夜盲症。视网膜上的杆状细胞中含有的视紫红质，是由 11-顺式视黄醛与视蛋白结合而成，其对暗光敏感，维生素 A 缺乏时 11-顺式视黄醛的供给减少，暗适应时间延长。 　　2. 调节基因表达：视黄醇和视黄酸作为脂溶性激素，通过与它们的细胞核受体（包括 3种视黄酸受体 RARα、RARβ 和 RARγ）及 3 种 9-顺式异构体类视黄醇 X 受体（RXRα、RXRβ 和 RXRγ）的结合，在调节基因表达方面起重要作用。类视黄醇受体的最重要功能是调控细胞分裂和分化。包括 RXR 在内的信息物质降低细胞增殖并促进细胞程序化死亡（凋亡）。对于细胞分化，细胞内类视黄醇的调控功能主要通过 RAR 影响细胞周期蛋白而发挥作用，这种调控结果可影响机体的各个方面，包括生长发育、生殖功能、免疫功能、造血功能等。 　　3. 维持和提高免疫水平：①类视黄酸通过核受体对靶基因调控，可以提高细胞免疫功能，促进免疫细胞产生抗体，以及促进 T 淋巴细胞产生某些淋巴因子。②视黄酸对维持循环血液中足量水平的自然杀伤细胞极为重要，后者具有抗病毒、抗肿瘤活性。③视黄酸可提高鼠类巨噬细胞的吞噬活性，增加白介素-1 和其他细胞因子的生成，后者是炎症反应的介导因子和 T、B 淋巴细胞生成的激活因子。④B 淋巴细胞的生长、分化和激活也需要视黄醇。 　　4. 作为糖基供体：视黄醇的磷酸酯-磷酸视黄醇作为糖基供体直接参与某些糖蛋白和黏多糖的合成，这些糖蛋白和黏多糖绝大多数是上皮组织分泌黏液的主要成分，参与调节细胞生长。视黄醇和视黄酸对以下过程是必需的：①维持正常上皮组织（如皮肤、眼结膜和角膜、呼吸道、小肠、肾脏、血管、子宫、胎盘和男性生殖道）的完整性；②精子产生、胚胎存活和胎儿生长发育所需；③黏多糖的合成和破骨细胞的生长；④造血；⑤淋巴器官发育、B 淋巴细胞抗体的产生和对病原体的免疫应答。 　　5. 抗氧化：维生素 A 和 β-胡萝卜素的抗氧化作用（双键的作用），可以清除自由基和防止脂质过氧化，其中 β-胡萝卜素是低氧浓度下的抗氧化剂。 　　6. 增加铁的吸收，促进血红蛋白生成。维生素 A 和维生素 A 原，可能通过阻断植酸的干扰而改善铁吸收；维生素 A 还对铁营养状况进行某种调控，包括刺激造血母细胞、促进抗感染、动员铁进入红细胞系；类视黄醇可调控胎儿期的造血作用；维生素 A 的含量情况不仅对骨髓造血细胞系的增殖产生影响，而且对血小板生成和血栓形成也具有影响
缺乏/中毒	当肝脏中维生素 A 的贮存量几乎要耗竭时，会出现维生素 A 缺乏的初始症状，即夜间视力障碍（受影响最早的是眼睛结膜、角膜和泪腺上皮细胞）；如果维生素 A 继续消耗，将导致眼睛、肺、胃肠道和泌尿生殖道上皮组织的角质化（正常的柱状上皮细胞转变为角状的覆层鳞状细胞，导致细胞角化），黏液分泌减少，最后导致干眼症（结膜极度干燥）和角膜软化（眼角膜溃疡和穿孔），引起失明。维生素 A 的缺乏还会限制动物生长，损害许多组织和细胞的功能，增加感染性疾病（如呼吸道疾病）的风险，诱导睾丸损伤，引起胚胎死亡或胚胎被吸收。机理包括：维生素 A 对胎儿生长发育、细胞分化和基因转录有作用；维生素 A 可调节卵巢类固醇类激素生成，从而影响妊娠的建立和维持；维生素 A 的抗氧化特性可抑制自由基损害高活性卵巢细胞。妊娠母猪缺乏维生素 A，可导致产弱小、瞎眼、死亡或畸形的仔猪。维生素 A 缺乏可使破骨细胞数目减少，成骨细胞功能失控，导致骨膜骨质过度增生，骨腔变小。 　　当维生素 A 的摄入量超过视黄醇结合蛋白（RBP）的结合能力时，游离的维生素 A 可造成组织损伤。长期摄入高水平的维生素 A 是危险的，其过多的中毒表现有脑积水、头痛、恶

（续）

| 缺乏/中毒 | 心、共济失调等中枢神经系统症状，肝细胞损伤（纤维化）和高脂血症，长骨增厚、高钙血症、软组织钙化等钙稳态失调（对抗维生素D活性；过量维生素A可刺激骨的重吸收，并抑制骨的再形成）及皮肤干燥、脱屑和脱发等皮肤表现，眼异常，有致畸性［如出生缺陷，主要发生于由脑神经演变的器官，见颅面畸形、中枢神经系统畸形（不包括神经管畸形）、甲状腺和心脏畸形等］ |

表1-69　维生素D的消化、吸收、代谢及其功能

维生素	维生素D
活性成分	1，25-二羟基维生素D_3
结构与描述	维生素D是类固醇的衍生物，为环戊烷多氢菲类化合物。天然的维生素D主要有维生素D_3（胆钙化醇）和维生素D_2（钙化醇）2种。胆钙化醇存在于动物源产品中，如鱼油、蛋黄、肝；大多数动物（含猪、家禽）的皮肤中贮存从胆固醇生成的7-脱氢胆固醇（维生素D_3原），可在紫外线照射下转变成维生素D_3。植物中除晒干的粗饲料外，一般不含有维生素D，但含有经紫外线照射后可产生钙化醇（维生素D_2）的麦角固醇（维生素D_2原，在植物和酵母中存在）。对大多数哺乳动物，维生素D_2和维生素D_3有相似的效果，但在鸡和其他鸟类中维生素D_2的活性仅为维生素D_3效力的10％
消化与吸收转运	在小肠中，维生素D_3和维生素D_2溶解在微胶粒中，通过被动扩散被肠上皮细胞（主要在空肠）吸收。在肠细胞内被组装进乳糜微粒，从上皮细胞的基底外侧膜进入肠道淋巴管，流入血液（哺乳动物）或进入门静脉系统（鸟类）。含维生素D的乳糜微粒在血液中通过脂蛋白代谢形成乳糜微粒残留物，残留物通过受体介导机制被肝脏摄取。维生素D不存在于肝脏中，而是均匀分布于各组织。在皮肤合成的维生素D_3通过与维生素D结合蛋白结合由血液循环运输到肝脏。在肝细胞内质网和线粒体中，维生素D被羟化成25-羟基维生素D_3或25-羟基维生素D_2，随后在血液中与维生素结合蛋白结合并转运。维生素D及其分解代谢物的排泄途径还不十分清楚，一般认为它们主要通过胆汁排泄，经尿液排泄的极少。 　　维生素D的器官间代谢：在哺乳动物的肝脏或鸟类的肝脏和肾脏中，维生素D_3通过维生素D_3-25-羟化酶转化为25-羟基维生素D_3，在肾小管、骨骼和胎盘中，25-羟基维生素D_3通过25-羟基维生素D_3-1-羟化酶进一步转化为1，25-二羟基维生素D_3，1，25-二羟基维生素D_3的活性是25-羟基维生素D_3的500～1 000倍；维生素D_2在动物体内的转化与D_3相同；活化的维生素D在维生素D结合蛋白的载运下，经血液到达小肠、骨等靶器官中与靶器官的维生素D核受体（VDRn）或维生素D膜受体（VDRm）结合，发挥相应的生物学效应。 　　在肾小管上皮细胞上还存在24-羟化酶，催化25-羟基维生素D_3羟基化成无活性的24，25-二羟基维生素D_3，1，25-二羟基维生素D_3通过诱导24-羟化酶和阻遏1，25-二羟基维生素D_3酶的合成来控制其自身的合成量，低钙血症、低磷血症和甲状旁腺激素能促进1，25-二羟基维生素D_3酶的活性
代谢与功能	1. 调节血钙水平：这是1，25-二羟基维生素D_3的重要作用，其方式包括：①与靶细胞内特异性受体结合，进入细胞核，调节相关基因（如钙结合蛋白基因、骨钙蛋白基因等）的表达；②激活上皮细胞维生素D依赖的钙和磷酸盐转运系统；③刺激破骨细胞释放钙和磷酸盐；④增强肾脏对钙和磷酸盐的重吸收。 　　2. 影响细胞分化功能：皮肤、大肠、前列腺、乳腺、心、脑、骨骼肌、胰岛β细胞、单核细胞和活化的T、B淋巴细胞等均有维生素D受体，1，25-二羟基维生素D_3可调节这些组织的细胞分化。维生素D缺乏时可引起自身免疫性疾病。1，25-二羟基维生素D_3能促进

（续）

代谢与功能	胰岛 β 细胞合成和分泌胰岛素，具有对抗 1 型和 2 型糖尿病的作用。 　　3. 治疗产褥热：产褥热是一种血浆钙离子浓度低于 5mg/100mL 的奶牛疾病，奶牛在产犊和哺乳期前采食高钙的苜蓿草日粮时会发生这种病。产犊时，奶牛食欲降低，日粮钙摄入不足，机体需要调整一段时间才能激活钙调动机制，之前采食高钙日粮使钙调动机制处于非活性状态，哺乳期摄食量的突然下降使得奶牛不能以适当的速度调节和调动骨钙，这导致血浆钙浓度迅速下降，奶牛昏迷甚至死亡。可通过静脉注射钙或 1, 25 -二羟基维生素 D_3 治疗
缺乏/中毒	维生素 D 缺乏导致幼龄动物佝偻病，特征是骨骼中钙和磷酸盐沉积量少。成年动物则发生软骨病，因为沉积的骨组织被再吸收。家禽维生素 D 缺乏会导致腿部疲软、产蛋量减少和蛋壳质量差。 　　过量的维生素 D 或 25 -羟基维生素 D 对动物有毒性，其症状包括口渴、瘙痒、腹泻、体重减轻、多尿、食欲不振、神经系统恶化、高血压、烦躁、恶心、呕吐和头痛，许多组织发生高钙血症、高磷血症和高矿化症，最终导致组织的过度钙化。1, 25 -二羟基维生素 D 与维生素 D 或 25 -羟基维生素 D 的毒性无关

表 1-70　维生素 E 的消化、吸收、代谢及其功能

维生素	维生素 E
活性成分	D-α-生育酚
结构与描述	维生素 E 是苯骈二氢吡喃的衍生物，包括生育酚和三烯生育酚衍生物两类，每类又按甲基位置不同分为 α、β、γ、δ 共 4 种。这 8 种维生素 E 中 D-α-生育酚的分布最广，活性最强。三烯生育酚与生育酚不同的是在植醇侧链有 3 个双键，化学合成的 DL-α-生育酚乙酸酯常被用作评估其他形式维生素 E 生物活性的国际标准
消化与吸收转运	日粮维生素 E（以乙酸酯或游离醇形式）溶解于脂质和胆汁盐中，酯化的维生素 E 被胰腺和十二指肠黏膜的酯酶水解，释放游离醇形式的维生素 E。乙酸酯形式的维生素 E 和游离醇形式的吸收效率相似，都是通过脂质微胶粒的被动扩散进入肠上皮细胞（主要是空肠）。在肠上皮细胞内，维生素 E 被组装成乳糜微粒和极低密度脂蛋白，然后被动扩散进入肠道淋巴管，流入血液（哺乳动物）或门静脉系统（鸟类）。在血液中，通过脂蛋白的代谢，含有维生素 E 的乳糜微粒和极低密度脂蛋白分别被转化为乳糜微粒残留物和低密度脂蛋白，血液中没有维生素 E 的特异性载体蛋白。血浆中含维生素 E 的脂蛋白通过受体介导的机制被肝脏摄取，在肝细胞中，α-生育酚转移蛋白刺激维生素 E 在膜囊泡之间运动，将维生素 E 携带到初期极低密度脂蛋白，然后将极低密度脂蛋白从肝细胞释放到血液中。在血液中，维生素 E 可在脂蛋白和红细胞间迅速交换，维生素 E 在红细胞中的转换率高达 25%/h，以保护这些细胞。血液中极低密度脂蛋白代谢为低密度脂蛋白和高密度脂蛋白，含有维生素 E 的低密度脂蛋白通过低密度脂蛋白受体被吸收到组织细胞中。被内吞的低密度脂蛋白在细胞内降解，释放维生素 E。细胞内维生素 E 的运输需要特定的生育酚结合蛋白。维生素 E 主要存在于白色脂肪组织和肝脏中。维生素 E 容易从血液转运到乳汁中，但不容易通过胎盘，主要通过粪便排泄
代谢与功能	1. 是体内最重要的脂溶性抗氧化剂，主要对抗生物膜上脂质过氧化产生的自由基，生育酚将一个酚氢转移到已过氧化的多不饱和脂肪酸的过氧自由基上，形成反应性低且稳定的生育酚自由基。后者可在维生素 C 和谷胱甘肽的作用下，还原生成非自由基产物 α-生育醌。这样维生素 E 通过破坏自由基链的反应，从而发挥抗氧化作用。生育酚在发挥其抗氧化功能后通过胆汁酸排出体外，不会再循环利用，因此必须从日粮中补充。生育酚在高氧浓度溶

（续）

代谢与功能	液和暴露于高氧分压的组织中（如红细胞膜、呼吸树膜、视网膜和神经组织）能有效发挥抗氧化作用。通过这种对细胞膜完整性的保护，维生素 E 对维持脂双层结构、细胞黏附、营养转运和基因表达是必需的。 　　2. 可促进性激素分泌，调节性腺的发育和功能，利用受精和受精卵的植入，能预防流产；可促进甲状腺激素和促肾上腺皮质激素的产生，调节体内糖类和肌酸的代谢，提高糖和蛋白质的利用率。 　　3. 能促进辅酶 Q 和免疫球蛋白的生成，在细胞代谢中发挥解毒作用，对过氧化氢、黄曲霉毒素、亚硝基化合物等具有解毒功能。 　　4. 可调节基因表达，具有抗炎、维持正常免疫功能、抑制细胞增殖等作用。 　　5. 能预防不育、骨骼肌及心肌和神经系统变性、心脏功能障碍、皮肤病变和衰老。 　　6. 能提高血红素合成的关键酶 δ-氨基-γ-酮戊酸（ALA）合酶和 ALA 脱水酶的活性，从而促进血红素的生成。 　　7. 可改善缺硒症状
缺乏/中毒	缺乏时：①会减少血红蛋白的产生和缩短红细胞的寿命，从而导致贫血。②可导致生育受损，包括精子产生减少、死胎、自然流产和胚胎吸收。③肝脏损伤和肌肉退化是动物维生素 E 缺乏时最常见的表现，可作为诊断依据。④可导致猪的桑葚心、白肌病、肝坏死、黄脂病，鸡的渗出性素质、脑质化及羔羊和犊牛的白肌病。⑤D-α-生育酚（非其同分异构体或三烯生育酚）可以防止由维生素 E 缺乏引起的动物神经损伤和胚胎吸收。 　　高水平的维生素 E 可致公鸡的第二性征发育缓慢，鸡的生长、甲状腺功能、线粒体呼吸、骨钙化和血细胞比容降低，网状红细胞增多，鸡胚死亡率增加

表 1-71　维生素 K 的消化、吸收、代谢及其功能

维生素	维生素 K
活性成分	叶绿醌、甲基萘醌，活性形式是二氢维生素 K
结构与描述	维生素 K 均是具有异戊二烯侧链的 2-甲基-1，4-萘醌的衍生物，包括叶绿醌（维生素 K_1）、甲基萘醌（维生素 K_2）、甲萘醌（维生素 K_3）。维生素 K_1 和维生素 K_2 是天然的、脂溶性的，维生素 K_3 由人工合成的、水溶性的；维生素 K_1 是植物中的存在形式，维生素 K_2 由肠道细菌合成。维生素 K_1 在肠道中被分解产生维生素 K_3，维生素 K_3 又在体内代谢生成维生素 K_2。维生素 K 是血液凝固因子和维生素 K 依赖蛋白生物活性所必需的，人回肠中细菌发酵产生的维生素 K_2 占需要量的 50%～60%，所以需体外补充维生素 K。 　　在细胞内质网中，维生素 K 羧化反应的 2，3-环氧化物产物，在 2，3-环氧化物还原酶的催化下，转化为醌型维生素 K，醌型维生素 K 在维生素 K 还原酶和 NADPH 的参与下还原成二羟基醌型的二氢维生素 K。维生素 K 的循环有助于保留维生素 K，但不会净合成维生素 K。2，3-环氧化物还原酶可被双香豆素和杀鼠灵抑制，因此变质三叶草可阻碍维生素 K 的再循环，导致动物因失血而死亡
消化与吸收转运	日粮中的维生素 K_1 及维生素 K_2 及脂质、胆汁盐溶解于微胶粒中，被肠上皮细胞通过被动扩散吸收。在上皮细胞内，维生素 K_1 和维生素 K_2 被组装成乳糜微粒，同样以被动扩散方式从基底外侧膜离开肠上皮细胞进入淋巴管，然后流入血液（哺乳动物）或进入门静脉系统（鸟类）。 　　水溶性的维生素 K_3 及其天然存在的结构类似 5-羟基-甲萘醌（白花丹素），通过顶端膜多耐药性 ABC 药物转运蛋白 MRP-2（ABCG2）被吸收进入小肠上皮细胞和结肠上皮细胞；维生素 K_3 和白花丹素经 MRP1（ABC 药物转运蛋白-1，ABCG-1）通过基底膜离开上皮细

（续）

	胞，进入门静脉循环。
消化与吸收转运	通过血液中脂蛋白的代谢，含有维生素 K 的乳糜微粒被转化成乳糜微粒残留物，后者通过受体介导的机制被肝脏摄取。在肝细胞内，乳糜微粒残留物分解代谢释放出维生素 K，随后维生素 K 被转移到极低密度脂蛋白和低密度脂蛋白中。这些脂蛋白从肝脏进入血液，极低密度脂蛋白代谢为低密度脂蛋白，通过受体介导的机制被肝外组织摄取。血液中没有维生素 K 的特异性载体蛋白。在动物体内，维生素 K_1 可以转化为维生素 K_3，日粮中的维生素 K_1 和维生素 K_3 在某些组织（肝、肾、脑）中代谢产生维生素 K_2，维生素 K_2 可以在内质网中经 UbiA 异戊烯基转移酶的作用发生异戊烯化
代谢与功能	动物中长链维生素 K_2（甲萘醌-4，四烯甲萘醌）是肝脏维生素 K 池的主要组成，其次是维生素 K_1，维生素 K_2 也是由肠道细菌主要合成的维生素 K。 1. 维生素 K 既是凝血因子 γ-羧化酶的辅酶，又是凝血因子 Ⅱ、Ⅶ、Ⅸ、Ⅹ 合成的必需物质。血液凝血因子 Ⅱ、Ⅶ、Ⅸ、Ⅹ 及抗凝血因子蛋白 S、C 和 Z 在肝细胞中以无活性前体形式合成，其分子中 4~6 个谷氨酸残基需羧化成 γ-羧基谷氨酸（Gla）残基才能转变为活性形式，此反应有 γ-羧化酶催化，而许多 γ-谷氨酸羧化酶的辅酶是维生素 K。 2. 维生素 K 对骨代谢有重要作用。骨钙素（骨特异性蛋白）和骨基质 Gla 蛋白（软组织钙化抑制剂）均是维生素 K 依赖蛋白，因此维生素 K 在骨生长和健康方面有重要作用。服用大剂量维生素 K 的妇女其股骨颈和脊柱的骨盐密度高于服用低剂量的妇女。 3. 维生素 K 依赖蛋白还包括生长滞留特异性基因 6（Gas6）蛋白，此蛋白在血小板聚集、血管平滑肌细胞迁移和增殖、血栓栓塞、炎症与免疫反应中起作用
缺乏/中毒	①新生儿容易出现维生素 K 缺乏，从而发生出血性疾病。因为胎盘不能有效地将维生素 K 运送至胎儿，所以新生儿肠道内基本无菌。②成年人缺乏时出现皮下和内部出血，导致贫血。③抗生素治疗疾病时减少了大肠中细菌的数量可能会导致维生素 K 缺乏 维生素 K_3 是一种氧化剂，可还原成半醌自由基，后者被氧气进一步氧化成醌，并产生超氧化物阴离子。醌型的维生素 K 可以将血红蛋白氧化成高铁血红蛋白，因此血液中高浓度的维生素 K_3 会导致红细胞不稳定、溶血和贫血，以及婴儿的黄疸、高胆红素血症、核黄疸。臀部注射维生素 K_1 可导致坐骨神经麻痹。另外，维生素 K 过多还表现营养不良、恶心、呕吐和头痛

三、类维生素的消化、吸收与代谢

类维生素包括胆碱、肉碱、肌醇、硫辛酸、吡咯并喹啉醌、泛醌、生物类黄酮和对甲基苯甲酸。大部分溶于水。类维生素在饲料中的含量一般高于维生素，缺乏症少见。

类维生素的相关介绍分别见表 1-72 至表 1-79。

表 1-72　胆碱的消化、吸收、代谢及其功能

类维生素	胆碱
活性成分	胆碱
结构与描述	胆碱的中文名为 2-羟基-N，N，N-三甲基乙胺，在碱性溶液中加热可分解为三甲胺 [$^+$N-(CH$_3$)$_3$] 和乙二醇（HO-CH$_2$-CH$_2$-OH）。胆碱是一种强有机碱，在 25℃时的酸度系数（pKa）是 13.9，可溶于水，吸水性强，遇热分解，日常贮存过程中缓慢分解。原料中

（续）

结构与描述	主要以磷脂酰胆碱存在，以游离形式或鞘磷脂形式存在的不足 10%，商品形式是氯化胆碱。 大多数动物在肝脏中可由蛋氨酸、丝氨酸和棕榈酸酯从头合成胆碱。但大多数哺乳动物、鸟类和鱼类体内合成的胆碱不足以满足需求，所以胆碱是一种必需营养成分。参与胆碱合成的维生素有维生素 B_{12}、叶酸和维生素 C
消化与吸收转运	1. 日粮中的磷脂酰胆碱（PC）在小肠内主要被高活性磷脂酶 A2（用于裂解 β-酯键）水解，产生溶血磷脂酰胆碱（LPC）和 1 分子脂肪酸。LPC 主要通过简单扩散被吸收到肠上皮细胞中。 2. 也有一些 PC 被磷脂酶 A2 和磷脂酶 A1、B（裂解 α-酯键）水解，得到甘油磷酰胆碱（GPC）和 2 分子的脂肪酸。GPC 被 GPC 二酯酶进一步水解，生成胆碱和磷酸甘油酯。 3. 小肠肠腔中游离胆碱的 1/3 通过胆碱转运蛋白-1、有机物阳离子转运蛋白-1 和有机物阳离子转运蛋白-2 被吸收进入肠上皮细胞。游离胆碱的 2/3 被肠道细菌降解形成三甲胺后很容易被吸收进入门静脉。 4. 进入肠上皮细胞的溶血磷脂酰胆碱（LPC）和胆碱重新酯化成 PC，PC 组装到乳糜微粒和极低密度脂蛋白中，输出到淋巴管（哺乳动物）或门静脉（鸟）中，并以脂蛋白形式在血液中运输。没被酯化的胆碱经胆碱/H^+ 反向转运通过肠上皮细胞基底外侧膜离开肠上皮细胞，进入固有层。 5. 鞘磷脂的消化吸收与运输：①一部分鞘磷脂在小肠肠腔内被肠道碱性鞘磷脂酶和中性神经酰胺酶水解，生成鞘氨醇、磷酸乙醇胺和长链脂肪酸。含有胆碱的鞘氨醇主要通过简单扩散被吸入小肠上皮细胞。在肠上皮细胞内，大多数鞘氨醇酰化成鞘磷脂；有一些鞘氨醇通过一系列酶催化反应转化成棕榈酸酯和乙醇胺，棕榈酸酯可被酯化成甘油三酯（TAG）。②鞘磷脂与 TAG 一起被组装到乳糜微粒和 VLDL 中，转出到达淋巴管中，并以脂蛋白的形式在血液中运输。 6. 主要以三甲胺或三甲胺氧化物的形式经尿液排泄
代谢与功能	包括：①构成生物膜的重要组成成分。②促进脂肪代谢。胆碱可促进脂肪以磷脂形式由肝脏通过血液输出或改善脂肪酸本身在肝中的利用，并防止脂肪在肝脏里的异常积聚。如果胆碱缺乏，则脂肪聚积在肝中将出现脂肪肝。临床上，胆碱用于治疗肝硬化、肝炎和其他肝疾病。③促进脑发育和提高记忆能力。胎盘可调节向胎儿的胆碱运输，羊水中胆碱浓度为母体血液中浓度的 10 倍。新生儿阶段大脑从血液中汲取胆碱的能力是极强的，以保证磷脂酰乙醇胺（脑磷脂）中胆碱的应用。④作为神经酰胺的前体，胆碱在跨膜信号传导中起重要作用。膜中的磷脂组成，包括磷脂酰基醇衍生物、胆碱磷脂，特别是磷脂酰胆碱和神经鞘磷脂，均为能够放大外部信号或通过产生抑制性第二信使而中止信号过程的生物活性分子。⑤作为血小板活化因子的一个组成部分（属于磷脂酰乙醇胺缩醛磷脂），胆碱参与血液凝固、炎症、孕体植入和子宫收缩。⑥促进体内转甲基代谢。胆碱、蛋氨酸、叶酸和维生素 B_{12} 等均能提供不稳定甲基。蛋氨酸和维生素 B_{12} 在某种情况下能替代机体中的部分胆碱。⑦胆碱作为胆碱乙酰转移酶的底物用于合成乙酰胆碱（一种神经递质，在细胞质中由胆碱和乙酰辅酶 A 在酶作用下合成），因此胆碱是维持神经功能所必需
缺乏	胆碱缺乏症包括肝脂肪变性、脂肪肝、生长受阻、饲料转化率降低、脑缺陷和神经功能障碍。雏鸡（也包括幼龄火鸡）往往表现生长停滞，腿关节肿大，突出症状是骨短粗症，饲料中超过需要量的 1 倍就会导致生长缓慢

表 1-73 肉碱的消化、吸收、代谢及其功能

类维生素	肉碱
活性成分	L-肉碱（左旋肉碱）或乙酰肉碱
结构与描述	肉碱也是类氨基酸的一种，其中文名是 β-羟基-γ-N-三甲基氨基丁酸酯。是一种强有机酸（pKa＝3.8），可溶于水，易吸潮。有 D-、L-和 DL-型 3 个同分异构体，L-型的有活性。在肝和肾中可由赖氨酸和蛋氨酸合成，合成时还需要 α-酮戊二酸、维生素 C、铁和烟酸的参与。在饲料中的添加形式为乙酰肉碱，乙酰肉碱也是动物组织中肉碱的生理代谢物
消化与吸收转运	在小肠肠腔内，酰基肉碱被胰腺羧酸酯脂肪酶切割，形成肉碱和长链脂肪酸。肉碱主要通过有机物阳离子转运蛋白 2（OCT2）和氨基酸转运蛋白 $B^{0,+}$ 被吸收进入肠上皮细胞。在肠上皮细胞内，一些肉碱和乙酰辅酶 A 在肉碱乙酰转移酶的作用下形成乙酰肉碱。肉碱通过有机物阳离子转运蛋白 3（OCT3）离开肠上皮细胞进入肠黏膜的固有层，然后进入门静脉系统。未被吸收的肉碱在小肠和大肠中被微生物降解为三甲胺、苹果酸和甜菜碱，它们通过跨膜转运载体吸收进肝静脉循环中。肉碱以游离形式和乙酰肉碱形式在血液中运输，并经有机物阳离子转运蛋白 2（OTC2）被肠道外的组织逆浓度梯度摄取。肉碱可被肾小球重吸收进入血液循环。 日粮中的乙酰肉碱可经氨基酸转运蛋白 $B^{0,+}$ 被吸收进入肠上皮细胞，转运蛋白 $B^{0,+}$ 和 OCT3 又介导乙酰肉碱从肠上皮细胞穿过其基底外侧膜进入肠黏膜的固有层。被吸收的乙酰肉碱进入门静脉循环供肠外组织使用
代谢与功能	1. 肉碱对长链脂肪酸从细胞质转运到线粒体中氧化成 CO_2、水及生成 ATP 是必需的，这是骨骼肌、心脏和肝脏的主要能量来源。 2. 肉碱的其他功能还包括：可调节线粒体内酰基比率，影响能量代谢；左旋肉碱参加支链氨基酸代谢产物的运输，从而促进支链氨基酸的正常代谢；左旋肉碱在酮体的消除和利用中起作用，可作为生物抗氧化剂清除自由基，维持膜的稳定，提高动物的免疫力及抗病抗应激的能力；左旋肉碱与乙酰左旋肉碱对精子线粒体内的能量代谢发挥重要载体作用，可清除 ROS，保护精子膜功能
缺乏	肌纤维和心肌细胞的能量供应不足可导致骨骼肌病、肌肉坏死、心肌病与疲劳。过量的脂肪可诱导胰岛素抵抗，骨骼肌中蛋白质合成减少、水解增加及氨基酸氧化成氨的量增加。长链脂肪酸氧化不充分可导致积累，以及肝细胞中糖异生的能量供应不足导致脂肪肝和低血糖。在肝细胞中，长链脂肪酸辅酶 A 抑制氨甲酰磷酸合成酶 I，阻碍通过尿素循环清除氨，引起高血氨症。低血糖和高氨血症能引起神经功能障碍。全身长链脂肪酸氧化受损，导致高脂血症

表 1-74 肌醇的消化、吸收、代谢及其功能

类维生素	肌醇
活性成分	肌醇，动物体内多以磷脂酰肌醇存在
结构与描述	肌醇又称肌糖、环己六醇，可被看作是与 D-葡萄糖有关的环己烷的多元烃基衍生物。在理论上有 9 种可能的异构体，通常在自然界中发现的有 4 种，分别称为 D-手性肌醇（D-chiro-inositol）、L-手性肌醇（L-chiro-inositol）、肌肉肌醇（myo-inositol）和鲨肌醇（scyllo-inositol），最常见的是肌肉肌醇（顺-1，2，3，5 反-4，6-环己烷-醇，自然界仅有的具有生物学作用的肌醇），D-手性肌醇和 L-手性肌醇的量虽少，但分布很广。纯的肌醇为一种稳定的白色结晶，能溶于水而有甜味，耐酸、碱及热。动物细胞和微生物可利用 D-葡萄糖合成肌醇，肌醇在动物体内以磷脂酰肌醇的形式存在，在植物中则以植酸的形式存在，猪和家禽对植酸形式肌醇的利用不如反刍动物和马。大豆中的肌醇以游离形式存在

（续）

消化与吸收转运	肌醇经 Na^+-偶联肌醇转运蛋白 2（SMIT2）被肠上皮细胞吸收，依靠扩散载体介导的机制通过基底外侧膜转出肠上皮细胞，磷脂酰肌醇进入淋巴管，而游离肌醇进入门静脉循环。肌醇以脂蛋白（磷脂酰肌醇）或游离形式（游离肌醇）在血液中运输。血液中的肌醇通过载体介导的扩散被肝脏摄取，通过 Na^+-偶联肌醇转运蛋白 1（SMIT1）和 SMIT2 被脑摄取，通过 SMIT1 被肾髓质摄取，通过 Na^+-偶联肌醇转运蛋白（SMIT）被肾皮质中的近端小管细胞摄取。SMIT2 负责从肾小球滤液中重新吸收肌醇
代谢与功能	肌醇被掺入动物细胞中的磷脂酰肌醇，磷脂酰肌醇在细胞代谢和信号传导中起重要作用，如肌醇-1，4，5-三磷酸（IP_3）。 肌醇的其他作用还有：降低胆固醇；促进毛发生长，防止脱发；帮助体内脂肪的再分配；对脑的营养；帮助清除肝脏脂肪（与肉碱协作）；预防湿疹
缺乏	大多数动物可合成足够的肌醇，但是一些鱼类包括鲤鱼、红鲷、日本鳗鱼、虹鳟、鲑鱼和虾的日粮中缺乏肌醇会导致摄食减少、生长受阻、饲料转化率降低和皮肤病变。在动物感染和出现热应激（肌醇合成受损）时，肌醇可能是动物条件性的必需营养物质

表1-75 硫辛酸的消化、吸收、代谢及其功能

类维生素	硫辛酸
活性成分	硫辛酸和二氢硫辛酸
结构与描述	也称为 α-硫辛酸，水溶性，在体内吸收后兼具水溶性和脂溶性，含有双硫五元环结构。电子密度很高，具有显著的亲电子性和与自由基反应能力。具有抗氧化性，硫辛酸的巯基很容易进行氧化还原反应，故可保护巯基免受重金属离子的毒害。硫辛酸可在动物细胞和细菌的线粒体中合成，其还原形式是二氢硫辛酸。硫辛酸作为辅酶，在两个关键性的氧化脱羧反应中起作用，即在丙酮酸脱氢酶复合体和 α-酮戊二酸脱氢酶复合体中，催化酰基的产生和转移。硫辛酸在自然界分布广泛，主要存在于肝和酵母细胞中
消化与吸收转运	小肠肠腔中与蛋白质结合的硫辛酸被蛋白酶降解后释放硫辛酸，硫辛酸通过 Na^+-依赖性单羧酸转运载体和 Na^+ 依赖性复合维生素转运蛋白被吸收入肠上皮细胞中。在细胞中一些硫辛酸被还原成二氢硫辛酸，二者经过特异性 Na^+-非依赖性转运蛋白通过基底外侧膜进入固有层，然后再进入门静脉循环，以游离形式在血液循环中运输
代谢与功能	硫辛酸是硫辛酰胺的组成部分，硫辛酰胺是动物细胞和微生物中 α-酮酸脱氢酶复合物的辅酶，包括丙酮酸脱氢酶、α-酮戊二酸脱氢酶和支链 α-酮酸脱氢酶复合物。这些酶在丙酮酸的脱羧作用下产生乙酰辅酶 A、维持三羧酸循环的活性和分解代谢支链氨基酸中起重要作用。因此，硫辛酸对从葡萄糖、氨基酸和脂肪酸氧化产生 ATP 是必不可少的。另外，硫辛酸对动物肝脏、肾脏及微生物中的甘氨酸降解也是必不可少的。高浓度的二氢硫辛酸还可以清除活性氧和氮化物。硫辛酸可抑制神经组织的脂质氧化，阻止蛋白质的糖基化，抑制醛糖还原酶，阻止葡萄糖或半乳糖转化成为山梨醇。硫辛酸和双氢硫辛酸均能促使维生素 C、维生素 E 的再生，发挥抗氧化作用。另外，硫辛酸还可增加细胞内谷胱甘肽及辅酶 Q10 并可螯合某些金属离子（如砷）
缺乏	尽管硫辛酸的缺乏比较罕见，但缺乏会导致体内 ATP 的产生受损、神经功能障碍、肌肉无力和氨基酸分解代谢异常等

表 1-76　吡咯并喹啉醌的消化、吸收、代谢及其功能

类维生素	吡咯并喹啉醌（PQQ）
活性成分	吡咯并喹啉醌（PQQ）
结构与描述	20 世纪 70 年代末期新发现的，中文名为 5-二氢-4，5-二氧代-1H-吡咯并［2，3-F］喹啉-2，7，9-三羧酸。存在于许多动物和植物中，可由胃肠细菌从 PqqA 多肽的谷氨酸和酪氨酸残基合成，在细菌中是邻醌辅助因子的成员，在动物细胞中不表达
消化与吸收转运	口服的 PQQ 容易被小鼠小肠吸收（平均为 62%，范围为 19%～89%）进入门静脉循环，肾脏和皮肤是从血液中摄取 PQQ 的主要组织，大多数 PQQ 最终经肾脏排泄
代谢与功能	PQQ 是细胞中氧化还原反应所需的辅助因子，其催化以下反应中的氧化：从磷酸吡哆胺到磷酸吡哆醛，以及从弹性蛋白和胶原蛋白中的肽基赖氨酸残基到醛产物，这些活性醛与其他醛残基或未修饰的赖氨酸残基发生自发化学反应，形成交联，对胶原纤维的稳定性和弹性蛋白的弹性至关重要。另外，还原形式的 PQQ 清除自由基的能力比维生素 C 高 7.4 倍。作为抗氧化剂，PQQ 具有保护心脏和神经的作用。日粮中补充 0.2mg/kg 的 $PQQ \cdot Na_2$ 可以增强肉鸡的抗氧化能力，提高生长性能和胴体产量。在哺乳母猪中，1mg 的 PQQ 相当于 60mg 的维生素 E 和 0.2mg 的硒
缺乏	缺乏导致生长不良、皮肤损伤和免疫功能下降

表 1-77　泛醌的消化、吸收、代谢及其功能

类维生素	泛醌
活性成分	泛醌 Q10（辅酶 Q10）
结构与描述	泛醌又称辅酶 Q（Q 指醌基），为一类脂溶性醌类化合物，带有由不同数目（6～10）异戊二烯单位组成的侧链，其苯醌结构能可逆地加氢还原成对苯二酚化合物，是呼吸链中的氢传递体。哺乳动物生理上重要的是泛醌 Q10（辅酶 Q10，CoQ），含有 10 个异戊二烯单位，CoQ 可接受 1 个电子和 1 个 H^+ 还原成半醌式；再接受 1 个电子和 1 个 H^+ 还原成二氢泛醌。因此，CoQ 有 3 种不同的存在形式，即氧化型、半醌型和还原型，在呼吸链中传递 1 个（半醌与其他形式间）或 2 个电子（醌和喹啉形式之间）。泛醌可在动物体内合成，苯醌部分由苯丙氨酸合成，异戊二烯部分由乙酰 CoA 合成，辅酶 Q 的合成涉及线粒体、内质网和过氧化物酶体
消化与吸收转运	在小肠肠腔内日粮中泛醌被脂质和胆汁盐溶解，通过被动扩散被肠上皮细胞从微团中吸收。在上皮细胞中，泛醌被组装到乳糜微粒，通过基底外侧膜以被动扩散方式离开肠上皮细胞进入淋巴管，然后流入血液（哺乳动物）或门静脉循环（鸟类），血液中的泛醌作为极低密度脂蛋白或低密度脂蛋白的组分，通过其脂蛋白特异性受体被肠外细胞摄取。动物对日粮泛醌的生物利用率低
代谢与功能	1.CoQ 在呼吸链中是一种与蛋白质结合不紧密的辅酶。脂溶性的异戊二烯侧链使 CoQ 在线粒体内膜脂质双层中局部扩散，作为一种流动着的电子载体在线粒体电子传递链（复合物 I 和复合物 II）中起传递电子的作用，CoQ 在电子传递链中处于中心地位。 2.辅酶 Q 有很强的抗氧化能力，可以清除自由基，缓解维生素 E 缺乏导致的症状
缺乏	因在体内合成充分，所以很少有缺乏症状

表 1-78　生物类黄酮的消化、吸收、代谢及其功能

类维生素	生物类黄酮
活性成分	生物类黄酮（黄素酮类）
结构与描述	生物类黄酮泛指 2 个苯环（A 环和 B 环）通过中央三碳键相互连接而成的一系列 C6-C3-C6 化合物，天然生物类黄酮主要是指以 2-苯基色原酮为母核的衍生物，多以糖苷形式存在。植物中已发现的生物类黄酮多达 5 000 种，但这些生物类黄酮因结构不同有的表现出生物活性，有的则没有。普遍认为生物类黄酮分子中心的 α、β-不饱和吡喃酮是其具有各种生物活性的关键。而 A、B、C 这 3 个环上的各种取代基则决定了不同生物类黄酮分子的特定生理功能。在自然界中，生物类黄酮常常与维生素 C 共存，防止维生素 C 被氧化而受到破坏。生物类黄酮与胡萝卜素一样，有助于形成红、蓝、黄色素。豆类中类黄酮含量较多，主要是大豆异黄酮及其糖苷。动物没有合成生物类黄酮的酶
消化与吸收转运	在小肠肠腔内，生物类黄酮的糖苷被肠道微生物的糖苷酶水解，然后被肠上皮细胞和结肠上皮细胞吸收。吸收的生物类黄酮进入门静脉循环，主要以游离化合物形式在血液中运输。在肝脏中，这些化合物以葡萄糖醛酸苷或硫酸盐缀合的形式存在，可以被降解成各类酚类代谢物，后者经尿液排出
代谢与功能	1. 有很强的抗氧化能力，可以清除自由基。 2. 可以增强维生素 C 在预防坏血病中的作用。 3. 异黄酮有雌激素活性，可以促进内皮细胞合成 NO，从而改善血流和营养运输。 4. 解除醇中毒、保肝护肝等。 5. 调节免疫力的作用。黄酮类化合物能增强机体的非特异免疫功能和体液免疫功能，如大豆异黄酮均能提高试验性小鼠的巨噬细胞功能和脾重，使脾脏生成 IgM 的作用增强，外周血淋巴细胞含量增加；增强 T 细胞、NK 细胞和 K 细胞的功能；有助于提高体液免疫，增强 B 细胞介导的免疫反应；对体液免疫过程中致敏 B 淋巴细胞的形成和抗体的产生都有促进作用
缺乏	几乎不会出现缺乏异常，在氧化应激时补充生物类黄酮对动物的健康有益

表 1-79　对氨基苯甲酸的消化、吸收、代谢及其功能

类维生素	对氨基苯甲酸（PBAB）
活性成分	对氨基苯甲酸（PBAB）
结构与描述	对氨基苯甲酸（PABA）是苯甲酸的苯环上的对位（4 位）被氨基取代后形成的化合物，存在于植物、啤酒酵母、细菌和全谷物中，消化道细菌可利用分支酸合成 PBAB，但动物细胞则不能合成
消化与吸收转运	在小肠肠腔中，PBAB 通过 Na^+ 依赖转运蛋白由被动扩散方式被肠上皮细胞吸收。在上皮细胞中，PBAB 通过芳基胺 N-乙酰转移酶被乙酰化成 N-乙酰基对氨基苯甲酸。对氨基苯甲酸进入门静脉循环，在肝脏中也可被代谢为 N-乙酰基对氨基苯甲酸。对氨基苯甲酸和 N-乙酰基对氨基苯甲酸均经尿液排出
代谢与功能	PBAB 是细菌中叶酸合成的前体，对氨基苯甲酸在二氢叶酸合成酶的催化下，与二氢蝶啶焦磷酸及谷氨酸或二氢蝶啶焦磷酸与对氨基苯甲酰谷氨酸合成二氢叶酸。二氢叶酸再在二氢叶酸还原酶的催化下被还原为四氢叶酸，四氢叶酸进一步合成得到辅酶 F，为细菌合成 DNA 碱基提供一个碳单位。磺胺类药物作为对氨基苯磺酰胺的衍生物，因与底物对氨基苯甲酸结构、分子大小和电荷分布类似，所以可在二氢叶酸合成中取代对氨基苯甲酸，阻断二氢叶酸的合成。这导致微生物的叶酸合成受阻，生命不能延续
缺乏	没有缺乏的报道。体内细菌有足够的 PBAB 来合成叶酸，但合成的叶酸不足以满足机体需要，因此需通过日粮补充

第八节　矿物质的消化、吸收、代谢及其功能

矿物质又称无机盐，是地壳中存在的化合物或天然元素，也是动物体内无机物质的总称。有重要营养意义的常量元素（体内浓度≥400mg/kg，以体重计）有钠、钾、氯、钙、磷、硫和镁，微量元素（体内浓度≤100mg/kg，以体重计）有铁、铜、钴、锰、锌、碘、硒、钼、铬、氟、锡、钒、硅、镍、硼、溴，以上合计 23 种矿物质为动物营养所必需。矿物质易得和价格便宜，因此在营养上受到的重视程度相对低于碳水化合物、蛋白质、脂质、维生素等，但实质上其营养生理功能可能是除了水之外相对较重要的。矿物质的营养功能包括：①构成骨骼和牙齿的主要结构成分，如钙、磷、镁、铜等；②维持机体的酸碱平衡（血浆 pH7.24～7.54）及组织细胞的渗透压，酸性（氯、硫、磷）和碱性（钾、钠、镁）无机盐适当配合，加上重碳酸盐和蛋白质的缓冲作用，维持着机体的酸碱平衡，无机盐与蛋白质一起维持组织细胞的渗透压；③细胞膜的传输活动、渗透性和兴奋性的调节器（如钠、钾、氯和磷）；④作为酶的活化剂（如钙、镁、钾、锰、钠）、辅助因子（如硒、钙、镁、锰、锌、铜和铁）或组成成分（铜、锌、锰、钙、铁、钴和碘等，已知酶中约 1/3 是金属酶）；⑤参与氧化还原反应（如硫、铜、铁）；⑥调节采食（如氯、钠、磷和锌）和促进胃肠道食物消化（如钠、氯）。但过多的矿物质会引起毒性。

除了添加的矿物质外，饲料中的矿物质多与其他营养成分结合，如植酸、蛋白质、碳水化合物和脂类等。在胃中矿物质随着这些物质的消化而释放出来。非反刍动物的胃对矿物质的吸收可能很少，大多数的矿物质主要被空肠上皮细胞吸收。吸收时通过特定的转运载体或受体介导的内吞作用进入肠上皮细胞后，常量元素通过自由离子通道转出，而微量元素则由囊泡或蛋白质转运载体携带穿过细胞质。矿物质通过胞吐作用或特定的转运载体穿过上皮细胞的基底膜进入肠黏膜的固有层，并最终进入门静脉。在血浆中，矿物质以游离（如钠、钾和氯离子）或蛋白质结合的离子形式运输，通过胞吐作用或特定转运载体被肠外细胞吸收。除了钴、铜、锰和汞主要通过粪便排出外，其他被代谢的矿物质主要通过尿液排出；另外，排出方式还有汗液和毛发。由于大部分矿物质在肠道中的吸收率低，因此未被消化代谢而从粪便排出的矿物质比从尿中排出的要多。

矿物质的消化、吸收、代谢及其功能见表 1-80。

表 1-80　矿物质的消化、吸收、代谢及其功能

元素	价态	肠细胞顶端膜的转运蛋白	肠细胞质的转运蛋白	肠细胞基底膜的转运蛋白	血浆细胞中的转运蛋白	肠外细胞的吸收
钠	+1	SGLT1、AMSC、NCT、NHE2、NHE3、AAT、NPT	无，游离阳离子	Na^+/K^+ - ATP 酶，NHE1 Na-K-Cl (in)	游离阳离子	钠通道，SGLT2（肾）
钾	+1	钾通道（K^+/H^+ - ATP、Na^+ - Cl^- - K^+ 转运蛋白和 K^+ 电导通道）	无，游离阳离子	Na-K-2Cl (in) 钾通道 K-Cl 转运蛋白 Na^+/K^+ - ATP 酶 (in)	游离阳离子	钾通道（K^+/H^+ - ATP、Na^+ - Cl^- - K^+ 转运蛋白和 K^+ 电导通道），K-Cl 转运蛋白

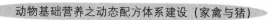

（续）

元素	价态	肠细胞顶端膜的转运蛋白	肠细胞质的转运蛋白	肠细胞基底膜的转运蛋白	血浆细胞中的转运蛋白	肠外细胞的吸收
氯	−1	Cl 通道[1]、NCT（HCO_3^-/Cl^-交换）	无，游离阴离子	Cl 通道（如 ClC-2）、Na-K-2Cl（in）	游离阴离子	CACC（主要）
钙	+2	钙转运蛋白-1	钙结合蛋白	Ca^{2+}-ATP 酶	游离和 PB	Ca^{2+} 通道
磷	+3、+5、−3	NaPi2b、PiT1、PiT2	无，类似 PO_4^{2-} 的游离阴离子	Na^+ 依赖转运蛋白	游离阳离子	NaPi2a、PiT1、PiT2、NaPi2c
镁	+2	TRPM6、TRPM7	无，游离阳离子	CNNM4	游离阳离子	TRPM6、TRPM7
硫	+4、+6、−2	氨基酸转运蛋白	无，与氨基酸类似	氨基酸转运蛋白	游离氨基酸	氨基酸转运蛋白
铁	+2、+3	Fe^{2+} 的 DCT-1 血红素 Fe^{2+} 的 HCP1 内吞作用的 heme-R	副铁蛋白复合物	膜转铁蛋白（仅识别 Fe^{2+}）	铁传递蛋白（TF）	铁传递蛋白受体
锌	+2	ZIP4、DCT-1、DMT-1	CRIP	锌转运蛋白 1（ZnT1）锌转运蛋白 2（ZnT2）	白蛋白（60%锌）、MG（30%锌）、其他因子（10%锌）	Zip2/3（肝脏）Zip4（肾脏）Zips（其他细胞）、Ca_v
铜	+1、+2、+4	CRT（Cu^+）、DCT-1（Cu^{2+}）	ATOX1、COX-17、CCS、谷胱甘肽、MTs	由 ATP7a（Cu-ATP 酶）c 供电子囊泡释放	白蛋白（10%）、铜蓝蛋白（90%）	CTR1
锰	+2、+3	DCT-1	囊泡、PMR-1P ZIP-8	囊泡释放 PMR1P	主要是 TF（约50%）	Mn^{2+} 转运蛋白 NRAMP1（MΦ）
钴（游离）	+1、+2、+3	详见 Fe^{2+} 转运	细胞质蛋白	详见 Fe^{2+} 转运	白蛋白	详见 Fe^{2+} 转运
钴（维生素 B_{12}）		同维生素 B_{12}				
钼	+4、+5、+6	主动转运	无，游离阳离子	未知	MoO_4、RBC	主动转运
硒[2]	+4、+6、−2	NaS1、NaS2、易化扩散	硒蛋白 P（Sepp1）	胞吐作用	硒蛋白 P	Sepp1 受体
硒[3]		氨基酸转运蛋白	无，游离氨基酸	氨基酸转运蛋白	Sepp1	内吞作用

（续）

元素	价态	肠细胞顶端膜的转运蛋白	肠细胞质的转运蛋白	肠细胞基底膜的转运蛋白	血浆细胞中的转运蛋白	肠外细胞的吸收
铬	+2，+3，+6	被动扩散	铬调蛋白	囊泡释放	TF、白蛋白	TF 受体（内吞作用）
碘	−1	Na^+/I^- 转运载体	无，游离阴离子	未知	白蛋白	Na^+/I^- 转运载体
氟	−1	F^-/H^+ 阴离子交换协同转运蛋白	Ca^{2+}、Mg^{2+}	Fluc 蛋白（FEX）	Ca^{2+}、Mg^{2+}	F^-、Ca^{2+} 和 Mg^{2+} 通道
硼	+3	NaBC1	未知	未知	未知	NaBC1
溴	−1	Cl^- 和 I^- 转运蛋白	未知	未知	未知	$Na^+-K^+-2Cl^-$
镍	+1，+2	DCT−1	无，游离阳离子	未知	白蛋白	未知
硅	+2，+4	NaPi2b、AQPs3、AQPs7、AQPs9	无，如 Si（OH）$_4$	未知	Si（OH）$_4$	NaPi2b、AQPs3、AQPs7、AQPs9
钒	+2～+5	磷酸根离子和其他阴离子转运蛋白	铁蛋白（如 V^{4+}-铁蛋白）	未知，可能为非血红素铁途径	氧钒-TF、-铁蛋白、HG	未知

资料来源：伍国耀（2019）。

注：AAT，钠离子依赖性氨基酸转运蛋白；AMSC，阿米洛利敏感钠离子通道；CACC，钙激活的氯通道；CNNM4，古老的保守结构域蛋白 4；NHE，Na^+/H^+ 交换器；NPT，磷酸钠协同转运蛋白；NCT，Na^+/H^+（NHE2/3）和 Cl^-/HCO_3^- 介导的电中性的 Na^+-Cl^- 的吸收；Na-K-2Cl CT（in），$Na^+-K^+-2Cl^-$ 协同转运蛋白；NaPi2a，磷酸钠协同转运蛋白 2a；NaPi2b，磷酸钠协同转运蛋白 2b；NaPi2c，磷酸钠协同转运蛋白 2c；PB，结合蛋白；PiT1，磷酸根离子转运蛋白 1；PiT2，磷酸根离子转运蛋白 2；SGLT1，钠-葡萄糖协同转运蛋白 1；SGLT2，钠-葡萄糖协同转运蛋白 2；TRPM6，瞬时受体电位黑素相关蛋白 6；CRIP，富含半胱氨酸的细胞内蛋白质；CTR−1，铜转运蛋白−1；DCT−1，二价阳离子转运蛋白−1；Fluc，氟化物载体（又称 FEX，氟化物输出蛋白）；HCP1，血红素载体蛋白−1；HG，血红蛋白；heme−R，血红素受体；MΦ，巨噬细胞和单核细胞；MTs，金属硫蛋白；NaBC1，Na^+ 驱动的硼通道−1；NaS1/2，Na^+-硫酸根离子共转运蛋白 1 和 2；PMR−1P，锰转运 ATP 酶；RBC，红细胞。符号"（in）"表示矿物质从肠黏膜的固有层转移到肠上皮细胞中。

[1] 配体或电压门控氯化物通道。CFTR（囊性纤维化跨膜传导调节剂）是肠顶端膜中主要的 Cl^- 转运蛋白。

[2] 无机形式的硒，其中硒酸根离子和亚硒酸根离子分别通过 NaS1、NaS2 和易化扩散（Fa）被转运。

[3] 硒的有机形式（硒代蛋氨酸和硒代半胱氨酸）。

一、钠

钠的名字 Sodium 源于碳酸钠（Soda），因为钠是从碳酸钠电解得到的，所以其简写"Na"来自其拉丁文 Natrium。钠的化学性质非常活泼，能够和大量无机物、绝大部分非金属单质、大部分有机物反应，在与其他物质发生氧化还原反应时，作为强还原剂。价位由 0 价升为 +1 价，结合键通常是离子键和共价键。钠的金属性强，但其离子氧化性弱。钠是动物体内第四大矿物质，约占人体体重的 0.15%。其中，在细胞外液的钠占体内总钠的 44％～50％，骨骼钠占 40％～47％，细胞内液钠仅占 9％～10％。饲料原料中有一定的钠，通常还会用氯化钠补充饲粮的不足。饲料中的钠浓度是一个范围值。

钠的消化、吸收、代谢及其功能等见表 1-81。

表 1-81　钠的消化、吸收、代谢及其功能

吸收与代谢	1. 在小肠中，NaCl 被电离产生 Na^+ 和 Cl^-，Na^+ 进入肠上皮细胞的主要途径是 SGLT1、钠通道、NNT 和 NPT，而通过 NHE2/3 和 Cl^-/HCO_3^- 交换体，钠离子和氯离子一起可被肠上皮细胞或结肠细胞顶端膜吸收。 2. 在上皮细胞内以自由离子存在。 3. 通过肠上皮细胞基底外侧膜至固有层：①Na^+-K^+-ATP 酶；②通过基底膜上的 NHE-1 与 H^+ 交换转出上皮细胞。 4. 血浆中以游离阳离子形式转运，由钠通道或转运蛋白（如肾脏 SGLT2）钠离子被吸收进入门静脉。 5. 肠道中钠的吸收和水的吸收同时进行
功能	1. 调节细胞外渗透压：作为细胞外液的主要阳离子，钠提供了约 46％ 的血浆渗透压。 2. 运输营养物质：相对高浓度的细胞外液的钠离子被细胞用于驱动各种营养物质的转运，如葡萄糖、氨基酸和多种离子（如 I^-、Cl^- 和磷酸根离子）。 3. 维护钠泵（Na^+-K^+-ATP 酶）的活性：①小肠上皮细胞基底外侧膜的 Na^+-K^+-ATP 酶负责维持肠上皮细胞中较低的钠浓度，以促进顶端膜中钠耦合溶质转运；②Na^+-K^+-ATP 酶是维持神经和肌肉细胞功能所必需的，这些细胞中发生的电脉冲依赖于相对高浓度的细胞外液中的钠离子和相对高浓度的细胞内液中的钾离子；③抑制 Na^+-K^+-ATP 酶活性将减弱小肠、胎盘等组织的离子运输。 4. Na^+/H^+ 交换与细胞内酸碱平衡：Na^+/H^+ 交换及 HCO_3^- 基团转运，是调节哺乳动物细胞内 pH 的主要机制之一。 5. 维持血压正常，防止脱水：血浆中钠离子的浓度影响着：①通过渗透作用进入血管的水分；②肾对钠离子和水分的重吸收；③红细胞和血管内皮细胞的完整性；④血流和血流动力学。血液中的钠离子浓度通过影响血液中水的含量来影响血压。 6. 产生骨骼肌的动作电位：在 Na^+、K^+ 和 Ca^{2+} 的共同作用下，调节肌肉收缩，包括心肌的功能维护。 7. 调节采食：①Na^+ 与味觉细胞顶端膜上的钠味觉受体作用，使 Na^+ 进入味觉细胞，Na^+ 浓度升高使细胞膜去极化，从而打开细胞基底膜的电压门控 Ca^{2+} 通道，促使 Ca^{2+} 流入味觉细胞，细胞内 Ca^{2+} 浓度的增加导致神经递质分子释放，这些分子被附近的主要感觉神经元接收，由此将产生的电信号传递到大脑的喂食中心，大脑接收到饲料中由 Na^+ 引起的刺激后促进采食，而高或低的 Na^+ 将导致采食降低。②Na^+ 对葡萄糖、氨基酸和其他矿物质的吸收有助于食糜流通，从而提高采食量
缺乏/中毒	钠缺乏时引起渗透压下降、脱水和低血压，症状有采食量降低、增重降低、蛋白质和能量利用率降低、恶心、头痛、产蛋性能受损、眼部病变和生殖功能障碍，严重的导致神经混乱、昏迷、心力衰竭和死亡。高钠引起血管内水分增加以致血压升高；采食量减少，生长速度降低；腹泻；高渗透压可引起细胞萎缩、神经和心血管疾病、死亡
与其他营养素的关系	①帮助日粮葡萄糖、氨基酸、I^-、Cl^-、磷酸根离子等的肠道吸收（从肠腔进入肠上皮细胞）；②细胞外液和内液的离子平衡与酸碱平衡；③帮助水吸收；④维生素 D 可能有助于钠吸收

二、钾

1807 年，汉弗里·戴维（Humphry Davy）电解熔融氢氧化钾发现金属小球形成，这

就是钾。钾的名称"Potassium"源于"Potash"（钾肥），化学符号来源于拉丁文 Kalium，原意是"碱"。我国科学家在命名此元素时，因其活泼性在当时已知的金属中居首位，故用"金"字旁加上表示首位的"甲"字而造出"钾"这个字。人体内约含钾 175g，其中 98％以钾离子的形式贮存于细胞内液。K^+ 是细胞内液中最丰富的阳离子，在内液的浓度为外液的 28～40 倍。植物原料中通常含有较高的钾，在配方中可设定钾的上下限做参考之用。

钾的消化、吸收、代谢及其功能等见表 1–82。

表 1–82 钾的消化、吸收、代谢及其功能

吸收与代谢	1. 小肠上皮细胞顶端膜：运输 K^+ 通过顶端膜的钾通道有①K^+/H^+ - ATP 酶，利用 ATP 驱动 K^+ 进入上皮细胞，同时交换 H^+ 外流至肠腔中；②Na^+ - Cl^- - K^+ 转运载体，通过 Na^+ 梯度将 1 个 Na^+、1 个 K^+ 和 2 个 Cl^- 转运到细胞中；③钾离子传导通道，这些通道由 Ca^{2+} 激活或由核苷酸、电压或特定配体控制，利用膜上皮细胞膜上的电化学能转运 K^+ 进入上皮细胞；④钾和氯可通过 K^+/H^+ 和 Cl^-/HCO_3^- 交换体，在小肠上皮细胞或结肠细胞的顶端膜被吸收。 2. 上皮细胞内及基底膜：钾在肠上皮细胞内以游离阳离子存在，通过基底膜的钾离子通道和电中性的 K^+ - Cl^- 共转运体从细胞中转运至固有层，水与 K^+ 和 Cl^- 一起转出上皮细胞。 3. 运输与肠外细胞吸收：K^+ 在血浆中作为一个游离的阳离子进入门静脉，通过 K^+ 通道和 K^+ - Cl^- 共转运载体被肠外细胞吸收
功能	1. 调节细胞内渗透压，钾对细胞内渗透压的影响约有 50％。 2. 钠泵的活性和神经、肌肉细胞的功能见钠相关。 3. 钾刺激胆固醇转化为孕烯酮，并将皮质酮转化为醛固酮（肾脏的钠离子和水的再吸收），因此钾在调节血浆中钠浓度方面起重要作用。 4. 胃的壁细胞中，需要 H^+ - K^+ - ATP 酶将 H^+ 分泌到小管腔交换 K^+，从而在小管腔生成 HCl。 5. 参与糖、蛋白质和能量代谢：糖原合成时，需要钾与之一同进入细胞；糖原分解时，钾又从细胞内释出。蛋白质合成时约需钾 3mmol/g 氮，分解时则释出钾。ATP 形成时亦需要钾。 6. 钾有降血压的作用
缺乏/中毒	血浆钾浓度小于 3.5mmol/L 称为低钾血症，原因有摄入不足、胃肠损失、尿损失、低镁血症或高醛固酮血症。血钾浓度低可引起碱中毒，同时细胞内 H^+ 浓度增加，引起细胞内酸中毒，此时尿液偏酸性，与一般的碱中毒不同。钾缺乏的症状包括肌肉无力、痉挛、强直、瘫痪、麻木、失水过多、低血压、尿频、口渴，也可引起心脏节律异常、心脏骤停甚至死亡。血浆中 K^+ 浓度大于 5.5mmol/L 称为高钾血症，原因有过量摄入、溶血或组织损伤而释放钾、肾衰竭、低醛固酮血症、代谢性酸中毒。高钾血症的症状包括采食量下降、生长受阻、疲劳和肌肉无力、低镁血症、心律失常、心律缓慢、心脏骤停甚至死亡
与其他营养素的关系	①饲料高钾可干扰镁的吸收和代谢（消化道细胞膜电位的去极化和随后通过电扩散机制减少日粮中镁的吸收）；②低镁血症可导致低钾血症，因为肾脏 K^+ 的外排通道可被 Mg^{2+} 抑制，当 Mg^{2+} 低时 K^+ 的外排量增加；③钾有助于蛋白质消化、糖原合成、蛋白质合成，早期试验证实钾可节省赖氨酸

三、氯

1774 年，瑞典化学家 Carl W. Schelle 在从事软锰矿的研究时发现，软锰矿与盐酸混

合后加热就会生成一种令人窒息的黄绿色气体。其名字"Chlorine"的希腊文原意是"绿色"，中文译名为氯。氯原子的最外电子层有 7 个电子，在化学反应中容易结合 1 个电子，使最外电子层达到 8 个电子的稳定状态。因此，氯气具有强氧化性，能与大多数金属和非金属发生化合反应。氯在人体内的含量为 1.17g/kg（以体重计），总量为 82～100g，约占体重的 0.15%，广泛分布于全身。大部分原料中含有氯化物，配方设计中氯离子是一个范围值。

氯的消化、吸收、代谢及其功能等见表 1-83。

表 1-83　氯的消化、吸收、代谢及其功能

吸收与代谢	1. 在小肠腔中：氯化物水解成氯离子。 2. 氯离子进入肠上皮细胞的渠道：①氯通道［主要是囊性纤维化跨膜电导调节体（CFTR），它属于 ATP 结合（ABC）转运体超家族］。②在小肠中，Na^+/H^+ 交换体摄取 Na^+、释放 H^+，然后 Cl^-/HCO_3^- 交换体释放 HCO_3^-、摄取 Cl^-，因此大部分 Cl^- 的吸收取决于 Na^+ 的吸收。伴随上皮细胞水的净吸收，HCO_3^- 释放进入肠腔而 Cl^- 进入上皮细胞，有助于肠道中和来自胃的酸性食糜。肠道中的 HCO_3^- 可与 H^+ 结合形成 H_2CO_3，H_2CO_3 在碳酸酐酶的作用下解离成水和 CO_2，CO_2 是脂溶性的，很容易通过上皮细胞被吸收。 3. 在上皮细胞与基底膜中：氯在肠上皮细胞中以阴离子存在，通过基底膜氯通道转出细胞。 4. 运输与代谢：氯离子进入门静脉，以自由离子的形式在血浆中转运，通过氯离子通道（主要是钙激活的氯离子通道）被肠外细胞吸收。
功能	1. 氯与钠和钾一起调节动物的酸碱平衡。 2. 胃酸成分。 3. 维持肠腔内渗透压和酸碱平衡。在营养成分吸收的后期，上皮细胞基底膜的 $Na^+-K^+-2Cl^-$ 协同转运蛋白可将 1 个钠离子、1 个钾离子和 2 个氯离子从固有层转运到上皮细胞内，然后通过顶端膜的氯离子通道进入肠道。在肠道感染或毒性物质的影响下，肠上皮细胞内 cAMP 介导的氯离子通道被激活，体液（水和氯离子）从细胞大量分泌到肠腔，引起腹泻。 4. 保持黏液的水合状态。高加索人常见的一种遗传性疾病"囊性纤维化病"发生时，气道上皮细胞顶端膜氯离子通道的基因突变，导致该通道不会被 cAMP 和蛋白激酶激活。因此，氯离子不能从肺上皮细胞输送到气道，钠和水也随之不能进入气道，结果是肺中形成黏液。这种黏液损害呼吸，并引发肺部反复感染，从而破坏肺组织
缺乏/中毒	①破坏酸碱平衡；②会造成碳酸氢盐过量，导致血液碱储量增加，引起碱中毒；③低氯血症的动物其尿液中钙和镁的排泄量增加；④采食量下降，蛋白质消化受损，生长受限，肌无力和脱水，等等。当血浆中氯离子含量超过 110mmol/L 时称为高氯血症，高氯血症可导致血液钠浓度增加和肾衰竭。症状包括恶心、呕吐、腹泻、采食量下降、生长受阻、出汗、脱水、体温升高、肌肉无力、代谢性酸中毒、口渴、肾功能紊乱、血流量受损、脑损伤、红细胞氧运输受损等
与其他营养素的关系	与钠离子、钾离子、碳酸根离子等维持酸碱平衡；低氯血症时钙和镁的排泄量增加；作为盐酸的组分，影响蛋白质消化、淀粉酶激活、维生素 B_{12} 和铁的吸收；维持肠道功能与健康

四、钙

1808 年 5 月，汉弗里·戴维（Humphry Davy）通过电解生石灰和氧化汞的混合物得到了银白色的金属钙，并将其命名为 Calcium，元素符号是 Ca，Calcium 来自拉丁文中的生石灰一词 Calx。地壳中钙含量为 4.15%，占第五位。主要的含钙矿物有石灰石

（$CaCO_3$）、白云石（$CaCO_3 \cdot MgCO_3$）、石膏（$CaSO_4 \cdot 2H_2O$）、萤石（CaF_2）、磷灰石
[Ca_5（PO_4）$_3F$] 等。钙的化学性质活泼，容易发生反应。在人体中，钙含量为 1 200～
1 400g，占体重的 1.5%～2%。其中，99% 的钙以骨盐形式存在于骨骼和牙齿中，其余
1% 存在于软组织、细胞外液和血浆中，并与骨钙保持着动态平衡。骨钙主要以非晶体的
磷酸氢钙 [Ca_9H（PO_4）$_6OH$ 或 Ca_8H_2（PO_4）$_6 \cdot 5H_2O$] 和晶体的羟磷灰石 [$3Ca_3$
（PO_4）$_2 \cdot Ca$（OH）$_2$] 两种形式存在，其组成和物理、化学性状随机体生理或病理情况而
不断变动。新生骨中的磷酸氢钙比陈骨中的多，骨骼成熟过程中逐渐转变成羟磷灰石，骨
骼通过不断的成骨和溶骨作用使骨钙与血钙保持动态平衡。尽管细胞外液中的钙仅占总钙
量的 0.1%，但起着一系列极其重要的生理作用。钙在血浆和细胞外液中的存在方式有：
①蛋白结合钙，约占血钙总量的 40%。②可扩散结合钙，与有机酸结合后的钙（如柠檬
酸钙、乳酸钙、磷酸钙等）可通过生物膜而扩散，约占 13%。③血清游离钙，即离子钙
（Ca^{2+}），与上述两种钙不断交换并处于动态平衡之中。其含量与血 pH 有关，pH 下降时
离子钙增大，pH 增高时离子钙降低；在正常生理 pH 范围，离子钙约占 47%。在 3 种血
钙中，只有离子钙才起直接的生理作用，激素也是针对离子钙进行调控并受离子钙水平的
反馈调节。在细胞中，细胞内液中的离子钙浓度远低于细胞外液中的离子钙浓度，细胞外
液中的离子钙是细胞内液中离子钙的贮存库；钙在细胞内液中以储存钙、结合钙、游离钙
共 3 种形式存在，约 80% 的钙贮存在细胞器（如线粒体、肌浆网、内质网等）内。不同
细胞器内的钙并不相互自由扩散，10%～20% 的钙分布在胞质中，与可溶性蛋白质及膜表
面结合。营养应用中钙和磷在饲料中保持一定比例，配方中钙会设定一个范围值。

钙的消化、吸收、代谢及其功能等见表 1-84，钙激活酶和钙结合蛋白及其功能见表
1-85。

表 1-84　钙的消化、吸收、代谢及其功能

吸收与代谢	1. 在小肠肠腔内：钙通过钙转运蛋白-1（CaT-1）被小肠上皮细胞吸收，在十二指肠、空肠和回肠的吸收率分别为 5%、15% 和 80%。动物对钙的吸收是由其对钙的需要量来调节的。 2. 在小肠上皮细胞内：钙离子由细胞质中的钙结合蛋白转到细胞器内。 3. 进入固有层：上皮细胞内的钙离子在基底外侧膜上 Ca^{2+}-ATP 酶的作用下进入固有层，Ca^{2+} 转出的同时，此酶亦逆向将 Mg^{2+} 或 Na^+ 从固有层交换至上皮细胞中。 4. 运输与肠外细胞吸收：在血浆中，Ca^{2+} 以游离或蛋白结合形式运输并进入门静脉，通过特定的钙通道被肠外细胞摄取。 5. 排泄：主要经粪和尿排出
功能	1. 是骨骼和蛋壳的主要组成部分。 2. 是许多酶和蛋白质保持生物活性所必需的（见钙激活酶和钙结合蛋白）。 3. 对骨骼肌收缩、心跳、神经传导及哺乳期乳腺的最大产乳量（缺钙时腺细胞的作用减弱）是必需的。钙与镁、钾、钠等离子保持一定比例，使神经、肌肉保持正常的反应；钙可以调节心脏搏动，保持心脏连续交替地收缩和舒张；钙能维持肌肉收缩和神经冲动的传递；钙能刺激血小板，促使伤口上的血液凝结（激活凝血酶原）。 4. 钙离子与生殖细胞的成熟和受精有关。精子携带的 DNA 最前端是一个由钙组成的顶体，正是这个钙顶体使精子在到达卵细胞边缘时，破坏和穿透卵细胞的内层膜发生受精。同时，由钙组成的波状物环绕卵细胞，这被称为钙振荡。钙振荡起到激活卵子的作用，使卵子获得受精能力。 5. 抗过敏和消炎，如钙离子能致密毛细血管内皮细胞，降低毛细血管和微血管的通透性，减少炎症渗出和防止组织水肿

（续）

缺乏	1. 钙的缺乏症与维生素D的类似，可引起佝偻病。 2. 奶牛的产乳热（血清钙水平低，导致神经系统的过度兴奋和肌肉收缩减弱）。 3. 影响蛋壳质量，增加脆性，降低孵化率。 4. 降低软组织的弹性和韧性
中毒	血浆钙离子浓度受日粮钙摄入、骨吸收及重建、肠道吸收及肾小管重吸收的调节。甲状旁腺过度活跃、钙或维生素D摄入过量等均会引起高钙血症，症状包括：①便秘、恶心和呕吐；②采食量下降和生长缓慢；③血管中钙过度沉积形成斑块，导致大脑和心脏功能障碍；④肌肉疼痛、腹痛和肾结石；⑤会影响其他矿物质（如磷、镁、铁、碘、锌和锰）的吸收
与其他营养素的关系	1. 日粮中高磷会影响肠道中钙的吸收，使血钙浓度降低，致使副甲状腺分泌量增加，引起副甲状腺机能亢进，较高含量的镁、锌和铁可抑制钙的吸收。 2. 饲料中脂肪或草酸含量过高，会形成钙-脂肪酸皂或草酸钙，从而减少肠道对钙吸收；与植酸形成植酸钙磷镁复合物，影响钙、磷吸收。 3. 1, 25-二羟基维生素 D_3 和甲状旁腺激素在调节动物 Ca^{2+} 稳态中有重要作用。①1, 25-二羟基维生素 D_3 可刺激小肠上皮细胞中钙转运体-1（CaT-1）和钙结合蛋白的表达，从而增强肠上皮细胞对钙的吸收；1, 25-二羟基维生素 D_3 还能促进肾对钙离子的重吸收与骨基质中钙离子的动员（血浆中低离子钙时）。②血浆低钙离子浓度刺激甲状旁腺分泌甲状旁腺素，该激素可上调25-羟基维生素 D 羟化酶（在肾脏、胎盘和骨骼等组织中将25-羟基维生素 D_3 羟基化为1, 25-二羟基维生素 D_3）的表达，以及激活破骨细胞，动员骨中磷酸钙分离出钙离子进入血浆。 4. 血浆和细胞中低的镁离子浓度可以减少 ATP 的产生和甲状旁腺激素的活性，这将降低：①钙在肠的能量依赖性吸收和肾的重吸收；②血浆中的钙浓度，另外高镁血症也会造成低钙血症，抑制甲状旁腺分泌甲状旁腺素，另外血浆中低的甲状旁腺激素增加了肾的钙离子排放。 5. 高钠血症会降低血浆中的钙离子浓度。在肾小管管腔内，钠离子和钙离子竞争被重吸收进入血液，血浆中高的钠离子使肾小管管腔内的钠离子同样升高，因此影响了钙离子的重吸收，结果使肾小管管腔内的钙离子浓度增加和排泄量增多。因此，高钠饮食会增加动物患肾结石和骨质疏松症的风险。 6. 总的来说，体内钙镁比为3:2、钙磷比为2:1时比较适宜，维生素D、硼、胆酸等可促进钙的吸收，饲料中添加较多的乳糖、阿拉伯糖、葡萄糖醛酸、甘露糖、山梨醇可提高钙的吸收率；激素分泌失衡、胃酸缺乏、脂肪和磷的过多摄入都会抑制钙的吸收

表1-85　钙激活酶和钙结合蛋白及其功能

酶或蛋白	功　能	说　明
膜联蛋白	细胞黏附	膜联蛋白是一类结构相关钙依赖的磷脂结合蛋白超家族，分布于各种组织细胞中，占细胞总蛋白质的2%以上。在细胞中参与膜转运及膜表面一系列依赖于钙调蛋白的活动，包括囊泡运输、胞吐作用中的膜融合、信号转导和钙离子通道的形成、调控炎性反应、细胞分化和细胞骨架蛋白间的相互作用等
凝血蛋白	钙结合蛋白质中的 γ-羧基谷氨酸残基	钙参与凝血

（续）

酶或蛋白	功　能	说　明
Ca^{2+} - ATP 酶（钙泵）	骨骼肌肌浆网释放钙	催化质膜内侧的 ATP 水解，释放能量，驱动细胞内的钙离子泵出细胞或者泵入内质网腔中贮存起来，以维持细胞内低浓度的游离 Ca^{2+}。由于其活性依赖于 ATP 与 Mg^{2+} 的结合，所以又称为（Ca^{2+}，Mg^{2+}）- ATP 酶。每水解 1 个 ATP，可转运 2 个钙离子进入肌质网，同时转运 2～3 个氢离子离开肌质网
钙激活蛋白酶（钙蛋白酶）	降解骨骼肌和心肌中的蛋白质	钙激活蛋白酶有两个作用：一是促进肌蛋白的分解代谢，作用点似乎在 Z 线；二是可改善肌肉嫩度
钙黏蛋白	上皮细胞黏附	钙黏蛋白是一类钙离子依赖的黏附分子家族，在维持实体组织的形成及在生长发育过程中细胞选择性地相互聚集、重排方面有重要作用。钙黏蛋白为 I 型膜分子。与免疫学关系密切的钙黏蛋白有 E - cadherin、N - cadherin 和 P - cadherin
钙结合蛋白	转运细胞质内的钙	
降钙素	血浆中钙和磷酸盐浓度的调节剂	降钙素的作用机理有：①对破骨组织细胞有急性抑制作用，能减少体内钙由骨向血中的迁移量，可对抗甲状旁腺激素对骨髓的作用。②可抑制肾小管对钙、磷、钠的重吸收，从而增加它们通过尿液的排泄量，但对钾和氢的影响不大。③可抑制肠道转运钙及胃酸、胃泌素、胰岛素等的分泌
钙调蛋白	钙调蛋白依赖性蛋白激酶和钙依赖性细胞信号传导，钙调蛋白依赖性酶（如 NO 合成酶）	钙调蛋白（CaM）是真核生物细胞中的胞质溶胶蛋白，与钙结合后构型会发生变化，成为一些酶的激活物；再与酶结合时，又引起酶的构型变化，使其由非活性态转为活性态，CaM - Ca^{2+} 也是这些酶作用时必不可缺的成分。钙调蛋白参与介导的生命活动进程有炎症反应、代谢、细胞凋亡、肌肉收缩、细胞内运动、短期和长期记忆、神经生长及免疫反应等，钙调蛋白可以根据钙离子浓度的变化（结合与否）来控制细胞内以上生命活动进程中的生化反应
半胱氨酸蛋白酶	蛋白酶活化（广泛存在于细胞中）	半胱氨酸蛋白酶家族（Caspase）是近年来发现的一组存在于溶酶体中的结构上相关的半胱氨酸蛋白酶，它们的一个重要共同点是活性位点都含有半胱氨酸，并特异地断开天冬氨酸残基后的肽键。这种特异性使 Caspase 能够高度选择性地切割某些蛋白质，这种切割只发生在少数（通常只有 1 个）位点上，主要是结构域间的位点上。切割的结果或是活化某种蛋白，或使某种蛋白失活，但从不完全降解一种蛋白质。通过此方式，半胱氨酸蛋白酶主要参与细胞吞噬和细胞内多余物质的清除及消化
Ca^{2+} 转运蛋白 - 1	跨膜转运钙	

（续）

酶或蛋白	功　能	说　明
细胞黏附分子	与其他细胞或细胞外基质结合	细胞黏附分子（CAM）是众多介导细胞间或细胞与细胞外基质（ECM）间相互接触及结合分子的统称。黏附分子以受体-配体结合的形式发挥作用，使细胞间、细胞基质间、细胞-基质-细胞间发生黏附，参与细胞识别、细胞活化和信号转导、细胞增殖与分化、细胞伸展与移动，是免疫应答、炎症发生、凝血、肿瘤转移、创伤愈合等一系列重要生理和病理过程的分子基础。上文中的钙黏着蛋白是其中之一
脂肪酶	分解甘油三酯为脂肪酸和甘油单酯（小肠内腔）	适量的 Ca^{2+} 可增加脂肪酶的活性，原因可能是增加了其结构稳定
NO 合成酶	精氨酸＋O_2→NO＋瓜氨酸	神经型一氧化氮合酶和内皮型一氧化氮合酶为 Ca^{2+} 依赖性酶，诱导型一氧化氮合酶是 Ca^{2+} 非依赖性酶。来源于诱导型一氧化氮合酶和神经型一氧化氮合酶的一氧化氮有神经毒性作用，来源于内皮型一氧化氮合酶的一氧化氮有神经保护作用
胰 α-淀粉酶	水解膳食淀粉	胰淀粉酶是由胰腺分泌的一种水解酶，以 Ca^{2+} 为必需因子并作为稳定因子，既作用于直链淀粉，亦作用于支链淀粉，无差别地切断 α-1，4-糖苷键
胰磷脂酶 A2	水解膳食磷脂	由胰腺分泌的可溶性磷脂酶 A2（S-PLA2）是 Ca^{2+} 依赖性的，能催化磷脂甘油分子上二位酰基的水解酶
磷脂酶 A2	从细胞膜的脂质释放脂肪酸（如花生四烯酸）	磷脂酶 A2（phospholipaseA2，PLA2）是一种能催化磷脂甘油分子上二位酰基的水解酶，亦是花生四烯酸（AA）、前列腺素及血小板活化因子（PAF）等生物活性物质生成的限速酶，所产生的脂质介质在炎症和组织损伤时膜通道的活化、信息传递、血流动力学及病理生理过程中，以及在调节细胞内外代谢中起关键性作用。人类几乎所有的细胞均含 PLA2，它是 Ca^{2+} 依赖性的
磷脂酶 C	水解磷脂酰-4，5-二磷酸肌醇磷酸酯基团	磷脂酶 C（PLC）在磷酸二酯键的甘油侧选择性地催化磷脂〔磷脂酰肌醇 4，5-二磷酸（PIP_2）〕水解，PIP_2 水解需要 Ca^{2+}，最终产物是二酰基甘油（DAG）和肌醇 1，4，5-三磷酸（IP_3）。DAG 和 IP_3 是控制不同细胞过程的重要第二信使，也是合成其他重要信号分子的底物。①IP_3 作为可溶性结构释放到胞质溶胶中，通过胞质溶胶扩散以结合 IP_3 受体，特别是光滑内质网中的钙通道，这导致细胞质中钙的浓度增加，引起一系列细胞内的变化和活化。②钙和 DAG 一起作用以激活蛋白激酶 C，继而磷酸化其他分子，导致细胞活性改变。最终效应包括味觉、肿瘤促进、囊泡胞吐作用，NADPH 氧化酶产生超氧化物和 JNK（c-Jun N-terminal kinase，c-Jun 氨基末端激酶）活化

（续）

酶或蛋白	功 能	说 明
蛋白激酶 C	参与细胞信号传导的磷酸化酶	蛋白激酶 C（PKC）的激活是脂依赖性的，需要膜脂 DAG 的存在；同时又是 Ca^{2+} 依赖性的，需要膜质溶胶中 Ca^{2+} 浓度的升高。当 DAG 在质膜中出现时，胞质溶胶中的蛋白激酶 C 被结合到质膜上，然后在 Ca^{2+} 的作用下被激活。PKC 是一种多功能的酶，可以参与基因表达调控、对糖代谢的控制、对细胞分化的控制（如肌纤维细胞）
糖原磷酸化酶激酶	糖原分解和合成	在肝细胞中，蛋白激酶 C 与蛋白激酶 A 协作磷酸化糖原合成酶，抑制葡萄糖聚合酶（glucose-polymerizing enzyme）的活性，促进糖原代谢。由环磷酸腺苷（cAMP）介导的促进糖原分解、抑制糖原合成作用是由胰高血糖素受体和 β 肾上腺素受体结合了相应激素所引起的；而由 IP_3、DAG 和 Ca^{2+} 介导的促进糖原分解和抑制糖原合成的是由 α 肾上腺受体结合肾上腺素所引起的。cAMP 激活蛋白激酶 A，而 IP_3、DAG 和 Ca^{2+} 激活蛋白激酶 C（见上文蛋白激酶 C）
嗜热菌蛋白酶（芽孢杆菌种）	水解微生物内含有疏水性氨基酸的肽键	嗜热菌蛋白酶属于金属蛋白酶 M4 家族中的一种，在很多动物致病菌和真菌中发现了这一家族的酶，因为它能够剪切寄主体内一些重要的蛋白质而具有重要的毒力作用
肌钙蛋白 C（TpC）	肌肉收缩	肌钙蛋白（Tn）是肌肉组织收缩的调节蛋白，位于收缩蛋白的细肌丝上，在肌肉收缩和舒张过程中起着重要的调节作用。含有 3 个亚型，即快反应型、慢反应型和心肌肌钙蛋白（cTn）。前两者与骨骼肌相关，而心肌肌钙蛋白则仅存在于心肌细胞中，是由肌钙蛋白 T（cTnT）、肌钙蛋白 I（cTnI）、肌钙蛋白 C（cTnC）3 种亚单位组成的络合物。TnC 分子质量为 18ku，是 Ca^{2+} 结合亚基，每个分子结合 2 个 Ca^{2+}。心肌和骨骼肌的 TnC 结构相同（此处 TnC 与 TpC 都是肌钙蛋白 C 的简写）
胰蛋白酶	蛋白质→氨基酸＋小肽（小肠内腔）	胰蛋白酶为肽链内切酶，专一作用于碱性氨基酸精氨酸及赖氨酸羧基所组成的肽键，对精氨酸和赖氨酸肽链具有选择性水解作用。最适 pH 为 7.8～8.5，当 pH＞9.0 时不可逆失活。Ca^{2+} 对酶活性有稳定作用，重金属离子、有机磷化合物、DFP（二异丙基磷酰氟）、天然胰蛋白酶抑制剂对其活性有强烈的抑制作用。此酶可将天然蛋白、变性蛋白、纤维蛋白和黏蛋白等水解为多肽或氨基酸。由于血清中含有非特异性抑肽酶，故胰蛋白酶不会消化正常组织，而能分解黏痰、脓性痰等黏性分泌物，能促进抗生素、化疗药物向病灶渗透
胰蛋白酶原	被激活为胰蛋白酶	胰蛋白酶的前体胰蛋白酶原在胰脏被合成后，作为胰液的成分而分泌，受肠激酶激活成为活化的胰蛋白酶。胰蛋白酶是一个触发酶，可以激活许多其他酶原

注：本表格综合了《动物营养学原理》（伍国耀著，2019）、其他书籍及相关专业网站上的内容。

五、磷

1669年，德国汉堡市一位叫布朗特（Brand H）的商人用强热蒸发人尿时，意外地得到一种像白蜡一样的物质，该物质在黑暗里闪闪地发着绿光。他发现这种绿火不发热，不引燃其他物质，是一种冷光，于是他就以"冷光"的意思将这种新发现的物质命名为"磷"。磷的拉丁文名称 Phosphorum 就是"冷光"之意，化学符号是 P，英文名称是phosphorus。磷是高度活泼的，在自然界中以磷酸盐的形式存在。动物体内的磷酸盐中，磷原子通过氧原子和别的原子或基团相连接。动物体内的磷约占体重的 1%，含量次于钙。体内的磷 85.7% 集中于骨和牙，其余散在分布于全身各组织（14%）及细胞外液（1%）中。生物化学中常将水解时释放的能量大于 25kJ/mol 的磷酸键称为高能磷酸键，高能磷酸键与化学键是不同的概念，它是等效出来的、抽象的概念，并不是实质的结构。从化学结构上含高能磷酸键的化合物分为：①磷酸酐，如焦磷酸、核苷酸；②羧酸和磷酸合成的混合酸酐，如乙酰磷酸、1，3－二磷酸甘油酸、氨基酰－AMP；③烯醇磷酸，如磷酸烯醇式丙酮酸；④磷氨酸衍生物（$R-NH-PO_3H_2$），如磷酸肌酸。动物营养中关于磷的指标有总磷、植酸磷和有效磷，使用植酸酶可释放出更多有效磷。

磷的消化、吸收、代谢及其功能等见表 1-86。

表 1-86　磷的消化、吸收、代谢及其功能

吸收与代谢	1. 肠腔：磷通过 3 个 Na^+ 依赖性转运蛋白［磷酸根离子-钠离子协同转运蛋白（NaPi2b）、磷酸根离子转运蛋白 1（PiT1）、磷酸根离子转运蛋白 2（PiT2）］逆电化学梯度被小肠吸收。其中，NaPi2b 是主要磷酸根离子转运蛋白，其将磷酸根离子转运至肠上皮细胞的顶端膜。上皮细胞基底膜的 Na^+-K^+-ATP 酶通过向固有层排出 Na^+ 而使细胞内的 Na^+ 浓度低于肠腔内的 Na^+ 浓度。借助这种浓度梯度，Na^+ 依赖性磷酸根离子进入上皮细胞。 2. 上皮细胞：磷酸根离子以一个自由阴离子的形式转入到基底外侧膜。在基底膜，磷酸根离子的转运是双向的，这取决于磷酸盐的摄入量。 3. 肠外细胞吸收：磷酸根离子以自由离子形式被吸收进入门静脉，通过 Na^+ 依赖性转运蛋白（NaPi2a、NaPi2c、PiT1、PiT2）被肠外细胞摄取。在近端肾小管顶端膜的 NaPi2a 和 NaPi2c 负责重吸收 80% 的被过滤的磷酸根离子。 4. 排泄：主要通过粪和尿排泄
功能	1. 磷酸根离子与钙离子形成磷酸钙，是骨骼的主要成分。 2. 磷在体内形成的磷脂（如卵磷脂、脑磷脂和神经磷脂）是细胞膜的主要成分，对维持细胞膜的完整性和物质转运的选择性起调控作用。 3. 参与体内脂肪的转运和贮存。 4. 磷作为核苷酸（ATP、GTP 和 UTP）、磷酸肌酸、核酸（DNA 和 RNA）、磷脂、磷酸鞘氨醇和肌醇-1，4，5-三磷酸肌醇的一部分，参与：①能量传递、贮存和利用；②蛋白质和酶的共价修饰，调节其生物活性；③在激素和营养改变的情况下，调节细胞信号传导和生理反应。 5. 磷酸化进入细胞或细胞中代谢产生的低分子质量底物可防止其泄露（如核苷酸的磷酸基团、糖酵解的中间体、磷酸吡哆醛和 2，3-二磷酸甘油酸）。除了蛋白质磷酸化（集中在肽链中的酪氨酸、丝氨酸、苏氨酸残基上，这些残基上具有游离的羟基，且本身不带电荷，当磷酸化作用后，蛋白质便具有了电荷，从而使结构发生变化，进一步引起蛋白质活性的变化）以外，部分核苷酸，如三磷酸腺苷（ATP）或三磷酸鸟苷（GTP）的形成，也是经由二

（续）

功能	磷酸腺苷和二磷酸鸟苷的磷酸化而来，此过程称为氧化磷酸化。（注：磷酸化是酶共价修饰调节的一种形式，主要分布在真核细胞中，在少数原核细胞中也有发生。磷酸化对蛋白质的影响包括：①增加了 2 个负电荷，影响其静电作用；②磷酸化基团可形成 3 个氢键；③较大的自由能变化，贮存在磷蛋白上；④磷酸化和去磷酸化可在很长的时段内发生，间隔时间可以调节；⑤产生级联放大效应，一种激酶的底物可能是另外一种激酶，如此作用具有放大效应。磷酸化后具活性的酶有糖原磷酸化酶和对激素敏感的脂肪酶，去磷酸化后才有活性的酶有糖原合酶、丙酮酸激酶、丙酮酸脱氢酶、乙酰辅酶 A 羧化酶、HMG 辅酶 A 还原酶。） 　　6. 磷酸盐作为辅酶（如磷酸吡哆醛）和酶激活（如磷酸激活的谷氨酰胺酶和 1α-羟化酶）是不可缺少的。 　　7. 参与体内酸碱平衡的调节
缺乏	1. 症状：与维生素 D 的相似，包括磷耗竭、溶血、疲劳、心肌收缩力降低、肌肉无力、呼吸衰竭、震颤、共济失调、厌食、恶心、呕吐、动物不育症等。摄入低磷日粮会降低繁殖力，卵巢机能出现障碍，发情受到抑制或异常、蛋壳质量差等。 　　2. 原因：低采食量；由氨基酸吸收和合成减少导致的蛋白质营养不良；骨骼和全身的生长发育障碍；骨吸收和骨骼缺陷
中毒	1. 高磷血症：采食量下降和生长受阻，铁、钙、镁和锌消化率低，骨骼生长发育受损，厌食、恶心、呕吐和腹泻，血钙低，神经功能异常和癫痫，心血管功能障碍，组织（尤其是肾）的非骨骼钙化，酸碱失衡和肾结石。日粮中过量的磷排出体外后能刺激水中海藻生长，不利于保持水质。 　　2. 原因：摄入量过多，钙摄入量不足，肾磷排泄量减少（如甲状旁腺激素水平低），细胞内损伤
与其他营养素的关系	1. 高磷影响钙、铁、镁、锌的消化。 　　2. 体内磷的平衡受多种因素调节，包括肠吸收磷酸盐、肾脏的重吸收和磷酸盐排泄及细胞外基质与贮存池骨组织间磷酸盐的交换。1, 25-二羟基维生素 D_3 通过刺激肠上皮细胞 NaPi2b 的表达来促进肠道对磷的吸收，当血磷低时也可动员从骨基质中释放磷酸盐。甲状旁腺激素可以刺激骨骼释放磷酸盐。在高磷血症或低钙血症时，1, 25-二羟基维生素 D_3 和甲状旁腺激素的分泌量增加，以减少肾对磷的重吸收而增加磷的排泄量（甲状旁腺激素促进肾小管对钙的重吸收和对磷酸盐的排泄）。 　　3. 有利于肌肉蛋白合成的因素（如生长激素、胰岛素、胰岛素样生长因子-1）和甲状腺素会促进肾脏对磷酸盐的重吸收，利于肌肉和骨骼共同生长。 　　4. 降钙素可直接作用于肾近曲小管，抑制对钙和磷的重吸收，促进钙和磷的排泄

六、镁

　　1808 年，Humphry Davy 电解氧化镁得到纯净但非常少量的金属镁，从此镁被确定为元素，并被命名为 Magnesium，元素符号是 Mg。Magnesium 来自希腊城市美格里亚 Magnesia，因为在这个城市附近出产氧化镁，故被称为 Magnesia alba。1831 年，法国科学家 Antoine-Alexandre-Brutus Bussy 使用氯化镁和钾反应制取了相当大量的金属镁。20 世纪 30 年代初，E·V·McCollum 及其同事首次用鼠和犬作为实验动物，系统地观察了镁缺乏的反应，并在 1934 年首次发表了少数人在不同疾病的基础上发生镁缺乏的临床报道，从而证实镁是人体的必需元素。镁有较强的还原性，化合价通常为 +2 价。正常成人身体总镁含量约 25g，其中 $60\%\sim65\%$ 存在于骨、齿中，27% 分布于软组织中。大部分镁分布于细胞内液中（约90%的细胞内Mg^{2+}与核糖体或多聚核苷酸结合），细胞外液中的镁含量不超过1%。镁是人体细胞内的主要阳离子，浓集于线粒体中，含量仅次于钾和磷，而在细胞外液中的含量仅次于钠和钙，居第三位，是体内多种细胞基本生化反应的必需物质。镁通常以氧化镁的形式添加到饲料中。

镁的消化、吸收、代谢及其功能等见表1-87，部分以镁离子为辅助因子的酶及其功能说明见表1-88。

表1-87 镁的消化、吸收、代谢及其功能

吸收与代谢	1. 小肠腔：主要通过上皮细胞顶端膜的瞬时受体电位离子通道蛋白M6（TRPM6）完成，而TRPM7又是TRPM6活化所必需的。 2. 上皮细胞：Mg^{2+}是以自由离子形式存在，也与蛋白质和核酸结合。 3. 基底膜：通过一个电中性的Na^+/Mg^{2+}交换体-CNNM4蛋白（保守结构域蛋白4），细胞内的Mg^{2+}穿过基底外侧膜进入肠黏膜的固有层，同时交换转入Na^+。 4. 血液：Mg^{2+}从固有层进入门静脉，在血浆中以自由离子与与蛋白质（白蛋白）结合的形式被转运，通过Mg^{2+}转运蛋白（包括TRPM6/7）被肠外细胞摄取。在肾小球管腔中，过滤的血浆镁通过TRPM6/7被重吸收进入血液。猪、禽对镁的吸收率可达60%，摄入的镁大量从胆汁、胰液和肠液分泌到肠道，其中60%～70%随粪便排出，部分从汗和脱落的皮肤细胞丢失。 5. 非反刍动物：镁主要由小肠吸收，在大肠内极少或不被吸收，因此大剂量的镁可作为泻药使用
功能	1. 镁在骨骼中的含量仅次于钙、磷，是骨细胞结构和功能所必需的元素，对促进骨形成和骨再生、维持骨骼和牙齿的强度及密度具有重要作用。 2. Mg^{2+}可减少磷酸盐间的静电斥力，从而稳定ATP结构和核酸的碱基配对及堆叠。 3. Mg^{2+}和细胞内的许多蛋白质结合，包括膜蛋白。 超过300种的酶需要Mg^{2+}作为催化其活性的辅助因子，糖酵解、脂肪酸氧化、蛋白质合成、核酸代谢等需要Mg^{2+}参加，其中就包括那些合成和利用ATP的酶。在机体中，能量转移主要是以ATP分子的高能磷酸键所连接的磷酰基转移而实现的。有100多种已知的酶催化磷酰基的转移，对此可以写出下面这种一般的方程式： $ATP^{4-}+XH\leftrightarrow ADP^{3-}+XPO_3^-+H^+$（反应需要$Mg^{2+}$） 此式表明任何使ATP水解和磷酰基转移的反应都需要Mg^{2+}作为激活剂。 4. 生理浓度的Mg^{2+}能阻断谷氨酸和天冬氨酸与神经元中的N-甲基-D-天冬酰胺（NMDA）受体结合，从而阻断NMDA受体激活。谷氨酸和天冬氨酸是脊椎动物中枢神经系统兴奋性突触传递的主要神经递质，脑或脑脊液中低浓度的Mg^{2+}（<0.25mmol/L）会导致NMDA受体被谷氨酸和天冬氨酸激活，并降低神经元反复发出神经冲动（动作电位）的阈值，导致神经功能紊乱和抽搐。 5. 调节神经肌肉的兴奋性，能抑制钾、钙通道，镁、钙、钾离子协同维持神经肌肉的兴奋性。血中镁或钙含量过低，兴奋性均增强，反之则有镇静作用。镁与钙相互制约以保持神经肌肉的兴奋与抑制平衡。 6. 镁是参与血糖控制和糖代谢的100多种酶的辅助因子，低镁对血糖控制有广泛的副作用。 7. 已有发现证实低镁饮食和炎症过程加剧有关，临床试验时镁恢复到推荐的摄入量会让炎症过程恢复正常。 8. 影响钾离子和钙离子的转运，调控信号传递，参与能量代谢及蛋白质和核酸合成
缺乏	1. 低镁血症会降低ATP的产生、内皮细胞NO的合成、抗氧化能力，以及动物的采食量、生长、免疫和存活。哺乳动物和鸟类还表现神经肌肉兴奋、手足抽搐、抑郁、碳水化合物和氨基酸代谢异常、微血管中血流受损和不孕等症状，蛋鸡产蛋率下降。 2. 缺镁导致低钙血症和低钾血症，包括：①抑制甲状旁腺激素活性；②抑制骨吸收；③增加软组织钙化及Ca^{2+}和K^+由肾的排泄量

（续）

中毒	1. 过量：恶心和呕吐，干物质消化率降低；大量腹泻（由于水流入肠道）和脱水；采食量下降和生长受阻；肌肉无力和呼吸障碍；低血压、低心律和心搏骤停。鸡饲料中镁含量高于 0.6% 时，生长速度减慢，产蛋率下降和蛋壳变薄。钙盐（如硼葡萄糖酸钙）可减缓镁的急性毒性。 2. 原因：Mg^{2+} 摄入过多、肾功能障碍和动物体内过量的 Mg^{2+} 动员与释放
与其他营养素的关系	1. 日粮中过量的钾会干扰动物对 Mg^{2+} 的吸收和代谢，从而增加低镁血症的风险。 2. 高钙血症时甲状旁腺激素的合成和释放受到抑制，导致肾脏对 Mg^{2+} 的重吸收减少。 3. 膳食中促进 Mg^{2+} 吸收的成分主要有维生素 B_1、维生素 B_6、维生素 C、维生素 D、锌、钙、磷、氨基酸、乳糖等；植酸、粗纤维、乙醇、过量的磷酸盐和钙离子、过量的蛋白质和脂肪、草酸盐等会削弱 Mg^{2+} 的吸收

表 1 - 88　部分以 Mg^{2+} 为辅助因子的酶及其功能

生化途径	酶	反　应	说　明
糖原代谢	葡萄糖磷酸变位酶	1 - 磷酸葡萄糖↔6 - 磷酸葡萄糖	磷酸葡萄糖变位酶是机体组织中广泛存在的一组重要酶类，可以催化葡糖 - 1 - 磷酸盐和葡萄糖 - 6 - 磷酸盐相互转化，在糖原合成和分解代谢中均起着重要的作用
	糖原磷酸化酶激酶	在磷酸化酶激酶的作用下，糖原磷酸化酶从活性较低的 b 型被转化为活性较高的 a 型	无活性的磷酸化酶 b 在磷酸化酶 b 激酶和 Mg^{2+} 的催化下从 ATP 中获得磷酸基后转变成有活性的磷酸化酶 a，然后水解糖原
糖酵解	己糖激酶	葡萄糖＋ATP→6 - 磷酸葡萄糖＋ADP	催化己糖 6 C 位上由 ATP 使之产生磷酸化反应的酶；激酶是一类从高能供体分子（如 ATP）转移磷酸基团到特定靶分子（底物）的酶，这一过程谓之磷酸化。一般而言，磷酸化的目的是"激活"或"能化"底物分子，增大它的能量，以使其可参加随后的自由能负变化的反应。所有的激酶都需要存在一个二价金属离子（如 Mg^{2+} 或 Mn^{2+}），该离子起稳定供体分子高能键的作用，且为磷酸化的发生提供可能性
	磷酸己糖异构酶	6 - 磷酸葡萄糖↔6 - 磷酸果糖	这是一个醛糖-酮糖同分异构化反应，由磷酸己糖异构酶催化醛糖和酮糖的异构转变，需要 Mg^{2+} 参与，该反应可逆
	磷酸果糖激酶	6 - 磷酸果糖＋ATP→1，6 - 二磷酸果糖＋ADP	磷酸果糖激酶和己糖激酶、丙酮酸激酶一样催化的都是不可逆反应，因此这 3 种酶作为限速酶都有调节糖酵解途径的作用。Mg^{2+} 对磷酸果糖激酶有显著作用。该酶会受到高浓度 ATP 的抑制，高浓度的 ATP 会使该酶与底物果糖 - 6 - 磷酸的结合曲线从 S 形变为双曲线形，而柠檬酸就是通过加强 ATP 的抑制效应来抑制磷酸果糖激酶的活性，从而使糖酵解过程减慢的

（续）

生化途径	酶	反　应	说　明
糖酵解	磷酸甘油酸激酶	1，3-二磷酸甘油酸＋ADP↔3-磷酸甘油＋ATP	3-磷酸甘油酸激酶催化1，3-二磷酸甘油酸的高能磷酰基直接从羧基转移到ADP形成1分子的ATP和3-磷酸甘油酸，此反应需要Mg^{2+}。这是无氧酵解过程中第一次生成ATP
	磷酸甘油酸变位酶	3-磷酸甘油酸↔2-磷酸甘油酸	反应可逆，并且Mg^{2+}是必需的
	烯醇化酶	2-磷酸甘油酸↔磷酸烯醇式丙酮酸	在烯醇化酶催化下，甘油酸-2-磷酸脱水，分子内部能重新分布而生成磷酸烯醇式丙酮酸烯醇磷酸键，这是糖酵解途径中第二种高能磷酸化合物
	丙酮酸激酶	磷酸烯醇式丙酮酸↔丙酮酸	在丙酮酸激酶的催化下，磷酸烯醇式丙酮酸分子高能磷酸基团转移给ADP生成ATP，是糖酵解途径第二次底物水平磷酸化反应，需要Mg^{2+}和K^+参与，反应不可逆

　　总的来讲，整个糖酵解过程涉及的酶共有15种，其中的7种需要Mg^{2+}作为其辅助因子，而这7种酶所催化的反应，多数都实现了磷酸基的转移，反应中需要ATP作为磷酸基的供体，ATP以Mg-ATP复合的形式参与反应

生化途径	酶	反　应	说　明
糖有氧氧化	丙酮酸脱氢酶复合体	丙酮酸→乙酰CoA	催化丙酮酸为乙酰CoA的不可逆反应的复合酶，包括3种酶和6种辅助因子，其中辅助因子包括焦磷酸硫胺素（TPP）、硫辛酸、FAD、NAD^+、CoA、Mg^{2+}。丙酮酸脱氢酶上的E1是磷酸化和去磷酸化的调节位点，E2具有激酶和磷酸酶活性；丙酮酸脱氢酶激酶是加上磷酸基团，而丙酮酸脱氢酶磷酸酶则可去掉磷酸基团。去除磷酸基团可激活丙酮酸脱氢酶的活性，相反激酶则使丙酮酸脱氢酶失活
	异柠檬酸脱氢酶	异柠檬酸＋NAD^+→α-酮戊二酸＋$NADH+H^+$＋CO_2	三羧酸循环中先由异柠檬酸脱氢酶使底物异柠檬酸脱氢生成草酰琥珀酸。然后在Mg^{2+}或Mn^{2+}的协同下脱去羧基生成α-酮戊二酸。此过程在三羧酸循环中很重要，被称为"第二个控制点"。这种酶受到ADP变构促进，同时也少不了Mg^{2+}和NAD等的相互配合
糖异生	酰基辅酶A合成酶	丙酸＋ATP→丙酰辅酶A＋AMP	见丙酸代谢，最终生成的琥珀酰辅酶A进入三羧酸循环

（续）

生化途径	酶	反 应	说 明
戊糖磷酸途径	6-磷酸葡萄糖脱氢酶	6-磷酸葡萄糖→6-磷酸葡萄糖内酯	此酶高度严格以 $NADP^+$ 为电子受体
	葡萄糖酸内酯水解酶	6-磷酸葡萄糖内酯→6-磷酸葡萄糖酸	
	PRPP 合成酶	5-磷酸核糖→5-磷酸核糖-1-焦磷酸盐（PRPP）	
	转酮醇酶	5-磷酸核糖＋5-磷酸木酮糖↔7-磷酸景天庚酮糖＋3-磷酸甘油醛	硫胺素焦磷酸（TPP）也是此酶的辅酶
	在磷酸戊糖途径中，大约有一半的反应有 Mg^{2+} 参加，另外 Mg^{2+} 还参与了 $NADPH↔NADH$ 的反应		
脂肪酸代谢	脂酰辅酶 A 合成酶	脂肪酸＋HS-CoA＋ATP→R-ScoA（脂酰辅酶A）＋AMP＋PPi	脂酰辅酶 A 合成酶，又称硫激酶，在细胞液中需要 Mg^{2+} 参与催化此反应。活化的脂酰辅酶 A 参与脂肪酸的氧化
	乙酰辅酶 A 羧化酶-生物素	乙酰 $CoA＋HCO_3^-＋ATP＋H_2O→$丙二酸单酰 $CoA＋ADP＋Pi＋H^+$	脂肪酸的生物合成开始于乙酰 CoA 羧化为丙二酰 CoA，反应中 HCO_3^- 提供 CO_2，ATP 供能。Mg^{2+} 不仅是 ATP 水解所必需的，同时也是这个带生物素的酶催化羧基转移中不可缺少的辅助因子。这是不可逆的反应，因此是脂肪酸合成的关键步骤
	甘油三酯脂酶	无活性↔活性	Mg^{2+} 参与了脂肪组织中的脂肪分解（脂肪动员）过程，ATP＋Mg^{2+} 使未激活的甘油三酯脂酶转变为有活性的甘油三酯脂酶，该酶将甘油三酯降解成甘油和脂肪酸。$Mg^{2+}＋$磷酸酶又可使前面的反应逆转，即可以使激活的甘油三酯脂酶变成未激活状态，从而使脂肪分解停止。因此可以说，Mg^{2+} 在脂肪组织的脂肪分解中起调控作用
尿素循环	精氨琥珀酸合成酶	瓜氨酸＋天冬氨酸＋ATP→精氨琥珀酸＋AMP	反应需要 ATP
嘌呤和嘧啶合成		许多酶需要镁离子	
DNA 和 RNA 合成	DNA 聚合酶	脱氧核糖核苷酸→DNA	在遗传信息的复制、传递和表达中，每个大的过程中都有 Mg^{2+} 参加，包括 DNA 的自我复制、以 DNA 为模板合成 RNA（转录）、以 RNA 为模板合成 DNA（反转录）、蛋白质的生物合成（翻译）。Mg^{2+} 在这些过程中与磷酸高能键的能量释放有关
	RNA 聚合酶	DNA→RNA	

（续）

生化途径	酶	反 应	说 明
蛋白质合成	Mg^{2+} 和 mRNA 结合形成核糖体		以 mRNA 为模板合成蛋白质的过程是在核糖体中进行的。核糖体由大、小两个亚基组成，在两个亚基结合成完整的核糖体时，翻译才得以开始；当一条多肽链合成完毕时，核糖体又解离成两个独立的亚单位。Mg^{2+} 的浓度在核糖体的这种循环中起了调节作用。 Mg^{2+} 几乎参加了蛋白质合成的每一步：参与翻译起始复合物形成的每步反应；参与肽链延伸过程的每步反应（包括氨基酰 tRNA 进入核糖体，"给位"上的 tRNA 所携带的氨基酸转移到"受位"的肽链上以形成新的肽键，核糖体在 mRNA 分子上向前挪动一个遗传密码的位置，肽链合成终止后核糖体的解离）。这些过程中 Mg^{2+} 都是必不可少的因子

注：本表格综合了《动物营养学原理》（伍国耀著，2019）、其他书籍及网站上的相关内容。

七、硫

人们在很早就使用硫黄，如用在中医、火药中。埃及人用二氧化硫（硫的氧化物）漂白布匹，古希腊人和古罗马人用二氧化硫熏蒸消毒和漂白。自 1746 年英国 J. Roebuck 发明了铅室法制造硫酸和 1777 年被法国 A. L. Lavoisier 确认为一种元素后，硫就迅速成为与近代化学工业和现代化学工业密切相关的最重要的元素之一。硫的英文名为 Sulfur，源自拉丁文的"Surphur"。硫的性质比较活泼，最外层电子数有 6 个，容易得到 2 个电子形成-2 价，与其他非金属元素结合也形成+4、+6 价。在自然界中，硫通常以硫化物和硫酸盐的形式存在，水也是硫（无机硫）的来源之一。动物体内的硫大部分是有机形式，如含硫氨基酸，硫也存在生物素和硫胺素、辅酶 A、硫酸软骨素中。硫对反刍动物的营养价值高于非反刍动物，饲料中的无机硫对猪、家禽等几乎没有营养价值。

硫的消化、吸收、代谢及其功能等见表 1-89。

表 1-89　硫的消化、吸收、代谢及其功能

吸收与代谢	无机硫酸盐主要在回肠以易化扩散方式被吸收，有机形式的硫被动物小肠吸收后进入门静脉循环。反刍动物和非反刍动物对硫的消化吸收不同。反刍动物可通过唾液分泌将血浆中的硫酸盐重新循环到瘤胃中，在瘤胃微生物的作用下，硫酸盐被还原为亚硫酸盐后再合成蛋氨酸和胱氨酸。而非反刍动物体内无机硫不能转变成有机硫（包括含硫氨基酸）。体内大量的硫以牛磺酸的形式贮存于骨骼肌、心脏和眼睛中，也以谷胱甘肽的形式贮存于消化系统和生殖系统中；有些蛋白质，如毛、羽中含硫量可高达 4%，也有少部分以硫酸盐形式存在于血液中。硫主要通过粪、尿排泄，其他排泄途径还有被毛脱落、换羽、出汗、泌乳和产蛋等。尿中的硫主要是游离硫、蛋白分解产物或含硫有毒物质经解毒后形成的硫酯化物；在尿中，氮硫比相当稳定

（续）

功能	1. 存在于含硫氨基酸中的硫对动物来讲是必不可少的。 2. 硫作为生物素的成分在脂质代谢中起重要作用；作为硫胺素成分参与糖类代谢；作为辅酶 A 成分参与能量代谢。 3. 硫是软骨素基质的重要组分，是黏多糖的成分，在成骨胶原及结缔组织代谢中起作用。 4. 动物细胞中生理性水平的硫化氢作为半胱氨酸的代谢产物和气体信号分子（包括 NO、CO 和 H_2S），对体内的神经传递调节、血液流动、免疫反应和营养代谢非常重要
缺乏	动物体内硫的缺乏通常因为是含硫氨基酸的缺乏，可表现为体重明显减轻，毛、爪、角、蹄、羽毛等生长速度减慢，采食量下降等。猫是唯一不能利用含硫氨基酸中的硫合成牛磺酸的动物，缺乏时会导致视网膜脱落、心脏疾病，也对细胞内钾的代谢产生不利影响
中毒	饮水中硫酸盐浓度<600mg/L 和日粮干物质中硫含量<0.4% 对于动物（猪、家禽和反刍动物）通常是安全的。过量的硫会影响动物体内的酸碱平衡，降低采食量和生长性能，并且导致大脑中的灰质病变。应注意 DDGS 或其他生产过程中使用亚硫酸钠作为浸泡剂的玉米副产品等原料中的硫含量。水中的硫酸盐含量建议参考动物水的营养需要一节。超过生理水平的硫化氢对中枢神经系统和呼吸系统均有抑制作用
与其他营养素的关系	高硫在肠道会降低铜、锰、锌的吸收率

八、铁

铁的使用有悠久的历史，最早应该始于陨石。在公元前 4000 年，埃及的宗教经文中已有铁的使用记载。公元前 1500 年，古代小亚细亚赫梯人是第一个从矿石中熔炼铁的。1722 年，René Antoine Ferchault de Réaumur 第一个解释了为什么钢、熟铁和铸铁包含一定量的木炭后性能会更卓越。在以后的工业化大革命中，炼铁方法不断改进，并伴随着工业化的发展。铁是比较活跃的金属，有+2、+3、+4、+5、+6 价，常见的是+2 和+3 价，因此铁离子在体内可以起氧化还原的作用。铁是动物体内含量最多的微量元素，机体含铁约 70mg/kg（以体重计）（母猪，50mg/kg；0～35 日龄仔猪，36～40mg/kg；鸡，80mg/kg），在哺乳动物、鸟类体内，几乎所有的铁（>90%）都以铁合蛋白的形式存在，如血红素。成人体内有 4～5g 铁，其中 72% 以血红蛋白、3% 以肌红蛋白、0.2% 以其他化合物形式存在，其余为储备铁。储备铁约占 25%，主要以铁蛋白的形式储存在肝、脾和骨髓中。游离铁的含量很低，因为三价铁水溶性差及二价铁对细胞有毒性。尽管铁在原料中分布广泛，但是动物对植物来源的铁利用率较低。铁在豆类原料中主要以铁蛋白（蛋白质与 Fe^{3+} 的混合体）的形式存在，在动物原料中有血红素铁（Fe^{2+}）存在。动物营养中一般不考虑原料中的铁含量，而是额外添加，如 $FeSO_4$ 等。

铁的消化、吸收、代谢及其功能等见表 1-90，含血红素和非血红素铁的酶见表 1-91。

表 1-90　铁的消化、吸收、代谢及其功能

吸收与代谢	二价铁、三价铁和血红素铁及螯合铁有不同的吸收方式。 1. 不同形式铁的吸收 （1）Fe^{3+} 的吸收：在胃酸和胃蛋白酶的作用下，原料中的 Fe^{3+} 被释放出来，其中一部分可被还原成 Fe^{2+}。在胃中，铁可结合到一种由胃壁泌酸细胞分泌并被称为胃铁蛋白的糖蛋

吸收与代谢	白上形成铁-胃铁蛋白，该蛋白随食物进入十二指肠。Fe^{3+} 被小肠上皮细胞吸收的方式有两种：①在小肠肠腔内，Fe^{3+} 在顶端膜表面被维生素 C 或十二指肠细胞色素 b（DCYTB，又称十二指肠铁还原酶，是一种跨膜氧化还原酶，利用细胞内的维生素 C 作为电子供体）还原为 Fe^{2+}，然后通过二价阳离子转运蛋白-1（DCT-1，也可转运 Zn^{2+}、Cu^{2+}、Mn^{2+}，但转运 Ca^{2+} 和 Mg^{2+} 的活性不强），Fe^{2+} 被肠上皮细胞吸收。②Fe^{3+} 与黏蛋白（转铁蛋白，Mobilferrin）结合并通过 β_3 整合素（integrin，又称整联蛋白，属整合蛋白家族，是一类普遍存在于脊椎动物细胞表面且依赖于 Ca^{2+} 或 Mg^{2+} 的异亲型细胞黏附分子，介导细胞和细胞之间及细胞和细胞外基质之间的相互识别和黏附，具有联系细胞外部与细胞内部结构的作用）进入细胞中。β_3 整合素是肠黏膜细胞膜上的一种非水溶性的膜整合的异二聚体糖蛋白，Mobilferrin 是胞质区的一种水溶性的单链 Fe^{3+} 结合蛋白，二者可形成水溶性的复合物，并在酸性环境中 Mobilferrin 中的三价铁释放加速；β_3 整合素、Mobilferrin 和 β_2 微球蛋白、黄素单氧化酶组成一个 520ku 的复合体，称为 parferrtin，具有还原铁酶的活性，在 NADPH 的作用下可将 Fe^{3+} 还原成 Fe^{2+}。 （2）Fe^{2+} 的吸收：Fe^{2+} 通过二价阳离子转运蛋白-1（DCT-1）被上皮细胞吸收。 （3）血红素-Fe^{2+} 的吸收：血红蛋白在肠道酶的作用下，分解成血红素和球蛋白降解物，血红素以完整的卟啉形式由血红素载体蛋白-1（HCP-1）或血红素受体（Heme-R）介导的内吞作用进入上皮细胞。 2. 上皮细胞：血红素一旦进入细胞就被血红素氧化酶降解，释放出 Fe^{2+} 和胆绿素，Fe^{2+} 被血红素加氧酶（OH）氧化成 Fe^{3+}，Fe^{3+} 结合到 parferrtin 复合体后再被还原成 Fe^{2+}。这样不同来源的铁在细胞内成为 Fe^{2+} 后，就结合到铁蛋白聚合物上，随后被转移至小肠上皮细胞的基底外侧膜，通过膜转运铁蛋白-1 进入肠黏膜固有层。膜转铁蛋白只能识别 Fe^{2+}。细胞内的铁蛋白聚合物并不贮存铁，只负责将铁转运到基底膜。 3. Fe^{2+} 转出上皮细胞的调控：膜转铁蛋白可被肝脏中表达的铁调素从细胞膜转至细胞中并将其降解，从而抑制转铁蛋白的活性。铁调素在肝脏中由氨基酸合成，其本身是一个含有 25 个氨基酸的多肽，血色素沉着病蛋白和铁调素调节蛋白可激活铁调素的合成，发生炎症发生时血清中铁调素的浓度升高而降低肠道铁的吸收。 4. 铁在血液中的运输及组织代谢 （1）血液转运：吸收后的铁进入血液循环，Fe^{2+} 被铁氧化酶氧化成 Fe^{3+} 并结合到转铁蛋白（TRF，又名铁结合蛋白，为单链糖蛋白，含糖量约 6%。TRF 可逆地结合多价离子，包括铁、铜、锌、钴等。每 1 个分子 TRF 可结合 2 个三价铁原子。TRF 主要由肝细胞合成，半衰期为 7d。TRF 主要负责运载由消化管吸收的铁和由红细胞降解释放的铁，还可以 TRF-Fe^{3+} 的复合物形式进入骨髓中，供成熟红细胞的生成）。 （2）肠外组织中：肠外细胞膜上的转铁蛋白受体与转铁蛋白结合并通过内吞作用将其转运至细胞内。在细胞内，转铁蛋白与核内体（内体是膜包裹的囊泡结构，有初级内体和次级内体之分。初级内体通常位于细胞质的外侧，次级内体常位于细胞质的内侧，靠近细胞核。内体的主要特征是酸性的、不含溶酶体酶的小囊泡）融合。在核内体内，Fe^{3+} 被前列腺蛋白-3 的 6 个跨膜上皮抗原（STEAP3，一种金属还原酶）还原为 Fe^{2+}。Fe^{2+} 随后通过 DCT-1 从核内体转运至细胞液并结合到转铁蛋白和血铁黄素（是一种不溶性颗粒状复合体，脱铁时的血铁黄素由 24 个亚基组成，每个亚基约含 163 个氨基酸残基，每个分子最多可结合 4 500 个铁原子。与铁结合时其质量的 1/3 是铁，存在于肝、脾和骨髓中）上贮存。 （3）在妊娠过程中，子宫转铁蛋白（孕酮诱导产生）在孕体贮存和转运铁离子的过程中发挥重要作用。 5. 吸收：铁的吸收量取决于机体的需要，其调节机制与肠黏膜细胞内铁蛋白含量有关，而铁离子从肠黏膜上皮细胞基底膜进入固有层和血液的速度受细胞内氧化还原水平的调节，在细胞内大量的 Fe^{3+} 被还原为 Fe^{2+} 有利于 Fe^{2+} 从铁蛋白解离出来进入血液。 6. 利用：铁在代谢过程中可被反复利用，机体每天动用的铁远远超过外源供应量。例如，

（续）

吸收与代谢	人每天从红细胞降解中获得的铁为 20～25mg，而从食物中吸收的铁则不到 1mg。也就是说，机体内每天铁需要量的 95％以上是源于体内铁的反复利用。 7. 排泄：肠道分泌和皮肤、黏膜上皮脱落损失一定数量的铁（1mg/d）
功能	铁作为血红素（卟啉环以 4 个配价键与铁原子相连，形成四配位体螯合的络合物）和非血红素成分对机体有重要的生理作用。含有铁的血红素蛋白包括血红蛋白和肌红蛋白。红细胞中的血红蛋白是运输氧的载体；肌红蛋白存在于肌肉中，是肌肉贮存氧的"氧库"。另外，铁还在肝、肾、心等细胞的线粒体中含量丰富，参与能量的释放。 1. 是血红蛋白的重要部分：血红蛋白是一个四聚体，铁占血红蛋白重量的 0.34％，而血红蛋白代表了超过 95％的红细胞蛋白，血红蛋白中 4 个血红素和 4 个球蛋白链接的结构提供一种有效机制，即能与氧结合而不被氧化。脊椎动物中被血红蛋白转运物质的包括：①氧，从肺到运送到外周组织；②CO_2 和 H^+，从外周组织运输至肺部排出；③NO，所有细胞都能以精氨酸为前体生成的 NO。 2. 是肌红蛋白的重要部分：肌红蛋白是由 1 个血红素和 1 个球蛋白链组成，仅存在于肌肉组织内，基本功能是在肌肉中转运和贮存氧。 3. 是细胞色素的重要部分：细胞色素是一系列含血红素的化合物，广泛参与动植物、酵母、好氧菌、厌氧光合菌等的氧化还原反应。细胞色素作为电子载体传递电子的方式是通过其血红素辅基中铁原子的还原态（Fe^{2+}）和氧化态（Fe^{3+}）之间的可逆变化来实现的。根据血红素辅基的不同结构，可将细胞色素分为 a、b、c 和 d 四类。它们参与的体内反应有：①细胞色素 b、c_1、c 和 aa_3 参与哺乳动物细胞呼吸链调节，在呼吸链中的排列顺序为 Cyt b、Cyt c_1、Cyt c、Cyt aa_3。细胞色素 aa_3 是 a 和 a_3 结合成的一个大分子的寡聚体，也被称为细胞色素氧化酶，在线粒体电子传递系统中最末端负责将电子从 Cyt c 传送给氧，细胞色素 b、c、c_1 可将电子从黄素蛋白转运至细胞色素 aa_3。②动物组织的细胞器内质网系膜和微生物中，广泛存在 2 种重要的细胞色素：细胞色素 b5 和细胞色素 P450，微粒体细胞色素 b5 是 NADH－Δ^9 硬脂酰辅酶 A 去饱和酶系中的一个组分，从 NADH－细胞色素 b5 还原酶（黄素蛋白）接受电子后，传递给硬脂酰辅酶 A 去饱和酶，使硬脂酸在 Δ^9 位去饱和，生成油酸。P450 也是一种 b 类细胞色素，在肝脏微粒体中，有 5～6 种不同的 P450 参与一些脂类物质（如类固醇、脂肪酸、前列腺素）的代谢，也催化一些外来物质（如某些药物、杀虫剂、致癌物）等的氧化代谢（解毒）。P450 的作用机制可能是通过辅基中 Fe^{2+} 与氧分子结合而形成 $Fe^{2+} \cdot O_2$，再接受电子引起氧-氧键的裂解，一个氧原子与质子形成水，另一个氧原子被激活而插入到底物的 C－H 键中，使底物羟化。通过此类反应可以引起这些外来有毒物质的一系列代谢反应，最终将这些物质排出体外。但有时某些相对无毒或低毒物质的羟化产物反而具有剧毒，如多环芳烃的羟化产物即是强烈的致癌物质。③细菌体内，一氧化氮还原酶（血红素-细胞色素 c）将 NO 转化为 NO_2^-，亚硝酸-氧化氮还原酶（血红素-细胞色素 c）催化 NO_2^- 生成 NH_3。 4. 含铁的血红素酶和非血红素酶（铁硫蛋白）：动物体内血红素酶包括过氧化物酶、过氧化氢酶、前列腺素内过氧化物合酶、鸟苷酸环化酶和髓过氧化物酶。细菌中还包括上文提到的亚硝酸还原酶，它们在体内发挥着重要的生理作用，如细胞质内 NO 通过激活游离鸟苷酸环化酶提高 cGMP 的生成量（鸟苷酸环化酶通常参与细胞膜离子通道的开启、糖原分解、细胞凋亡和舒张平滑肌，血管平滑肌的舒张可以使血管扩张，进而增加血流量）；由髓过氧化物酶和血管过氧化物酶催化生成的次氯酸被吞噬细胞用来杀灭病原微生物，这或许解释了为何体内铁摄入不足时机体容易感染细菌的原因。动物体内也含有众多非血红素铁酶，这些酶中铁原子和硫原子在半胱氨酸残基上紧密结合在一起，因此这些酶被称为"铁硫蛋白"，其铁硫中心为 2 铁-2 硫、4 铁-4 硫或 3 铁-4 硫，这些铁硫蛋白在线粒体、细胞液和细胞核中发挥着多重功能。 5. 既不含血红素也不含铁硫中心的铁酶和蛋白：多羟基酶（铁）、赖氨酸羟化酶（铁）和脂氧化酶（铁）需要 Fe^{2+} 作为辅因子发挥催化功能。铁结合蛋白包括转铁蛋白（血液中铁结合蛋白）、子宫运铁蛋白和乳铁蛋白（牛奶中铁结合蛋白）；在细菌中，固氮酶（铁和钼共

（续）

功能	同作用）将 N_2 还原为 NH_3。铁与芬顿反应：在氧化状态高的慢性炎症部位，可能会有红细胞被氧化和损伤，导致其过早衰老，因为它们缺乏膜修复能力，并被巨噬细胞吞噬。它们携带的一些铁离子将从巨噬细胞转移到局部细胞。在 H_2O_2 浓度高的环境中铁积累的一个重要结果是芬顿反应的发生，即：$Fe^{2+} + H_2O_2 \rightarrow Fe^{3+} +$ 羟基自由基（·OH）＋羟基离子（OH^-），这一反应产生的自由羟基和氧化应激对机体健康能产生负面影响
缺乏	1. 症状：食欲低下、增长缓慢、贫血症、血流量减少、免疫系统受损、极度疲劳、萎靡不振、头晕、皮肤苍白、胸痛、心跳加速、脚冷和异食癖。①缺铁性贫血不只是表现为贫血（血红蛋白低于正常），而且是属于全身性的营养缺乏病。初期无明显的自觉症状，只是化验血液时表现为血红蛋白低于正常值；随着病情的进一步发展，会出现不同程度的缺氧症状。轻度贫血患者经常头晕耳鸣、注意力不集中、记忆力减退，最易被人发现的是由于皮肤黏膜缺铁性贫血而引起的面色、眼睑和指（趾）甲苍白，儿童身高和体重增长缓慢；病情进一步发展还可出现心跳加快，经常心慌，肌肉缺氧常表现出全身乏力，容易疲倦，消化道缺氧可出现食欲不振、腹胀腹泻，甚至恶心呕吐；严重贫血时可出现心脏扩大、心电图异常，甚至心力衰竭等贫血性心脏病，有的还出现精神失常或意识不清等。此外，有 15%～30% 的病例表现神经痛、感觉异常，儿童可出现偏食、异食癖（喜食土块、煤渣等）、反应迟钝、智力下降、学习成绩低下、易怒不安、易发生感染等。缺铁性贫血的婴儿可有肠道出血症。②铁缺乏对动物奔跑能力的损害与血红蛋白的水平无关，而是因为铁缺乏使肌肉中氧化代谢受损所致。③在免疫力和抗感染能力方面，寒冷中保持体温的能力变差，缺铁会增加铅的吸收（铅中毒），妊娠早期贫血与早产、低出生体重及胎儿死亡有关，抵抗病原微生物入侵的能力减弱，降低免疫细胞的反应速度，使抗氧化生化酶活性降低，抗体的生成停止或速度降低。④缺铁可以引起异食癖，缺铁引起的异食癖形式多样，最为多见的是嗜食冰，大冷天也喜食冰块。⑤缺铁还可引起吞咽困难综合征，临床上表现为低色素贫血、吞咽困难、口角炎、舌头有异常感觉、指甲呈匙形等。 2. 原因：铁摄入不足和吸收障碍（如胃酸不足），肝脏中铁转运和释放机制受损，蛋白质营养不良减少了铁蛋白、二价金属离子与铁离子在吸收和转运上的颉颃，动物快速生长以致需求增加（哺乳动物和幼畜）等
中毒	症状：铜和磷缺乏、胃痛和肠道功能紊乱（铁对肠道内部有腐蚀性、高铁使细菌繁殖）、恶心、呕吐、抑郁、采食量下降、生长受阻、产生过量活性氧、氧化应激、组织（肝和脑）损伤、心肌症、低血压和癫痫、肝脏衰竭等。①肝铁过载导致肝纤维化甚至肝硬化，肝细胞瘤。②铁通过催化自由基的生成、促进脂蛋白脂质和蛋白质部分的过氧化反应、形成氧化LDL（低密度脂蛋白）等作用，参与动脉粥样硬化的形成。③铁过多诱导的脂质过氧化反应增强，导致机体氧化和抗氧化系统失衡，直接损伤 DNA，诱发突变，与肝、结肠、直肠、肺、食管、膀胱等多种器官的肿瘤有关。铁中毒不常见
与其他营养素的关系	1. 促进铁的吸收：维生素 C、维生素 A、B 族维生素、胃酸能促进铁的吸收。维生素 C 能将三价铁还原为二价铁，而二价铁更容易被吸收利用；另外，维生素 C 还会与铁络合成不稳定的抗坏血酸亚铁，并能使铁从其他结合物中释放出来，从而促进非血红蛋白铁的吸收和增加机体对疾病的抵抗力。维生素 A 有改善机体对铁的吸收和转运等功能，而铁元素也可催化促进 β-胡萝卜素转化为维生素 A。B 族维生素中，维生素 B_2 可促进铁被肠道吸收，维生素 B_6 则可提高骨髓对铁的利用率。除此之外，B 族维生素还可促进食欲。但应注意的是，叶酸和维生素 B_{12} 对于缺铁性贫血治疗的帮助不大。铜可促进铁的吸收，缺铜时小肠吸收的铁减少，血红蛋白的合成也减少。酸性环境可将三价铁还原为二价铁。 2. 抑制铁的吸收：植酸盐、磷酸盐、草酸盐、单宁酸、高锌、抗酸剂等能抑制铁的吸收。 3. 铁与铜的互作：①铁和铜（＋1 和＋2 价）均有两种氧化状态，二者具有高度氧化还原活性。②当日粮缺铁时，小肠上皮细胞和肝细胞会提高铜的摄入量，导致细胞中铜的浓度升高。肝脏中高浓度的铜会刺激肝细胞生成并释放铁氧化酶，也可将血液中的 Fe^{2+} 氧化成 Fe^{3+}，

（续）

与其他营养素的关系	从而阻碍铁从肝细胞进入血液（血清铁含量低）。③当日粮缺铜时，肝脏中铁浓度升高，而血浆中铁浓度降低，最终限制给骨髓供铁并导致贫血症。其机理是铁调素使细胞膜上的膜转铁蛋白进入细胞质而失活，导致铁从肝细胞到血液的过程被阻碍，因此肝中铁浓度上升但血浆中铁浓度下降

表 1-91　含血红素铁酶和非血红素铁酶及其功能

酶	功　能	说　明
血红素铁酶		
过氧化氢酶	$2H_2O_2 \rightarrow 2H_2O + O_2$	过氧化氢酶（CAT），又称触酶，是催化过氧化氢分解成氧和水的酶，存在于细胞的过氧化物体内。过氧化氢酶是过氧化物酶体的标志酶，约占过氧化物酶体酶总量的40%。过氧化氢酶存在于所有已知动物的各个组织中，特别是在肝脏中以高浓度存在。体内的过氧化氢可穿透大部分细胞膜，因此比超氧阴离子自由基（不能穿透细胞膜）具有更强的细胞毒性，穿透细胞膜后可与 O_2 在铁螯合物的作用下反应生成非常有害的-OH。CAT 作用于过氧化氢的机理实质上是过氧化氢的歧化，必须有 2 个 H_2O_2 分子先后与 CAT 相遇且在活性中心上碰撞才能发生反应，在反应中三价铁起结合氧的作用。过氧化氢酶也能够氧化其他一些细胞毒性物质，如甲醛、甲酸、苯酚和乙醇。任何重金属离子（如硫酸铜中的铜离子）均可以作为过氧化氢酶的非竞争性抑制剂。另外，剧毒性的氰化物是过氧化氢酶的竞争性抑制剂，可以紧密地结合到酶中的血红素上，阻止酶的催化反应
鸟苷酸环化酶	$GTP \rightarrow cGMP + PPi$	鸟苷酸环化酶（GC）可将三磷酸鸟苷（GTP）催化为环磷酸鸟苷（cGMP）。其中，与膜受体结合的鸟苷酸环化酶在膜受体与肽类激素（如心房钠尿肽）结合后被激活。而胞质中的游离鸟苷酸环化酶可被 NO 激活进而合成 cGMP。cGMP 为广泛存在于动物细胞的胞内信使（第二信使），其他重要的第二信使还包括 cAMP（环磷酸腺苷）、DAG（二酰酰甘油）、IP_3（三磷酸肌醇）和钙离子等。cGMP 可被细胞中的磷酸二酯酶（PDE）水解，因此细胞中 cGMP 含量的高低受 GC 与 PDE 的双重调节。鸟苷酸环化酶通常参与细胞膜离子通道的开启、糖原分解、细胞凋亡及舒张平滑肌。血管平滑肌的舒张可以使血管扩张，进而增加血流量
吲哚胺 2,3-双加氧酶（IDO）	色氨酸分解代谢（色氨酸→N-甲酰犬尿氨酸）	IDO 是哺乳动物体内外色氨酸沿犬尿氨酸途径分解代谢的限速酶，可通过耗竭 T 细胞微环境中的色氨酸及其代谢产物等抑制 T 细胞的增殖和激活，从而帮助肿瘤细胞进行免疫抑制。这种免疫抑制也使 IDO 在器官移植中能够发挥有利作用，降低供体和受体间的免疫排斥反应，并且可增加局部的微血管生产，从而促进营养供给，营造一个良好的微环境

（续）

酶	功 能	说 明
髓过氧化物酶	$H_2O_2 + H^+ + Cl^- \rightarrow H_2O + HOCl$	髓过氧化物酶（myeloperoxidase，MPO）是一种血红素蛋白，在中性粒细胞中含量丰富，在由粒细胞进入血液循环之前于骨髓内合成并贮存于嗜天青颗粒内。外界刺激可导致中性粒细胞聚集，从而释放髓过氧化物酶。MPO的分子质量为150ku，是由2个亚单位通过共价结合形成的四聚体，每个亚单位又有1条重链 α（分子质量为60ku）和1条轻链 β 链（分子质量为15ku）构成。MPO可以通过催化氧化氯离子产生的次氯酸在吞噬细胞内杀灭微生物，破坏多种靶物质，调节炎症反应。更重要的是，其氧化修饰低密度脂蛋白（LDL）可引起动脉粥样硬化，因此MPO被认为与心血管疾病的发生有关。目前，MPO被认为是最有前景的心血管标志物，体内MPO含量升高预示着有动脉硬化及冠心病的风险，是心肌梗死的早期预警
亚硝酸还原酶（血红素、细菌）	$NO_2^- + 2e^- + 2H^+ \rightarrow NO + H_2O$ $O_2 + 4e^- + 4H^+ \rightarrow 2H_2O$	亚硝酸还原酶广泛存在于微生物及植物体内，是自然界氮循环过程中的关键酶。按照辅助因子和反应产物的不同可将亚硝酸还原酶分为四类，即铜型亚硝酸还原酶（Cu-NiRs）、细胞色素 cd1 型亚硝酸还原酶（cd1NiRs）、多聚血红素 c 亚硝酸还原酶（cc NiRs）、铁氧化还原蛋白依赖的亚硝酸还原酶。cd1NiRs 催化 NO_2^- 生成 NO
过氧化物酶	$ROOR' + 2e^- + 2H^+ \rightarrow$ $ROH + R'OH$	过氧化物酶是过氧化物酶体的标志酶。过氧化物酶体普遍存在于真核生物的各类细胞中，在肝细胞和肾细胞中的数量特别多。过氧化物酶体中含有丰富的酶类，主要是氧化酶、过氧化氢酶和过氧化物酶。氧化酶可作用于不同的底物，其共同特征是氧化底物的同时，将氧还原成过氧化氢。过氧化物酶的作用主要是水解过氧化氢。氧化酶与过氧化氢酶都存在于过氧化物酶体中，从而对细胞起保护作用。过氧化氢酶和过氧化物酶的区别在于，过氧化氢酶只有1种底物，生成的分物是水和氧气；而过氧化物酶则要2种底物，其反应实质是：酶催化供体脱氢（氧化），同时催化脱下的氢使 H_2O_2 还原为 H_2O。在这个反应中，如果只有 H_2O_2 而没有供体，则反应不能进行，过氧化物酶催化的整个反应过程中并不产生氧气
前列腺素内过氧化物合酶	花生四烯酸 $+2O_2 \rightarrow$ 前列腺素 H_2	前列腺素内氧化酶还原酶（环氧化酶，COX）2种同工酶中的 COX-2。COX-2 是诱导型的，各种损伤性的化学、物理和生物因子能激活磷脂酶 A2 水解细胞膜磷脂，生成花生四烯酸，后者经 COX-2 催化加氧可生成前列腺素。NO 及其衍生物在体内可能调节 COX-2 的活性
色氨酸 2，3-双加氧酶（TDO）	色氨酸分解代谢（色氨酸 → N-甲酰犬尿氨酸）	亦称为色氨酸-2，3-加双氧酶、色氨酸吡咯酶、色氨酸氧化酶、色氨酸过氧化酶，是催化 L-色氨酸的吲哚核发生开裂形成甲酰犬尿氨酸反应的酶。存在于肝脏里，以高铁血红素为辅酶，能被如维生素 C 的还原剂活化（IDO主要存在于肝外细胞中）

（续）

酶	功 能	说 明
非血红素铁酶（铁硫蛋白）		
顺乌头酸酶	柠檬酸→异柠檬酸（三羧酸循环）	柠檬酸本身不易氧化，但在顺乌头酸酶的作用下，通过脱水与加水反应，可将羟基由β碳原子转移到α碳原子上，生成易于脱氢氧化的异柠檬酸，为进一步的氧化脱羧反应做准备
（肾上腺）皮质铁氧还蛋白	胆固醇→类固醇激素	肾上腺皮质线粒体中的非血红素铁蛋白。与氧（化）还（原）蛋白相似。含有二原子铁和无机硫化物。可被NADPH及黄素酶还原，被P450氧化，在肾上腺皮质中与由氧分子引起的类固醇的羟化反应有关系
辅酶Q还原酶	线粒体呼吸链	呼吸链又称电子传递链，由一系列电子载体构成，从NADH或$FADH_2$向氧传递电子的系统。呼吸链包含15种以上组分，主要由4种酶复合体和2种可移动电子载体构成。其中，复合体Ⅰ、Ⅱ、Ⅲ、Ⅳ、辅酶Q和细胞色素C的数量比为1:2:3:7:63:9。呼吸链中4个复合体的辅酶中均有铁的参与。NADH-辅酶Q还原酶又称为NADH脱氢酶，其作用是先与NADH结合并将NADH上的2个高势能电子转移到其FMN辅基上，使NADH氧化，并使FMN还原；然后又将辅基$FMNH_2$上的电子转移到铁硫聚簇Fe-S上。聚簇Fe-S是该还原酶的第二个辅基，起传递电子的作用（只传递电子不传递氢）；最后电子被传递给辅酶Q，由辅酶Q将电子转移到细胞色素还原酶（复合体Ⅲ）
Δ^9-去饱和酶	合成多不饱和脂肪酸	动物细胞的微粒体系统具有脂肪酸的Δ^4、Δ^5、Δ^8和Δ^9脱饱和酶，催化饱和脂肪酸脱氢产生不饱和脂肪酸，但缺乏Δ^9以上的脱饱和酶（机体能合成饱和脂肪酸），饱和脂肪酸脱饱和过程有线粒体外的电子系统参与。$NADH+H^+$提供电子，细胞色素b_5作为电子传递体，脱饱和酶的还原铁（Fe^{2+}）最终激活分子氧，使饱和脂肪酸脱氢和伴有水的生成。动物体内主要产生的不饱和脂肪酸有棕榈油酸（16:1，Δ^9）和油酸（18:1，Δ^9）
二羟基联苯双加氧酶	雌二醇脱氧	二羟基联苯双加氧酶是Fe^{2+}依赖性的
铁氧还蛋白氢化酶（细菌）	H_2＋氧化铁氧还蛋白↔$2H^+$＋还原铁氧还蛋白	铁氧还蛋白是含有铁原子和无机硫化物并具有电子传递体作用的小分子蛋白质，广泛分布于细菌、藻类、高等植物中，可作为氢酶的电子供体参与释放H_2的反应
［铁］-氢化酶（细菌） ［铁-铁］-氢化酶（细菌） ［镍-铁］-氢化酶（细菌） 氢化酶（细菌）	$H_2\leftrightarrow2H^++2e^-$ $H_2\leftrightarrow2H^++2e^-$ $H_2\leftrightarrow2H^++2e^-$ $2H_2+NAD(P)^++2$氧化铁氧还蛋白（Fd）↔$5H^++NAD(P)H+2$还原铁氧还蛋白	氢化酶是自然界厌氧微生物体内存在的一种金属酶，能够催化氢气氧化或者质子还原。根据氢化酶活性中心所含金属的不同，可以将其分为镍铁氢化酶、铁铁（唯铁Iron-only）氢化酶等。其中，受到广泛关注的是唯铁氢化酶，因为其主要催化质子还原生成氢气这一反应。合成化学家们希望通过模拟唯铁氢化酶的结构来人工实现其功能，从而为氢能的产生找到一种更加经济而环保的新途径。不同的氢化酶其蛋白质结构和所利用的电子载体种类有很大的差异

（续）

酶	功　能	说　明
3-羟基邻氨基苯甲酸双加氧酶	色氨酸分解代谢（3-羟基邻氨基苯甲酸→ACMS）	又称为 3-羟基邻氨基苯甲酸 3，4-双氧化酶（3HAO），是色氨酸犬尿氨酸代谢途径的一个非血红素 Fe^{2+} 外二醇双氧化酶，其催化的 3-羟基邻氨基苯甲酸转化为喹啉酸（2，3-吡啶二羧酸），ACMS（2-氨基-3-羧基黏糠酸半醛）是中间产物。喹啉酸是 NAD^+ 生物合成的前体，同时也是 N-甲基-D-天冬氨酸（NMDA）受体的激动剂，从而引发神经毒性
脂肪氧化酶	氢过氧化	脂肪氧化酶（LOX）是一种含非血红素铁的蛋白质，专一催化具有顺-1，4-戊二烯结构的多元不饱和脂肪酸加氧反应，生成具有共轭双键的过氧化氢物。脂肪氧化酶是一个非常大的基因家族，广泛存在于高等植物体内，与植物的生长发育、植物衰老、脂质过氧化作用和光合作用、伤反应及其他胁迫反应等有关。LOX 在成熟的大豆种子中含量很高（占种子蛋白质含量的 1%～2%），可催化不饱和脂肪酸的加氧反应，形成过氧化氢衍生物等挥发性物质，能直接与食品中的蛋白质和氨基酸结合，产生豆腥味和苦涩味，降低食品的风味和营养价值，而且破坏上述几种人体必需脂肪酸，是大豆中的抗营养因子
NADH 脱氢酶	线粒体呼吸链	见上文"辅酶 Q 还原酶"
苯丙氨酸羟化酶	苯丙氨酸羟化合成酪氨酸	苯丙氨酸羟化酶，也称苯丙氨酸-4-单加氧酶，是一种由苯丙氨酸形成的酪氨酸加氧酶。存在于动物肝脏内。在黑色素细胞内，苯丙氨酸在苯丙氨酸羟化酶的作用下，首先被氧化成酪氨酸；接着在酪氨酸酶的作用下进一步氧化成二羟基苯丙氨酸（多巴）；后者再经一系列非酶催化步骤，最后转化为黑色素。该反应需要 BH_4、O_2 和 Fe^{2+} 的参与。若缺乏苯丙氨酸羟化酶，则氧化成酪氨酸的反应会受到障碍，可导致苯丙酮尿症，是最常见的氨基酸代谢缺陷
脯氨酸羟化酶	胶原蛋白中脯氨酸残基的羟基化	脯氨酸羟化酶（PH）是一类非血红素铁依赖性加双氧酶，目前已发现 4 种亚型，即 PHD1、PHD2、PHD3 和 PHD4。在氧气、铁及 α-酮戊二酸的存在下，PHD 可实现多种底物的羟基化。PH 是胶原维持三螺旋稳定结构的基础，是胶原合成的关键步骤
核糖核苷酸还原酶	RNDP→Deoxy-RNDP（DNA 合成）	核糖核苷酸还原酶广泛存在于各种生物中，是生物体内唯一能催化 4 种核糖核苷酸还原并生成相应的脱氧核糖核苷酸的酶。该酶是 DNA 合成和修复的关键酶及限速酶，对细胞增殖和分化起调控作用。不同分类的核糖核苷酸还原酶有不同的金属辅因子
琥珀酸脱氢酶	琥珀酸＋FAD↔延胡索酸＋$FADH_2$（三羧酸循环）	琥珀酸脱氢酶（SDH）含铁-硫中心的黄素酶类，是线粒体内膜的结合酶，属膜结合酶，是连接氧化磷酸化与电子传递的枢纽之一，可为真核细胞线粒体和多种原核细胞需氧及产能的呼吸链提供电子，为线粒体的一种标志酶

（续）

酶	功　能	说　明
黄嘌呤脱氢酶	黄嘌呤→尿酸 （NAD 依赖性，嘌呤降解）	黄嘌呤脱氢酶（xanthine dehydrogenase，XDH）催化嘌呤代谢生成尿酸，尿酸是体内重要的抗氧化剂。在生物进化过程中，灵长类动物体内尿酸氧化酶失活，尿酸成为嘌呤代谢的终产物，起保护组织免受氧化损伤的作用，因此灵长类动物的寿命比其他哺乳动物的长

资料来源：本表格综合了《动物营养学原理》（伍国耀著，2019）及其他书籍等的相关内容。

注：Deoxy-RNDP，脱氧核糖核苷酸二磷酸（dADP、dUDP、dGDP、dCDP），其转化为 dATP、dUTP、dGTP、dCTP 用于 DNA 合成；RNDP，核糖核苷酸二磷酸（ADP、UDP、GDP、CDP）。

九、锌

锌是一种蓝白色金属，在自然界中多以硫化锌或硫酸锌等状态存在。锌的名称"Zinc"来源于拉丁文 Zincum，意思是"白色薄层"或"白色沉积物"。它第一次以金属自身被认可是在印度的拉贾斯坦邦，那里有一个能生产大量锌的锌熔炉。我国《天工开物》一书中有世界上关于炼锌技术的最早记载。在 1668 年，佛兰德斯的冶金家 P. Moras de Respour，从氧化锌中提取了金属锌。但欧洲认为，锌是由德国化学家 Andreas Marggraf 在 1746 年发现的，而且的确是他第一个确认了锌是一种新的金属。Raulin（1869）发现，锌存在于生命体中，并为机体所必需。在 20 世纪 30 年代，Conrad Elvehjem 和他的同事发现锌是大鼠生长所必需的。1963 年报道的由丁食用富含植酸盐的无酵饼而引起的埃及人的侏儒症与锌缺乏相关。因此直到今天，锌仍被认为是哺乳动物、禽类和鱼类必需的营养素。锌的最外层有 2 个容易失去的电子，因此锌多以 +2 价态存在。锌一般不接受或失去电子，不参加氧化还原反应。但对电子有强烈的吸引力，以致在血浆和细胞内液中，游离的锌与水迅速反应可产生不溶的氢氧化锌，因此动物体内需要转运锌的蛋白。在动物细胞内，锌主要以与蛋白质和核酸复合物的形式存在。锌是体内第二大微量元素，体内含锌 $2\sim2.5$ mg/kg（以体重计），大部分的锌存在于骨骼肌（47%）、骨骼（29%）、皮肤（6%）、肝脏（5%）、脑部（1.5%）、肾脏（0.7%）和心脏（0.4%）中，雄性动物精液中也富含锌。饲料中一般以硫酸锌的形式补充锌，蛋氨酸锌的利用率高于无机锌。

锌的消化、吸收、代谢及其功能等见表 1-92，动物体内锌依赖酶和结合蛋白见表 1-93。

表 1-92　锌的消化、吸收、代谢及其功能

吸收与代谢	1. 胃肠道与进入上皮细胞：锌在胃的酸性环境中以自由离子存在，在偏碱性的小肠腔中则与胃铁蛋白结合以增加溶解度。锌通过顶端膜转运蛋白 ZIP4（锌家族成员）和 DCT-1（二价阳离子转运蛋白-1）被吸收进入小肠上皮细胞。鸡的腺胃也能吸收锌。 2. 在小肠上皮细胞中 （1）转运：锌主要结合富含半胱氨酸的细胞质蛋白，也可能结合非特异性结合蛋白（NSBP），以在胞质中转运至基底膜。 （2）留存：锌也可能与细胞溶质的金属硫蛋白结合，暂时贮存在肠上皮细胞内。 3. 进入固有层和血浆运输：锌通过锌转运蛋白-1 从小肠上皮细胞基底外侧膜进入肠黏膜

（续）

吸收与代谢	的固有层，然后进入门静脉循环。在血浆中，60％和30％的锌分别结合白蛋白及 α_2-巨球蛋白，约10％的锌结合其他血清因子。血清中游离的锌很少，大约为 $0.1\mu mol/L$。 4. 肝脏摄入和肝外细胞摄取：肝脏通过 ZIP2/3 摄取血液中的锌，通过 ZnT－1 离开肝脏进入体循环。其他器官通过 ZIP（如肾脏，ZIP4；胰脏；ZIP1；脾脏和骨；ZIP2/3）摄取锌，电动门控 Ca^{2+} 通道也将 Zn^{2+} 转运到细胞中。进入体细胞中的 Zn^{2+} 与各种金属蛋白相结合，包括金属硫蛋白，金属硫蛋白可作为锌的贮存器。 5. 排泄：日粮中未被吸收的锌经粪便排出，内源性锌主要经胆汁、胰液及其他消化液由粪便排出，极少量经尿排出
功能	锌是体内200多种酶的组成成分，其中约100种与哺乳动物基因组相关。蛋白质中的锌指结构可以保持大分子蛋白质的稳定并调节细胞中的基因表达。锌的主要作用有：①基因组稳定性；②蛋白质（合成和降解）、核酸、碳水化合物、脂质和能量代谢所需；③维持细胞的完整性和功能；④维生素 A 和维生素 E 在血液中的转运，足量的锌是保证维生素 A 还原酶形成和发挥作用的重要因子；⑤免疫反应和生殖（雄性和雌性的生殖能力）；⑥胶原蛋白和角蛋白的形成，以及头发、皮肤和指甲的健康发育与修复；⑦高锌日粮有抗腹泻作用；⑧维持正常食欲；⑨有助于伤口愈合；⑩参与激素合成或调解活性，锌与胰岛素或胰岛素原形成可溶性聚合物，有利于胰岛素发挥生理作用；⑪锌与花生四烯酸、水和阳离子代谢密切相关
缺乏	1. 症状：采食量下降，生长受阻，食物利用不良；胃肠溃疡性结肠炎、腹泻和厌食；性腺机能减退、精子数量减少、胎儿发育异常或不发育；皮肤异常，皮炎和伤口愈合受损；介导先天免疫的 T 淋巴细胞和 B 淋巴细胞的生长及发育受损，导致免疫功能受损；脑中的细胞外信号调节激酶（ERK1/2）的活化受损，导致神经功能障碍；眼部病变和畏光（锌帮助维生素 A 在肝脏释放后的血液运输）；行为变化。猪锌缺乏的主要症状是上皮过度角化和变厚，自由采食干粉的集约化舍饲猪易发生锌缺乏症，同样的日粮湿拌则可能不会发生。家禽锌缺乏时则发生严重皮炎，羽毛粗乱、脱落，种禽产蛋量下降，种蛋孵化率降低。 2. 原因：主要是日粮中不足
中毒	1. 症状：过量的锌导致动物细胞的氧化应激和凋亡。导致小肠对铁、铜和镍的吸收受损（共同使用转运蛋白 DCT－1）。锌的许多毒性来自铜和铁的缺乏，长期大剂量摄入锌可诱发人体的铜缺乏，从而引起心肌细胞氧化代谢紊乱、单纯性骨质疏松、脑组织萎缩、低色素小细胞性贫血等一系列生理功能障碍；采食量下降和生长受阻；胃刺激、腹痛、恶心、呕吐和腹泻（胃中的盐酸与硫酸锌反应，生成了具有强烈腐蚀作用的氯化锌）；贫血（缺铁和铜）；患传染病的风险增加（大量的锌能抑制吞噬细胞的活性和杀菌力）；心血管（由于大量补锌导致锌/铜比值增大，从而使体内胆固醇代谢紊乱，产生高胆固醇血症，继而引起高血压及冠心病）和神经功能障碍；公、母畜生殖道损伤和生殖障碍。 2. 原因：摄入过多
与其他营养素的关系	1. 利于锌吸收的有胃酸、维生素 A、维生素 E、维生素 B_6、镁、钙、磷。 2. 不利于锌吸收的有植酸盐、维生素 D、草酸盐、钙摄入量过多、铜、铁、铬、锶、纤维素、蛋白质摄入不足、食糖摄入过多、应激等

表 1－93　动物体内锌依赖酶和结合蛋白

酶	功　能	说　明
丙氨酰-甘氨酸二肽酶	水解丙氨酰-甘氨酸二肽	L-丙氨酰甘氨酸是一种简单的营养二肽，可用于物理、化学研究，如氢键和重金属的络合

（续）

酶	功 能	说 明
乙醇脱氢酶	乙醇分解代谢	乙醇脱氢酶（ADH）大量存在于人和动物肝脏、植物及微生物细胞中，是一种含锌金属酶，具有广泛的底物特异性。乙醇脱氢酶能够以烟酰胺腺嘌呤二核苷酸（NAD）为辅酶，催化伯醇和醛之间的可逆反应。乙醇脱氢酶的最适作用 pH 为 7.0～10.0，pH 为 8.0 时酶活性达到最大，pH 为 7.0 时酶活性较为稳定。ADH 的最适作用温度为 37℃，温度为 30～40℃时酶活性较稳定，温度超过 45℃后酶活性急剧下降。在人和哺乳动物体内，乙醇脱氢酶与乙醛脱氢酶（ALDH）构成了乙醇脱氢酶系，参与乙醇代谢；肝中的乙醇脱氢酶负责将乙醇（酒的成分）氧化为乙醛，生成的乙醛作为底物进一步在乙醛脱氢酶的催化下转变为无害的乙酸（即醋的成分）
碱性磷酸酶	水解磷酸盐基团	碱性磷酸酶是一种能够将对应底物去磷酸化的酶（含锌的糖蛋白），即通过水解磷酸单酯将底物分子上的磷酸基团除去，并生成磷酸根离子和自由的羟基，这类底物包括核酸、蛋白质、生物碱等，而脱去磷酸基团的过程被称为去磷酸化或脱磷酸化。碱性磷酸酶在碱性环境中有最大活力，因此称为碱性磷酸酶。此酶广泛分布于各器官中，其中在肝脏中的含量最多，其次为肾脏、骨骼、肠和胎盘等器官
氨基乙酰丙酸脱氢酶	血红素的生物合成	5-氨基乙酰丙酸（5-ALA，别称有 5-氨基酮戊酸、氨基乙酰丙酸、A-胺乙醯二戊酸、胺果糖衍酸、A-胺乙醯丙酸）是四氢吡咯（四氢吡咯是构成血红素、细胞色素、维生素 B_{12} 的物质）的前缀化合物，是生物体合成叶绿素、血红素、维生素 B_{12} 等必不可少的物质。血红素的合成过程分为四个步骤：①ALA 的生成；②卟胆原的生成；③尿卟啉原和粪卟啉原的生成；④血红素的生成。氨基乙酰丙酸脱氢酶（ALAD）是第二步反应中的酶：线粒体中生成的 ALA 进入胞液中，在 ALAD 的催化下，2 分子的 ALA 脱水缩合成 1 分子的卟胆原（PBG）。ALA 脱氢（水）酶由 8 个亚基组成，是含巯基酶
氨肽酶 （Zn^{2+}，Co^{2+}，Mo^{2+}）	水解多肽	氨肽酶（APs）是一类能从蛋白质和多肽 N 端选择性切除氨基酸残基产生游离氨基酸的外切蛋白酶。根据氨肽酶催化方式的不同可将氨肽酶分为三类：金属、半胱氨酸、丝氨酸氨肽酶。大部分报道的氨肽酶都是金属氨肽酶，约占总数的 70％左右，常见的金属离子有 Zn^{2+}、Co^{2+}、Mn^{2+} 等。一般金属氨肽酶的活性中心含有 1～2 个金属离子，在催化过程或稳定蛋白质结构方面起重要的作用
血管紧张素转换酶	调节钠平衡和血压	血管紧张素转换酶（ACE）是一种在哺乳动物组织内普遍存在的 Zn^{2+} 依赖性羧二肽酶，为膜整合的单链糖蛋白。通过肾素-血管紧张素系统 RAS 和激肽释放酶-激肽系统，ACE 在血压、电解质和体液平衡、心血管系统发育和结构重塑方面发挥重要调节作用。在 Zn^{2+} 存在的条件下，ACE

（续）

酶	功　能	说　明
血管紧张素转换酶	调节钠平衡和血压	水解十肽血管紧张素Ⅰ中Phe8和His9之间的肽键，产生八肽血管紧张素Ⅱ和羧基端的二肽His-Leu。血管紧张素Ⅱ是目前研究发现最强的收缩血管物质之一，作用于血管紧张素受体Ⅰ，收缩血管平滑肌，刺激醛固酮分泌，促进人体肾脏对Na^+、K^+的重吸收，引起钠贮量和血容量的增加，从而导致血压升高
碳酸酐酶	$CO_2 + H_2O \rightarrow H_2CO_3 \leftrightarrow H^+ + HCO_3^-$	碳酸酐酶（CA）是一种含锌金属酶，迄今在哺乳动物体内已发现至少有8种同工酶，它们的结构、分布、性质各异，多与各种上皮细胞分泌H^+和碳酸氢盐有关。CA通过催化CO_2水化反应及某些脂、醛类水化反应，参与多种离子交换，维持机体内的环境稳态
羧肽酶A 羧肽酶B	日粮蛋白质消化 日粮蛋白质消化	羧肽酶是催化水解多肽链含羧基末端氨基酸的酶，酶活性与锌有关。羧肽酶A（CPA）存在于哺乳动物胰脏中，分子质量为34.6 ku，每个酶分子以1个Zn^{2+}作为辅基，酶蛋白是单一的多肽链，约有300个氨基酸残基。羧肽酶具有较宽的pH作用范围（4.0～8.5）和较宽的温度范围（25～80℃）。牛体内CPB分子也含有1个Zn^{2+}，肽链上有308个氨基酸残基，其中49%的氨基酸顺序与羧肽酶A相同，三维结构也非常相似。羧肽酶A水解由芳香族和中性脂肪族氨基酸形成的羧基末端，可以切割碳端除了Lys、Arg、Pro外的氨基酸；羧肽酶B主要水解碱性氨基酸形成的羧基末端，可以切割碳端的Lys或Arg
肌肽酶（Zn^{2+}、Mn^{2+}）	肌肽＋H_2O→L-组氨酸＋β-丙氨酸	肌肽是由β-丙氨酸和L-组氨酸构成的二肽，广泛存在于机体的各器官组织，特别是肌肉、脑和眼晶状体中。肌肽可由肌肽合酶合成，由肌肽酶分解。肌肽是继SOD和维生素E后又一个被发现的天然非酶促自由基清除剂和抗氧化剂，与铜、锌结合形成的复合物的作用与SOD的作用等同
补体成分9	免疫系统	补体是一种血清蛋白质，存在于人和脊椎动物血清及组织液中，不耐热，活化后具有酶活性，可介导免疫应答和炎症反应。可被抗原-抗体复合物或微生物所激活，导致病原微生物裂解或被吞噬。可通过3条既独立又交叉的途径被激活，即经典途径、旁路途径和凝集素途径。补体成分9（C9）在补体系统的最后作用阶段即膜攻击阶段与之前形成的C5678结合，最终能起到损伤细胞膜的作用
脱氢奎尼酸合成酶	微生物合成芳香族氨基酸	脱氢奎尼酸合成酶是莽草酸途径中的一种酶，莽草酸途径是芳香族氨基酸合成过程中的一段共同代谢途径。葡萄糖经糖酵解和磷酸戊糖途径分别生成磷酸烯醇式丙酮酸（PEP）和赤藓糖-4-磷酸（E4P），两者在3-脱氧-阿拉伯庚酮糖酸-7-磷酸（DAHP）合成酶的催化下进入莽草酸途径，经过一系列酶促反应合成莽草酸，最终生成酪氨酸、色氨酸、苯丙氨酸3种芳香族氨基酸。在这个途径中，3-脱氧-阿拉伯庚酮糖酸-7-磷酸合成酶、脱氢奎尼酸合成酶和莽草酸脱氢酶对莽草酸的产量有重要影响，其中脱氢奎尼酸合成催化3-脱氧-阿拉伯庚酮糖酸-7-磷酸转化成3-脱氢奎尼酸

（续）

酶	功 能	说 明
DNA 酶	DNA 降解	将聚核苷酸链的磷酸二酯键切断的酶，包括 DNA 酶
DNA 聚合酶	从脱氧核糖核苷酸合成 DNA	DNA 聚合酶是一种参与 DNA 复制的酶，主要是以模板的形式催化脱氧核糖核苷酸聚合
烯醇化酶（Zn^{2+}、Mg^{2+}、Mn^{2+}）	2-磷酸-D-甘油酸↔磷酸烯醇＋H_2O	烯醇化酶是催化从 2-磷酸甘油酸形成高能化合物磷酸烯醇式丙酮酸的酶，是糖酵解中的关键酶之一。锌可活化烯醇化酶
果糖-1，6-二磷酸酶	糖异生	在糖异生中，果糖-1，6-二磷酸酶催化 1，6-二磷酸果糖和水生成 6-磷酸果糖及无机磷，这一反应是放能反应
半乳糖基转移酶复合物	乳糖合成	乳糖合成是以葡萄糖为前体，发生在乳腺上皮细胞的高尔基体腔中，反应中的乳糖合成酶是乳糖合成的限速酶，由 A、B 2 个亚基构成。A 蛋白是 β-半乳糖基转移酶，它通常催化半乳糖基从 UDP-半乳糖上转移给 N-乙酰氨基葡萄糖
谷氨酸脱氢酶	谷氨酸＋NAD^+↔NH_4^+＋α-酮戊二酸＋NADH＋H^+	谷氨酸脱氢酶（GLDH 或 GDH）是线粒体酶，主要存在于肝脏、心肌及肾脏中，少量存在于脑、骨骼肌及白细胞中。谷氨酸脱氢酶（GDH）是催化谷氨酸氧化脱氨或其逆反应的一类不需氧的脱氢酶，是体内催化 L-氨基酸脱去氨基反应中能力最强的一种酶，在氨基酸的联合脱氨作用中起重要作用
甘氨酸-甘氨酸二肽酶 甘氨酸-亮氨酸二肽酶 （Zn^{2+}、Mn^{2+}）	水解甘氨酸-甘氨酸 水解甘氨酸-亮氨酸	二肽酶可将二肽水解成 2 个氨基酸，在不同的生物中具有其不同的特异性。现在知道有对应于甘氨酰-甘氨酸、甘氨酰-L-亮氨酸、X-L 组氨酸、L-半胱氨酰-甘氨酸、L-脯氨酰-X（脯酰肽酶）、X-L-脯氨酸（脯氨肽酶）（X＝氨基酸残基）等的二肽酶。二肽酶在体内通常由肠黏膜细胞中产生并可分泌于细胞外，把二肽水解为游离的氨基酸后由肠壁吸收进入血液到达肝脏
乙二醛酶	醛类解毒	乙二醛酶是乳酰-谷胱甘肽裂合酶的一种，在还原谷胱甘肽存在时可逆地催化甲基乙二醛与 S-乳酰谷胱甘肽的转化。甲基乙二醛是糖代谢的副产物，具有较强的细胞毒性。在人体中，乙二醛酶与癌症、抑郁症、糖尿病及其他老龄化疾病密切相关。此酶有 GLO I 与 GLO II 两种，人类红细胞中缺乏 GLO II，而 GLO I 的活性却很高。该酶存在于人的血液、精液、肌肉、毛根梢等多种组织细胞中，且具有遗传多态性。应用电泳分离技术，可检出 GLO I 的 3 种常见表型：GLO I 1-1 型、GLO I 2-1 型、GLO I 2-2 型。现已被普遍应用于血、毛发、精液（斑）等物证的个人识别及亲子鉴定中。体外酶活证明（陈晓亚研究组，中国科学院分子植物科学卓越创新中心），棉花乙二醛酶（SPG）能够作用于 3A-DON 使之结构发生变化，显著降低了其毒性。SPG 为呕吐毒素的生物降解开辟了新途径

（续）

酶	功　能	说　明
贮存在分泌囊泡中的成熟胰岛素	用于稳定胰岛素	①成熟的胰岛素贮存在胰岛 β 细胞内的分泌囊泡中，以与锌离子配位的六聚体方式存在，在外界刺激下胰岛素随分泌囊泡释放至血液中，并发挥其生理作用。②锌也可增强胰岛素对肝细胞膜的结合力。③锌的浓度过高或过低都会减弱胰岛素的分泌
乳酸脱氢酶	丙酮酸↔乳酸	乳酸脱氢酶（LD/LDH）为含锌离子的金属蛋白，由 H 和 M 两种亚基组成，是糖无氧酵解及糖异生的重要酶系之一，可催化丙酮酸与 L-乳酸之间的还原与氧化反应，也可催化相关的 α-酮酸。LDH 广泛存在于人体组织中，以在肾脏中的含量最高，其次是心肌和骨骼肌。红细胞内的 LDH 约为正常血清的 100 倍
甘露糖苷酶	水解甘露糖	甘露糖苷酶可分为 α- 和 β-甘露糖苷酶，分别催化甘露糖苷中末端非还原性 α-或 β-D-甘露糖残基水解。真核细胞中蛋白质合成后需经糖苷水解酶家族加工、修饰才能发挥生物活性。其中，α-甘露糖苷酶主要参与蛋白质糖基化和糖蛋白聚糖水解修饰，与细胞的黏附作用、炎症反应、激素活性、关节炎、免疫监视和癌细胞转移等有关。α-甘露糖苷酶缺乏时可引起全身性疾病，在临床上婴儿可出现进行性面容丑陋、巨舌、扁鼻、大耳、牙缝宽、头大、手足大、四肢肌肉张力低下、运动迟钝等
金属硫蛋白	锌的贮存或解毒	金属硫蛋白（MT）的经典定义包括：低分子质量，高金属含量（每分子蛋白质可结合 7 个二价金属离子，或多至 18 个一价金属离子），特有的氨基酸组成（无芳香族氨基酸和组氨酸），富含占据相当保守位置的半胱氨酸残基（23%～33%），但无二硫键，所有半胱氨酸残基以还原态存在（通过巯基以硫酯键结合金属离子）等。MT 具有很强的抗热性和抵抗蛋白酶消化的能力，其三级结构由 β 结构域和 α 结构域组成，两个结构域彼此单独呈球状，通过第 30 和 31 位氨基酸残基连接使整个 MT 分子呈现哑铃状。在两个结构域内，多肽链盘绕着金属离子而各形成 3 个回折，在 β 区 9 个半胱氨酸残基结合 3 个原子的锌或镉或 6 个原子的铜，在 α 区 11 个半胱氨酸残基结合 4 个原子的锌或镉或 5～6 个原子的铜，金属离子与蛋白质结合的稳定性依次为：Hg 和 Ag>Cu>Cd>Zn。MT 的功能包括：①参与微量元素代谢和解毒作用，如直接参与锌的贮存、运输和生物利用，每 100mg 锌金属硫蛋白含 6.9mg 的锌，肝和肾中的锌主要是以 MT 形式贮存，MT 缺乏时可破坏体内锌的平衡；提高小肠细胞吸收锌和铜的能力；对镉有很强的解毒作用，解毒能力为：Cd>Zn>Cu>Ag，但对铁和铅几乎没有作用。②清除自由基，参与应激反应。MT 清除羟基自由基的能力是谷胱甘肽过氧化酶（GSH-Px）的 100 倍，是超氧化物歧化酶（SOD）酶的 1 000 倍，MT 还可显著提高 GSH-Px 和 SOD 的活性。③参与机体生理调节、代谢等，如防止癌变、调节血脂等

（续）

酶	功 能	说 明
5′-核苷酸酶	从核苷 5′-单磷酸中切割磷酸	5′-核苷酸酶（5′-NT）是一种对底物特异性不高的水解酶，可作用于多种核苷酸，用于核苷-5′-磷酸分解生成无机磷酸和核苷，其最适 pH 为 6.6~7.0，受 Mg^{2+} 激活，但却受 Ni^{2+} 抑制。广泛存在于人体肝脏和各种组织中，定位于细胞膜上，在肝内主要存在于胆小管和窦状隙膜内。锌缺乏可致此酶活性显著降低
多聚（ADP-核糖）聚合酶	修复 DNA 损伤	多聚（ADP-核糖）聚合酶（PARP）广泛存在于真核细胞核内，具有蛋白修饰和核苷酸聚合的作用。少量的 DNA 损伤可引起 PARP 活化，活化的 PARP 通过裂解底物 NAD 生成 ADP-核糖，引起包括 PARP 自身在内的多种蛋白酶发生多聚（ADP-核糖）基化，参与 DNA 链的修复，但大量的 DNA 损伤、断裂引起 PARP 过度活化将导致细胞死亡。PARP 分子主要有 3 个功能区域，即 N 末端的 DNA 结合域（42 ku）、C 末端的催化域（55 ku）和位于酶蛋白中间的自身修饰域（16ku）。DNA 结合域中含有 2 个"锌指结构"和 1 个核定位标志（NLS），这个区域以非序列依赖方式通过第 1 和第 2 个"锌指结构"来识别双链或单链 DNA 缺口。PARP 一旦通过"锌指结构"与断裂的 DNA 结合，则其活性将增加 500 倍
蛋白激酶 C	细胞信号传导	蛋白激酶 C（PKC）是 G 蛋白偶联受体系统中的效应物。根据其激活方式可将 PKC 分为经典型 PKC（cPKC）、新型 PKC（nPKC）和非典型 PKC（aPKC）。PKC 在信号转导与细胞和组织的生长、分化、增殖、凋亡及肿瘤的发生中起作用。所有 PKC 同工酶都含有 1 个调节结构域和 1 个催化结构域，每个域包含 4 个保守区（C1~C4）和 5 个可变区（V1~V5），C1 和 C2 在酶的调节结构域，C3 和 C4 在催化结构域。cPKC 和 nPKC 的 C1 区含 2 个富半胱氨酸的锌指结构，aPKC 的 C1 区有 1 个锌指结构
磷脂酶 C	$PIP_2 \rightarrow 1$，2-甘油二酯＋IP_2	磷脂酶 C（PLC）是磷脂酰肌醇信号通路的关键酶，活化的 PLC 能水解磷脂酰肌醇-4，5-二磷酸（PIP_2），产生 2 种重要的第二信使，即二酯酰甘油（DAG）和三磷酸肌醇（IP_3）。锌可活化磷脂酶 C
视黄酸受体	DNA 结合和基因调控	视黄酸受体（RAR）及其介导的信号传递是视黄酸作用的重要环节，它是激素和受体超家族中的一员。这个超家族包含类固醇激素核受体家族、类甲状腺激素核受体家族、类视黄酸核受体家族、维生素 D 核受体家族及孤儿受体，现发现的视黄酸核受体还包括视黄醇类物质-X 受体（RXR）。激素核受体超家族成员的基本结构相同，均由 4 个区域组成（A/B、C、D、E），RAR 和 RXR 的基本机构也由这些区域组成，其中 C 区由 66 个氨基酸组成，内含 DNA 结合区 DBD 和 1 个二联作用表面，DBD 的核心部分为 2 个"锌指体"
RNA 酶	RNA 降解	水解 RNA 磷酸二酯键的酶称核糖核酸酶，不同的 RNA 酶其专一性不同

（续）

酶	功　能	说　明
RNA 多聚酶	核苷酸的 RNA 合成	RNA 多聚酶，即 RNA 聚合酶，是以一条 DNA 或 RNA 为模板催化由核苷 - 5′ - 三磷酸合成 RNA 的酶。锌是 RNA 多聚酶活性所必需的微量元素
类固醇激素受体	DNA 结合和基因调控	见"视黄酸受体"
超氧化物歧化酶（细胞质溶胶）	去除氧离子	超氧化物歧化酶（SOD）是生物体内存在的一种抗氧化金属酶，能够催化超氧阴离子自由基歧化生成氧和过氧化氢，在机体氧化与抗氧化平衡中起至关重要的作用。按照金属辅基的不同，大致可将 SOD 分为三大类：Cu/Zn - SOD、Mn - SOD、Fe-SOD。Cu/Zn - SOD 呈蓝绿色，主要存在于真核细胞的细胞质内，其活性中心包括 1 个铜离子和 1 个锌离子。铜直接与超氧阴离子自由基作用，而锌没有直接裸露在反应溶液中，不直接与超氧阴离子自由基作用，只起到稳定活性中心周围环境的作用
胸腺素	免疫系统的激素	胸腺素（又名胸腺肽）是胸腺组织分泌的具有生理活性的一组多肽，包含多种激素，归属于 α、β、γ 三类，共同诱导 T 细胞的成熟分化。机体缺锌时胸腺萎缩，光镜下可见胸腺皮质和髓质均萎缩，皮质内充满不成熟的细胞，皮质/髓质比值为 0.75（正常为 1.9），胸腺肽含量减少，胸腺素活性受到抑制
转录因子	调节许多 mRNA 的合成	转录因子是一种具有特殊结构、行使调控基因表达功能的蛋白质分子，其结构中的 DNA 结合区含有锌指结构
三聚磷酸异构酶	二羟基丙酮磷酸↔D-甘油醛 - 3 - 磷酸	三聚磷酸异构酶又称磷酸丙糖异构酶（TPI 或 TIM），可以催化丙糖磷酸异构体在二羟基丙酮磷酸和 D 型甘油醛 - 3 - 磷酸之间转换，在糖酵解中具有重要作用
三肽酶（Zn^{2+}、Co^{2+}）	水解三肽	见"羧肽酶"

注：本表格综合了《动物营养学原理》（伍国耀著，2019）、其他书籍及网站上的相关内容。

十、铜

　　铜是人类最早使用的金属之一，在公元前 9000 年就已在中东地区使用。长期以来，铜主要用于制造武器、工具和器皿。纯的铜是红橙色、柔软、具有韧性和延展性的金属，有良好的导电性，与氧气结合后会缓慢氧化形成一层棕黑色的氧化铜。现代对铜生理作用的认识可能始于 1874 年 Harless 指出的软体动物体内铜具有的重要作用。在 1878 年，Ferderig 从章鱼血内蛋白质配合物中将铜分离出来，并称该蛋白为血铜蓝蛋白。1928 年 Hart 发现铜是生物体内的必需微量元素。在体内，铜参与氧化还原反应，有亚铜离子（Cu^+）和铜离子（Cu^{2+}）两种状态。常用的原料中一般均含有铜，铜在体内的吸收率随日粮中铜含量的增加而降低，豆类原料中因受豆蛋白的抑制而致铜的吸收率较低。常用的

铜添加物是硫酸铜（猪、禽）和氧化铜（反刍动物）。

　　铜的消化、吸收、代谢及其功能等见表1-94，铜金属酶和结合蛋白见表1-95。

表1-94　铜的消化、吸收、代谢及其功能

吸收与代谢	1. 吸收：少量的铜在胃中被吸收（猪的结肠也能吸收铜）。在小肠肠腔内，Cu^{2+}被还原成Cu^+，Cu^+和Cu^{2+}分别通过铜转运蛋白-1（CTR-1）和二价阳离子转运蛋白-1（DCT-1）被吸收进入小肠上皮细胞。 2. 在小肠上皮细胞内：铜被还原型谷胱甘肽转运到金属硫蛋白中并贮存，在细胞内的运输和到达铜目标位点的方式有：①通过Cox-17（细胞色素氧化酶-17，为线粒体铜伴侣蛋白）进入线粒体；②通过细胞质超氧化物歧化酶的铜分子伴侣（CCS，中文名为超氧化物歧化酶铜伴侣蛋白）到达该酶中；③通过ATOX-1（抗氧化蛋白-1）到达ATP7a（铜转运蛋白），ATP7a是一个Cu-ATP酶，嵌在反式高尔基体网络（TGN）囊泡表面上。 3. 固有层与门静脉：TGN囊泡将铜运送到小肠上皮细胞的基底外侧膜并排入肠黏膜的固有层，由ATP水解提供输出动力，然后铜被吸收进入门静脉。 4. 在血液中的转运：在门静脉血液中，90%的铜与铜蓝蛋白（主要是Cu^{2+}）结合以便运输到组织中，其余的铜与血浆白蛋白结合。 5. 在肝内及肝外细胞中：铜通过铜转运蛋白-1（CTR-1）被肝脏摄取，将铜分配到肝外组织，并排入胆汁。肝细胞中铜的运输基本与小肠上皮细胞中铜的运输相同，除了：①肝细胞表达ATP7b（一种铜AIP酶），而不是ATP7a；②ATP7b将铜释放到胆汁和血液中；③肝细胞也以铜蓝蛋白结合形式将铜释放到血液中，在被肝外组织摄取前血液中的Cu^{2+}被维生素C还原成Cu^+，然后通过铜转运蛋白-1（CTR-1）跨细胞膜被转运到细胞内；④在动物细胞内，铜以金属硫蛋白的形式贮存。 6. 排入小肠：铜通过胆汁排入到小肠中，一部分的内源铜被重吸收，另一部分则随粪便排出体外，通过尿排泄的铜很少
功能	铜作为酶的辅因子，参与氧化还原和羟基化反应。其主要功能有： 1. 线粒体的电子传递系统：铜在细胞色素c和细胞色素aa3中作为电子供体或受体。 2. 结缔组织的生长和发育：通过赖氨酰氧化酶的作用，铜在各种器官（如心脏、骨骼肌和血管）中维持结缔组织的强度并支持骨的形成。 3. 抗氧化反应：铜是SOD的辅助因子。 4. 铁代谢：作为铁氧化酶的辅助因子，铜缺乏时可导致特定组织（包括肠、肝、脑和视网膜）中的铁超载。 5. 参与其他酶的作用：如参与多巴胺β-羟化酶（合成去甲肾上腺素）、酪氨酸氧化酶（黑色素合成）、抗坏血酸氧化酶（维生素C代谢）、肽酰甘氨酸α-酰胺化单加氧酶（酰胺化神经肽中的甘氨酸残基）等酶的作用。 6. 抗菌作用：抑制真菌、藻类和有害微生物。 7. 色素沉着：红褐色的铜沉着有助于某些鸟类羽毛色素的形成
缺乏	1. 症状：采食量下降和生长受限；铁利用受损和贫血；氧化应激；结缔组织变性、骨中的矿物质流失和心血管功能障碍；头发稀疏、皮肤异常和皮肤色素苍白；免疫力受损；中枢神经系统脱髓鞘、脑白质破坏、腿部协调性失调、癫痫，以及脑干和脊髓运动束病变。 2. 原因：日粮中缺铜、钼的摄入量高等
中毒	1. 症状：两种遗传病Wilson式病和Menkes氏病。过量的铜将导致胃痛、恶心、腹泻，动物组织损伤和疾病，红细胞中高铜，诱导肝、肾、小肠等组织的氧化损伤。症状有厌食，无力，仰卧，尿红色或棕色，贫血、有棕色或黑色血液和粉红色血清，排绿色或黑色稀便，肌肉营养不良和繁殖障碍，肝细胞损伤，胆管闭塞、黄疸和蓝色肾脏。 2. 日粮中铜含量过高或饲喂时间长

（续）

与其他营养素的关系	1. 抑制因素：高水平的钙、锌、铁、钼、维生素 C、蔗糖和果糖；每天摄入维生素 C 1 600mg 可减少铜蓝蛋白活力；果糖摄入量高与红细胞中铜-锌超氧化物歧化酶（Cu - Zn SOD）减少有关。 2. 促进因素：蛋白质、胃酸可促进铜的吸收；铜可促进铁的吸收。高剂量铜能增加仔猪胃蛋白酶、小肠酶及磷脂酶 A 活性，提高采食量和对脂肪的利用率，刺激仔猪生长

表 1-95　铜金属酶和结合蛋白

酶或蛋白	功　能	说　明
胺氧化酶	胺的分解代谢，包括组胺和多胺	氨分子中的一个或多个氢原子被烃基取代后的产物称为胺，按照氢被取代的数目，依次分为一级胺（伯胺）RNH_2、二级胺（仲胺）R_2NH、三级胺（叔胺）R_3N、四级铵盐（季铵盐）$R_4N^+X^-$。伯胺又称单胺，仲胺以上可称多胺。单胺类物质是一类含有"芳环-CH_2-CH_2-NH_2"的神经递质和神经调质，包括儿茶酚胺（多巴胺、去甲肾上腺素、肾上腺素）、褪黑素、组胺、5-羟色胺和甲状腺素类似物等，最普遍也是有重要生理功能的多胺是腐胺、尸胺、亚精胺、精胺等，是精氨酸的代谢产物。胺氧化酶分为单胺氧化酶和多胺氧化酶。单胺氧化酶（MAO）含有铜离子，分布在肝、肾等组织的线粒体中，催化单胺类物质氧化脱氨反应，需要黄素腺嘌呤二核苷酸（FAD）作为辅因子。MAO 又可分为单胺氧化酶 A（MAO-A）和单胺氧化酶 B（MAO-B），二者都可以使单胺类神经递质失活。但 MAO-A 偏重于极性芳香胺 5-羟色胺、去甲肾上腺素和肾上腺素的分解脱氨。而 AO-B 偏重于非极性芳香胺苯乙胺的分解脱氨。多巴胺被两种 MAO 亚型分解的机会大致均等。单胺被单胺氧化酶氧化脱氨，生成过氧化氢、氨和相应醛。单胺氧化酶除作用于一级胺外，也作用与甲基化的二、三级胺及长链的二胺。多胺氧化酶（PAO）在哺乳动物中分为组成型表达的乙酰多胺氧化酶（APAO）和可高度诱导的精胺氧化酶（SMO），两种酶均参与多胺降解代谢过程。大量的证据表明，这两种酶均参与药物反应、细胞凋亡和应激反应，它们异常时可以改变多胺的体内平衡
抗坏血酸氧化酶	将 L-抗坏血酸和 O_2 转化为脱氢抗坏血酸和水	抗坏血酸氧化酶是一种含铜的酶，位于细胞质中或与细胞壁（植物）结合，与其他氧化还原反应相偶联起到末端氧化酶的作用。在这种酶的催化下，分子态的氧可将抗坏血酸氧化成去氢抗坏血酸；丙酮酸、异柠檬酸、α-酮戊二酸、苹果酸、葡萄糖-6-磷酸、6-磷酸葡萄糖酸都可以在脱氢酶的作用下脱去 H 质子，将 H 质子转移给辅酶；然后再经过谷胱甘肽将 H 质子传递给抗坏血酸，在抗坏血酸氧化酶的作用下，抗坏血酸被氧化脱 H，H 与氧结合生成水
细胞色素 c 氧化酶	线粒体呼吸链	细胞色素 c 氧化酶是含有血红素/铜终端氧化酶大家族的成员之一，在其最保守的亚基Ⅰ中有与 2 个血红素机体和 1 个铜离子配位的组氨酸。亚基Ⅱ也非常保守，它含有双核铜离子中心，可从细胞色素 c 获得电子

酶或蛋白	功　能	说　明
细胞色素氧化酶	线粒体呼吸链	细胞色素 aa_3 也称细胞色素氧化酶，其功能是催化还原的细胞色素 c 为氧分子所氧化。许多资料报道细胞色素氧化酶和细胞色素 c 氧化酶是同一物质
多巴胺 β-羟化酶	将多巴胺转化为去甲肾上腺素	在大脑中，去甲肾上腺素（NE）是由多巴胺（DA）经由多巴胺 β-羟化酶（DBH）转化而来。多巴胺 β-羟化酶特异性地由含 NE 的神经元表达，是唯一一种存在于突触及囊泡内的儿茶酚胺合成酶。它的存在方式有两种：一种为水溶性，一种为与膜结合状态。DBH 是含 Cu^{2+} 蛋白，由 578 个氨基酸组成，分子质量为 290ku
铜蓝蛋白	血浆中的多铜氧化酶	铜蓝蛋白（CER）又名铜氧化酶，为一个单链多肽（α2 糖蛋白），每分子含 6～7 个铜原子，由于含铜而呈蓝色，含糖约 10%，末端唾液酸与多肽链连接。其作用为调节铜在机体各个部位的分布、合成含铜的酶蛋白（如单胺氧化酶、抗坏血酸氧化酶），有着抗氧化剂的作用（防止组织中脂质过氧化物和自由基的生成），并具有氧化酶活性（催化 Fe^{2+} 氧化为 Fe^{3+}），对多酚及多胺类底物有催化其氧化的能力。CER 也属于一种急性时相反应蛋白。一般认为铜蓝蛋白由肝脏合成，一部分由胆道排泄，在尿中的含量甚微。铜蓝蛋白测定对某些肝、胆、肾等疾病的诊断有一定意义
膜铁转运辅助蛋白	多铜氧化酶，促进肠上皮细胞的基底膜上铜的转出	膜铁转运辅助蛋白（Hp）是研究性连锁遗传贫血（sla）小鼠时发现的一种新的铁转运相关蛋白，与铜蓝蛋白（Cp）属同一家族。与 Cp 不同，Hp 是具有一个跨膜结构的完整膜蛋白，主要存在于小肠绒毛的上皮细胞中。作为亚铁氧化酶，Hp 在铁从肠上皮细胞转运到血液的过程是必需的，其基因突变将造成机体严重的铁缺乏。脑内 Hp 的发现为脑铁稳态的调控机制提供了新的认识
赖氨酰氧化酶	胶原中赖氨酸残基的羟基化	赖氨酰氧化酶（LOX）是一个具有铜结合部位的胺氧化酶，能将伯胺氧化成醛，在细胞外基质的形成和修复过程中起着十分重要的作用。LOX 通过氧化胶原和弹性蛋白的赖氨酸残基来起始这些纤维性蛋白的共价交联，从而稳定细胞外基质。LOX 功能非常广泛，除了保持细胞外基质内环境的稳定外，还能够抑制 Ras 癌基因诱导的细胞表型转变，以及抑制肿瘤形成
亚硝酸还原酶（铜、细菌）	$NO_2^- + 2e^- + 2H^+ \rightarrow NO + H_2O$	亚硝酸还原酶（NiRs）是一类能催化亚硝酸盐还原的酶，可以将亚硝酸盐降解为 NO 或 NH_3，从而减少环境中亚硝态氮的积累，降低因亚硝酸盐累积而造成的对生物的毒害作用。按照辅助因子和反应产物的不同可将亚硝酸还原酶分为四类：铜型亚硝酸还原酶（Cu-NiRs）、细胞色素 cd1 型亚硝酸还原酶（cd1NiRs）、多聚血红素 c 亚硝酸还原酶（cc NiRs）和铁氧化还原蛋白依赖的亚硝酸还原酶。铜型亚硝酸还原酶是由 3 个相同亚基组成的三聚体蛋白，每个亚基都含有 2 种类型的铜原子活性中心，即类型 Ⅰ（T1Cu）和类型 Ⅱ（T2Cu）

（续）

酶或蛋白	功 能	说 明
肽酰甘氨酸 α-酰胺化单加氧酶（PAM）	神经多肽中甘氨酸残基的酰胺化作用	肽酰甘氨酸 α-酰胺化单加氧酶（PAM）最早是由 Bradbury 等于 1982 年在猪垂体中发现并纯化的，PAM 的活力依赖于铜离子、分子氧和抗坏血酸，这与将多巴胺转为去甲肾上腺素的多巴胺 β-单氧酶极为相似。PAM 含有 2 个催化结构域：肽酰甘氨酸 α-羟化单氧酶（PHM）和肽酰 α-羟化甘氨酸 α-酰胺化裂解酶（PAL），分别催化酰胺化的两步反应
超氧化物歧化酶（细胞质）	需要 Cu^{2+} 和 Zn^{2+}，清除 O^{2-}	见 SOD 相关内容
酪氨酸氧化酶	合成黑色素	酪氨酸氧化酶（TYR）又称多酚氧化酶、儿茶酚氧化酶、陈干酪酵素等，是一种结构复杂的含多亚基的含铜氧化还原酶，广泛存在于微生物、动植物和人体中。酪氨酸氧化酶由多个亚基组成，每个亚基中含有 2 个金属铜离子，而 2 个铜离子分别与 3 个组氨酸残基的亚氨基共价结合固定在活性中心上，另外有 1 个内源桥基将 2 个铜离子联系在一起，构成酪氨酸酶的活性中心。TYR 参与黑色素合成的两个反应：第一步将单酚羟基化为二酚，第二步将邻二酚氧化为邻二醌，邻二醌再经过几步反应后就变为黑色素
尿酸酶（人类无）	尿酸→尿囊素	尿酸酶是自黑曲霉、黄曲霉等发酵液抽提而得，是灰白色或褐绿色结晶或光亮而透明的片状物，几乎不溶于水，微溶于碱性缓冲液。能使尿酸迅速氧化变成尿囊酸，不再被肾小管吸收而排泄。对结节性痛风、尿结石及肾病功能衰竭所致高尿酸血症有良效

注：本表格综合了《动物营养学原理》（伍国耀著，2019）、其他书籍及网站上的相关内容。

十一、锰

　　锰最早在石器时代就已被使用了，锰的氧化物被旧石器时代的人用做岩画的颜料，在古希腊斯巴达人使用的武器中也检测出了锰，古埃及和古罗马人则使用锰给玻璃上色。18世纪后期，瑞典化学家 T·O·柏格曼研究了软锰矿，认为它是一种新的金属氧化物，并曾试图将其分离，却没有成功。1774 年，柏格曼的助手 Johan Gahn 用舍勒提纯的软锰矿粉和木炭在坩埚中加热 1h 后得到了纽扣状的金属锰块，柏格曼将它命名为 Manganese，该名字来源于希腊语"Magnesia"。锰的化合价有+2、+3、+4、+5、+6 和+7 价态，不同价态有不同的氧化还原性质。在营养方面，锰对于猪（Grummer 等，1950）和反刍动物（Hidiroglou，1979）的生长、泌乳、生殖是必不可少的，常用的锰制剂主要是硫酸锰、碳酸锰等无机锰。

　　锰的消化、吸收、代谢及其功能等见表 1-96，动物体内的锰依赖酶见表 1-97。

表 1-96　锰的消化、吸收、代谢及其功能

吸收与代谢	1. 在小肠中（主要是十二指肠）：Mn^{2+} 主要通过二价阳离子转运蛋白-1（DCT-1）被吸收进入小肠上皮细胞，ZIP-8（锌转运蛋白-8）也可能在跨膜转运中发挥作用。 2. 在上皮细胞中：Mn^{2+} 被高尔基体转运体 PMR-1P（锰转运 ATP 酶）和囊泡转运到靶位点。PMR-1P 和囊泡都能介导 Mn^{2+} 穿过小肠上皮细胞的基底外侧膜进入肠黏膜的固有层。 3. 血液运输：Mn^{2+} 从固有层进入门静脉循环，在血液运输中，Mn^{2+} 通过转铁蛋白（50%）及白蛋白（5%）、$\alpha2$-巨球蛋白、重 γ-球蛋白、脂蛋白、柠檬酸盐和碳酸盐运输到外周组织。 4. 肠外组织：通过特定的转运蛋白摄取 Mn^{2+}。 5. 排泄：体内锰主要通过胆汁、胰液、十二指肠和空肠的分泌进入肠腔，与粪便一起被排出
功能	锰在体内可参与氨基酸和葡萄糖代谢、氨解毒、抗氧化反应、骨骼发育与伤口愈合等，还可维护动物的繁殖功能
缺乏	1. 症状：缺乏时可导致动物食欲低下和生长受阻，氨基酸、葡萄糖和脂质代谢异常（如高氨血症、糖异生途径受阻及血浆中 HDL 水平降低），肝的脂肪浸润和肝组织变性，骨架和骨骼合成异常（软骨成骨受阻，与锰能激活糖基转移酶合成黏多糖有关），氧化应激增强和胰岛素敏感性降低；免疫力低下；维生素 K 凝血作用下降；创伤愈合不良；幼鸟出现胫骨短粗症；动物发情周期紊乱，发情受阻，不易受孕，生殖能力受损；新生动物体重低，死亡率增高；雄性动物生殖器官发育不良，精子形成困难。雏鸡主要表现为滑腱症和软骨营养障碍；蛋鸡产蛋率下降，蛋壳变薄，种蛋受精率和孵化率明显降低。猪表现为跛行。 2. 原因：日粮中缺乏
中毒	1. 症状：采食量下降和生长受阻；头痛，精神行为异常，肌肉僵硬，腿抽筋及发炎，神经紊乱；铁代谢抑制而发生缺铁性贫血，影响钙、磷利用。给蛋鸡饲喂含锰 1g/kg DM 的日粮，无明显中毒症状；给生长猪饲喂含锰 0.5g/kg DM 的日粮，表现为食欲下降和生长性能下降。 2. 原因：饲料中含量过高；动物肝脏受损，胆汁排泄不畅，影响锰的排泄，造成锰蓄积，从而使得动物中毒
与其他营养素的关系	1. 抑制因素：肠道高浓度的二价离子，如 Ca^{2+}、磷、Cu^{2+}、Mg^{2+}、Zn^{2+}；锰在吸收时常与铁、钴竞争吸收位点。雏鸡日粮中高钙和/或高磷可致锰缺乏而发生"滑腱症"。 2. 促进因素：锌、维生素 E、维生素 B_1、维生素 C 和维生素 K；动物在妊娠期及鸡发生球虫病时对锰的吸收增加

表 1-97　动物体内的锰依赖酶

酶或蛋白质	功　　能	说　　明
精氨酸酶	精氨酸＋H_2O→鸟氨酸＋尿素	精氨酸酶是一种双核含锰金属酶，目前发现其有 2 种亚型：Ⅰ型和Ⅱ型，两者的氨基酸序列约有 60% 的同源性，主要区别在于各自的组织分布、亚细胞定位及免疫反应性上。精氨酸酶Ⅰ在肝脏中高表达，可将精氨酸代谢为鸟氨酸和尿素，进而参与尿素循环，对体内氨解毒起重要作用。精氨酸酶Ⅱ是一种线粒体酶，在多种组织，包括肠、肾、脑、内皮、乳腺及巨噬细胞中低表达，可将精氨酸分解为鸟氨酸，后者进一步代谢为腐胺、精胺、亚精胺等多胺以及脯氨酸等。多胺是细胞增殖和分化中的重要组分，在促进细胞增殖中发挥重要作用，脯氨酸则能促进胶原生成和伤口愈合

（续）

酶或蛋白质	功　能	说　明
乙酰辅酶 A 羧化酶	酶-生物素＋HCO₃⁻＋ATP→酶-生物素-COO⁻＋ADP＋Pi	乙酰辅酶 A 羧化酶（ACC）存在于细胞液中，催化乙酰辅酶 A 羧化成丙二酸单酰辅酶 A，这是脂肪酸合成的第一步，ACC 是脂肪酸合成的限速酶。ACC 催化生物素辅基的羧基化反应，然后将生物素上的羧基转移到辅酶 A 上，产生丙二酰辅酶 A
谷氨酰胺合成酶	谷氨酸＋NH₄⁺→谷氨酰胺	谷氨酰胺合成酶（GS）催化谷氨酸和铵离子合成谷氨酰胺，这一反应消耗腺苷三磷酸（ATP），并需要镁离子或锰离子参与。这个反应分两步，酶先使 ATP 和谷氨酸反应，生成 γ-谷氨酰磷酸；接着用 NH₄⁺ 替换掉磷酸，生成谷氨酰胺。此反应既可消耗血液中有毒的 NH₄⁺，谷氨酰胺又可进一步作为氨的供体
糖基转移酶	合成蛋白多糖	糖基化是在酶的控制下，蛋白质或脂质附加上糖类的过程，起始于内质网，结束于高尔基体。在糖转移酶的作用下将糖转移至蛋白质，和蛋白质上的氨基酸残基形成糖苷键。蛋白质经过糖基化作用，形成糖蛋白。糖基化是对蛋白质的重要修饰，有调节蛋白质功能的作用。糖基转移酶催化蛋白多糖合成时需要 Mn²⁺ 的参与，生成的蛋白多糖是软骨和硬骨的重要成分
锰超氧化物歧化酶	2O₂⁻＋2H⁺→H₂O₂＋O₂（线粒体）	锰超氧化物歧化酶（Mn-SOD）作为清除线粒体基质中超氧阴离子的抗氧化酶，对维持线粒体的氧化还原稳态、保护线粒体 DNA 具有极为重要的作用
磷酸烯醇式丙酮酸羧激酶（PEPCK）	草酰乙酸＋GTP→磷酸烯醇式丙酮酸＋GDP＋CO₂	在磷酸烯醇式丙酮酸羧激酶的催化下，草酰乙酸被转变为磷酸烯醇式丙酮酸和二氧化碳。该反应消耗一分子的鸟苷三磷酸以提供磷酰基。在糖异生作用中，此酶与丙酮酸羧化酶一起构成了从丙酮酸转化为磷酸烯醇丙酮酸的迂回步骤。锰是 PEPCK 中的成分
脯氨酸肽酶	水解脯氨酸或含肽羟脯氨酸	脯氨酸肽酶（PLD）或脯肽酶，是一种广泛存在于人体各组织和细胞的亚氨基肽酶，催化含有 C-末端脯氨酸或羟脯氨酸二肽的水解，对胶原合成和细胞生长过程中脯氨酸的再循环起着重要作用。PLD 的催化中心含有 Mn²⁺
丙酰辅酶 A 羧化酶	酶-生物素＋HCO₃⁻＋ATP→酶-生物素-COO⁻＋ADP＋Pi	丙酰辅酶 A 羧化酶与丙酮酸羧化酶、乙酰辅酶 A 羧化酶都是生物素依赖的酶，丙酰辅酶 A 羧化酶催化线粒体基质中的丙酰辅酶 A 羧化生成（S）-甲基丙二酰辅酶 A
丙酮酸羧化酶	丙酮酸＋HCO₃⁻＋ATP→草酰乙酸＋ADP＋Pi	丙酮酸羧化酶含有 Mn²⁺ 和 Mg²⁺，催化丙酮酸生成草酰乙酸，草酰乙酸进入三羧酸循环

注：本表格综合了《动物营养学原理》（伍国耀著，2019）、其他书籍及网站上的相关内容。

十二、硒

硒于 1817 年由永斯·雅各布·贝采里乌斯发现，并被命名为"Selene"。大部分硒主

要提取自铜电解精炼所产生的阳极泥。硒的化学性质类似于硫，自然界中以无机和有机形式存在。世界上有些地区是贫硒的，因此应注意硒的补充。硒在饲料（植物）中主要以硒代蛋氨酸和硒代半胱氨酸存在，硒的矿物质主要是亚硒酸盐和硒酸盐。

硒的消化、吸收、代谢及其功能等见表 1 - 98，动物体内的硒酶和蛋白见表 1 - 99。

表 1 - 98　硒的消化、吸收、代谢及其功能

吸收与代谢	1. 在肠上皮细胞（主要是十二指肠，少量在小肠其他部位）中：①硒酸盐通过 Na^+-硫酸根离子共转运载体 1 和 2 被小肠快速吸收；亚硒酸盐通过易化扩散被吸收到肠上皮细胞中；亚硒酸盐的吸收率为 50%～90%，硒酸盐几乎被完全吸收。②日粮中的硒代蛋氨酸和硒代半胱氨酸分别通过蛋氨酸和半胱氨酸转运蛋白被小肠上皮吸收。 2. 在上皮细胞中与进入门静脉：①无机硒被掺入硒蛋白-P（一种糖蛋白，每个硒蛋白 P 多肽含有 10 个硒代半胱氨酸）中；硒蛋白-P 通过胞吐作用穿过细胞基底外侧膜进入肠黏膜固有层，然后进入门静脉系统。②吸收进小肠上皮细胞中的硒代蛋氨酸和硒代半胱氨酸分别通过蛋氨酸和半胱氨酸转运载体穿过小肠上皮细胞基底膜并转出到肠黏膜固有层，以硒代氨基酸形式进入门静脉系统。 3. 肝、血液循环与肝外组织：①门静脉中的硒蛋白-P 被肝脏硒蛋白-P 受体（载脂蛋白 E 受体-2）介导的内吞作用吸收。在肝细胞中，硒蛋白-P 通过蛋白酶降解释放出硒，用于合成硒蛋白，包括肝型硒蛋白-P；肝型硒蛋白-P 通过受体介导的胞吐作用从肝脏输出到血液；在血液中，硒蛋白-P 是无机硒的主要运输方式；血液中的硒蛋白-P 通过硒蛋白-P 受体介导的内吞作用，被肝外组织吸收，硒蛋白-P 在细胞中分解释放硒，参与生物化学反应。②硒代氨基酸通过其氨基酸转运载体被肝脏摄取，在肝细胞中被降解释放出硒，硒用来合成硒蛋白，包括肝型硒蛋白-P（硒蛋白-P 的代谢同上）。 4. 在其他组织中：硒可以通过胎盘进入胎儿体内，也容易通过卵巢和乳腺进入蛋和乳中。 5. 排泄：体内的硒主要通过粪、尿和乳汁排泄。从消化道吸收的硒，有 40% 通过肾脏排泄；而由非肠道给药的硒，70% 通过肾脏排泄
功能	硒具有抗氧化性，可保护机体免受自由基和致癌物的侵害。硒可减轻炎症反应、增强免疫力，从而抵抗感染，促进心脏健康、增强维生素 E 的作用。硒能够增强生殖功能，提高动物的精子活力、受胎率及降低子宫炎的发病率。硒能颉颃有害重金属的作用，缓解汞、银、铊、铅、砷、镉等重金属的中毒症状，而硒蛋白-P 能螯合重金属等毒物，降低毒性作用。硒能够调节维生素 A、维生素 C、维生素 E、维生素 K 的吸收与利用。硒有调节蛋白质合成的功能；硒是肌肉功能的重要成分，对于保护和维持心肌功能尤其重要；硒有保护和改善胰腺功能，防止胰岛细胞被破坏；硒可帮助肝脏分解与排出毒素，及时清除肝脏内的有害代谢产物，保护肝细胞；补硒对肾小管、肾小球有保护和修复作用；硒在甲状腺组织中具有非常重要的功能，可以调节甲状腺激素的代谢平衡（即 T3：T4 比例），防止甲状腺功能紊乱；硒有抑制镉对人体前列腺上皮的促生长作用，从而减轻病情
缺乏	1. 症状：硒缺乏导致动物的氧化应激和组织损伤，症状包括：①溶血增强；②白肌病；③克山病，以血液循环不良、心肌病和心肌坏死为特征（硒缺乏会使骨骼肌萎缩和呈灰白色条纹，发生心肌受损，心肌细胞致密性变化，脂质增多，钙质沉积）；④大骨节病，骨骼变形和侏儒症的退行性关节炎；⑤细胞免疫和体液免疫反应损害；⑥男性不育（硒元素是精浆中过氧化物酶的必需组成成分，当精液中硒含量减少时，此酶的活性下降，不能抑制精子细胞膜质的过氧化反应，造成精子损伤，死精增多，活力下降）；⑦基因突变和患癌症的风险增加（硒通过影响蛋白质合成而损害染色体）。猪缺硒表现为营养性肝坏死和桑葚心，母猪产仔数减少；雏鸡硒缺乏则发生渗出性素质、脑软化、胰腺纤维性变性和肌萎缩等，蛋鸡产蛋量下降。 2. 原因：日粮缺乏

（续）

过量	高剂量的硒诱导氧化应激，中毒症状有恶心和呕吐；采食量下降和生长受限，消瘦；指甲变色、脆性和损伤；贫血；关节强直；脱发；疲劳；易怒；神经功能障碍；呼出大蒜样气息（挥发性代谢物二甲基硒）；肝硬化、肺水肿甚至死亡。硒是有毒元素，其需要量和中毒量很接近，使用时需注意
与其他营养素的关系	1. 促进因素：维生素 E 和维生素 C，硒的有机形态。 2. 中毒解救：急性硒中毒后一般不易解救；慢性硒中毒时应立即停止饲喂，同时用对氨苯砷酸或皮下注射砷酸钠溶液解毒

表 1-99　动物体内的硒酶和蛋白

酶或蛋白	功　能	说　明
GSH 过氧化物酶		
传统 GSH 过氧化物酶（GPX1）	$2GSH+H_2O_2 \rightarrow GSSG+2H_2O$	谷胱甘肽过氧化物酶（GSH-Px）是机体内广泛存在的一种重要的过氧化物分解酶。GSH-Px 的活性中心是硒半胱氨酸，其活力大小可以反映机体硒（Se）水平。硒是 GSH-Px 酶系的组成成分，能催化 GSH 变为 GSSG，使有毒的过氧化物还原成无毒的羟基化合物，同时促进 H_2O_2 的分解，保护细胞膜结构及功能不受过氧化物的干扰及损害。谷胱甘肽还原酶又利用 NADPH 催化 GSSG 产生 GSH。几乎所有的有机氢过氧化物（ROOH）都可以在 GSH-Px 的作用下还原为 ROH，反应如功能栏中所示。谷胱甘肽过氧化物酶（GSH-Px）分子质量为 76~95ku，为水溶性四聚体蛋白，4 个亚基相同或极为类似，每个亚基有 1 个硒原子。GSH-Px 酶系主要包括 4 种不同的 GSH-Px，分别为（传统）胞浆 GSH-Px、血浆 GSH-Px、磷脂氢过氧化物 GSH-Px 及胃肠道专属性 GSH-Px。胞浆 GSH-Px 广泛存在于机体内各个组织中，以肝脏红细胞为最多，其生理功能主要是催化 GSH 参与过氧化反应，清除在细胞内呼吸代谢过程中产生的过氧化物和羟自由基，从而减轻细胞膜多不饱和脂肪酸的过氧化作用。血浆 GSH-Px 主要分布于血浆中，其功能目前还不是很清楚，但已经证实与清除细胞外的过氧化氢和参与 GSH 的运输有关。磷脂氢过氧化物 GSH-Px 是最初从猪的心脏和肝脏中分离得到，主要存在于睾丸中，其他组织中也有少量分布，其生物学功能是可抑制膜磷脂过氧化。胃肠道专属性 GSH-Px 只存在于啮齿类动物的胃肠道中，其功能是保护动物免受摄入脂质过氧化物的损害
胃肠道 GSH 过氧化物酶（GPX2）	$2GSH+H_2O_2 \rightarrow GSSG+2H_2O$	
血浆 GSH 过氧化物酶（GPX3）	$2GSH+H_2O_2 \rightarrow GSSG+2H_2O$	
磷脂氢过氧化物（PLH）GSH 过氧化酶（GPX4）	$2GSH+PLH \rightarrow GSSG+脂质+2H_2O$	
碘化甲腺原氨酸 5′脱碘酶-1（肝、肾）	甲状腺素（T4）→3,5,3′-三碘甲状腺原氨酸（T3）	硒作为硒代半胱氨酸的构成成分，存在于碘甲腺原氨酸脱碘酶（DIs）中。DIs 在体内有 D1、D2、D3 共 3 种异构体，催化甲状腺素（T4）向三碘甲腺原氨酸（T3）及反三碘甲腺原氨酸（rT3）转化。根据所在器官或组织的不同，其各自的催化作用也有所区别
碘化甲腺原氨酸 5′脱碘酶-2（甲状腺、肌肉、心肌）	甲状腺素（T4）→3,5,3′-三碘甲状腺原氨酸（T3）	
碘化甲腺原氨酸 5′脱碘酶-3（脑、胎儿组织、胎盘）	甲状腺素（T4）→3,5,3′-三碘甲状腺原氨酸（T3）	

（续）

酶或蛋白	功　能	说　明
硫氧还蛋白还原酶（包括FAD$^+$）	OTR + NADPH + H$^+$→RTR+NADP$^+$	硫氧还蛋白还原酶（TrxR）是一种NADPH依赖的包含FAD结构域的二聚体硒酶，属于吡啶核苷酸-二硫化物氧化还原酶家族成员。它和硫氧还蛋白（Trx）、NADPH共同构成了硫氧还蛋白系统。硫氧还蛋白系统在氧化应激、细胞增殖、细胞凋亡等过程中发挥着重要的作用。TrxR使氧化型硫氧还蛋白的胱氨酸残基还原，变成一对半胱氨酸残基，后者进一步成为核糖核酸还原的电子供体。按分布区域不同，TrxR的3种同工酶分别命名为硫氧还蛋白R1（TrxR1）（细胞质型）、TrxR2（线粒体型）和一个主要在睾丸中表达的同工酶TrxR3（又名TGR）。胞质型TrxR1发现的时间最早，分布也较广泛，是目前研究得最多的一种同工酶
甲硫氨酸亚砜（MSO）还原酶	MSO（蛋白质）+ NADPH+H$^+$→甲硫氨酸（蛋白质）+NADP$^+$ +H$_2$O	生物体中已发现存在三类甲硫氨酸亚砜（MSO）还原酶（Msrs），分别为蛋氨酸亚砜还原酶A（MsrA）、蛋氨酸亚砜还原酶B（MsrB）和游离蛋氨酸R型亚砜还原酶（fRMsr）。蛋白质分子易被活性氧（ROS），如过氧化氢、羟自由基、超氧阴离子和单线态氧等氧化，尤其是其中的含硫氨基酸残基［半胱氨酸（Cys）和蛋氨酸（Met）］。Met被氧化产生S型和R型两种蛋白质亚砜（S-MetO和R-MetO）后，蛋白质的结构和功能发生了改变。蛋氨酸亚砜（MetO）含量的高低反映了机体氧化应激程度。ROS可以将MetO进一步氧化成蛋氨酸砜（MetO$_2$）或其自由基，从而加大氧化损伤程度。蛋氨酸亚砜还原酶（Msrs）作为生物体中维持氧化还原平衡的重要蛋白，可以将MetO还原为Met，通过修复氧化损伤蛋白，防止氧化应激、调节蛋白质的功能
硒蛋白-P	一种分泌型抗氧化糖蛋白	硒蛋白P（Sepp1）为双功能蛋白，是硒蛋白家族成员之一，主要由肝脏合成后分泌到外周血中，进而运输硒到非肝脏组织供其利用，用以合成其他硒蛋白，其主要作用有转运和贮存硒、抗氧化、参与精子的成熟和发育
硒蛋白W	一种抗氧化蛋白	现已分离到的硒蛋白有25种，包括11种酶（3种脱碘酶、4种谷胱甘肽过氧化物酶、3种硫氧还蛋白还原酶和硒代磷酸合成酶2）及一些蛋白（H、I、K、M、N、S、O、P、R、T、V和W）。硒蛋白W（SelW）主要存在细胞质中，少量分布在细胞膜上。其生物功能可能包括：抗氧化作用；抗炎作用，在硒缺乏所致的白肌病中已证实SelW对调节炎症反应起到了重要的作用，其能够抑制炎症因子的表达，从而保护机体免受炎症带来的损害；免疫作用，SelW可通过调节INF-γ细胞因子的表达，对鸡免疫机能产生影响。SelW与动物的白肌病、缺硒性胃肠道炎症和人的大骨结病、克山病有关

注：GSH，还原性谷胱甘肽；GS-SG，氧化型谷胱甘肽；OTR，氧化型硫氧还蛋白；RTR，还原型硫氧还蛋白。本表格综合了《动物营养学原理》（伍国耀著，2019）、其他书籍及网站上的相关内容。

十三、碘

1811年，法国的制造硝石商人、药剂师 Barnard Courtois 将硫酸倾倒进海草灰溶液中，发现放出一股美丽的紫色气体，气体冷凝后变成暗黑色带有金属光泽的结晶体，即 Iode（碘）。其来自希腊文紫色一词，碘的拉丁名称是 Iodium，元素符号是 I。碘具有较高的蒸气压，在微热下即升华。纯碘蒸气呈深蓝色，若含有空气则呈紫红色，并有刺激性气味。碘分子会与淀粉生成蓝黑色络合物（碘分子与碘离子的结合物：$I_2 + I^- \rightarrow I_3^-$）。在化学反应中，碘表现出从 -1 价到 $+7$ 价的多种价态。哺乳动物体内含碘量为 $35 \sim 200 \mu g/$ kg（以体重计）。一个成年人体内可含有 $20 \sim 50mg$ 的碘，其中 70%～80% 以蛋白质结合形式存在于甲状腺中，其余的则大部分存在于骨骼肌中。碘在饲料中一般以无机形式存在，含量则受田地中碘含量的影响，一般需要额外补充，牛的日粮中补充二氢碘酸乙二胺可预防腐蹄病。常用的碘制剂有碘化钾、碘化钠、碘酸钾和碘酸钙，碘化钾和碘化钠在空气中容易被氧化，使碘挥发，碘酸钾和碘酸钙比碘化钾稳定。

碘的消化、吸收、代谢及其功能等见表1-100。

表1-100　碘的消化、吸收、代谢及其功能

吸收与代谢	1. 胃与小肠吸收：日粮中的碘在胃肠道中转化成碘离子，然后经过 Na^+/I^- 转运载体（NIS，一种糖蛋白）被胃（次要）和小肠（主要）吸收。 2. 运输与代谢：上皮细胞内的 I^- 通过基底膜进入肠黏膜的固有层，再进入门静脉循环。在血液中，I^- 结合白蛋白并通过 Na^+/I^- 转运载体被摄取进入肝脏和甲状腺等组织。 3. 血液中的碘：有 60%～70% 被甲状腺摄取，参与甲状腺素和三碘甲腺原氨酸合成，再以激素形式返回到血液中。 4. 排泄：主要经尿排泄，少量的碘随唾液、胃液、胆汁分泌后经消化道排出，皮肤和肺也可排出极少量的内源性碘
功能	碘在甲状腺素合成中起重要作用。 1. 甲状腺素（TH）的合成 （1）甲状腺滤泡上皮细胞从血液中摄取酪氨酸，在粗面内质网合成甲状腺球蛋白（TG）的前体，继而在高尔基复合体加糖并浓缩形成分泌颗粒，再以胞吐方式排放到滤泡腔内贮存。 （2）滤泡上皮细胞从血液中通过 Na^+/I^- 转运载体（NIS）逆浓度差摄取 I^-，I^- 经过 H_2O_2 依赖的甲状腺过氧化物酶（TPO）的作用而活化，活化形式可能是 I_2、I^-。 （3）活化后的碘进入滤泡腔后在 TPO 的作用下与 TG 结合，形成碘化 TG［包括 MIT（一碘酪氨酸）和 DIT（二碘酪氨酸）］，碘化部位在腺泡上皮细胞与腺泡腔的交界处。 （4）缩合，即在 TPO 的作用下，2 分子 DIT 缩合成 T4（甲状腺素，四碘甲状腺原氨酸），1 分子 MIT 与 1 分子 DIT 缩合成 T3（三碘甲状腺原氨酸）或 rT3（逆-三碘甲状腺原氨酸）。碘的活化、TG 碘化和缩合都是在同一 TG 分子上进行的，因此 TG 分子上含有多种成分，MIT∶DIT∶T3∶T4＝23%∶33%∶7%∶35%，其余为 rT3。 （5）重吸收，即在促甲状腺激素（TSH）的作用下，甲状腺滤泡细胞顶部一侧微绒毛伸出伪足，以吞饮的方式将含有多种碘化酪氨酸的 TG 胶质小滴移入滤泡细胞内，并形成胶质小泡。 （6）胶质小泡很快与溶酶体融合成吞噬泡，蛋白水解酶水解 TG 的肽键，释放出 T4、T3、MIT 和 DIT 等。

（续）

功能	（7）进入胞质的 MIT 和 DIT 在微粒体碘化酪氨酸脱碘酶的作用下迅速脱碘，释放出的大部分碘再循环利用。脱碘酶不能破坏游离的 T3 和 T4，二者迅速地由滤泡细胞底部分泌进入血液循环中，分泌的 TH 中 90％以上是 T4 形式。在血浆中，99％以上的 T3 和 T4 与甲状腺结合蛋白结合。 2. 甲状腺素的生理作用 ①促进生长发育：是促进机体正常生长、发育必不可少的激素；是胎儿和新生儿脑发育的关键激素；与生长激素调控幼年期的生长发育。缺乏导致克汀病（呆小症），因胎儿缺碘造成的影响有传代效应。 ②调节新陈代谢：显著的产热效应，可提高大多数组织（除脑、脾脏和睾丸外）的耗氧量和产热量；调节物质代谢，包括糖代谢（升高和降低血糖）、脂类代谢（加速脂肪合成与分解、降低胆固醇、增加儿茶酚胺和胰高血糖素对脂肪的分解）、蛋白质代谢（促进结构蛋白质和功能蛋白质合成、过量 T3 抑制蛋白质合成导致肌无力、TH 过少引起蛋白质合成障碍导致黏液性水肿）。 ③影响器官系统：几乎可作用与全身所有组织，如心血管系统、神经系统、消化系统、内分泌和生殖系统等，这些影响大多继发于 TH 促进代谢和耗氧过程
缺乏	1. 甲状腺肿：饲料缺乏碘会减少甲状腺素合成，引起甲状腺功能减退；甲状腺素的缺乏抑制了垂体活动的负反馈控制，导致促甲状腺激素（TSH）的产生增加，TSH 会通过甲状腺肿大来获取更多的碘以补偿碘缺乏，此时称之为甲状腺肿。芸薹属植物中存在致甲状腺肿原，能抑制酪氨酸碘化。 2. 缺碘的其他症状：干燥和鳞片状皮肤，发育不良，过度脂肪沉积，精神、运动系统发育迟缓，生殖功能受损与神经功能障碍；新生仔猪无毛症（母猪日粮中缺乏碘）；雌性动物产死胎或弱胎，发情无规律或不育；蛋鸡产蛋停止，种蛋孵化率下降；雄性动物精液品质低劣
中毒	过量会导致甲状腺功能减退和甲状腺肿，猪血红蛋白水平下降，蛋鸡产蛋量下降。溴化物可中和雏鸡的碘中毒
与其他营养素的关系	影响机体三大营养素代谢，影响体内常驻微生物生长；硫氰酸盐、高氯酸盐和铅可抑制碘的摄取；日粮中高水平的硝酸盐可抑制碘的摄取；垂体促甲状腺激素可促进摄取

十四、铬

铬是 1797 年法国化学家沃克兰从当时称为红色西伯利亚矿石（铬铅矿）中发现的，1798 年沃克兰给这种灰色针状金属命名为 Chrom，来自希腊文 Chroma（颜色）。自然界中的铬主要以铬铁矿 $FeCr_2O_4$ 形式存在，常见化合价为＋2、＋3 和＋6 价。体内多以＋3 价存在，且被认为是无毒的；＋6 价的铬毒性较高，是＋3 价铬的 100 倍。人体内铬含量为 6～7mg，人体对无机铬的吸收率不足 1％，但对有机铬的吸收率可达 10％～25％。

铬的消化、吸收、代谢及其功能等见表 1-101。

表 1-101 铬的消化、吸收、代谢及其功能

吸收与代谢	1. 胃与小肠：六价铬在胃的酸性环境下被还原成三价的铬，三价的铬通过被动扩散方式进入小肠上皮细胞。 2. 小肠上皮细胞及其他组织：在小肠上皮细胞中，铬与铬调蛋白（几乎所有组织均可合成的一种低分子质量的寡聚肽）结合，1 个铬调蛋白分子可结合 4 个等价的铬离子。铬可能是通过含铬囊泡从小肠上皮细胞中转出，转出的铬进入门静脉循环。在血液中，铬由转铁蛋白和白蛋白转运至组织，通过转铁蛋白受体介导的内吞作用被吸收；在细胞内，铬和铬调蛋白结合在一起，形成铬调蛋白复合物

（续）

功能	铬调蛋白复合物结合胰岛素受体，维持和加强胰岛素受体的酪氨酸激酶活性。铬在糖、脂肪和蛋白质代谢中有重要作用。具体可表现为改善猪和肉禽的胴体品质、母猪繁殖性能，以及提高蛋禽产蛋率和抗应激作用
缺乏	缺乏导致胰岛素敏感性降低、血浆中葡萄糖浓度升高和血脂异常。动物铬缺乏的后果包括：①碳水化合物的代谢能力丧失；②末梢组织对胰岛素的敏感性降低；③蛋白质代谢减弱；④生长速度下降；⑤血清胆固醇增高；⑥对应激更敏感；⑦精子数减少，受精率降低；⑧寿命缩短
中毒	过量将导致 DNA 损伤和过氧化脂质浓度升高，症状包括消瘦、肠胃失调、肝功能衰竭、肾脏损伤、血钙增多及血磷增多等
与其他营养素的关系	影响糖、脂肪和蛋白质代谢

十五、钴

1753 年，瑞典化学家格·布兰特（G. Brandt）从辉钴矿中分离出浅玫色的灰色金属，这是纯度较高的金属钴。在此之前，中世纪的欧洲称蓝色矿石辉钴矿 CoAsS 为 kobalt，德文中原意是"妖魔"，今天钴的拉丁名称 Cobaltum 和元素符号 Co 正是从该词而来。钴是中等活泼金属，化合价是 +2 和 +3 价。钴可经消化道和呼吸道进入人体，从肠道吸收时钴的吸收率有 63%～93%。一般成年人体内含钴量为 1.1～1.5mg。体内钴 14% 分布于骨骼中，43% 分布于肌肉组织中，43% 分布于其他软组织中；在体内，与维生素结合的钴仅占钴量的 10%。植物和动物中钴的有机形式主要是维生素 B_{12}，无机钴则有砷化钴、氧化钴、硫化钴、氯化钴和硫酸钴等。

钴的消化、吸收、代谢及其功能等见表 1-102。

表 1-102　钴的消化、吸收、代谢及其功能

吸收与代谢	1. 无机钴吸收与代谢：无机 Co^{3+} 和 Fe^{2+} 有共同的肠道吸收途径，铁会竞争钴在小肠的吸收；在血液中，非维生素 B_{12} 的钴通过与白蛋白结合被转运到组织中，然后通过铁转运载体被细胞摄取。 2. 维生素 B_{12} 中的钴：吸收机理同维生素 B_{12}，在血液中与特异性结合蛋白一起被转运到组织中，通过维生素 B_{12} 转运载体被细胞摄取。 3. 利用率：鸡的日粮中钴利用率为 3%～7%，猪的为 5%～10%。 4. 排泄：主要由肾排出；内服的无机钴，80% 以上由粪便排出；注射的钴，主要由尿排出，少量由胆汁和小肠黏膜分泌排泄。 5. 耐受力：动物机体具有限制钴吸收的能力，因此各种动物对钴的耐受力较强，饲料中钴超过需要量的 300 倍才会产生中毒反应
功能	1. 参与血红蛋白合成：钴刺激造血的机制为：①通过产生红细胞生成素刺激造血。钴元素可抑制细胞内呼吸酶的活性，使组织细胞缺氧，反馈刺激红细胞生成素产生，进而促进骨髓造血。②对铁代谢的作用。钴元素可促进肠黏膜对铁的吸收，加速贮存的铁进入骨髓。③通过维生素 B_{12} 参与核糖核酸及造血物质的代谢，作用于造血过程。④钴元素可促进脾脏释放红细胞（血红蛋白含量增多，网状细胞、红细胞增生活跃，周围血中红细胞增多），从而促进造血。 2. 见维生素 B_{12}

（续）

缺乏	钴的缺乏症与维生素 B_{12} 相似（见维生素 B_{12}）
中毒	采食量减少、生长受阻、皮炎、心肌病和甲状腺肿
与其他营养素的关系	1. 与铁在小肠吸收时存在竞争关系。 2. 高钴可阻碍碘的吸收。 3. 作为维生素 B_{12} 的组成部分

十六、钼

1778 年，化学家 Carl Welhelm Scheele 发现了钼，将其命名为 Molybdenum，元素符号定为 Mo。到 1953 年，人们已经确认钼是人体和动植物所必需的微量元素。现在，钼作为战略金属和营养物质被广泛使用。纯的钼是银白色金属，常见的化合价有＋4、＋5、＋6 价。当水和土壤中氧化性物质较多呈现碱性性质时，钼以 MoO_4^{2-} 形式存在，并可以此形式被植物吸收；在酸性土壤或水中，钼以 MoO_2^{2+} 形式存在，不能被植物吸收，因此植物中常见 MoO_4^{2-} 形式的钼。一个 70kg 体重的人体内含有 9mg 的钼，人医上用钼酸铵给依赖静脉供给营养的病人补充钼。

钼的消化、吸收、代谢及其功能等见表 1–103，钼依赖酶及其功能见表 1–104。

表 1–103　钼的消化、吸收、代谢及其功能

吸收与代谢	1. 吸收：钼通过主动的、载体介导的过程被胃和小肠吸收。 2. 转运出肠上皮：钼通过未知的转运蛋白穿过其基底外侧膜离开肠上皮细胞，这种转运载体可能包括用于转运谷胱甘肽缀合物的多耐药蛋白 3 和耐药蛋白 4〔MRP3 和 MRP4，多药耐药相关蛋白（MRP）是多药耐药（MDR）形成机制之一，其主要参与细胞内外多种复合物的转运；调整细胞内物质的分布；作为转运泵参与物质转运，在多种癌症中都有表达。MRP 蛋白家族由 9 个成员组成；MRP3 主要在肝、结肠、小肠和肾上腺组织中表达，其是一种有机阴离子转运蛋白，和葡萄糖醛酸共轭化合物的亲和力较高，而和谷胱甘肽共轭化合物的亲和力较差，并可以通过肠上皮细胞囊小泡转运甲氨蝶呤。MRP4 主要在胆囊中表达，它的特异转运底物是磷酸化的共轭化合物，MRP4 能调节葡萄糖醛酸苷和谷胱甘肽结合物的转运，可能介导细胞内毒性物质的转运；此外，MRP4 还能调节前列腺素的释放和合成，可能与炎症反应、肿瘤的发生有关〕。 3. 血液运输和代谢：小肠吸收的钼进入门静脉循环，在血浆中以游离的六价钼酸根阴离子（MoO_4^{2-}）或附着血红蛋白进行转运。钼通过未知的转运载体被组织吸收，这些转运载体可能包括 Na^+ 依赖性转运载体。在肝脏中的钼酸根一部分转化为含钼酶，其余部分与蝶呤结合形成含钼的辅基贮存在肝脏中。 4. 排泄：主要以钼酸盐形式通过肾脏排泄，膳食中钼摄入量增多时通过肾脏排泄的钼也随之增多，也有一定量的钼随胆汁排出
功能	1. 动物体中有 3 种钼依赖酶，即黄嘌呤氧化酶、醛氧化酶和亚硫酸盐氧化酶。 2. 细菌中有 2 种含钼的酶，即硝酸还原酶和固氮酶。 3. 钼还有明显的防龋齿作用。 4. 钼对尿结石的形成有强烈的抑制作用，人体缺钼易患肾结石。 5. 钼酸盐与一种称为"调节素"的内源性化合物相似，能够影响糖皮质激素受体

（续）

缺乏	实际生产中，钼的缺乏很罕见。 1. 症状：生长发育迟缓、心律异常、神经功能障碍，血浆中黄嘌呤和亚硫酸盐的浓度升高，尿中尿酸、黄嘌呤、次黄嘌呤排泄增加。日粮中缺乏钼时对家禽没有太大影响，但添加钼的颉颃剂（钨酸盐）能引起生长缓慢及黄嘌呤生成尿酸的能力受损。 2. 原因：硫酸盐可降低钼的吸收
中毒	高水平的钼导致钼中毒，干扰铜的吸收和利用，导致动物贫血、腹泻、疲劳和呼吸困难；能够使体内能量代谢过程出现障碍，心肌缺氧而出现灶性坏死；易发肾结石和尿道结石；增加缺铁性贫血的患病概率；引发龋齿；钼是食管癌的罪魁祸首；会导致痛风样综合征，关节痛及畸形，肾脏受损；会导致生长发育迟缓、体重下降、毛发脱落、动脉硬化（高钼会加速人体动脉壁中的弹性物质——缩醛磷脂的氧化）、结缔组织变性及皮肤病等。总之，钼中毒的症状是腹泻和体重下降，其中牛最敏感，羊受的影响较小，而马不受影响
与其他营养素的关系	1. 高钼干扰铁和铜的吸收及利用：其机制可能是钼可竞争性抑制小肠黏膜刷状缘上的受体，或形成不易被吸收的铜-钼复合物、硫-钼复合物或硫钼酸铜（Cu - MoS），并使之不能与血浆铜蓝蛋白等含铜蛋白结合。 2. 硫酸盐可降低钼的吸收：硫酸根（SO_4^{2-}）因可与钼形成硫酸钼而影响钼的吸收，同时还可抑制肾小管对钼的重吸收，使其从肾脏排泄增加。 3. 与钨的化学结构相似：在结合亚钼蝶呤（一种最终与钼络合的蝶呤）方面与钨会产生竞争

表 1 - 104　钼依赖酶及其功能

酶	酶作用的反应式	说　明
黄嘌呤氧化酶	次黄嘌呤＋O_2＋H_2O→黄嘌呤＋H_2O 黄嘌呤＋NAD^+＋H_2O→尿酸＋$NADH$＋H^+	黄嘌呤氧化酶（XOR）是一种专一性不高，既能催化次黄嘌呤生成黄嘌呤，进而生成尿酸，又能直接催化黄嘌呤生成尿酸的酶，存在于牛乳、动物（特别是鸟类的肝脏与肾脏）、昆虫、细菌中。黄嘌呤氧化酶含有 2 分子 FAD、2 个钼原子和 8 个铁原子，酶中的钼以钼蝶呤辅因子的形式存在，是酶的活性位点，铁原子则为 [2Fe - 2S] 铁氧还蛋白铁硫簇的一部分，参与电子转移反应。其功能为：①参与机体内核酸的分解代谢。人体的尿酸主要由细胞代谢分解的核酸和其他嘌呤类化合物及食物中的嘌呤经酶的作用分解而来。尿酸是核酸的组成成分，即腺嘌呤与鸟嘌呤在人体内进行分解代谢的最终产物。次黄嘌呤和黄嘌呤是尿酸的直接前体，在黄嘌呤氧化酶的作用下，次黄嘌呤氧化为黄嘌呤，黄嘌呤氧化为尿酸。②促进铁的吸收与转运，在小肠黏膜细胞中，黄嘌呤氧化酶将从食物中吸收的亚铁离子氧化成高铁离子，高铁离子与血浆转铁蛋白结合后被吸收入血液而被输送到各组织中。③检测 SOD（超氧化物歧化酶）的活性。④黄嘌呤氧化酶作用产物的抗菌作用，黄嘌呤氧化酶催化次黄嘌呤产生的自由基有杀伤肿瘤细胞的作用，同时大量 H_2O_2 对细胞也有伤害作用
醛氧化酶	$R - CHO + O_2 + H_2O →$ $RCOO^- + H_2O_2 + H^+$	醛氧化酶（AOX）与黄嘌呤氧化酶（XOR）及亚硫酸氧化酶（SO）相似，同属钼-黄素蛋白家族（MFEs），是参与嘌呤类分解代谢的重要酶类。AOX 可催化多种化合物的氧化、还原反应，其底物主要包括醛类、亚硝基化合物、亚胺类及杂环类化合物等

（续）

酶	酶作用的反应式	说明
亚硫酸盐氧化酶	$SO_3^{2-} + H_2O \rightarrow SO_4^{2-} + 2H^+ + 2e^-$	亚硫酸盐氧化酶（SO）作为一种以钼元素为活性中心的生物酶主要位于肝脏或肾脏细胞的线粒体中，在蛋白质和脂质代谢中将亚硫酸盐转化为硫酸盐。体内 SO 的缺乏又称胱氨酸尿症，可造成亚硫酸盐的过度堆积，进而损害脑、神经系统等重要器官，甚至造成死亡。治疗时可尝试予以甜菜碱，增加半胱氨酸退回蛋氨酸重甲基化的能力，以减少半胱氨酸，期望能因此降低过量堆积的亚硫酸
硝酸还原酶	$NO_3^- + NADPH + H^+ \rightarrow NO_2^- + NADP^+ + H_2O$	硝酸还原酶位于细胞质内或细胞膜外，在硝酸盐还原途径中是限速因子，通过 NADH 和 NADPH 其中之一或两者（双功能）提供 2 个电子催化反应，使硝酸盐转换成亚硝酸盐。真核生物中已发现 3 种硝酸还原酶，存在于真菌或苔藓中的为 NADPH-specific 型。硝酸还原酶是同源二聚体，亚基上包含 3 个功能区，从 N-末端到 C-末端分别是：钼辅酶 MoCo（硝酸盐结合与降解区域）、血红素-Fe（细胞色素 b5 结合域）和 FAD（黄素腺苷酸二核苷酸磷酸、细胞色素 b 还原酶、NADH 或 NADPH 结合域）
固氮酶	$N_2 + 8H^+ + 8e^- + 16Mg-AIP \rightarrow 2NH_3 + H_2 + 16Mg-ADP + 16Pi$	生物固氮是固氮微生物特有的一种生理功能，是在固氮酶的催化作用下进行的。固氮微生物需氧，而固氮必须是在严格的厌氧微环境中进行。组成固氮酶的 2 种蛋白质（钼铁蛋白和铁蛋白）对氧极端敏感，一旦遇氧就很快失活

十七、氟

1886 年 Henri Moissan 用电解的方法发现了纯的氟，氟的化学性质很活跃，是强氧化剂。氟化物广泛存在于植物和动物性原料及水中。在动物体内，约 99% 的氟存在于骨骼中，其余存在于软结缔组织等细胞内。氟与钙及磷酸形成的氟磷灰石〔$FCa_5(PO_4)_3$〕主要存在于牙齿和骨骼中。氟被认为是"对人体有益的微量元素"。

氟的消化、吸收、代谢及其功能见表 1-105。

表 1-105　氟的消化、吸收、代谢及其功能

吸收与代谢	1. 胃肠吸收：在胃中，F^- 和 H^+ 形成 HF，以非离子载体转运的方式被胃吸收；在小肠中，F^- 通过肠上皮细胞顶端膜上的跨膜转运载体（可能是 F^-/H^+ 协同转运蛋白）被转运至小肠上皮细胞，也有可能通过阴离子交换体被转运。日粮中的氟可很快被胃肠道吸收，其中 40% 被胃吸收，45% 被小肠吸收。 2. 小肠上皮细胞：在细胞中，F^- 和 Ca^{2+}、Mg^{2+} 分别结合生成钙离子电离层和镁离子电离层。氟通过氟转出蛋白（氟化物载体）穿过基底膜转出细胞进入固有层，然后进入门静脉循环。 3. 运输与代谢：在血液中，F^- 结合 Ca^{2+}、Mg^{2+} 被转运到组织。F^- 进入组织的方式有：①游离的 F^- 通过 F^- 通道；②F^- 与 Ca^{2+} 或 Mg^{2+} 结合后通过 Ca^{2+} 和 Mg^{2+} 通道。 4. 排泄：主要通过肾脏排出体外

（续）

功能	1. 氟化物增强成骨细胞通过钠离子依赖性磷酸根离子转运载体摄取磷酸盐和提高这些细胞中酪氨酸激酶的活性，以促进成骨细胞的增殖和骨的形成。足量的氟对骨骼和牙齿的硬化、结构及强度至关重要。 2. 参与生殖功能
缺乏	症状有蛀牙、龋齿、骨质疏松，可用一氟化碘形式补充
中毒	1. 氟化物和氟乙酸盐分别抑制烯醇化酶（糖酵解）和顺乌头酸酶（三羧酸循环）的活性。 2. 长期高氟导致氟斑牙和骨质疏松症。 3. 过量的氟可导致活性氧的生成增加，细胞谷胱甘肽浓度降低和线粒体内细胞色素 c 的释放。 4. 急性氟中毒的症状和体征为恶心、呕吐、腹泻、腹痛、心功能不全、惊厥、麻痹及昏厥
与其他营养素的关系	1. 铝、钙、镁可影响氟的吸收。 2. 胃中的酸利于氟的吸收

第二章
原料评估与使用

在第一章"原料的营养素成分及其在动物体内的营养过程"中，主要分享了六大营养素的结构、消化、吸收、代谢与营养作用方面的内容。本章中，将介绍百余种原料的评估和使用。配方体系中，原料评估和使用体现于原料数据库及原料上下限的设置上。在表2-1中，以营养素为列、原料为行，形成了配方体系中常用的"原料数据库"（注意表中部分数据是计算值）。

表 2-1　原料数据库的表格形式

营养指标	英文简写	单位	苜蓿草粉	干面包	大麦	玉米胚芽	羽毛粉	燕麦	棕榈核仁粕（压榨）	大豆粕44%
干物质[1]	DM	%	90.6	88	86.7	88	91	90	90.6	88.73
水分	MOI	%	9.4	12	13.3	12	9	10	9.4	11.27
粗蛋白质	CP	%	15.8	11.51	10.1	11.24	80.91	11	14.8	44.76
粗脂肪	FAT	%	2.5	9.88	1.8	39.04	7.89	4	8.5	2
水解粗脂肪（CVB）	FAT_h	%	2.5	9.88	2.7	39.04	7.89	4	8.5	2
粗灰分	ASH	%	10.4	3.25	2.2	1.72	5	2.51	4.1	6.7
中性洗涤纤维	NDF	%	43	10.01	18.7	27.98	0	30.4	65.8	10.5
酸性洗涤纤维	ADF	%	30.6	3.58	5.5	9.61	0	12.97	40.4	6.8
粗纤维	FIBER	%	26.7	2.35	4.6	7.71	0	10.24	17.9	4.5
总淀粉[1]	TOTAL ST	%	3	39.24	52.2	12.66	0	39.74	0	0.8
总能[1]（1）	GE1（计算值）	kcal/kg	3 673.0	4 228.8	3 747.5	5 925.0	5 205.6	4 007.3	4 271.2	4 164.7
总能[1]（2）	GE2（计算值）	kcal/kg	3 891.4	4 202.4	3 807.9	5 843.9	5 142.7	4 149.2	4 345.7	4 128.9
生长猪净能[1]（1）	NE1（计算值）	kcal/kg	824.7	2 754.3	2 249.6	3 464.4	2 897.6	2 011.3	926.7	2 061.8
生长猪净能[1]（2）	NE2（计算值）	kcal/kg	809.8	2 745.1	2 232.2	3 472.1	2 794.1	1 976.6	739.8	2 035.1

（续）

营养指标	英文简写	单位	苜蓿草粉	干面包	大麦	玉米胚芽	羽毛粉	燕麦	棕榈核仁粕（压榨）	大豆粕44%
生长猪净能[1][3]	NE3（计算值）	kcal/kg	819.8	2 742.6	2 241.4	3 521.3	3 001.1	2 002.1	888.4	2 116.1
猪可消化赖氨酸[1]	SW SI LYS	%	0.40	0.20	0.28	0.33	1.21	0.34	0.23	2.47
家禽AMEn（1）	AMEn（1）（计算值）	kcal/kg		3 207.7	2 719.8	4 071.5	3 140.1	2 556.5	1 304.7	2 278.0
家禽AMEn（2）	AMEn（2）（计算值）	kcal/kg	723.5	3 205.8	2 667.4	4 159.7	3 086.1	2 345.9	—	2 067.2
禽可利用蛋氨酸[1]	Poultry Sid MET	%	0.12	0.13	0.15	0.17	0.38	0.16	0.23	0.54
维生素A	Vit A	IU/kg	55 000	—	2 220	900		2 030		—
铁	IRON	mg/kg	312	28	158	749	76	106	534	18.5
必需脂肪酸[1]	EFA	%	0.70	5.64	0.87	16.84	0.13	1.47	0.20	0.87
……										

注：[1] 该项目数据为计算值。表中选取部分原料和营养素作为例子；"—"表示无数据；1cal≈4.184J；"英文简写"为企业自定，以方便日常使用。

制作配方时，配方师主要使用原料和营养浓度两类数据。原料数据主要包括原料价格和营养素指标。在"动态配方体系"中，制作配方所需的5个要素，即原料价格、原料常规指标、原料氨基酸（总氨基酸和可消化氨基酸）、原料能值（总能、消化能、代谢能、净能）和营养浓度（因品种、环境及生长性能而变）是"因变而变"的，而"静态配方"体系中变化的只有原料价格和常规指标，偶尔会根据生产表现经验性的调整营养浓度。上述的不同可以简称为"静态"配方"两变"和动态配方"五变"间的差异。本章主要内容之一就是介绍原料氨基酸和能值的"因变而变"，这也是"原料评估"的两个重要内容。

第一节　原料氨基酸和能值评估

不同的营养体系如 ARC、INRA、NRC、CVB 等有不同的原料评估方法及结果，不同体系方法间绝对值结果的比较是无意义和不必要的。在所有体系中，原料氨基酸的设置有两种方法：①输入实测值；②在配方系统中设定原料氨基酸与粗蛋白质的比值（氨基酸/粗蛋白质），然后根据实测的粗蛋白质值计算氨基酸。这个比值既可以是实践中大量数据的平均值，也可以使用公开发表的数据。注意在设定比值时，首先需要对某种原料进行准确分类，以反映出因地域、季节、品种、收获等不同而导致的差异。氨基酸消化率的数据可以选用各体系原料成分表中公开的消化数据。这样的设置，可以使氨基酸和可消化（利

用）氨基酸与粗蛋白质的数值一起变化，从而更好地体现"真实值"。除了以上两个方法外，氨基酸也可通过公式由部分常规指标计算（表 2-29）。与氨基酸计算方法相比，各营养体系中原料能值的计算思路或公式要复杂得多。

一、家禽原料能值评估

家禽原料能值的计算从总体上不如猪原料能值计算所具有的权威性和普遍性。主要有以下 3 种推荐的计算方法：《家禽营养需要》（NRC，1994）中的"根据概略分析值估测代谢能"；CVB 体系中的"Feed Evaluation Systems For Poultry"；《实用家禽营养》（第三版）中的公式。

（一）《家禽营养需要》（NRC，1994）**中的公式**（原书附表 B-1 根据饲料粗养分估测饲料能值）

表 2-2 中的公式多是 20 世纪 70 年代末到 80 年代末欧洲众多实验室得出的计算公式。

表 2-2 根据饲料粗养分估测饲料家禽代谢能

（kcal/kg DM，除有特殊说明外各原料组分以干物质百分比表示）

原料名称	估测公式	资料来源
玉米	$MEn=36.21\times CP+85.44\times EE+37.26\times NFE$	Janssen（1989）
高粱（单宁≤0.4%）	$MEn=31.02\times CP+77.03\times EE+37.67\times NFE$	Janssen（1989）
高粱（单宁≥1.0%）	$MEn=21.98\times CP+54.75\times EE+35.18\times NFE$	Janssen（1989）
高粱	$ME=3\ 152-357.79\times$单宁酸	Gous 等（1982）
高粱	$MEn=38.55\times DM-394.59\times$单宁酸	Janssen（1989）
高粱	$ME=3\ 062+887\times CF-202.5\times CF^2$	Moir 和 Connor（1977）
高粱	$ME=4\ 412-90.34\times ADF$	Moir 和 Connor（1977）
高粱	$ME=3\ 773+65.73\times APF-3.272\times APF^2$	Moir 和 Connor（1977）
黑小麦	$MEn=34.49\times CP+62.16\times EE+35.61\times NFE$	Janssen（1989）
小麦	$MEn=34.92\times CP+63.1\times EE+36.42\times NFE$	Janssen（1989）
精米（脱壳大米）	$MEn=46.7\times DM-46.7\times ASH-69.55\times CP+42.95\times EE-81.95\times CF$	Janssen（1989）
米糠（溶剂萃取）	$MEn=46.7\times DM-46.7\times ASH-69.54\times CP+42.94\times EE-81.95\times CF$	Janssen（1989）
大米	$MEn=4\ 759-88.6\times CP-127.7\times CF+52.1\times EE$	Janssen 等（1979）
面包副产品	$MEn=34.49\times CP+76.1\times EE+37.67\times NFE$	Janssen（1989）
干面包	$TMEn=4\ 340-100\times CF-40\times ASH-30\times CP+10\times EE$	Dale 等（1989）
次粉，麸皮	$MEn=40.1\times DM-40.1\times ASH-165.39\times CF$	Janssen（1989）
小麦粉及产品	$MEn=3\ 985-205\times CF$	Janssen 等（1979）

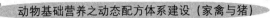

（续）

原料名称	估测公式	资料来源
粒状小麦及产品	$MEn=3926-181\times CF$	Janssen 等（1979）
大麦及产品	$MEn=3\,078-90.4\times CF+9.2\times STA$	Janssen 等（1979）
燕麦及产品	$MEn=2\,970-59.7\times CF+116.9\times EE$	Janssen 等（1979）
淀粉工业副产品		
湿磨玉米副产品	$MEn=4\,240-34.4\times CP-159.6\times CF+13.5\times EE$	Janssen 等（1979）
玉米蛋白粉（65%CP）	$MEn=40.94\times CP+88.17\times EE+33.13\times NFE$	Janssen（1989）
玉米蛋白粉（40%CP）	$MEn=36.64\times CP+73.3\times EE+25.67\times NFE$	Janssen（1989）
玉米蛋白粉（20%CP，玉米蛋白饲料）	$MEn=42.35\times DM-42.35\times ASH-23.74\times CP+28.03\times EE-165.72\times CF$	Janssen（1989）
制糖工业副产品		
甜菜或甘蔗糖蜜	$MEn=40.01\times SUG$	Janssen（1989）
糖	$MEn=38.96\times SUG$	Janssen（1989）
酿酒副产品		
DDGS，DDG	$MEn=39.15\times DM-39.15\times ASH-9.72\times CP-63.81\times CF$	Janssen（1989）
酵母	$MEn=34.06\times CP+40.82\times EE+26.91\times NFE$	Janssen（1989）
块茎类（干基）		
甜薯（马铃薯，sweet potatoes）	$MEn=8.62\times CP+50.12\times EE+36.67\times NFE$	Janssen（1989）
木薯粉	$MEn=39.14\times DM-39.14\times ASH-82.78\times CF$	Janssen（1989）
木薯粉	$MEn=4\,054-43.4\times ASH-103\times CF$	Janssen 等（1979）
油类籽实、粕类及副产品		
棉籽粕（挤压或浸提）	$MEn=21.26\times DM+47.13\times EE-30.85\times CF$	Janssen（1989）
棉籽	$MEn=2\,153-31.8\times CF+43.5\times EE$	Janssen 等（1979）
花生粕（挤压或浸提）	$MEn=29.68\times DM+60.95\times EE-60.87\times CF$	Janssen（1989）
花生	$MEn=3\,072-39.1\times ASH-47.6\times CF+63.7\times EE$	Janssen 等（1979）
菜粕（浸提，高糖苷）	$MEn=29.73\times CP+46.39\times EE+7.87\times NFE$	Janssen（1989）
菜粕（浸提，双低）	$MEn=32.76\times CP+64.96\times EE+13.24\times NFE$	Janssen（1989）
豆粕（挤压）	$MEn=37.5\times CP+70.52\times EE+14.9\times NFE$	Janssen（1989）
豆粕（浸提）	$MEn=37.5\times CP+46.39\times EE+14.9\times NFE$	Janssen（1989）
豆粕（挤压或浸提）	$MEn=2\,072-57.4\times CF+72.0\times EE$	Janssen 等（1979）
热处理大豆（粉状）	$MEn=36.63\times CP+77.96\times EE+19.87\times NFE$	Janssen（1989）
热处理大豆（粒状）	$MEn=38.79\times CP+87.24\times EE+18.22\times NFE$	Janssen（1989）
热处理大豆（粉状）	$MEn=2\,769-59.1\times CF+62.1\times EE$	Janssen 等（1979）
热处理大豆（粒状）	$MEn=2\,636-55.7\times CF+82.5\times EE$	Janssen 等（1979）
葵花籽（未浸提）	$MEn=36.64\times CP+89.07\times EE+4.97\times NFE$	Janssen（1989）
葵花籽产品	$MEn=3\,999-189\times ASH-58.5\times CF+59.5\times EE$	Janssen 等（1979）

（续）

原料名称	估测公式	资料来源
葵花粕（挤压，带壳）	$MEn=26.7\times DM+77.2\times EE-51.22\times CF$	Janssen（1989）
葵花粕（挤压或浸提，脱壳）	$MEn=6.28\times DM-6.28\times ASH+25.38\times CP+62.62\times EE$	Janssen（1989）
动物产品		
脱脂奶粉	$MEn=40.94\times CP+77.96\times EE+19.04\times NFE$	Janssen（1989）
乳清粉（低糖，干燥）	$MEn=38.79\times CP+77.96\times EE+19.04\times NFE$	Janssen（1989）
肉骨粉	$MEn=3\,000+30.00\times EE-31.0\times ASH$	Farrell（1980）
肉骨粉	$MEn=3\,573+59.8\times EE-45.6\times ASH$	Lessire 和 Leclerq（1983）
肉骨粉（NRC，1994）	$MEn=33.94\times DM-45.77\times ASH+59.99\times EE$	Janssen（1989）
肉骨粉	$TMEn=74.5\times EE+38.94\times CP$	Dale（1997）
肉骨粉	$MEn=-910+44.8\times CP+83.6\times EE$	Dolz 和 De Blas（1992）
肉骨粉	$TMEn=-491+34.4\times CP+96.5\times EE$	Dolz 和 De Blas（1992）
鱼粉（60%CP，65%CP，67%CP）	$MEn=35.87\times DM-34.08\times ASH+42.09\times EE$	Janssen（1989）
青鱼粉（挪威）	$MEn=35.87\times DM-34.08\times ASH+42.09\times EE$	Janssen（1989）
血粉（喷雾干燥）	$MEn=34.49\times CP+64.96\times EE$	Janssen（1989）
血粉（鼓式干燥）	$MEn=31.88\times CP+60.32\times EE$	Janssen（1989）
羽毛粉（≥80%胃蛋白消化率）	$MEn=33.2\times CP+57.53\times EE$	Janssen（1989）
禽杂粉	$MEn=31.02\times CP+74.23\times EE$	Janssen（1989）
禽杂粉（高脂肪）	$MEn=31.02\times CP+78.87\times EE$	Janssen（1989）
禽杂粉	$TMEn=2\,587+63.4\times EE$	Dale 等（1993）
禽杂粉	$TMEn=2\,904+65.1\times EE-54.2\times ASH$	Dale 等（1993）
禽杂粉	$TMEn=1\,728+77.9\times EE-40.7\times ASH+6.0\times CP$	Dale 等（1993）
禽类副产品（粉状）	$TMEn=-725+0.841\times GE$（kcal/kg DM）	Pesti 等（1986）
禽类副产品（粉状）	$TMEn=4\,070-142\times Ca$	Pesti 等（1986）
禽类副产品（粉状）	$TMEn=4\,330-61\times ASH$	Pesti 等（1986）
禽类副产品（粉状）	$TMEn=5\,060-263\times ASH+491\times Ca$	Pesti 等（1986）
禽类副产品（粉状）	$TMEn=479+89\times CP-1\,094\times P$	Pesti 等（1986）
禽类副产品（粉状）	$TMEn=11\,340-103\times CP-327\times Ca$	Pesti 等（1986）
禽类副产品（粉状）	$TMEn=934-69\times CP-110\times Ca$	Pesti 等（1986）
禽类副产品（粉状）	$TMEn=561-154\times Ca-622\times P$	Pesti 等（1986）
禽类副产品（粉状）	$TMEn=561-63\times ASH-506\times P$	Pesti 等（1986）
油脚	$MEn=20\,041-23.0\times IV-319.1\times C16：0-153.4\times C18：0$	Janssen（1979）
油脂	$MEn=8\,227-10\,318^{[(-1.168\,5\times 不饱和/饱和)]}$	Ketels 和 DeGroote（1989）
油脂	$MEn=28\,119-235.8\times(C18：1+C18：2)-6.4\times C16：0-310.9\times C18：0+0.726\times IV\times FR1-0.000\,037\,9\times[IV\times(FR1+FFA)]^2$	Huyghebaert 等（1988）

（续）

原料名称	估测公式	资料来源
植物油（游离脂肪酸<50%）	$MEn=-10\,147.94+188.28\times IV+155.09\times FR1-1.670\,9\times(IV\times FR1)$	Huyghebaert 等（1988）
植物油（游离脂肪酸>50%）	$MEn=1\,804+29.708\,4\times IV+29.302\times FR1$	Huyghebaert 等（1988）
动物油（游离脂肪酸<40%）	$MEn=126\,694+1\,645\times IV+838.4\times C16：0-215.3\times C18：0+746.61\times FR1+356.12\times(FR1+FFA)-14.83\times(IV\times FR1)$	Huyghebaert 等（1988）
动物油（游离脂肪酸>40%）	$MEn=-9\,865+194.1\times IV+300.1\times C18：0$	Huyghebaert 等（1988）

注：GE，总能；ME，代谢能；MEn，氮校正代谢能；$TMEn$，氮校正真代谢能；CP，粗蛋白质；EE，醚浸提物；CF，粗纤维；NFE，无氮浸出物；ADF，酸性洗涤纤维；APF，酸-胃蛋白酶处理纤维；STA，淀粉；SUG，糖；IV，碘价；$C16：0$，棕榈酸；$C18：0$，硬脂酸；$C18：1$，油酸；$C18：2$，亚油酸；FFA，游离脂肪酸，按油酸当量计算；$FR1$，柱层析第一组分，含有甘油三酯＋其他非极性成分；DM，干物质。特此说明，$DDGS$ 的计算公式与《饲料企业核心竞争力构建指南》表 1-36 中的不同。

表 2-2 中公式的使用建议：①原文中并未给出参与计算养分的范围值，因此使用时需时刻注意结果是否因此差异较大。②原文作者没有关于以上公式计算结果与实测值间的差异报告，因此无法提供具体的公式适用度，仅根据长期使用经验推荐以上公式。③当一种原料有多个公式时，如豆粕，需使用者本人确定使用哪一个公式。④更多关于公式来源及说明的情况，请查看《家禽营养需要》（NRC，1994）中关于"能量"的原文和附表 B-1。

（二）CVB 体系中家禽原料能值评估

在 CVB 体系中，大部分原料的能值是通过"系数×可消化养分"之和的形式计算的，根据年龄不同（脂肪消化率不同），家禽的 ME 又分为肉鸡 ME_{br}、成年公鸡 ME_{po} 和产蛋鸡 ME_{la}。这样 CVB 体系中共有 3 个家禽能值，即 ME_{br}、ME_{po} 和 ME_{la}。

（1）CVB 家禽 ME 的计算公式，使用可消化养分数据计算（表 2-3）。

表 2-3　CVB 体系中原料家禽代谢能计算公式

名　　称	公　　式
成年公鸡 ME_{po}	ME_{po}（kcal/kg）$=4.31\times DCP+9.28\times DCFAT+4.14\times DNFE$
产蛋鸡 ME_{la}	ME_{la}（kcal/kg）$=4.31\times DCP+10.67\times DCFAT+4.14\times DNFE$
肉鸡 ME_{br}	ME_{br}（kcal/kg）$=4.31\times DCP+9.28\times DCFAT_{h}+4.14\times D（STA+SUG）+3.52\times LA$

注：DCP，可消化粗蛋白质；$DCFAT$，可消化粗脂肪；$DNFE$，可消化无氮浸出物；$DCFAT_{h}$，可消化酸水解粗脂肪；$D（STA+SUG）$，可消化（淀粉＋糖）；LA，乳酸。表中各原料组分均以"g/kg"表示。

（2）除了以上公式外，CVB 也提供了使用概略分析值计算家禽代谢能 ME_{po} 的公式，以及当原料的消化数据不适用时可使用的公式。

（3）基于概略分析值的回归公式 见表 2-4。

表 2-4 CVB 体系中使用概略分析值计算原料家禽代谢能的公式

原料名称	公 式
大麦	ME_{po}（MJ）＝（9 258－9.258×ASH＋7.709×STA_{am}）/1 000
燕麦	ME_{po}（MJ）＝（12 980－12.98×ASH＋48.82×$CFAT$－25.50×CF）/1 000
大麦副产品（大麦除外）	ME_{po}（MJ）＝（13 740－13.74×ASH－35.58×CF＋2.988×STA_{am}）/1 000
玉米深加工及玉米淀粉生产副产品	ME_{po}（MJ）＝（17 538－17.54×ASH－7.569×CP＋17.27×$CFAT$－75.42×CF）/1 000
大米产品（含大米）	ME_{po}（MJ）＝（19 540－19.54×ASH－29.1×CP＋17.97×$CFAT$－34.29×CF）/1 000
小麦产品（含小麦）	ME_{po}（MJ）＝（16 780－16.78×ASH－69.20×CF）/1 000
木薯	ME_{po}（MJ）＝（16 380－16.38×ASH－34.64×CF）/1 000
葵花籽产品（CF＜280g/kg DM）	ME_{po}（MJ）＝（2 626－2.62×ASH＋10.62×CP＋26.20×$CFAT$）/1 000
肉粉和肉骨粉	ME_{po}（MJ）＝（14 200－19.15×ASH＋25.1×$CFAT$）/1 000
豆粕和豆饼（154≤CP≤706；29≤CF≤369；4≤$CFAT$≤85）	ME_{po}（MJ）＝（7 690－7.69×ASH＋6.464×CP＋29.43×$CFAT$－16.09×CF）/1 000

注：表中原料组分均以"g/kg（以干物质计）"表示。ASH，灰分；$CFAT$，粗脂肪；CF，粗纤维；STA_{am}，酶法淀粉；CP，粗蛋白质。

（4）原料的消化数据不适用于计算家禽代谢能时的公式 见表 2-5。

表 2-5 CVB 体系中原料的消化数据不适用于计算家禽代谢能的公式（g/kg DM）

原 料	公 式
全脂花生和花生产品	ME_{po}（MJ）＝（12 420＋25.50×$CFAT$－25.47×CF）/1 000
棉籽产品	ME_{po}（MJ）＝（8 898＋19.72×$CFAT$－12.91×CF）/1 000

注：表中原料组分均以"g/kg（以干物质计）"表示；$CFAT$，粗脂肪；CF，粗纤维。

（5）特殊原料的家禽代谢能计算公式 见表 2-6。

表 2-6　CVB 体系中特殊原料的家禽代谢能计算公式

原料名称	公　式
高粱（低单宁）	ME_{po}（MJ）$=16.13-1.65\times\% tannins$
糖蜜（蔗糖和甜菜）	ME_{po}（MJ）$=（16.45\times SUG）/1\,000$（$SUG$）
油和脂肪（不包括混合脂肪）	ME_{po}（MJ）$=83.9-0.096\,2\times IV-0.133\,5\times$（C16：0）$-0.064\,18\times$（C18：0）
纯脂肪的肉鸡 ME_{br}	ME_{br}（kcal/kg）$=9.28\times DCFAT_h$；其中油脂消化率参数 $DCCFAT$（%）的预测公式为：$DCCFAT$（%）$=96.1-0.374\,6\times$（C16：0+C18：0），（C16：0+C18：0）为占总脂肪酸的百分比的单位

注：表中原料组分均以"g/kg（以干物质计）"表示。$DCFAT_h$，可消化酸水解粗脂肪；$\% tannins$，根据 Kuhla 和 Ebmeyer（1981）的方法测定的单宁含量；SUG，糖；IV，碘价；C16：0，棕榈酸；C18：0，硬脂酸。

使用 CVB 体系公式计算原料家禽代谢能的说明与建议：

①在 CVB 原料列表中给出了成年公鸡/产蛋鸡和肉鸡的粗蛋白质、粗脂肪、无氮浸出物等营养素的消化率，但并不完全或完整，可以使用 CVB 推荐的表 2-5 和表 2-6 中的公式计算代谢能。

②ME_{po} 值既可作为成年公鸡的代谢能值，也可以作为肉鸡、蛋鸡和青年公鸡的通用家禽代谢能值。

③油和脂肪的家禽代谢能值可以使用"纯脂肪的肉鸡 ME_{br}"公式计算。

④对于肉鸡 ME_{br} 公式中的 DCP、$DCFAT_h$、D（STA+SUG）的估算方程，可参考 CVB 相关资料。

⑤CVB 计算出的是 ME 值，从原文的说明来看，应该是经过氮校正的（请查看原文关于 DCP 系数选择方面的内容）；如果 CVB 家禽 ME 是表观代谢能 AME，则使用公式：$AMEn=0.009+0.984\times AME$（Mcal/kg），由 AME 计算氮校正禽代谢能 AMEn，此公式并非 CVB 推荐公式，而是笔者摘自《中国饲料成分与营养价值表》（1985 年 12 月第一版，中国农业科学院畜牧研究所和中国动物营养研究会合编）。

（三）《实用家禽营养》（第三版）中的相关公式

作为一本家禽营养方面有影响力的书籍，《实用家禽营养》（第三版）（S. Leeson 和 J. D. Summers 著，沈慧乐和周鼎年译，2010）有很强的科学性和实用性，书中记录了部分原料家禽代谢能的计算公式（汇总见表 2-7）。

表 2-7　《实用家禽营养》中计算原料家禽代谢能的公式

原料名称	公　式
高粱	$AMEn$（kcal/kg）$=3\,900-500\times$单宁（%）
次粉	ME（kcal/kg）$=3\,182-161\times$粗纤维（%）（Dale，1996）
面包副产品	ME（kcal/kg）$=4\,000-[100\times$粗纤维（%）$+25\times$灰分（%）$]$

（续）

原料名称	公　式
羽毛粉	$TMEn$（kcal/kg）＝2 860＋77×粗脂肪（％）
鱼粉	ME（kcal/kg）＝3 000±（与标准粗脂肪含量的偏差×86）±（与标准粗蛋白质含量的偏差×39）；粗脂肪含量的标准值是2％，粗蛋白质含量的标准值是60％
所有原料	ME（kcal/kg DM）＝53＋38×［粗蛋白质（％）＋2.25×粗脂肪（％）＋1.1×淀粉（％）＋糖（％）］，原料组分以干物质计。Carpenter 和 Clegg（1956）提出，准确度为±200kcal/kg，可用于新原料家禽代谢能的评估

（四）其他公式

国内部分院所或高校亦发表过个别原料（如玉米、小麦）或通用的家禽代谢能估测公式，可参考。

（五）不同公式计算结果的比较

常见的玉米、豆粕和玉米蛋白粉，其常规营养素相同时不同公式的计算结果见表2-8。

表 2-8　原料家禽代谢能计算实例

营养指标	玉米（1）	玉米（2）	玉米蛋白粉（1）	玉米蛋白粉（2）	豆粕（1）	豆粕（2）	豆粕（3）
干物质（％）	84.79	86.7	89.5	93.11	87.09	88.73	88.7
水分（％）	15.21	13.3	10.5	6.89	12.91	11.27	11.3
粗蛋白质（％）	8.02	7	59.9	60.89	46.85	44.76	46.8
粗脂肪（％）	3.2	3.6	5.6	3.8	2.3	2	1.6
水解粗脂肪（CVB,％）	3.2	4.2	5.6	3.8	2.3	2	2.7
粗灰分（％）	1.1	1.2	1.5	1.5	6.5	6.7	6.4
中性洗涤纤维（％）	8.7	9.5	3.2	5.2	7.9	10.5	8.6
酸性洗涤纤维（％）	2.4	2.6	1.6	6.5	6	6.8	5.2
粗纤维（％）	1.6	2	1	1	3.7	4.5	3.8
半纤维素（INRA,％）	6.3	6.9	1.6	−1.3	1.9	3.7	3.4
纤维素（％）	0.8	1.1	0.1	5	−0.9	0.1	−1.6
无氮浸出物（NFE，计算值,％）	70.87	72.9	21.5	25.92	27.74	30.77	30.1
无氮浸出物-水解粗脂肪（NFEh，CVB计算值,％）	70.87	72.3	21.5	25.92	27.74	30.77	29
总淀粉（％）	65.2	64.9	17.6	21.9	0.7	0.8	1.1
总糖（％）	1.2	1.3	0.1	0.5	10	11.1	9.9

（续）

营养指标	玉米 （1）	玉米 （2）	玉米蛋白粉 （1）	玉米蛋白粉 （2）	豆粕 （1）	豆粕 （2）	豆粕 （3）
家禽 AMEn[1]（kcal/kg）	3 204	3 277	3 658	3 687	2 277	2 230	2 278
家禽 AMEn[2]（kcal/kg）	3 402	3 389	3 547	3 626	2 439	2 380	2 390
ME_{br}（CVB，kcal/kg）	3 089	3 313	3 386	3 490	2 134	2 067	2 166
ME_{po}（CVB，kcal/kg）	3 206	3 277	3 601	3 648	2 167	2 125	2 233
ME_{la}（CVB，kcal/kg）	3 244	3 320	3 667	3 692	2 176	2 133	2 239
ME_{po}（CVB 分类公式，kcal/kg）	3 519	3 594			2 224	2 166	2 202

资料来源：[1]NRC（1994）；[2]《实用家禽营养》（第三版）（S. Leeson 和 J. D. Summers 著，沈慧采和周鼎年译，2010）。

（六）油脂的家禽代谢能

对于油脂，使用公式计算的家禽代谢能值结果很难让人信服（表 2-9），因此推荐使用公开发表的固定数据，如 NRC（1994）、《中国饲料成分及营养价值表》、CVB 或其他数据。在《实用家禽营养》（第三版）一书中（2.2.19 油脂），作者对影响油脂能值的因素作了较详细的分析（表 2-10），这些数据化的因素分析有助于我们了解实际配方中油脂变化对饲料能值的影响。

表 2-9 油脂家禽代谢能（推荐值）与 ME_{br} 计算值间的差异

	代谢能（kcal/kg）		脂肪 （%）	MIU （%）	脂肪酸构成（%）								ME_{br} 计算值 （kcal/kg）
	3 周龄前	3 周龄后			12：0	14：0	16：0	18：0	16：1	18：1	18：2	18：3	
牛油	7 400	8 000	98	2		4	25	24	0.5	43	2	0.5	7 073.1
家禽脂肪	8 200	9 000	98	2		1	20	4	5.5	41	25	1.5	7 923.4
鱼油	8 600	9 000	99	1		8	21	4	15	17.2	4.4	3	7 969.9
植物油	8 800	9 200	99	1		0.5	13	1	0.5	31	50	2	8 347.9
椰子油	7 000	8 000	99	1	50	20	6	2.5	0.5		2.1	0.2	8 536.8
棕榈油	7 200	8 000	99	1		2	42.4	3.5	0.7	42.1	8	0.4	7 251.8
植物性皂脚	7 800	8 100	98	2		0.3	15		0.3	29	46	0.8	8 025.4
动植物混合油	8 200	8 600	98	2		2.1	21	10	0.4	32	26	0.6	7 515.2
饭店油脂	8 100	8 900	98	2		1	18	13	2.5	42	16	1	7 685.3

资料来源：《家禽实用营养》（第三版）（S. Leeson 和 J. D. Summers 著，沈慧乐和周鼎年译，2010）。

注：MIU，包含水分、杂质和不可皂化物。ME_{br}（kcal/kg）$= 9.28 \times DCFAT_h$，式中，油脂消化率参数 $DCCFAT\%$ 的预测公式为：$DCCFAT(\%) = 96.1 - 0.374\ 6 \times (C16：0 + C18：0)$。

表 2 - 10 影响家禽脂肪代谢能值的因素

因　素	脂肪的相对代谢能值（%）
家禽日龄（d）	
28 以后	100
7～28	95
1～7	88（特别是对饱和脂肪酸）
游离脂肪酸（%）	
0～10	102
10～20	100
20～30	96
30（含）以上	92（特别是对饱和脂肪酸）
加入量（%）	
1	100
2	100
3	98
4	96
5 及以上	94
钙水平（%）	
≤1	100
>1	96（特别是对 56 日龄内的鸡）

资料来源：《实用家禽营养》（第三版）（S. Leeson 和 J. D. Summers 著，沈慧乐和周鼎年译，2010）。

二、猪原料能值评估

猪营养体系主要有 NRC、INRA、CVB、中国等体系，猪原料能值评估公式于体系内有统一性的特点，然而各体系间却因选择不同而不同。本部分内容主要介绍 NRC、IN-RA、CVB 和其他猪营养体系中原料能值评估，包括总能（GE）、消化能（DE）、代谢能（ME）和净能（NE）。

（一）NRC 体系中猪用原料能值评估

1. NRC（1998）**中猪用原料能值评估** 见表 2 - 11。

表 2 - 11 NRC（1998）中猪用原料能值评估

编号[1]	能量形式[2]	公　式	资料来源	R^2
1	总能	$GE = 4\,143 + 56 \times EE(\%) + 15 \times CP(\%) - 44 \times ASH(\%)$	Ewan (1989)	0.98

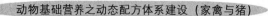

（续）

编号[1]	能量形式[2]	公 式	资料来源	R^2
2		$DE1 = -174 + 0.848 \times GE + 2 \times SCHO(\%) - 16 \times ADF(\%)$	Ewan (1989)	0.87
3	消化能（生长猪）	$DE2 = 949 + 0.789 \times GE - 43 \times ASH(\%) - 41 \times NDF(\%)$	Noblet 和 Perez (1993)	0.91
4		$DE3 = 4\,151 - 122 \times ASH(\%) + 23 \times CP(\%) + 38 \times EE(\%) - 64 \times CF(\%)$	Noblet 和 Perez (1993)	0.89
5	消化能[3]（育肥猪或限饲的母猪）	$DE4 = 1\,391 + 0.58 \times DE + 23 \times EE(\%) + 12.7 \times CP(\%)$	Noblet 和 Shi (1993)	0.96
6		$DE5 = -712 + 1.14 \times DE + 33 \times NDF(\%)$	Noblet 和 Shi (1993)	0.93
7		$ME1 = DE \times [1.012 - 0.001\,9 \times CP(\%)]$	May 和 Bell (1971)	0.91
8	代谢能（生长猪）	$ME2 = DE \times [0.998 - 0.002 \times CP(\%)]$	Noblet 等 (1989c)	0.54
9		$ME3 = DE \times [1.003 - 0.002\,1 \times CP(\%)]$	Noblet 和 Perez (1993)	0.48
10	代谢能[4]（育肥猪或限饲的母猪）	$ME4 = 1\,107 + 0.64 \times ME + 22.9 \times EE(\%) + 6.9 \times CP(\%)$	Noblet 和 Shi (1993)	0.96
11		$ME5 = -946 + 1.17 \times ME + 3.15 \times NDF(\%)$	Noblet 和 Shi (1993)	0.94
12		$NE1 = 328 + 0.599 \times ME - 15 \times ASH(\%) - 30 \times ADF(\%)$	Ewan (1989)	0.81
13	净能	$NE2 = 0.726 \times ME + 13.3 \times EE(\%) + 3.9 \times St(\%) - 6.7 \times CP(\%) - 8.7 \times ADF(\%)$	Noblet 等 (1994)	0.97
14		$NE3 = 2\,790 + 41.2 \times EE(\%) + 8.1 \times St\% - 66.5 \times ASH(\%) - 47.2 \times ADF(\%)$	Noblet 等 (1994)	0.90

注：[1]对公式进行编号，方便文中引用；[2]表中能量值单位为 kcal/kg DM，各原料组分单位均以干物质为基础；[3]使用生长猪消化能（DE）计算；[4]使用生长猪代谢能（ME）计算。EE，醚提取物；CP，粗蛋白质；ASH，粗灰分；ADF，酸性洗涤纤维；NDF，中性洗涤纤维；CF，粗纤维；SCHO，可溶性碳水化合物，其计算公式：$SCHO = [100 - (CP + EE + ASH + NDF)] \div 100 \times 100\%$；St，淀粉。

表 2-12 中以豆粕为例，列出了使用 NRC（1998）公式计算生长猪能值的过程和结果。

表 2 - 12　NRC（1998）中豆粕生长猪豆粕的能量计算

原料区	化学组分		干物质（DM，%）	粗蛋白质（CP，%）	醚提取物（EE，%）	粗纤维（CF，%）	粗灰分（ASH，%）	中性洗涤纤维（NDF，%）	酸性洗涤纤维（ADF，%）	淀粉（St，%）	糖（Sugars，%）	可溶性碳水化合物（SCHO，%）	残渣（%）
豆粕		风干	87.6	43.3	1.5	6.1	6.5	11.4	7.4	0	8.5		
		DM	87.6	49.43	1.71	6.96	7.42	13.01	8.45	0.0	9.70	28.42	18.72

能量计算区	能量		DM基础（kcal/kg）	风干基础（kcal/kg）
	GE		4 653.8	4 076.8
	DE-生长猪	公式1	3 694.1	3 236.1
		公式2	3 768.3	3 301.0
		公式3	4 002.0	3 505.8
		DE平均	3 821.5	3 347.6
	ME-生长猪	公式1	3 508.4	3 073.4
		公式2	3 436.1	3 010.0
		公式3	3 436.3	3 010.2
		ME平均	3 460.3	3 031.2
	NE	公式1	2 036.0	1 783.5
		公式2	2 130.2	1 866.1
		公式3	1 968.4	1 724.3
		NE平均	2 044.9	1 791.3

（1）消化能和代谢能的计算还有育肥猪和母猪的公式，此处仅以生长猪为例。

（2）实际中均使用公式平均值，此处 DE、ME 的引用也是使用的平均值。

（3）通过变动原料风干基础的化学成分数据（实际化验室数据），能量自动变动

能量汇总（kcal/kg）

能量	能值	DE/GE	ME/DE	NE/ME
总能（GE）	4 076.8			
消化能（DE）	3 347.6	0.82		
代谢能（ME）	3 031.2		0.91	
净能（NE）	1 791.3			0.59

2. NRC（2012）中猪用原料能值评估　见表 2 - 13。

表 2 - 13　NRC（2012）中猪用原料能值评估

编号[1]	能量形式[2]	公式	资料来源
15	总能	$GE = 4\,143 + 56 \times EE(\%) + 15 \times CP(\%) - 44 \times ASH(\%)$	Ewan（1989）
16	消化能	$DE1 = 1\,161 + 0.749 \times GE - 4.3 \times ASH - 4.1 \times NDF$	Noblet 和 Perez（1993）
17		$DE2 = 4\,168 - 9.1 \times ASH + 1.9 \times CP + 3.9 \times EE - 3.6 \times NDF$	Noblet 和 Perez（1993）
18	代谢能	$ME/DE = 100.3 - 0.021 \times CP$	Le Goff 和 Noblet（2001）
19		$ME2 = 4\,194 - 9.2 \times ASH + 1.0 \times CP + 4.1 \times NDF$	Noblet 和 Perez（1993）
20		$ME3 = 1.00 \times DE - 0.68 \times CP$	Noblet 和 Perez（1993）
21	净能	$NE1 = 0.726 \times ME + 1.33 \times EE + 0.39 \times St - 0.62 \times CP - 0.83 \times ADF$	Noblet 等（1994）
22		$NE2 = 0.700 \times DE + 1.61 \times EE + 0.48 \times St - 0.91 \times CP - 0.87 \times ADF$	Noblet 等（1994）
23		$NE3 = 2.73 \times DCP + 8.37 \times DEE + 3.44 \times St + 2.89 \times DRES$	Noblet 等（1994）
24		$NE4 = 2.80 \times DCP + 8.54 \times DEE_h + 3.38 \times St_{am} + 3.05 \times Sug_e + 2.33 \times FCH$	Blok（2006）

注：[1]对公式进行编号，方便文中引用；[2]能量单位 kcal/kg DM，公式中的原料组分单位为 g/kg DM。EE，醚提取物；CP，粗蛋白质；ASH，粗灰分；ADF，酸性洗涤纤维；NDF，中性洗涤纤维；St，淀粉；DCP，可消化蛋白；DEE，可消化醚提取物；DRES，可消化残渣，其计算公式：$DRES = DOM - (DCP + DEE + 淀粉 + DADF)$，DOM 是可消化有机物，DADF 是可消化酸性洗涤纤维；DEE_h，可消化的酸水解后粗脂肪；St_{am}，淀粉葡萄糖酶法测得的可消化淀粉；Sug_e，总糖中酶降解部分；FCH，可发酵碳水化合物，计算公式：$FCH = 可发酵淀粉\ St_{am(ferm)} + 可发酵糖\ Sug_{ferm} + 可消化非淀粉多糖\ DNSP$；式中，$DNSP = DOM - DCP - DEEh - St_{am} - 校正系数 \times Sug_e$，假定校正系数为 0.95，$Sug_{total} = Sug_e + Sug_{ferm}$。

（二）INRA（2004）中猪用原料能值评估

INRA 是法国农业科学研究院的简写，本文公式除摘自《饲料成分与营养价值表》（Daniel Sauvant、Jean‐Marc Perez 和 Gilles Tran 著，谯仕彦等主译，2004）外，也选自《国内外畜禽饲养标准与饲料成分表》（熊本海，2010）。

相对于 NRC，INRA 的计算公式考虑了不同原料差异，因此公式较多（表 2‐14 至表 2‐19）。

表 2‐14 INRA（2004）中猪用原料能值评估

编号[1]	能量形式[2]	公 式
25		$GE1 = 17.3 + 0.061\ 7 \times CP + 0.219\ 3 \times EE + 0.038\ 7 \times CF - 0.186\ 7 \times ASH + \Delta$，INRA 根据 2 000 多个总能数据统计分析后得到的公式，Δ 为校正系数，不同原料的 Δ 值不同（表 2‐15），根据此方法得到的各原料总能的具体公式见表 2‐16
26	总能	$GE2 = 0.229\ 9 \times CP + 0.389\ 3 \times EE + 0.174\ 0 \times Starch + 0.165\ 5 \times Sugars + 0.188\ 4 \times NDF + 0.177\ 3 \times Residue$（$Residue$ 表示有机物质与方程中所有成分和的差，理论上是细胞壁含量）
27		$DE1 = 0.224\ 7 \times CP + 0.317\ 1 \times EE + 0.172\ 0 \times Starch + 0.031\ 8 \times NDF + 0.163\ 2 \times Residue$（Le Goff 和 Noblet，2001）。当某些或某类原料无法基于其化学组成建立总能消化率方程时使用此公式，公式中 $Residue$ 等于有机物质含量与公式中其他组分总和的差。
28	消化能	$DE2 = GE \times$ 总能消化率 dE
29		富含脂肪的原料（油和脂肪）：生长猪和母猪的总能消化率 dE 为 85%，醚提取物消化率 EEd 和有机物消化率 OMd 也为 85%。85%的消化率不适用于富含游离脂肪酸的饲料
30		合成氨基酸的总能消化率 dE 为 100%，即其消化能等于其总能
31		$ME = DE -$ 尿能 $-$ 甲烷能
32	代谢能	生长猪尿能（MJ/kg DM）：$Euri = 0.19 + 0.031 \times$ 尿氮 $Nuri$（g/kg DM），尿中氮含量约占可消化氮的 50% 母猪尿能（MJ/kg DM）：$Euri = 0.22 + 0.031 \times$ 尿氮 $Nuri$（g/kg DM），尿中氮含量约占可消化氮的 50%
33		生长猪甲烷能（kJ）：$0.67 \times DRes$ 的克数； 成年母猪甲烷能（kJ）：$1.34 \times DRes$ 的克数
34		合成氨基酸：按 DE 的 65% 计算 ME
35		$NE2 = 0.121 \times DCP + 0.350 \times DEE + 0.143 \times Starch + 0.119 \times Sugars + 0.086 \times DRes$（单位：MJ/kg DM，化学组分以"% DM"表示）（Noblet 等，1994）；只含有淀粉的原料和脂肪推荐使用此公式估算净能值
36	净能	$NE4 = 0.703 \times DE + 0.066 \times EE + 0.020 \times Starch - 0.041 \times CP - 0.041 \times CF$（单位：MJ/kg DM，化学组分以"% DM"表示）（Noblet 等，1994）
37		$NE7 = 0.730 \times ME + 0.055 \times EE + 0.015 \times Starch - 0.028 \times CP - 0.041 \times CF$（单位：MJ/kg DM，化学组分以"% DM"表示）（Noblet 等，1994）

（续）

编号[1]	能量形式[2]	公　式
38		合成氨基酸：假设代谢能的利用效率为合成体蛋白质保留部分的85%（DE的65%），而脱氨基作用的代谢能利用效率为60%（DE的35%）。合成氨基酸净能的具体计算可使用表2-18中净能与代谢能的比值计算
39		可消化脂肪 $DEE=0.82 \times EE-0.02 \times NDF-0.7$，脂肪消化率 $EEd=DEE \div EE$
40		各原料中氮的消化率计算见表2-19。可消化蛋白 $DCP=$ 氮的消化率 $dN\% \times$ 粗蛋白质
41	净能	有机物消化率 OMd（%）$=7.0+0.955 \times dE$（%）$-0.05 \times DCP-0.03 \times DEE$；有机物消化率 OMd（%）$=7.9+0.915 \times dE$（%）$+0.031 \times (Starch+Glucose)$ 以上两个计算 OMd 的公式有同样的准确性，实际可取二者的平均值
42		残渣 $Res=OM-CP-EE-Starch-Glucose$；可消化残渣 $DRes=DOM-DCP-DEE-Starch-Glucose$，淀粉和葡萄糖的消化率假定为100%
43		母猪能值与生长能值的比例关系见表2-18

注：[1]对公式进行编号，方便文中引用；[2]能量单位 MJ/kg DM，公式中的原料组分单以占干物质的百分比（%）表示 EE，醚提取物；CP，粗蛋白质；ASH，粗灰分；ADF，酸性洗涤纤维；NDF，中性洗涤纤维；$Starch$，淀粉；$Sugars$，总糖；DCP，可消化蛋白；DEE，可消化醚提取物。

表2-15　INRA中饲料总能估测公式的校正系数值

饲料名称	Δ值
玉米蛋白粉	1.29
血粉	1.12
苜蓿蛋白浓缩物	1.04
小麦蒸馏副产物、小麦面筋饲料、玉米糠、米糠	0.58
全脂油菜籽、全脂亚麻籽、全脂棉籽、棉籽粕	0.49
燕麦、小麦制粉副产物、玉米面筋饲料和其他玉米淀粉副产物、玉米饲料粉、高粱	0.31
青干草、秸秆	0.19
大麦	0.15
大麦根、肉骨粉	−0.18
亚麻籽饼、棕榈核仁粕、全脂大豆、大豆粕、葵花粕	−0.19
木薯	−0.23
蚕豆、羽扇豆、豌豆	−0.36
甜菜渣、糖蜜、酒糟、马铃薯渣	−0.43
乳清	−0.74
大豆皮	−0.97
除淀粉和酒糟外的其他饲料原料	0.00

资料来源：《饲料成分和营养价值表》（INRA，2004）。

表 2-16 INRA 中猪用原料总能 GE 评估

饲料名称	公 式
燕麦	$17.64 + 0.0617 \times CP + 0.0387 \times CF + 0.2193 \times EE - 0.1867 \times ASH$
去壳燕麦	$17.64 + 0.0617 \times CP + 0.0387 \times CF + 0.2193 \times EE - 0.1867 \times ASH$
硬质小麦	$17.33 + 0.0617 \times CP + 0.0387 \times CF + 0.2193 \times EE - 0.1867 \times ASH$
软小麦	$17.33 + 0.0617 \times CP + 0.0387 \times CF + 0.2193 \times EE - 0.1867 \times ASH$
玉米	$17.33 + 0.0617 \times CP + 0.0387 \times CF + 0.2193 \times EE - 0.1867 \times ASH$
大麦	$17.48 + 0.0617 \times CP + 0.0387 \times CF + 0.2193 \times EE - 0.1867 \times ASH$
糙米	$17.33 + 0.0617 \times CP + 0.0387 \times CF + 0.2193 \times EE - 0.1867 \times ASH$
黑麦	$17.33 + 0.0617 \times CP + 0.0387 \times CF + 0.2193 \times EE - 0.1867 \times ASH$
高粱	$17.64 + 0.0617 \times CP + 0.0387 \times CF + 0.2193 \times EE - 0.1867 \times ASH$
黑小麦	$17.33 + 0.0617 \times CP + 0.0387 \times CF + 0.2193 \times EE - 0.1867 \times ASH$
细硬质小麦麸	$17.64 + 0.0617 \times CP + 0.0387 \times CF + 0.2193 \times EE - 0.1867 \times ASH$
硬质小麦麸	$17.64 + 0.0617 \times CP + 0.0387 \times CF + 0.2193 \times EE - 0.1867 \times ASH$
饲用小麦粉	$17.64 + 0.0617 \times CP + 0.0387 \times CF + 0.2193 \times EE - 0.1867 \times ASH$
次粉	$17.64 + 0.0617 \times CP + 0.0387 \times CF + 0.2193 \times EE - 0.1867 \times ASH$
细小麦麸	$17.64 + 0.0617 \times CP + 0.0387 \times CF + 0.2193 \times EE - 0.1867 \times ASH$
小麦麸	$17.64 + 0.0617 \times CP + 0.0387 \times CF + 0.2193 \times EE - 0.1867 \times ASH$
<7%小麦酒糟（淀粉<7%）	$17.91 + 0.0617 \times CP + 0.0387 \times CF + 0.2193 \times EE - 0.1867 \times ASH$
>7%小麦酒糟（淀粉>7%）	$17.91 + 0.0617 \times CP + 0.0387 \times CF + 0.2193 \times EE - 0.1867 \times ASH$
25%小麦面筋饲料（淀粉=25%）	$17.91 + 0.0617 \times CP + 0.0387 \times CF + 0.2193 \times EE - 0.1867 \times ASH$
28%小麦面筋饲料（淀粉=28%）	$17.91 + 0.0617 \times CP + 0.0387 \times CF + 0.2193 \times EE - 0.1867 \times ASH$
玉米蛋白饲料	$17.64 + 0.0617 \times CP + 0.0387 \times CF + 0.2193 \times EE - 0.1867 \times ASH$
玉米蛋白粉	$18.62 + 0.0617 \times CP + 0.0387 \times CF + 0.2193 \times EE - 0.1867 \times ASH$
玉米酒糟	$17.33 + 0.0617 \times CP + 0.0387 \times CF + 0.2193 \times EE - 0.1867 \times ASH$
饲用玉米粉	$17.64 + 0.0617 \times CP + 0.0387 \times CF + 0.2193 \times EE - 0.1867 \times ASH$
玉米麸	$17.91 + 0.0617 \times CP + 0.0387 \times CF + 0.2193 \times EE - 0.1867 \times ASH$
玉米胚芽粕	$17.33 + 0.0617 \times CP + 0.0387 \times CF + 0.2193 \times EE - 0.1867 \times ASH$
玉米胚芽饼	$17.33 + 0.0617 \times CP + 0.0387 \times CF + 0.2193 \times EE - 0.1867 \times ASH$
玉米麸	$17.33 + 0.0617 \times CP + 0.0387 \times CF + 0.2193 \times EE - 0.1867 \times ASH$
干啤酒糟	$0.230 \times CP + 0.389 \times EE + 0.174 \times Starch + 0.166 \times Sugars + 0.188 \times NDF + 0.177 \times (100 - ASH - CP - EE - Starch - Sugars - NDF)$
干大麦根	$17.15 + 0.0617 \times CP + 0.0387 \times CF + 0.2193 \times EE - 0.1867 \times ASH$
碎米	$17.33 + 0.0617 \times CP + 0.0387 \times CF + 0.2193 \times EE - 0.1867 \times ASH$
浸提米糠	$17.91 + 0.0617 \times CP + 0.0387 \times CF + 0.2193 \times EE - 0.1867 \times ASH$
全脂米糠	$17.91 + 0.0617 \times CP + 0.0387 \times CF + 0.2193 \times EE - 0.1867 \times ASH$
全脂油菜籽	$17.81 + 0.0617 \times CP + 0.0387 \times CF + 0.2193 \times EE - 0.1867 \times ASH$

（续）

饲料名称	公　式
全脂棉籽	$17.81+0.061\,7\times CP+0.038\,7\times CF+0.219\,3\times EE-0.186\,7\times ASH$
白花蚕豆	$16.96+0.061\,7\times CP+0.038\,7\times CF+0.219\,3\times EE-0.186\,7\times ASH$
彩花蚕豆	$16.96+0.061\,7\times CP+0.038\,7\times CF+0.219\,3\times EE-0.186\,7\times ASH$
全脂亚麻籽	$17.81+0.061\,7\times CP+0.038\,7\times CF+0.219\,3\times EE-0.186\,7\times ASH$
白羽扇豆	$16.96+0.061\,7\times CP+0.038\,7\times CF+0.219\,3\times EE-0.186\,7\times ASH$
蓝羽扇豆	$16.96+0.061\,7\times CP+0.038\,7\times CF+0.219\,3\times EE-0.186\,7\times ASH$
豌豆	$16.96+0.061\,7\times CP+0.038\,7\times CF+0.219\,3\times EE-0.186\,7\times ASH$
鹰嘴豆	$17.33+0.061\,7\times CP+0.038\,7\times CF+0.219\,3\times EE-0.186\,7\times ASH$
压榨全脂大豆	$17.14+0.061\,7\times CP+0.038\,7\times CF+0.219\,3\times EE-0.186\,7\times ASH$
烘烤全脂大豆	$17.14+0.061\,7\times CP+0.038\,7\times CF+0.219\,3\times EE-0.186\,7\times ASH$
全脂向日葵籽	$17.14+0.061\,7\times CP+0.038\,7\times CF+0.219\,3\times EE-0.186\,7\times ASH$
<9%脱毒花生粕（粗纤维<9%）	$17.33+0.061\,7\times CP+0.038\,7\times CF+0.219\,3\times EE-0.186\,7\times ASH$
>9%脱毒花生粕（粗纤维>9%）	$17.33+0.061\,7\times CP+0.038\,7\times CF+0.219\,3\times EE-0.186\,7\times ASH$
浸提可可粉	$17.33+0.061\,7\times CP+0.038\,7\times CF+0.219\,3\times EE-0.186\,7\times ASH$
亚麻籽粕	$17.33+0.061\,7\times CP+0.038\,7\times CF+0.219\,3\times EE-0.186\,7\times ASH$
压榨可可粉	$17.33+0.061\,7\times CP+0.038\,7\times CF+0.219\,3\times EE-0.186\,7\times ASH$
7%～14%棉籽粕（CF=7%～14%）	$17.81+0.061\,7\times CP+0.038\,7\times CF+0.219\,3\times EE-0.186\,7\times ASH$
14%～20%棉籽粕（CF=14%～20%）	$17.81+0.061\,7\times CP+0.038\,7\times CF+0.219\,3\times EE-0.186\,7\times ASH$
溶剂浸提亚麻籽粕	$17.14+0.061\,7\times CP+0.038\,7\times CF+0.219\,3\times EE-0.186\,7\times ASH$
压榨亚麻籽饼	$17.14+0.061\,7\times CP+0.038\,7\times CF+0.219\,3\times EE-0.186\,7\times ASH$
压榨棕榈核仁粉	$17.14+0.061\,7\times CP+0.038\,7\times CF+0.219\,3\times EE-0.186\,7\times ASH$
溶剂浸提核仁粕	$17.33+0.061\,7\times CP+0.038\,7\times CF+0.219\,3\times EE-0.186\,7\times ASH$
压榨芝麻粕	$17.33+0.061\,7\times CP+0.038\,7\times CF+0.219\,3\times EE-0.186\,7\times ASH$
46大豆粕（CP+Fat≈46%）	$17.14+0.061\,7\times CP+0.038\,7\times CF+0.219\,3\times EE-0.186\,7\times ASH$
48大豆粕（CP+Fat≈47%）	$17.14+0.061\,7\times CP+0.038\,7\times CF+0.219\,3\times EE-0.186\,7\times ASH$
48大豆粕（CP+Fat≈50%）	$17.14+0.061\,7\times CP+0.038\,7\times CF+0.219\,3\times EE-0.186\,7\times ASH$
未脱壳葵花粕	$17.14+0.061\,7\times CP+0.038\,7\times CF+0.219\,3\times EE-0.186\,7\times ASH$
部分脱壳葵花粕	$17.14+0.061\,7\times CP+0.038\,7\times CF+0.219\,3\times EE-0.186\,7\times ASH$
玉米淀粉	$0.230\times CP+0.389\times EE+0.174\times Starch+0.166\times Sugars+0.188\times NDF+0.177\times(100-ASH-CP-EE-Starch-Sugars-NDF)$
67%木薯（淀粉=67%）	$17.10+0.061\,7\times CP+0.038\,7\times CF+0.219\,3\times EE-0.186\,7\times ASH$
72%木薯（淀粉=72%）	$17.10+0.061\,7\times CP+0.038\,7\times CF+0.219\,3\times EE-0.186\,7\times ASH$
甘薯干	$17.33+0.061\,7\times CP+0.038\,7\times CF+0.219\,3\times EE-0.186\,7\times ASH$
干马铃薯块茎	$17.33+0.061\,7\times CP+0.038\,7\times CF+0.219\,3\times EE-0.186\,7\times ASH$

（续）

饲料名称	公 式
苜蓿蛋白浓缩物	$18.37+0.061\,7\times CP+0.038\,7\times CF+0.219\,3\times EE-0.186\,7\times ASH$
可可豆皮	$17.33+0.061\,7\times CP+0.038\,7\times CF+0.219\,3\times EE-0.186\,7\times ASH$
大豆皮	$16.36+0.061\,7\times CP+0.038\,7\times CF+0.219\,3\times EE-0.186\,7\times ASH$
荞麦皮	$17.33+0.061\,7\times CP+0.038\,7\times CF+0.219\,3\times EE-0.186\,7\times ASH$
稻子豆荚饼粉	$17.33+0.061\,7\times CP+0.038\,7\times CF+0.219\,3\times EE-0.186\,7\times ASH$
干啤酒酵母	$17.33+0.061\,7\times CP+0.038\,7\times CF+0.219\,3\times EE-0.186\,7\times ASH$
甜菜糖蜜	$16.90+0.061\,7\times CP+0.219\,3\times EE-0.186\,7\times ASH$
甘蔗糖蜜	$16.90+0.061\,7\times CP+0.219\,3\times EE-0.186\,7\times ASH$
葡萄种子	$17.33+0.061\,7\times CP+0.038\,7\times CF+0.219\,3\times EE-0.186\,7\times ASH$
干柑橘渣	$17.10+0.061\,7\times CP+0.038\,7\times CF+0.219\,3\times EE-0.186\,7\times ASH$
干甜菜渣	$16.90+0.061\,7\times CP+0.038\,7\times CF+0.219\,3\times EE-0.186\,7\times ASH$
加糖蜜的干甜菜渣	$16.90+0.061\,7\times CP+0.038\,7\times CF+0.219\,3\times EE-0.186\,7\times ASH$
压榨甜菜渣	$16.90+0.061\,7\times CP+0.038\,7\times CF+0.219\,3\times EE-0.186\,7\times ASH$
干马铃薯渣	$0.230CP+0.389\times EE+0.174\times Starch+0.166\times Sugars+0.188\times NDF+0.177\times(100-ASH-CP-EE-Starch-Sugars-NDF)$
液体马铃薯饲料	$16.90+0.061\,7\times CP+0.038\,7\times CF+0.219\,3\times EE-0.186\,7\times ASH$
谷氨酸生产中的酒糟	$16.90+0.061\,7\times CP+0.038\,7\times CF+0.219\,3\times EE-0.186\,7\times ASH$
不同来源的酒糟	$16.90+0.061\,7\times CP+0.038\,7\times CF+0.219\,3\times EE-0.186\,7\times ASH$
干草	$17.52+0.061\,7\times CP+0.038\,7\times CF+0.219\,3\times EE-0.186\,7\times ASH$
脱水苜蓿（$CP<16\%,\%\,DM$）	$17.33+0.061\,7\times CP+0.038\,7\times CF+0.219\,3\times EE-0.186\,7\times ASH$
脱水苜蓿（$CP=17\%\sim18\%,\%\,DM$）	$17.33+0.061\,7\times CP+0.038\,7\times CF+0.219\,3\times EE-0.186\,7\times ASH$
脱水苜蓿（$CP=18\%\sim19\%,\%\,DM$）	$17.33+0.061\,7\times CP+0.038\,7\times CF+0.219\,3\times EE-0.186\,7\times ASH$
脱水苜蓿（$CP=22\%\sim25\%,\%\,DM$）	$17.33+0.061\,7\times CP+0.038\,7\times CF+0.219\,3\times EE-0.186\,7\times ASH$
小麦秸秆	$17.52+0.061\,7\times CP+0.038\,7\times CF+0.219\,3\times EE-0.186\,7\times ASH$
酸乳清粉	$16.59+0.061\,7\times CP+0.219\,3\times EEH-0.186\,7\times ASH$
甜乳清粉	$16.59+0.061\,7\times CP+0.219\,3\times EEH-0.186\,7\times ASH$
脱脂奶粉	$17.33+0.061\,7\times CP+0.219\,3\times EEH-0.186\,7\times ASH$
全奶粉	$17.33+0.061\,7\times CP+0.219\,3\times EEH-0.186\,7\times ASH$
全脂浓缩鱼汁	$17.33+0.061\,7\times CP+0.219\,3\times EEH-0.186\,7\times ASH$
62%鱼粉（$CP=62\%$）	$17.33+0.061\,7\times CP+0.219\,3\times EEH-0.186\,7\times ASH$
65%鱼粉（$CP=65\%$）	$17.33+0.061\,7\times CP+0.219\,3\times EEH-0.186\,7\times ASH$
70%鱼粉（$CP=70\%$）	$17.33+0.061\,7\times CP+0.219\,3\times EEH-0.186\,7\times ASH$
肉骨粉（脂肪≤7.5%）	$17.33+0.061\,7\times CP+0.219\,3\times EEH-0.186\,7\times ASH$
肉骨粉（脂肪>7.5%）	$17.33+0.061\,7\times CP+0.219\,3\times EEH-0.186\,7\times ASH$
血粉	$18.45+0.061\,7\times CP+0.219\,3\times EEH-0.186\,7\times ASH$
羽毛粉	$17.33+0.061\,7\times CP+0.219\,3\times EEH-0.186\,7\times ASH$

资料来源：《国内外畜禽饲养标准与饲料成分汇编》（熊本海，2010）。

注：EEH，无氮浸出物；总能，MJ/kg（以干物质计），所有原料组分以占干物质的百分比（%）表示。

表 2-17　INRA 中猪饲料总能消化率评估

饲料名称	公　式
燕麦	$93.6-2.13\times CF$
去壳燕麦粒	$93.6-2.13\times CF$
硬质小麦粒	$97.7-3.94\times CF$
软小麦	$97.7-3.94\times CF$
玉米	$[(97.3-3.82\times CF)+(97.4-3.11\times ADF)+88.0]/3$
大麦	$[2\times(94.2-2.53\times CF)+(90.9-1.72\times ADF)]/3$
糙米	$100\times\{0.225\times CP+0.317\times EE+0.172\times Starch+0.032\times NDF+0.163\times[100-(CP+ASH+Starch+NDF+EE)]\}/GE$
黑小麦	$[2\times(94.7-3.33\times CF)+87.3]/3$
细硬质小麦麸	$[2\times(97.5-3.9\times CF)+(99.4-0.92\times NDF)]/3$
硬质小麦麸	$[2\times(97.5-3.9\times CF)+(99.4-0.92\times NDF)]/3$
饲用小麦粉	$[2\times(97.5-3.9\times CF)+(99.4-0.92\times NDF)]/3$
次粉	$[2\times(97.5-3.9\times CF)+(99.4-0.92\times NDF)]/3$
细小麦麸	$[2\times(97.5-3.9\times CF)+(99.4-0.92\times NDF)]/3$
小麦麸	$[2\times(97.5-3.9\times CF)+(99.4-0.92\times NDF)]/3$
小麦酒糟（淀粉<7%）	$[2\times(97.5-3.9\times CF)+(99.4-0.92\times NDF)]/3$
小麦酒糟（淀粉>7%）	$[2\times(97.5-3.9\times CF)+(99.4-0.92\times NDF)]/3$
小麦面筋饲料（淀粉-25%）	$[2\times(97.5-3.9\times CF)+(99.4-0.92\times NDF)]/3$
小麦面筋饲料（淀粉=28%）	$[2\times(97.5-3.9\times CF)+(99.4-0.92\times NDF)]/3$
玉米面筋饲料	$[2\times(98.7-3.94\times CF)+(97.4-3.11\times ADF)]/3$
玉米蛋白粉	$[2\times(98.7-3.94\times CF)+(97.4-3.11\times ADF)]/3$
玉米酒糟	$[2\times(98.7-3.94\times CF)+(97.4-3.11\times ADF)]/3$
饲用玉米粉	$[2\times(98.7-3.94\times CF)+(97.4-3.11\times ADF)]/3$
玉米麸	$\{(97.3-3.83\times CF)+(97.4-3.11\times ADF)+100\times[225\times CP+317\times EE+172\times Starch+32\times NDF+16.3\times(100-CP-ASH-Starch-NDF+EE)]/(GE\times10)\}/3$
玉米麸	$[2\times(98.7-3.94\times CF)+(97.4-3.11\times ADF)]/3$
干啤酒糟	$[(94.2-2.53\times CF)+(90.9-1.72\times ADF)]/2$
干大麦根	$[(94.2-2.53\times CF)+(90.9-1.72\times ADF)]/2$
碎米	$100\times\{0.225\times CP+0.317\times EE+0.172\times Starch+0.032\times NDF+0.163\times[100-(CP+ASH+Starch+NDF+EE)]\}/GE$
全脂棉籽	$100\times\{0.225\times CP+0.317\times EE+0.172\times Starch+0.032\times NDF+0.163\times[100-(CP+ASH+Starch+NDF+EE)]\}/GE$
全脂亚麻籽	$100\times\{0.225\times CP+0.317\times EE+0.172\times Starch+0.032\times NDF+0.163\times[100-(CP+ASH+Starch+NDF+EE)]\}/GE$

（续）

饲料名称	公　式
脱毒花生粕（粗纤维<9%）	$100 \times \{0.225 \times CP + 0.317 \times EE + 0.172 \times Starch + 0.032 \times NDF + 0.163 \times [100 - (CP + ASH + Starch + NDF + EE)]\}/GE$
脱毒花生粕（粗纤维>9%）	$100 \times \{0.225 \times CP + 0.317 \times EE + 0.172 \times Starch + 0.032 \times NDF + 0.163 \times [100 - (CP + ASH + Starch + NDF + EE)]\}/GE$
萃取可可粉	$100 \times \{0.225 \times CP + 0.317 \times EE + 0.172 \times Starch + 0.032 \times NDF + 0.163 \times [100 - (CP + ASH + Starch + NDF + EE)]\}/GE$
亚麻籽粕	$[(97.2 - 1.34 \times ADF) + (106.0 - 1.21 \times NDF)]/2$
压榨可可粉	$100 \times \{0.225 \times CP + 0.317 \times EE + 0.172 \times Starch + 0.032 \times NDF + 0.163 \times [100 - (CP + ASH + Starch + NDF + EE)]\}/GE$
棉籽粕（$CF=7\% \sim 14\%$）	$100 \times \{0.225 \times CP + 0.317 \times EE + 0.172 \times Starch + 0.032 \times NDF + 0.163 \times [100 - (CP + ASH + Starch + NDF + EE)]\}/GE$
棉籽粕（$CF=14\% \sim 20\%$）	$100 \times \{0.225 \times CP + 0.317 \times EE + 0.172 \times Starch + 0.032 \times NDF + 0.163 \times [100 - (CP + ASH + Starch + NDF + EE)]\}/GE$
溶剂浸提亚麻籽粕	$100 \times \{0.225 \times CP + 0.317 \times EE + 0.172 \times Starch + 0.032 \times NDF + 0.163 \times [100 - (CP + ASH + Starch + NDF + EE)]\}/GE$
压榨亚麻籽饼	$100 \times \{0.225 \times CP + 0.317 \times EE + 0.172 \times Starch + 0.032 \times NDF + 0.163 \times [100 - (CP + ASH + Starch + NDF + EE)]\}/GE$
压榨棕榈核仁粉	$100 \times \{0.225 \times CP + 0.317 \times EE + 0.172 \times Starch + 0.032 \times NDF + 0.163 \times [100 - (CP + ASH + Starch + NDF + EE)]\}/GE$
溶剂浸提核仁粕	$100 \times \{0.225 \times CP + 0.317 \times EE + 0.172 \times Starch + 0.032 \times NDF + 0.163 \times [100 - (CP + ASH + Starch + NDF + EE)]\}/GE$
压榨芝麻粕	$100 \times \{0.225 \times CP + 0.317 \times EE + 0.172 \times Starch + 0.032 \times NDF + 0.163 \times [100 - (CP + ASH + Starch + NDF + EE)]\}/GE$
大豆粕（$CP+Fat \approx 46\%$）	$[(92.2 - 1.01 \times CF) + 2 \times (94.9 - 0.71 \times NDF)]/3$
大豆粕（$CP+Fat \approx 48\%$）	$[(92.2 - 1.01 \times CF) + 2 \times (94.9 - 0.71 \times NDF)]/3$
大豆粕（$CP+Fat \approx 50\%$）	$[(92.2 - 1.01 \times CF) + 2 \times (94.9 - 0.71 \times NDF)]/3$
未脱壳葵花粕	$[(90.8 - 1.27 \times CF) + (94.9 - 1.32 \times ADF) + (98.9 - 1.04 \times NDF)]/3$
部分脱壳葵花粕	$[(90.8 - 1.27 \times CF) + (94.9 - 1.32 \times ADF) + (98.9 - 1.04 \times NDF)]/3$
木薯（淀粉=67%）	$101 - 1.66 \times CF - 0.99 \times ASH$
木薯（淀粉=72%）	$101 - 1.66 \times CF - 0.99 \times ASH$
甘薯干	$100 \times \{0.225 \times CP + 0.317 \times EE + 0.172 \times Starch + 0.032 \times NDF + 0.163 \times [100 - (CP + ASH + Starch + NDF + EE)]\}/GE$
干马铃薯块茎	$100 \times \{0.225 \times CP + 0.317 \times EE + 0.172 \times Starch + 0.032 \times NDF + 0.163 \times [100 - (CP + ASH + Starch + NDF + EE)]\}/GE$
苜蓿蛋白浓缩物	$102.6 - 1.06 \times ASH - 0.79 \times NDF$

（续）

饲料名称	公　式
马铃薯蛋白浓缩物	$102.6 - 1.06 \times ASH - 0.79 \times NDF$
大豆皮	$[(92.2 - 1.01 \times CF) + 2 \times (94.9 - 0.71 \times NDF)]/3$
荞麦皮	$100 \times \{0.225 \times CP + 0.317 \times EE + 0.172 \times Starch + 0.032 \times NDF + 0.163 \times [100 - (CP + ASH + Starch + NDF + EE)]\}/GE$
稻子豆夹饼粉	$100.5 - 0.79 \times ASH - 0.88 \times NDF - 1.18 \times Lignin$
稻子豆种子	$100 \times \{0.225 \times CP + 0.317 \times EE + 0.172 \times Starch + 0.032 \times NDF + 0.163 \times [100 - (CP + ASH + Starch + NDF + EE)]\}/GE$
干马铃薯渣	$100 \times \{0.225 \times CP + 0.317 \times EE + 0.172 \times Starch + 0.032 \times NDF + 0.163 \times [100 - (CP + ASH + Starch + NDF + EE)]\}/GE$
液体马铃薯饲料	$100 \times \{0.225 \times CP + 0.317 \times EE + 0.172 \times Starch + 0.032 \times NDF + 0.163 \times [100 - (CP + ASH + Starch + NDF + EE)]\}/GE$
脱水苜蓿 （CP17%≈18%,% DM）	$40.0 - 0.90 \times (NDF - 50.3)$
脱水苜蓿 （CP=18%～19%,% DM）	$40.0 - 0.90 \times (NDF - 50.3)$
脱水苜蓿 （CP=22%～25%,% DM）	$40.0 - 0.90 \times (NDF - 50.3)$
肉骨粉（脂肪<7.5%）	$100 \times [0.162 \times CP + 0.218 \times EEH + 0.244 \times (100 - ASH - CP - EEH)]/GE$
肉骨粉（脂肪>7.5%）	$100 \times [0.162 \times CP + 0.218 \times EEH + 0.244 \times (100 - ASH - CP - EEH)]/GE$

资料来源：《国内外畜禽饲养标准与饲料成分汇编》（熊本海，2010）。

注：所有原料组分的以占干物质的百分比（%）表示。

表 2-18　猪饲料中生长猪和母猪能值间的比值

饲料名称	比例×100（g=生长猪；s=母猪）和系数						
	MEg/DEg	NEg/MEg	MEs/DEs	NEs/MEs	DEs/DEg	NEs/NEg	MEs/MEg
燕麦	96.2	74.9	95.2	74.5	106.3	104.6	105.2
去壳燕麦	96.8	76.5	96.1	76.7	102.1	101.6	101.4
硬质小麦粒	96.5	76.8	96	76.7	102.2	101.5	101.7
软小麦	97	78.3	96.5	78.2	101.8	101.1	101.3
玉米	97.6	80.1	97.1	79.6	104	102.8	103.5
大麦	96.8	76.7	96.1	76.8	102.7	102.1	102.0
糙米	97.8	80	97.6	80	100.3	100.1	100.1
黑麦	97	77.3	96.2	77.5	102.6	102.0	101.8
高粱	97.5	78.9	97.1	78.9	101.8	101.4	101.4
黑小麦	97.1	78.4	96.6	78.3	101.7	101.0	101.2

（续）

饲料名称	比例×100（g＝生长猪；s＝母猪）和系数						
	MEg/DEg	NEg/MEg	MEs/DEs	NEs/MEs	DEs/DEg	NEs/NEg	MEs/MEg
细硬质小麦麸	95.5	73.6	94.7	73.3	107	105.7	106.1
硬质小麦麸	94.9	72.5	93.8	71.5	112.3	109.5	111.0
饲用小麦粉	96.9	77	96.5	77.2	101.3	101.1	100.9
次粉	95.9	74	95.1	74.2	104.3	103.7	103.4
细小麦麸	95.3	72.2	94.3	72.3	106.8	105.8	105.7
小麦麸	94.8	70.8	93.6	70.6	110.4	108.7	109.0
小麦酒糟（淀粉＜7％）	92.3	63.9	90.9	64.8	108.8	108.7	107.1
小麦酒糟（淀粉＞7％）	93.6	65.8	92.2	67.3	104.5	105.3	102.9
小麦面筋饲料（淀粉＝25％）	95.1	70.3	93.7	71.6	105	105.4	103.5
小麦面筋饲料（淀粉＝28％）	95.4	70.9	94.2	71.7	105.7	105.5	104.4
玉米面筋饲料	94.2	67	92.5	68.1	116.4	116.2	114.3
玉米蛋白粉	92.2	64.3	91.9	65.2	102	103.1	101.7
玉米酒糟	93.6	66.6	91.9	67.7	115.9	115.7	113.8
饲用玉米粉	97	77.9	96	76.9	111.7	109.1	110.5
玉米麸	96	75.8	94.5	72.3	138.4	129.9	136.2
溶剂浸提玉米胚芽粕	93.4	63.9	91.6	65.7	104.8	105.7	102.8
压榨玉米胚芽饼	96.2	76.8	95.2	77	104	103.2	102.9
玉米粥饲料	96.1	75.4	94.9	75.1	110.7	108.9	109.3
干啤酒糟	92.3	67.9	91	67.5	109.8	107.6	108.3
干大麦根	93	64.6	91.6	65.1	107.7	106.9	106.1
碎米	97.7	81.7	97.6	81.2	100.4	99.7	100.3
浸提米糠	95.5	73.5	94.5	72.5	111.4	108.7	110.2
全脂米糠	96.8	80.6	96.1	79.2	107.4	104.8	106.6
全脂油菜籽	97	78.3	96.3	78.9	102.3	102.3	101.6
全脂棉籽	95	71	93.6	70.8	107.2	105.3	105.6
白花蚕豆	94.4	70.4	93.8	70.4	102.2	101.6	101.6
彩花蚕豆	94.6	71	93.9	70.9	102.8	101.9	102.0
全脂亚麻籽	95.8	77.9	94.9	78	103.8	103.0	102.8
白色羽扇豆	92.9	64.4	91.6	65.7	105.9	106.1	104.4
蓝色羽扇豆	92.6	62.2	91	63.9	110.4	111.5	108.5
豌豆	95.3	73.2	94.6	73.1	103.6	102.7	102.8
鹰嘴豆	96	75.1	95.5	75.1	103.7	103.2	103.2

（续）

饲料名称	比例×100（g＝生长猪；s＝母猪）和系数						
	MEg/DEg	NEg/MEg	MEs/DEs	NEs/MEs	DEs/DEg	NEs/NEg	MEs/MEg
全脂挤压大豆	93.8	71.9	93	71.8	108.6	107.5	107.7
烘烤全脂大豆	93.9	72.4	93.2	72.2	108.5	107.4	107.7
全脂向日葵仁籽	97.1	83.7	96.5	82.4	104.4	102.1	103.8
脱毒花生粕（粗纤维＜9％）	91.2	61.3	90.4	62.1	102.7	103.1	101.8
脱毒花生粕（粗纤维＞9％）	90.4	58.6	89.7	59.3	103.7	104.1	102.9
萃取可可粉	92.3	61.1	90.6	62	108.7	108.3	106.7
亚麻籽粕	91.7	59.7	90.4	61	107.4	108.2	105.9
压榨可可粉	93.3	68	91.8	67.9	110.9	109.0	109.1
棉籽粕（CF＝7％～14％）	90.8	60.1	90	61	104.8	105.4	103.9
棉籽粕（CF＝14％～20％）	91.3	57.9	89.9	59.3	106.5	107.4	104.9
溶剂浸提亚麻籽粕	91.8	61.5	90.2	63.1	104.3	105.1	102.5
压榨亚麻籽饼	92.6	65	91.1	66.3	104.2	104.6	102.5
压榨棕榈核仁粉	92.6	68.6	90.6	68	118	114.4	115.5
溶剂浸提棕榈核仁粕	92.2	45.5	89	46.7	119.5	118.4	115.4
压榨芝麻粕	91.9	66.5	91.1	67.1	103.2	103.2	102.3
大豆粕（CP＋Fat≈46％）	91.4	60.5	90.3	62	106.3	107.6	105.0
大豆粕（CP＋Fat≈48％）	91.3	60.5	90.3	61.9	106.2	107.5	105.0
大豆粕（CP＋Fat≈50％）	91.1	60.8	90.2	62.1	105	106.2	104.0
未脱壳葵花粕	91.2	55.9	89.7	56.7	114.3	114.0	112.4
部分脱壳葵花粕	91	56.8	89.7	57.6	110.8	110.8	109.2
玉米淀粉	98.8	81.7	98.5	81.9	100	99.9	99.7
木薯（淀粉＝67％）	98.3	81.4	97.8	80.9	102.2	101.1	101.7
木薯（淀粉＝72％）	98.4	80.5	98	80.4	101.3	100.8	100.9
甘薯干	98.1	79.3	97.7	79.3	101.5	101.1	101.1
干马铃薯块茎	97.6	78.5	97.1	78.5	101.4	100.9	100.9
苜蓿蛋白浓缩物	91.8	63.7	90.9	64.9	102	102.9	101.0
马铃薯蛋白浓缩物	89.4	59	89	59.8	100.7	101.6	100.2

（续）

饲料名称	比例×100（g＝生长猪；s＝母猪）和系数						
	MEg/DEg	NEg/MEg	MEs/DEs	NEs/MEs	DEs/DEg	NEs/NEg	MEs/MEg
可可豆皮	93	68.6	91	63.3	136.7	123.4	133.8
大豆皮	93.2	53.4	90.5	57.6	136.8	143.3	132.8
荞麦皮	91.2	46.3	88.3	47.2	128.5	126.8	124.4
长豆角荚粉	96.7	70.5	95.9	69.3	109.5	106.7	108.6
干啤酒酵母	91.4	62.4	90.1	64	102.3	103.4	100.8
甜菜糖蜜	97.2	68.5	97	68.6	103	102.9	102.8
甘蔗糖蜜	98.1	69.9	97.8	70.3	103	103.3	102.7
葡萄籽	94.4	66.2	91.9	64.6	112.8	107.2	109.8
干柑橘渣	95.6	64.6	93.2	66.9	111.3	112.4	108.5
干甜菜渣	94.3	60.2	91.2	63.4	112.9	115.0	109.2
加糖蜜干甜菜渣	94.4	60.4	91.4	63.4	112.3	114.1	108.7
压榨甜菜渣	94.1	59.7	90.9	63	113	115.2	109.2
干马铃薯渣	96.6	72.1	95	72.2	107.8	106.2	106.0
液体马铃薯饲料	96	73.2	94.7	74.3	102.4	102.5	101.0
谷氨酸生产中的酒糟	90.4	59.4	90.2	59.2	100	99.4	99.8
酵母生产中的酒糟	90.2	59.9	90	59.5	100	99.1	99.8
不同来源的酒糟	90.8	59.9	90.6	59.8	100	99.6	99.8
干草	92.7	58.6	90.8	59.1	122.1	120.6	119.6
脱水苜蓿 CP<16%（% DM)	92.7	53	90	55.1	120.5	121.6	117.0
CP=17%~18%（% DM)	92.8	54.5	90.2	56.3	118.3	118.8	115.0
CP=18%~19%（% DM)	92.8	55.2	90.3	56.9	117.4	117.8	114.2
CP=22%~25%（% DM)	92.7	58.7	90.7	59.9	112.8	112.6	110.4
小麦秸秆	88.6	54.2	87.5	54.1	155.7	153.5	153.8
酸乳清粉	97.1	81.7	96.9	80.9	100	98.8	99.8
甜乳清粉	96.8	83.4	96.6	82.3	100	98.5	99.8
脱脂奶粉	94.1	73.3	93.9	73.1	100	99.5	99.8
全脂奶粉	96.5	78.9	96.4	79.2	100	100.3	99.9
全脂浓缩鱼汁	91.9	69.4	91.8	69.1	100	99.5	99.9
脱脂浓缩鱼汁	89.6	60.9	89.4	60.7	100	99.4	99.8
鱼粉（蛋白质＝62%)	90.5	65	90.3	64.8	100	99.5	99.8

（续）

饲料名称	比例×100（g=生长猪；s=母猪）和系数						
	MEg/DEg	NEg/MEg	MEs/DEs	NEs/MEs	DEs/DEg	NEs/NEg	MEs/MEg
鱼粉（蛋白质=65%）	90.5	64.8	90.3	64.6	100	99.5	99.8
鱼粉（蛋白质=72%）	90.4	64.5	90.3	64.2	100	99.4	99.9
肉骨粉（脂肪<7.5%）	88.5	63.9	88.1	62.9	100	98.0	99.5
肉骨粉（脂肪>7.5%）	89.5	69	89.5	67.7	100	98.1	100.0
油脂	99.4	89.7	99.3	89.8	100	100.0	99.9
L-赖氨酸盐酸盐	90.9	77.9	90.8	77.9	100	99.9	99.9
L-苏氨酸	91.6	77.7	91.5	77.8	100	100.0	99.9
色氨酸	94	77.3	93.7	77.3	100	99.9	99.9
DL-蛋氨酸	94.9	77.1	94.8	77.1	100	99.9	99.9
蛋氨酸羟基类似物 MHA	94.9	77.1	94.8	77.1	100	99.9	99.9

资料来源：《国内外畜禽饲养标准与饲料成分汇编》（熊本海，2010），最后两列为笔者增加。

表 2-19　INRA 中猪饲料氮消化率评估

饲料名称	公　式
硬质小麦	$89.7 - 2.38 \times CF$
软小麦	$89.7 - 2.38 \times CF$
玉米	$[(90.7 - 3.39 \times CF) + (89.0 - 0.79 \times NDF)]/2$
糙米	$84.7 - 2.34 \times ASH - 1.31 \times CF + 0.92 \times CP$
黑小麦	$96.2 - 4.51 \times CF$
硬质细小麦麸	$89.7 - 2.38 \times CF$
硬质小麦麸	$89.7 - 2.38 \times CF$
饲用小麦粉	$89.7 - 2.38 \times CF$
次粉	$89.7 - 2.38 \times CF$
细小麦麸	$89.7 - 2.38 \times CF$
细小麦麸	$89.7 - 2.38 \times CF$
小麦酒糟（淀粉<7%）	$89.7 - 2.38 \times CF$
小麦酒糟（淀粉>7%）	$89.7 - 2.38 \times CF$
小麦面筋饲料（淀粉=25%）	$89.7 - 2.38 \times CF$
小麦面筋饲料（淀粉=28%）	$89.7 - 2.38 \times CF$
玉米面筋饲料	$[(90.7 - 3.39 \times CF) + (89.0 - 0.79 \times NDF)]/2$
玉米蛋白粉	$[(90.7 - 3.39 \times CF) + (89.0 - 0.79 \times NDF)]/2$
玉米酒糟	$[(90.7 - 3.39 \times CF) + (89.0 - 0.79 \times NDF)]/2$
饲用玉米粉	$[(90.7 - 3.39 \times CF) + (89.0 - 0.79 \times NDF)]/2$

（续）

饲料名称	公　式
玉米麸	$[(90.7-3.39\times CF)+(89.0-0.79\times NDF)]/2$
玉米粥饲料	$[(90.7-3.39\times CF)+(89.0-0.79\times NDF)]/2$
干啤酒糟	$84.7-2.34\times ASH-1.31\times CF+0.92\times CP$
干大麦根	$84.7-2.34\times ASH-1.31\times CF+0.92\times CP$
碎米	$84.7-2.34\times ASH-1.31\times CF+0.92\times CP$
全脂棉籽粕	$84.7-2.34\times ASH-1.31\times CF+0.92\times CP$
全脂亚麻籽	$84.7-2.34\times ASH-1.31\times CF+0.92\times CP$
压榨可可粉	$84.7-2.34\times ASH-1.31\times CF+0.92\times CP$
菜籽粕	$[(110.0-1.53\times ADF)+(116.0-1.30\times NDF)]/2$
压榨椰子粕	$84.7-2.34\times ASH-1.31\times CF+0.92\times CP$
棉籽粕（$CF=7\%\sim14\%$）	$84.7-2.34\times ASH-1.31\times CF+0.92\times CP$
棉籽粕（$CF=14\%\sim20\%$）	$84.7-2.34\times ASH-1.31\times CF+0.92\times CP$
溶剂浸提亚麻籽粕	$84.7-2.34\times ASH-1.31\times CF+0.92\times CP$
压榨亚麻籽饼	$84.7-2.34\times ASH-1.31\times CF+0.92\times CP$
压榨棕榈核仁粉	$84.7-2.34\times ASH-1.31\times CF+0.92\times CP$
溶剂浸提核仁粕	$84.7-2.34\times ASH-1.31\times CF+0.92\times CP$
压榨芝麻粕	$84.7-2.34\times ASH-1.31\times CF+0.92\times CP$
大豆粕（$CP+Fat\approx46\%$）	$[(95.4-1.39\times CF)+(101.0-0.96\times NDF)]/2$
大豆粕（$CP+Fat\approx48\%$）	$[(95.4-1.39\times CF)+(101.0-0.96\times NDF)]/2$
大豆粕（$CP+Fat\approx50\%$）	$[(95.4-1.39\times CF)+(101.0-0.96\times NDF)]/2$
未脱壳葵花粕	$[(96.2-0.87\times CF)+(100.0-0.67\times NDF)]/2$
部分脱壳葵花粕	$[(96.2-0.87\times CF)+(100.0-0.67\times NDF)]/2$
大豆皮	$[(95.4-1.39\times CF)+(101.0-0.96\times NDF)]/2$
荞麦皮	$84.7-2.34\times ASH-1.31\times CF+0.92\times CP$
稻子豆荚饼粉	$84.7-2.34\times ASH-1.31\times CF+0.92\times CP$
稻子豆种子	$84.7-2.34\times ASH-1.31\times CF+0.92\times CP$
干柑橘渣	$84.7-2.34\times ASH-1.31\times CF+0.92\times CP$
干甜菜渣	$84.7-2.34\times ASH-1.31\times CF+0.92\times CP$
加糖蜜干甜菜渣	$84.7-2.34\times ASH-1.31\times CF+0.92\times CP$
压榨甜菜渣	$84.7-2.34\times ASH-1.31\times CF+0.92\times CP$
干马铃薯渣	$84.7-2.34\times ASH-1.31\times CF+0.92\times CP$
液体马铃薯饲料	$84.7-2.34\times ASH-1.31\times CF+0.92\times CP$
干草	$84.7-2.34\times ASH-1.31\times CF+0.92\times CP$
脱水苜蓿（$CP<16\%$，$\%\,DM$）	$84.7-2.34\times ASH-1.31\times CF+0.92\times CP$
脱水苜蓿（$CP=17\%\sim18\%$，$\%\,DM$）	$84.7-2.34\times ASH-1.31\times CF+0.92\times CP$
脱水苜蓿（$CP=18\%\sim19\%$，$\%\,DM$）	$84.7-2.34\times ASH-1.31\times CF+0.92\times CP$
脱水苜蓿（$CP=22\%\sim25\%$，$\%\,DM$）	$84.7-2.34\times ASH-1.31\times CF+0.92\times CP$

资料来源：《国内外畜禽饲养标准与饲料成分汇编》（熊本海，2010）。

注：所有原料组分以占干物质的百分比（%）表示。

（三）CVB（2018）中猪用原料能值评估

CVB（2018）中猪用原料的评估内容主要在"Feed Evaluation Systems For Pigs"一节中，其公式及所用营养素的说明分别见表2-20和表2-21。

表2-20 CVB猪用原料净能评估及说明

编号	项目	公式及说明
44		$NE_{2015}(\text{kJ/kg DM}) = 11.7 \times DCP + 35.74 \times DCFAT_h + 14.14 \times (STA_{an-e} + GOS + 0.90 \times SUG_{-e}) + 9.74 \times FCH + 10.61 \times AC + 14.62 \times PR + 19.52 \times BU + 20.75 \times ETH + 12.02 \times LA + 13.83 \times GLYCEROL$ 此公式是根据呼吸测热室测定的生长猪饲料消化率数据集建立的，这些数据来源于J. Noblet（INRA）（单位：g/kg DM）
45		$NE_{2015}(\text{kJ/kg DM}) = 11.70 \times DCP + 35.74 \times DCFAT_h + 14.14 \times (STA_{an-e} + 0.90 \times SUG_{-e}) + 9.74 \times FCH$ 此公式适用于未发酵的干原料，它们不含乙醇、乙酸、丙酸、丁酸、甘油、寡糖或含量很少可忽略不计
46	净能	在公式44和45中，淀粉的净能系数14.14（MJ/kg）是假设淀粉在小肠完全消化基础上的。对于马铃薯淀粉，其消化按以下3种情况划分，不同情况时淀粉的净能系数是不同的。为此，CVB使用了一个淀粉校正系数DCiSTA，这个校正系数和其他营养组分的消化率一样列在原料表中。这3种情况是：①完全糊化的马铃薯淀粉可在小肠100%被消化酶水解，此时DCiSTA为"100"，净能系数为14.14MJ/kg；②有50%的糊化马铃薯淀粉在小肠中水解，另外50%淀粉在大肠中发酵，此时DCiSTA为"50"，小肠水解淀粉的净能系数是14.14 MJ/kg，而大肠发酵淀粉的净能系数是9.74 MJ/kg；③马铃薯淀粉是天然淀粉（生的），在小肠中的消化量为0，100%在大肠发酵，此时DCiSTA为"0"，净能系数为9.74 MJ/kg
47		在生长猪饲粮中添加0~15%的压榨甜菜渣（青贮），饲喂水平为维持需要的2.5倍，发现随着甜菜渣水平的增加生长猪的活动量会降低，因此也会降低维持需要，干甜菜渣也有类似的效果。因此，甜菜渣类产品的实际能值比公式44和45计算的要高；当饲粮中含有高达15%的干甜菜渣或压榨甜渣（新鲜或青贮）时，其净能值应根据以下公式计算：实际净能=NE_{2015}（根据公式44或45的计算结果）+3.9×$DNSP_h$。单位：当实际净能值和NE_{2015}单位为kJ/kg时，$DNSP_h$的单位为g/kg（干甜菜渣）；当二者单位为kJ/kg DM时，$DNSP_h$的单位为g/kg DM（压榨甜菜渣）
48	EW_{2015}	$EW_{2015} = NE_{2015}(\text{MJ})/8.8\text{MJ}$；EW，净能单位，"能值"的缩写

表2-21 CVB净能公式中营养素和系数的说明

营养素	中文名称	说明
DCP	可消化蛋白	实测所得粗蛋白质乘以猪粗蛋白质消化率（DCCP）并除以100，DCCP在原料表格中可查到（见CVB中"Chemical Composition and Feeding Values of Feedstuffs"）
$DCFAT_h$	可消化粗脂肪（酸水解）	实测所得酸水解后的粗脂肪乘以猪水解后粗脂肪消化率（DCCFAT_h）并除以100，DCCFAT_h在原料表格中可查到（见CVB中"Chemical Composition and Feeding Values of Feedstuffs"）。

（续）

营养素	中文名称	说　　明
$DCFAT_h$	可消化粗脂肪（酸水解）	对于脂肪含量低的原料（$CFAT_h \leqslant 1.5\%$ DM），其粗脂肪的消化率不能通过消化试验准确测定，此时使用公式 $DCFAT_h$（g/kg DM）$= a/100 \times CFAT_h - 5.0$ 计算。公式中的 a 表示 $CFAT_h$ 的真消化率，对绝大多数原料，假设 $a = 90\%$，多叶类原料除外（如干草颗粒或干草粉、苜蓿颗粒或苜蓿粉，此时 a 取值为 50%，因为这些原料的 $CFAT_h$ 中有相当部分为腊质，虽然能被吸收但不能被代谢和利用）；$CFAT_h$ 代表测定的酸水解后的粗脂肪（g/kg DM），公式中的"5.0"代表 $CFAT_h$ 基础内源性损失（g/kg DM）
STA_{anre}	酶可消化淀粉	仅适用于马铃薯淀粉（当其淀粉糊化程度不足时，小肠酶消化率小于100%，过小肠的马铃薯淀粉在大肠中发酵）
STA_{anrf}	可发酵淀粉	适用于马铃薯，指大肠发酵的淀粉，因此 $STA_{anrf} = STA_{am} - STA_{anre}$
SUG_{-e}	酶可消化糖	可使用原料表中已有的 SUG_e/SUG 乘以 SUG 计算。SUG_{-e} 是酶可消化葡萄糖及其他可被猪消化酶消化的糖（如蔗糖、乳糖和麦芽糖）的总和。通过比较分析发现，用 Luff Schoorl 法测定的一部分饲料原料的还原糖含量与葡萄糖、蔗糖和麦芽糖的总和不符合，此时用 Luff Schoorl 法测定所得还原糖含量将通过表中给出的 SUG_{-e}/SUG 值予以校正。如果二者含量相等，则 SUG_{-e}/SUG 的值为 1.0，乳糖的 SUG_{-e}/SUG 的值亦为 1.0
SUG_{-f}	可发酵糖	计算公式：$SUG_{-f} = SUG - SUG_{-e}$；意指未被酶消化的糖被大肠发酵
CF_DI	糖校正因子	在 CVB 体系中，糖是使用 Luff-Schoorl 法检测 40% 乙醇可溶物中的葡萄糖单元含量；当饲料中二糖和寡糖用此法测定时，会高估糖的含量（因为二糖和寡糖水解成单糖时有水分子的加入），此时即使用糖校正因子来校正葡萄糖单元与实际糖含量的关系。此校正因子介于 0.94 和 1.0 之间，其值是使用高效液相色谱法测定原料中总糖（单糖、二糖、三糖和寡糖的和）所得的值与 Luff-Schoorl 法测得的糖值进行比较后确定的
FCH	可发酵碳水化合物	$FCH = DNSP_h + CF\_DI \times SUG_{-f} + STA_{am-f}$。式中，可消化非淀粉多糖 $DNSP_h = NSP_h \times$ 猪 NSP 消化率（$DCNSP_h$），$DCNSP_h$ 在原料表中可查到；NSP_h 中的"h"代表在计算 NSP_h 时使用的酸水解后的粗脂肪（$CFAT_h$），非高水分原料的计算公式为：$NSP_h = $ 干物质（DM）$-$ 粗灰分（ASH）$-$ 粗蛋白质（CP）$-$ 酸水解后粗脂肪（$CFAT_h$）$-$ 酶法淀粉（STA_{am}）$-$ 寡糖（GOS）$- CF\_DI \times$ 糖（SUG）$- 0.92 \times$ 乳酸（LA）$- 0.5 \times$（乙酸 $AC +$ 丙酸 $PR +$ 丁酸 BU），此公式中 0.92 表示有 8% 的乳酸蒸发，0.5 表示有机酸蒸发了 50%。原料表中易蒸发原料是冷冻干燥下测定，然后折合为干物质含量的，而实际中往往是直接干燥，此时测定的是蒸发后的结果
GOS	寡糖	原料表中可查。寡糖由 2~10 个葡萄糖单元组成，可能在湿法生产的干工业副产物存在，是淀粉不完全发酵的产物，单纯使用 Luff-Schoorl 法检测不出 GOS，具体测定方法见表 1-2 饲料化学成分的主要分析方法中寡糖的测定。公式中 GOS 的净能与淀粉相同

（续）

营养素	中文名称	说　明
AC LA PR BU ETH GLYCEROL	乙酸 乳酸 丙酸 丁酸 乙醇 甘油	某些原料中含量较高时需考虑这些成分所提供的能值。玉米蛋白饲料中含有变异较大的乳酸，DDGS中含有乳酸和甘油，高水分的工业副产品中容易含有乳酸（LA）、乙酸（AC）、丙酸（PR）、丁酸（BU）、乙醇（ETH）或甘油。乳酸（LA）、乙酸（AC）、丙酸（PR）、丁酸（BU）、乙醇（ETH）等容易在干燥过程中挥发。这些成分的净能值是根据其合成的ATP量与淀粉能合成的ATP相比较后得出的（表2-22）
$DNSP_h$	可消化非淀粉多糖	见FCH内容。高水分原料的计算公式：$NSP_h = OM - CP - CFAT_h - STA_{am} - GOS - CF\_DI \times SUG - LA - AC - PR - BU -$ 甘油。干的原料中当无蒸发性有机酸、乙醇及甘油时，可使用公式：$NSP_h = OM - CP - CFAT_h - STA_{am} - GOS - CF\_DI \times SUG$

注：更多内容请参考CVB相关资料。无特殊说明时，原料组分的单位均为g/kg DM。

CVB中有机酸、葡萄糖和蔗糖净能值计算是通过其ATP产量与淀粉比较后得出的，其计算情况见表2-22，表2-23中展示了有机酸ATP产量和体内代谢能的计算过程，两个表中的结果因文献来源不同而有差异（ATP产量），实际应用中请参考CVB数据。

表2-22　有机酸、葡萄糖、蔗糖和淀粉的ATP产量比较

原料/营养组分	分子式	相对分子质量	ATP产量 （mol/mol）	ATP产量 （mol/g）	ATP产量比例 （相较于淀粉，%）
乙醇	C_2H_6O	46	15	0.326 1	146.74
苹果酸	$C_4H_6O_5$	134	17	0.126 9	57.09
乙酸	$C_2H_4O_2$	60	10	0.166 7	75.00
丁酸	$C_4H_8O_2$	88	27	0.306 8	138.07
柠檬酸	$C_6H_8O_7$	192	26	0.135 4	60.94
富马酸	$C_4H_4O_4$	116	17	0.146 6	65.95
乳酸	$C_3H_6O_3$	90	17	0.188 9	85.00
丙酸	$C_3H_6O_2$	74	17	0.229 7	103.38
丙二醇	$C_3H_8O_2$	76	21	0.276 3	124.34
甘油	$C_3H_8O_3$	92	20	0.217 4	97.83
葡萄糖	$C_6H_{12}O_6$	180	36	0.200 0	90.00
蔗糖	$C_{12}H_{22}O_{11}$	342	72	0.210 5	94.74
淀粉	$C_6H_{10}O_5$	162	36	0.222 2	100.00

资料来源：《CVB Feed Table 2018》中10.5 Miscellaneous一节。

注：淀粉以葡萄糖单元形式表示。

表 2-23 根据有机酸 ATP 生产量计算猪的代谢能值

有机酸	ATP（mol/mol 有机酸）	能值（kcal/mol ATP）	相对分子质量	猪有机酸代谢能值（kcal/kg）	ATP 产量（mol/kg）	在后肠中的比例
乙酸	10	20.08	60.05	3 344	166.5	0.65
丙酸	18	20.08	74	4 884	243.2	0.25
丁酸	28	20.08	88.11	6 381	317.8	0.1
葡萄糖	36	20.08	180.16	4 012	199.8	
蔗糖	64	20.08	342.3	3 754	187.0	
乳酸	15	20.08	98.08	3 071	152.9	
乙醇	10	20.08	46.07	4 359	217.1	
甘油	18.5	20.08	92.09	4 034	200.9	
亚油酸	117	20.08	280.44	8 377	417.2	
苹果酸	15	20.08	134.09	2 246	111.9	
柠檬酸	15	20.08	192.13	1 568	78.1	

CVB 体系中合成氨基酸的猪净能值和家禽代谢能值列于表 2-24。

表 2-24 合成氨基酸的猪净能值和家禽代谢能值

氨基酸	Mol ATP/mol AA（Van Milgen，2002）	ATP 产量（相对于淀粉，%）	NE_{2015} 值（MJ/kg，淀粉净能值为 14.14MJ/kg）	EW_{2015}	ME_{po}、ME_{la} 和 ME_{br} 值（DNFE 的 ME 为 17.32MJ/kg）
赖氨酸	37	114	16.13	1.83	19.75
蛋氨酸	29.5	89	12.60	1.43	15.43
苏氨酸	22	83	11.76	1.34	14.41
色氨酸	45	99	14.04	1.60	17.19
异亮氨酸	41	1.41	19.91	2.26	24.39
精氨酸	29	75	10.61	1.21	12.99
亮氨酸	40	137	19.43	2.21	23.80
缬氨酸	32	123	17.40	1.98	21.32
甘氨酸	7	42	5.94	0.67	7.27

资料来源：《CVB Feed Table 2018》中 10.5 Miscellaneous 一节。

注：表中氨基酸指的是纯的氨基酸，当氨基酸为非纯品时，需使用表中能值乘以其含量。例如，赖氨酸盐酸中赖氨酸含量 78%，则其猪净能值为 16.13×0.78＝12.58MJ/kg。关于禽代谢能计算公式中 DNFE 的能值系数可参见表 2-3 中的公式。

CVB 猪净能计算公式中淀粉使用的是酶法测定的淀粉值 STA_{am}，有时需要通过偏振法测定的淀粉值 STA_{ew} 来计算 STA_{am}，CVB 中提供了计算用的回归公式（表 2-25）。

表 2 - 25　CVB 中使用 STA_{ew} 计算 STA_{am} 的方法

编号	公式中的值				导出公式时所用原料类别	可用公式计算的原料类别
	a 值 (STA_{ew})	常数	se	R^2		
1	0.957 9	0	18.0	0.992	马铃薯片	马铃薯片
					用生的马铃薯加工成的碎片	用生的马铃薯加工成的碎片
	淀粉含量范围：150~800g/kg DM				用烘焙的马铃薯加工成的碎片	脱水马铃薯
					蒸煮的脱皮马铃薯	用烘焙的马铃薯加工成的碎片
1a	1.038 9	−32.7			蒸煮的脱皮马铃薯	蒸煮的脱皮马铃薯
	淀粉含量范围：154~718g/kg DM					
2	0.935 7	0	51.6	0.897	马铃薯淀粉（脱水的）	马铃薯淀粉（脱水的）
					马铃薯淀粉（热处理，脱水的）	马铃薯淀粉（热处理，脱水的）
	淀粉含量范围：350~960g/kg DM				马铃薯淀粉（固体）	马铃薯淀粉（固体）
					马铃薯淀粉（液体）	马铃薯淀粉（液体）
					马铃薯淀粉（胶状）	马铃薯淀粉（胶状）
3	0.764 9	0	12.4	0.930	马铃薯浆（脱水）	马铃薯浆（脱水）
	淀粉含量范围：310~475g/kg DM					
4	0.620 7	11.291	5.4	0.939	啤酒酵母（脱水）	啤酒酵母（脱水）
	淀粉含量范围：20~90g/kg DM				啤酒酵母	啤酒酵母
5	0.959 7	0	22.1	0.934	饼干粉	饼干粉（CFAT<120g/kg）
	淀粉含量范围：330~620g/kg DM				面包粉	饼干粉（CFAT>120g/kg）
						面包粉
6	0.920 6	0	33.6	0.956	大麦	
					大麦饲料（高级）	大麦饲料（高级）
	淀粉含量范围：50~760g/kg DM				大麦加工副产品	大麦加工副产品
6a	0.970 5	0			大麦	大麦
	比较了 2005—2015 年大量 STA_{ew} 均值和 STA_{am} 均值后得出的公式					
7	0.948 1		32.4	0.976	燕麦	燕麦
					去壳燕麦	去壳燕麦
					燕麦壳饲料	燕麦壳饲料
	淀粉含量范围：40~670g/kg DM				燕麦加工副产品（高等级）	燕麦加工副产品（高等级）

（续）

编号	公式中的值				导出公式时所用原料类别	可用公式计算的原料类别
	a 值（STA_{ew}）	常数	se	R^2		
8	0.929 9	0	26.6	0.981	玉米	玉米
					玉米（热处理）	玉米（热处理）
					玉米胚芽饼	玉米胚芽饼
					玉米胚芽粕	玉米胚芽粕
	淀粉含量范围：160～830g/kg DM				玉米胚芽饲料（压榨）	玉米胚芽饲料（压榨）
					玉米胚芽饲料（浸提）	玉米胚芽饲料（浸提）
					玉米饲料面粉	玉米饲料面粉
					玉米饲料粉（浸提）	玉米饲料粉（浸提）
					玉米麸	玉米麸
9	0.996 7	−33.83	9.4	0.991	玉米蛋白饲料（新鲜和青贮的）	玉米蛋白饲料（新鲜和青贮的）
	淀粉含量范围：130～450g/kg DM				玉米蛋白饲料	玉米蛋白饲料
10	1.029 3	−35.5	16.6	0.997	大米	大米
					稻壳粉饲料	稻壳粉饲料
	淀粉含量范围：210～890g/kg DM				大米饲料	大米饲料
					米糠粕（浸提）	米糠粕（浸提）
11	0.917 4	0	32.8	0.935	黑麦次粉	黑麦次粉
	淀粉含量范围：170～790g/kg DM				黑麦	黑麦
					黑小麦	黑小麦
12	0.869 8		9.0	0.535	高粱	高粱
	淀粉含量范围：740～775g/kg DM					
13	0.958 8	0	19	0.912	木薯粉（脱水）	甜马铃薯（脱水）
	淀粉含量范围：630～850g/kg DM					木薯粉（脱水）
14	1.00	−29			小麦	小麦
	比较了 1990—2018 年大量 STA_{ew} 均值和 STA_{am} 均值后得出的公式中的值					
14a	0.926 1	−19.9	28.5	0.985	小麦次粉	小麦次粉
					小麦胚芽	小麦胚芽
					小麦胚芽饲料	小麦胚芽饲料
	淀粉含量范围：130～825g/kg DM				小麦面粉	小麦面粉
					小麦饲料粉	小麦饲料粉
					小麦麸	小麦麸

（续）

编号	公式中的值				导出公式时所用原料类别	可用公式计算的原料类别
	a 值 (STA$_{ew}$)	常数	se	R^2		
15	0.969 2	0	6.0		小麦蛋白饲料（脱水）	小麦蛋白饲料（脱水）
	淀粉含量范围：217～240g/kg DM					
16	1.021 3	10.75	14.5	0.992	小麦淀粉	小麦淀粉
	淀粉含量范围：360～670g/kg DM					小麦淀粉（法国）
17	0.960 0	0				荞麦
						草籽
						加纳利籽
						粟米
18	0	66				花生
						花生饼（压榨）
					适用于较少见的谷类原料	花生粕（浸提）
19	0	12				棉籽饼（压榨）
						脱水苜蓿
20	0	22				棉籽粕（浸提）
21	0	40				亚麻粕（浸提）
	1	0				高粱蛋白质饲料
22						木薯淀粉
						小麦蛋白质饲料

注：$STA_{an}=a$ 值×STA_{ew}＋常数，当常数存在时单位为 g/kg DM；当常数为 0 时，风干（g/kg）或干物质基础（g/kg DM）均可。

与其他体系不同的是，评估荷兰 CVB 猪用原料净能时，对原料碳水化合物（单糖、双腿、寡糖、多糖、有机酸、淀粉）进行了更详细的分类，并根据小肠酶解和大肠发酵又进一步分类，而且 CVB 体系中有些营养组分是特有的，如酶法淀粉和酸水解后粗脂肪。以上种种情况使 CVB 较其他体系显得更为复杂，建议使用者在深入理解原文的基础上，一步一步地计算猪用原料净能值。

（四）《中国饲料成分及营养价值表》中猪用原料能量评估

《中国饲料成分及营养价值表》（2019）中用饲料原料化学成分计算猪饲料有效能值（GE、DE、ME 及 NE）的预测模型见表 2 - 26。

表 2 - 26　《中国饲料成分及营养价值表》中猪用原料能值评估与说明

编号	能量形式	公式与说明
49	总能（GE）	$GE(\mathrm{MJ/kg}\ DM)=[4\ 153+(56\times EE)+(15\times CP)-(44\times ASH)]\times 0.004\ 186\ 8$ （Ewan，1989）

（续）

编号	能量形式	公式与说明
50	生长猪 DE	$DE\_GP(\text{MJ/kg } DM) = [4\,168 - (91 \times ASH) + (19 \times CP) + (39 \times EE)] \times 0.004\,186\,8$； （Noblet 和 Perez，1993）
51	母猪 DE	$DE\_S(\text{MJ/kg } DM) = DE\_GP(\text{MJ/kg } DM) \times F1$ 式中，$F1$ 为原料特殊因子，基于 INRA（2004）发布的饲料能值为基础（表 2-18）
52	生长猪 ME	$ME\_GP(\text{MJ/kg } DM) = DE\_GP(\text{MJ/kg } DM) \times F2$ 式中，$F2$ 为原料特殊因子，同样基于 INRA（2004）发布的饲料能值为基础（表 2-18）。一旦 INRA（2004）中不含必要的 $F2$ 信息，则可以参考 NRC（2012）发布的能值数据
53	母猪 ME	$ME\_S(\text{MJ/kg } DM) = DE\_GP(\text{MJ/kg } DM) \times F3$ 式中，$F3$ 为原料特殊因子，同样以基于 INRA（2004）发布的饲料能值为基础（表 2-18）
54	生长猪净能	$\text{NEg4}(\text{MJ/kg } DM) = 0.703 \times [DE\_GP(\text{kcal/kg } DM)] + (15.8 \times EE) + (4.7 \times Starch) - (9.7 \times CP) - (9.8 \times CF) \times 0.004\,186\,8$（Noblet 等，1994）
55	生长猪净能	$\text{NEg5}(\text{MJ/kg } DM) = 0.70 \times [DE\_GP(\text{kcal/kg } DM)] + (16.1 \times EE) + (4.8 \times Starch) - (9.17 \times CP) - (8.7 \times ADF) \times 0.004\,186\,8$（Noblet 等，1994）
56	母猪净能	$NE\_S(\text{MJ/kg } DM) = 0.703 \times [DE\_S(\text{kcal/kg } DM)] + (15.8 \times EE) + (4.7 \times Starch) - (9.7 \times CP) - (9.8 \times CF) \times 0.004\,186\,8$（Noblet 等，1994）

资料来源：《中国饲料成分及营养价值表》（2019）。

注：EE、CP、CF、ASH、$Starch$、ADF 分别为干物质中粗脂肪、粗蛋白质、粗纤维、粗灰分、淀粉及酸性洗涤纤维的含量，单位均为"% DM"。GP 代表生长猪，S 代表母猪。因此，"DE_GP"表示生长猪的消化能，"DE_S"表示母猪的消化能。

（五）《美国猪营养指南》（2010）中猪用原料能值计算公式

见表 2-27。

表 2-27　《美国猪营养指南》中猪用原料能值计算公式与说明

编号	能量形式	公式与说明
57	猪用净能	$NE1 = 0.726 \times ME + 1.33 \times EE + 0.39 \times ST - 0.62 \times CP - 0.83 \times ADF$（$R^2 = 0.97$；Noblet 等，1994）
58	猪用净能	$NE2 = 0.730 \times ME + 1.31 \times EE + 0.37 \times ST - 0.67 \times CP - 0.97 \times CF$（$R^2 = 0.97$；Noblet 等，1994），当 ADF 未知时可使用此公式
59		脂肪和油的净能值为 ME 乘以 0.90（将 ME 转化成 NE 的效率系数）（INRA，2004）

资料来源：《美国猪营养指南》（2010）。

注：ME，代谢能；EE，乙醚浸出物（粗脂肪）；ST，淀粉；CP，粗蛋白质；CF，粗纤维；ADF，酸性洗涤纤维，单位均为"% DM"，能量单位为 kcal/kg DM。

（六）使用不同评估公式计算的猪原料净能结果比较

见表2-28。

表2-28 使用不同评估公式计算的猪原料净能结果比较

营养组分	单位	玉米	豆粕	麸皮	玉米蛋白粉	鱼粉	玉米DDGS
干物质	%	86.7	88.7	87.0	89.5	91.3	89.4
粗蛋白质	%	7.0	46.8	15.5	59.9	62.9	26
生长猪净能（NRC，2012）	kcal/kg	2 696.9	2 100.9	1 243.9	2 835.7	2 188.4	2 200.2
生长猪净能（中国，2019）	kcal/kg	2 689.0	2 184.9	1 291.0	2 989.9	2 266.1	2 203.1
生长猪净能（INRA，2004）	kcal/kg	2 654.9	2 059.4	1 308.2	2 839.1	2 231.7	2 198.3
生长猪净能（CVB，2015）	kcal/kg	2 766.5	2 031.1	1 406.0	2 626.8	2 408.4	1 865.6
母猪净能（NRC，2012）	kcal/kg	2 772.4	2 159.7	1 355.8	2 923.6	2 177.5	2 545.6
母猪净能（中国，2019）	kcal/kg	2 764.3	2 246.0	1 407.2	3 082.6	2 254.8	2 549.0
母猪净能（INRA，2004）	kcal/kg	2 729.2	2 117.1	1 425.9	2 927.1	2 220.6	2 543.4
生长猪净能1（《美国猪营养指南》，ADF）	kcal/kg	2 701.9	2 089.3	1 261.5	2 795.8	2 135.4	2 204.2
生长猪净能2（《美国猪营养指南》，ADF未知）	kcal/kg	2 700.5	2 084.8	1 264.8	2 781.5	2 110.4	2 131.5

三、原料中氨基酸的计算公式

《猪营养需要》（NRC，1998）一书中提供了由原料粗蛋白质含量（%）估算氨基酸的公式：氨基酸（%）＝$a+b×$粗蛋白质（CP，%），式中a、b的值见表2-29。

表2-29 根据粗蛋白质计算32种原料的五种氨基酸

原料名称	干物质（%）	CP（%）	回归因子	赖氨酸（%）	色氨酸（%）	苏氨酸（%）	蛋氨酸（%）	蛋氨酸＋胱氨酸
苜蓿粉	88	17	数值	**0.739 7**	**0.237**	**0.697**	**0.247 6**	**0.477 9**
			a	−0.214	−0.035	−0.085	−0.072	0.024
			b	0.056 1	0.016	0.046	0.018 8	0.026 7
			r	0.86	0.89	0.89	0.92	0.92
面包废料	88	10.6	数值	**0.270 04**	**0.109 58**	**0.314 66**	**0.158 74**	**0.478 24**
			a	−0.031	0.011	−0.015	−0.031	0.05
			b	0.028 4	0.009 3	0.031 1	0.017 9	0.040 4
			r	0.9	0.98	0.97	0.94	0.97

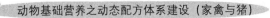

（续）

原料名称	干物质（%）	CP（%）	回归因子	赖氨酸（%）	色氨酸（%）	苏氨酸（%）	蛋氨酸（%）	蛋氨酸＋胱氨酸
大麦	88	10.6	数值	**0.382 1**	**0.123 7**	**0.360 94**	**0.180 12**	**0.420 06**
			a	0.133	0.023	0.044	0.019	0.101
			b	0.023 5	0.009 5	0.029 9	0.015 2	0.030 1
			r	0.83	0.88	0.96	0.92	0.89
干啤酒糟	88	22.8	数值	**0.852 6**	**0.265 08**	**0.832 24**	**0.443**	**0.936 08**
			a	0.18	0.069	0.073	−0.127	−0.058
			b	0.029 5	0.008 6	0.033 3	0.025	0.043 6
			r	0.73	0.9	0.98	0.95	0.93
菜籽粕 canola	88	34.8	数值	**1.955 56**	**0.454 88**	**1.534 44**	**0.711 72**	**1.594 16**
			a	0.052	−0.175	0.48	0.141	−0.031
			b	0.054 7	0.018 1	0.030 3	0.016 4	0.046 7
			r	0.53	0.71	0.63	0.65	0.72
椰子饼粉	88	18.6	数值	**0.473 64**	**0.144 8**	**0.572 42**	**0.279 5**	**0.579 14**
			a	0.15	−0.004	0.02	−0.046	−0.07
			b	0.017 4	0.008	0.029 7	0.017 5	0.034 9
			r	0.74	0.98	0.92	0.86	0.95
玉米	88	8.5	数值	**0.237 1**	**0.060 95**	**0.307 1**	**0.177 5**	**0.369 55**
			a	0.079	0.021	0.03	0.033	0.129
			b	0.018 6	0.004 7	0.032 6	0.017	0.028 3
			r	0.62	0.65	0.93	0.7	0.72
黄玉米烧酒糟（带残液）	88	27.7	数值	**0.621 17**	**0**	**0.941 86**	**0.497 52**	**0**
			a	0.009	0	0.615	0.287	0
			b	0.022 1	0	0.011 8	0.007 6	0
			r	0.94		0.7	0.73	
玉米面筋粉	88	18.9	数值	**0.574 37**	**0**	**0.678 7**	**0.316 76**	**0**
			a	−0.244	0	−0.134	−0.031	0
			b	0.043 3	0	0.043	0.018 4	0
			r	0.64		0.88	0.68	
玉米面筋粉	88	60.6	数值	**0**	**0.315 78**	**2.078 58**	**0**	**0**
			a	0	−0.066	0.303	0	0
			b	0	0.006 3	0.029 3	0	0
			r		0.59	0.76		
棉粕	88	41.9	数值	**1.718 6**	**0.502 08**	**1.363 91**	**0.672 65**	**1.375 93**
			a	−0.125	−0.051	0.153	0.107	−0.078
			b	0.044	0.013 2	0.028 9	0.013 5	0.034 7
			r	0.82	0.92	0.88	0.8	0.83

（续）

原料名称	干物质（％）	CP（％）	回归因子	赖氨酸（％）	色氨酸（％）	苏氨酸（％）	蛋氨酸（％）	蛋氨酸＋胱氨酸
蚕豆粉	88	25.4	数值	**1.630 92**	**0.330 86**	**0.898 12**	**0.203 88**	**0.522 7**
			a	0.112	0.054	0.192	0.021	0.129
			b	0.059 8	0.010 9	0.027 8	0.007 2	0.015 5
			r	0.78	0.71	0.88	0.63	0.68
鱼粉	91	62.9	数值	**4.801 49**	**0.605 82**	**2.635 73**	**1.769 39**	**2.341 27**
			a	−1.998	−0.388	−0.742	−0.69	−0.571
			b	0.108 1	0.015 8	0.053 7	0.039 1	0.046 3
			r	0.86	0.76	0.85	0.82	0.78
白羽扇豆粉	88	33.8	数值	**1.544 72**	**0.256 22**	**1.2**	**0.264 44**	**0.777 14**
			a	0.551	0.023	0.355	−0.202	−0.247
			b	0.029 4	0.006 9	0.025	0.013 8	0.030 3
			r	0.86	0.91	0.93	0.91	0.87
肉骨粉	91	49.1	数值	**2.523 39**	**0.279 49**	**1.590 08**	**0.680 48**	**1.176 17**
			a	−1.056	−0.403	−0.806	−0.439	−0.724
			b	0.072 9	0.013 9	0.048 8	0.022 8	0.038 7
			r	0.82	0.76	0.86	0.74	0.7
肉粉	91	48.8	数值	**2.508 72**	**0.304 76**	**1.635 36**	**0.676 92**	**1.238 08**
			a	−0.878	−0.315	−0.546	−0.221	−0.548
			b	0.069 4	0.012 7	0.044 7	0.018 4	0.036 6
			r	0.8	0.74	0.86	0.8	0.66
干燥脱脂奶粉	93	35.8	数值	**2.760 94**	**0.133 16**	**1.578 46**	**0.888 28**	**1.174 16**
			a	−0.436	−0.232	0.372	0.115	0.272
			b	0.089 3	0.010 2	0.033 7	0.021 6	0.025 2
			r	0.75	0.92	0.67	0.65	0.64
燕麦	88	12.6	数值	**0.529 08**	**0.153 1**	**0.435 54**	**0.215 32**	**0.573 24**
			a	0.078	−0.017	0.021	−0.014	0.039
			b	0.035 8	0.013 5	0.032 9	0.018 2	0.042 4
			r	0.94	0.92	0.98	0.96	0.96
花生粕	88	43.2	数值	**1.482 8**	**0.680 78**	**1.159 92**	**0.504 84**	**1.100 08**
			a	0.23	−0.027 7	0.378	0.129	0.154
			b	0.029	0.016 4	0.018 1	0.008 7	0.021 9
			r	0.76	0.9	0.93	0.64	0.78
豌豆籽实	88	20.9	数值	**1.496 65**	**0.187 94**	**0.781 63**	**0**	**0**
			a	0.483	0.05	0.349	0	0
			b	0.048 5	0.006 6	0.020 7	0	0
			r	0.75	0.64	0.72		

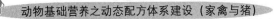

（续）

原料名称	干物质（%）	CP（%）	回归因子	赖氨酸（%）	色氨酸（%）	苏氨酸（%）	蛋氨酸（%）	蛋氨酸＋胱氨酸
马铃薯浓缩蛋白	88	73.9	数值	5.840 4	1.029 14	4.307 85	1.679 54	0
			a	−1.254	−0.641	−1.715	0.305	0
			b	0.096	0.022 6	0.081 5	0.018 6	0
			r	0.5	0.63	0.6	0.5	
家禽副产品粉	91	57.7	数值	3.317 4	0.495 95	2.181 08	1.110 06	1.765 08
			a	−0.26	−0.283	−0.727	−0.494	−0.566
			b	0.062	0.013 5	0.050 4	0.027 8	0.040 4
			r	0.72	0.71	0.79	0.75	0.65
家禽副产品粉，富含羽毛粉（NRC，1994）	91	57.7	数值	2.016 47	0	2.579 07	2.624 3	2.980 73
			a	0.222		0.323	0.374	−0.187
			b	0.031 1		0.039 1	0.039	0.054 9
米糠	88	13.1	数值	0.606 26	0.158 42	0.501 29	0.274 4	0.560 75
			a	0.022	−0.08	0.031	−0.04	0.004
			b	0.044 6	0.018 2	0.035 9	0.024	0.042 5
			r	0.96	0.97	0.95	0.94	0.97
黑麦	88	9.6	数值	0	0.093 84	0.195 76	0.173 24	0.417 6
			a	0	0.042	−0.074	−0.013	−0.024
			b	0	0.005 4	0.028 1	0.019 4	0.046
			r		0.61	0.67	0.76	0.77
芝麻粕	88	41.1	数值	1.017 1	0.575 91	1.441 88	1.151 02	1.969 03
			a	0.154	−0.168	0.176	−0.008	0.025
			b	0.021	0.018 1	0.030 8	0.028 2	0.047 3
			r	0.81	0.94	0.94	0.88	0.91
高粱	88	9.2	数值	0.217 96	0.099 8	0.309 84	0.167 8	0.338 12
			a	0.091	0.017	0.032	0.039	0.098
			b	0.013 8	0.009	0.030 2	0.014	0.026 1
			r	0.76	0.94	0.98	0.86	0.87
大豆粕	88	45.6	数值	2.855 64	0.596 08	1.818 36	0.659 96	1.346 28
			a	−0.081	0.058	0.081	0.017	0.147
			b	0.064 4	0.011 8	0.038 1	0.014 1	0.026 3
			r	0.78	0.59	0.81	0.65	0.57
葵花粕	88	33.5	数值	1.190 4	0.399 9	1.245 35	0.770 45	1.360 85
			a	0.172	−0.049	0.036	−0.057	−0.016
			b	0.030 4	0.013 4	0.036 1	0.024 7	0.041 1
			r	0.86	0.92	0.95	0.93	0.94

（续）

原料名称	干物质（%）	CP（%）	回归因子	赖氨酸（%）	色氨酸（%）	苏氨酸（%）	蛋氨酸（%）	蛋氨酸＋胱氨酸
小黑麦	88	11.6	数值	**0.417 28**	**0.119 96**	**0.387 24**	**0.206 96**	**0.489 44**
			a	0.205	0.026	0.139	0.055	0.131
			b	0.018 3	0.008 1	0.021 4	0.013 1	0.030 9
			r	0.61	0.83	0.71	0.78	0.75
小麦	88	13.3	数值	**0.379 98**	**0.152 03**	**0.385 72**	**0.211 81**	**0.503 26**
			a	−0.027	0.031	0.008	0.003	0.075
			b	0.030 6	0.009 1	0.028 4	0.015 7	0.032 2
			r	0.77	0.85	0.94	0.92	0.93
麦麸	88	15.7	数值	**0.638 17**	**0.220 43**	**0.516 43**	**0.246 35**	**0.576 48**
			a	0.04	0.065	0.047	0.003	0.162
			b	0.038 1	0.009 9	0.029 9	0.015 5	0.026 4
			r	0.8	0.5	0.89	0.82	0.8
次粉	88	15.9	数值	**0.571 06**	**0**	**0.506 8**	**0.262 11**	**0.582 59**
			a	0.323	0	0.13	0.069	−0.025
			b	0.015 8	0	0.024	0.012 3	0.038 7
			r	0.41	0	0.96	0.73	0.88

资料来源：NRC（1998）。

第二节 原料与原料的使用

本节的主要内容涉及原料的结构组成、性质、加工、使用影响因素及在畜禽不同生长阶段饲料中的使用。

一、原料概述

2013 年 1 月 1 日开始施行的《饲料原料目录》中收录的饲料原料共 600 余种（含增补），共分为了十三大类（表 2-30）。为了更好地管理配方、采购部和工厂使用的原料品种，建议按目录对原料进行编号和统一名称，并标注其特征描述（含加工方法），在采购合同中可体现目录中"强制性标识"的内容。

表 2-30 中国饲料原料目录中的原料分类

编号	类别名称	原料数量
1	谷物及其加工产品	13 个来源，135 种

（续）

编号	类别名称	原料数量
2	油料籽实及其加工产品	24 个来源，111 种
3	豆科作物籽实及其加工产品	11 个来源，37 种
4	块茎、块根及其加工产品	12 个来源，24 种
5	其他籽实、果实类产品及其加工产品	3 个来源，11 种
6	饲草、粗饲料及其加工产品	5 个来源，18 种
7	其他植物、藻类及其加工产品	6 个来源，135 种
8	乳制品及其副产品	6 个来源，15 种
9	陆生动物产品及其副产品	6 个来源，42 种
10	鱼、其他水生生物及其副产品	5 个来源，35 种
11	矿物质	10 种
12	微生物发酵产品及副产品	4 个来源，15 种
13	其他饲料原料	5 个来源，22 种

合计：100 个来源，610 种原料

　　我们通过一系列的内在性质来认识某种原料，包括其原粮（来源）、加工方式、物理特征、化学成分、生物成分和抗营养因子、质量判断及其在动物中的使用，合适地使用是终目的。《饲料原料目录》第二部分中列出的 66 条"饲料原料加工术语"对我们认识原料的加工方式是一个很好的参考，"特征描述"则更为详细地描述了原料的原粮、加工方式、内含物等物理特征，也是很好的参考用资料。因此，我们将把重点放在通过原料的化学成分及其体现出的营养价值来展示其可利用性（亦需结合原料氨基酸和能值评估的内容），通过生物成分和抗营养因子来认识其局限性。

　　到目前为止，常用的原料化学成分［实验室化验、近红外线（NIR）扫描或通过其他成分计算得出］见表 2-31，这些项目在表 1-1 中已经列出。

表 2-31　饲料原料常用化学成分（实验室化验、NIR 和计算值）

化学成分/营养指标	单位	化学成分/营养指标	单位
干物质[1]	%	无机硫（以 SO_4 计，CVB）	%
水分	%	有机硫（计算值，CVB）[1]	%
粗蛋白质	%	DCAD[1]	meq/kg
粗脂肪	%	DEB[1]	mmol/kg
水解粗脂肪（CVB）	%	亚麻酸[1]	%
粗灰分	%	亚油酸[1]	%
中性洗涤纤维	%	花生四烯酸[1]	%
酸性洗涤纤维	%	EPA（C20：5）	%
酸性洗涤木质素（木质素，INRA）	%	DHA（C22：6）	%

（续）

化学成分/营养指标	单位	化学成分/营养指标	单位
水不溶性细胞壁（INRA）	%	EPA+DHA[1]	%
粗纤维	%	胆固醇	%
半纤维素[1]（INRA）	%	总脂肪酸[1]	%
纤维素[1]	%	总脂肪酸/粗脂肪	RATIO
木质素[1]（计算值）	%	必需脂肪酸[1]	%
无氮浸出物[1]（NFE，计算值）	%	游离脂肪酸（FFA）	g/kg
无氮浸出物-水解粗脂肪[1]（NFE$_h$，CVB计算值）	%	饱和脂肪酸[1]	%
非纤维性碳水化合物[1]（NFC，计算值）	%	单不饱和脂肪酸[1]	%
可溶性碳水化合物[1]（SCHO）	%	多不饱和脂肪酸[1]	%
总淀粉	%	总不饱和脂肪酸[1]	%
淀粉（偏振法，CVB）	%	U/S（不饱和/饱和脂肪酸）[1]	RATIO
淀粉（计算，酶解法[1]，CVB）	%	碘价（基于脂肪酸，脂肪酸基础）[1]	%
酶可消化淀粉（抗性淀粉适用[1]，CVB）	%	碘价（基于脂肪酸，纯甘油三酯）	%
酶不可消化淀粉（抗性淀粉使用[1]，CVB）	%	IVP值[1]	%
总糖	%	胴体IV值[1]（公式1）	%
糖单位校正系数	RATIO	胴体IV值[1]（公式2）	%
SUG$_e$/SUG（CVB）	RATIO	总 $\omega-3$ 脂肪酸[1]	%
酶可消化糖[1]（SUG$_{-e}$，CVB）	%	总 $\omega-6$ 脂肪酸[1]	%
可发酵糖[1]（SUG$_{-f}$，CVB）	%	$\omega-6$ 脂肪酸：$\omega-6$ 脂肪酸[1]	RATIO
寡糖（CVB）	%	木质素[1]	%
原料中发酵后产物[1]	%	有机酸	%
乙酸（AC，CVB）	%	非细胞壁成分[1]	%
丙酸（PR，CVB）	%	细胞壁成分[1]	%
丁酸（BU，CVB）	%	果胶等[1]	%
乙醇（ETH，CVB）	%	NSP（计算）非淀粉多糖[1]	%
乳酸（LA，CVB）	%	NSP[1]（CVB）	%
甘油（CVB）	%	Residual NSP[1]（CVB）	%
发酵碳水化合物合计[1]	%	NSP$_h^1$（CVB）	%
残渣[1]（residue，INRA）	%	Residual NSP$_h^1$（CVB）	%
总氮[1]（N含量）	g/kg	可溶性NSP	%
总碳[1]（碳含量）	g/kg	总膳食纤维	%
钙	%	不溶性膳食纤维	%
总磷	%	可溶性膳食纤维	%
钙/总磷	RATIO	单糖	%
猪可消化磷[1]	%	乳糖	%

（续）

化学成分/营养指标	单位	化学成分/营养指标	单位
猪的磷消化率	RATIO	猪可消化中性洗涤纤维[1]	%
钙/猪可消化磷	RATIO	猪中性洗涤纤维消化率	%
植酸磷（IP，CVB）	%	猪粗蛋白质消化率（CVB）	%
IP/P	RATIO	猪水解粗脂肪消化率（CVB）	%
钠	%	猪粗纤维消化率（CVB）	%
氯	%	猪 NFE 消化率（CVB）	%
氯化钠当量[1]	%	猪有机物消化率（CVB）	%
饲料中有机物[1]（OM）	%	猪 NSP$_h$消化率（CVB）	%
能量消化率[1]（dE）	%	猪小肠中淀粉消化率（CVB）	%
氮（蛋白质）消化率[1]（dN）	%	猪标准磷消化率（CVB）	%
粗脂肪消化率[1]（DE）	%	猪表观磷消化率（CVB）	%
有机物消化率（OMd）[1]（INRA）	RATIO	成年公鸡（产蛋鸡）粗蛋白质消化率（CVB）	%
可消化有机物[1]（DOM）	%	成年公鸡（产蛋鸡）粗脂肪消化率（CVB）	%
可消化粗蛋白质[1]（DCP）	%	成年公鸡（产蛋鸡）NFE 消化率（CVB）	%
可消化粗脂肪[1]（DEE）	%	成年公鸡（产蛋鸡）磷消化率（CVB）	%
可消化残渣[1]（Dres）	%	肉鸡粗蛋白质消化率（CVB）	%
蛋白值[1]（V）	RATIO	肉鸡水解粗脂肪消化率（CVB）	%
钾	%	肉鸡酶解淀粉与总糖消化率（CVB）	%
镁	%	肉鸡水解 NFE 消化率（CVB）	%
硫[1]	%	肉鸡磷消化率（CVB）	%

注：[1] 项目结果为计算值。表中化学成分项目来源于多个营养体系，如 NRC（猪与禽）、INRA（猪）、CVB（猪与禽）等。

配方师和质量管理人员在日常工作中，可通过表 2-31 中的化学成分来认识、判断原料的可利用度，也通过以上成分计算其他营养物质（如能量）等。关于原料的普遍特质和部分重要营养素的介绍见如下所述。

（一）拆合法：由原粮认识原料（以玉米为例）

玉米及其副产品被广泛应用于猪、禽、反刍动物等饲料产品中。玉米常见加工方式主要有湿法玉米淀粉生产工艺、玉米干法加工工艺和湿法玉米发酵工艺；湿法玉米淀粉生产工艺的副产品主要有玉米浆、玉米皮、玉米胚芽（油和胚芽饼、粕）、玉米蛋白粉、淀粉等；玉米干法加工工艺常用于食用玉米的加工，副产品有玉米皮、玉米胚芽和玉米次粉；湿法玉米发酵工艺常见于玉米乙醇的制取，副产品主要有 DDG、DDS 和 DDGS。

由原粮认识原料的理论基础是原料营养素成分的可加性，即 $Y = aY1 + bY2 + cY3 + \cdots$，正如配方中某营养素含量是各原料营养素的和一样。

下面通过表 2-32 来说明一粒玉米中的蛋白质是如何被分配到其最终副产品中的。

表 2 - 32　湿法玉米淀粉生产中的蛋白质分配（%）

原料名称	干物质基础	风干基础	粗蛋白质	物料比例
玉米原粮	103	119.8		
净化玉米	100	116.3		
杂质	1	1.2		
碎玉米	2	2.3		
玉米浆	6	15	45	6.12
玉米胚芽	6.9	7.2		
玉米油	3.2	3.2	0	0
玉米胚芽粕	3.7	3.85	19	3.78
湿玉米皮	12.5	27.8	8	12.76
湿玉米蛋白粉	6.6	14.6		
干玉米蛋白粉	6.6	7.33	65	6.73
干燥淀粉	66	76.7	0.5	67.35
玉米纤维饲料	24.2	27.5		

注：1. 以干物质为基础，玉米原粮＝净化玉米＋杂质＋碎玉米，玉米胚芽＝玉米油＋玉米胚芽粕，玉米纤维饲料＝玉米浆＋玉米胚芽＋湿玉米皮；净化玉米（和为 98）＝玉米浆＋玉米胚芽＋湿玉米皮＋干玉米蛋白粉＋干燥淀粉，损耗率约 2%。风干基础含有生产中加入的水等物质，因此不具可加性。玉米浆中除了含有玉米浸出物外，还含有亚硫酸物和发酵物。

2. 物料比例＝干物质基础的物料比例÷0.98（0.98 表示因有 2% 的损耗）。

3. 玉米浆、玉米油、玉米胚芽粕、湿玉米皮、干玉米蛋白粉和干燥淀粉的粗蛋白乘以各自物料比例的和为 9.2（以干物质为基础）。

4. 本表内容是粗略计算。

　　表 2 - 32 中的数据显示，一粒玉米中的粗蛋白质分别有 29.9%、7.8%、11.1%、47.5% 和 3.7% 分散到玉米浆、玉米胚芽粕、玉米皮、玉米蛋白粉和淀粉中。

　　我们暂且将表 2 - 32 中的方法称为"拆合法"，这种方法像"庖丁解牛"一样，能帮助我们既可以分解一种原粮，也可以集合一些原料，形成新的"原料"。在表 2 - 33 中，我们就展示了由玉米副产品的常规营养成分如何推算玉米籽粒的营养成分。通过使用这种"拆合法"，我们能更深刻地认识某种原粮及其副产品。

表 2 - 33　由玉米副产品的常规营养成分推算的玉米籽粒的营养成分

营养成分	玉米胚芽粕	玉米蛋白粉	油	干玉米皮	玉米淀粉	玉米浆[1]	杂质[2]	全粒玉米值（计算结果，干基）	全粒玉米值（计算结果，风干）	玉米值（中国）
玉米深加工产物比例（%）	3.7	6.6	3.2	12.5	66	6	2	100		
容重（kg/L）	0.55	0.55	0.91	0.3	0.82	0.55	0.3		0.703	
粗蛋白质（%）	20.8	63.5		8	0.3	46	5	9.02	7.76	8

（续）

营养成分	玉米胚芽粕	玉米蛋白粉	油	干玉米皮	玉米淀粉	玉米浆[1]	杂质[2]	全粒玉米值（计算结果，干基）	全粒玉米值（计算结果，风干）	玉米值（中国）
粗脂肪（%）	2	5.4	99	3	0.2	5		4.41	3.79	3.6
粗纤维（%）	6.5	1		17.5			20	2.89	2.49	2.3
灰分（%）	5.9	1		0.5		15		1.25	1.07	1.2
淀粉（%）	14.2	17.2		30	98	5		70.39	60.54	63.5
钙（%）	0.06	0.07		0.18	0	0.13		0.04	0.03	0.02
总赖氨酸（%）	0.75	1.1		0.26		1.3		0.21	0.18	0.24
净能（kcal/kg）	2 070	2 160	7 710	1 500	3 280	2 500	1 000	2 988	2 570	2 660

资料来源：《中国饲料成分及营养价值表》（2017）。

注：[1]玉米浆的容重、钙、赖氨酸参考玉米蛋白粉，粗蛋白质数据源于玉米深加工资料，其他数据根据玉米蛋白饲料（1/3玉米浆＋2/3玉米皮）推算而来。

[2]其他主要是玉米颖等，所以其容重参考玉米芯的容重，粗蛋白质、粗纤维、净能均是估计值。

（二）对蛋白质的"新"认识

根据总氮含量×6.25来计算粗蛋白质是基于粗蛋白质中氮含量为16.0%推算的，实际上并非如此。也就是说，现今使用的"粗蛋白质"指标有"失真"的情况。计算"粗蛋白质"的最好方法是根据组成蛋白质的20种氨基酸含量来推算，正如表2-34中展示的：假设含有8.0%粗蛋白质玉米的氨基酸组成如表中所示，各氨基酸的粗蛋白质当量乘以氨基酸在原料中的比例的和就是由氨基酸推算得到的粗蛋白质含量。由于化验不足，表中玉米的氨基酸缺乏天门冬酰胺和谷氨酰胺的数据，因此计算结果6.417是不完全的。但是通过此种方法计算的粗蛋白质含量应当是准确的（当20种氨基酸的数据完整时），也是真正的"真氨基酸"（排除了非蛋白氮）。

表2-34 根据原料氨基酸氮含量计算粗蛋白质的值

氨基酸	氮（%）	氨基酸的粗蛋白质当量（每100g中的含量，g）	玉米中的氨基酸（%）	根据氨基酸计算的粗蛋白质含量（%）
丙氨酸	15.72	98.25	0.586	0.576
精氨酸	32.16	201	0.381	0.766
天门冬酰胺	21.2	132.5		
天门冬氨酸	10.52	65.75	0.531	0.349
胱氨酸	11.66	72.875	0.182	0.133
谷氨酸	9.52	59.5	1.432	0.852
谷氨酰胺	19.17	119.812 5		
甘氨酸	18.66	116.625	0.316	0.369
组氨酸	27.08	169.25	0.231	0.391

（续）

氨基酸	氮（%）	氨基酸的粗蛋白质当量 （每100g中的含量，g）	玉米中的氨基酸（%）	根据氨基酸计算的 粗蛋白质含量（%）
异亮氨酸	10.88	68	0.27	0.184
亮氨酸	10.67	66.687 5	0.949	0.633
赖氨酸	19.16	119.75	0.248	0.297
蛋氨酸	9.39	58.687 5	0.169	0.099
苯丙氨酸	8.48	53	0.381	0.202
脯氨酸	12.17	76.062 5	0.712	0.542
丝氨酸	13.33	83.312 5	0.381	0.317
苏氨酸	11.76	73.5	0.287	0.211
色氨酸	13.72	85.75	0.062	0.053
酪氨酸	7.73	48.312 5	0.336	0.162
缬氨酸	11.96	74.75	0.378	0.283
粗蛋白质（合计）				6.419

注：假设玉米的粗蛋白质含量为8.0%。

（三）谷物蛋白的分类与质量

谷物中蛋白质的绝对量少于豆类等蛋白质原料，但是综合来算谷物蛋白可占饲料蛋白的30%～50%（如生长猪饲料含粗蛋白质15%，其中玉米和麸皮可提供的蛋白质为：70%×0.08+5%×0.15＝42%）。因此，谷物不仅贡献了大部分的能量，还提供了不可忽视的蛋白质。

因为自然界中蛋白质复杂多样，所以至今还未能根据蛋白质的分子结构来进行分类。通常根据结构和特性将蛋白质分为简单蛋白质和结合蛋白质两类，简单蛋白质中只含有 α-氨基酸。谷物蛋白一般是简单蛋白质。谷物蛋白按生物功能可分为代谢活性蛋白（细胞质蛋白）和贮存蛋白，按溶解性［奥斯本-门德尔（Osborne - Mendel）分离法］可分为清蛋白、球蛋白、谷蛋白和醇溶蛋白。其中，清蛋白和球蛋白属于细胞质蛋白，谷蛋白和醇溶蛋白属于贮存蛋白。谷类蛋白的分类、描述和特点等见表2-35。

表2-35 谷类蛋白的分类、描述和特点

按生物 功能	按溶 解性	来源	描 述	举 例
代谢 蛋白	清蛋白	糊粉层， 胚 芽，糠 层；胚 乳 中很少	溶于水，加热时凝固，为强碱、金属盐类或有机溶剂所沉淀，能被饱和硫酸铵盐析。等电点 pH 为 4.5～5.5	小麦清蛋白，大麦清蛋白
	球蛋白		不溶于水，溶于中性盐稀溶液，加热后凝固，为有机溶剂所沉淀，添加硫酸铵至半饱和状态时则有沉淀析出。等电点 pH 为5.5～6.5。具有典型的盐溶盐析特性	小麦球蛋白，燕麦球蛋白

（续）

按生物功能	按溶解性	来源	描 述	举 例
储藏蛋白	谷蛋白		不溶于水、中性盐溶液及乙醇溶液中，但溶于稀酸及稀碱溶液中，加热后凝固。该类蛋白仅存在于谷类籽粒中，常与醇溶谷蛋白分布在一起，典型的例子是小麦谷蛋白	小麦谷蛋白
	醇溶蛋白	胚乳	溶于水及中性盐溶液，可溶于70%～90%的乙醇溶液，也可溶于稀酸及稀碱溶液，加热后凝固。该类蛋白仅存在于谷物中，如小麦、玉米、大麦、高粱、燕麦、黑麦。醇溶蛋白水解时可产生大量的谷氨酰胺、脯氨酸和少量的碱性氨基酸。玉米中醇溶蛋白又称为胶蛋白，缺乏赖氨酸和色氨酸	小麦醇溶蛋白（面筋蛋白质之一）

谷物蛋白的特点：

（1）按溶解性分类的方法由来已久，人们已按此方法得到了能说明谷类蛋白特性的成果，且具有重现性。

（2）每类蛋白质都有亚群，不是单纯的某种蛋白质。

（3）有些蛋白质不属于以上四类蛋白质的任何一类，如小米、大麦和黑麦中含有溶于水但受热不凝结的糖蛋白（一种结合蛋白），玉米、高粱和稻谷中含有不溶于稀酸和稀碱的蛋白质。这还需要更好的分类体系和方法来解释。

（4）清蛋白和球蛋白氨基酸平衡较好，赖氨酸、蛋氨酸和色氨酸含量也较高，其营养价值高于谷蛋白和醇溶蛋白。

（5）贮存蛋白（醇溶蛋白和谷蛋白）贮存在胚乳中，谷蛋白是由多肽链彼此通过二硫键连接而成，醇溶蛋白是由一条单肽链通过分子内二硫键连接而成。植物用这些蛋白支持幼苗生长，在果皮和胚芽中无。

（6）谷物籽粒中的氨基酸含量，主要取决于淀粉型胚乳细胞含量。淀粉型胚乳细胞约占籽粒干重的80%，其中贮存着淀粉和蛋白质。燕麦和稻谷的主要贮存蛋白是类似豆类和其他双子叶植物的11S球蛋白，醇溶蛋白只是微量成分；除燕麦和稻谷外，其他谷物中的贮存蛋白主要是醇溶蛋白。燕麦和稻谷贮存蛋白中的赖氨酸含量高于其他谷物醇溶蛋白。

（7）醇溶蛋白中赖氨酸、蛋氨酸和色氨酸的含量较低。

（8）不同种类谷物的谷蛋白氨基酸组成表现出较大的变化性，如小麦中谷蛋白和醇溶蛋白的氨基酸组成相似，而玉米谷蛋白中赖氨酸的含量比醇溶蛋白中的要高很多。

（9）小麦中的贮存蛋白（面筋蛋白）也是功能蛋白质，不具有酶活性，但具有形成面团的功能，能保持气体从而产生各种松软的烘烤或蒸熟食品。

当谷物籽粒中的蛋白质含量变化时，各种蛋白质的组成也相应变化。当蛋白质增加时，有更多的蛋白质变成贮存蛋白。也就是说，随着籽粒蛋白质的增加，贮存蛋白的增加幅度大于代谢蛋白。

主要谷物籽粒中的蛋白质组成和赖氨酸含量见表2-36。

表2-36　主要谷物中的蛋白质组成和赖氨酸含量（%）

谷物名称	清蛋白	球蛋白	醇溶蛋白	谷蛋白	赖氨酸：粗蛋白质
小麦	5～10	5～10	40～50	30～45	2.3
大米	2～5	2～10	1～5	75～90	3.8
玉米	2～10	2～20	50～55	30～45	2.5
大麦	3～10	10～20	35～50	25～45	3.2
燕麦	5～10	50～60	10～16	5～20	4.0
高粱	5～10	5～10	55～70	30～40	2.7
黑麦	20～30	5～10	20～30	30～40	3.7

资料来源：《谷物科学原理》（周惠明，2003），"赖氨酸：粗蛋白质"为笔者补充。

鉴于赖氨酸是谷物饲料中的第一限制氨基酸，因此由表2-36可知，燕麦蛋白的营养价值最高，大米蛋白次之，高粱、玉米和小麦的营养价值较低。

主要谷物贮存蛋白中必需氨基酸的含量情况见表2-37。由表中可知，因玉米醇溶蛋白中的色氨酸含量为"0"，所以玉米籽粒中色氨酸含量是较低的。

表2-37　主要谷物贮存蛋白中的必需氨基酸含量（摩尔分数，%）

类型	醇溶蛋白						类豆蛋白	
	小麦		大麦醇溶蛋白	玉米醇溶蛋白	燕麦醇溶蛋白	稻谷醇溶蛋白	燕麦球蛋白	稻谷谷蛋白
	醇溶蛋白	谷蛋白						
占籽粒氮的百分数	33	16	50	52	10	1～5	75	75～90
组氨酸	1.8	0.9	2.3	1.0	0.9	1.7	2.2	2.1
异亮氨酸	3.8	3.4	3.3	3.8	3.4	12.3	4.8	7.0
亮氨酸	6.6	6.6	7.1	18.7	10.8	4.4	7.4	4.1
赖氨酸	0.7	1.2	0.8	0.1	0.9	1.0	2.9	2.3
半胱氨酸	2.4	1.3	3.0	1.0	3.8	痕量	1.1	1.7
蛋氨酸	1.3	1.3	1.4	0.9	2.0	0.8	0.9	1.7
苯丙氨酸	6.0	5.4	6.0	5.2	5.5	4.4	5.2	4.1
酪氨酸	2.8	3.2	3.4	3.5	1.6	6.4	3.5	3.7
苏氨酸	1.7	2.5	3.6	1.7	1.7	1.3	4.1	3.0
色氨酸	—	—	—	0	—	1.6	1.0	1.0
缬氨酸	4.2	3.5	4.7	3.6	7.6	7.0	6.4	6.8

资料来源：Shewry（2007）。

注："—"指未检测。

1. 小麦蛋白　小麦是禾谷类作物中蛋白质含量最高的谷物，一般小麦的质量分级以蛋白质的高低为标准。小麦蛋白按溶解性分为清蛋白、球蛋白、麦醇溶蛋白（又称为麦胶蛋白或醇溶麦谷蛋白）和麦谷蛋白，麦谷蛋白又包括可溶解于稀酸或稀碱的可溶性谷蛋白和不溶性谷蛋白（也称为残余蛋白或胶状蛋白）。清蛋白和球蛋白主要在小麦籽粒的皮层和胚部，麦醇溶蛋白和麦谷蛋白主要存在于胚乳中，胚乳中也有少量的清蛋白和球蛋白。因此，小麦制粉后保留在面粉中的蛋白质主要是麦醇溶蛋白和麦谷蛋白，而在麸皮和小麦胚芽中的主要是清蛋白和球蛋白，清蛋白和球蛋白的氨基酸组成相对平衡，赖氨酸和蛋氨酸含量较高。

在小麦面粉中加水至含水量高于35％时，再用手工或机械进行糅合得到黏聚在一起具有黏弹性的面块，称为"面团"。面团在水中搓洗，淀粉和水溶性物质渐渐离开面团，冲洗后剩下一块具有黏合性、延伸性的胶皮状物质，称为"湿面筋"，湿面筋经低温干燥后可得到"干面筋"。面筋中含蛋白质80％（干基），脂类8％，其余为灰分和碳水化合物。面筋中的蛋白质主要是麦醇溶蛋白和麦谷蛋白。麦醇溶蛋白是一大类具有类似特性的蛋白质，相对分子质量为（30～80）×10³，单链，倾向于形成分子内二硫键，是造成面团黏合性的主要原因。麦谷蛋白也是一大类不同组分的蛋白质，相对分子质量为（80～130）×10³，高的可达上百万，由多条肽链通过分子间二硫键连接而成，是形成弹性的主要因素。面筋蛋白中谷氨酰胺（或谷氨酸）含量很高，约占面筋蛋白的35％，高的谷氨酰胺水平引起氮含量高。因此，小麦中氮和蛋白质的换算系数应为5.7，而不是6.25。面筋蛋白的氨基酸组成中脯氨酸的水平也较高，约占面筋蛋白的14％，脯氨酸的肽键不易弯曲，高水平的脯氨酸使得蛋白质不易形成α-螺旋。面筋蛋白中碱性氨基酸，如赖氨酸、精氨酸和组氨酸水平较低，缬氨酸和蛋氨酸也不高。

小麦中的蛋白质含量与小麦颗粒的硬度、角质率、容重等有一定的关系。一般情况下，高蛋白质小麦是硬麦，角质率高；蛋白质含量低的是软麦，角质率低。

在饲料生产中，可利用小麦面筋蛋白良好的吸水性、黏弹性、吸脂乳化性等特性，改善制粒性能或粉料在水中的悬浮性。

2. 玉米蛋白 玉米籽粒中的蛋白质含量一般在10％左右（干基），其中80％在玉米胚乳中，而另外20％在玉米胚中。玉米籽粒中的胚乳同时有玻璃质和不透明部分，是由蛋白质的分配不同导致的。玉米蛋白主要以离散的蛋白质体和间质蛋白质存在于胚乳中，玉米籽粒中40％～50％的粗蛋白质是人畜体内不能吸收利用的醇溶蛋白（亦称为胶蛋白）。从营养学的角度讲，玉米中的蛋白质品质比水稻和小麦籽粒中的要差得多，消化率也低，蛋白质的利用率只有57％左右。但玉米胚蛋白对水及脂肪的吸附均很强，故有很好的乳化性，是一种合适的蛋白质添加剂和营养补充剂。

玉米蛋白的氨基酸组成中，含量较高的是谷氨酸、脯氨酸和亮氨酸，赖氨酸、蛋氨酸、半胱氨酸和色氨酸是比较低的几种氨基酸（表2-38和表2-39）。玉米胚芽产品（玉米胚芽粕、玉米胚芽饼及玉米胚芽）中主要是清蛋白和球蛋白，玉米蛋白粉中的蛋白质则主要提取自胚乳，玉米DDGS则是玉米籽粒蛋白的浓缩品。玉米中高含量的亮氨酸被认为与糙皮病的发生有关（亮氨酸影响色氨酸代谢而诱发烟酸缺乏）。

表2-38 玉米蛋白的氨基酸组成（％，以蛋白质计）

氨基酸	清蛋白和球蛋白	玉米醇溶蛋白	交链玉米醇溶蛋白	谷蛋白
赖氨酸	4.18	0.46	0.57	4.38
组氨酸	2.38	1.28	6.77	2.52

（续）

氨基酸	清蛋白和球蛋白	玉米醇溶蛋白	交链玉米醇溶蛋白	谷蛋白
精氨酸	7.35	2.16	3.46	4.49
天冬氨酸	10.06	5.12	1.73	7.90
苏氨酸	4.60	2.93	3.86	4.04
丝氨酸	5.23	5.11	4.03	5.15
谷氨酸	14.70	22.18	23.61	16.70
脯氨酸	5.06	9.84	17.83	6.95
甘氨酸	6.69	2.02	4.72	4.12
丙氨酸	7.10	9.01	4.92	7.49
半胱氨酸	3.73	2.27	0.87	0.64
缬氨酸	5.28	3.43	6.07	5.27
蛋氨酸	1.73	0.94	1.63	2.86
异亮氨酸	4.25	3.53	2.23	3.97
亮氨酸	6.50	17.49	10.23	12.09
酪氨酸	3.25	4.54	2.52	4.72
苯丙氨酸	3.57	6.11	2.56	5.31

表 2-39　玉米胚乳中的氨基酸组成（%，占蛋白质的比例）

氨基酸	玉米胚乳中
赖氨酸	2.0
组氨酸	2.8
精氨酸	3.8
天冬氨酸	6.2
谷氨酸	21.3
色氨酸	0.6
苏氨酸	3.5
丝氨酸	5.2
脯氨酸	9.7
甘氨酸	3.2
丙氨酸	8.1
缬氨酸	4.7
胱氨酸	1.8
蛋氨酸	2.8
异亮氨酸	3.8
亮氨酸	14.3
酪氨酸	5.3
苯丙氨酸	5.3

3. 稻谷蛋白　稻谷中的蛋白质含量一般比其他谷物的低，但其碱溶性的谷蛋白（米谷蛋白）含量很高，可占蛋白质总量的80%以上。工业生产中采用氢氧化钠来抽取大米蛋白，因此大米蛋白饲料尝起来"像碱的味道"。大米中的蛋白质大部分分布在糊粉层，因此大米加工得越精细，碾去的糊粉层就越多，精米中的蛋白质含量也就越少。

虽然稻谷蛋白含量低于玉米和小麦，但其营养品质却高于玉米和小麦，主要表现在：①与一般禾谷类蛋白相比，大米蛋白中含赖氨酸、苯丙氨酸等必需氨基酸较多，含赖氨酸高的谷蛋白占大米蛋白的80%以上，而品质差的醇溶蛋白含量低；②大米蛋白的氨基酸组成配比比较合理，必需氨基酸组成比小麦蛋白、玉米蛋白的必需氨基酸组成更加接近于WHO认定的蛋白氨基酸最佳配比模式（表2-40）；③蛋白质的利用率高，与其他谷物蛋白相比，大米蛋白的生物价（BV值）和蛋白质效用比率（PER值）高（表2-41）；④低过敏性（与大豆蛋白、乳清蛋白相比），可以作为婴幼儿食品的配料，米粉可以作为3~6月龄幼儿的食品。因此，大米蛋白是幼小动物良好的低过敏性蛋白来源（表2-41）。

表2-40　大米蛋白、小麦蛋白、玉米蛋白的必需氨基酸组成（%，占蛋白质的比例）

必需氨基酸	大米蛋白	小麦蛋白	玉米蛋白	WHO模式
赖氨酸	4.0±0.1	2.52	2.00	7.0
胱氨酸	21.7±0.2	2.24	1.70	5.5
蛋氨酸	2.2±0.3	2.11	1.30	4.0
异亮氨酸	4.1±0.1	3.59	4.20	4.0
亮氨酸	8.2±0.3	6.79	14.6	1.0
苯丙氨酸	5.1±0.3	4.75	3.20	5.0
酪氨酸	5.2±0.3	3.20	5.20	
色氨酸	1.7±0.3	1.32	0.60	
缬氨酸	5.8±0.4	4.22	5.70	
苏氨酸	3.5±0.2	2.87	4.10	

表2-41　几种蛋白质的生物价（BV）和蛋白质效用比率（PER）比较

谷物	BV	PER
大米	77	1.36~2.56
小麦	67	1.0
玉米	60	1.2
大豆	58	0.7~1.8
鸡蛋	—	4.0
棉籽	—	1.3~2.1

注：1. 蛋白质生物价指氮贮留量/氮吸收量，"—"指无数据。

2. 蛋白质效用比率指幼小动物增加体重/摄入蛋白质的量。

4. 燕麦蛋白　去壳的裸燕麦有很高的蛋白质含量，燕麦中蛋白质的分配比例不同于其他谷物，含量最高的是可溶性的球蛋白（55%），而醇溶谷蛋白仅占总蛋白的 10%～15%，谷蛋白占 20%～25%。燕麦的氨基酸平衡也是非常好（与联合国粮农组织规定的标准蛋白质相比，表 2-42），这在谷物中是独一无二的。燕麦蛋白质的氨基酸平衡稳定性很好，不会像其他谷物因蛋白质含量的增加而相对性地下降。综上所述，燕麦蛋白是动物优质的蛋白质来源。

表 2-42　燕麦及其组成部分的氨基酸组成（%，占蛋白质的比例）

氨基酸	整粒燕麦	去壳燕麦	胚乳	FAO 评分模式
赖氨酸	4.2	4.2	3.7	5.5
组氨酸	2.4	2.2	2.2	—
精氨酸	6.4	6.9	6.6	—
天冬氨酸	9.2	8.9	8.5	—
苏氨酸	3.3	3.3	3.3	—
丝氨酸	4.0	4.2	4.6	—
谷氨酸	21.6	23.9	23.6	—
半胱氨酸	1.7	1.6	2.2	—
蛋氨酸	2.3	2.5	2.4	3.5
甘氨酸	5.1	4.9	4.7	—
丙氨酸	5.1	5.0	4.5	—
缬氨酸	5.8	5.3	5.5	5.0
脯氨酸	5.7	4.7	4.6	—
异亮氨酸	4.2	3.9	4.2	4.0
亮氨酸	7.5	7.4	7.8	7.0
酪氨酸	2.6	3.1	3.3	—
苯丙氨酸	5.4	5.3	5.6	6.0

注："—"指无数据。

（四）淀粉简述

天然淀粉又称原淀粉，来源遍布整个自然界，广泛存在于高等植物的根、块茎、籽粒、髓、果实、叶子等。淀粉种类很多，一般按其来源可分为以下几类：①禾谷类淀粉，主要包括玉米、大米、大麦、小麦、燕麦和黑麦等；②薯类淀粉，在我国以甘薯、马铃薯和木薯为主；③豆类淀粉，主要有蚕豆、绿豆、豌豆和赤豆等；④其他淀粉，一些植物的果实（如香蕉、芭蕉、白果等）、基髓（如西米、豆苗、菠萝等）中含有淀粉，一些细菌、藻类中也含有淀粉或糖原。

淀粉是直链淀粉和支链淀粉的混合物，其组成了淀粉颗粒，不同原粮的淀粉颗粒大小和形状不同（表 2-43）。淀粉颗粒内部是很复杂的结晶组织，在偏光显微镜下，淀粉颗粒有轮纹结构和晶体结构（表 2-44）。淀粉颗粒是球晶体，不过晶体结构在淀粉颗粒中只占一小部分，大部分是非晶区，所以淀粉具有弹性变形现象；淀粉颗粒中的晶体结构位于内部，非晶区（无定形区）位于外部。淀粉颗粒中直链淀粉和支链淀粉含量比例直接影响了淀粉的特性，直链淀粉和支链淀粉结构及性质的区别见表2-45，常见原粮中直链和支链淀粉的比例见表2-46。

表2-43 不同原粮的淀粉颗粒大小和形状

淀粉来源	作物	特性	形态	直径（μm）
小麦	谷物	双型	小扁豆形（A型）	15～35
			圆球形（B型）	2～10
大麦	谷物	双型	A型	15～25
			B型	2～5
黑麦	谷物	双型	A型	10～40
			B型	5～10
燕麦（易聚合）	谷物	单型	多角形	3～16 80（复合粒）
普通玉米	谷物	单型	多角形	2～30
糯性玉米	谷物	单型	球形	5～25
高直链玉米	谷物	单型	不规则形	2～30
大米	谷物	单型	多角形	3～8（小颗粒） 150（复合粒）
高粱	谷物	单型	球形	5～20
豌豆	种子	单型	椭圆形	5～10
马铃薯	块茎	单型	椭圆形	5～100
木薯（不易老化）	根类	单型	椭圆形	5～35

注：小麦有两种不同形状和大小的淀粉颗粒：扁豆形的大颗粒，直径15～35μm，称为A淀粉；呈球形的小颗粒，直径2～10μm，称为B淀粉。经研究，这两种淀粉的化学组成相同。

表2-44 不同原料淀粉颗粒中的结晶化度（%）

原料	结晶化度
马铃薯	25
小麦	36
稻米	38
玉米	39
糯玉米	39
高直链淀粉	19
甘薯	37

注：结晶化度测试方法有X射线衍射法和重氢置换法。

表 2-45　直链淀粉和支链淀粉结构、性质比较

项目	直链淀粉	支链淀粉
分子形状、结构	直链分子，通过分子内氢键的相互作用，将长链卷曲成螺旋形构象（氢原子在内，羟基在外），螺旋的每一圈有 6 个葡萄糖单元，螺旋形构象在分子链各极性基团的作用下再发生弯曲与折叠。有的直链淀粉主链上也有少量轻度分支，主链分子可占 64％，轻度分支分子占 36％。与支链淀粉的分支相比，直链淀粉的分支只有 4～20 个短链	支链分子，分支上又有小分支，形如树枝状；支链淀粉的主链称为 C 链，分支链称为 B 链（B 链可有数百个），小分支称为 A 链（A 链上再无分支）；小分支的数目在 50 个以上，每个小分支平均含有 20～30 个葡萄糖单元，小分支的葡萄糖单元也通过分子内氢键成螺旋形构象
聚合度	100～6 000	1 000～3 000 000
末端基	分子的一端为非还原末端基，另一端为还原末端基	分子具有一个还原末端基和许多非还原末端基
碘着色反应	深蓝色，直链淀粉平均每个螺旋可以束缚一个碘分子。相较于支链淀粉，直链淀粉可以束缚较多的碘分子。当淀粉溶液被加热时，碘着色反应消失，因为淀粉分子螺旋卷曲在高温作用下伸长和展开了	紫红色或红色
吸收碘量	19％～20％	<1％
晶体结构	直链淀粉颗粒小，分子链间缔合程度大，形成的微晶束晶体结构紧密，结晶区域大	支链淀粉以分支端的葡萄糖链平行排列，彼此以氢键缔合成束状，形成微晶束结构，结晶区域小，晶体结构不太紧密，淀粉颗粒大。无论是直链淀粉分子还是支链淀粉分子都不是以整个分子参与一个微晶束的，而是以其分子链中的各个部分分别参与几个微晶束的组成。其中也有一部分链段则不参与构成微晶束，而成为淀粉颗粒的非晶区，即无定形区
凝沉作用	直链淀粉分子排列比较规整，分子间容易相互靠拢重新排列。因此，在冷的水溶液中，直链淀粉有很强的凝聚沉淀性能	支链淀粉分子大，各支链的空间阻碍作用使分子间的作用力减小。支链的作用使水分子容易进入支链淀粉的微晶束内，阻碍支链淀粉分子凝聚，使之不易沉淀
溶解度	直链淀粉颗粒中，排列有序的大分子链使水分子不容易渗透到颗粒内部，只能是淀粉颗粒表面的分子链脱离颗粒进入水溶液；在 50～60℃的热水中，直链淀粉溶解，形成有黏性的溶液，直链淀粉的溶解度随水温的升高变化不大	支链淀粉颗粒大，晶体结构不太紧密，水分子容易渗透到淀粉颗粒内部，使颗粒润湿胀大，但支链间的相互作用使得淀粉分子难以进入水溶液。在 50～60℃的热水中，淀粉各支链间的作用力依然大于水分子的作用力，因此淀粉仍不溶于水，但能继续胀大。当温度上升到 100℃时，水的渗透作用加快，支链间作用力减弱，支链淀粉分子链开始溶解于水中，形成非常黏滞的液体；当温度继续上升到 120℃时，支链淀粉的溶解度加大
黏度	直链淀粉分子间氢键的缔合程度大，水分子不容易进入微晶束内拆散全部氢键，因此直链淀粉能溶于温水，但黏度没有支链淀粉大	淀粉在水中溶解时黏度不断变化。当淀粉开始溶解时，黏度逐渐增加，达到最大限度后，随着温度上升而黏度下降；当温度降低后，黏度又开始增加

（续）

项目	直链淀粉	支链淀粉
水解反应	淀粉在酸催化下的水解称为"糖化"，酸对α-1，4-糖苷键和α-1，6-糖苷键的选择性并不严格。①α-淀粉酶可以将直链淀粉的α-1，4-糖苷键任意地、不规则地分解为短键的糊精，糊精继续水解，最后产物是13%的葡萄糖和87%的麦芽糖；②糖化酶是外切酶，主要作用于α-1，4-糖苷键，可以从分子链的非还原末端将葡萄糖单元逐个切断	支链淀粉酸水解的速度要快于直链淀粉，因为支链淀粉较大，晶体结构不紧密，氢质子容易进入淀粉分子内部。①α-淀粉酶可以将支链淀粉的α-1，4-糖苷键任意地、不规则地分解为短键，但不能分解α-1，6-糖苷键，因而生成的是含有α-1，6-糖苷键的糊精，称为界限糊精，而最终产物是麦芽糖及少量界限糊精和葡萄糖；②糖化酶对支链分子中α-1，6-糖苷键作用较慢，它可以绕过α-1，6-糖苷键而水解α-1，4-糖苷键；③β-淀粉酶将支链淀粉分子中支链上的α-1，4-糖苷键按2个葡萄糖单元切断，但不能水解和超越支链淀粉的α-1，6-糖苷键，因此此酶遇到α-1，6-糖苷键即停止作用
化学反应活性	高温时直链淀粉分子较为伸展，其极性基团外露，容易和一些有机物（如醇类、脂肪酸作用）	支链呈树枝状，在空间上起阻碍作用，所以与极性试剂进行反应较难
络合结构	能与极性有机物和碘生成络合物	不能
X-光衍射分析	高度结晶结构	无定形结构
乙酰衍生物	能制成强度很高的纤维和薄膜	制成的薄膜很脆弱

注：聚合度指组成淀粉分子葡萄糖残基的数量，用 DP 表示。

表 2-46 常见原粮中直链淀粉和支链淀粉的含量（%）

原粮名称	直链淀粉	支链淀粉
玉米	26	74
蜡质玉米	<1	>99
马铃薯	20	80
木薯	17	83
高直链玉米	50～80	20～50
小麦	25	75
大米	19	81
大麦	22	78
高粱	27	73
甘薯	18	82
糯米	0	100
豌豆光滑	35	65
皱皮	66	34

　　在动物营养体系中，人们认识淀粉结构和特性的目的是希望通过提高淀粉的消化率，以提供更多的能量及提高动物健康水平。常用的淀粉加工方法是破碎、制粒糊化和膨化糊化。淀粉糊化是在湿热作用下淀粉颗粒膨胀、溶解的现象，其实质是淀粉中有序（晶体）

和无序（非晶体）态的淀粉分子间氢键断裂，分散在水中成为亲水性胶体溶液；继续升温，更多淀粉分子溶解于水，微晶束解体，淀粉失去原形；再升温，淀粉粒全部溶解，溶液黏度大幅度下降。因此，糊化过程包括三个阶段：润胀、有形溶胀、颗粒支解成离散分子（不同原粮淀粉的糊化温度见表2-47）。糊化过程中热的作用是增加分子振动的能量以拆散氢键，湿的作用是用水分子代替另一条淀粉链以形成氢键。影响糊化的因素包括：①晶体结构。微晶束的大小及密度越大，淀粉颗粒就越不易糊化。②温度。应高于30℃，低于30℃时淀粉易发生韧化，韧化淀粉使糊化温度升高，温程缩短，烘干玉米糊化特性不如自然干玉米。③脂质。脂质能抑制糊化的第一阶段润胀，卵磷脂有助于小麦淀粉糊化。④碱和盐类。强碱可以使淀粉颗粒在常温下糊化；盐类在室温下能促进淀粉粒糊化（阴离子促进糊化的顺序：OH^-＞水杨酸＞SCN＞I^-＞Br＞Cl^-＞SO_3^-；阳离子促进糊化的顺序：Li^+＞Na^+＞K^+）。⑤糖。D-葡萄糖、D-果糖和蔗糖能抑制小麦淀粉颗粒溶胀。⑥直链淀粉含量。直链淀粉含量高糊化困难，高直链玉米淀粉只有在高温高压下才能完全糊化。⑦其他。如极性高分子有机化合物、淀粉粒形成时的环境温度、其他物理和化学的处理都可以影响淀粉糊化。糊化的淀粉在低温下放置一段时间有凝沉现象，称为"回生"（老化）。回生的实质是糊化的淀粉分子在温度降低时由于分子运动减慢，直链淀粉分子和支链淀粉分子的侧链重新趋向于平行排列，互相靠拢，彼此以氢键结合，再次组成混合微晶束，其结构与原来的结构相似，但不呈放射状，而是堆乱地组合，回生的淀粉溶解度降低。直链淀粉的长链状结构易形成平行排列并结晶，因此容易回生；支链淀粉由于支叉结构取向障碍，因此不易回生。影响回生的因素有：①溶液浓度。浓度大，分子碰撞的机会多，易于回生；浓度小，不易回生；浓度为40%~70%最易回生。②温度。0~4℃时，淀粉最易回生；添加淀粉的食品，2~4℃易回生，−7℃以下和60℃以上不易回生。③分子构造。直链淀粉分子呈线性，在溶液中空间障碍小，易于取向，易回生；支链淀粉分子呈树枝状，空间障碍大，不易回生。④直链分子和支链分子的比值。支链淀粉可以缓和直链淀粉分子回生的作用，抑制回生；但在高浓度或特低温下，支链淀粉分子侧链间也会结合，发生凝沉。⑤溶液pH及无机盐的影响。在酸性条件下易回生，在碱性条件下不易回生。⑥淀粉种类。糯性淀粉不易回生；木薯淀粉在一般情况下不易回生，若经酸水解处理则易回生；糯性酸水解不易回生；淀粉经过改性，形成衍生物后不易水解；同电相斥及链上加入大基团能形成位阻，也不易回生。⑦冷却速度。温度缓慢冷却易回生，迅速冷却则不易回生。防止膨化玉米回生的措施可包括膨化后迅速降温和保持较低的水分含量。

表2-47 不同原料淀粉的糊化温度（℃）

淀粉	糊化温度
玉米淀粉	62~72
马铃薯淀粉	56~66
小麦淀粉	58~64
木薯淀粉	59~69
蜡质玉米淀粉	62~72

玉米胚乳从外观上可分为角质胚乳和粉质胚乳。角质胚乳在籽粒的中上部外侧，质地较硬；粉质胚乳位于中下部内侧，质地较软。角质胚乳细胞排列紧密，淀粉粒排列规则，呈多面体形，蛋白体数量多且填满淀粉体的间隙，因此质地坚实；粉质胚乳淀粉粒排列不规则，呈圆球状，淀粉体间空隙多，因此质地疏松。角质胚乳中的淀粉颗粒一般大于粉质胚乳的淀粉颗粒，可能与发育先后有关。角质胚乳中的脂肪含量明显高于粉质胚乳，高含量脂肪使角质胚乳的糊化温度高于粉质玉米的糊化温度。相对来说，玉米中的粉质胚乳更有利于淀粉糊化，但其粗蛋白质和脂肪的含量也较低。

（五）脂肪概述

脂肪的营养价值主要体现在高能值和提供必需脂肪酸。配方体系中和脂肪相关的重要营养素包括：粗脂肪、游离脂肪酸、亚麻酸、亚油酸、花生四烯酸、EPA、DHA、必需脂肪酸、不饱和脂肪酸/饱和脂肪酸、碘价、总 $\omega-3$ 脂肪酸、总 $\omega-6$ 脂肪酸、$\omega-6$ 脂肪酸/$\omega-3$ 脂肪酸及不同链长的脂肪酸组成。应注意：不同数据库中脂肪酸的组成数据有的以"％，在脂肪中的所占比例"表示，有的以"％，在脂肪酸中的所占比例"表示，引用的时候需转换为统一标准，本体系中统一以"％，在脂肪中的所占比例"表示。

在不同的营养体系中，脂肪能值的评估过程和结果均不同，从数据上看差异大，这从某种程度上说明脂肪能值评估的复杂和难度较大。日常工作中，脂肪质量越来越受到重视，特别是对肉禽、幼小动物来讲。脂肪质量的评价应该以综合评价的方式进行，而不应以某个或某时的指标数据来判断。脂肪品质控制常见项目见表2-48，饲用脂肪品质指标建议见表2-49。

表2-48 脂肪品质控制常见项目

项 目	意 义	备 注
总脂肪酸	包括游离脂肪酸及与甘油结合的脂肪酸总量，动物性或植物性油脂中含量通常为92％～94％。油脂能量大部分是由脂肪酸供应，因此总脂肪酸量为能量值的指标	总脂肪酸（％）＝粗脂肪（％）×（总脂肪酸/粗脂肪）
游离脂肪酸	脂肪分解后会产生游离脂肪酸，故其量可作为鲜度判断的根据，饲料中所用油脂一般为15％～35％	在营养上，游离脂肪酸对动物无害，但含量较高时（50％以上）表示油脂原料不好，对金属机械、器具有腐蚀性，而且会降低适口性
水分	腐蚀加工装置，同时易使油脂起水解作用产生游离脂肪酸，加速脂肪败坏，并降低脂肪的能量含量	
不溶物或杂质	其量应限制在0.5％以下	
不可皂化物	包括固醇类、碳氢化合物、色素、脂肪醇、维生素等不与碱发生皂化反应的物质，大部分成分仍有饲用价值，对动物无不良影响；但其中蜡、焦油等则无营养价值，甚至有些有害，如水肿因子	水分、不溶物或杂质和不可皂化物合称MIU，有的营养体系列入此指标，理论上粗脂肪＝100－MIU

（续）

项目	意　义	备　注
酸价 （acid value）	通常不能单纯以此评价品质，需配合其他方法共同鉴定。油脂酸价的提高，部分由于油脂水解而生成游离脂肪酸，部分由于过氧化物分解所生的羰基化合物再氧化而生成游离脂肪酸。因此，游离脂肪酸的生成结构随条件而异，不易作为油脂氧化程度的判断	
过氧化价	过氧化物是在油脂氧化过程中生成的，故过氧化价可作氧化程度的判断。但过氧化物在水或高湿下极易分解，因此油脂氧化至某一程度后，过氧化价反而会降低	
碘价（IV 值）	是油脂特征常数之一，以每百克油脂所能吸收碘的克数表示。油脂中的不饱和脂肪酸能与碘起加成反应，碘价的大小在一定范围内能反映油脂的不饱和程度。油脂不饱和度愈大，吸收碘的数值愈大，反之愈小，由此可以判断油脂的干性程度	各种油脂的不饱和程度及脂肪酸的含量，在一定条件下是固定不变的。测定油脂的碘价可以了解各种油脂组分的均一性，判断有无混杂等

表 2－49　饲用脂肪品质指标建议（％）

脂肪类别	品质指标					
	最低总脂肪酸含量	最大游离脂肪酸含量	最大水分含量	最大杂质含量	最大不可皂化物含量	最大总 MIU
家畜源	90	15	1	0.5	1	2
家禽源	90	15	1	0.5	1	2
饲料级动物脂肪	90	15	1	0.5	1	2
动植物混合脂肪	90	30	1	0.5	3.5	5
饲料级植物脂肪	90	30	1.5	1.0	4.0	6

资料来源：《畜禽饲料与饲养学》（Richard O. Kellems 等著，2006）。

注：可以根据脂肪中脂肪酸的滴度值（反应硬度的指标，即脂肪开始凝固时的温度）对脂肪进行分类。当脂肪酸滴度为 40 或高于 40 时为动物脂肪，当滴度在 40 以下时为植物脂肪。滴度越低，表明不饱和脂肪酸或多不饱和脂肪酸的含量越高。

　　脂肪在饲料中的氧化一直是令人关注的问题。不饱和脂肪酸的双键有化学反应活性，可以被活性氧（ROS，如·OH 和 HOO·）氧化，形成脂质过氧化产物或脂质氧化产物。脂质过氧化反应在体内外都可发生。脂质过氧化反应包括 3 个主要阶段：引发、增长和终止。引发阶段，自由基从双键附近的碳中提取 1 个质子和 1 个电子，产生不稳定的脂肪酸自由基。脂肪酸自由基再与氧分子反应产生不稳定的过氧化脂肪酸自由基，过氧化脂肪酸自由基再与另外一分子的不饱和脂肪酸发生反应，形成新的脂肪酸自由基和脂质过氧化物。这种由活性氧引发的链反应会导致脂肪酸自由基的增长。当2个自由基反应产生1个稳定的非自由基产物时，自由基反应就会终止。抗氧化剂可与脂肪酸自由基反应形成无反应活性的产物，从而阻断过氧化反应中的链增长，其机理是抗氧化剂化合物将其1个氢原子贡献给形成脂质氧化增长阶段的脂肪酸自由基，从而阻断脂肪酸自由基与另一分子的不饱和脂肪酸继续反应。

脂肪中水分高、环境温度高及有催化剂（如 Cu^{2+}）存在时，饲料脂肪很容易发生氧化，产生难闻的"哈喇味"，影响采食和动物健康。饲料中油脂氧化的发生可分自动氧化酸败和微生物氧化酸败。它们可同时发生，也可能由于油脂本身的性质和贮存条件不同而主要表现其中的一种。

自动氧化，是化合物和空气中的氧在室温下，未经任何直接光照。未加任何催化剂等条件下的完全自发的氧化反应，随反应的进行，其中间状态及初级产物又能加快其反应速度，故又称自动催化氧化。脂类的自动氧化是自由基的连锁反应，其酸败过程可以分为诱导期、传播期、终止期和二次产物的形成共四个阶段。饲料中常常存在变价金属（Fe、Cu、Zn 等）或由光氧化所形成的自由基和酶等物质，这些物质成为饲料氧化酸败启动的诱发剂，脂类物质和氧气在这些诱发剂的作用下反应，生成氢过氧化物和新的自由基，又诱发自动氧化反应。如此循环，最后由游离基碰撞生成的聚合物形成低分子产物，如醛、酮、酸和醇等物质。

微生物氧化是由微生物酶催化所引起的，存在于植物饲料中的脂氧化酶或微生物产生的脂氧化酶最容易使不饱和脂肪酸氧化。荧光杆菌、曲霉菌、青霉菌等微生物对脂肪的分解能力较强。饲料中当脂肪的含水量超过 0.3% 时，微生物即能发挥分解作用。脂肪分子在微生物酶的作用下，被分解为脂肪酸和甘油，油脂酸价增高；若此时存在充足的氧气，则脂肪酸中的碳链被氧化而断裂，经过一系列中间产物（酮酸、甲基酮等）最后彻底氧化为 CO_2 和水，造成饲料营养价值和适口性下降，并产生一系列的毒害作用。

（六）抗营养因子和霉菌毒素

虽然制作常规配方时很少对抗营养因子和毒素进行数据上的限制，但配方师们仍然依据经验来限制某些原料的用量以保证抗营养因子和毒素在安全范围内。本书中列出了24种有害物质，包括《饲料卫生标准》中列出的物质。实际上，饲料原料中所含有的有害物质是超过24种的，这些有害物质有抗营养因子、重金属、农药残留、霉菌毒素、微生物及其他污染物等。

1. 有害物质和抗营养因子　抗营养因子是指饲料、食品中天然存在的对营养物质的消化、吸收和利用有着不利影响以及能使人和动物产生不良生理反应的物质；而有害物质则是指能对人和动物产生不良生理反应甚至毒害作用的物质。这些有害物质和抗营养因子的存在是植物长期生长生存自然选择的结果。通常一种植物含有多种天然有害物质和抗营养因子，同一种有害物质和抗营养因子也存在于多种植物中。原料中主要的有害物质和抗营养因子及其危害见表 2-50 和表 2-51。

表 2－50　主要的有害物质和抗营养因子及其危害

有害物质或抗营养因子	结　构	存在的原料	危害、机理与预防
蛋白酶抑制因子	有数百种，根据相对分子质量和二硫键含量可以分为 Kunitz、Bowman－Brik 和 Kazal 共三类	谷物和豆科植物	危害：抑制胰蛋白酶、胃蛋白酶活性，促进胰腺分泌，胰腺肥大，抑制生长。Kunitz 蛋白酶抑制剂对胰蛋白酶有很强的特异性，Bowman－Brik 酶抑制剂能通过非依赖性结合位点同时抑制糜蛋白酶和胰蛋白酶。普通菜豆、豌豆和亚麻籽中 Kunitz 蛋白酶抑制剂含量较多，大豆中 Kunitz 和 Bowman－Brik 一样多。Kunitz 胰蛋白酶抑制剂被证实对猪的采食量没有负面影响，但是可以通过降低蛋白质的利用率来抑制猪的生长。 预防：Kunitz 蛋白酶抑制剂遇酸和蛋白酶易失活，对热敏感；Bowman－Brik 蛋白酶抑制剂对热、酸较稳定，不易被大多数蛋白酶水解，高温（125℃优于 110℃）、高水分（20.5％优于 10.3％）有利于消除抑制剂的活性
凝集素	有数百种，是一类具有至少一个非催化结构域，并能可逆地结合特异单糖或寡聚糖的植物蛋白。根据氨基酸序列的同源性及其在进化上的相互关系，植物凝集素分为 7 个家族：豆科凝集素、几丁质结合凝集素、单子叶甘露糖结合凝集素、2 型核糖体失活蛋白、木菠萝素家族、葫芦科韧皮部凝集素和苋科凝集素。凝集素一般为二聚体或四聚体结构，其分子由一个或多个亚基组成，每一个亚基有一个与糖分子特异结合的专一点	豆科、茄科、大戟科、禾本科、百合科和石蒜科等	危害：凝集红细胞，损害肠壁，增加内源蛋白的分泌，降低采食量，影响动物生长。 机理：植物凝集素在与糖分子特异结合位点对红细胞、淋巴细胞或小肠壁表面绒毛上的特定糖基加以识别而结合，使得绒毛产生病变和异常发育，进而干扰消化吸收过程。小肠壁表面受植物凝集素损伤后，会发生糖、氨基酸、维生素 B_{12} 的吸收不良及干扰离子运转，并且肠黏膜损伤会使黏膜上皮的通透性增加，从而使植物凝集素和其他一些肽类及肠道内有害微生物产生的毒素被吸收入人体内，对器官和机体免疫系统产生不利影响。另外，凝集素还能影响脂肪代谢，增加尿氮的排出量，减少动物肠壁内肥大细胞的数目，增加肠壁血管的通透性，血清蛋白渗出血管进入肠腔，从而降低了体液中血清蛋白的数量和动物的免疫力。不同来源的凝集素在肠道内不同部位的结合能力也不同。大豆和菜豆中的凝集素多与小肠前段上皮细胞的多糖受体结合，而豌豆中的凝集素则主要与小肠后段的上皮结合。植物凝集素的不利影响因其来源不同而不同，来自某些普通菜豆的植物凝集素已经被证实有很大的毒性。 预防：植物凝集素对热很敏感，在温度达 120℃ 膨化时能大部分（70％以上）或全部被灭活
皂苷	有 600 多种，是一种具有表面活性的苷并因其能够在水溶液中形成稳定的、肥皂样的泡沫得名，是由一个糖基与三萜或者	豆科、蔷薇科、葫芦科、苋科等；三萜类常见于大豆、菜豆、豌豆、	危害：抑制胰凝乳蛋白酶和胆碱酯酶活性，影响养分的吸收；皂苷的苦味降低了采食量；溶血作用。 机理：皂苷可使动物肠道蠕动减少、蛋白质消化率降低、肠道黏膜损伤和营养物质转运受到抑制。

（续）

有害物质或抗营养因子	结 构	存在的原料	危害、机理与预防
皂苷	甾体等疏水基团（皂苷元）形成的非挥发性化合物。组成皂苷的糖常见的有 D-葡萄糖、L-鼠李糖、D-半乳糖、L-阿拉伯糖、L-木糖。常见的糖醛酸有葡萄糖醛酸、半乳糖醛酸。这些糖或糖醛酸往往先结合成低聚糖链，然后与皂苷配基分子中 C3-OH 相缩合，或由 2 个糖链分别与皂苷配基分子中 2 个不同位置上的 OH 相缩合，皂苷配基分子中的-COOH 也可能与糖连接，形成酯苷键	苜蓿和向日葵；甾体类见于燕麦和山药	其原因可能是皂苷能与动物细胞膜上的甾体形成甾体复合物，从而导致肠道黏膜的通透性增加；溶血的机理是皂苷与胆甾醇结合生成不溶性分子复合物，破坏血红细胞的渗透性而发生崩解。 皂苷还有很多有益的生理活性，如抗肿瘤、抗炎、免疫调节、抗病毒、抗真菌、杀精子、保肝活性等，这使其成为研究热点
寡糖和多糖	结构见本书第 3 节	豆类、苜蓿等	危害：引起肠胃胀气，影响养分消化；腹泻。 机理：摄入的寡糖不能被胃肠道消化酶消化引起胃肠道产气异常，导致消化系统紊乱，主要因子为 α-半乳糖苷，如棉籽糖、水苏糖、筋骨草糖和毛蕊花糖，这些糖均属于棉籽糖家族中的寡糖。寡糖主要在后肠发酵，产生二氧化碳、氢气、甲烷和挥发性脂肪酸，高浓度时引起胀气、腹泻、痉挛。 预防：额外饲喂亚麻籽（7～10.5g/d）可避免猪只的胃肠产气问题；另外，也可添加酶制剂或发酵等来预防
异黄酮	是植物苯丙氨酸代谢过程中，由肉桂酰辅酶 A 侧链延长后环化形成的，以苯色酮环为基础的酚类化合物，其 3-苯基衍生物即为异黄酮，是植物次生代谢产物。属于类黄酮	主要存在于豆科植物中	危害：抑制生长，增大子宫。 机理：大豆异黄酮与雌激素有相似结构，因此称为植物雌激素，其雌激素作用能影响到激素分泌、代谢生物学活性、蛋白质合成、生长因子活性等。人们更多的关注其有益作用
水解单宁	又称单宁酸、鞣酸，是一类水溶性的多酚类化合物，具有较宽范围的分子质量及复杂多样的化学特性，通常分为两类：水解单宁和缩合单宁。水解单宁分子中	高粱、大麦、油菜籽、普通菜豆、蚕豆等，豆类和谷类中的单宁多是缩合型的	危害：降低采食量，影响蛋白质、碳水化合物的消化吸收。 机理：单宁有涩感（如生柿子），高含量的单宁可与唾液黏蛋白结合并沉淀，引起粗糙皱褶的收敛感和干燥感，产生涩味，使组织产生收敛性，引起一系列不适反应。动物（包括人）可能会形成一种生理途径来对抗单宁的不良影响，即通过唾液腺分

（续）

有害物质或抗营养因子	结　　构	存在的原料	危害、机理与预防
水解单宁	具有酯键，是葡萄糖的没食子酸酯；缩合单宁是黄烷醇的衍生物，分子中黄烷醇的2位通过碳-碳键与儿茶酚或苯三酚结合。单宁对家禽的影响大于对猪的影响		泌一类富含脯氨酸的蛋白以高特异性的方式与单宁结合从而降低其影响，但不能完全消除其影响。缩合单宁可以与食物中的蛋白质和消化酶方式络合反应，导致营养物质的消化率下降；另外，单宁还能增加肠壁损伤。单宁酸本身的毒性很小，但其在体内分解成小分子多酚物质后具有毒性，因此水解单宁的毒性大于缩合单宁。单宁酸分子结构中大量的羟基和部分水解后所产生的羧基与某些矿物质（如钙、镁、铁等）结合，从而影响其吸收。单宁酸在家禽体内水解的主要产物是鞣酸，大部分鞣酸进行甲基化以甲基鞣酸的形式进入尿中，这样增加了甲基供体（如蛋氨酸、胆碱）的需要量。单宁通过抑制三甲胺氧化酶可造成褐壳蛋鸡的坏蛋问题（有鱼腥味），另外单宁可能造成蛋鸡的蛋黄色斑问题。 预防：用碱液和水浸泡，经高压高温处理
植酸	植酸是肌醇六磷酸的习语，其化学名称为环己六醇六磷酸酯。植酸分子中有6个磷酸基团，是植物性饲料中有机磷的主要贮存形式。植酸是一种难消化的营养物质	广泛存在于植物性饲料中，含量在1%～5%	危害：降低磷的有效性、微量元素生物效价及蛋白质利用率。 机理：①植酸的磷酸根部分可与蛋白质分子形成难溶性的复合物，不仅降低了蛋白质的生物效价与消化率，而且影响了蛋白质的功能（Maddaiha，1964）。植酸与蛋白质的这种作用与pH密切相关，在低于蛋白质等电点pH的条件下，植酸可与蛋白质分子上的碱性基团（赖氨酸、精氨酸和组氨酸等的氨基酸残基）结合形成植酸-蛋白质二元复合物；在高于蛋白质等电点的pH条件下，与钙、镁和锌等阳离子作为"桥梁"形成植酸-金属离子-蛋白质三元复合物，从而使蛋白质的溶解性大大降低（Nyman等，1989）。②植酸的不完全水解产物能和动物消化酶，如胃蛋白酶、α-淀粉水解酶和脂肪酶等的碱性氨基酸残基结合，使其活性降低，蛋白质、淀粉、脂类等营养物质的消化、吸收利用率降低，严重影响机体的正常代谢和生殖能力。体外试验表明，植酸盐可抑制胰脂肪酶的活性（Griffithe等，1983）。③植酸是一种很强的螯合剂，其磷酸根部分在消化道能螯合Zn^{2+}、Fe^{2+}、Cu^{2+}、Mg^{2+}、Mn^{2+}等多种矿物质元素离子，形成难溶性的植酸-金属络合物，从而影响矿物质元素的吸收和利用，使其生物效价明显降低。其中，植酸对矿物质元素利用率影响最大的是锌。④降低磷的利用率，植物性饲料中的植酸磷必须在消化道内水解成无机磷酸盐的形式才能被动物利用。而单胃动物体内缺少植酸的水解酶，因此对植酸的利用率很低，大量的磷随粪便排出体外，污染环境

（续）

有害物质或抗营养因子	结　　构	存在的原料	危害、机理与预防
生氰糖苷	由氰醇衍生物的羟基和D-葡萄糖缩合形成的糖苷，主要包括苦杏仁苷和亚麻仁苷	豆类、木薯等	危害：在胃肠道中水解，可产生毒性很大的氢氰酸，导致机体缺氧甚至死亡。 机理：生氰糖苷产生氰氢酸的反应是在β-葡萄糖苷酶和羟腈分解酶的作用下进行的，产物有氢氰酸和相应的酮、醛化合物。氰氢酸被吸收后，随血液循环进入组织细胞，并透过细胞膜进入线粒体，氰化物与线粒体中细胞色素氧化酶上的铁离子结合，导致细胞的呼吸链中断。生氰糖苷的急性中毒症状包括心律紊乱，肌肉麻痹和呼吸窘迫。非洲和南美洲以木薯为食物的人常得的两种疾病，即热带神经共济失调症和热带性弱视均与生氰糖苷有关。 预防：生氰糖苷溶于水，水浸和加热可去除大部分，加热可灭活糖苷酶，但体内微生物可分解生氰糖苷生成氢氰酸。加热烘干可除去原料中大部分已生成的具有挥发性的氢氰酸；补碘可预防生氰糖苷引起的甲状腺肿大（硫氰化物影响甲状腺对碘的吸收，导致其肿大。含硫化合物（包括蛋白质）可将氰化物转化为硫氰化物，硫氰化物是机体内氰化物的正常代谢产物，催化转化反应的硫氰酸酶广泛存在于大多数哺乳动物的组织中。氰酸盐和硒可形成络合物，减轻毒性。急性中毒处理时，可先口服亚硝酸盐或亚硝酸酯（如亚硝酸异戊酯），使血红蛋白（Fe^{2+}）转变为高铁血红蛋白（Fe^{3+}），高铁血红蛋白的加速循环可将氰化物从细胞色素氧化酶中脱离出来，然后口服硫代硫酸盐等解毒剂，使氰化物容易形成硫氰化物而随尿排出
抗维生素因子	抗维生素因子的化学结构多样，有些是氨基酸、蛋白质，有些是维生素类似物，如有抗维生素A、维生素D、维生素E、维生素K、维生素B_1、维生素B_6、维生素B_{12}因子等	豆类、豆科植物、蕨类植物、油菜、木棉籽实及高粱、亚麻籽、伞形科植物	危害：干扰机体对维生素的利用，引起维生素缺乏症。 机理：①化学结构与维生素相似，在动物体内消化吸收时竞争性地抑制维生素，从而干扰动物对该维生素的利用，引起该种维生素的缺乏，如抗维生素K（双香豆素）。②催化维生素分解，破坏维生素的生物活性，降低其效价，如抗维生素A（一种脂氧合酶）、抗维生素B_1。③与维生素结合使其失去活性，如抗维生素B_6。 抗维生素因子的原料和预防：①抗维生素A。豆科植物中（生大豆粉）的脂肪氧化酶，专一作用PUFA，氧化脂肪，引起油脂酸败，产生不良气味，能氧化脂肪内的维生素A和胡萝卜素；温热不稳定，适宜的防腐剂及高温蒸煮可预防和消除。②抗维生素D。存在于豆科植物（生大豆）中，能影响维生素D生物活性及钙的吸收，遇热不稳定性。③抗维生素E。生菜豆、生大豆中含有α-生育酚氧化酶，遇热不稳定性。④抗维生素K。伞形

有害物质或抗营养因子	结 构	存在的原料	危害、机理与预防
抗维生素因子			科、豆科植物中的双香豆素，竞争性抑制，妨碍维生素K的利用，具有抗凝血作用。⑤抗维生素 B_1。存在于硫胺素酶，蕨类植物、油菜、木棉籽实及某些鱼类中，家畜肠道微生物也能产生，遇有热不稳定性。⑥抗维生素 B_6。如亚麻籽实中的D-脯氨酸衍生物（1-氨基-D-脯氨酸）能与磷酸吡哆醛结合，使其失去生理活性作用。⑦抗烟酸。高粱、小麦、玉米等谷类籽实中的烟酸原，能与烟酸结合在一起形成结合态烟酸，遇热不稳定。⑧抗生物素。卵黏蛋白中抗生物素蛋白及抗生蛋白链霉素作为生物素代谢颉颃物，能与生物素不可逆结合，使其失去生理活性作用，遇热不稳定。⑨抗维生素 B_{12}。存在于生大豆中，遇热不稳定。⑩抗维生素C（如抗坏血酸氧化酶）。⑪药物（如磺胺喹啉抗维生素K、氯丙嗪抗维生素 B_1、磺胺增效剂抗叶酸）
致过敏反应蛋白	致敏蛋白根据超速离心可分为2S、7S、11S和15S共4种成分，其中7S的组分主要是β-伴大豆球蛋白（β-conglycinin），而11S的组分主要是球蛋白（glycinin），因此常称β-conglycinin为7S球蛋白；称glycinin为11S球蛋白	大豆、豌豆、蚕豆、菜豆、羽扇豆、花生、小麦、大麦	危害：引起过敏反应，延缓生长发育。glycinin和β-conglycinin是大豆中免疫原性最强的2种抗原蛋白。glycinin含量最高，占大豆籽实的25%～35%，是大豆中主要的贮藏蛋白。glycinin是一种聚合蛋白质，含糖蛋白较少，具有良好的热稳定性；其分子结构紧密，大量酶切位点位于蛋白质分子内部，不易被内源性蛋白酶识别和水解。β-conglycinin的含量仅次于glycinin，约占大豆蛋白质含量的30%，为三聚体蛋白，分子质量大，是导致过敏反应的另一种主要抗原蛋白。 机理：①glycinin能使仔猪小肠上皮细胞通透性增加，并对仔猪小肠上皮细胞紧密连接蛋白造成不同程度的损伤。②glycinin激发了系统性免疫反应，降低了仔猪的生长性能，且glycinin的致敏性具有剂量效应。③β-conglycinin能增加肠细胞应激和炎症蛋白质的表达，导致仔猪肠道损伤。
脲酶		大豆	分解含氮化合物，引起氨中毒。生的大豆中脲酶遇水能迅速将含氮化合物分解成氨，引起氨中毒
硫代葡萄糖苷及分解物	已鉴定的硫苷超过120种，所有的硫代葡萄糖苷都具有相同的核心基本结构，即β-D-葡萄糖连接一个磺酸盐醛肟基团和一个来源于氨基酸的R侧链。根据侧链R来源不同，可以将硫代葡萄糖苷分为脂肪族	存在于11个不同种属的双子叶被子植物中，最重要的是十字花科，所有的十字花科植物都能够合成硫代葡萄糖苷	危害：分解物抑制生长，影响适口性。 机理：在植物和胃肠道微生物中葡萄糖硫苷酶的作用下，硫代葡萄糖苷（glucosinolates，Gls）可被水解为具有不同生理功能的活性物质，主要代谢产物包括硫氰酸盐（SCN）、异硫氰酸盐（ITC）、腈（Nitrile）和5-乙烯基-2-硫代唑烷酮（5-VOT）。硫氰酸盐抑制甲状腺吸收碘来制造三碘甲状腺原氨酸和甲状腺素，导致血浆中的这些物质水平过低，同时甲状腺肿大。异硫氰酸盐主要产生

（续）

有害物质或抗营养因子	结构	存在的原料	危害、机理与预防
硫代葡萄糖苷及分解物	硫代葡萄糖苷（侧链来源于蛋氨酸、丙氨酸、缬氨酸、亮氨酸和异亮氨酸）、芳香族硫代葡萄糖苷（侧链来源于酪氨酸和苯丙氨酸）及吲哚族硫代葡萄糖苷（侧链来源于色氨酸）		苦味，严重影响菜籽饼粕的适口性，并导致猪腹泻，对动物皮肤、黏膜和消化器官表面也具有破坏作用，同时也有致甲状腺肿大作用。腈类化合物的毒性大约为唑烷硫酮的8倍，能造成动物肝脏和肾脏肿大，严重时可引起肝出血和肝坏死。唑烷硫酮能阻碍单胃动物甲状腺素的合成，引起血液中甲状腺素浓度下降，促进垂体分泌更多的促甲状腺激素，使甲状腺细胞增生，最终导致甲状腺肿大。反刍动物、猪、兔、禽和鱼对饲粮中硫代葡萄糖苷的耐受水平分别为 $1.5\mu mol/g$、$0.78\mu mol/g$、$7.0\mu mol/g$、$5.4\mu mol/g$ 和 $3.6\ \mu mol/g$
异硫氰酸酯	见硫代葡萄糖苷		抑制甲状腺对碘的吸收，造成甲状腺肿大，可影响消化器官表面黏膜
噁唑烷硫酮	见硫代葡萄糖苷		抑制甲状腺对碘的吸收，造成甲状腺肿大，降低生长率
腈	见硫代葡萄糖苷		损伤肝、脾、消化道黏膜，降低营养物质的利用率，滞涨，用含腈的饼粕喂养畜禽会引起严重中毒，甚至死亡
木质素	见本书第三节内容		影响养分的消化吸收，降低适口性
生物碱	已知的生物碱种类有10 000种左右，是具有含氮杂环的、碱性并有苦味的化合物	苦羽扇豆、麦类中的麦角	危害：降低适口性，影响动物生长。生物碱及其代谢产物的毒性作用主要是通过神经系统实现的，与家禽相比，猪对生物碱似乎更敏感；生物碱作用于中枢神经系统，引起呼吸困难、抽搐和窒息死亡。家禽日粮中1‰～2‰的麦角可以引起的症状有：生长受抑制、肢端糜烂、跛行、运动失调、震颤和抽搐
非淀粉多糖	非淀粉多糖（non-starch lyolysaccharides，NSP）是植物组织中除淀粉外的所有多糖的总称。包括纤维素、果胶、非纤维素多糖（阿拉伯木聚糖、β-葡聚糖、甘露聚糖、半乳聚糖、木聚糖），其中最重要的是阿拉伯木聚糖和β-葡聚糖，它们一旦溶解就形成高度黏性的溶液	所有谷物	危害：导致消化道内容物黏稠，影响日粮的消化和吸收。机理：可溶性非淀粉多糖使食物的黏度增加，影响消化酶向食糜扩散，使酶与底物不能很好地作用；同时，NSP使消化产物向小肠上皮绒毛渗透困难。非淀粉多糖可与消化酶和消化酶活性所需的其他成分（胆汁酸、无机离子）结合，降低消化酶活性，影响营养物质的代谢。非淀粉多糖可引起胃肠黏膜形态功能的改变，使消化酶特别是双糖酶的分泌量减少。非淀粉多糖可通过改变水、蛋白质、电解质、脂类的内源分泌而改变消化道功能。非淀粉多糖是植物细胞壁的组成成分，不能被单胃动物酶类消化利用，也使植物细胞内容物不能被充分利用

（续）

有害物质或 抗营养因子	结　构	存在的原料	危害、机理与预防
游离棉酚	一种黄色多酚羟基双萘醛类化合物，有分游离型和结合型两种，结合型棉酚不被动物体吸收，直接排出体外；游离棉酚与氨基酸结合，对动物有害	锦葵植物棉花中	危害：刺激胃黏膜，破坏铁和蛋白质代谢，影响生殖系统。 机理：游离棉酚是含有活性羟基、活性醛基的多元酚类化合物，能与蛋白质、氨基和磷脂等物质结合；棉酚的慢性中毒和维生素 A 缺乏可有关，维生素 A 缺乏可导致上皮细胞变性角化，使内皮细胞易受毒害。蛋清粉红蛋是伴白蛋白和蛋清蛋白质与从蛋黄中渗出的铁互相结合的结果，其部分原因在于蛋鸡采食了环类丙烯化合物（特别是锦葵酸和苹婆酸）后蛋黄膜的渗透性发生变化及蛋黄的 pH 增高。蛋黄上出现褐色或茶青色色素，由进食棉酚和（或）锦葵酸与苹婆酸引起，膜渗透性的变化和蛋黄及蛋清 pH 的改变使水和蛋清蛋白向蛋黄中转移
硝酸盐	水和饲料中的硝酸盐	谷物和植物性蛋白原料	危害：高铁血红蛋白症、贫血症和体重下降。 机理：硝酸盐本身对动物的影响较小，但当它被还原成亚硝酸盐后（肠道微生物作用）毒性就会增加。亚硝酸盐很容易从肠道中被吸收，进入红细胞，把氧合血红蛋白中的二价铁氧化成三价铁，形成高铁血红蛋白

表 2－51　原料中的有害物质和抗营养因子

原　料	有害物质和抗营养因子
稻米	植酸和非淀粉多糖
小麦、大麦、燕麦等谷类	可溶性非淀粉多糖和植酸
高粱	鞣酸
花生、蚕豆等豆类	植物凝集素、脂肪氧合酶、生氰葡萄糖苷和抗维生素因子
木薯、马铃薯、番薯等块茎类	生氰葡萄糖苷、生物碱和蛋白酶抑制因子
大豆及其制品	蛋白酶抑制因子、凝集素、植酸、皂苷类、抗维生素因子、抗原性物质和植物雌激素
菜籽及其制品	蛋白酶抑制因子、硫代葡萄糖苷（硫苷）、异硫氰酸酯、噁唑烷硫酮、腈、植酸、单宁等多酚物质
棉籽及其制品	游离棉酚、植酸、植物雌激素、环丙烯脂肪酸和抗维生素因子
花生及其制品	蛋白酶抑制因子和黄曲霉毒素
豌豆及其制品	胰蛋白酶抑制因子、凝集素、单宁、腈、植酸、皂苷类和抗维生素因子
向日葵及其制品	蛋白酶抑制因子、皂苷类和精氨酸酶抑制因子
羽扇豆及其制品	蛋白酶抑制因子、皂苷类、抗原性物质和植物雌激素
芝麻及其制品	蛋白酶抑制因子和植酸
蓖麻及其制品	植酸和蓖麻毒蛋白
亚麻籽及其制品	生氰糖苷、胰蛋白酶抑制物、抗维生素 B_6 因子、植酸和亚麻籽胶

从表2-50和表2-51中我们了解了抗营养因子和有害物质的存在、结构、危害、机理等方面的知识，但更重要的是如何量化以减少其影响。但因资料有限，本书及原料数据库中并未有关于抗营养因子和有害物质的详细数据，特别是关于有害物质的数据，这方面的工作将在今后不断完善。关于常用原料中的抗营养因子数据，本书引用了中国农业大学葛翔（2009）的资料（表2-52）；同样，表中数据亦需不断完善。

表2-52　常用原料中抗营养因子含量参考值

原料 （%，CP）	纤维素	木聚糖	木质素	果胶	α- 半乳糖苷	β- 葡聚糖	β- 甘露聚糖	总NSP	不溶性 NSP	可溶性 NSP
玉米 （一级，8.7%）	1.70	4.40	0.50	0.10	—	0.10	0.60	8.10	8.00	0.10
玉米 （二级，7.8%）	1.80	4.40	0.50	0.10	—	0.10	0.60	8.10	8.00	0.10
豆粕 （二级，44%）	10.3	6.00	1.60	9.50	6.00	1.40	2.00	19.20	16.50	2.70
豆粕 （三级，43%）	10.3	6.00	1.60	9.50	6.00	1.40	2.00	19.20	16.50	2.70
棉籽饼（36.3%）	12.00	7.80	3.40	3.50	3.60	0.20	1.40	24.90	13.20	11.70
棉籽粕（40%）	12.00	7.80	3.40	3.80	3.80	0.20	1.40	24.90	13.20	11.70
棉籽粕（43%）	12.00	9.00	7.00	3.20	3.60	0.20	1.40	24.30	11.80	12.50
棉籽粕（47%）	12.00	9.00	7.00	2.80	3.60	0.20	1.40	24.30	11.80	12.50
菜籽饼（35.7%）	8.00	4.00	11.80	8.20	2.70	0.50	1.20	46.50	35.10	11.40
菜籽粕（36.6%）	10.00	4.00	11.00	6.80	2.90	0.50	1.10	46.10	34.80	11.30
菜籽粕（38.6%）	10.00	4.00	11.00	6.80	2.90	0.50	1.10	46.10	34.80	11.30
小麦麸（15.7%）	6.80	21.90	3.00	1.80	—	14.00	3.40	33.40	31.90	1.50
小麦麸（16.5%）	6.80	21.90	3.00	1.80	—	14.00	3.40	33.40	31.90	1.50
小麦麸（14.3%）	7.00	21.90	3.00	1.80	—	14.00	3.40	33.40	31.90	1.50
糙米	1.00	2.20	0.90	0.60	—	0.30	0.10	7.70	5.60	2.10
稻谷（二级）	8.90	1.40	1.50	0.30	—	0.10	0.20	13.40	10.40	3.00
黑麦（进口）	1.50	8.50	0.40	0.40	0.70	1.90	0.30	12.70	8.30	4.40
进口大豆（二级）	4.60	3.60	3.10	8.30	5.40	1.30	0.60	16.30	14.20	2.10
进口膨化大豆	4.60	3.60	3.10	7.80	5.40	1.30	0.60	16.30	14.20	2.10
大麦	3.90	5.70	2.00	0.60	0.70	10.50	0.20	16.70	12.20	4.50
甘薯干	5.70	1.40	3.60	3.60	4.80	2.50	0.40	9.10	6.20	2.90
高粱（一级）	2.10	4.50	1.10	0.20	—	0.70	0.10	4.80	4.60	0.20
粟（谷子）	3.30	5.90	0.30	0.20	—	0.60	0.80	14.00	10.40	3.60
木薯干	4.30	1.40	2.10	3.10	4.30	2.10	0.50	8.80	5.80	3.00
碎米	2.00	1.30	0.90	0.30	—	0.30	0.40	6.50	5.70	0.80

（续）

原料 （%，CP）	纤维素	木聚糖	木质素	果胶	α- 半乳糖苷	β- 葡聚糖	β- 甘露聚糖	总NSP	不溶性 NSP	可溶性 NSP
黑小麦	1.50	8.50	0.90	0.40	0.70	1.90	0.30	12.70	8.30	4.40
小麦 （二级，13.9%）	2.40	8.00	0.70	0.20	0.70	0.70	—	11.40	9.00	2.40
小麦 （三级，12.0%）	2.60	8.00	0.70	0.20	0.70	0.70	—	11.40	9.00	2.40
玉米 （高蛋白质，9.4%）	1.50	4.40	0.50	0.10	—	0.10	0.60	8.10	8.00	0.10
玉米 （高赖氨酸）	1.60	4.40	0.50	0.10	—	0.10	0.60	8.10	8.00	0.10
大豆饼 （二级）	10.50	6.50	3.90	9.80	3.90	1.30	2.00	19.70	16.70	3.00
花生饼 （二级，44.7%）	10.00	3.70	4.60	8.50	1.40	—	0.50	18.20	14.60	3.60
花生粕 （三级，45.0%）	12.00	3.80	4.60	6.70	1.30	—	0.50	19.30	15.20	4.10
花生粕 （二级，47.8%）	12.00	3.80	4.60	6.70	1.30	—	0.50	19.30	15.20	4.10
米糠饼（一级）	7.90	10.00	6.00	0.40	—	12.40	1.90	16.90	11.10	5.80
米糠粕（一级）	8.20	10.00	5.60	0.40	—	13.10	1.90	17.30	11.50	5.80
葵花饼 （壳：仁35：65）	21.10	2.30	6.00	0.40	3.00	0.20	0.60	13.30	10.00	3.30
葵花粕 （壳：仁16：84）	13.30	2.80	9.50	0.40	3.00	0.20	0.60	15.30	10.40	4.90
亚麻籽饼 （32.2%）	7.40	3.70	7.10	0.40	0.70	0.20	1.30	32.50	23.20	9.30
亚麻籽饼 （34.8%）	7.80	3.30	8.30	0.40	0.70	0.20	1.30	36.20	26.40	9.80
国产大豆（二级）	4.60	3.60	3.10	8.30	5.40	1.30	0.60	16.30	14.00	2.10
玉米DDGS （28%）	3.50	14.70	4.30	0.10	—	0.30	0.30	27.10	13.60	13.50
玉米蛋白粉 （44.3%）	2.00	4.50	1.50	0.10	—	0.20	—	9.70	9.50	0.20
玉米蛋白粉 （51.3%）	2.00	4.50	1.50	0.10	—	0.20	—	9.70	9.50	0.20

（续）

原料 （%，CP）	纤维素	木聚糖	木质素	果胶	α-半乳糖苷	β-葡聚糖	β-甘露聚糖	总 NSP	不溶性 NSP	可溶性 NSP
玉米蛋白粉 （63.5%）	2.00	4.50	1.50	0.10	—	0.20	—	9.70	9.50	0.20
玉米蛋白饲料 （24.0%）	8.80	1.20	5.80	0.12	—	0.10	—	12.30	12.00	0.30
玉米胚芽饼 （16.7%）	6.50	3.40				0.50		24.30		
玉米胚芽粕 （20.8%）	6.30	3.50				0.50				
玉米胚芽粕 （28.0%）	6.30	3.50				0.50				
芝麻饼 （39.2%）	4.30	1.40	4.90	0.20	1.30	—	3.50	8.40	5.80	2.60
次粉（一级， 15.4%）	5.80	14.00	4.20	0.20	—	20.00	0.20	22.40	18.70	3.70
次粉（二级， 13.6%）	6.20	14.00	4.20	0.20	—	20.00	0.20	22.40	18.70	3.70
米糠（二级）	10.00	10.00	3.90	0.40	—	10.00	1.20	23.00	18.30	4.70
啤酒糟（24.3%）	6.50	1.40	5.00	0.60	—	0.10	0.10	—	—	—
苜蓿草粉 （17%～19%）	11.60	1.20	16.50	1.00	7.60	1.50	1.20	10.30	6.90	3.40
脱毒棉籽蛋白	11.80	7.80	3.40	4.00	3.00	0.20	1.40	24.90	13.20	11.70
棕榈粕（16.8%）	18.80	—	—	—	—	—	25～30	40～50	—	6～7
椰子粕（20%）	11.00	—	—	—	—	—	30～35	40～50	—	6～7

资料来源：葛翔（2009）。

注："—"指无数据。

2. 霉菌和霉菌毒素　在 20 世纪末笔者刚刚进入饲料行业时，霉菌和霉菌毒素几乎不会被考虑。2005 年以后，因为对食品安全和经济效益的影响，霉菌和霉菌毒素越来越受到重视，对其认识也越来越多，同时有很多公司致力于毒素测试和毒素吸附剂的开发和生产。霉菌毒素对畜禽的影响和畜禽品种、年龄及毒素剂量、种类等密切相关。总的来说，越是幼小的动物受到的影响越大。霉菌毒素对畜禽的总体影响见表2-53。

表 2 - 53　霉菌毒素对畜禽的影响简述

毒素分类	对家畜造成的影响	对家禽造成的影响
黄曲霉毒素	生长迟缓，饲料转化率下降，黄疸，被毛粗糙，低蛋白血症，抑郁，厌食，急性肝病，肝癌，免疫抑制	法氏囊和胸腺萎缩，皮下出血，免疫反应差，抗体效价下降，疫苗失效，对疾病的敏感性提高，蛋变小、蛋黄重量降低，受精率、孵化率降低，胚胎死亡增加及不正常
赭曲霉毒素	攻击肾脏、免疫系统及造血系统，肝脏变得脆弱，轻度肾脏病变，增重下降，特渴，生长迟缓，氮血症，多尿，腹泻，糖尿症	抑制肾脏、免疫及造血系统，钙磷吸收不全、骨骼脆弱，蛋壳钙化不全、破蛋率高，皮下出血，容易挫伤
呕吐毒素	损害肠道、骨髓、脾脏，降低采食量，饲料转化率差，容易遭到细菌的二次感染，呕吐，拒食	侵害消化道、腺胃及肠道，采食量下降，拒食，产蛋率降低
T-2毒素	侵害消化道（口部、胃及肠道病变），采食量减少，口腔、皮肤受刺激出现病灶，拒食，呕吐，神经失调，免疫抑制	产蛋率降低，羽毛生长不良，口腔溃疡，采食量下降，拒食，神经失调，抑制免疫力
橘霉素	造成肾脏病变，采食量下降，多尿，软粪，腹泻	抑制肾脏，尿排泄量增加，粪软，腹泻
F-2毒素	雌激素作用亢进，发情不规则或不发情，后备母猪假发情、未配种前流脓，母猪阴唇、子宫扩大，受胎率降低，阴道炎，流产，产死胎。所产仔猪外翻腿、阴唇红肿，脱肛、子宫脱出。公猪精液品质下降	卵巢萎缩，产蛋量下降，种蛋受精率下降
Fumonisins毒素	生长受阻，黄疸，肝组织损伤、慢性肝机能障碍，急性肺水肿，采食量下降，淋巴胚细胞生殖受损，免疫抑制	急性肺水肿，肝代谢障碍，采食量下降，免疫抑制
麦角毒素	增重，采食量下降，繁殖率降低，缺乳，新生仔猪初生体重下降，暂时性或后躯麻痹、痉挛，双肢、耳朵和尾部失血，导致坏疽	采食量下降，增重缓慢，饲料浪费

注：高剂量的霉菌毒素能直接造成畜禽生长不均、表现差及明显的临床症状；低剂量的霉菌毒素可导致免疫抑制，引起疫苗后反应强，抗体水平上不去，影响疫苗保护力，提高了抗生素的用量，间接造成生长不均匀及引发其他疾病。

（1）霉菌和霉菌毒素对家禽的影响　霉菌毒素对鸡只活力、成长速率、饲料转化率、免疫反应、产蛋率及胴体价值均有不良作用，不同的霉菌毒素中毒症会导致如下的特征性病变：

①镰刀霉菌（Fusarium）T-2毒素会造成口腔炎（口腔边缘溃疡）。

②赭曲霉毒素（Ochratoxins）可造成肾脏变性。

③慢性黄曲霉毒素中毒症可导致肝硬化和腹水。

表 2-54 列出了影响家禽的霉菌毒素的数据性资料。

表 2-54　霉菌毒素对家禽的作用

霉菌毒素	作　用	毒　性	评　价
腐（伏）马毒素（mg/kg）	神经细胞脂质退化	>80	日粮中的硫胺素水平很重要
环匹阿尼酸（mg/kg）	黏膜发炎	50～100	常和黄曲霉毒素一起
卵孢子菌素（mg/kg）	肾脏损伤，痛风	>200	最常发现于玉米中
桔（橘）霉素（mg/kg）	肾脏损伤	>150	常和赭毒素一起
麦角（%）	组织坏死	>0.5	小麦和黑麦
镰孢苯并二氢吡喃-4-酮（mg/kg）	胫骨软骨发育不良	>50	镰刀菌属
念珠棘虫毒素（mg/kg）	急性死亡	>20	机理不详
玉米赤霉烯酮（mg/kg）	影响繁殖和维生素 D_3 的代谢	>200	影响蛋壳质量
黄曲霉毒素	肝损伤		低水平的粗蛋白质、蛋氨酸和临界水平的核黄素、叶酸或维生素 D_3 会加强其毒性影响
毛菌素（mg/kg）	影响蛋白质代谢，特征是口腔溃疡	DON>20 T_2：2～4 DAS：2～4	与黄曲霉毒素、赭毒素会加强毒性
赭毒素 A（mg/kg）	影响蛋白质代谢和肾功能，经典症状是肾肿胀	>2	日粮中高含量的维生素 C 有益于减轻对蛋禽的影响

资料来源：《实用家禽营养学》（第三版，S. Leeson，J. D. Summers 著，2010）。

（2）霉菌和霉菌毒素对猪的影响　表格 2-55 至表 2-58 对相关霉菌毒素作了较完整的汇总（包括生成、特性、剂量反应、预防与灭活等），后面的文字资料是对表格内容作的补充说明。

表 2-55　猪生产中的常见霉菌及其合成条件

霉菌毒素	霉菌种类	易感谷物	适宜条件	农事影响
黄曲霉毒素（AFB_1、AFB_2、AFG_1、AFG_2）	黄曲霉、寄生曲霉	玉米、花生、棉籽和高粱	24～35℃；ERH：80%～85%；EMC：17%	干旱、病虫害、日夜温差大于 21℃ 将增加贮藏时的毒性
脱氧雪腐镰刀菌（DON）	粉红镰孢	玉米和小麦	26～28℃；ERH：88%	冷暖交替时的生长
烯醇	真菌	大麦和其他谷物	EMC：24%	在潮湿的季节，不利于贮存
麦角碱（麦角胺、麦角瓦灵及其他）	麦角菌	黑麦、小麦、燕麦和大麦	种子形成期的适度温度；温润潮湿的气候	在温暖、潮湿的条件下，风和昆虫也有利于麦角传播

（续）

霉菌毒素	霉菌种类	易感谷物	适宜条件	农事影响
烟曲霉毒素（FB_2毒性最大，FB_1最常见）	串珠镰刀菌	玉米	一般小于 25℃，EMC 大于 20%	生长季节喜干热，成熟季节喜湿润
赭曲毒素（OTA是毒性部分）	赭曲霉和纯绿青霉素	玉米、小麦、大麦和黑麦	12～25℃，4℃可产生毒素；ERH：85%；EMC：19%～22%	低温利于增加毒素产量，在欧洲某些地区广泛流行，美国少见
T-2 毒素	石竹类立枝镰刀菌	玉米、大麦、高粱和小麦	8～15℃；EMC：22%～26%	冷暖交替季节，过冬时作物易发生污染
玉米烯酮	粉红镰孢真菌	玉米和小麦	7～21℃；EMC：24%	作物在成熟期出现高低温交替时易受污染

注：ERH，平衡相对湿度；EMC，平衡水分浓度。

表 2-56　影响猪生长的常见霉菌毒素

毒素	来源	临床反应	损害、诊断与残留
黄曲霉毒素	玉米、棉籽、小麦、花生和高粱	蛋白质合成减少，肝毒性坏死，胆管肝炎，出血，凝血，生长受阻，饲料转化率低，产奶量降低，免疫功能丧失，致癌	损害包括肝坏死，血清中胆酸增多，胆管增生。诊断：饲料中有毒素检出，肝或尿中有 AFM_1，接触 1～2 周后恢复正常
赭曲霉素和/或橘青霉素	玉米、小麦、花生、黑麦、燕麦和大麦	伴随多尿症、烦渴症的肾毒性坏死，胃溃疡，食欲不振及体重降低，免疫活性降低	损害：胃溃疡及肾小管损伤或纤维变性，赭曲霉素在肾脏代谢，尿中蛋白的分泌增多。残留：在体内可持续数周
草镰孢烯醇（T-2）	玉米、大麦、小麦、黑麦、高粱	造血抑制、贫血，白细胞减少，出血，腹泻，皮肤刺激/坏死，免疫活性降低，拒食	诊断：饲料中有毒素检出或通过口腔溃疡、淋巴细胞减少等症状判断持续1～3d，在北美洲少见
脱氧雪腐镰孢烯醇（DON，呕吐毒素）	玉米、小麦、大麦和高粱，全世界都有分布	拒食，呕吐，腹泻，精神萎靡，对免疫功能的影响各异，少见报道产仔数减少或死胎	当饲料中 DON 大于 0.5mg/kg 时，有轻度影响；为 1～8mg/kg 时，有临床症状；残留物排泄迅速，仅需1～3d。葡甘聚糖黏合剂对毒性的影响不一；体内残留物 1～3d 即可完全排出体外
玉米烯酮	玉米、小麦、大麦和高粱	初情期前的后备母猪有外阴阴道炎，阴道和直肠垂脱，有动情期的表现。成年母猪表现不同，如慕雄狂或乏情，假孕，持久黄体（对注射前列腺素 $F_{2\alpha}$ 有反应）	诊断：通过增大的子宫/外阴（小母猪）、持久黄体（母猪）、阴道角化等症状判断或饲料中玉米烯酮的含量大于 1mg/kg。玉米烯酮通过尿液排泄。残留：1～5d 后在奶中的含量较少

（续）

毒　素	来　源	临床反应	损害、诊断与残留
烟曲霉毒素	玉米	急性致死性肺水肿（高剂量），伴有黄疸和肝坏死的肝毒性坏死（亚急性接触），慢性肺脏结缔组织增生，可致癌	诊断：动物病理见肺小叶间水肿；细胞凋亡及胆汁潴留，轻微残留于肝/肾，以血清中天门冬氨酸氨基转移酶（AST）、谷氨酰转移酶（GGT）、胆红素和胆固醇含量增加为特点
麦角碱	谷物（大麦、黑麦、黑小麦、小麦、燕麦）和禾草	急性高剂量伴有周边坏疽的末梢血管坏死（脚、尾、耳）。在怀孕晚期，催乳素释放减少导致缺乳，仔猪被饿死	饲料中麦角含量应小于 0.3%，麦角碱含量小于 $100\mu g/kg$。麦角碱在体内排泄迅速

表 2-57　猪对霉菌毒素的临床反应

毒　素	猪的种类	日粮水平	临床反应
黄曲霉毒素（$\mu g/kg$）	生长育肥猪种母猪和后备母猪	1）<100 2）200～400 3）400～800 4）800～1 200 5）>2 000 6）400～800	1）无临床反应。 2）生长受阻和饲料转化率降低，可能免疫抑制，轻度肝显微结构损伤。 3）肝显微结构损伤、胆管肝炎；血清肝酶升高；免疫抑制。 4）生长受阻，采食减少；被毛粗糙；黄疸；低蛋白血症。 5）急性肝病和凝血病，动物3～10d死亡。 6）母猪原则上无反应，能分娩正常仔猪，但仔猪因乳中含黄曲霉毒素而生长缓慢
赭曲霉毒素和橘霉素（$\mu g/kg$）	育肥猪、经产母猪和后备母猪	1）200 2）1 000 3）4 000 4）3 000～9 000	1）屠宰时轻微肾脏损伤，增重下降。 2）烦渴，生长受阻，氮血症和糖尿。 3）尿频和烦渴。 4）饲喂的第1个月能正常妊娠
单端孢霉素类烯（T-2 和 DAS，$\mu g/kg$）	生长育肥猪	1）1 2）3 3）10 4）20	1）无临床反应。 2）采食量减少。 3）采食量减少，口腔、皮肤受刺激，免疫抑制。 4）完全拒食，呕吐
脱氧雪腐镰孢烯醇（DON，催吐，$\mu g/kg$）	生长育肥猪	1）<1 000 2）2 000～8 000 3）10 000	1）没有临床症状，含量>0.5mg/kg采食量轻微下降（10%）。 2）采食量降低 25%～50%，产生味觉厌恶；有限而多变的免疫抑制发生；偶见死胎报道。 3）完全拒食

（续）

毒　　素	猪的种类	日粮水平	临床反应
玉米赤霉烯酮（μg/kg）	初情期前后的后备母猪 未妊娠母猪和后备母猪 妊娠母猪 成年公猪	1）1 000～3 000 2）3 000～10 000 3）>30 000 4）200 000	1）发情，外阴道炎，脱垂。 2）持久黄体，不发情，假妊娠。 3）交配后饲喂1～3周出现早期胚胎死亡。 4）对繁殖力无影响
麦角	各种猪群 妊娠最后3个月的母猪	1）0.1% 2）0.3%或>3mg/kg（以饲料计） 3）1%	1）增重下降。 2）采食量降低，无乳，新生仔猪初生体重下降，甚至被饿死。 3）耳部、尾部、脚等发生坏疽
烟曲霉毒素（μg/kg）	各种猪群	1）25 000 2）50 000～75 000 3）75 000～100 000 4）>100 000	1）轻微的临床化学变化（激活蛋白和过敏血清增加）。 2）采食量轻微下降，可能引起轻微的肝功能障碍。 3）采食量下降，体重增加缓慢，以及以黄疸、胆红素和γ-谷氨酰转移酶增加为特征的肝功能障碍。 4）3～5d后出现急性肺水肿，存活的猪发展为肝机能障碍

表 2-58　猪饲料中霉菌毒素灭活的可行手段

毒　　素	试剂或操作	细节及讨论	资料来源
黄曲霉毒素	通过注入无水氨或豆粕（脲酶）进行氨化	有效破坏黄曲霉毒素并被猪接受，尚未被FDA批准用于食用动物，一般没有商品化的黄曲霉毒素破坏剂	CAST（2003）
	膨润土、沸石	某些研究证明有效，但一般不如HSCAs	CAST（2003）
	水合钠钙铝硅酸盐（HSCAs）	有效提高生产性能及在日常饲喂10g/kg（5～20g/kg以饲料计）时，可保护肝脏免受损害。有商业化的防结块剂，但尚未被FDA批准使用	Phillips 等（2002）；CAST（2003）
脱氧雪腐镰孢烯醇（DON，催吐素）	HSCAs、膨润土及沸石粉	一般对包括DON在内的单端孢霉烯族毒素类的结合无效	CAST（2003）
	葡甘聚糖聚合物（GMA）	当DON为主要毒素时，其对采食量或增重的提高作用各异。某些研究表明，DON或/和玉米赤霉烯酮在猪的繁殖力（或活胎率）降低，或血清氨的增多等方面有关联作用	Avantaggiato 等（2004）；Diaz-Llano 和 Smith（2006，2007）；Swamy 等（2002，2003）；Diaz-Llano 等（2010）
	物理净化	研磨取粒的方法可去除66%的DON，而仅损伤15%的谷物重量	House 等（2003）

（续）

毒　素	试剂或操作	细节及讨论	资料来源
麦角	物理清洁方法去除麦角	化学结合剂一般没有应用于饲料中或应用时无效	CAST（2003）
烟曲霉毒素	使用葡萄糖或果糖结合烟曲霉毒素	葡萄糖或果糖可以化学灭活烟曲霉毒素，但尚未商业化	Fernandez - Surumay 等（2005）
玉米赤霉烯酮	GMA 结合剂	GMA 对其有作用，但仍需进一步研究	Avantaggiato 等（2003）；James 和 Smith（1982）
	活性炭或苜蓿草粉	一定比例的活性炭或高浓度（大于 20%）苜蓿草粉对玉米赤霉烯酮也有作用	
霉的生长	预防霉的生长	保持贮存条件洁净并将湿度控制在推荐水平。对于潮湿或受损谷物，有机酸（如丙酸）可用于控制霉菌的生长，但不能破坏已形成的霉菌毒素	CAST（2003）

注：CAST，Council for Agricultural Science and Technology，美国农业科学技术理事会。

①黄曲霉毒素

A. 形成与代谢　由黄曲霉、寄生曲霉和曲霉属在收割前及贮存期间产生，黄曲霉毒素 AFB_1 和 AFB_2 常由玉米和棉籽中黄曲霉产生，花生中寄生曲霉产生所有 4 种毒素。干旱和虫害常引起毒素产生。在 DDGS 中毒素可浓缩 3～4 倍。

AFB_1 被肝微粒体混合功能氧化酶代谢后至少形成 7 种代谢物（Coppock 和 Christian，2007），其主要毒性代谢物是一种 8，9-环氧化物，可与 DNA、RNA 和蛋白质共价结合。造成蛋白质结合受损，继而不能动员脂肪，导致肝脂肪变化和坏死的早期特征性损伤，同时增重下降。蛋白缺乏会加剧毒性（Coffey 等，1989；Harvey 等，1989a）。

B. 毒性

a. 受剂量、饮食的相互作用及接触时间、动物种类、年龄等影响。猪半数致死量为一次内服 0.62mg/kg（以体重计）的毒素（相当于 1d 内采食的饲料中含量为 20mg/kg，为正常含量的 200～400 倍）。

b. 连续数周定量饲喂含量为 260μg/kg 和 280μg/kg 的日粮可引起动物生长性能下降（Allcroft，1969；Marin 等，2002）。

c. 连续数周饲喂含量高于 300μg/kg 自然产生的黄曲霉毒素日粮可能导致动物生长迟缓和饲料转化率下降。

d. 用含 2.5mg/kg AFB_1 的日粮饲喂 17.5kg 的公猪 35d 后，其体重、增重及采食量都减少（Harvey 等，1995a，1995b）。

e. 连续 12 周饲喂 140μg/kg 低浓度的黄曲霉毒素可引起体重为 18～64kg 的猪肝损伤，而 640μg/kg 浓度的黄曲霉毒素可引起体重为 64～91kg 育肥猪轻度肝损伤（Allcroft，1969）。

f. 连续 28d 给断奶仔猪饲喂 280μg/kg 的黄曲霉毒素会严重影响体重的增加，但对血液中总红细胞、白细胞计数及总球蛋白、白蛋白、总蛋白浓度均没有影响。

g. 低浓度的 AFB_1（140μg/kg）导致猪的平均日增重减少。

h. Rustemeyer 等（2010）分别用 0、250μg/kg 和 500μg/kg 的浓度饲喂生长猪 7d、28d 或 70d，500μg/kg 组能大大降低猪的采食量和平均日增重，但是对 250μg/kg 组的猪却没有影响。

i. 对猪影响较小的限值为 200μg/kg 左右。

C. 临床症状及影响

a. 急性至亚急性时，病猪精神沉郁、厌食；进一步发展为贫血、腹水、黄疸和出血性腹泻，并出现以低凝血酶原血为特征的凝血病。

b. 肉眼可见的损伤包括肝小叶中心出血导致肝呈淡褐色或陶土色，浆膜下层瘀斑、出血，小肠和结肠出血。随着病情的发展，肝变黄并纤维化，特征变化为肝坚硬。浆膜下层和浆膜表面出现黄疸的黄褪。显微镜下见中央静脉区肝细胞空泡形成，坏死和脂肪变性。发展成亚急性或慢性时，肝细胞肿大。慢性病中，可见小叶间纤维变性和特征性胆囊增生（Cook 等，1989；Harvey 等，1988，1989b）。

c. 流产不常见，饲喂 500μg/kg 和 700μg/kg 的日粮，母猪连续 4 个妊娠期均表现正常。妊娠和产仔正常，但乳汁中的毒素能使仔猪的生长性能下降（Armbrecht 等，1972；McKnight 等，1983）。

d. 妊娠第 60 天至产仔后的第 28 天一直给母猪饲喂 800μg/kg 的 AFB_1，则新生仔猪的体重降低（Mocchegiani 等，1998）。

D. 免疫活性

a. 黄曲霉毒素通过作用于细胞介导免疫和细胞吞噬机能来发挥免疫调节作用（Bondy 和 Pestka，2000）。在试验条件下，受黄曲霉毒素影响的常见病有猪丹毒、猪痢疾和沙门氏菌病（CAST，2003）。

b. 通常只有在能引起霉菌毒素典型的微细或慢性病变浓度时才能见到黄曲霉毒素的免疫抑制（Osweiler，2000）。

c. 母猪整个妊娠和泌乳日粮内含 AFB_1 为 800μg/kg 或 400μg/kg 时，仔猪对黄曲霉毒素的免疫力降低。分娩后乳中黄曲霉毒素 B_1 和黄曲霉毒素 M_1 残留会持续 5~25d，含量约为饲料中的 1/1 000，可导致淋巴组织增生效应下降，粒细胞对外来化学诱导物的趋化性反应减弱。

d. Marin 等（2002）报道，连续饲喂 280μg/kg 含量的饲料会导致增重降低，白细胞计数和血清伽马球蛋白均增加。

E. 残留　AFM_1 能残留于组织、乳和尿中。饲料中含 400μg/kg 可导致猪组织残留量为 0.05μg/kg 或更低。停止饲喂后，残留很快消失（Trucksess 等，1982）。

F. 诊断

a. 急性中毒　病猪精神萎靡，出血性腹泻，急性黄疸，出血或凝血病。

b. 慢性　病猪生长缓慢，营养不良，黄疸和持续发生轻度感染。

c. 饲料分析　通过定性或定量分析结果，确定毒素影响程度。

G. 治疗

a. 无特效药。

b. 日粮中增加硒、高品质蛋白、维生素补充剂（Coffey 等，1989；Coppock 和 Christian，2007）有助于降低黄曲霉毒素的影响。

c. 继发感染时使用抗菌剂与被动免疫。

d. 家禽饲料中可添加胆碱和蛋氨酸辅助治疗。

H. 预防

a. 0.5％HSCAs（水合铝硅酸钠钙）可预防由黄曲霉毒素引起的猪增重下降和病变发生（Harvey 等，1989c；Phillips 等，2002）。

b. 钠基或钙基膨润土可以是很好的吸附剂（Schell 等，1993）。

c. 无水氨处理谷物可减少黄曲霉毒素的含量。

d. 源于酵母的膳食葡甘露聚糖对黄曲霉毒素中毒有潜在的预防作用。Meissonier 等（2009）用 1 912μg/kg AFB$_1$ 饲喂断奶仔猪 28d 发现，0.2％的膳食葡甘露聚糖可大大降低肝损伤，保护 I 段代谢酶及恢复被黄曲霉毒素抑制的卵白蛋白免疫特异性淋巴细胞增殖。

②赭曲霉毒素和橘青霉素

A. 赭曲霉毒素（OTA）是一种真菌肾毒素，橘青霉素也是一种肾毒素。

B. 毒性的出现是肾小管的一种有机离子转运蛋白与 OTA 特异受体结合的结果（Huessner 等，2002）。免疫抑制效应的发生与淋巴细胞增殖受到抑制及补体被干扰有关（Bondy 和 Pestka，2000）。

C. 猪主要作用于肾近曲小管。

D. 摄入 1mg/kg 体重剂量（每千克饲料中含 33.3mg）的 OTA 后，猪可在 5～6d 致死。

E. 饲喂含 OTA 1mg/kg（以饲料计）3 个月可引起猪烦渴、尿频、生长迟缓和饲料转化率降低。

F. 饲喂 OTA 含量低至 200μg/kg 的日粮数周可检测到肾损伤，并有其他临床症状（如腹泻、厌食和脱水）。有时临床症状不明显，但屠宰时可见肾苍白、坚硬。

G. 橘青霉素、赭曲霉毒素和青霉素三者有协同作用，主要引起以肾近曲小管坏死为特征的肾病，进而发展为间质性纤维化。也可出现以脂肪变性和坏死为特征的肝损伤，但不及其他原发肝病严重。慢性病例中，胃溃疡是一种常见的特征性损伤（Szczech 等，1973；Carlton 和 Krogh，1979）。

H. 口服含 OTA 为 20μg/kg（以饲料计）6 周，公猪射精量减少，并且贮存 24h 的精子其活力和运动性都比对照组明显降低（Biro 等，2003）。

I. 小猪饲喂 1mg/kg 和 3mg/kg（均以饲料计）的赭曲霉毒素，可自发引起与剂量相关的临床性沙门氏菌感染（Stoev 等，2000）。猪痢疾和大肠弯曲杆菌感染的发生也伴有其引起的免疫抑制。

J. 赭曲霉毒素 A 在猪组织中的半衰期为 3～5d。停止饲喂 30d 后就难以在肾中检测到了。如果迅速更换饲料，则轻微的中毒可康复，若拖延则不易康复。

③单端孢霉烯族毒素类　至少包括 148 个结构类似化合物。受全世界关注的其中 3 种分别是 T-2 毒素、双乙酸基草烯醇（DAS）和脱氧雪腐镰孢烯醇（DON，催吐素）。

A. T-2 毒素　试验性大剂量饲喂猪 T-2 毒素，其皮肤可受到直接刺激和坏死，淋巴系统严重损伤，胃肠炎，腹泻，休克，心血管衰竭和死亡。长期饲喂可抑制造血功能，

导致各类血细胞减少。

B. DAS　T-2毒素和DAS是免疫抑制剂和强毒素，可引起猪的采食量减少，拒食和呕吐，减食和呕吐在一定程度上限制了其毒性发挥更大作用。

C. DON

a. 当饲料中DON浓度为1mg/kg或更高时，猪开始自动减少采食。

b. 当DON超过10mg/kg时，猪完全拒食（Young等，1983；Pollman等，1985；Bergsjo等，1992；Rotter等，1996）。

c. 当DON浓度小于1mg/kg，但4倍于平时膳食水平时则不影响猪的采食量（Accensi等，2006）。

d. Prelusky（1997）证明，腹腔内注射DON会降低猪的采食量和影响增重。

e. 血液学和血液化验检测在诊断猪食入低浓度DON日粮时的意义有限（Lun等，1985；Prelusky等，1994；Swamy等，2003；Accensi等，2006）。

f. 大多数猪的DON选择剂量是2～8mg/kg，采食量和增重呈线性减少关系，但是饲料转化率的结果各异（Dänicke等，2008；Doll等，2008）。症状包括嗜睡、烦躁不安、体重下降、皮肤温度升高（1例），以及体况不佳、肠道空瘪、胃的食管部褶皱增多、肝重量增加、甲状腺体积缩小。

g. 免疫功能受影响的结果各异。DON可能降低疫苗的免疫应答能力，具有潜在的激发和调节猪肝细胞免疫反应的能力。

h. DON引起猪条件性味觉厌恶，调味剂对之无效（Osweiler等，1990），接触低剂量DON（胃内30μg/kg）可引起脑脊液5-羟基吲哚乙酸（5HIAA）增加。

i. 诊断目前是难题。

j. 用抗催吐药可预防呕吐，用高剂量抗胆碱能药物能缓和呕吐。

k. 预防

（a）2%活性炭可使对猪DON的吸收率从51%降到28%，对雪腐镰刀烯醇的吸收率从21%降到12%。

（b）葡甘露糖在肠道与毒素结合可降低猪对DON的拒食反应，但不能提高生长率（Swamy等，2002）。

（c）Diaz-Llano和Smith（2006）给初产妊娠母猪饲喂5.5～5.7mg/kg的DON，从妊娠91d至产仔，对照组饲喂DON但添加0.2% GMA（聚合葡甘聚糖吸附剂）时，初产母猪日增重减少，产仔数的死亡率显著增加，但添加0.2%GMA组能显著增加仔猪的成活率。

（d）Diaz-Llano和Smith（2007）继续给初产母猪饲喂5.5～5.7mg/kg的DON，从妊娠91d到仔猪21d断奶。结果DON降低了母猪的日采食量、体重和血清蛋白数量，但是乳的消耗或仔猪体重没有变化。0.2%GMA不能预防母猪采食量降低、体重丢失和发情间隔的延长。

l. 研磨取粒可去除大麦中66%的DON。

m. 饲料中的限量为1mg/kg。

④玉米赤霉烯酮（F-2毒素或ZEA）

A. 来源与机制　禾谷镰孢霉（粉红镰孢霉）可产生玉米赤霉烯酮，它是一种生长在高粱、玉米、小麦中的具雌激素作用的霉菌毒素。粉红镰孢霉又可产生脱氧雪腐镰孢烯醇（DON）（Diekman 和 Green，1992），生长需要高湿环境（23%～25%）。未完全晒干的整株玉米及环境温度的高低交替有利于玉米赤霉烯酮的产生（Christensen 和 Kaufmann，1965）。玉米赤霉烯酮经常在收割前的田间产生。

玉米赤霉烯酮可竞争性地结合子宫、乳腺、肝和下丘脑的雌激素受体，并引起子宫肥大和阴道上皮角质化。

B. 临床症状

a. 玉米赤霉烯酮中毒不仅可引起卵泡闭锁和类似于颗粒细胞变化的细胞凋零现象，而且还可造成子宫和输卵管内激烈的细胞增殖现象（Obremski 等，2003）。

b. 饲喂含 2mg/kg ZEA 的饲料 90d，初情期到来之前的后备母猪仍能保持正常性成熟，并对以后的繁殖功能没有影响（Green 等，1990；Rainey 等，1990）。

c. 猪对 ZEA 的反应随剂量和年龄不同而不同。

（a）后备母猪　日粮中含有 1～5mg/kg ZEA 可引起以外阴和阴道肿大、水肿为特点的阴道炎，乳房发育早熟。常见里急后重，偶尔导致直肠脱垂（Osweiler，2000）。

（b）尚未性成熟母猪　用含有 2mg/kg ZEA 的日粮饲喂 90d，母猪可达到正常性成熟，并对后续的生殖功能没有任何影响（Green 等，1990；Rainey 等，1990）。

另外，给予以临床有效剂量 ZEA，可引起卵泡闭锁及颗粒细胞的凋亡样改变，子宫和输卵管可见大量细胞增殖（Obremski 等，2003）。

（c）仔猪　Doll 等（2003）用被污染的玉米饲喂仔猪，相当于日粮含量高达 4.3mg/kg DON 和 0.6 mg/kg ZEA，结果增重显著降低，子宫重量相对体重增加 100%。

（d）发情中期母猪　饲喂 3～10mg/kg ZEA 日粮，可引发休情，因为雌激素有促黄体作用。停止接触玉米赤霉烯酮较长时间后，休情期和血清孕酮升高将会持续数月（Edwards，1987）。

（e）母猪　交配后 7～10d，饲喂 1mg/kg（相当于饲料 30 mg/kg ZEA）导致 11d 囊胚轻度退化，13d 时囊胚进一步退化，个别胚胎存活时间明显不超过 21d。在这一时期，ZEA 不引起子宫内膜形态变化。

（f）种母猪　饲喂 22.1mg/kg ZEA 日粮，可引起种母猪黄体数减少，卵巢重量减轻，存活胚胎数减少，分娩死仔猪和流产次数上升（Kordic 等，1992）。

（g）母猪与仔猪　摄入 ZEA 的母猪所产仔猪外生殖器和子宫肥大。乳中含有玉米 ZEA 和及其代谢物，会对仔猪产生雌激素作用（Palyusik 等，1980；Dacasto 等，1995）。

在母猪妊娠 30d 到仔猪断奶期间给母猪饲喂含有 2mg/kg ZEA 日粮，不影响猪的生殖功能。在 21 日龄可对仔猪睾丸、子宫和卵巢重量有影响，但不影响仔猪以后的繁殖功能（Yang 等，1995）。

d. 公猪　ZEA 使公猪包皮增大，青年公猪性欲降低，睾丸变小，但成年公猪不受 200mg/kg 高浓度 ZEA 的影响（Ruhr 等，1983；Young 和 King，1983）。

C. 诊断　注意与雌激素添加剂和成熟苜蓿的拟雌内酯的鉴别诊断。

D. 治疗

a. 对初情期前的后备母猪，更换饲料 3～7d 后症状可消失，必要时用外科手术治疗脱垂。

b. 对休情期的成熟未妊娠母猪，一次或连续 2d（每天 5mg）给予 10mg 剂量的前列腺素 $F_{2\alpha}$ 有助于清除滞留黄体。

E. 预防　20％苜蓿能预防青年母猪的子宫增大症（James 和 Smith，1982），活性炭可使 ZEA 的吸收率从 32％降到 5％，消胆胺可使 ZEA 的吸收率从 32％降到 16％（Avan-taggiato 等，2004）。

⑤麦角

A. 麦角菌是一种寄生霉菌，可感染禾谷籽实特别是黑麦、燕麦和小麦。麦角菌侵入作物子房后能形成黑色、细长形的菌核（硬粒），其产生的生物碱包括麦角碱、麦角毒碱和麦角新碱，可引起坏疽和生殖障碍。一般情况下，麦角总生物碱的含量占麦角菌硬粒重量的 0.2％～0.6％。美国谷物麦角允许量为 0.3％。

B. 坏疽性麦角中毒是血管收缩和内皮损伤联合作用的结果，可导致附件长期缺血最终导致坏疽。坏疽是干性的。中毒的其他症状可在数天或数周出现，包括沉郁、采食减少、脉搏和呼吸加快、全身不佳。通常后腿可能发生跛行，严重的尾巴、耳朵和蹄坏死及腐肉脱离。寒冷气候可使病情加重。

C. 生长猪日粮中含有 0.1％的低浓度麦角，即可引起增重降低，3％的含量可导致饲料损耗增加和猪的缓慢生长（Roers 等，1974）。

D. 饲喂麦角会导致妊娠母猪催乳素受到抑制与无乳，仔猪虽然出生健康但会因无乳而死亡（Whitacre 和 Threlfall，1981）。

E. 给妊娠青年母猪饲喂含 0.3％或 1％麦角菌核饲料，可导致新生仔猪出生体重下降，存活率降低及增重缓慢。妊娠和泌乳口粮中含 0.3％麦角菌核会造成 50％的初产母猪发生无乳症（Nordskog 和 Clark，1945）。

F. Kopinski 等（2008）研究发现，在母猪分娩前 6～10d，给其饲喂高达 1.5％麦角菌核的饲料（相当于 7mg/kg 麦角碱），可导致无乳及 87％仔猪死亡。建议经产母猪日粮中不得多于 0.3％麦角菌核或 1mg/kg 麦角碱，初产母猪日粮中不得多于 0.1％麦角或应完全避免。

G. 更换饲料 2 周后坏疽可缓解，停止饲喂后无乳症母猪 3～7d 内恢复泌乳。

⑥烟曲霉毒素

A. 烟曲霉毒素源于的念珠镰孢菌和增生镰孢菌普遍存在于世界各地栽种的玉米中，可引起猪肺水肿病，中等干燥且在持续雨季或高湿条件下的玉米可产生，包括 FB_1、FB_2 和 FB_3，FB_3 对猪基本无毒。

B. 口服可吸收毒素消化量的 3％～6％，一旦被吸收可被快速通过胆汁和尿液排出（Prelusky 等，1994）。FB_1 可抑制神经酰胺合酶，该酶是猪升主动脉阻抗谱神经鞘脂类信号通路的一员，可致心肌 L 型钙通道抑制、心脏收缩能力下降、系统性动脉压减缓、心律降低及肺动脉压升高，从而导致左心衰、大面积肺水肿和胸腔积水（Smith 等，2000；Constable 等，2003）。

C. Zomborszky - Kovacs 等（2002）报道，连续饲喂低浓度的 FB_1 8 周，可导致猪发生慢性肺结缔组织增生，主要发生于胸膜下、肺小叶间结缔组织、支气管和细支气管周围。

D. 连续 4～10d 饲喂高于 120mg/kg 的烟曲霉毒素日粮，可导致猪急性肺水肿（Haschek 等，1992；Osweiler 等，1992；Colvin 等，1993），7～10d 后存活的猪可发生亚急性肝中毒。

E. 饲喂烟曲霉毒素高于 50mg/kg 日粮 7～10d 后，可引起猪的肝机能障碍。低于 25mg/kg 虽然不引起明显临床症状，但饲喂 23mg/kg 日粮的猪肝有轻度损伤。

F. 黄曲霉毒素和烟曲霉毒素有协同作用。

G. 具体损伤

a. 日粮烟曲霉毒素高于 120mg/kg，会发生急性间质性肺水肿和胸膜腔积水，其发病率高达 50%，死亡率为 50%～90%。饲喂 4～7d 后出现的最初症状为嗜睡、不安、沉郁和皮肤充血，并迅速发展为轻度流涎、呼吸困难、张口呼吸、后躯虚弱、斜卧和湿性啰音，继而发绀、衰弱和死亡，上述症状出现 2～4h 后即可死亡。饲喂 75～100mg/kg 浓度饲料 1～3 周后，猪出现黄疸、厌食、健康不良和体重减轻，无肺气肿症状（Osweiler 等，1993）。

b. 猪可出现中度免疫抑制，对伪狂犬病疫苗的效价反应延迟（Osweiler 等，1993），淋巴母细胞转化减少（Harvey 等，1995a，1996）。FB_1 对体液和细胞特异/非特异免疫反应无明显影响（Tornyos 等，2003）[高剂量 100mg/（头·d），饲喂 8d]。

c. 母猪急性症状出现 1～4d 后发生流产，可能与肺水肿导致的缺氧有关（Osweiler 等，1992；Becker 等，1995）。给妊娠期最后 30d 饲喂含有 100mg/kg FB_1 的饲料既不会引起母猪肺水肿，也不会影响母猪流产、畸胎、再次妊娠。

H. 诊断　通过症状判断和对饲料进行毒素检测进行确认。

I. 与葡萄糖一起饲喂可降低症状。

J. 玉米中含量低于 20mg/kg 或饲料中含量低于 10mg/kg 时可预防。

二、原料的使用

配方体系中使用线性方程来制作配方，因此原料的使用更多意义上是"原料的选用"。配方师维护原料数据库、营养标准、原料限制和输入原料价格，其余的则交给计算机按照最低配方成本原则制作出配方，再经过配方师检查、微调后即生成"生产用"的配方。因此，原料的选用受到其绝对价值（单位价格、营养素浓度）和相对价值（边际价格、其优势营养素在饲料营养标准中的重要性）的影响，同时受配方师设定的"原料上下限"的限制。设置"原料上限"的考虑因素包括原料中的抗营养因子和毒素的风险度、可获得性、外观影响、特殊功能、市场要求等。总之，配方中原料组成受到动物要求、原料本身因素、配方师和成本的共同影响。以下主要从原料本身的角度出发来介绍原料的使用，以作为配方制作时的参考。

（一）玉米及其副产品

玉米种植地区广阔，品种繁多，从外形或分类上很难评估其营养价值。应用玉米的优势在于其高的能值、好的获得性和加工性及较好的性价比，其色素含量也为其增值。除了理论上有影响玉米质量的品种、气候、种植条件、收获和运输方式、加工粒度、糊化度等因素外，人们在质量控制实践中更关心容重、杂质含量、破碎粒、损伤粒等对能值的影响。

玉米的主要用途包括饲料用、食用、淀粉生产和酿造乙醇，玉米淀粉又可用于生产淀粉、糖、变性淀粉、发酵产品及高分子材料等，利用玉米的过程中产生的副产品众多。

1. 玉米容重和杂质等对原料能量的影响

（1）容重与家禽 AMEn 玉米的每蒲式耳重从标准的 56 磅每下降 1 磅，其能值就下降 10～15kcal/kg，但是这些蒲式耳重低的样本在蛋白质和多数氨基酸含量上并无稳定的变化趋势［《实用家禽营养》（第三版），S. Leeson 和 J. D. Summers 著，沈慧乐和周鼎年译，2010］。在美国（加拿大亦同），1 蒲式耳＝56 磅＝25.401kg，1 蒲式耳的容积为 35.238L，折算为 g/L，56 磅等于 720.8g/L，每磅为 12.9g/L。以 720.8g/L 为基准，容重每变化 12.9g/L，则能值变化为 10～15kcal/kg（取均值 12.5kcal/kg）。因此，可以认为容重每变化 1g/L，则能值变化 1kcal/kg（范围为 0.78～1.16kcal/kg）。另据 Baidoo 等（1991）建立的玉米容重与表观代谢能值的回归方程：ME（kcal/kg，以干物质为基础）＝2 929＋1.08×容重（g/L）；Summers（1993）也报道，玉米容重与代谢能之间存在显著的线性关系，其相关系数为 1.09。因此，可将容重对禽代谢能的影响系数定为 1.0（1g/L 容重影响家禽代谢能变化是 1kcal/kg）。

通过容重来预测家禽代谢能，是经验值的做法，可适用于容重测试现场的简单评估。

（2）破碎粒、杂质等对家禽代谢能的影响 佐治亚州的 Dale 及其同事认为，破碎籽粒的 AMEn 比玉米低 200kcal/kg，杂质的 AMEn 比玉米低 600kcal/kg。巴西的 *Nutritional Requirements of Poutry* 中的公式为：

$$ME_L＝-0.064＋1.62×破碎比例＋6.98×杂质＋10.06×霉变粒＋12.28×虫害粒＋5.87×其他损伤$$

式中，ME_L 为玉米的家禽代谢能减少值（kcal/kg，其他均为%）。

巴西公式中认为破碎粒的 AMEn 比玉米的低 162kcal/kg，杂质的 AMEn 比玉米的低 698kcal/kg。

（3）容重内在意义探讨 在"表 2-33 由玉米副产品的常规营养成分推算的玉米籽粒的营养成分"中列出了玉米各分解部分的容重，最高的是玉米油和淀粉，分别为 910g/L 和 820g/L；最低的是干玉米皮和杂质，容重均为 330g/L；玉米蛋白粉和玉米胚芽粕的容重处于中间水平，均为 550g/L。由此可推测，当玉米容重增加时，意味着玉米中淀粉和油脂含量在相对增加，特别是淀粉含量。根据禽代谢能的预测公式 ME（kcal/kg DM）＝53＋38×（%粗蛋白质＋2.25×%粗脂肪＋1.1×%淀粉＋%糖）可知，每增加 1%淀粉可提供 41.8kcal 的家禽代谢能，每增加 1%粗脂肪可提供 85.5kcal 的家禽代谢能。

应该注意，使用表 2-33 中的容重数据时，应考虑到影响容重测试的因素（如水分含量、玉米颗粒大小、胚乳形态等）。还应认识到，以上关于容重增加原因的推测是静态的，实际上应该是动态的，动态下的变化会涉及所有化学组分的变化。

2. 膨化玉米 膨化玉米是玉米在一定温度和压力条件下，经膨化处理获得的产品。膨化方法可分为湿法和干法，二者区别见表 2-59。

表 2-59　不同膨化方法比较

项目	湿法	干法
膨化均匀度	好	差
膨化能量来源	机械能＋热能	机械能
物料营养利用率	高	差
油脂分布	反浸物料内部	存留物料表面
维生素存留率	高	低
美拉德反应	基本不发生	易发生
机械构成	复杂、精确	简单
测量系统	准确监控	无
设备投入	大	小

玉米膨化的目的是提高糊化度，从而改善幼小动物对玉米的消化率，提高生长性能及预防腹泻。根据产品容重（干燥冷却后，2mm 筛板粉碎），可以将膨化玉米分为以下 3 种：

（1）低膨化度产品　容重＞0.5kg/L，一般采用低温膨化，温度为 80～120℃，成品中水分含量较高，糊化度为 60%～80%，离乳后期仔猪可用，也可用于多维和酶制剂包被工艺。

（2）中等膨化度产品　容重为 0.3～0.5kg/L，膨化温度为 100～150℃，成品含水率为 8%～10%，糊化度在 90% 以上，用于乳猪料、貉、狐、水貂、水产动物等饲料。

（3）高膨化度产品　容重为 0.1～0.3kg/L，膨化温度为 140～170℃或更高，成品含水率为 4%～8%，可完全糊化，一般采用干法膨化，用于复合磷脂粉中载体及铸造工业、涂料工业。

膨化玉米相对玉米有高的能值，主要是源自其高的干物质含量。

3. 玉米淀粉工业副产品　淀粉加工过程中的副产品包括玉米浆或干粉、玉米皮、喷浆玉米皮、玉米蛋白粉、玉米胚玉米胚芽粕（饼）、玉米油、玉米糖渣。

（1）玉米浆或干粉　净化后的玉米须经酸液浸泡以使胚乳中的蛋白质网完全分散，从而将淀粉和蛋白质分离。一般情况下，浸泡的二氧化硫浓度为 0.15%～0.2%，最高不超过 0.4%，温度为 50～55℃，pH 为 3.5；浸泡时间为 40～60h，因玉米而异。浸泡过程中，二氧化硫被玉米吸收，因此最后放出的浸泡液内二氧化硫浓度为 0.01%～0.02%，pH 为 3.9～4.1。浸泡过程中，玉米中的灰分和其他可溶物进入浸泡液。浸泡过程也是乳酸发酵过程，当乳酸含量达 12% 时浸泡液的质量最好，因此需要测定浸泡液的酸度。浸泡前后玉米化学组成变化见表 2-60。浸泡液进一步浓缩可制成黄褐色的"玉米浆"（表2-61）。玉米浆中含固形物 40%～50%，干物质中粗蛋白质含量可以达到 42% 以上，含游离氨基酸 0.6%～1.8%、还原糖 1.2%～11%、乳酸 5%～15%、乙酸等挥发性脂肪酸 0.1%～0.3%、灰分 9%～12%、磷 1.5%、亚硫酸盐不超过 0.3%。不同品种玉米制作的浆其平均化学组分见表 2-62。

表 2-60 浸泡前后玉米化学组成变化

化学组成	浸泡前（%）	浸泡后（%）	增减量（%，占原含量的百分比）
淀粉	69.37	73.86	+6.47
油脂	5.06	5.40	+5.72
蛋白质	10.22	8.74	−14.48
戊糖	5.43	5.93	+9.21
纤维素	2.37	2.32	−2.11
灰分	1.40	0.59	−57.86
水溶性物质	6.15	3.16	−48.62

注：原来成分被溶解出来的量最多的为灰分（57.86%），其次为水溶性物质（48.62%）和蛋白质（14.48%）。被溶解出来的物质中最多部分为胚芽，约达其重量的35%，胚芽吸收水分量很高，约占总重量的60%，胚体部分吸收水分达40%~45%。

表 2-61 成品玉米浆质量

项目	标准	项目	标准
干物质含量	46%以上	亚硫酸含量	<0.3%
蛋白质含量	46%以上（干物质计）	外观	浓稠、不透明的黄色或褐色液体
酸度	13（以干物质计）	气味	无异嗅味
灰分	不大于24%		

表 2-62 不同品种玉米制作的浆其平均化学组分（%，以干物质为基础）

种类	粗蛋白质	还原糖	总糖	溶磷	酸度	乳酸	粗灰分	铁	重金属
白玉米的浆	43.0	2.32	3.75	1.25	10.00	12.51	19.35	0.064	0.008 2
黄玉米的浆	41.9	1.90	3.62	1.52	10.90	12.09	21.02	0.050	0.008 4

资料来源：张玉芝等（2007）。

（2）玉米皮 玉米加工过程中分离出的皮层经干燥后的产品称为玉米皮，又称玉米纤维饲料。玉米皮和大豆皮、甜菜渣等原料都是较好的纤维来源，在妊娠母猪和哺乳母猪饲料中使用起到"饱感"作用。

（3）喷浆玉米皮 将玉米浆喷到玉米皮上经干燥后获得的产品称为喷浆玉米皮，又称玉米蛋白饲料、玉米面筋饲料。玉米蛋白饲料中有时会加入碎玉米、玉米胚芽粕或其他淀粉副产品，其营养组分差异主要源自玉米浆及浆和皮的比例，通过喷浆玉米皮、玉米皮和玉米浆的粗蛋白质含量可推算出浆与皮的比例为（3.5∶6.5）~（4∶6）。使用喷浆玉米时，应注意其适口性、硫和毒素含量、干燥程度、高纤维及低能值、玉米浆带来的变异等。

（4）玉米蛋白粉 玉米经脱胚、粉碎、去渣、提取淀粉后的黄浆水，再经脱水制成的富含蛋白质的产品称为玉米蛋白粉，又称玉米面筋粉。可根据粗蛋白质含量分为40%、50%和60%以上三类，影响粗蛋白质含量的是其中细小的玉米皮和淀粉含量。玉米蛋白粉中含有较高的粗蛋白质、能值、必需氨基酸总量、黄色素（最多达300mg/g），但赖氨酸、色氨酸含量较低。玉米蛋白粉的变异性较大，因此限制了其在配方中的最大用量。当其用量超过 10％时，肉鸡和蛋黄的色素沉积明显增加；高比例用于猪饲料中，也能造成猪体脂肪颜色发黄。配方中的用量也常常受到性价比和饲料外观的影响，有时客户会对饲料中的黄色颗粒有负面反映。

（5）玉米胚 玉米籽实加工时提取的胚，一般会在浸泡玉米粒破碎后首先被分离出来。玉米胚干燥后经榨油得到玉米油和玉米胚芽粕（饼）。因富含不饱和脂肪酸，所以玉米胚很难存放和使用。热损伤、霉变和长时间库存均会影响玉米胚的质量。

（6）玉米胚芽粕（饼） 玉米胚经浸提取油后的副产品是玉米胚芽粕，压榨取油后的副产品是玉米胚芽饼，饼的油脂含量一般高于粕。玉米籽实中的白蛋白和清蛋白几乎都在胚中，因此玉米胚芽粕（饼）中的蛋白质主要是白蛋白和清蛋白。玉米胚芽粕中有时会含有玉米皮。加工良好的玉米胚芽粕有着良好的和豆粕类似的外观，可用于猪、禽所有生长阶段的饲料。使用玉米胚芽粕时应注意外观颜色变化、毒素含量（往往是玉米副产品中毒素含量最高）。

（7）玉米油 指由玉米胚经压榨或浸提制取的油。玉米油含 80％左右的不饱和脂肪酸，其中亚油酸含量在 50％左右，亚麻酸含量则很低，只略多于 1％。

（8）玉米糖渣 是玉米生产淀粉糖的副产品。淀粉中含有少量的粗蛋白质和粗脂肪，在发酵生产其他产品时这些粗蛋白质和粗脂肪会影响发酵效率，因此需要将这些粗蛋白质和粗脂肪过滤（提取）出来。玉米糖渣含有较高的粗脂肪、粗蛋白质和淀粉，故玉米糖渣是一种优质的饲料原料。糖渣中高含量的玉米油会使保存成为困难，它不仅容易氧化变质，而且有自燃风险（高温季节时库存 1～2 周时）。糖渣制粒可以减缓其氧化速度，但长时间高温保存仍有自燃风险。以玉米糖渣（湿的）为主原料，用酵母等发酵后再干燥得到的产品，不仅有酵母发酵的风味，而且可以保存 2 年以上。处理良好的玉米糖渣可以用于畜、禽各生长阶段饲料，它有高的脂肪和能值，氨基酸水平和玉米胚芽粕接近（赖氨酸含量低于胚芽粕），适口性和风味也相当好。玉米糖渣的产量、地域性和加工方式是影响其使用的限制因素。

4. 玉米次粉 玉米次粉是生产玉米粉、玉米渣过程中的副产品，主要由玉米皮和部分玉米碎粒组成，有的书中"玉米麸"应该与之是同一物质。在生产玉米粉、玉米渣时，会经过除杂、脱皮、脱胚等工艺，破碎生产玉米粉或玉米渣时也会有一些撒落或遗漏的玉米粉或碎粒，有时工厂会将这些副产品混合在一起。因此，玉米次粉除了含有皮和碎粒外，还可能含有杂质、玉米胚等。根据食用产品的要求，作为副产品的玉米次粉可能包含玉米籽粒的 30％～50％，这样玉米次粉的变异性就会较高。相对于整粒玉米产品，玉米次粉有较高含量的粗蛋白质、脂肪、灰分和纤维。如果杂质的含量高，则被霉菌毒素污染的风险也增加。因为大部分胚乳用于食用产品，玉米次粉的淀粉含量和能值低于整粒玉米。猪、禽饲料中使用玉米次粉时，应注意其变异、毒素风险和较低的能值。

5. 玉米淀粉渣 玉米淀粉渣是生产柠檬酸等玉米深加工产品过程中，粉碎、液化、过滤后的滤渣经干燥后获得的产品。玉米发酵过程中，主要是淀粉用于产生柠檬酸，而其他物质则被浓缩了。玉米淀粉渣和玉米 DDGS 在营养组分上很相近，颜色上比 DDGS 更易控制，气味也相对较好（淡淡的酸味，而 DDGS 则有较强的刺激性味）。其使用方法可参考玉米 DDGS，限制其使用量主要是供应和毒素。

6. 玉米 DDGS　玉米 DDGS 的生产工艺主要有全粒法、湿法和干法，用不同工艺生产的玉米 DDGS 其质量不同。但总体来说，玉米 DDGS 都是玉米籽实经酵母发酵、蒸馏除去乙醇后对滤渣和滤液干燥后形成的产品。如果单独对滤渣进行干燥，则获得的产品称为 DDG（干玉米酒糟）；如果单独对滤液进行干燥，获得的产品称为 DDS（玉米酒糟可溶物）。DDGS（玉米酒糟及其可溶物）是二者的混合物，比例约为 7∶3。在发酵过程中，占玉米籽实 2/3 的淀粉转化成了乙醇和二氧化碳，因此玉米 DDGS 可视为是玉米中除了淀粉外的营养物质的 3 倍量富集。玉米 DDG 有较高的粗蛋白质和较低的脂肪，DDS 则相反，通过 DDGS 的粗蛋白质和粗脂肪的高低可简单判断 DDS 的添加比例，含高 DDS 的玉米 DDGS 有较高的营养价值。玉米 DDGS 因受原料、工艺等的影响，所以变异较大。一般通过玉米 DDGS 的颜色（金黄色最好，颜色越深质量越差）和 NDF 含量（NDF 含量和有效赖氨酸成负相关）来初步判断玉米 DDGS 的质量。玉米 DDGS 可用于猪、禽各生长阶段饲料产品中，主要的限制因素有高温造成的消化率降低和毒素含量（毒素也可能被富集），高的脂肪含量也会影响肉的品质。

7. 玉米芯粉　玉米芯粉是玉米的中心穗轴经研磨获得的粉状产品，它是维生素良好的载体，常用于预混料的生产。

玉米及其副产品在猪、禽饲料配方中的上、下限量见表 2-63 到表 2-65。

表 2-63　玉米及其副产品在猪饲料配方中的上、下限量

原料名称	乳猪（1~6kg）	保育前期（6~12kg）	保育后期（12~25kg）	仔猪（25~50kg）	中猪（50~100kg）	大猪（kg）	哺乳母猪（kg）	妊娠母猪（kg）	成熟公猪（kg）	围产期（kg）	后备母猪（kg）
						100 以上					
玉米（%）	0~100										
膨化玉米（%）	0~100										
陈玉米（3 年以上，%）	不使用			0~20				0~5			0~20
玉米蛋白饲料（%）	不使用	不使用	0~5	0~15	0~20	0~25		0~10			0~15
玉米胚芽粕（%）	0~2	0~10	0~10	0~20				0~15			0~20
60% 玉米蛋白粉（%）	0~3	0~6		0~15				0~10			0~15
玉米麸（%）	不用	0~3	0~5	0~10	0~15			0~10			0~15
玉米胚（%）	0~3	0~10		0~20				0~15			0~20

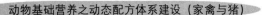

（续）

原料名称	乳猪（1~6kg）	保育前期（6~12kg）	保育后期（12~25kg）	仔猪（25~50kg）	中猪（50~100kg）	大猪（100kg）	哺乳母猪（kg）	妊娠母猪（kg）	成熟公猪（kg）	围产期（kg）	后备母猪（kg）
						100 以上					
玉米DDGS（%）	不用		0~3	0~7	0~10						
玉米油（%）	不作限制										

注：对变异较大和新的原料，可逐步增加使用上限，如表中上限的 1/4、1/3、1/2……，只有对质量最好的原料才使用表中推荐的最高用量。表2-64至表2-65、表2-69至表2-74、表2-76至表2-84、表2-86至表2-90注释与此表同。

表2-64 玉米及其副产品在肉鸡与肉用种鸡饲料配方中的上、下限量

原料名称	肉鸡（日龄，d）					肉用种母鸡（周龄）							肉用种公鸡
	0~3	1~7	8~14	15~35	36~49	0~3	3~6	6~18	18~22（预产）	22~34	34~46	46周至结束	18周至结束
玉米（%）	0~100												
陈玉米（3年以上，%）	0~30					不使用							
玉米蛋白饲料（%）	0~10			0~20		0~10	0~20						
玉米胚芽粕（%）	0~5		0~10	0~20		0~10	0~20						
60%玉米蛋白粉（%）	0~15			0~20		0~15	0~20						
玉米麸（%）	0~3			0~5		0~3	0~5						
玉米胚（%）	0~10			0~15		0~5	0~7.5	0~10					
玉米DDGS（%）	0~5			0~15		0~5	0~15						
玉米油（%）	0~100												

表 2 - 65　玉米及其副产品在蛋鸡饲料配方中的上、下限量

原料名称	蛋雏鸡（周龄）			育成期（周龄）		产蛋期（周龄）			
	0～1	0～2	3～6	6～12	12～17	17～18	18～38	39～60	＞60
玉米	0～100								
陈玉米（3 年以上,%）	0～30								
玉米蛋白饲料（%）	0～10			0～20					
玉米胚芽粕（%）	0～5								
60%玉米蛋白粉（%）	0～10			0～20					
玉米麸（%）	0～3			0～5					
玉米胚（%）	0～7.5			0～15					
玉米 DDGS（%）	0～5			0～10		0～5			
玉米油（%）	0～100								

（二）小麦及其副产品

小麦主要用于食用，只有在比玉米有较好的性价比时才会被用于饲料生产。也有一些因病害、未成熟、发芽或贮存期偏长而不能用于食用的小麦被用到饲料中，这时往往要重新评估其营养价值。传统上将小麦分为春小麦和冬小麦、白小麦和红小麦、硬小麦和软小麦等并不能体现其不同类别在饲料营养价值上的差异，因此有必要按能体现不同营养价值的方式来分类，如按粗蛋白质。小麦对于猪和家禽都是很好的原料。对于猪而言，可以作为仔猪、生长育肥猪日粮中唯一的谷物饲料；小麦中因含有 5%～8%的戊糖（主要是阿拉伯木聚糖），所以在家禽饲料中的使用会受到一定的限制。限制小麦使用的其他因素还有：①有效生物素低，相对于玉米日粮需增加预混料中生物素的用量。②不同加工方式的影响：粉碎率高时易出现糊嘴，家禽的坏死性肠炎，猪的胃溃疡发病率高，因此合适的加工方式很重要，粉碎小麦制粒或使用粗磨小麦能较好地避免发生此类问题。③毒素，（如呕吐毒素和麦角毒素）。④小麦的变异程度比玉米的高。

小麦籽粒有麸皮（皮层）、胚乳和胚芽三部分组成。麸皮包括上皮、下皮、管状细胞和种皮，胚乳包含糊粉细胞层、细胞纤维壁、淀粉粒和蛋白质间质，胚芽包括根冠、根鞘、初生根、角质鳞片、芽鞘和芽等。小麦不同部位的蛋白质、淀粉、脂肪等营养成分含量见表 2 - 66。小麦的副产品主要是小麦面粉加工中产生的副产品（以美国小麦为例见表 2 - 67），因加工工艺和面粉主产品要求不同而有较大的外观和营养成分变异性（小麦副产品主要指标见表 2 - 68）。小麦及其副产品在猪、禽饲料配方中的上、下限量见表 2 - 69至表 2 - 71。

表 2-66　小麦籽粒不同部位的蛋白质、淀粉、脂肪等营养成分含量（%）

部位	粗蛋白质	粗脂肪	淀粉	还原糖	戊聚糖	纤维素	粗灰分
整粒小麦	12.1	1.8	59.2	2.0	6.6	2.3	1.8
麸皮	15.7	0.0	0.0	0.0	1.4	11.1	8.1
糊粉层	24.3	8.1	0.0	0.0	39.0	3.5	11.1
胚乳	8.0	1.6	72.6	1.6	1.4	0.3	0.5
胚	26.3	10.1	0.0	26.3	6.6	2.0	4.6

资料来源：朱润宝（2007）。

表 2-67　美国小麦副产品分类及描述

分类	构成及规格
小麦麸皮（含筛余物）	小麦制粉粗磨时所分出的外皮中含有少量的筛除物，含粗蛋白质 16%、粗脂肪 4.5%，粗纤维含量在 10% 以下
小麦麸皮	同上，但不含筛除物
次粉（标准）	小麦制粉时的细麸皮中含有少量的粉头、胚芽粉及小麦粉，粗纤维含量在 9.5% 以下
面粉＋混合麸皮	小麦制粉过程中所得副产物的混合物，包括粗麸皮、细麸皮、粉头、小麦胚芽及小麦粉等，粗纤维含量不超过 9.5%
粗麸皮	小麦制粉过程中所得的细麸皮及小麦胚芽、小麦粉等混合物，粗纤维含量在 7% 以下
粉头	小麦制粉细磨时获得的粉末副产物中含有少量的细麸皮、小麦胚芽、小麦粉，粗纤维含量不超过 4%

表 2-68　小麦副产品主要指标（平均值与范围，%）

成分	粗麸皮	细麸皮	粉头	面粉＋混合麸皮	小麦胚芽
水分	12.5 (11.0~15.0)	11.0 (10.5~14.0)	11.0 (10.0~14.0)	11.5 (11.0~14.0)	10.5 (9.0~14.0)
粗蛋白质	15.0 (13.5~17.0)	15.5 (13.5~17.5)	16.5 (15.0~18.0)	15.0 (12.5~17.0)	25.0 (24.0~29.0)
粗脂肪	4.0 (3.0~4.75)	4.0 (3.0~5.0)	3.5 (3.0~4.5)	4.0 (3.0~4.75)	8.0 (7.0~10.0)
粗纤维	10.5 (9.5~12.0)	7.5 (7.0~9.5)	3.0 (2.75~4.0)	8.5 (7.5~9.5)	3.0 (2.5~4.0)
粗灰分	6.0 (5.0~7.0)	4.0 (3.5~6.0)	3.0 (2.5~4.0)	5.5 (4.0~6.0)	4.5 (3.0~5.2)

（续）

成分	粗麸皮	细麸皮	粉头	面粉＋混合麸皮	小麦胚芽
钙	0.1	0.1	0.1	0.1	0.05
	(0.05～0.14)	(0.05～0.15)	(0.05～0.15)	(0.05～0.15)	(0.03～0.10)
磷	1.15	0.9	0.5	1.0	1.0
	(1.10～1.50)	(0.80～1.25)	(0.40～0.60)	(0.85～1.10)	(0.90～1.25)

表 2-69　小麦及其副产品在猪饲料配方中的上、下限量

原料名称	乳猪 (1～6kg)	保育前期 (6～12kg)	保育后期 (12～25kg)	仔猪 (25～50kg)	中猪 (50～100kg)	大猪 (kg)	哺乳母猪(kg)	妊娠母猪(kg)	成熟公猪(kg)	围产期 (kg)	后备母猪(kg)
							100 以上				
小麦（%）	0～10	0～25	0～35	0～100			0～50	0～100	0～40	0～50	0～100
加酶小麦（%）	同小麦										
麸皮（%）	0～3	0～5	0～5	0～15	0～20	0～30	0～30		0～20	0～30	0～25
小麦面粉（%）	0～10	0～15	0～20	0～100							
小麦胚芽（%）	0～3	0～10	0～10	0～20			0～20			0～15	0～20
次粉（%）	0～10	0～15	0～15	0～25	0～35	0～40	0～35	0～100	0～30	0～35	0～35
小麦蛋白饲料（%）	0～5	0～7	0～10	0～15			0～10				0～15
小麦胚芽粕（%）	0～3	0～10	0～10	0～20			0～15				0～20
小麦蛋白粉（%）	0～7	0～7	0～10	0～15			0～10				0～15

表 2-70　小麦及其副产品在肉鸡与肉用种鸡饲料配方中的上、下限量

原料名称	肉鸡（日龄，d）					肉用种母鸡（周龄）							肉用种公鸡
	0～3	1～7	8～14	15～35	36～49	0～3	3～6	6～18	18～22（预产）	22～34	34～46	46周至结束	18周至结束
小麦（%）	0～20			0～25		0～20	0～25						
加酶小麦（%）	0～45			0～55		0～45	0～55						
麸皮（%）	0～10			0～15		0～10	0～15						
小麦面粉（%）	0～10												

（续）

原料名称	肉鸡（日龄，d）					肉用种母鸡（周龄）							肉用种公鸡
	0～3	1～7	8～14	15～35	36～49	0～3	3～6	6～18	18～22（预产）	22～34	34～46	46周至结束	18周至结束
次粉（%）	0～10			0～15	0～20	0～10	0～15	0～20	0～15				
小麦蛋白粉（%）	0～5			0～10		0～5			0～10				
整粒小麦（%）	0～10			0～20	0～30		0～20	0～30	0～20				

表2-71 小麦及其副产品在蛋鸡饲料配方中的上、下限量

原料名称	蛋雏鸡（周龄）			育成期（周龄）		产蛋期（周龄）			
	0～1	0～2	3～6	6～12	12～17	17～18	18～38	39～60	＞60
小麦（%）	0～20					0～30			
加酶小麦（%）	0～45					0～55			
麸皮（%）	0～10			0～15		0～10			
小麦面粉（%）	0～10								
次粉（%）	0～10								
小麦蛋白粉（%）	0～5					0～10			

（三）大米及其副产品

稻谷由谷糠（俗称稻糠、大糠、稻壳）、种皮、胚乳和胚芽组成。稻米加工时，先经砻谷机脱除稻糠得到糙米，糙米经碾米机脱去种皮、糊粉层和胚芽，得到食用大米；如果保留胚芽，则称为胚芽米。部分大米还用于发酵工艺和淀粉糖的生产，除去大米淀粉后剩余的蛋白质被浓缩为大米蛋白，大米蛋白（40%粗蛋白质）再经提取可继续得到更高纯度的大米浓缩蛋白（60%粗蛋白质）和大米分离蛋白（90%粗蛋白质），大米浓缩蛋白和大米分离蛋白是幼小动物优良的蛋白质来源。大米副产品简述如下。

1. 砻糠 又称稻壳粉，是稻谷在砻谷过程中脱去颖、壳经粉碎后的产品，约占稻谷质量的20%。稻壳粉可用作预混料的载体，在发酵过程中作为填充物。从营养角度来讲，属于高粗纤维饲料，粗纤维含量在44%左右，其中含木质素21%左右，对能量利用和其他营养物质的消化有副作用（稀释和增加肠道流通速度）。

2. 统糠 《饲料原料目录》中将"统糠"定义为"稻谷加工过程中自然产生的含有稻壳的米糠，除不可避免地混杂外，不得人为加入稻壳粉"。由此定义可知，统糠是"含有稻壳的米糠"。统糠还有另两种定义（形式），一种是采用一次加工工艺由稻谷生产精米时分离出的稻壳（砻糠）、碎米和米糠的混合物，这种糠占稻谷的25%～30%，其营养价值介于砻糠与米糠之间；另一种是将加工分离出的米糠与砻糠人为地加以混合而成，根据

其混合比例的不同，又可分为一九统糠、二八统糠、三七统糠等（一九指米糠和砻糠的比为 1：9）。由后两种定义可知，统糠内主要是"砻糠"，而非"含有稻壳的米糠"。无论统糠的定义如何，决定统糠营养价值的都是米糠和砻糠的比例，米糠比例越高，其营养价值越大。

3. 全脂米糠 《饲料原料目录》中称之为米糠，是糙米在碾米过程中分离出的皮层，含有少量胚和胚乳。米糠占稻谷的 6%～12%，有时米糠中还含有一些灰尘杂质和微生物，此时灰分会高一些。一般市场常见米糠脂肪含量为 12%～15%，在常规贮存条件下，容易氧化，特别是温度高的夏季。因此，使用时既要注意原料本身的氧化程度，也要考虑饲料成品贮存时的氧化风险。加热或膨化处理可钝化米糠中的脂肪酶，能有效延长保质时间。

4. 米糠粕 指米糠或米糠饼经浸提取油后的副产品。米糠粕的脂肪可降至 1%～2%，而且提取工艺中的高温也钝化了脂肪酶，因此米糠粕的氧化风险要小一些。米糠粕从营养成分和价值上与小麦麸皮类似，但是米糠粕（粉碎后）有较细的粒度，相比粗片状的麸皮对大肠的有益作用要弱很多。

5. 大米抛光次粉 指去除米糠的大米在抛光过程中产生的粉状副产品。抛光的目的是提高大米的亮度，使之有光泽感。刚生产出的"水抛光"次粉水分含量较高，容易很快变质，因此尽快去除水分十分重要。

6. 大米次粉 《饲料原料目录》中将大米次粉定义为大米加工米粉和淀粉（包括干法和湿法碾磨、过筛）的副产品之一。准确地说，大米次粉是大米加工过程中去除米糠后，在生产普通大米及精制大米过程中所产生的粉状物。大米次粉是一种混合物，既包括后序加工过程中脱落的米胚、糠粉，也包括前段加工工序中没有清除干净的米糠。

7. 碎米 碎米是稻谷加工过程中产生的破碎米粒。碎米可以用于幼小动物，但应注意其纤维含量，好的碎米粗纤维含量在 1% 以内，有的碎米粗纤维会高于 2%。

8. 大米浓缩蛋白（或大米分离蛋白） 大米浓缩蛋白含蛋白质在 50% 以上，是乳猪教槽料和断奶时良好的蛋白质来源（可能是最好的植物蛋白质）。碱提取法得到的大米浓缩蛋白颜色呈灰色，尝起来有轻微的碱残留，但一般不会影响其使用。

稻谷的副产品质量变异源于其中组成比例的差异，如砻糠、米糠、胚和胚乳的不同比例，因此可通过粗纤维和灰分来判断其使用量。稻谷及其副产品在猪、禽饲料配方中的上、下限量见表 2-72 至表 2-74。

表 2-72　稻谷及其副产品在猪饲料配方中的上、下限量

原料名称	乳猪 (1～6kg)	保育前期 (6～ 12kg)	保育后期 (12～ 25kg)	仔猪 (25～ 50kg)	中猪 (50～ 100kg)	大猪 (kg)	哺乳母 猪(kg)	妊娠母 猪(kg)	成熟公 猪(kg)	围产期 (kg)	后备母 猪(kg)
						100 以上					
稻谷 (含壳,%)	0～10	0～100									
大米（%）	0～100										
全脂米糠（%）	不使用	0～5	0～10	0～20	0～30	0～20	0～30	0～15	0～20	0～30	

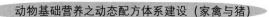

（续）

原料名称	乳猪(1~6kg)	保育前期(6~12kg)	保育后期(12~25kg)	仔猪(25~50kg)	中猪(50~100kg)	大猪(kg)	哺乳母猪(kg)	妊娠母猪(kg)	成熟公猪(kg)	围产期(kg)	后备母猪(kg)
						100 以上					
脱脂米糠(%)	同全脂米糠										
大米次粉(%)	不用			0~5	0~10	不用	0~5	不用			
稻壳粉(%)	不用			0~2	0~3	不用	0~2	不用			
碎米(%)	0~100										
大米浓缩蛋白(%)	0~10		0~100								

表 2-73　稻谷及其副产品在肉鸡与肉用种鸡饲料配方中的上、下限量

原料名称	肉鸡（日龄，d）					肉用种母鸡（周龄）							肉用种公鸡
	0~3	1~7	8~14	15~35	36~49	0~3	3~6	6~18	18~22(预产)	22~34	34~46	46至结束	18至结束
稻谷(含壳,%)	0~10			0~20		0~10		0~20					
大米(%)	0~100												
全脂米糠(%)	0~5		0~10	0~12.5	0~15	0~10	0~12.5	0~15	0~12.5				
脱脂米糠(%)	0~15			0~20		0~15		0~20					
大米次粉(%)	0~5					0~5	0~7.5	0~10					
碎米(%)	0~100												

表 2-74　稻谷及其副产品在蛋鸡饲料配方中的上、下限量

原料名称	蛋雏鸡（周龄）			育成期（周龄）		产蛋期（周龄）			
	0~1	0~2	3~6	6~12	12~17	17~18	18~38	39~60	>60
稻谷（含壳,%）	0~10			0~20		0~15			
大米（%）	0~100								
全脂米糠（%）	0~15								
脱脂米糠（%）	0~15			0~20		0~15			
碎米（%）	0~100								

（四）大麦

大麦可以分为六棱、四棱和二棱，皮大麦和裸大麦。棱是指麦粒在穗轴的排列方式（横断面），二棱的大麦颗粒均匀度好于四棱和六棱，蛋白质含量低而淀粉含量高，是酿造啤酒的好原料；六棱大麦蛋白质含量相对高，但是淀粉含量低。一般的大麦是指皮大麦，可食用、饲用和酿造啤酒；裸大麦的产量较少，又称莜麦、青稞、元麦等。大麦由皮层、胚乳和胚组成（表 2-75），其营养物质特性见表 2-76。

表 2-75　大麦各组成部分的特性

部位	描述	主要营养物质
皮层	占大麦干重的 7%～12%，分背部外皮、腹部内皮、果皮和最里层的种皮	纤维素（占大麦干重的 3.5%～7%）、谷皮半纤维素、无机盐、单宁和苦味物质（多酚类）
胚乳	占大麦干重的 80%～85%，外部是糊粉层，主要含蛋白质和脂肪，不含淀粉；糊粉层里面是胚乳，由脂肪细胞、淀粉细胞和起骨架作用的蛋白质组成；淀粉颗粒大的蛋白质含量低。麦粒的胚乳状态（断面）可分为粉质粒、玻璃质粒、半玻璃质粒。粉质粒麦粒的胚乳状态（断面）呈软质白色；玻璃质粒断面呈透明有光泽；部分透明、部分白色粉质的称半玻璃质粒。一般玻璃质断面蛋白质含量也高	淀粉、脂肪、蛋白质及其他营养素
胚	占大麦干重的 2%～5%，由胚芽和胚根组成	含有各种酶

表 2-76　大麦中的各营养物质特性

营养物质	部位	特性
淀粉	占总干物质质量的 58%～65%，贮藏在胚乳细胞内	直链淀粉占 17%～24%，支链淀粉占 76%～83%
纤维素	纤维素主要存在于大麦的皮壳中，占大麦干重的 3.5%～7%，与木质素无机盐结合在一起	构成皮层的细胞壁
半纤维素和麦胶物质	半纤维素是胚乳细胞壁的主要构成物质，也存在于谷皮中，占麦粒质量的 10%～11%。谷皮半纤维素主要由戊聚糖及少量 β-葡聚糖及糖醛组成；胚乳半纤维素由大量 β-葡聚糖（占 80%～90%）和少量戊聚糖（占 10%～20%）组成；麦胶物质在成分组成上与半纤维素无太大差别，只是相对分子质量较半纤维素的低	由 β-葡聚糖和戊聚糖组成，水解后主要产生五碳糖和六碳糖。戊聚糖由戊糖、木糖和阿拉伯糖组成，戊聚糖中主要是由 1,4-D-木糖残基组成的长链；大麦中含 β-葡聚糖 1.5%～2.5%，是增加食糜黏度的主要物质
低糖	大麦中含有 2% 左右的糖类，其主要是蔗糖，还有少量的棉籽糖、果糖、麦芽糖、葡萄糖和果糖	蔗糖、棉籽糖和果糖主要存在于胚和糊粉层中，供胚开始萌发的呼吸消耗；葡萄糖和果糖存在于胚乳中；麦芽糖则集中在糊粉层中，那里有大量 β-淀粉酶存在

（续）

营养物质	部位	特性
蛋白质	清蛋白占大麦蛋白质总量的3%～4%；球蛋白的含量为31%左右，α-球蛋白和β-球蛋白分布在糊粉层里，γ-球蛋白分布在胚里；醇溶蛋白含量为36%，是麦糟蛋白的主要构成部分，主要存在于麦粒糊粉层里，含有大量的谷氨酸与脯氨酸；谷蛋白含量为29%，和醇溶蛋白是构成麦糟蛋白的主要成分	
脂肪	大麦中含2%～3%的脂肪，主要存在于糊粉层	
磷酸盐	每100g大麦干物质含260～350mg磷。大麦所含磷酸盐的半数为植酸钙镁，约占大麦干物质的0.9%	
无机盐	无机盐含量为其干物质质量的2.5%～3.5%，大部分存在于谷皮、胚和糊粉层中	
维生素	集中分布在胚和糊粉层等活性组织中，常以结合状态存在	
多酚物质	含量只有大麦干物质质量的0.1%～0.3%，主要存在于麦皮和糊粉层中。大麦酚类物质含量与大麦品种有关，也受生长条件的影响。一般蛋白质含量越低，多酚含量越高	

不同品种和种植条件收获的大麦特性差异较大，因此用大麦饲喂猪与家禽时应认真评估其适用量。限制其使用量的主要是高纤维及其造成的低能值，高含量的β-葡聚糖对幼禽的影响较大，加酶可能会解决β-葡聚糖带来的部分问题。大麦及其副产品在猪与家禽饲料配方中的上、下限量分别见表2-77至表2-79。

表2-77　大麦及其副产品在猪饲料配方中的上、下限量

原料名称	乳猪（1～6kg）	保育前期（6～12kg）	保育后期（12～25kg）	仔猪（25～50kg）	中猪（50～100kg）	大猪（kg）	哺乳母猪（kg）	妊娠母猪（kg）	成熟公猪（kg）	围产期（kg）	后备母猪（kg）
						100 以上					
大麦（%）	0～20	0～30	0～50	0～100							
大麦壳（%）	不使用			0～10		0～5	0～10	0～5			0～10
加酶大麦（%）	0～20	0～30	0～50	0～100							
大麦次粉（%）	不使用			0～10		0～15		0～20	0～10	0～15	
大麦 DDGS（%）	不使用		0～3	0～7	0～10						
麦芽根（%）	不使用			0～7	0～10	不用		0～3	不用		
麦芽粉（%）	不使用			0～5							

表2-78　大麦及其副产品在肉鸡与肉种鸡饲料配方中的上、下限量

原料名称	肉鸡（日龄，d）					肉用种母鸡（周龄）						肉用种公鸡
	0～3	1～7	8～14	15～35	36～49	0～3	3～6	6～18	18～22（预产）	22～34	34～46	46周至结束	18周至结束
大麦（%）	0～10			0～25		0～10	0～25						

（续）

原料名称	肉鸡（日龄，d）					肉用种母鸡（周龄）						肉用种公鸡
	0~3	1~7	8~14	15~35	36~49	0~3	3~6	6~18	18~22（预产）	22~34	34~46	46周至结束	18周至结束
大麦壳（%）	不用						0~2	0~5					
加酶大麦（%）	0~45			0~50		0~45	0~50						
大麦次粉（%）	0~5			0~15		0~5	0~15						
大麦DDGS（%）	0~5			0~10		0~5	0~10						
麦芽根（%）	0~4			0~6		0~4	0~6						

表 2-79 大麦及其副产品在蛋鸡饲料配方中的上、下限量

原料名称	蛋雏鸡（周龄）			育成期（周龄）		产蛋期（周龄）			
	0~1	0~2	3~6	6~12	12~17	17~18	18~38	39~60	＞60
大麦（%）	0~10					0~25			
加酶大麦（%）	0~45					0~50			
大麦次粉（%）	0~10					0~15			
大麦DDGS（%）	0~3					0~5			
麦芽根（%）	0~3					0~5			
麦芽粉（%）	0~3					0~5			

（五）高粱及其副产品

高粱由三部分组成：果皮、胚乳和胚，它们分别占重量的6%、84%和10%。果皮包括外果皮（布满蜡样的薄膜）、中果皮（含有淀粉小粒的细胞和细胞层）和内果皮（由交叉细胞和管细胞组成）。胚乳和糊粉层的主要成分是淀粉，也含有蛋白质、微粒元素和油体，胚中有大量油脂、蛋白质、酶和微量元素等。从颜色上，高粱可分为褐色、白色和黄色，褐色的高粱中含有较多单宁酸，白色和黄色的高粱中单宁酸含量较少，高粱中的单宁酸以浓缩单宁酸为主。高粱中含支链淀粉70%~80%、直链淀粉20%~30%，与玉米类似。高粱中的单宁与蛋白质结合在一起，能降低蛋白质和氨基酸的利用率（降低10%）。饲喂家禽后家禽腿病增多，可能是单宁造成了骨骼有机基质发育紊乱。有公式证实，家禽代谢能（AMEn）与单宁含量有很好的相关（负相关），市场上有低单宁高粱（单宁低于0.5%）销售，用这样的高粱计算出来的禽 AMEn 值很高。高粱及其副产品在猪和家禽饲

料产品配方中的上、下限量分别见表2-80到表2-82。

表2-80 高粱及其副产品在猪饲料配方中的上、下限量

原料名称	乳猪 (1～6kg)	保育前期 (6～12kg)	保育后期 (12～25kg)	仔猪 (25～50kg)	中猪 (50～100kg)	大猪 (kg)	哺乳母猪(kg)	妊娠母猪(kg)	成熟公猪(kg)	围产期 (kg)	后备母猪(kg)
						100 以上					
高粱 (%)	0～20	0～30	0～50			0～100					
高粱酒糟 (%)	不使用					0～3	不使用	0～5	0～7	不使用	0～7

表2-81 高粱及其副产品在肉鸡与肉用种鸡饲料配方中的上、下限量

原料名称	肉鸡（日龄，d）					肉用种母鸡（周龄）							肉用种公鸡
	0～3	1～7	8～14	15～35	36～49	0～3	3～6	6～18	18～22 (预产)	22～34	34～46	46周至结束	18周至结束
高粱（%）	0～40（20）				0～50 (20)	0～40（20）	0～50		0～50				
整粒高粱 (%)	同高粱												
高粱酒糟 (%)	0～5			0～10		0～5		0～10					

表2-82 高粱及其副产品在蛋鸡饲料配方中的上、下限量

原料名称	蛋雏鸡（周龄）			育成期（周龄）		产蛋期（周龄）			
	0～1	0～2	3～6	6～12	12～17	17～18	18～38	39～60	＞60
高粱（%）	0～45（20）					0～50			
整粒高粱（%）	同高粱								
高粱酒糟（%）	0～5			0～10		0～5			

（六）黑麦

黑麦主要作为食用。黑麦中的麦角菌及毒素影响猪的采食量，现已开发出无麦角菌黑麦。妊娠母猪对麦角菌没有抵抗性，生长育肥猪对其有一定的抵抗性，因此尽量不用黑麦喂母猪。黑麦中还含有大量的可溶性戊糖，对猪和家禽的肠道消化吸收有负面影响，也会使粪便很黏、很稀。黑麦及其副产品用于猪和家禽饲料产品配方中的上、下限量见表2-83至表2-85。

表 2-83 黑麦及其副产品在猪饲料配方中的上、下限量

原料名称	乳猪 (1~6kg)	保育前期 (6~12kg)	保育后期 (12~25kg)	仔猪 (25~50kg)	中猪 (50~100kg)	大猪 (kg)	哺乳母猪(kg)	妊娠母猪(kg)	成熟公猪(kg)	围产期 (kg)	后备母猪(kg)
						100 以上					
黑麦（%）	不使用			0~15	0~25	0~15			0~10	0~15	0~20
黑麦酒糟 (%)	不使用		0~3	0~7	0~10						
加酶黑麦 (%)	不使用			0~15	0~25	0~15			0~10	0~15	0~20

表 2-84 黑麦及其副产品在肉鸡与肉用种鸡饲料配方中的上、下限量

原料名称	肉鸡（日龄，d）					肉用种母鸡（周龄）							肉用种公鸡
	0~3	1~7	8~14	15~35	36~49	0~3	3~6	6~18	18~22 (预产)	22~34	34~46	46 周至结束	18 周至结束
黑麦 (%)	0~3		0~5	0~10	0~15	0~5	0~10	0~15	0~10				
黑麦酒糟 (%)	0~5			0~10		0~5	0~10						
加酶黑麦 (%)	0~30		0~45	0~50		0~10	0~15		0~20				

表 2-85 黑麦及其副产品在蛋鸡饲料配方中的上、下限量

原料名称	蛋雏鸡（周龄）			育成期（周龄）		产蛋期（周龄）			
	0~1	0~2	3~6	6~12	12~17	17~18	18~38	39~60	＞60
黑麦 (%)	0~3			0~10		0~3			
黑麦酒糟 (%)	0~5								
加酶黑麦 (%)	0~45					0~50			

（七）黑小麦（小黑麦）

黑小麦是硬质小麦和黑麦的杂交品种。黑小麦容易感染麦角菌，现已培育出对麦角菌有抵抗力的黑小麦品种。黑小麦的能值和小麦几乎相同，适口性二者也相差无几。黑小麦中的抗营养因子还有胰蛋白酶抑制因子和可溶性戊聚糖，和麦角菌一起影响黑小麦的使用。黑小麦及其副产品在猪、禽饲料配方中的上、下限量分别见表 2-86 至表 2-88。

表 2-86 黑小麦及其副产品在猪饲料配方中的上、下限量

原料名称	乳猪 (1～6kg)	保育前期 (6～12kg)	保育后期 (12～25kg)	仔猪 (25～50kg)	中猪 (50～100kg)	大猪 (kg)	哺乳母猪(kg)	妊娠母猪(kg)	成熟公猪(kg)	围产期 (kg)	后备母猪(kg)
						100 以上					
黑小麦（%）	0～10	0～15	0～20	0～25							

表 2-87 黑小麦及其副产品在肉鸡与肉用种鸡饲料配方中的上、下限量

原料名称	肉鸡（日龄）					肉用种母鸡（周龄）							肉用种公鸡
	0～3	1～7	8～14	15～35	36～49	0～3	3～6	6～18	18～22 (预产)	22～34	34～46	46 周至结束	18 周至结束
黑小麦（%）	0～5		0～10	0～15		0～5	0～10	0～15	0～10				

表 2-88 黑小麦及其副产品在蛋鸡饲料配方中的上、下限量

原料名称	蛋雏鸡（周龄）			育成期（周龄）		产蛋期（周龄）			
	0～1	0～2	3～6	6～12	12～17	17～18	18～38	39～60	＞60
黑小麦（%）	0～10			0～15		0～10			

（八）燕麦

燕麦大约含有20%的壳，这使燕麦有高纤维（10%左右）和低能量特性。燕麦中含有的较高的脂肪大约是玉米的1.5倍，其中棕榈酸比例相对较高，能导致家禽胴体重沉积较"硬"的脂肪，脂肪中油酸和亚油酸含量也较高；燕麦中的粗脂肪主要存在于胚、胚乳和糊粉层中，而脂肪酶主要存在于种皮中。因此，完整状态的燕麦不易被氧化，但破碎后容易被氧化。燕麦中含有 3%～7% 的 β-葡聚糖，能引起食糜和排泄物的黏稠，添加酶制剂有利于燕麦的使用。

除了壳含量高的燕麦外，人们也培育出了"裸燕麦"。裸燕麦的壳在收获时很容易脱去，因此其粗纤维含量较低，为 3%～5%，只有带壳燕麦的 1/3～1/2，当脂肪含量没有降低时其能值可以和玉米媲美。裸燕麦同样含有较高的 β-葡聚糖。当使用全燕麦日粮时，应注意胴体会偏肥。燕麦及其副产品在猪、禽饲料配方中的上、下限量分别见表 2-89 到表 2-91。

表 2-89 燕麦及其副产品在猪饲料配方中的上、下限量

原料名称	乳猪 (1～6kg)	保育前期 (6～12kg)	保育后期 (12～25kg)	仔猪 (25～50kg)	中猪 (50～100kg)	大猪 (kg)	哺乳母猪(kg)	妊娠母猪(kg)	成熟公猪(kg)	围产期 (kg)	后备母猪(kg)
						100 以上					
燕麦（%）	不用	0～5	0～10			不用	0～50		0～10		

（续）

原料名称	乳猪(1~6kg)	保育前期(6~12kg)	保育后期(12~25kg)	仔猪(25~50kg)	中猪(50~100kg)	大猪(kg)	哺乳母猪(kg)	妊娠母猪(kg)	成熟公猪(kg)	围产期(kg)	后备母猪(kg)
						100 以上					
燕麦壳(%)	不用	不用	不用	不用	0~10	0~10	0~10	0~10	0~15	0~10	0~10
裸燕麦(%)	0~20	0~100	0~100	0~100	0~100	0~100	0~100	0~100	0~100	0~100	0~100
燕麦筛余物(%)	不用	不用	不用	0~10	0~15	0~20	0~5	0~5	0~5	0~5	0~5
燕麦片副产品(%)	0~10	0~12	0~18	0~100	0~100	0~100	0~100	0~100	0~100	0~100	0~100
燕麦麸(%)	不用	0~5	0~100	0~100	0~100	0~100	0~100	0~100	0~100	0~100	0~100

表 2-90　燕麦及其副产品在肉鸡与肉用种鸡饲料配方中的上、下限量

原料名称	肉鸡（日龄，d）					肉用种母鸡（周龄）							肉用种公鸡
	0~3	1~7	8~14	15~35	36~49	0~3	3~6	6~18	18~22(预产)	22~34	34~46	46周至结束	18周至结束
燕麦（%）	0~10	0~10	0~25	0~25	0~25	0~10	0~25	0~25	0~25	0~25	0~25	0~25	0~25
燕麦壳(%)	不用	不用	不用	不用	不用	不用	不用	不用	不用	不用	不用	不用	不用
裸燕麦(%)	0~10	0~10	0~25	0~25	0~25	0~10	0~25	0~25	0~25	0~25	0~25	0~25	0~25
燕麦筛余物(%)	0~5	0~5	0~15	0~15	0~15	不使用	不使用	不使用	不使用	不使用	不使用	不使用	不使用
燕麦片副产品(%)	0~5	0~5	0~10	0~10	0~10	0~5	0~7.5	0~10	0~10	0~10	0~10	0~10	0~10

表 2-91　燕麦及其副产品在蛋鸡饲料配方中的上、下限量

原料名称	蛋雏鸡（周龄）			育成期（周龄）		产蛋期（周龄）			
	0~1	0~2	3~6	6~12	12~17	17~18	18~38	39~60	>60
燕麦（%）	0~10	0~10	0~10	0~25	0~25	0~25	0~25	0~25	0~25
裸燕麦（%）	0~10	0~10	0~10	0~15	0~15	0~15	0~15	0~15	0~15
燕麦筛余物（%）	0~10	0~10	0~10	0~15	0~15	0~10	0~10	0~10	0~10
燕麦片副产品（%）	0~10	0~10	0~10	0~15	0~15	0~10	0~15	0~15	0~15

（九）植物蛋白质、动物蛋白质及其他原料（油料籽实、豆类、块根块茎、发酵产品等）**在猪、禽饲料配方中的应用**

本部分内容将对饲料配方中提供蛋白质的原料作统一叙述。这些蛋白质原料来自油料籽实、豆科作物、块根块茎及其副产品，也包括各种动物源性蛋白质和发酵产品等。

1. 杏仁产品　杏仁分为甜杏仁和苦杏仁两种，主要分布于我国北方，以新疆、河北、辽宁、山东、陕西等省（自治区）分布最多。杏仁中含有苦杏仁苷，甜杏仁中不含或含0.1％的苦杏仁苷，而苦杏仁中可含有高达2％～4％苦杏仁苷。苦杏仁苷由苯甲醛和氰化物组成，本身无毒，被体内β-葡萄糖苷酶代谢分解后可产生氢氰酸。氢氰酸对人的最低致死量是0.5～3.5mg/kg（以体重计），而成人食用生苦杏仁40～60粒、小儿食用20～30粒就可中毒。杏仁中含有脂肪50％左右（45％～67％），提油后的残渣若未经提取苦杏仁苷，则含量加倍。苦杏仁皮中不含苦杏仁苷，可用于猪、禽的饲料。

2. 菜籽及其加工产品　菜籽可分为普通菜籽和双低菜籽（低芥酸、低硫苷）。普通菜籽包括甘蓝型（95％种植面积）、白菜型（4％种植面积）和芥菜型（1％种植面积）共3种类型。油菜籽由种皮、胚及胚乳三部分组成。种子中含蛋白质24.6％～32.4％、纤维素5.7％～9.6％、灰分4.1％～5.3％、油脂37.5％～46.3％。油菜籽的种皮占菜籽重量的12％～20％，褐色种皮要厚于黄色种皮，种皮中含有6％脂肪、13％蛋白质和大部分的粗纤维、色素，未脱皮处理的菜籽粕中种皮含量可占到25％～30％，高含量的种皮能影响能值和适口性；脱皮处理的菜籽粕粗纤维含量可大幅下降至少50％，而粗蛋白质含量会增加。菜籽及其副产品中含有的硫苷、多酚、植酸等抗营养因子限制了其在猪、禽饲料中的大量使用，相对来讲，双低菜籽及其产品的用量会高于普通菜籽及其产品。

3. 大豆及其加工产品　采用不同的加工方式可获得不同的大豆产品，大豆膨化后可得膨化大豆，溶液浸提后可得大豆皮、普通豆粕和脱皮豆粕，低温或闪蒸脱溶后可得大豆浓缩蛋白、大豆分离蛋白、大豆蛋白粉及副产品大豆渣、大豆糖蜜，豆粕发酵后形成发酵豆粕，大豆或大豆加工产品经酶水解后可得大豆酶解蛋白。大豆工艺处理的主要目的是得到大豆油和供人们食用的大豆蛋白，动物用豆粕等产品是其副产品。这些工艺对大豆中的有害因子，如胰蛋白酶抑制因子、脲酶、大豆凝集素、大豆胀气因子均有一定的去除作用。

4. 番茄渣和番茄籽粕　用番茄加工番茄酱时，将番茄皮和包有一层黏稠胶状物的番茄籽分离出来，经过干燥可得到番茄渣。番茄加工时脱去番茄皮，得到番茄籽后进行热破碎（95℃，10min）或冷破碎（60℃，10min）后，再在室温下发酵除去胶状杂质即得到番茄籽，番茄籽压榨浸提取油后可得到脱脂番茄籽粕。番茄籽粕中含粗蛋白质40.5％、粗脂肪3.4％、粗纤维34％、粗灰分5.5％。

5. 核桃仁粕　核桃仁粕是核桃仁经预压浸提或直接溶剂浸提取油后，或由核桃仁饼浸提取油后获得的副产品。核桃仁粕中含有核桃壳，因此有高的粗纤维和低能值，这限制了其在猪、禽饲料中的应用。

6. 红花籽及其加工产品　红花用作药物，红花籽用于榨油。红花籽由一层结实的纤维质的壳和由它保护着的两片子叶与一个胚所构成的仁组成。红花籽的壳因品种不同，可分为薄壳和厚壳，壳可占籽粒质量的 18%～59%，脱壳的籽占 38%～49%。红花籽中的蛋白质和脂肪主要存在于籽仁中，其脂肪含量变化范围也很大（11.48%～47.45%）。红花籽粕一般含有高含量的壳，因此粗纤维高达 35%左右，而粗蛋白质只有 10%，这显然会限制其在单胃动物中的应用。

7. 花生及其加工产品 带壳花生中壳占 28%～32%，花生仁占 68%～72%（子叶 61.5%～64.5%，种皮 3%～3.6%，胚芽 2.9%～3.9%）；花生仁中含油 44%～54%，含蛋白质 24%～36%。花生仁中含油量高，组织结构柔嫩，种皮很薄，容易受到外界不良条件影响。当花生果中水分超过 10%、花生仁水分含量超过 8%时，在高温季节（30℃）容易发霉，易被黄曲霉感染而产生黄曲霉毒素。花生榨油后获得的是花生粕或花生饼。我国所产花生粕（饼）是不带壳的，花生粕（饼）也容易感染黄曲霉，这是影响其应用的重要因素。花生粕的适口性很好，当高含量使用时会使猪的胴体脂质变软。

8. 可可及其加工产品 可可粉是从可可树结出的豆荚（果实）里取出的可可豆（种子），经发酵、粗碎、去皮等工序得到的可可豆碎片（通称可可饼），由可可饼脱脂粉碎之后的粉状物，即为可可粉。可可粉具有浓烈的可可香气。行业中所说的高脂可可粉其可可脂含量为 20.0%～24.0%，中脂可可粉的可可脂含量为 10.0%～12.0%，低脂可可粉的可可脂含量为 8%。可可的种皮也可以作为饲料原料使用。

9. 葵花籽及其加工产品 葵花又称向日葵，当其花盘背面变成黄色时则标志着葵花种子已成熟，此时即可收获。葵花籽由果皮（壳）和种子组成，种子由种皮、两片子叶和胚组成。葵花籽按用途可分为食用型、油用型和中间型。食用型果皮厚，含壳率 40%～60%、含仁率 30%～50%、含油率 20%～30%；油用型含壳率 29%～30%，籽仁含油 50%；中间型介于食用型和油用型之间。葵花籽制油的副产品葵花籽粕（饼）中含有一定量的壳，按壳比例的不同对葵花籽粕（饼）进行分类。葵花籽壳的主要成分是 30%的纤维素、29.6%的木质素、26.5%戊糖、3.5%灰分、5%长链脂肪烃和蜡、4%的粗蛋白质。因此，壳的含量越高，粗纤维含量越高，粗蛋白质和能值越低。葵花籽粕可用于猪、禽饲料配制中。

10. 棉籽及其加工产品 棉籽中含有短绒、棉壳和籽仁，棉壳重量占棉籽重量的 40%～45%；棉籽仁含油量可达 35%～45%，含粗蛋白质在 39%左右，含棉酚 0.7%～4.8%。棉籽脱绒、脱壳和取油后获得棉籽粕（饼），棉籽粕（饼）中粗蛋白质含量变异大，含有游离棉酚、单宁、环丙烯类脂肪酸等抗营养因子。用无色腺体棉籽和脱毒有色腺体棉籽生产的棉籽，其蛋白质含量可高于 50%，而且棉酚含量也大大降低。

11. 葡萄籽及其加工产品 葡萄籽中含有较高的油脂（10%）和粗蛋白质（9%），葡萄籽中的多酚类物质原花青素有抑制动脉硬化的作用，葡萄籽中的油脂多为不饱和脂肪酸，有降低血清胆固醇和软化血管、降血压的作用。葡萄籽提取油后的产品就是葡萄籽粕，其中往往还含有葡萄皮。葡萄籽粕中含粗蛋白质 13.5%、粗脂肪 2%、粗纤维 4.5%、粗灰分 3.5%、无氮浸出物 27%，具有一定的饲喂价值。

12. 亚麻籽及其加工产品 亚麻籽俗称胡麻，由表皮、种皮、胚、胚乳和子叶组成，表皮和籽仁难以分离。亚麻籽通常含脂肪 31.9%～37.8%、蛋白质 21.9%～31.6%、纤维 36.7%～46.8%、灰分 3%～4%、水分 7%～8%。亚麻籽油脂中含有 40%～60%的亚麻酸。亚麻籽的种皮中含有干燥籽实重量 2％～7％ 的亚麻籽胶，这是一种黏性胶质，属于易溶于水的糖类，主要成分是醛糖二糖酸（由还原糖和乙醛酸组成），不能被单胃动物和禽类消化，有黏滞感，其用量因此受限。亚麻籽粕中亚麻籽胶的含量更高，达到 3％～10％。亚麻籽粕中另外一种重要的抗营养因子是亚麻籽氰苷，水解后释放出氢氰酸，合适的加工方法如高温（100℃ 以上，能使氢氰酸蒸发）、水萃取（亚麻籽氰苷溶于水）等可降低氰苷或氢氰酸含量。

13. 椰子及其加工产品　椰子从外到内依次是椰衣、椰子壳、椰子肉和椰子水，成熟的椰子中没有椰子水。成熟的椰子肉中富含脂肪（40％ 以上），干燥后的椰子干中含有 60％ 以上的脂肪，椰子干压榨和浸提后可得到椰子油，椰子油中月桂酸能占到脂肪的近 50％。椰子粕（饼）是椰子干脱油后的副产品，椰子饼易吸水，膨胀性大，刚开始使用时动物可能会有一个适应期。猪与禽饲料中均可使用椰子粕（饼）。

14. 油棕榈及其加工产品　油棕榈果包括棕榈果皮（又称果肉）和棕榈核仁两部分，果肉占果实的 50％～55％，核仁占 45％～50％（核壳占 36％，仁占 9％）。果肉含油 46％～50％，仁含油 45％～50％。果肉中的油脂称为棕榈油，棕榈仁中的油脂称为棕榈仁油，二者脂肪酸组成和性质并不同。棕榈油中饱和脂肪酸和不饱和脂肪酸约各占 50％，饱和脂肪酸主要是 C16：0，不饱和脂肪酸主要是 C18：1，而棕榈仁油主要是月桂酸、肉豆蔻酸和油酸。棕榈油中类胡萝卜素、维生素 E、三烯生育酚含量比较高，再加上含有 50％ 的饱和脂肪酸，因此棕榈油有较好的氧化稳定性。棕榈仁粕（饼）是棕榈仁取油后的副产品，含有高的粗纤维，因此能值较低。

15. 月见草籽及其加工产品　月见草即常称的夜来香、山芝麻，其籽实中含有的月见草油中 γ-亚麻酸含量较高，可占总脂肪酸的 9.2％，含量最高的亚油酸约占总脂肪酸的 73.5％，有独特的医药保健作用。月见草籽实中粗纤维含量约 40％，含油脂为 20％～30％。月见草籽实压榨、浸提取油后的副产品是月见草籽粕，其粗蛋白质占 18％、粗脂肪占 11％、粗纤维占 20％、灰分占 8％。育肥猪日粮中最高可添加至 20％，产蛋鸡日粮中可添加至 4％。

16. 芝麻及其加工产品　芝麻由 17％ 的种皮和 83％ 的脱皮籽仁组成，种皮主要是粗纤维和草酸钙，籽仁包括胚和胚乳。芝麻粒中平均含油 50％、蛋白质 25％、碳水化合物 20％～25％、粗灰分 4％～6％。芝麻在加工过程中往往经历高温（180～200℃）烘炒，因此蛋白质严重劣变，降低了氨基酸的利用率。外观上颜色越深的芝麻粕比浅色的粕尝起来味道更苦，适口性不是太好，因此在猪饲料中的用量会受到限制。

17. 扁豆及其加工产品　扁豆是豆科、扁豆属多年生缠绕藤本植物，种子为扁平的椭圆形，在白花品种中为白色，在紫花品种中为紫黑色。扁豆干豆中含蛋白质 20.4％、淀粉 47.86％～57.29％，抗营养因子有胰蛋白酶抑制剂等。在畜禽中使用的资料较少。

18. 蚕豆及其加工产品　蚕豆是高蛋白质、低脂肪、富含淀粉的豆科作物，淀粉含量高达 48％ 以上，且 60％ 以上是直链淀粉，颗粒小、均匀，易形成强度高、黏性低的凝胶，利于加工成粉丝或粉皮。蚕豆中含有较多的抗营养因子，如蚕豆嘧啶核苷、伴蚕豆嘧啶核苷、植酸盐、蛋白酶抑制剂、外源凝集素、皂角苷、不可溶性碳水化合物、多酚类化合物，最主要的是缩合单宁。用蚕豆生产淀粉时，除去淀粉后的液体经干燥后获得的蚕豆蛋白粗粉中其蛋白质可达 53％；蚕豆蛋白粗粉继续加工可得到蚕豆分离蛋白（含粗蛋白质 76％）；蚕豆提取淀粉的废液中可提取到蚕豆浓缩蛋白（蚕豆粉浆蛋白粉），约占蚕豆用量的 25％，粗蛋白质含量可高达 71％。蚕豆粉浆蛋白粉在猪和家禽饲料中能与豆粕媲美，可少量替代豆粕。

19. 瓜尔豆及其加工产品　瓜尔豆中的瓜尔豆胶用于食品工业，瓜尔豆胶主要是半乳甘露聚糖，约占瓜尔豆的 33％。瓜尔豆提取瓜尔豆胶后余下的副产品是瓜尔豆粕，瓜尔豆粕从化学成分上看是相当好的原料，然而其中残留的瓜尔豆胶能增加食糜的黏稠度，降低了消化率。瓜尔豆粕触摸和尝起来黏性很明显，对饲料加工的要求也较高。因此，瓜尔豆粕在猪和家禽的使用受到了很大限制。

20. 绿豆及其加工产品　绿豆用于食用和制作上等的粉丝，用绿豆生产淀粉时，从其粉浆中分离出淀粉后经干燥即得到绿豆粉浆蛋白粉。绿豆粉浆蛋白粉有很好的化学组成，甚至可以在猪、禽饲料中可适量替代鱼粉。绿豆粉浆蛋白粉有较大的臭味，对生产加工和饲料产品的气味影响很大，因此会影响其替代作用。

21. 豌豆及其加工产品　豌豆籽粒由种皮、子叶和胚构成，其中干豌豆子叶中所含的蛋白质、脂肪、碳水化合物分别占籽粒总量的 96％、77％、89％。豌豆成熟籽粒中含有 45％左右的淀粉、20％～30％的蛋白质、0.5％～2.0％的脂肪，因此提取淀粉和蛋白质时不需脱脂工艺。豌豆蛋白粉和豌豆粉浆蛋白粉都是豌豆提取淀粉后酸沉得到的蛋白副产品。豌豆蛋白粉没有臭味，但可能含有胰蛋白酶抑制因子，因此适口性和消化率偏低。豌豆蛋白可用于猪和家禽饲料中。

22. 鹰嘴豆及其加工产品　鹰嘴豆主要食用和药用，饲料中使用得不多。

23. 羽扇豆及其加工产品　羽扇豆英文名字"Lupin"，在希腊文里是"悲苦"的意思。羽扇豆的种子苦涩异常，源自其中含有的有毒生物碱。有些新品种的羽扇豆中生物碱含量低于 0.01％，大大低于野生羽扇豆品种中的生物碱含量，称为甜羽扇豆。不同品种有白色、蓝色和黄色，其粗蛋白质含量以黄色品种最高，白色最低，蓝色居中。成熟的羽扇豆籽粒中纤维含量偏高，其碳水化合物主要是寡糖和非淀粉多糖，几乎不含淀粉，因此羽扇豆的能值一般低于普通豆粕。甜羽扇豆可用于猪和家禽日粮中。

24. 马铃薯及其加工产品　马铃薯又称土豆、洋芋等，含淀粉 80％、蛋白质 2.1％（湿重），猪与家禽对其消化率高。马铃薯提取淀粉后干燥获得的主要成分为蛋白质的粉状物，即马铃薯蛋白；提取淀粉和蛋白质后的副产物是马铃薯渣，主要是马铃薯皮。未成熟、发芽或腐烂的马铃薯中有高含量的龙葵素（致毒成分是茄碱），成熟、未变质的马铃薯中龙葵素含量较低。当用马铃薯大量饲喂畜禽时，应防止龙葵素中毒。龙葵素溶于水，遇醋酸易分解，高热和煮熟也能解毒，因此在马铃薯副产品中的含量可能很少。马铃薯蛋白是乳猪优良的蛋白质原料。

25. 木薯及其加工产品　木薯除食用外，还作为饲料、淀粉、燃料乙醇等工业原料。木薯块根中鲜样淀粉含量一般为 24％～32％，干样淀粉含量为 73％～83％，其中直链淀粉占 17％、支链淀粉占 83％。蛋白质在木薯块根中的含量较低，块根鲜样的木薯中蛋白质含量仅有 0.4％～1.5％，干木薯中为 1％～3％。鲜薯中纤维素含量一般低于 1.5％，在薯块干样纤维素含量低于 4％；木薯皮中粗纤维含量为 14.0％～19.9％。食用木薯块根中约含17%的蔗糖及少量葡萄糖、果糖，脂肪含量在0.1%～0.3%（以鲜薯计）。木薯分为甜木薯和苦木薯，甜木薯毒素含量极低，苦木薯中则含有亚麻仁苦苷和单宁，亚麻苦苷在酶或弱酸作用下被分解成氢氰酸。木薯渣是木薯提取淀粉后的副产物。

26. 甜菜及其加工产品　饲用的甜菜有饲用甜菜和糖用甜菜之分，饲用甜菜中含蔗糖4%～8%，糖用甜菜中含蔗糖15%～20%，粗蛋白质都超过14%。甜菜块根制糖后的副产品是甜菜粕（渣），甜菜粕有甜味，适口性好，可溶性纤维素含量高，对母畜有催乳和饱腹作用。但应注意甜菜粕中含有有机酸，使用量大时易引起动物腹泻。

27. 苜蓿及其产品　苜蓿根据蛋白和纤维含量分级，多用于反刍动物。苜蓿中因含有较高的纤维，有试验认为以一定比例添加可减轻霉菌毒素的副作用。苜蓿可作为叶黄素来源用于家禽日粮（不超过5%）中增强色素。苜蓿中含有皂角苷、酚醛酸、拟雌内酯、生物碱等抗营养因子，大量使用会影响动物的生长性能。

28. 动物性原料　当使用动物性原料时，需要考虑影响动物性原料质量的各种因素，其中共性的主要因素包括：①来源，如用不同鱼类加工的鱼粉；②加工工艺；③贮存过程；④关键营养素和卫生指标；⑤消化率；⑥变异等。

各种植物蛋白、动物源性原料、块根块茎类、糟渣类、发酵类等原料在猪、禽饲料配方中的上、下限量分别见表2-92至表2-94。

表2-92　除谷类原料外其他原料在猪饲料配方中的上、下限量

原料名称	乳猪（1～6kg）	保育前期（6～12kg）	保育后期（12～25kg）	仔猪（25～50kg）	中猪（50～100kg）	大猪（kg）	哺乳母猪（kg）	妊娠母猪（kg）	成熟公猪（kg）	围产期（kg）	后备母猪（kg）
						100以上					
大豆皮（%）	0～5	0～8	0～10	0～20			0～50				0～20
烘干血粉（%）	0～2	0～3		0～4	0～5	0～5	0～3				
鱼粉（CP>55%，LQ）	不用			0～3	0～5		不用				0～7
鱼粉-鲱鱼（HQ）	5～10	4～10	0～10	0～7	0～3	不用	0～5				
鱼粉-青鱼（HQ）	0～10			0～7	0～3	不用	0～5				
鱼粉-鳀鱼（HQ）	0～10			0～7	0～3	不用	0～5				
牛肉粉	0～2	0～3	0～5		0～6	0～7	0～5	0～7	0～5		0～7
乳清粉（CP，11%）	满足乳糖需要				0～20						
乳清粉（18%）	满足乳糖需要				0～20						
乳清粉（4%）	满足乳糖需要				0～20						

（续）

原料名称	乳猪(1～6kg)	保育前期(6～12kg)	保育后期(12～25kg)	仔猪(25～50kg)	中猪(50～100kg)	大猪(kg)	哺乳母猪(kg)	妊娠母猪(kg)	成熟公猪(kg)	围产期(kg)	后备母猪(kg)
						100 以上					
水解羽毛粉	不用		0～2	0～7					0～5		
禽副产品	0～2	0～3	0～5		0～6	0～7	0～5	0～7	0～5		0～7
禽副产品-富含羽毛粉	0～2	0～3	0～5		0～6	0～7	0～5	0～7	0～5		0～7
啤酒糟	不用			0～3	0～7	0～10	0～5				0～7
花生粕(50%)	不用		0～3	0～5			0～3				0～5
花生粕(45%)	不用		0～3	0～5			0～3				0～5
脱壳棉粕	不用			0～3	0～5		不用				0～5
亚麻饼	不用		0～3	0～5	0～7		0～5				0～7
普通豆粕	0～15	0～20	0～30	0～100							
脱皮豆粕	0～15	0～20	0～30	0～100							
甜菜粕	不用		0～5	0～6	0～10	0～12	0～10	0～10	0～10		0～15
粉碎亚麻籽	不用			0～3	0～5	不用		0～3	不用		0～5
脱水苜蓿	不用		0～3	0～7	0～10		0～20	0～25	0～20		0～10
蔗糖糖蜜	不用	0～2	0～4	0～8	0～10				0～5	0～10	
脱脂米糠	不用	0～5	0～10	0～20	0～30		0～20	0～30	0～15	0～20	0～30
蔗糖	0～2	0～5		0～100							
红糖	0～2	0～5		0～100							
核桃粕	不用			0～5							
柑橘渣	不用		0～3	0～5	0～7	0～10	0～5				0～10
葵花粕(30%)	不用	0～3	0～5	0～7	0～10	0～15	0～5	0～7	0～5		0～10
葵花粕(32%)	不用	0～3	0～5	0～7	0～10	0～15	0～5	0～7	0～5		0～10
葵花粕(35%)	不用	0～3	0～5	0～7	0～10	0～15	0～5	0～7	0～5		0～10
菜粕	不用		0～3	0～5	0～8	0～10	0～3	0～4	0～3		0～10
红花籽粕	不用			0～5	0～10		0～5		0～3		0～5
肉粉	0～2	0～3	0～5	0～6	0～7		0～5	0～7	0～5		0～7
乳清浓缩蛋白	0～100			0～20							

（续）

原料名称	乳猪(1~6kg)	保育前期(6~12kg)	保育后期(12~25kg)	仔猪(25~50kg)	中猪(50~100kg)	大猪(kg)	哺乳母猪(kg)	妊娠母猪(kg)	成熟公猪(kg)	围产期(kg)	后备母猪(kg)
						100 以上					
大豆浓缩蛋白	0~15	0~100									
木薯饲料	0~5	0~10	0~15	0~25	0~100		0~20				0~30
红花籽	不用			0~5	0~10	0~3	0~5	0~3			0~5
啤酒酵母	0~2	0~3	0~5	0~5	0~8	0~10	0~5				
整粒葵花籽	不用					0~3	不用				
膨化大豆	0~15	0~20	0~30	0~100							
烘烤大豆	0~10	0~15	0~25	0~100							
绿豌豆	不用		0~10	0~25	0~30		0~25		0~15	0~25	0~30
花生皮	不用		0~5	0~15	0~20	0~30	0~30	0~100	0~20	0~30	0~25
番茄渣	不用		0~5		0~10		0~5	0~100	0~5		0~10
酵母培养物	0~2	0~3	0~5		0~8	0~10	0~5				
豌豆次粉	不用			0~5							
脱脂奶粉	0~100										
大豆分离蛋白副产品	不用	0~15	0~20	0~100							
奶油巧克力副产品	0~5	0~10	0~100								
马铃薯片	不用		0~3	0~100							
可可皮	不用			0~5							
葡萄籽渣	不用		0~5		0~10		0~5				
喷雾干燥血球蛋白粉	0~3										
鱼粉-金枪鱼下脚料	不用		0~4	0~5	0~3	不用	0~5				
扁豆副产品	不用			0~7	0~10		不用	0~5	不用		0~5
肉骨粉	0~2	0~3	0~5		0~6	0~7	0~5	0~7	0~5		0~7
虾粉	不用					0~3			不用	0~3	
整粒甜羽扇豆	不用		0~3	0~7	0~10		0~5				
香蕉粉	不用		0~5	0~10	0~15	0~5					0~10

（续）

原料名称	乳猪 (1~6kg)	保育前期 (6~12kg)	保育后期 (12~25kg)	仔猪 (25~50kg)	中猪 (50~100kg)	大猪 (kg)	哺乳母猪(kg)	妊娠母猪(kg)	成熟公猪(kg)	围产期 (kg)	后备母猪(kg)
						100 以上					
苹果渣	不用		0~5		0~10			0~5			0~10
棕榈仁籽实	不用			0~3	0~5			0~3			0~5
棕榈仁粕	不用			0~3	0~5			0~3			0~5
棕榈仁饼	不用			0~3	0~5			0~3			0~5
木薯渣	不用				0~5						
大豆筛下物	不用				0~5						
面包副产品	0~10	0~15	0~20	0~25	0~30		0~25	0~30	0~25		0~30
绿豆蛋白粉	0~3	0~6	0~9	0~10	0~12		0~6	0~8	0~6		0~10
角豆胚芽蛋白	不用		0~3	0~5	0~6	0~8	0~5		0~3	0~5	0~8
角豆粕	不用		0~3	0~5	0~6	0~8	0~5		0~3	0~5	0~8
膨化芝麻籽	不用			0~3	0~5		0~3	0~5		0~3	0~5
膨化脱壳芝麻籽	不用			0~3	0~5		0~3	0~5		0~3	0~5
木薯干	0~5	0~10	0~15	0~25	0~100			0~20			0~30
马铃薯蛋白粉	0~4		0~6	0~10	0~15			0~5			0~10
麦芽根	不用				0~5						
马铃薯副产品	不用	0~4	0~6	0~10	0~15			0~5			0~10
椰子仁粕	不用		0~5	0~15	0~20	0~25		0~5			0~20
菜籽粕（中国）	不用			0~3	0~5	0~8	不用	0~3	不用		0~8
芝麻粕	不用			0~3	0~5		0~3	0~5	0~3		0~5
蚕豆	不用			0~5	0~7	0~10	0~5	0~7	0~5		0~10
鸡蛋粉（喷雾干燥）	0~7			0~100							
浓缩鱼蛋白	不用		0~4	0~7	0~3	不用		0~5			

注：对变异较大和新的原料，可逐步增加使用上限，如表中上限的 1/4、1/3、1/2……，只有对质量最好的原料才使用表中推荐的最高用量。表中 "鱼粉 CP>55%，LQ"，LQ 表示较低质量，55% 表示粗蛋白质含量，AQ 表示中等质量，HQ 表示高质量。表 2-93 和表 2-94 注释与此表同。

表2-93 除谷类原料外其他原料在肉鸡与肉用种鸡饲料配方中的上、下限量

原料名称	肉鸡（日龄）					肉用种母鸡（周龄）							肉用种公鸡
	0~3	1~7	8~14	15~35	36~49	0~3	3~6	6~18	18~22（预产）	22~34	34~46	46周至结束	18周至结束
大豆皮	0~3					0~5							
烘干血粉	0~5					不用							
鱼粉（CP>55%，LQ）	0~7					不用							
鱼粉（CP>55%，LQ）	0~7					不用							
牛肉骨粉	0~8			0~9		不用							
肉粉	0~8			0~9		不用							
水解羽毛粉	0~3			0~5		不用							
禽副产品	0~5					不用							
禽副产品（富含羽毛粉）	0~5	0~7	0~10			不用							
啤酒糟	0~10			0~15		0~10	0~15						
麦芽根	0~4			0~6		0~4	0~6						
花生粕（50%）	0~8			0~10		不用							
花生粕（45%）	0~8			0~10		不用							
脱壳棉籽饼	0~3			0~10		不用							
脱壳棉籽粕	0~5			0~10		不用							
带壳棉籽粕	0~5			0~10		不用							
亚麻饼	0~5												不用
普通豆粕	0~100												
脱皮豆粕	0~100												
粉碎亚麻籽	0~5			0~7.5		0~5	0~7.5						不用
脱水苜蓿	0~5												不用
甘蔗糖蜜	0~3												
瓜尔豆粕	不用		0~3			不用							

（续）

原料名称	肉鸡（日龄）					肉用种母鸡（周龄）							肉用种公鸡
	0～3	1～7	8～14	15～35	36～49	0～3	3～6	6～18	18～22（预产）	22～34	34～46	46周至结束	18周至结束
核桃粕	0～5	0～5	0～5	0～5	0～5	不用	不用	不用	不用	不用	不用	不用	不用
葵花粕（28%）	0～5	0～5	0～10	0～10	0～10	0～5	0～10	0～10	0～10	0～10	0～10	0～10	0～10
葵花粕（32%）	0～5	0～5	0～10	0～10	0～10	0～5	0～10	0～10	0～10	0～10	0～10	0～10	0～10
葵花粕（30%）	0～5	0～5	0～10	0～10	0～10	0～5	0～10	0～10	0～10	0～10	0～10	0～10	0～10
葵花粕（35%）	0～10	0～10	0～15	0～15	0～15	0～10	0～15	0～15	0～15	0～15	0～15	0～15	0～15
葵花饼	0～5	0～5	0～10	0～10	0～10	0～5	0～10	0～10	0～10	0～10	0～10	0～10	0～10
Canola菜籽粕	0～7	0～7	0～10	0～10	0～10	0～7	0～10	0～10	0～10	0～10	0～10	0～10	0～10
菜粕	0～5	0～5	0～8	0～8	0～8	0～5	0～8	0～8	0～8	0～8	0～8	0～8	0～8
菜粕（中国）	0～5	0～5	0～8	0～8	0～8	0～5	0～8	0～8	0～8	0～8	0～8	0～8	0～8
红花粕	0～8	0～8	0～10	0～10	0～10	0～8	0～10	0～10	0～10	0～10	0～10	0～10	0～10
红花籽	0～2	0～2	0～5	0～5	0～5	0～5	0～5	0～5	0～5	0～5	0～5	0～5	0～5
木薯饲料	0～10	0～15	0～20	0～20	0～20	0～15	0～20	0～20	0～20	0～20	0～20	0～20	0～20
膨化大豆	0～10	0～20	0～20	0～10	0～10	0～20	0～20	0～10	0～20	0～20	0～20	0～20	0～20
Canola菜籽	0～5	0～7	0～10	0～5	0～5	0～7	0～10	0～5	0～10	0～10	0～10	0～10	0～10
绿蚕豆	0～5	0～5	0～10	0～10	0～10	0～5	0～10	0～10	0～10	0～10	0～10	0～10	0～10
番茄渣	0～2	0～2	0～5	0～5	0～5	不用	不用	不用	不用	不用	不用	不用	不用
鲱鱼鱼粉（HQ）	0～7	0～7	0～10	0～10	0～10	不用	不用	不用	不用	不用	不用	不用	不用
豌豆次粉	0～5	0～5	0～10	0～10	0～10	0～5	0～10	0～10	0～10	0～10	0～10	0～10	不用
万寿菊花饼	0～5	0～5	0～5	0～7	0～8	0～5	0～7	0～8	0～7	0～7	0～7	0～7	不用
扁豆筛下物	0～5	0～5	0～5	0～7	0～9	不用	不用	不用	不用	不用	不用	不用	不用
薯片	0～10	0～10	0～15	0～15	0～15	0～5	0～7.5	0～10	0～10	0～10	0～10	0～10	0～10
葡萄籽渣	0～5	0～5	0～5	0～5	0～5	不用	不用	不用	不用	不用	不用	不用	不用
鱼粉（金枪鱼下脚料）	0～3	0～4	0～5	0～5	0～5	不用	不用	不用	不用	不用	不用	不用	不用

（续）

原料名称	肉鸡（日龄）					肉用种母鸡（周龄）							肉用种公鸡
	0~3	1~7	8~14	15~35	36~49	0~3	3~6	6~18	18~22（预产）	22~34	34~46	46周至结束	18周至结束
甜羽扇豆	0~5			0~10		不用							
大豆清理物	0~10		0~15	0~20		0~5	0~10						
棕榈仁	0~5			0~10		0~5	0~10						
木薯渣	0~3			0~5		不用							
辣椒粕	0~3			0~5		不用							
大豆筛下物	0~5			0~10		0~5	0~10						
木棉粕	不用												
豆腐渣	0~5		0~7	0~10		不用							
蚕豆副产品	0~4			0~6		0~4	0~6						
面包副产品	0~10			0~15		0~5	0~7.5	0~10					0~15
大豆发酵酱油渣	0~4			0~6		不用							
绿豆蛋白粉	0~10			0~20		0~10	0~20						
角豆胚芽蛋白	0~5			0~10		不用							
角豆饲料	0~2		0~3	0~10		不用							
棕榈仁饼（高灰分）	0~2			0~4		不用							
棕榈仁饼（低灰分）	0~5			0~10		0~5	0~10						
膨化芝麻籽	0~5			0~10		0~1	0~3	0~5					
膨化脱壳芝麻籽	0~5			0~10		0~5	0~10						
木薯干	0~10			0~15		0~5	0~7.5	0~10					
马铃薯蛋白	0~5			0~10		0~5	0~10						
万寿菊	0~3			0~5		0~3	0~5						
棕榈粕	0~5			0~7		0~5	0~7						
蚕豆皮	不用						0~2	0~5					
椰子粕	0~5			0~7		0~5	0~7						
芝麻粕	0~5		0~10	0~15		0~10	0~15						
蚕豆	0~5			0~10		0~5	0~10						
喷雾鸡蛋粉	0~10					不用							

（续）

原料名称	肉鸡（日龄）					肉用种母鸡（周龄）							肉用种公鸡
	0~3	1~7	8~14	15~35	36~49	0~3	3~6	6~18	18~22（预产）	22~34	34~46	46周至结束	18周至结束
海藻粉	0~5					不用							
鱼浓缩蛋白	0~7			0~8		不用							
虾粉	0~7			0~8		不用							

表2-94　除谷类原料外其他原料在蛋鸡饲料配方中的上、下限量（%）

原料名称	蛋雏鸡（周龄）			育成期（周龄）		产蛋期（周龄）			
	0~1	0~2	3~6	6~12	12~17	17~18	18~38	39~60	>60
大豆皮	0~3								
烘干血粉	0~5								
鱼粉（CP>55%，LQ）	0~10								
鱼粉（CP>55%，LQ）	0~10								
肉骨粉	0~7.5								
肉粉	0~7.5								
水解羽毛粉	0~5								
禽副产品	0~5								
啤酒糟	0~10			0~15					
麦芽根	0~3			0~5					
花生粕（50%）	0~8			0~15		0~10			
花生粕（45%）	0~8			0~15		0~10			
脱壳棉籽饼	0~9								
亚麻饼	0~5								
普通豆粕	0~100								
脱皮豆粕	0~100								
粉碎亚麻籽	0~5			0~7.5		0~10			
脱水苜蓿	0~5								
甘蔗糖蜜	0~3								
瓜尔豆粕	不用			0~3		0~5			
提取后啤酒花	0~5								

（续）

原料名称	蛋雏鸡（周龄）			育成期（周龄）		产蛋期（周龄）			
	0～1	0～2	3～6	6～12	12～17	17～18	18～38	39～60	＞60
柑橘渣	0～5								
脱壳棉籽粕	0～5			0～10					
菜粕	0～10				0～15	0～10			
红花籽粕	0～8			0～10	0～15	0～10			
杏仁皮	0～1			0～3					
木薯饲料	0～15								
面包副产品	0～10			0～15		0～10			
红花籽	0～5			0～8		0～5			
啤酒酵母	0～5								
膨化大豆	0～20					0～15			
菜籽	0～7			0～10					
绿豌豆	0～5			0～10					
番茄渣	0～5								
禽副产品-富含羽毛粉	0～7			0～10		0～7			
鲱鱼鱼粉（HQ）	0～7			0～10					
豌豆次粉	0～5			0～10					
奶酪副产品	0～3			0～6					
牛奶巧克力副产品	0～6			0～7					
大豆卵磷脂（粉状）	0～3								
薯片	0～10			0～20					
葡萄籽渣	0～5								
水解皮革粉	0～2			0～3		0～2			
虾粉	0～2			0～4					
甜羽扇豆	0～5			0～10					
苹果渣	0～5								
带壳棉籽粕	0～5			0～10					
黑豆	0～5			0～10					
绿豆皮	0～3								
棕榈仁	0～8			0～10					
木薯渣	0～3			0～8					
辣椒粕	0～2			0～3	0～4	0～5			

（续）

原料名称	蛋雏鸡（周龄）			育成期（周龄）		产蛋期（周龄）			
	0～1	0～2	3～6	6～12	12～17	17～18	18～38	39～60	＞60
大豆筛下物	不用			0～5					
木棉粕	不用			0～3	不用				
豆腐渣	0～10			0～15		0～20			
豌豆副产品	0～4			0～6		0～8			
大豆发酵酱油副产品	0～3			0～6					
绿豆蛋白粉	0～10			0～20					
角豆胚芽蛋白	0～5			0～10					
角豆粕	0～3			0～5					
棕榈粕	0～2			0～4					
膨化芝麻籽	0～5			0～15		0～10			
膨化脱皮芝麻籽	0～5			0～15		0～10			
葵花籽饼	0～3			0～8		0～5	0～8		
木薯干	0～10			0～15					
万寿菊	0～3			0～5		0～3			
豌豆皮	0～5			0～10		0～15			
菜粕-中国	0～5			0～8		0～6			
芝麻粕	0～15								
蚕豆	0～5			0～10					
喷雾鸡蛋粉	0～10								
海藻粉	0～5								

第三章
家禽与猪的营养需要计算

影响动物生长性能的因素有四类，即动物品种、营养供给、环境、卫生与疾病；影响满足动物生长需要的营养因素有四类，即动物品种、环境、卫生与疾病、原料及利用。在前两章中已对原料及其营养素的评估与利用有了较为详细的说明，本章主要介绍家禽（肉鸡、蛋鸡和种鸡）和猪的营养需要计算。

第一节　家禽营养需要计算

家禽营养需要计算的体系化方法很少。本书推荐使用巴西的家禽营养需要计算方法，这些方法是在 UFV（维萨联邦大学）一系列剂量-效应试验基础上建立的。对于肉鸡，本节以爱拔益加肉鸡（AA）三阶段营养需要的计算为例，说明 UFV 方法的实际运用。

一、爱拔益加（AA）肉鸡三阶段营养需要计算方法与步骤

肉鸡营养需要计算是基于已知的标准体重、日增重及日采食量，可以分别计算公、母鸡不同日粮代谢能时的生长性能及主要营养素需要数据（或营养素浓度）。计算中主要用到真可利用赖氨酸日需要量的计算公式，其他营养素和必需氨基酸可根据"与饲料代谢能的比例"和"理想氨基酸模型"计算。计算步骤如下：

（一）肉鸡真可利用赖氨酸（Dig Lys）日需要量计算公式

Dig Lys $(g/d) = 0.1 \times$ 平均体重$^{0.75} + (14.28 + 2.043\ 9 \times$ 平均体重$) \times$ 日增重 (kg)。公式中的值"14.28"可根据实践情况进行调整。

（二）肉鸡饲料中粗蛋白质、钙、可利磷等营养浓度的计算方法

见表 3 - 1。

表 3 - 1　肉鸡饲料中各营养素与能量浓度比例的计算（%，占每 Mcal ME 的百分比）

营养素	公鸡		母鸡	
	a	b	a	b
粗蛋白质	7.676	$-0.051\ 4$	7.295	$-0.045\ 5$

（续）

营养素	公鸡		母鸡	
	a	b	a	b
钙	0.327 3	−0.002 24	0.310 6	−0.002 13
可利用磷	0.163 7	−0.001 13	0.156 2	−0.001 09
钾	0.202 7	−0.000 45	0.193 2	−0.000 45
钠	0.077 3	−0.000 41	0.073 2	−0.000 38
氯	0.069 4	−0.000 41	0.066 5	−0.000 4
亚油酸	0.372	−0.001 34	0.353	−0.001 28

注：计算公式为 $Y=a+bX$（X 指日龄）。计算结果乘以日粮 ME 浓度则为日粮中的营养素浓度（%）。粗蛋白质是基于玉米-豆粕型日粮的最低水平。母鸡饲料营养浓度约为公鸡水平的 95%。

（三）根据种鸡公司提供的不同性别肉鸡生长性能数据计算不同日龄阶段的生长性能

（日龄、体重、日增重、日采食量、料重比）

结果见表 3-2，此处共划分 1~14d、15~21d、22~42d 三个日龄阶段。

表 3-2 AA 肉鸡生长性能表（三阶段）

日龄 (d)	公鸡			母鸡			混养		
	体重 (kg)	日增重 (g)	日采食量 (g)	体重 (kg)	日增重 (g)	日采食量 (g)	体重 (kg)	日增重 (g)	日采食量 (g)
1~14	0.247	34.071	39.643	0.245	33.000	39.000	0.246	33.536	39.321
15~21	0.754	68.375	92.875	0.716	61.500	84.250	0.735	64.938	88.563
22~42	2.071	100.333	181.190	1.834	82.810	155.095	1.953	91.571	168.143
AA 肉鸡生长性能数据（按日龄计算，d）									
0	0.043			0.043			0.043		
1	0.06	17.0	12.0	0.06	17.0	14.0	0.06	17	13
2	0.077	17.0	16.0	0.078	18.0	18.0	0.077 5	17.5	17
3	0.096	19.0	20.0	0.098	20.0	22.0	0.097	19.5	21
4	0.118	22.0	23.0	0.121	23.0	26.0	0.119 5	22.5	24.5
5	0.144	26.0	28.0	0.146	25.0	29.0	0.145	25.5	28.5
6	0.172	28.0	32.0	0.173	27.0	32.0	0.172 5	27.5	32
7	0.203	31.0	36.0	0.204	31.0	36.0	0.203 5	31	36
8	0.238	35.0	40.0	0.238	34.0	40.0	0.238	34.5	40
9	0.276	38.0	45.0	0.275	37.0	44.0	0.275 5	37.5	44.5
10	0.317	41.0	50.0	0.315	40.0	48.0	0.316	40.5	49
11	0.363	46.0	55.0	0.358	43.0	52.0	0.360 5	44.5	53.5
12	0.412	49.0	61.0	0.404	46.0	57.0	0.408	47.5	59
13	0.464	52.0	66.0	0.453	49.0	61.0	0.458 5	50.5	63.5

（续）

日龄 (d)	公鸡			母鸡			混养		
	体重 (kg)	日增重 (g)	日采食量 (g)	体重 (kg)	日增重 (g)	日采食量 (g)	体重 (kg)	日增重 (g)	日采食量 (g)
14	0.52	56.0	71.0	0.505	52.0	67.0	0.512 5	54	69
15	0.58	60.0	77.0	0.56	55.0	71.0	0.57	57.5	74
16	0.644	64.0	84.0	0.617	57.0	76.0	0.630 5	60.5	80
17	0.71	66.0	89.0	0.678	61.0	81.0	0.694	63.5	85
18	0.781	71.0	96.0	0.741	63.0	87.0	0.761	67	91.5
19	0.854	73.0	102.0	0.807	66.0	92.0	0.830 5	69.5	97
20	0.931	77.0	109.0	0.875	68.0	97.0	0.903	72.5	103
21	1.011	80.0	115.0	0.945	70.0	103.0	0.978	75	109
22	1.094	83.0	122.0	1.017	72.0	108.0	1.055 5	77.5	115
23	1.18	86.0	128.0	1.092	75.0	113.0	1.136	80.5	120.5
24	1.269	89.0	135.0	1.168	76.0	119.0	1.218 5	82.5	127
25	1.36	91.0	141.0	1.246	78.0	124.0	1.303	84.5	132.5
26	1.453	93.0	148.0	1.326	80.0	129.0	1.389 5	86.5	138.5
27	1.548	95.0	154.0	1.406	80.0	134.0	1.477	87.5	144
28	1.646	98.0	161.0	1.488	82.0	139.0	1.567	90	150
29	1.745	99.0	166.0	1.571	83.0	145.0	1.658	91	155.5
30	1.845	100.0	173.0	1.655	84.0	149.0	1.75	92	161
31	1.945	100.0	178.0	1.74	85.0	153.0	1.842 5	92.5	165.5
32	2.051	106.0	185.0	1.826	86.0	158.0	1.938 5	96	171.5
33	2.156	105.0	190.0	1.911	85.0	162.0	2.033 5	95	176
34	2.261	105.0	195.0	1.997	86.0	167.0	2.129	95.5	181
35	2.367	106.0	200.0	2.084	87.0	170.0	2.225 5	96.5	185
36	2.474	107.0	205.0	2.17	86.0	174.0	2.322	96.5	189.5
37	2.581	107.0	210.0	2.257	87.0	178.0	2.419	97	194
38	2.689	108.0	215.0	2.343	86.0	181.0	2.516	97	198
39	2.796	107.0	219.0	2.429	86.0	184.0	2.612 5	96.5	201.5
40	2.904	108.0	223.0	2.514	85.0	187.0	2.709	96.5	205
41	3.011	107.0	226.0	2.6	86.0	190.0	2.805 5	96.5	208
42	3.118	107.0	231.0	2.684	84.0	193.0	2.901	95.5	212
43	3.225	107.0	233.0	2.768	84.0	195.0	2.996 5	95.5	214
44	3.331	106.0	237.0	2.851	83.0	197.0	3.091	94.5	217
45	3.436	105.0	240.0	2.934	83.0	199.0	3.185	94	219.5
46	3.541	105.0	242.0	3.015	81.0	202.0	3.278	93	222

（续）

日龄 (d)	公鸡			母鸡			混养		
	体重 (kg)	日增重 (g)	日采食量 (g)	体重 (kg)	日增重 (g)	日采食量 (g)	体重 (kg)	日增重 (g)	日采食量 (g)
47	3.645	104.0	245.0	3.096	81.0	202.0	3.370 5	92.5	223.5
48	3.748	103.0	247.0	3.175	79.0	205.0	3.461 5	91	226
49	3.85	102.0	248.0	3.254	79.0	205.0	3.552	90.5	226.5
50	3.951	101.0	251.0	3.331	77.0	207.0	3.641	89	229
51	4.05	99.0	252.0	3.407	76.0	208.0	3.728 5	87.5	230
52	4.149	99.0	254.0	3.482	75.0	208.0	3.815 5	87	231
53	4.246	97.0	254.0	3.556	74.0	209.0	3.901	85.5	231.5
54	4.342	96.0	256.0	3.628	72.0	210.0	3.985	84	233
55	4.436	94.0	256.0	3.7	72.0	210.0	4.068	83	233
56	4.529	93.0	257.0	3.77	70.0	210.0	4.149 5	81.5	233.5
57	4.621	92.0	257.0	3.838	68.0	210.0	4.229 5	80	233.5
58	4.711	90.0	258.0	3.906	68.0	211.0	4.308 5	79	234.5
59	4.8	89.0	257.0	3.972	66.0	210.0	4.386	77.5	233.5
60	4.887	87.0	257.0	4.036	64.0	209.0	4.461 5	75.5	233
61	4.972	85.0	257.0	4.1	64.0	210.0	4.536	74.5	233.5
62	5.056	84.0	257.0	4.162	62.0	209.0	4.609	73	233
63	5.138	82.0	256.0	4.222	60.0	208.0	4.68	71	232

（四）肉鸡理想氨基酸模型

见表3-3。

表3-3 肉鸡理想氨基酸模型（%，氨基酸/赖氨酸）

氨基酸	日龄 (d)					
	1~21		22~42		43~56	
	可利用的	总的	可利用的	总的	可利用的	总的
赖氨酸	100	100	100	100	100	100
蛋氨酸	39.8	38.9	41	40	41.7	40.7
蛋氨酸＋胱氨酸	74.2	75.0	76	77	78.1	78.7
色氨酸	15.6	16.0	17	17	15.6	15.7
苏氨酸	67.2	67.4	67	68	66.7	67.6
精氨酸	107.0	105.6	107	106	107.3	105.6
甘＋丝氨酸		150		140		135.0
缬氨酸	75.0	76.4	76	77.5	76.0	77.8

（续）

氨基酸	日龄（d）					
	1～21		22～42		43～56	
	可利用的	总的	可利用的	总的	可利用的	总的
异亮氨酸	67.2	67.4	67	69	68.8	69.4
亮氨酸	110.2	109.7	110	110	110.4	110.2
组氨酸	36	36	36	36	36	36
苯丙氨酸	63	63	63	63	63	63
苯丙氨酸＋酪氨酸	115	114	115	114	115	114

根据以上步骤计算可得到 AA 肉鸡三阶段生长性能和饲料营养浓度（表3-4），此步骤需输入饲料的代谢能浓度。

表3-4　AA 肉鸡三阶段生长性能与饲料营养素浓度计算结果

项　　目	公鸡（日龄，d）			母鸡（日龄，d）			混养（日龄，d）		
	1～14	15～21	22～42	1～14	15～21	22～42	1～14	15～21	22～42
体重[1]（kg）	0.247	0.754	2.071	0.245	0.716	1.834	0.246	0.735	1.953
日增重[1]（g）	34.07	68.38	100.33	33.00	61.50	82.81	33.54	64.94	91.57
日采食量[1]（g）	39.64	92.88	181.19	39.00	84.25	155.10	39.32	88.56	168.14
阶段料重比	1.16	1.36	1.81	1.18	1.37	1.87	1.17	1.36	1.84
期末体重（kg）	0.520	1.01	3.12	0.505	0.95	2.68	0.513	0.98	2.90
期间采食（kg）	0.555	0.650	3.805	0.546	0.590	3.257	0.551	0.620	3.531
累计采食（kg）		1.21	5.01		1.14	4.39		1.17	4.70
全程料重比		1.629			1.663			1.644	
可利用赖氨酸（g/d）	0.505	1.094	1.930	0.490	0.985	1.568	0.497	1.039	1.747
饲料 ME[1]（kcal/kg）	3 000	3 100	3 200	3 000	3 100	3 200	3 000	3 100	3 200
粗蛋白质（%）	21.87	20.93	19.30	21.87	20.93	19.30	21.87	20.93	19.30
钙（%）	0.93	0.23	0.82	0.93	0.89	0.82	0.93	0.89	0.82
可利用磷（%）	0.47	0.44	0.41	0.47	0.44	0.41	0.47	0.44	0.41
钾（%）	0.60	0.60	0.60	0.60	0.60	0.60	0.60	0.60	0.60
钠（%）	0.22	0.22	0.21	0.22	0.22	0.21	0.22	0.22	0.21
氯（%）	0.20	0.19	0.18	0.20	0.19	0.18	0.20	0.19	0.18
亚油酸（%）	1.09	1.08	1.05	1.09	1.08	1.05	1.09	1.08	1.05
总赖氨酸（%）	1.40	1.30	1.17	1.38	1.29	1.11	1.39	1.29	1.15
可利用赖氨酸（%）	1.27	1.18	1.07	1.26	1.17	1.01	1.26	1.17	1.04
总蛋氨酸（%）	0.55	0.51	0.47	0.54	0.50	0.45	0.54	0.50	0.46
氨氨酸（%）	0.51	0.47	0.44	0.50	0.47	0.41	0.50	0.47	0.43
总蛋氨酸＋总胱氨酸（%）	1.05	0.97	0.90	1.04	0.97	0.86	1.05	0.97	0.88

（续）

项 目	公鸡（日龄，d）			母鸡（日龄，d）			混养（日龄，d）		
	1～14	15～21	22～42	1～14	15～21	22～42	1～14	15～21	22～42
可利用蛋氨酸＋可利用胱氨酸（%）	0.94	0.87	0.81	0.93	0.87	0.77	0.94	0.87	0.79
总色氨酸（%）	0.22	0.21	0.20	0.22	0.21	0.19	0.22	0.21	0.19
可利用色氨酸（%）	0.20	0.18	0.18	0.20	0.18	0.17	0.20	0.18	0.18
总苏氨酸（%）	0.95	0.88	0.80	0.93	0.87	0.76	0.94	0.87	0.78
可利用苏氨酸（%）	0.86	0.79	0.71	0.84	0.79	0.68	0.85	0.79	0.70
总精氨酸（%）	1.48	1.37	1.24	1.46	1.36	1.18	1.47	1.37	1.21
可利用精氨酸（%）	1.36	1.26	1.14	1.34	1.25	1.08	1.35	1.26	1.11
总甘氨酸＋总丝氨酸（%）	2.11	1.95	1.64	2.08	1.93	1.56	2.09	1.94	1.60
总缬氨酸（%）	1.07	0.99	0.91	1.06	0.98	0.86	1.06	0.99	0.89
可利用缬氨酸（%）	0.95	0.88	0.81	0.94	0.88	0.77	0.95	0.88	0.79
总异亮氨酸（%）	0.95	0.88	0.81	0.93	0.87	0.77	0.94	0.87	0.79
可利用异亮氨酸（%）	0.86	0.79	0.71	0.84	0.79	0.68	0.85	0.79	0.70
总亮氨酸（%）	1.54	1.43	1.29	1.52	1.41	1.23	1.53	1.42	1.26
可利用亮氨酸（%）	1.40	1.30	1.17	1.38	1.29	1.11	1.39	1.29	1.14
总组氨酸（%）	0.51	0.47	0.42	0.50	0.46	0.40	0.50	0.47	0.41
可利用组氨酸（%）	0.46	0.42	0.38	0.45	0.42	0.36	0.46	0.42	0.37
总苯丙氨酸（%）	0.88	0.82	0.74	0.87	0.81	0.70	0.88	0.82	0.72
可利用苯丙氨酸（%）	0.80	0.74	0.67	0.79	0.74	0.64	0.80	0.74	0.65
总苯丙氨酸＋总酪氨酸（%）	1.60	1.48	1.34	1.58	1.47	1.27	1.59	1.47	1.31
可利用苯丙氨酸＋可利用酪氨酸（%）	1.46	1.35	1.22	1.44	1.34	1.16	1.45	1.35	1.19

注：1. 体重、日增重和日采食量数据源自表 3－2 中的计算结果，其中体重为阶段平均体重。

2. 关于日采食的校正，使用时可设定公式来根据饲料代谢能值校正日采食量。

3. Dig Lys（g/d），即可利用赖氨酸（g/d）根据步骤一的公式计算而来。

4. 饲料 ME（kcal/kg），即饲料中代谢能浓度，为输入的实际饲料能值。

5. 粗蛋白质、钙、可利用磷、钾、钠、氯、亚油酸等根据"（二）"中的方法计算而来，以饲料计（%）。

6. Dig Lys（%）由可利用赖氨酸（g/d）除以日采食量计算而来，Total Lys（%）由 Dig Lys（%）除以 0.907 计算得到（假设饲料总赖氨酸消化率为 90.7%）。

7. 其他氨基酸根据"（四）"中理想氨基酸模型计算而来。Met，蛋氨酸；Cys，胱氨酸；Try，色氨酸；Thr，苏氨酸；Arg，精氨酸；Gly＋Ser，甘氨酸＋丝氨酸；Val，缬氨酸；Iso，异亮氨酸；Leu，亮氨酸；His，组氨酸；Phe，苯丙氨酸；Tyr，酪氨酸；Total，总的；Dig，可利用的。

8. 混养时公、母各半。

9. [1] 输入值。

（五）输入与输出总表

根据以上步骤可以得到详细的肉鸡生长性能和几乎所有主要营养素的浓度数据。以上步骤可简化为一张"输入与输出总表"，当输入饲料代谢能浓度后，即可列出主要的生长性能和饲料营养素浓度数据（表 3－5）。

表 3-5 AA 肉鸡饲料主要营养素浓度

日龄阶段	饲料 ME 输入（kcal/kg）		
	公鸡（日龄，d）	母鸡（日龄，d）	混养（日龄，d）
1～14d	3000	3000	3 000
15～21d	3100	3100	3 100
22～42d	3200	3200	3 200
生长性能结果			
42d 出笼体重（kg）	3.12	2.68	2.90
全程采食量（kg）	5.01	4.39	4.70
全程料重比	1.629	1.66	1.64
饲料 Dig Lys（%）结果			
1～14d	1.27	1.26	1.26
15～21d	1.18	1.17	1.17
22～42d	1.07	1.01	1.04
饲料粗蛋白质（%）结果			
1～14d	21.9	21.9	21.9
15～21d	20.9	20.9	20.9
22～42d	19.3	19.3	19.3

当饲料代谢能浓度增加 50kcal/kg 后，可得到表 3-6 中的数据。计算结果显示，饲料能量浓度增加了 50kal/kg 后，饲料采食量有所下降，料重比降低了 0.026，而饲料蛋白质和氨基酸浓度都增加了。

表 3-6 AA 肉鸡饲料主要营养素浓度（饲料代谢能增加）

日龄阶段	饲料 ME 输入（kcal/kg）		
	公鸡（日龄，d）	母鸡（日龄，d）	混养（日龄，d）
1～14d	3 050	3 050	3 050
15～21d	3 150	3 150	3 150
22～42d	3 250	3 250	3 250
生长性能结果			
42d 出笼体重（kg）	3.12	2.68	2.90
全程采食量（kg）	4.93	4.32	4.63
全程料重比	1.603	1.64	1.62
饲料 Dig Lys（%）结果			
1～14d	1.29	1.28	1.29
15～21d	1.20	1.19	1.19
22～42d	1.08	1.03	1.06

（续）

日龄阶段	饲料 ME 输入（kcal/kg）		
	公鸡（日龄，d）	母鸡（日龄，d）	混养（日龄，d）
	饲料粗蛋白质（%）结果		
1～14d	22.2	22.2	22.2
15～21d	21.3	21.3	21.3
22～42d	19.6	19.6	19.6

（六）AA 肉鸡二阶段和四阶段生长性能与饲料营养素浓度计算

结果分别见表 3-7 和表 3-8。

表 3-7　AA 肉鸡二阶段生长性能与饲料营养素浓度计算结果

项　　目	公鸡（日龄，d）		母鸡（日龄，d）		混养（日龄，d）	
	1～21	22～42	1～21	22～42	1～21	22～42
体重[1]（kg）	0.427	2.071	0.412	1.834	0.420	1.953
日增重[1]（g）	46.10	100.33	42.95	82.81	44.52	91.57
日采食量[1]（g）	57.45	178.27	53.99	152.59	55.72	165.43
阶段料重比	1.25	1.78	1.26	1.84	1.25	1.81
期末体重（kg）	1.011	3.12	0.945	2.68	0.978	2.90
期间采食（kg）	1.207	3.744	1.134	3.204	1.170	3.474
累计采食（kg）		4.95		4.34		4.64
全程料重比	1.609		1.642		1.624	
Dig Lys（g/d）	0.705	1.930	0.658	1.568	0.682	1.747
饲料 ME[1]（kcal/kg）	3050	3150	3050	3150	3050	3 150
粗蛋白质（%）	21.69	19.00	22.78	21.83	21.69	19.00
钙（%）	0.92	0.81	0.97	0.93	0.92	0.81
可利用磷（%）	0.46	0.40	0.49	0.46	0.46	0.40
钾（%）	0.60	0.59	0.61	0.62	0.60	0.59
钠（%）	0.22	0.20	0.23	0.22	0.22	0.20
氯（%）	0.20	0.18	0.21	0.20	0.20	0.18
亚油酸（%）	1.09	1.04	1.12	1.11	1.09	1.04
总赖氨酸（%）	1.35	1.19	1.34	1.13	1.35	1.16
可利用赖氨酸（%）	1.23	1.08	1.22	1.03	1.22	1.06
总蛋氨酸（%）	0.53	0.48	0.52	0.45	0.52	0.47
可利用蛋氨酸（%）	0.49	0.44	0.49	0.42	0.49	0.43
总蛋氨酸＋总胱氨酸（%）	1.01	0.92	1.01	0.87	1.01	0.90
可利用蛋氨酸＋可利用胱氨酸（%）	0.91	0.82	0.90	0.78	0.91	0.80

（续）

项　目	公鸡（日龄，d）		母鸡（日龄，d）		混养（日龄，d）	
	1～21	22～42	1～21	22～42	1～21	22～42
总色氨酸（%）	0.22	0.20	0.21	0.19	0.22	0.20
可利用色氨酸（%）	0.19	0.18	0.19	0.17	0.19	0.18
总苏氨酸（%）	0.91	0.81	0.91	0.77	0.91	0.79
可利用苏氨酸（%）	0.82	0.73	0.82	0.69	0.82	0.71
总精氨酸（%）	1.43	1.27	1.42	1.20	1.42	1.23
可利用精氨酸（%）	1.31	1.16	1.30	1.10	1.31	1.13
总甘氨酸＋总丝氨酸（%）	2.03	1.67	2.02	1.59	2.02	1.63
总缬氨酸（%）	1.03	0.92	1.03	0.88	1.03	0.90
可利用缬氨酸（%）	0.92	0.82	0.91	0.78	0.92	0.80
总异亮氨酸（%）	0.91	0.82	0.91	0.78	0.91	0.80
可利用异亮氨酸（%）	0.82	0.73	0.82	0.69	0.82	0.71
总亮氨酸（%）	1.48	1.31	1.47	1.25	1.48	1.28
可利用亮氨酸（%）	1.35	1.19	1.34	1.13	1.35	1.16
总组氨酸（%）	0.49	0.43	0.48	0.41	0.49	0.42
可利用组氨酸（%）	0.44	0.39	0.44	0.37	0.44	0.38
总苯丙氨酸（%）	0.85	0.75	0.85	0.71	0.85	0.73
可利用苯丙氨酸（%）	0.77	0.68	0.77	0.65	0.77	0.67
总苯丙氨酸＋总酪氨酸（%）	1.54	1.36	1.53	1.29	1.54	1.33
可利用苯丙氨酸＋ 可利用酪氨酸（%）	1.41	1.24	1.40	1.18	1.41	1.21

注：[1]输入值。

表 3-8　AA 肉鸡四阶段生长性能与饲料营养素浓度计算结果

项目	公鸡（日龄，d）				母鸡（日龄，d）				混养（日龄，d）			
	1～7	8～21	22～33	34～42	1～7	8～21	22～33	34～42	1～7	8～21	22～33	34～42
体重[1]（kg）	0.124	0.579	1.608	2.689	0.126	0.555	1.454	2.342	0.125	0.567	1.531	2.516
日增重[1]（g）	22.86	57.71	95.42	106.89	23.00	52.93	80.50	85.89	22.93	55.32	87.96	96.39
日采食量[1]（g）	23.86	75.71	156.75	210.44	25.29	69.71	136.08	177.63	24.57	72.71	146.42	194.03
阶段料重比	1.04	1.31	1.64	1.97	1.10	1.32	1.69	2.07	1.07	1.31	1.66	2.01
期末体重（kg）	0.203	1.01	2.16	3.12	0.204	0.95	1.91	2.68	0.204	0.98	2.03	2.90
期间采食（kg）	0.167	1.060	1.881	1.894	0.177	0.976	1.633	1.599	0.172	1.018	1.757	1.746
累计采食（kg）		1.23	3.11	5.00		1.15	2.79	4.38		1.19	2.95	4.69
全程料重比		1.626				1.660				1.642		
可利用赖氨酸（g/d）	0.330	0.901	1.723	2.217	0.332	0.827	1.441	1.741	0.331	0.864	1.581	1.975
饲料 ME[1]（kcal/kg）	3 000	3 100	3 200	3 250	3 000	3 100	3 200	3 250	3 000	3 100	3 200	3 250
粗蛋白质（%）	22.41	21.49	20.04	18.60	22.41	21.49	20.04	18.60	22.41	21.49	20.04	18.60

（续）

项目	公鸡（日龄，d）				母鸡（日龄，d）				混养（日龄，d）			
	1～7	8～21	22～33	34～42	1～7	8～21	22～33	34～42	1～7	8～21	22～33	34～42
钙（%）	0.96	0.91	0.85	0.79	0.96	0.91	0.85	0.79	0.96	0.91	0.85	0.79
可利用磷（%）	0.48	0.46	0.42	0.39	0.48	0.46	0.42	0.39	0.48	0.46	0.42	0.39
钾（%）	0.60	0.61	0.61	0.60	0.60	0.61	0.61	0.60	0.60	0.61	0.61	0.60
钠（%）	0.23	0.22	0.21	0.20	0.23	0.22	0.21	0.20	0.23	0.22	0.21	0.20
氯（%）	0.20	0.20	0.19	0.18	0.20	0.20	0.19	0.18	0.20	0.20	0.19	0.18
亚油酸（%）	1.10	1.09	1.07	1.04	1.10	1.09	1.07	1.04	1.10	1.09	1.07	1.04
总赖氨酸（%）	1.53	1.31	1.21	1.16	1.45	1.31	1.17	1.08	1.49	1.31	1.19	1.12
可利用赖氨酸（%）	1.38	1.19	1.10	1.05	1.31	1.19	1.06	0.98	1.35	1.19	1.08	1.02
总蛋氨酸（%）	0.59	0.51	0.48	0.47	0.56	0.51	0.47	0.44	0.58	0.51	0.48	0.46
可利用蛋氨酸（%）	0.55	0.47	0.45	0.44	0.52	0.47	0.43	0.41	0.54	0.47	0.44	0.42
总蛋氨酸＋总胱氨酸（%）	1.14	0.98	0.93	0.91	1.09	0.98	0.90	0.85	1.12	0.98	0.92	0.88
可利用蛋氨酸＋可利用胱氨酸（%）	1.03	0.88	0.84	0.82	0.98	0.88	0.80	0.77	1.00	0.88	0.82	0.80
总色氨酸（%）	0.24	0.21	0.21	0.18	0.23	0.21	0.20	0.17	0.24	0.21	0.20	0.18
可利用色氨酸（%）	0.22	0.19	0.19	0.16	0.21	0.19	0.18	0.15	0.21	0.19	0.18	0.16
总苏氨酸（%）	1.03	0.88	0.82	0.79	0.98	0.88	0.79	0.73	1.00	0.88	0.81	0.76
可利用苏氨酸（%）	0.93	0.80	0.74	0.70	0.88	0.80	0.71	0.65	0.91	0.80	0.72	0.68
总精氨酸（%）	1.61	1.38	1.28	1.23	1.53	1.38	1.24	1.14	1.57	1.38	1.26	1.18
可利用精氨酸（%）	1.48	1.27	1.18	1.13	1.41	1.27	1.13	1.05	1.44	1.27	1.16	1.09
总甘氨酸＋总丝氨酸（%）	2.29	1.97	1.70	1.57	2.17	1.96	1.63	1.46	2.23	1.97	1.67	1.52
总缬氨酸（%）	1.17	1.00	0.94	0.90	1.11	1.00	0.90	0.84	1.14	1.00	0.92	0.87
可利用缬氨酸（%）	1.04	0.89	0.84	0.80	0.99	0.89	0.80	0.75	1.01	0.89	0.82	0.77
总异亮氨酸（%）	1.03	0.88	0.84	0.81	0.98	0.88	0.81	0.75	1.00	0.88	0.82	0.78
可利用异亮氨酸（%）	0.93	0.80	0.74	0.72	0.88	0.80	0.71	0.67	0.91	0.80	0.72	0.70
总亮氨酸（%）	1.67	1.44	1.33	1.28	1.59	1.44	1.28	1.19	1.63	1.44	1.31	1.24
可利用亮氨酸（%）	1.53	1.31	1.21	1.16	1.45	1.31	1.16	1.08	1.49	1.31	1.19	1.12
总组氨酸（%）	0.55	0.47	0.44	0.42	0.52	0.47	0.42	0.39	0.54	0.47	0.43	0.40
可利用组氨酸（%）	0.50	0.43	0.40	0.38	0.47	0.43	0.38	0.35	0.49	0.43	0.39	0.37
总苯丙氨酸（%）	0.96	0.83	0.76	0.73	0.91	0.82	0.74	0.68	0.94	0.83	0.75	0.71
可利用苯丙氨酸（%）	0.87	0.75	0.69	0.66	0.83	0.75	0.67	0.62	0.85	0.75	0.68	0.64
总苯丙氨酸＋总酪氨酸（%）	1.74	1.50	1.38	1.32	1.65	1.49	1.33	1.23	1.70	1.49	1.36	1.28
可利用苯丙氨酸＋可利用酪氨酸（%）	1.59	1.37	1.26	1.21	1.51	1.36	1.22	1.13	1.55	1.37	1.24	1.17

注：¹输入值。

（七）要点

肉鸡营养需要（营养素浓度）的计算重点在于生长性能标准数据（体重、日增重、日采食），运用重点在于日可利用赖氨酸需要量计算的调整和根据饲料 ME 变化对营养素水平的调整。当使用析因法计算家禽营养需要（营养浓度）的结果难以令人满意时，使用剂量-效应曲线法也许是一个好的方法。随着肉鸡生长性能数据的逐年改善，我们需要不断使用剂量-效应法改善公式，哪怕是较小的改变也会对结果和成本有较大影响。

二、其他品种肉鸡营养需要（营养浓度）计算

按照以上步骤可以计算哈伯德肉鸡、罗斯 308 肉鸡、科宝肉鸡和 817 杂交肉鸡的营养需要/饲料营养素浓度。

（一）哈伯德肉鸡的生长性能和营养需要/饲料营养素浓度计算（四阶段）

哈伯德肉鸡生长性能数据见表 3-9，营养需要/饲料营养素浓度计算结果见表 3-10。

表 3-9　哈伯德肉鸡生长性能

日龄 (d)	公鸡			母鸡			混养		
	体重 (kg)	日增重 (g)	日采食量 (g)	体重 (kg)	日增重 (g)	日采食量 (g)	体重 (kg)	日增重 (g)	日采食量 (g)
1~7	0.129	24.1	24.6	0.129	24.1	24.6	0.129	24.1	24.6
8~21	0.596	59.6	73.6	0.570	54.1	73.6	0.583	56.9	73.6
22~33	1.652	96.8	148.8	1.483	80.9	148.8	1.567	88.9	148.8
34~42	2.752	108.7	199.3	2.369	85.7	199.3	2.560	97.2	199.3
0	0.042			0.042			0.042		
1	0.062	20.0	13.0	0.062	20.0	13.0	0.062	20	13
2	0.08	18.0	17.0	0.08	18.0	17.0	0.08	18	17
3	0.1	20.0	21.0	0.1	20.0	21.0	0.1	20	21
4	0.124	24.0	25.0	0.124	24.0	25.0	0.124	24	25
5	0.15	26.0	28.0	0.15	26.0	28.0	0.15	26	28
6	0.179	29.0	32.0	0.179	29.0	32.0	0.179	29	32
7	0.211	32.0	36.0	0.211	32.0	36.0	0.211	32	36
8	0.245	34.0	39.0	0.245	34.0	39.0	0.245	34	39
9	0.282	37.0	43.0	0.282	37.0	43.0	0.282	37	43
10	0.324	42.0	49.0	0.324	42.0	49.0	0.324	42	49
11	0.37	46.0	53.0	0.37	46.0	53.0	0.37	46	53
12	0.419	49.0	59.0	0.419	49.0	59.0	0.419	49	59
13	0.471	52.0	65.0	0.471	52.0	65.0	0.471	52	65
14	0.527	56.0	70.0	0.527	56.0	70.0	0.527	56	70

（续）

日龄 (d)	公鸡			母鸡			混养		
	体重 (kg)	日增重 (g)	日采食量 (g)	体重 (kg)	日增重 (g)	日采食量 (g)	体重 (kg)	日增重 (g)	日采食量 (g)
15	0.603	76.0	75.0	0.57	43.0	75.0	0.586 5	59.5	75
16	0.668	65.0	81.0	0.631	61.0	81.0	0.649 5	63	81
17	0.736	68.0	87.0	0.693	62.0	87.0	0.714 5	65	87
18	0.809	73.0	94.0	0.759	66.0	94.0	0.784	69.5	94
19	0.885	76.0	99.0	0.827	68.0	99.0	0.856	72	99
20	0.964	79.0	106.0	0.897	70.0	106.0	0.930 5	74.5	106
21	1.046	82.0	111.0	0.969	72.0	111.0	1.007 5	77	111
22	1.13	84.0	118.0	1.044	75.0	118.0	1.087	79.5	118
23	1.218	88.0	124.0	1.119	75.0	124.0	1.168 5	81.5	124
24	1.307	89.0	129.0	1.196	77.0	129.0	1.251 5	83	129
25	1.4	93.0	135.0	1.275	79.0	135.0	1.337 5	86	135
26	1.495	95.0	140.0	1.355	80.0	140.0	1.425	87.5	140
27	1.591	96.0	147.0	1.436	81.0	147.0	1.513 5	88.5	147
28	1.69	99.0	152.0	1.518	82.0	152.0	1.604	90.5	152
29	1.79	100.0	158.0	1.601	83.0	158.0	1.695 5	91.5	158
30	1.892	102.0	162.0	1.685	84.0	162.0	1.788 5	93	162
31	1.996	104.0	169.0	1.77	85.0	169.0	1.883	94.5	169
32	2.101	105.0	174.0	1.855	85.0	174.0	1.978	95	174
33	2.208	107.0	178.0	1.94	85.0	178.0	2.074	96	178
34	2.316	108.0	183.0	2.026	86.0	183.0	2.171	97	183
35	2.425	109.0	187.0	2.112	86.0	187.0	2.268 5	97.5	187
36	2.534	109.0	192.0	2.198	86.0	192.0	2.366	97.5	192
37	2.643	109.0	196.0	2.283	85.0	196.0	2.463	97	196
38	2.752	109.0	200.0	2.369	86.0	200.0	2.560 5	97.5	200
39	2.861	109.0	204.0	2.455	86.0	204.0	2.658	97.5	204
40	2.969	108.0	207.0	2.54	85.0	207.0	2.754 5	96.5	207
41	3.078	109.0	211.0	2.625	85.0	211.0	2.851 5	97	211
42	3.186	108.0	214.0	2.711	86.0	214.0	2.948 5	97	214
43	3.293	107.0	216.0	2.795	84.0	216.0	3.044	95.5	216
44	3.401	108.0	220.0	2.879	84.0	220.0	3.14	96	220
45	3.507	106.0	222.0	2.962	83.0	222.0	3.234 5	94.5	222
46	3.613	106.0	224.0	3.045	83.0	224.0	3.329	94.5	224
47	3.717	104.0	226.0	3.127	82.0	226.0	3.422	93	226
48	3.82	103.0	229.0	3.209	82.0	229.0	3.514 5	92.5	229

（续）

日龄(d)	公鸡			母鸡			混养		
	体重(kg)	日增重(g)	日采食量(g)	体重(kg)	日增重(g)	日采食量(g)	体重(kg)	日增重(g)	日采食量(g)
49	3.922	102.0	230.0	3.29	81.0	230.0	3.606	91.5	230
50	4.022	100.0	231.0	3.369	79.0	231.0	3.695 5	89.5	231
51	4.122	100.0	234.0	3.448	79.0	234.0	3.785	89.5	234
52	4.219	97.0	233.0	3.525	77.0	233.0	3.872	87	233
53	4.315	96.0	236.0	3.602	77.0	236.0	3.958 5	86.5	236
54	4.409	94.0	236.0	3.677	75.0	236.0	4.043	84.5	236
55	4.502	93.0	236.0	3.751	74.0	236.0	4.126 5	83.5	236
56	4.594	92.0	236.0	3.823	72.0	236.0	4.208 5	82	236

表 3-10　哈伯德肉鸡阶段生长性能与饲料营养素浓度计算结果

项目	公鸡（日龄，d）				母鸡（日龄，d）				混养（日龄，d）			
	1~7	8~21	22~33	34~42	1~7	8~21	22~33	34~42	1~7	8~21	22~33	34~42
体重[1]（kg）	0.129	0.596	1.652	2.752	0.129	0.570	1.483	2.369	0.129	0.583	1.567	2.560
日增重[1]（g）	24.14	59.64	96.83	108.67	24.14	54.14	80.92	85.67	24.14	56.89	88.88	97.17
日采食量[1]（g）	23.75	71.27	144.18	193.10	23.75	71.27	144.18	193.10	23.75	71.27	144.18	193.10
阶段料重比	0.98	1.19	1.49	1.78	0.98	1.32	1.78	2.25	0.98	1.25	1.62	1.99
期末体重（kg）	0.211	1.05	2.21	3.19	0.211	0.97	1.94	2.71	0.211	1.01	2.07	2.95
期间采食 kg	0.166	0.998	1.730	1.738	0.166	0.998	1.730	1.738	0.166	0.998	1.730	1.738
累计采食（kg）		1.16	2.89	4.63		1.16	2.89	4.63		1.16	2.89	4.63
全程料重比		1.473				1.736				1.594		
可利用赖氨酸（g/d）	0.324	0.933	1.758	2.051	0.324	0.848	1.454	1.572	0.324	0.890	1.605	1.807
饲料 ME[1]（kcal/kg）	3100	3200	3300	3300	3100	3200	3300	3300	3100	3200	3300	3 300
粗蛋白质（%）	23.16	22.18	20.67	18.89	23.16	22.18	20.67	18.89	23.16	22.18	20.67	18.89
钙（%）	0.99	0.94	0.88	0.80	0.99	0.94	0.88	0.80	0.99	0.94	0.88	0.80
可利用磷（%）	0.49	0.47	0.44	0.40	0.49	0.47	0.44	0.40	0.49	0.47	0.44	0.40
钾（%）	0.62	0.63	0.63	0.61	0.62	0.63	0.63	0.61	0.62	0.63	0.63	0.61
钠（%）	0.23	0.23	0.22	0.20	0.23	0.23	0.22	0.20	0.23	0.23	0.22	0.20
氯（%）	0.21	0.20	0.19	0.18	0.21	0.20	0.19	0.18	0.21	0.20	0.19	0.18
亚油酸（%）	1.14	1.13	1.11	1.06	1.14	1.13	1.11	1.06	1.14	1.13	1.11	1.06
总赖氨酸（%）	1.51	1.44	1.34	1.17	1.51	1.31	1.11	0.90	1.51	1.38	1.23	1.03
可利用赖氨酸（%）	1.37	1.31	1.22	1.06	1.37	1.19	1.01	0.81	1.37	1.25	1.11	0.94
总蛋氨酸（%）	0.59	0.56	0.54	0.48	0.59	0.51	0.44	0.37	0.59	0.54	0.49	0.42
可利用蛋氨酸（%）	0.52	0.50	0.49	0.44	0.52	0.45	0.40	0.33	0.52	0.47	0.45	0.38

（续）

项目	公鸡（日龄，d）				母鸡（日龄，d）				混养（日龄，d）			
	1～7	8～21	22～33	34～42	1～7	8～21	22～33	34～42	1～7	8～21	22～33	34～42
总蛋氨酸＋总胱氨酸（%）	1.13	1.08	1.02	0.91	1.13	0.98	0.85	0.70	1.13	1.03	0.93	0.80
可利用蛋氨酸＋可利用胱氨酸（%）	1.02	0.98	0.93	0.83	1.02	0.89	0.77	0.63	1.02	0.94	0.85	0.73
总色氨酸（%）	0.24	0.23	0.23	0.21	0.24	0.21	0.19	0.16	0.24	0.22	0.21	0.19
可利用色氨酸（%）	0.22	0.21	0.21	0.19	0.22	0.19	0.17	0.15	0.22	0.20	0.19	0.17
总苏氨酸（%）	1.02	0.98	0.91	0.80	1.02	0.89	0.76	0.61	1.02	0.94	0.83	0.70
可利用苏氨酸（%）	0.93	0.89	0.79	0.69	0.93	0.81	0.66	0.53	0.93	0.85	0.72	0.61
总精氨酸（%）	1.54	1.47	1.37	1.19	1.54	1.34	1.13	0.92	1.54	1.40	1.25	1.05
可利用精氨酸（%）	1.43	1.37	1.28	1.11	1.43	1.25	1.06	0.85	1.43	1.31	1.17	0.98
总甘氨酸＋总丝氨酸（%）	2.26	2.16	1.88	1.58	2.26	1.97	1.56	1.21	2.26	2.07	1.72	1.39
总缬氨酸（%）	1.10	1.05	1.01	0.88	1.10	0.96	0.83	0.67	1.10	1.01	0.92	0.77
可利用缬氨酸（%）	1.00	0.96	0.91	0.80	1.00	0.87	0.76	0.61	1.00	0.91	0.83	0.70
总异亮氨酸（%）	0.95	0.91	0.86	0.76	0.95	0.83	0.71	0.58	0.95	0.87	0.79	0.67
可利用异亮氨酸（%）	0.86	0.82	0.78	0.69	0.86	0.75	0.65	0.53	0.86	0.79	0.71	0.61
总亮氨酸（%）	1.63	1.56	1.47	1.28	1.63	1.42	1.21	0.98	1.63	1.49	1.34	1.12
可利用亮氨酸（%）	1.48	1.41	1.33	1.16	1.48	1.28	1.10	0.89	1.48	1.35	1.21	1.02
总组氨酸（%）	0.54	0.52	0.48	0.42	0.54	0.47	0.40	0.32	0.54	0.50	0.44	0.37
可利用组氨酸（%）	0.49	0.47	0.44	0.38	0.49	0.43	0.36	0.29	0.49	0.45	0.40	0.34
总苯丙氨酸（%）	0.95	0.91	0.85	0.74	0.95	0.83	0.70	0.57	0.95	0.87	0.77	0.65
利用苯丙氨酸（%）	0.86	0.82	0.77	0.67	0.86	0.75	0.64	0.51	0.86	0.79	0.70	0.59
总苯丙氨酸＋总酪氨酸（%）	1.72	1.64	1.53	1.33	1.72	1.50	1.27	1.02	1.72	1.57	1.40	1.18
可利用苯丙氨酸＋可利用酪氨酸（%）	1.57	1.50	1.40	1.22	1.57	1.37	1.16	0.94	1.57	1.44	1.28	1.08

注：[1]该项目为输入值。

（二）罗斯308肉鸡的生长性能与营养需要/饲料营养素浓度计算（四阶段）

罗斯308肉鸡的生长性能数据见表3-11，计算得到的营养需要/饲料营养素浓度见表3-12。

表3-11　罗斯308肉鸡生长性能

日龄（d）	公鸡			母鸡			混养		
	体重（kg）	日增重（g）	日采食量（g）	体重（kg）	日增重（g）	日采食量（g）	体重（kg）	日增重（g）	日采食量（g）
1～7	0.127	23.4	23.7	0.128	23.6	25.0	0.127	23.5	24.4
8～21	0.585	57.9	75.4	0.561	53.1	69.2	0.573	55.5	72.3

（续）

日龄 (d)	公鸡			母鸡			混养		
	体重 (kg)	日增重 (g)	日采食量 (g)	体重 (kg)	日增重 (g)	日采食量 (g)	体重 (kg)	日增重 (g)	日采食量 (g)
22～33	1.614	95.4	155.1	1.461	80.7	135.2	1.537	88.0	145.1
34～42	2.701	108.1	213.6	2.354	86.8	180.7	2.528	97.4	197.1
0	0.043			0.043			0.043		
1	0.06	17.0	11.0	0.061	18.0	14.0	0.0605	17.5	12.5
2	0.078	18.0	16.0	0.079	18.0	17.0	0.0785	18	16.5
3	0.098	20.0	20.0	0.1	21.0	22.0	0.099	20.5	21
4	0.121	23.0	23.0	0.123	23.0	25.0	0.122	23	24
5	0.147	26.0	28.0	0.148	25.0	29.0	0.1475	25.5	28.5
6	0.175	28.0	31.0	0.177	29.0	32.0	0.176	28.5	31.5
7	0.207	32.0	37.0	0.208	31.0	36.0	0.2075	31.5	36.5
8	0.242	35.0	40.0	0.242	34.0	40.0	0.242	34.5	40
9	0.281	39.0	46.0	0.279	37.0	44.0	0.28	38	45
10	0.323	42.0	50.0	0.32	41.0	48.0	0.3215	41.5	49
11	0.369	46.0	55.0	0.363	43.0	52.0	0.366	44.5	53.5
12	0.418	49.0	61.0	0.409	46.0	56.0	0.4135	47.5	58.5
13	0.471	53.0	65.0	0.458	49.0	61.0	0.4645	51	63
14	0.527	56.0	72.0	0.511	53.0	66.0	0.519	54.5	69
15	0.587	60.0	77.0	0.566	55.0	71.0	0.5765	57.5	74
16	0.65	63.0	83.0	0.624	58.0	75.0	0.637	60.5	79
17	0.717	67.0	89.0	0.684	60.0	81.0	0.7005	63.5	85
18	0.788	71.0	95.0	0.747	63.0	86.0	0.7675	67	90.5
19	0.861	73.0	101.0	0.813	66.0	91.0	0.837	69.5	96
20	0.938	77.0	108.0	0.881	68.0	96.0	0.9095	72.5	102
21	1.018	80.0	114.0	0.951	70.0	102.0	0.9845	75	108
22	1.101	83.0	120.0	1.024	73.0	107.0	1.0625	78	113.5
23	1.186	85.0	127.0	1.098	74.0	112.0	1.142	79.5	119.5
24	1.275	89.0	133.0	1.175	77.0	118.0	1.225	83	125.5
25	1.366	91.0	140.0	1.252	77.0	123.0	1.309	84	131.5
26	1.459	93.0	146.0	1.332	80.0	128.0	1.3955	86.5	137
27	1.554	95.0	152.0	1.413	81.0	133.0	1.4835	88	142.5
28	1.651	97.0	159.0	1.495	82.0	139.0	1.573	89.5	149
29	1.751	100.0	165.0	1.578	83.0	143.0	1.6645	91.5	154
30	1.852	101.0	171.0	1.662	84.0	148.0	1.757	92.5	159.5

（续）

日龄 (d)	公鸡			母鸡			混养		
	体重 （kg）	日增重 （g）	日采食量 （g）	体重 （kg）	日增重 （g）	日采食量 （g）	体重 （kg）	日增重 （g）	日采食量 （g）
31	1.954	102.0	177.0	1.747	85.0	152.0	1.850 5	93.5	164.5
32	2.058	104.0	183.0	1.833	86.0	158.0	1.945 5	95	170.5
33	2.163	105.0	188.0	1.919	86.0	161.0	2.041	95.5	174.5
34	2.269	106.0	194.0	2.006	87.0	166.0	2.137 5	96.5	180
35	2.376	107.0	199.0	2.093	87.0	170.0	2.234 5	97	184.5
36	2.484	108.0	205.0	2.18	87.0	174.0	2.332	97.5	189.5
37	2.592	108.0	209.0	2.267	87.0	177.0	2.429 5	97.5	193
38	2.701	109.0	214.0	2.354	87.0	182.0	2.527 5	98	198
39	2.809	108.0	219.0	2.441	87.0	184.0	2.625	97.5	201.5
40	2.918	109.0	223.0	2.528	87.0	188.0	2.723	98	205.5
41	3.027	109.0	228.0	2.614	86.0	191.0	2.820 5	97.5	209.5
42	3.136	109.0	231.0	2.7	86.0	194.0	2.918	97.5	212.5
43	3.245	109.0	235.0	2.786	86.0	196.0	3.015 5	97.5	215.5
44	3.353	108.0	238.0	2.87	84.0	199.0	3.111 5	96	218.5
45	3.461	108.0	242.0	2.954	84.0	201.0	3.207 5	96	221.5
46	3.568	107.0	245.0	3.038	84.0	204.0	3.303	95.5	224.5
47	3.674	106.0	247.0	3.12	82.0	205.0	3.397	94	226
48	3.78	106.0	250.0	3.202	82.0	207.0	3.491	94	228.5
49	3.885	105.0	253.0	3.282	80.0	209.0	3.583 5	92.5	231
50	3.989	104.0	255.0	3.362	80.0	210.0	3.675 5	92	232.5
51	4.091	102.0	257.0	3.441	79.0	212.0	3.766	90.5	234.5
52	4.193	102.0	258.0	3.518	77.0	212.0	3.855 5	89.5	235
53	4.294	101.0	261.0	3.595	77.0	214.0	3.944 5	89	237.5
54	4.393	99.0	261.0	3.67	75.0	215.0	4.031 5	87	238
55	4.491	98.0	263.0	3.744	74.0	215.0	4.117 5	86	239
56	4.588	97.0	264.0	3.817	73.0	216.0	4.202 5	85	240
57	4.684	96.0	265.0	3.889	72.0	216.0	4.286 5	84	240.5
58	4.778	94.0	265.0	3.96	71.0	217.0	4.369	82.5	241
59	4.871	93.0	266.0	4.029	69.0	217.0	4.45	81	241.5
60	4.962	91.0	267.0	4.097	68.0	216.0	4.529 5	79.5	241.5
61	5.052	90.0	266.0	4.164	67.0	217.0	4.608	78.5	241.5
62	5.14	88.0	267.0	4.23	66.0	217.0	4.685	77	242
63	5.227	87.0	267.0	4.294	64.0	216.0	4.760 5	75.5	241.5

表 3-12　罗斯 308 肉鸡阶段生长性能与饲料营养素浓度计算结果

项　目	公鸡（日龄，d）				母鸡（日龄，d）				混养（日龄，d）			
	1~7	8~21	22~33	34~42	1~7	8~21	22~33	34~42	1~7	8~21	22~33	34~42
体重[1]（kg）	0.127	0.585	1.614	2.701	0.128	0.561	1.461	2.354	0.127	0.573	1.537	2.528
日增重[1]（g）	23.43	57.93	95.42	108.11	23.57	53.07	80.67	86.78	23.50	55.50	88.04	97.44
日采食量[1]（g）	23.71	75.43	155.08	213.56	25.00	69.21	135.17	180.67	24.36	72.32	145.13	197.11
阶段料重比	1.01	1.30	1.63	1.98	1.06	1.30	1.68	2.08	1.04	1.30	1.65	2.02
期末体重（kg）	0.207	1.02	2.16	3.14	0.208	0.95	1.92	2.70	0.208	0.98	2.04	2.92
期间采食（kg）	0.166	1.056	1.861	1.922	0.175	0.969	1.622	1.626	0.171	1.013	1.742	1.774
累计采食（kg）		1.22	3.08	5.01		1.14	2.77	4.39		1.18	2.92	4.70
全程料重比		1.618				1.652				1.634		
可利用赖氨酸（g/d）	0.338	0.905	1.725	2.243	0.341	0.830	1.445	1.760	0.340	0.868	1.584	1.998
饲料 ME[1]（kcal/kg）	3 000	3 100	3 200	3 200	3 000	3 100	3 200	3 200	3 000	3 100	3 200	3 200
粗蛋白质（%）	22.41	21.49	20.04	18.31	22.41	21.49	20.04	18.31	22.41	21.49	20.04	18.31
钙（%）	0.96	0.91	0.85	0.77	0.96	0.91	0.85	0.77	0.96	0.91	0.85	0.77
可利用磷（%）	0.48	0.46	0.42	0.39	0.48	0.46	0.42	0.39	0.48	0.46	0.42	0.39
钾（%）	0.60	0.61	0.61	0.59	0.60	0.61	0.61	0.59	0.60	0.61	0.61	0.59
钠（%）	0.23	0.22	0.21	0.20	0.23	0.22	0.21	0.20	0.23	0.22	0.21	0.20
氯（%）	0.20	0.20	0.19	0.17	0.20	0.20	0.19	0.17	0.20	0.20	0.19	0.17
亚油酸（%）	1.10	1.09	1.07	1.03	1.10	1.09	1.07	1.03	1.10	1.09	1.07	1.03
总赖氨酸（%）	1.57	1.32	1.23	1.16	1.50	1.32	1.18	1.07	1.54	1.32	1.20	1.12
可利用赖氨酸（%）	1.43	1.20	1.11	1.05	1.36	1.20	1.07	0.97	1.39	1.20	1.09	1.01
总蛋氨酸（%）	0.61	0.51	0.49	0.47	0.58	0.51	0.47	0.44	0.60	0.51	0.48	0.46
可利用蛋氨酸（%）	0.57	0.48	0.46	0.44	0.54	0.48	0.44	0.41	0.56	0.48	0.45	0.42
总蛋氨酸＋总胱氨酸（%）	1.18	0.99	0.94	0.91	1.13	0.99	0.91	0.85	1.15	0.99	0.93	0.88
可利用蛋氨酸＋可利用胱氨酸（%）	1.06	0.89	0.85	0.82	1.01	0.89	0.81	0.76	1.03	0.89	0.83	0.79
总色氨酸（%）	0.25	0.21	0.21	0.18	0.24	0.21	0.20	0.17	0.25	0.21	0.20	0.18
可利用色氨酸（%）	0.22	0.19	0.19	0.16	0.21	0.19	0.18	0.15	0.22	0.19	0.19	0.16
总苏氨酸（%）	1.06	0.89	0.83	0.78	1.01	0.89	0.80	0.73	1.04	0.89	0.82	0.76
可利用苏氨酸（%）	0.96	0.81	0.75	0.70	0.92	0.81	0.72	0.65	0.94	0.81	0.73	0.68
总精氨酸（%）	1.66	1.40	1.30	1.22	1.59	1.40	1.25	1.13	1.62	1.40	1.28	1.18
可利用精氨酸（%）	1.53	1.28	1.19	1.13	1.46	1.28	1.14	1.05	1.49	1.28	1.17	1.09
总甘氨酸＋总丝氨酸（%）	2.36	1.99	1.72	1.56	2.25	1.98	1.65	1.45	2.31	1.98	1.68	1.51
总缬氨酸（%）	1.20	1.01	0.95	0.90	1.15	1.01	0.91	0.84	1.17	1.01	0.93	0.87
可利用缬氨酸（%）	1.07	0.90	0.85	0.80	1.02	0.90	0.81	0.74	1.05	0.90	0.83	0.77
总异亮氨酸（%）	1.06	0.89	0.85	0.80	1.01	0.89	0.81	0.75	1.04	0.89	0.83	0.78
可利用异亮氨酸（%）	0.96	0.81	0.75	0.72	0.92	0.81	0.72	0.67	0.94	0.81	0.73	0.70

（续）

项　目	公鸡（日龄，d）				母鸡（日龄，d）				混养（日龄，d）			
	1～7	8～21	22～33	34～42	1～7	8～21	22～33	34～42	1～7	8～21	22～33	34～42
总亮氨酸（%）	1.73	1.45	1.35	1.28	1.65	1.45	1.30	1.18	1.69	1.45	1.32	1.23
可利用亮氨酸（%）	1.57	1.32	1.22	1.16	1.50	1.32	1.18	1.08	1.54	1.32	1.20	1.12
总组氨酸（%）	0.57	0.48	0.44	0.42	0.54	0.48	0.42	0.39	0.55	0.48	0.43	0.40
可利用组氨酸（%）	0.51	0.43	0.40	0.38	0.49	0.43	0.38	0.35	0.50	0.43	0.39	0.36
总苯丙氨酸（%）	0.99	0.83	0.77	0.73	0.95	0.83	0.74	0.68	0.97	0.83	0.76	0.70
利用苯丙氨酸（%）	0.90	0.76	0.70	0.66	0.86	0.76	0.67	0.61	0.88	0.76	0.69	0.64
总苯丙氨酸＋总酪氨酸（%）	1.79	1.51	1.40	1.32	1.71	1.51	1.34	1.22	1.75	1.51	1.37	1.27
可利用苯丙氨酸＋可利用酪氨酸（%）	1.64	1.38	1.28	1.21	1.57	1.38	1.23	1.12	1.60	1.38	1.26	1.17

注：[1] 输入值。

（三）科宝肉鸡的生长性能与饲料营养需要/营养素浓度计算（四阶段）

科宝肉鸡的生长性能数据见表 3-13，计算得到的营养需要/饲料营养素浓度见表 3-14。

表 3-13　科宝肉鸡生长性能

日龄（d）	公鸡			母鸡			混养		
	体重（kg）	日增重（g）	日采食量（g）	体重（kg）	日增重（g）	日采食量（g）	体重（kg）	日增重（g）	日采食量（g）
1～7	0.119	21.7	20.9	0.117	21.3	20.7	0.118	21.5	20.8
8～21	0.592	60.6	79.8	0.574	57.4	76.4	0.583	59.0	78.1
22～33	1.637	95.0	158.0	1.518	82.1	142.8	1.577	88.5	150.4
34～42	2.715	107.2	204.4	2.413	86.3	176.9	2.564	96.8	190.7
0	0.042			0.042			0.042		
1	0.063	21.0	13.0	0.063	21.0	13.0	0.063	21	13
2	0.074	11.0	12.5	0.074	11.0	12.5	0.074	11	12.464
3	0.09	16.0	17.8	0.089	15.0	17.8	0.089 5	15.5	17.824 8
4	0.11	20.0	21.2	0.108	19.0	21.2	0.109	19.5	21.22
5	0.135	25.0	23.8	0.133	25.0	23.8	0.134	25	23.766 4
6	0.164	29.0	27.2	0.162	29.0	27.2	0.163	29	27.161 6
7	0.194	30.0	30.6	0.191	29.0	29.6	0.192 5	29.5	30.06
8	0.23	36.0	37.0	0.227	36.0	36.0	0.228 5	36	36.503 2
9	0.271	41.0	43.0	0.267	40.0	43.0	0.269	40.5	43
10	0.316	45.0	50.0	0.31	43.0	50.0	0.313	44	50
11	0.365	49.0	57.0	0.358	48.0	56.0	0.361 5	48.5	56.5
12	0.418	53.0	64.0	0.409	51.0	63.0	0.413 5	52	63.5

（续）

日龄 (d)	公鸡			母鸡			混养		
	体重 (kg)	日增重 (g)	日采食量 (g)	体重 (kg)	日增重 (g)	日采食量 (g)	体重 (kg)	日增重 (g)	日采食量 (g)
13	0.474	56.0	74.0	0.464	55.0	70.0	0.469	55.5	72
14	0.534	60.0	76.0	0.521	57.0	72.0	0.527 5	58.5	74
15	0.597	63.0	80.0	0.582	61.0	76.0	0.589 5	62	78
16	0.664	67.0	87.0	0.645	63.0	83.0	0.654 5	65	85
17	0.733	69.0	93.0	0.711	66.0	89.0	0.722	67.5	91
18	0.806	73.0	107.0	0.779	68.0	98.0	0.792 5	70.5	102.5
19	0.882	76.0	113.0	0.849	70.0	107.0	0.865 5	73	110
20	0.96	78.0	116.0	0.921	72.0	112.0	0.940 5	75	114
21	1.042	82.0	120.0	0.995	74.0	115.0	1.018 5	78	117.5
22	1.125	83.0	125.0	1.071	76.0	120.0	1.098	79.5	122.5
23	1.212	87.0	131.0	1.148	77.0	124.0	1.18	82	127.5
24	1.3	88.0	138.0	1.227	79.0	128.0	1.263 5	83.5	133
25	1.391	91.0	143.0	1.307	80.0	131.0	1.349	85.5	137
26	1.484	93.0	151.0	1.389	82.0	137.0	1.436 5	87.5	144
27	1.579	95.0	158.0	1.471	82.0	143.0	1.525	88.5	150.5
28	1.675	96.0	164.0	1.554	83.0	148.0	1.614 5	89.5	156
29	1.774	99.0	168.0	1.638	84.0	151.0	1.706	91.5	159.5
30	1.874	100.0	174.0	1.723	85.0	154.0	1.798 5	92.5	164
31	1.975	101.0	177.0	1.808	85.0	156.0	1.891 5	93	166.5
32	2.078	103.0	181.0	1.894	86.0	159.0	1.986	94.5	170
33	2.182	104.0	186.0	1.98	86.0	162.0	2.081	95	174
34	2.286	104.0	189.0	2.067	87.0	164.0	2.176 5	95.5	176.5
35	2.392	106.0	192.0	2.153	86.0	166.0	2.272 5	96	179
36	2.499	107.0	195.0	2.24	87.0	169.0	2.369 5	97	182
37	2.606	107.0	200.0	2.327	87.0	172.0	2.466 5	97	186
38	2.714	108.0	204.0	2.413	86.0	177.0	2.563 5	97	190.5
39	2.822	108.0	208.0	2.5	87.0	179.0	2.661	97.5	193.5
40	2.93	108.0	212.0	2.586	86.0	183.0	2.758	97	197.5
41	3.038	108.0	217.0	2.672	86.0	189.0	2.855	97	203
42	3.147	109.0	223.0	2.757	85.0	193.0	2.952	97	208
43	3.255	108.0	229.0	2.843	86.0	198.0	3.049	97	213.5
44	3.363	108.0	233.0	2.927	84.0	202.0	3.145	96	217.5
45	3.47	107.0	240.0	3.011	84.0	208.0	3.240 5	95.5	224

（续）

日龄(d)	公鸡			母鸡			混养		
	体重(kg)	日增重(g)	日采食量(g)	体重(kg)	日增重(g)	日采食量(g)	体重(kg)	日增重(g)	日采食量(g)
46	3.577	107.0	243.0	3.094	83.0	212.0	3.335 5	95	227.5
47	3.682	105.0	247.0	3.177	83.0	215.0	3.429 5	94	231
48	3.787	105.0	252.0	3.26	83.0	220.0	3.523 5	94	236
49	3.891	104.0	256.0	3.342	82.0	225.0	3.616 5	93	240.5
50	3.994	103.0	259.0	3.421	79.0	226.0	3.707 5	91	242.5
51	4.095	101.0	262.0	3.498	77.0	225.0	3.796 5	89	243.5
52	4.195	100.0	265.0	3.576	78.0	224.0	3.885 5	89	244.5
53	4.293	98.0	269.0	3.652	76.0	224.0	3.972 5	87	246.5
54	4.389	96.0	270.0	3.728	76.0	223.0	4.058 5	86	246.5
55	4.484	95.0	271.0	3.804	76.0	221.0	4.144	85.5	246
56	4.576	92.0	270.0	3.878	74.0	219.0	4.227	83	244.5
57	4.666	90.0	268.0	3.952	74.0	217.0	4.309	82	242.5
58	4.753	87.0	266.0	4.024	72.0	216.0	4.388 5	79.5	241
59	4.838	85.0	264.0	4.094	70.0	214.0	4.466	77.5	239
60	4.92	82.0	260.0	4.164	70.0	213.0	4.542	76	236.5
61	4.999	79.0	257.0	4.233	69.0	211.0	4.616	74	234
62	5.075	76.0	254.0	4.302	69.0	209.0	4.688 5	72.5	231.5
63	5.148	73.0	249.0	4.37	68.0	207.0	4.759	70.5	228

表 3-14　科宝肉鸡阶段生长性能与饲料营养素浓度计算结果

项 目	公鸡（日龄，d）				母鸡（日龄，d）				混养（日龄，d）			
	1~7	8~21	22~33	34~42	1~7	8~21	22~33	34~42	1~7	8~21	22~33	34~42
体重[1]（kg）	0.119	0.592	1.637	2.715	0.117	0.574	1.518	2.413	0.118	0.583	1.577	2.564
日增重[1]（g）	21.71	60.57	95.00	107.22	21.29	57.43	82.08	86.33	21.50	59.00	88.54	96.78
日采食量[1]（g）	21.20	81.07	160.47	204.44	21.06	77.66	144.98	176.89	21.13	79.37	152.72	190.67
阶段料重比	0.98	1.34	1.69	1.91	0.99	1.35	1.77	2.05	0.98	1.35	1.72	1.97
期末体重（kg）	0.194	1.04	2.18	3.15	0.191	1.00	1.98	2.76	0.193	1.02	2.08	2.95
期间采食（kg）	0.148	1.135	1.926	1.840	0.147	1.087	1.740	1.592	0.148	1.111	1.833	1.716
累计采食（kg）		1.28	3.21	5.05		1.23	2.97	4.57		1.26	3.09	4.81
全程料重比	1.626						1.682			1.652		
可消化赖氨酸（g/d）	0.270	0.885	1.629	2.016	0.265	0.839	1.399	1.593	0.268	0.862	1.514	1.801
饲料 ME[1]（kcal/kg）	2 950	3 050	3 150	3 200	2 950	3 050	3 150	3 200	2 950	3 050	3 150	3 200
粗蛋白质（%）	22.04	21.14	19.73	18.31	22.04	21.14	19.73	18.31	22.04	21.14	19.73	18.31

（续）

项　目	公鸡（日龄，d）				母鸡（日龄，d）				混养（日龄，d）			
	1～7	8～21	22～33	34～42	1～7	8～21	22～33	34～42	1～7	8～21	22～33	34～42
钙（%）	0.94	0.90	0.84	0.77	0.94	0.90	0.84	0.77	0.94	0.90	0.84	0.77
可利用磷（%）	0.47	0.45	0.42	0.39	0.47	0.45	0.42	0.39	0.47	0.45	0.42	0.39
钾（%）	0.59	0.60	0.60	0.59	0.59	0.60	0.60	0.59	0.59	0.60	0.60	0.59
钠（%）	0.22	0.22	0.21	0.20	0.22	0.22	0.21	0.20	0.22	0.22	0.21	0.20
氯（%）	0.20	0.19	0.18	0.17	0.20	0.19	0.18	0.17	0.20	0.19	0.18	0.17
亚油酸（%）	1.08	1.08	1.06	1.03	1.08	1.08	1.06	1.03	1.08	1.08	1.06	1.03
总赖氨酸（%）	1.41	1.20	1.12	1.09	1.39	1.19	1.06	0.99	1.40	1.20	1.09	1.04
可利用赖氨酸（%）	1.28	1.09	1.02	0.99	1.26	1.08	0.97	0.90	1.27	1.09	0.99	0.94
总蛋氨酸（%）	0.55	0.47	0.46	0.45	0.54	0.46	0.44	0.41	0.54	0.47	0.45	0.43
可利用蛋氨酸（%）	0.48	0.41	0.42	0.40	0.48	0.41	0.40	0.37	0.48	0.41	0.41	0.39
总蛋氨酸＋总胱氨酸（%）	1.07	0.91	0.87	0.85	1.06	0.90	0.83	0.77	1.06	0.91	0.85	0.81
可利用蛋氨酸＋可利用胱氨酸（%）	0.97	0.83	0.79	0.77	0.96	0.82	0.75	0.70	0.96	0.83	0.77	0.74
总色氨酸（%）	0.22	0.19	0.19	0.20	0.22	0.19	0.18	0.18	0.22	0.19	0.19	0.19
可利用色氨酸（%）	0.20	0.17	0.17	0.18	0.20	0.17	0.16	0.16	0.20	0.17	0.17	0.17
总苏氨酸（%）	0.96	0.82	0.73	0.74	0.94	0.81	0.69	0.68	0.95	0.81	0.71	0.71
可利用苏氨酸（%）	0.87	0.74	0.66	0.67	0.86	0.73	0.63	0.61	0.86	0.74	0.64	0.64
总精氨酸（%）	1.43	1.23	1.14	1.11	1.42	1.21	1.09	1.01	1.43	1.22	1.11	1.06
可利用精氨酸（%）	1.34	1.15	1.07	1.04	1.32	1.13	1.01	0.95	1.33	1.14	1.04	0.99
总甘氨酸＋总丝氨酸（%）	2.11	1.80	1.57	1.47	2.08	1.79	1.49	1.34	2.10	1.80	1.53	1.41
总缬氨酸（%）	1.05	0.90	0.84	0.84	1.04	0.89	0.80	0.76	1.05	0.90	0.82	0.80
可利用缬氨酸（%）	0.96	0.82	0.76	0.76	0.94	0.81	0.72	0.69	0.95	0.81	0.74	0.73
总异亮氨酸（%）	0.89	0.76	0.72	0.71	0.87	0.75	0.68	0.65	0.88	0.75	0.70	0.68
可利用异亮氨酸（%）	0.80	0.69	0.65	0.64	0.79	0.68	0.62	0.59	0.80	0.68	0.63	0.61
总亮氨酸（%）	1.52	1.30	1.22	1.19	1.50	1.29	1.16	1.08	1.51	1.29	1.19	1.14
可利用亮氨酸（%）	1.38	1.18	1.11	1.07	1.36	1.17	1.05	0.98	1.37	1.17	1.08	1.03
总组氨酸（%）	0.51	0.43	0.40	0.39	0.50	0.43	0.38	0.36	0.50	0.43	0.39	0.38
可利用组氨酸（%）	0.46	0.39	0.37	0.35	0.45	0.39	0.35	0.32	0.46	0.39	0.36	0.34
总苯丙氨酸（%）	0.89	0.76	0.71	0.68	0.87	0.75	0.67	0.63	0.88	0.75	0.69	0.66
可利用苯丙氨酸（%）	0.80	0.69	0.64	0.62	0.79	0.68	0.61	0.57	0.80	0.68	0.62	0.60
总苯丙氨酸＋总酪氨酸（%）	1.60	1.37	1.28	1.24	1.58	1.36	1.21	1.13	1.59	1.36	1.25	1.19
可利用苯丙氨酸＋可利用酪氨酸（%）	1.47	1.25	1.17	1.13	1.45	1.24	1.11	1.04	1.46	1.25	1.14	1.09

注：[1] 输入值。

（四）817 杂交肉鸡的生长性能与营养需要/饲料营养素浓度计算（四阶段）

817 杂交肉鸡的生长性能数据见表 3 - 15，计算得到的营养需要/饲料营养素浓度见表 3 - 16。

表 3 - 15 817 杂交肉鸡生长性能

日龄（d）	体重（kg）	日增重（g）	日采食量（g）
1~10	0.117	16.300	21.200
11~21	0.376	32.455	50.91
21~42	1.080	50.190	92.381
43~49	1.860	62.000	122.000
0	0.04		
1	0.048	8.0	10.0
2	0.058	10.0	12.0
3	0.07	12.0	14.0
4	0.084	14.0	18.0
5	0.1	16.0	19.0
6	0.119	19.0	23.0
7	0.14	21.0	26.0
8	0.161	21.0	28.0
9	0.182	21.0	30.0
10	0.203	21.0	32.0
11	0.224	21.0	35.0
12	0.246	22.0	40.0
13	0.268	22.0	43.0
14	0.29	22.0	46.0
15	0.328	38.0	49.0
16	0.366	38.0	52.0
17	0.404	38.0	55.0
18	0.443	39.0	58.0
19	0.482	39.0	61.0
20	0.521	39.0	64.0
21	0.56	39.0	57.0
22	0.603	43.0	68.0
23	0.646	43.0	69.0
24	0.69	44.0	70.0
25	0.734	44.0	71.0

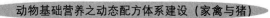

（续）

日龄（d）	体重（kg）	日增重（g）	日采食量（g）
26	0.778	44.0	72.0
27	0.823	45.0	73.0
28	0.868	45.0	76.0
29	0.917	49.0	82.0
30	0.966	49.0	86.0
31	1.016	50.0	90.0
32	1.066	50.0	94.0
33	1.116	50.0	98.0
34	1.167	51.0	102.0
35	1.218	51.0	109.0
36	1.271	53.0	110.0
37	1.325	54.0	110.0
38	1.38	55.0	111.0
39	1.437	57.0	112.0
40	1.495	58.0	112.0
41	1.554	59.0	112.0
42	1.614	60.0	113.0
43	1.674	60.0	115.0
44	1.735	61.0	118.0
45	1.797	62.0	119.0
46	1.859	62.0	122.0
47	1.922	63.0	125.0
48	1.985	63.0	126.0
49	2.048	63.0	129.0

表 3-16 817 杂交肉鸡生长性能与饲料营养素浓度计算结果

项　目	日龄（d）			
	1~10	11~21	21~42	43~49
体重[1]（kg）	0.117	0.376	1.080	1.86
日增重[1]（g）	16.30	32.45	50.19	62
日采食量[1]（g）	21.55	51.73	92.38	117.20
阶段料重比	1.32	1.59	1.84	1.89
期末体重（kg）	0.290	1.170	1.610	2.048
期间采食（kg）	0.22	0.57	1.940	0.820

（续）

项　目	日龄（d）			
	1～10	11～21	21～42	43～49
累计采食（kg）		0.78	2.72	3.54
全程料重比		1.767		
可利用赖氨酸（g/d）	0.257	0.536	0.883	1.094
饲料 ME[1]（kcal/kg）	2950	3050	3150	3 300
粗蛋白质（%）	21.81	20.90	19.00	17.53
钙（%）	0.92	0.83	0.76	0.74
可利用磷（%）	0.46	0.41	0.38	0.37
钾（%）	0.59	0.58	0.58	0.60
钠（%）	0.22	0.21	0.19	0.19
氯（%）	0.20	0.18	0.17	0.17
亚油酸（%）	1.07	1.03	1.01	1.02
总赖氨酸（%）	1.31	1.14	1.05	1.03
可利用赖氨酸（%）	1.19	1.04	0.96	0.93
总蛋氨酸（%）	0.51	0.45	0.42	0.42
可利用蛋氨酸（%）	0.45	0.39	0.38	0.38
总蛋氨酸＋总半胱氨酸（%）	0.93	0.81	0.75	0.74
可利用蛋氨酸＋可利用半胱氨酸（%）	0.84	0.73	0.68	0.67
总酪氨酸（%）	0.21	0.18	0.18	0.19
可利用酪氨酸（%）	0.19	0.17	0.16	0.17
总苏氨酸（%）	0.89	0.78	0.72	0.70
可利用苏氨酸（%）	0.81	0.71	0.62	0.61
总精氨酸（%）	1.34	1.17	1.08	1.05
可消化精氨酸（%）	1.25	1.09	1.00	0.98
总甘氨酸＋总丝氨酸（%）	1.97	1.71	1.48	1.39
总缬氨酸（%）	0.96	0.83	0.79	0.77
可利用缬氨酸（%）	0.87	0.76	0.72	0.70
总异亮氨酸（%）	0.83	0.72	0.67	0.67
可利用异亮氨酸（%）	0.75	0.65	0.61	0.61
总亮氨酸（%）	1.42	1.23	1.15	1.12
可利用亮氨酸（%）	1.29	1.12	1.04	1.02
总组氨酸（%）	0.47	0.41	0.38	0.37
可利用组氨酸（%）	0.43	0.37	0.34	0.34
总苯丙氨酸（%）	0.83	0.72	0.66	0.65
可利用苯丙氨酸（%）	0.75	0.65	0.60	0.59

（续）

项　目	日龄（d）			
	1～10	11～21	21～42	43～49
总苯丙氨酸＋总苏氨酸（%）	1.50	1.30	1.20	1.17
可利用苯丙氨酸＋可利用苏氨酸（%）	1.37	1.19	1.10	1.07

注：[1]输入值。

三、蛋鸡营养需要/饲料营养素浓度计算

蛋鸡营养需要的计算方法按阶段分为后备蛋鸡和产蛋期，按羽色分为褐羽和白羽。本节以海兰褐和海兰白为例，列出蛋鸡营养需要/饲料营养素浓度的计算步骤。

（一）海兰褐后备蛋鸡营养需要/饲料营养素浓度计算

（1）列出各营养素与饲料代谢能浓度的比例（%，占每 Mcal ME 的比例），这些营养素包括粗蛋白质、钙、可利用磷、钾、钠、氯、亚油酸、赖氨酸（表3-17）。

（2）列出理想氨基酸模型（表3-18）。

（3）输入饲料家禽代谢能浓度，根据第一和第二步中的数据计算出饲料中各营养素的浓度（表3-19）。

表3-17　海兰褐后备蛋鸡各营养素与饲料代谢能浓度的比例（%，占每 Mcal ME 的比例）

营养素	周　龄			预产期
	1～6	7～12	13～15	
粗蛋白质	6.45	6.25	5.82	5.89
钙	0.34	0.356	0.362	0.893
可利用磷	0.148	0.155	0.165	0.171
钾	0.183	0.18	0.18	0.18
钠	0.062	0.062	0.065	0.063
氯	0.062	0.062	0.065	0.063
亚油酸	0.36	0.36	0.365	0.36
赖氨酸	可利用的	总的	可利用的	总的	可利用的	总的	可利用的	总的
	0.327	0.359	0.293	0.321	0.244	0.265	0.257	0.283

表3-18　海兰褐后备蛋鸡理想氨基酸模型（%，氨基酸/赖氨酸）

氨基酸	蛋雏鸡（周龄）		育成蛋鸡（周龄）				预产期（周龄）	
	1～6		7～12		13～15		15～17	
	Dig	Total	Dig	Total	Dig	Total	Dig	Total
赖氨酸	100	100	100	100	100	100	100	100
蛋氨酸	45.6	45.6	47.6	45.6	46.3	46.6	48.6	48.1

（续）

氨基酸	蛋雏鸡（周龄）				育成蛋鸡（周龄）				预产期（周龄）	
	1～6		7～12		13～15				15～17	
	Dig	Total	Dig	Total	Dig	Total			Dig	Total
蛋氨酸＋胱氨酸	78.3	80.2	80.5	83.3	83.6	86.3			86.1	88.6
色氨酸	18.5	20.8	20.7	23.3	22.4	24.7			22.2	24.1
苏氨酸	65.2	69.3	67.1	72.2	68.7	74			69.4	73.4
精氨酸	104	102	103.7	102.2	104.5	102.7			104.2	102.5
甘氨酸＋丝氨酸		130		120		110				
缬氨酸	74	74.3	78	79	80.6	80.8			84.7	86.1
异亮氨酸	71.7	70.3	74.4	72.2	74.6	74			77.8	75.9
亮氨酸	112	111	118	117	125	124			125	124
组氨酸	37	37	38	38	39	39			39	39
苯丙氨酸	66	66	69	69	72	72			72	72
苯丙氨酸＋酪氨酸	121	120	125	125	130	130			130	130

表 3-19　海兰褐后备蛋鸡饲料营养素浓度计算结果

项　　目	周　　龄			预产期
	1～6	7～12	13～15	
饲料 ME（kcal/kg）	2 950	2 800	2 750	2 800
粗蛋白质（%）	19.0	17.5	16.0	16.5
钙（%）	1.00	1.00	1.00	2.50
可利用磷（%）	0.44	0.43	0.45	0.48
钾（%）	0.54	0.50	0.50	0.50
钠（%）	0.18	0.17	0.18	0.18
氯（%）	0.18	0.17	0.18	0.18
亚油酸（%）	1.06	1.01	1.00	1.01

氨基酸	可利用的	总的	可利用的	总的	可利用的	总的	可利用的	总的
赖氨酸（%）	0.96	1.06	0.82	0.90	0.67	0.73	0.72	0.79
蛋氨酸（%）	0.44	0.48	0.39	0.41	0.31	0.34	0.35	0.38
蛋氨酸＋胱氨酸（%）	0.76	0.85	0.66	0.75	0.56	0.63	0.62	0.70
色氨酸（%）	0.18	0.22	0.17	0.21	0.15	0.18	0.16	0.19
苏氨酸（%）	0.63	0.73	0.55	0.65	0.46	0.54	0.50	0.58
精氨酸（%）	1.00	1.08	0.85	0.92	0.70	0.75	0.75	0.81
甘氨酸＋丝氨酸（%）		1.38		1.08		0.80		
缬氨酸（%）	0.71	0.79	0.64	0.71	0.54	0.59	0.61	0.68
异亮氨酸（%）	0.69	0.74	0.61	0.65	0.50	0.54	0.56	0.60
亮氨酸（%）	1.08	1.18	0.97	1.05	0.84	0.90	0.90	0.98

（续）

项　目	周　龄						预产期	
	1～6		7～12		13～15			
组氨酸（%）	0.36	0.39	0.31	0.34	0.26	0.28	0.28	0.31
苯丙氨酸（%）	0.64	0.70	0.57	0.62	0.48	0.52	0.52	0.57
苯丙氨酸＋酪氨酸（%）	1.17	1.27	1.03	1.12	0.87	0.95	0.94	1.03

注：饲料 ME 为输入值，其他值根据能值变化而变化。

（二）海兰褐产蛋鸡营养需要/饲料营养素浓度计算

（1）列出种鸡公司提供的产蛋鸡生产性能，包括日龄、体重、日增重、产蛋率、日产蛋重（产蛋率×蛋重）。

（2）列出产蛋鸡各营养素的日需要量（g/只），这些营养素包括粗蛋白质、钙、可利用磷、钾、钠、氯和亚油酸（表 3-20）。

（3）列出产蛋鸡各阶段理想氨基酸模型（表 3-21）。

（4）产蛋鸡（白壳、褐壳）代谢能（ME）日需要量公式

ME ［kcal/（只・d）］＝144.5×体重$^{0.75}$＋3.84×日体增重＋1.92×日产蛋重＋2.0×体重×（21－平均温度）。式中，体重，kg；日增重：g/只；日产蛋重＝产蛋率（%）×蛋重（g/只）；温度：℃。

计算所得日 ME 需要量除以饲料中 ME 浓度，得日采食量。

使用此公式时平均温度应为有效温度，必要时可能需要根据实际日采食量对公式进行校正。

（5）产蛋鸡（白壳、褐壳）可利用赖氨酸（Dig Lys）的计算公式

Dig Lys ［g/（只・d）］＝0.1×体重$^{0.75}$＋0.02×日增重＋0.011 5×日产蛋重。式中，体重，kg；日增重：g/只；日产蛋重＝产蛋率（%）×蛋重（g/只）。

此计算结果可与种鸡公司推荐值进行比较后略作校正。

（6）产蛋鸡（白壳、褐壳）ME 日需要量公式（荷兰 CVB）

ME ［kcal/（只・d）］＝104×$BW^{0.75}$＋5.14×日增重＋2.89×日产蛋重＋2.27×平均体重×（21－平均温度）。式中，体重，kg；日增重：g/只；日产蛋重＝产蛋率（%）×蛋重（g/只）；温度：℃。

此公式计算结果与巴西公式结果有差异，下文表中对计算结果均已进行了校正。

根据以上步骤计算的海兰褐产蛋鸡营养需要/饲料营养素浓度见表 3-22。

表 3-20　海兰褐产蛋鸡各营养素日需要量（g/只）

项目	产蛋高峰（17～37 周龄）	产蛋 2（38～48 周龄）	产蛋 3（49～62 周龄）	产蛋 4（63～76 周龄）	产蛋 5（77 周龄以上）
粗蛋白质	17	16.75	16	15.5	15
钙	4.2	4.4	4.6	4.8	4.9

（续）

项目	产蛋高峰 (17～37 周龄)	产蛋 2 (38～48 周龄)	产蛋 3 (49～62 周龄)	产蛋 4 (63～76 周龄)	产蛋 5 (77 周龄以上)
可利用磷	0.49	0.44	0.4	0.38	0.36
钾	0.59	0.59	0.59	0.59	0.59
钠	0.18	0.18	0.18	0.18	0.18
氯	0.18	0.18	0.18	0.18	0.18
亚油酸	2	2	2	2	2

表 3-21 海兰褐产蛋鸡理想氨基酸模型（%，氨基酸/赖氨酸）

氨基酸	产蛋高峰 (17～37 周龄)		产蛋 2 (38～48 周龄)		产蛋 3 (49～62 周龄)		产蛋 4 (63～76 周龄)		产蛋 5 (77 周龄以上)	
	可利用的	总的	可利用的	总的	可利用的	总的	可利用的	总的	可利用的	总的
赖氨酸	100	100	100	100	100	100	100	100	100	100
蛋氨酸	52	50.1	49.9	49	48.7	47.9	47.5	46.8	46.4	44.4
蛋氨酸＋胱氨酸	88	90.6	86	88.6	84	86.5	82	84.5	80	80.3
色氨酸	20	21.8	20	21.8	20	21.8	20	21.9	20	21.2
苏氨酸	72	77.4	71	76.3	70	75.2	70	75.2	70	73.2
精氨酸	104	102	104	102	104	102	104	102	104	99.5
缬氨酸	88	88.6	88	88.6	87	87.6	86	86.7	91.8	83.4
异亮氨酸	75	73.6	75	73.6	75	73.7	75	73.7	75	71.8
亮氨酸	122	119	122	119	122	119	122	119	122	119
组氨酸	29	28	29	28	29	28	29	28	29	28
苯丙氨酸	65	63	65	63	65	63	65	63	65	63
苯丙氨酸＋酪氨酸	118	115	118	115	118	115	118	115	118	115
赖氨酸（mg/d）	820	898	800	876	780	854	760	832	740	810

表 3-22 海兰褐蛋鸡产蛋期营养需要/饲料营养素浓度计算结果

项目	产蛋高峰 (17～37 周龄)	产蛋 2 (38～48 周龄)	产蛋 3 (49～62 周龄)	产蛋 4 (63～76 周龄)	产蛋 5 (77 周龄以上)
平均体重[1]（kg）	1.85	1.95	1.95	1.97	2
日增重[1]（g）	2	1	0	0	0
蛋重[1]（g/d）	59	59	56.5	54	50
平均温度[1]（℃）	22	22	22	22	22
ME 日需要量（kcal）	326.5	324.7	320.0	320.0	315.0
ME 日需要量 （CVB公式，kcal）	321.6	322.8	310.5	304.5	294.9

（续）

项目	产蛋高峰 （17~37 周龄）		产蛋2 （38~48 周龄）		产蛋3 （49~62 周龄）		产蛋4 （63~76 周龄）		产蛋5 （77 周龄以上）	
日粮 ME[1]（kcal/kg）	2800		2700		2730		2700		2 700	
日采食量（g）	116.6		120		117		119		117	
粗蛋白质（%）	14.58		13.93		13.65		13.08		12.86	
钙（%）	3.60		3.66		3.92		4.05		4.20	
可利用磷（%）	0.42		0.37		0.34		0.32		0.31	
钾（%）	0.51		0.49		0.50		0.50		0.51	
钠（%）	0.15		0.15		0.15		0.15		0.15	
氯（%）	0.15		0.15		0.15		0.15		0.15	
亚油酸（%）	1.72		1.66		1.71		1.69		1.71	

氨基酸	可利用的	总的	可利用的	总的	可利用的	总的	可利用的	总的	可利用的	总的
赖氨酸（%）	0.702	0.769	0.670	0.734	0.667	0.730	0.640	0.701	0.637	0.698
蛋氨酸（%）	0.365	0.385	0.334	0.360	0.325	0.350	0.304	0.328	0.296	0.310
蛋氨酸＋胱氨酸（%）	0.618	0.697	0.576	0.650	0.560	0.632	0.525	0.592	0.510	0.560
色氨酸（%）	0.140	0.168	0.134	0.160	0.133	0.159	0.128	0.154	0.127	0.148
苏氨酸（%）	0.506	0.595	0.476	0.560	0.467	0.549	0.448	0.527	0.446	0.511
精氨酸（%）	0.730	0.784	0.697	0.749	0.694	0.745	0.666	0.715	0.662	0.694
甘氨酸＋丝氨酸（%）		0.000		0.000		0.000		0.000		0.000
缬氨酸（%）	0.618	0.681	0.590	0.650	0.580	0.640	0.551	0.608	0.585	0.582
异亮氨酸（%）	0.527	0.566	0.503	0.540	0.500	0.538	0.480	0.517	0.478	0.501
亮氨酸（%）	0.857	0.915	0.818	0.873	0.814	0.869	0.781	0.834	0.777	0.830
组氨酸（%）	0.204	0.215	0.194	0.205	0.193	0.205	0.186	0.196	0.185	0.195
苯丙氨酸（%）	0.456	0.485	0.436	0.462	0.434	0.460	0.416	0.442	0.414	0.439
苯丙氨酸＋酪氨酸（%）	0.829	0.884	0.791	0.844	0.787	0.840	0.755	0.806	0.752	0.802

注：[1]为输入值。可利用赖氨酸与总赖氨酸的比例参考种禽公司提供的比例数值（表 3-21 最后一行）；若有必要，日 ME 需要量可根据实际日采食量进行校正。

（三）海兰白蛋鸡营养需要/饲料营养素浓度计算

海兰白蛋鸡后备期和产蛋期营养需要/饲料营养素浓度计算公式和步骤与海兰褐蛋鸡一样，不同的是生长性能、各营养素日需要量、理想氨基酸模型。

1. 海兰白后备蛋鸡营养需要/饲料营养素浓度计算　用表 3-23 中的数据替代表 3-17 中的数据计算海兰白后备蛋鸡饲料各营养素的浓度，用表 3-24 中的数据代替表 3-18 中的数据计算海兰白后备蛋鸡饲料的氨基酸浓度，计算结果见表 3-25。

表 3-23　海兰白后备蛋鸡各营养素与饲料代谢能浓度的比例（%，占每 Mcal ME 的比例）

营养素	周　龄			预产期
	1～6	7～12	12～15	
粗蛋白质	6.45	6.25	5.64	5.89
钙	0.34	0.356	0.362	0.893
可利用磷	0.168	0.168	0.168	0.171
钾	0.183	0.18	0.18	0.18
钠	0.062	0.062	0.065	0.063
氯	0.062	0.062	0.065	0.063
亚油酸	0.36	0.36	0.365	0.36

赖氨酸	可利用的	总的	可利用的	总的	可利用的	总的	可利用的	总的
	0.332	0.364	0.293	0.318	0.225	0.247	0.257	0.279

表 3-24　海兰白后备蛋鸡理想氨基酸模型（%，氨基酸/赖氨酸）

周龄	蛋雏鸡 (1～6 周龄)		青年蛋鸡 (7～12 周龄)		青年蛋鸡 (13～15 周龄)		预产期 (15～17 周龄)	
	可利用的	总的	可利用的	总的	可利用的	总的	可利用的	总的
赖氨酸	100	100	100	100	100	100	100	100
蛋氨酸	45.6	44.7	47.6	47.6	45.6	45	48.6	48.1
蛋氨酸＋胱氨酸	78.3	80.2	81	81	83.6	88	86.1	88
色氨酸	18	19.5	20.7	21	22.4	24.7	22	26
苏氨酸	65	70	71	72	69	76	69	74
精氨酸	104	103	103.7	102.2	104.5	102.7	104.2	104
甘氨酸＋丝氨酸		130		120		110		
缬氨酸	74	74	78	78	81	81	85	84
异亮氨酸	71.5	70	74	73	75	73	78	77
亮氨酸	112	111	118	117	125	124	125	124
组氨酸	37	37	38	38	39	39	39	39
苯丙氨酸	66	66	69	69	72	72	72	72
苯丙氨酸＋酪氨酸	121	120	125	125	130	130	130	130

表 3-25　海兰白后备蛋鸡饲料中营养素浓度计算结果

营养素	周　龄			预产期
	1～6	7～12	13～15	
饲料 ME（kcal/kg）	2 950	2 800	2 750	2 800
粗蛋白质（%）	19.0	17.5	15.5	16.5
钙（%）	1.00	1.00	1.00	2.50
可利用磷（%）	0.50	0.47	0.46	0.48
钾（%）	0.54	0.50	0.50	0.50

（续）

营养素	周　龄			预产期
	1～6	7～12	13～15	
钠（%）	0.18	0.17	0.18	0.18
氯（%）	0.18	0.17	0.18	0.18
亚油酸（%）	1.06	1.01	1.00	1.01

氨基酸	可利用的	总的	可利用的	总的	可利用的	总的	可利用的	总的
赖氨酸（%）	0.98	1.07	0.82	0.89	0.62	0.68	0.72	0.78
蛋氨酸（%）	0.45	0.48	0.39	0.42	0.28	0.31	0.35	0.38
蛋+胱氨酸（%）	0.77	0.86	0.66	0.72	0.52	0.60	0.62	0.69
色氨酸（%）	0.18	0.21	0.17	0.19	0.14	0.17	0.16	0.20
苏氨酸（%）	0.64	0.75	0.58	0.64	0.43	0.52	0.50	0.58
精氨酸（%）	1.02	1.11	0.85	0.91	0.65	0.70	0.75	0.81
甘氨酸+丝氨酸（%）		1.40		1.07		0.75		
缬氨酸（%）	0.72	0.79	0.64	0.69	0.50	0.55	0.61	0.66
异亮氨酸（%）	0.70	0.75	0.61	0.65	0.46	0.50	0.56	0.60
亮氨酸（%）	1.10	1.19	0.97	1.04	0.77	0.84	0.90	0.97
组氨酸（%）	0.36	0.40	0.31	0.34	0.24	0.26	0.28	0.30
苯丙氨酸（%）	0.65	0.71	0.57	0.61	0.45	0.49	0.52	0.56
苯丙氨酸+酪氨酸（%）	1.19	1.29	1.03	1.11	0.80	0.88	0.94	1.01

注：饲料 ME 为输入值，其他为计算值。

2. 海兰白产蛋鸡营养需要/饲料营养素浓度计算　海兰白产蛋鸡营养需要/饲料营养素浓度的计算方法、步骤与海兰褐产蛋鸡的相同，不同的是生产性能、各营养素日需要量、理想氨基酸模型（表3-26到表3-28）。

表3-26　海兰白产蛋鸡各营养素日需要量（g/只）

项目	产蛋高峰 （17～37 周龄）	产蛋 2 （38～48 周龄）	产蛋 3 （49～62 周龄）	产蛋 4 （63～76 周龄）	产蛋 5 （77 周龄以上）
粗蛋白质	16.5	16	15.75	15.5	15.25
钙	4	4.1	4.2	4.35	4.5
可利用磷	0.47	0.44	0.42	0.395	0.37
钾	0.59	0.59	0.59	0.59	0.59
钠	0.18	0.18	0.18	0.18	0.18
氯	0.18	0.18	0.18	0.18	0.18
亚油酸	2	1.8	1.6	1.4	1.2

表3-27 海兰白产蛋鸡理想氨基酸模型（%，氨基酸/赖氨酸）

氨基酸	产蛋高峰 (17～37周龄)		产蛋2 (38～48周龄)		产蛋3 (49～62周龄)		产蛋4 (63～76周龄)		产蛋5 (77周龄以上)	
	可利用的	总的	可利用的	总的	可利用的	总的	可利用的	总的	可利用的	总的
赖氨酸	100	100	100	100	100	100	100	100	100	100
蛋氨酸	50.7	51	50	49	49.2	48	50	48.6	49.2	48
蛋+胱氨酸	91.4	91	90.9	91.7	89.2	90	90.6	92.9	89	92.8
色氨酸	21	23	22.7	23	21.5	21.8	20.3	23	21	23
苏氨酸	70	75	70	75	69.2	74.6	70.3	75.2	70	75.2
精氨酸	104	102	104	102	104	102	104	102	104	102
缬氨酸	88	88.6	88	88.6	87	88	88	88	88	88
异亮氨酸	78	77	78	77	78	77	80	78.5	79	78.3
亮氨酸	122	119	122	119	122	119	122	119	122	119
组氨酸	29	28	29	28	29	28	29	28	29	28
苯丙氨酸	65	63	65	63	65	63	65	63	65	63
苯丙氨酸+酪氨酸	118	115	118	115	118	115	118	115	118	115
赖氨酸 (mg/d)	820	898	800	876	780	854	760	832	740	810

表3-28 海兰白壳蛋鸡产蛋期饲料营养素浓度计算结果

项目	产蛋高峰 (17～37周龄)	产蛋2 (38～48周龄)	产蛋3 (49～62周龄)	产蛋4 (63～76周龄)	产蛋5 (77周龄以上)
平均体重[1] (kg)	1.6	1.65	1.66	1.67	1.7
日增重[1] (g)	2.5	0	0	0	0
蛋重[1] (g/d)	58	59	58	54.5	52
平均温度[1] (℃)	25	23	21	22.5	22.5
ME日需要量 (kcal)	293.7	297.0	299.7	291.9	289.9
日粮ME[1] (kcal/kg)	2 800	2 700	2 730	2 700	2 700
日采食量 (g)	104.9	110	110	108	107
粗蛋白质 (%)	15.73	14.54	14.35	14.34	14.20
钙 (%)	3.81	3.73	3.83	4.02	4.19
可利用磷 (%)	0.45	0.40	0.38	0.37	0.34
钾 (%)	0.56	0.54	0.54	0.55	0.55
钠 (%)	0.17	0.16	0.16	0.17	0.17
氯 (%)	0.17	0.16	0.16	0.17	0.17
亚油酸 (%)	1.91	1.64	1.46	1.29	1.12

（续）

氨基酸	产蛋高峰（17～37 周龄）		产蛋 2（38～48 周龄）		产蛋 3（49～62 周龄）		产蛋 4（63～76 周龄）		产蛋 5（77 周龄以上）	
	可利用的	总的	可利用的	总的	可利用的	总的	可利用的	总的	可利用的	总的
赖氨酸（%）	0.701	0.767	0.660	0.742	0.650	0.712	0.640	0.700	0.630	0.690
蛋氨酸（%）	0.355	0.391	0.330	0.363	0.320	0.342	0.320	0.340	0.310	0.331
蛋氨酸+胱氨酸（%）	0.641	0.698	0.600	0.680	0.580	0.640	0.579	0.651	0.560	0.640
色氨酸（%）	0.147	0.177	0.150	0.171	0.140	0.155	0.130	0.161	0.132	0.159
苏氨酸（%）	0.491	0.576	0.462	0.556	0.450	0.531	0.450	0.527	0.441	0.519
精氨酸（%）	0.729	0.783	0.686	0.756	0.676	0.726	0.665	0.714	0.655	0.703
缬氨酸（%）	0.617	0.680	0.581	0.657	0.565	0.626	0.563	0.616	0.554	0.607
异亮氨酸（%）	0.547	0.591	0.515	0.571	0.507	0.548	0.512	0.550	0.497	0.540
亮氨酸（%）	0.855	0.913	0.805	0.883	0.793	0.847	0.780	0.834	0.768	0.821
组氨酸（%）	0.203	0.215	0.191	0.208	0.188	0.199	0.185	0.196	0.183	0.193
苯丙氨酸（%）	0.456	0.483	0.429	0.467	0.422	0.448	0.416	0.441	0.409	0.434

注：[1]该项目为输入值。可利用赖氨酸与总赖氨酸的比例参考种禽公司提供的数值（表 3-27 最后一行）；如有必要，日 ME 需要量可根据实际日采食量进行校正。

四、种鸡营养需要/饲料营养素浓度计算

肉种鸡和蛋种鸡营养需要/饲料营养素浓度的计算方法与蛋鸡的相同，不同的是生长性能、理想氨基酸模型、各营养素与饲料代谢能浓度的比例，日可利用赖氨酸和日代谢能需要量计算公式一样。下面以哈伯德肉用种鸡为例计算其需要量/饲料营养素浓度。

（一）哈伯德后备种鸡营养需要/饲料营养素浓度计算

哈伯德后备肉用种鸡饲料各营养素浓度是通过各营养素与饲料代谢能浓度的比例计算的（表 3-29）。

表 3-29 哈伯德后备肉用种鸡各营养素与饲料代谢能浓度的比例（%，占每 ME Mcal 的比例）

周龄	育雏早期（0～4 周龄）		育雏期（21～42 日龄）		育成期（29～133 日龄）		产前期（134 日龄至产蛋率达 5%）	
	最低	最高	最低	最高	最低	最高	最低	最高
粗蛋白质	6.42	6.8	6	6.4	5.2	5.5	5	5.2
钙	0.36	0.38	0.36	0.37	0.33	0.35	0.45	0.5
可利用磷	0.16	0.17	0.15	0.16	0.14	0.15	0.14	0.15
钾	0.244	0.28	0.226	0.28	0.208	0.264	0.204	0.258

（续）

周龄	育雏早期 （0～4 周龄）		育雏期 （21～42 日龄）		育成期 （29～133 日龄）		产前期 （134 日龄至产蛋率达 5%）	
	最低	最高	最低	最高	最低	最高	最低	最高
钠	0.06	0.07	0.058	0.07	0.057	0.07	0.055	0.07
氯	0.06	0.08	0.06	0.08	0.06	0.08	0.06	0.08
亚油酸	0.42	0.63	0.44	0.67	0.38	0.528	0.555	0.63
赖氨酸	可利用的	总的	可利用的	总的	可利用的	总的	可利用的	总的
	0.34	0.38	0.272	0.302	0.2	0.222	0.2	0.225

注：以上营养素除赖氨酸外均是范围值。

由上表中赖氨酸与代谢能的比例计算出赖氨酸（总的、可利用的）后，再通过后备种鸡理想氨基酸模型计算其他氨基酸（总的、可利用的），后备肉用种鸡理想氨基酸模型见表 3-30。

表 3-30　哈伯德肉用种鸡后备期理想氨基酸模型（%，氨基酸/赖氨酸）

氨基酸	育雏早期 （0～4 周龄）		育雏期 （22～42 日龄）		育成期 （29～133 日龄）		产前 （134 日龄至产蛋率达 5%）	
	可利用的	总的	可利用的	总的	可利用的	总的	可利用的	总的
赖氨酸	100	100	100	100	100	100	100	100
蛋氨酸	44.2	45	51.5	51.5	56	56	57	56
蛋氨酸+胱氨酸	76.3	76.5	88	89	96	96	98	98
色氨酸	19.4	19	20	21	22	22	22	22
苏氨酸	70	70	74	76	81	81	81	82
精氨酸	107	107	113	113	123	123	123	121
甘氨酸+丝氨酸		140		135		130		106
缬氨酸	73	72	76	77	83	83	83	83
异亮氨酸	67	66	71	72	77	77	77	78
亮氨酸	112	111	118	117	125	124	135	132
组氨酸	37	37	38	38	39	39	35	34
苯丙氨酸	66	66	69	69	72	72	73	72
苯丙氨酸+酪氨酸	121	120	125	125	130	130	132	130

在表 3-31 中输入饲料代谢能浓度，即可计算出后备肉种鸡饲料中的主要营养素浓度。

表 3 - 31　哈伯德后备肉用种鸡饲料营养浓度计算

日龄	育雏早期 （0～4 周龄）		育雏期 （22～42 日龄）		育成期 （29～133 日龄）		产前 （134 日龄至产蛋率达 5%）	
饲料 ME（kcal/kg）	2 850		2 650		2 650		2 700	
	最低	最高	最低	最高	最低	最高	最低	最高
粗蛋白质（%）	18.3	19.4	15.9	17.0	13.8	14.6	13.5	14.04
钙（%）	1.03	1.08	0.95	0.98	0.87	0.93	1.22	1.35
可利用磷（%）	0.46	0.48	0.40	0.42	0.37	0.40	0.38	0.41
钾（%）	0.70	0.80	0.60	0.74	0.55	0.70	0.55	0.70
钠（%）	0.17	0.20	0.15	0.19	0.15	0.19	0.15	0.19
氯（%）	0.17	0.23	0.16	0.21	0.16	0.21	0.16	0.22
亚油酸（%）	1.20	1.80	1.17	1.78	1.01	1.40	1.50	1.70
氨基酸	可利用的	总的	可利用的	总的	可利用的	总的	可利用的	总的
赖氨酸（%）	0.97	1.08	0.72	0.80	0.53	0.59	0.54	0.61
蛋氨酸（%）	0.43	0.49	0.37	0.41	0.30	0.33	0.31	0.34
蛋氨酸＋胱氨酸（%）	0.74	0.83	0.63	0.71	0.51	0.56	0.53	0.60
色氨酸（%）	0.19	0.21	0.14	0.17	0.12	0.13	0.12	0.13
苏氨酸（%）	0.68	0.76	0.53	0.61	0.43	0.48	0.44	0.50
精氨酸（%）	1.04	1.16	0.81	0.90	0.65	0.72	0.66	0.74
甘氨酸＋丝氨酸（%）		1.52		1.08		0.76		0.64
缬氨酸（%）	0.71	0.78	0.55	0.62	0.44	0.49	0.45	0.50
异亮氨酸（%）	0.65	0.71	0.51	0.58	0.41	0.45	0.42	0.47
亮氨酸（%）	1.09	1.20	0.85	0.94	0.66	0.73	0.73	0.80
组氨酸（%）	0.36	0.40	0.27	0.30	0.21	0.23	0.19	0.21
苯丙氨酸（%）	0.64	0.71	0.50	0.55	0.38	0.42	0.39	0.44
苯丙氨酸＋酪氨酸（%）	1.17	1.30	0.90	1.00	0.69	0.76	0.71	0.79

注：表中需输入饲料 ME 数值，其他营养素浓度根据饲料 ME 浓度变化而变化。

（二）哈伯德种母鸡产蛋期营养需要/饲料营养素浓度计算

表 3 - 32 和表 3 - 33 列出了哈伯德种母鸡产蛋期营养需要/饲料营养素浓度计算时需要的数据。

表 3 - 32　哈伯德种母鸡产蛋期主要营养素日需要量（g/只）

项目	产蛋 1 号	产蛋 2 号
粗蛋白质	23.5	20.5
钙	5	5.1
可利用磷	0.63	0.63

（续）

项目	产蛋1号	产蛋2号
钾	0.925	0.87
钠	0.25	0.25
氯	0.27	0.27
亚油酸	2.6	2

表3-33　哈伯德种母鸡产蛋期和小公鸡的理想氨基酸模型（%，氨基酸/赖氨酸）

氨基酸	产蛋1号		产蛋2号		开产料		小公鸡料	
	可利用的	总的	可利用的	总的	可利用的	总的	可利用的	总的
赖氨酸	100	100	100	100	100	100	100	100
蛋氨酸	58	58	58	58	59	59	58	57
蛋氨酸+胱氨酸	97	97	97	94	100	100	100	100
色氨酸	25	26	25	25	25	27	22	21
苏氨酸	81	83	81	79	82	85	82	82
精氨酸	113	115	113	110	115	114	128	125
甘氨酸+丝氨酸		106		106		106		150
缬氨酸	89	90	89	87	90	92	96	95
异亮氨酸	81	83	81	79	82	84	90	89
亮氨酸	135	132	135	132	135	132	155	150
组氨酸	35	34	35	34	35	34	31	30
苯丙氨酸	73	72	73	72	73	72	82	81
苯丙氨酸+酪氨酸	132	130	132	130	132	130	153	150

　　由以上两个表格中的数据结合蛋鸡日可利用赖氨酸和日代谢能需要量公式，可计算出哈伯德肉用种鸡产蛋期营养需要/饲料营养素浓度（表3-34）。

表3-34　哈伯德肉用种鸡产蛋期营养需要和饲料营养素浓度计算结果

项目	开产料 （5%产蛋率至60g蛋重）	产蛋1号（5%产蛋率 至280日龄或淘汰）	产蛋2号 （281日龄至淘汰）
平均体重[1]（kg）	3.4	3.6	4.1
日增重[1]（g）	5.7	3.1	3.4
蛋重[1]（g/d）	47.4	50.6	45.6
平均温度[1]（℃）	25	25	25
ME日需要量（kcal）	452.7	452.1	425.5
日粮ME[1]（kcal/kg）	2750	2750	2 700
日采食量（g）	165	164	158
粗蛋白质（%）	14.27	14.30	13.01

（续）

项目	开产料 （5%产蛋率至60g蛋重）		产蛋1号（5%产蛋率 至280日龄或淘汰）		产蛋2号 （281日龄至淘汰）	
钙（%）	3.04		3.04		3.24	
可利用磷（%）	0.38		0.38		0.40	
钾（%）	0.56		0.56		0.55	
钠（%）	0.15		0.15		0.16	
氯（%）	0.16		0.16		0.17	
亚油酸（%）	1.58		1.58		1.27	
氨基酸	可利用的	总的	可利用的	总的	可利用的	总的
赖氨酸（%）	0.597	0.663	0.594	0.660	0.571	0.635
蛋氨酸（%）	0.352	0.391	0.345	0.383	0.331	0.368
蛋氨酸+胱氨酸（%）	0.597	0.663	0.576	0.640	0.554	0.597
色氨酸（%）	0.149	0.179	0.149	0.172	0.143	0.159
苏氨酸（%）	0.489	0.563	0.481	0.548	0.463	0.501
精氨酸（%）	0.686	0.756	0.671	0.759	0.646	0.698
甘氨酸+丝氨酸（%）		0.703		0.700		0.673
缬氨酸（%）	0.537	0.610	0.529	0.594	0.508	0.552
异亮氨酸（%）	0.489	0.557	0.481	0.548	0.463	0.501
亮氨酸（%）	0.805	0.875	0.802	0.871	0.771	0.838
组氨酸（%）	0.209	0.225	0.208	0.224	0.200	0.216
苯丙氨酸（%）	0.435	0.477	0.434	0.475	0.417	0.457
苯丙氨酸+酪氨酸（%）	0.787	0.862	0.784	0.858	0.754	0.825

注：[1]为输入值。

（三）哈伯德肉种鸡公鸡饲料营养素浓度计算

种公鸡饲料营养素浓度直接使用营养素日需要量与饲料日采食量计算得出，计算时需输入公鸡日代谢能需要量和饲料代谢能浓度以计算日采食量，使用的理想氨基酸模型则见表3-33，计算结果见表3-35。

表3-35　哈伯德肉用种鸡小公鸡饲料营养素浓度计算结果

项目		1号料 （141日龄至淘汰）	2号料 （210日龄至淘汰）
ME日需要量[1]（kcal）		360.0	385.0
日粮ME[1]（kcal/kg）		2 750	2 800
日采食量（g）		131	138
营养素	g/d	%，以饲料计	%，以饲料计
粗蛋白质	16.40	12.53	11.93

（续）

项目		1号料 （141日龄至淘汰）		2号料 （210日龄至淘汰）	
钙	1.11	0.85		0.81	
可利用磷	0.47	0.36		0.34	
钾	0.75	0.57		0.55	
钠	0.20	0.15		0.15	
氯	0.23	0.17		0.16	
亚油酸	1.40	1.07		1.02	

氨基酸	可利用的 （g/d）	总的 （g/d）	可利用的 （%）	总的 （%）	可利用的 （%）	总的 （%）
赖氨酸	0.650	0.733	0.497	0.560	0.473	0.533
蛋氨酸	0.377	0.418	0.288	0.319	0.274	0.304
蛋氨酸+胱氨酸	0.650	0.733	0.497	0.560	0.473	0.533
色氨酸	0.143	0.154	0.109	0.118	0.104	0.112
苏氨酸	0.533	0.601	0.407	0.459	0.388	0.437
精氨酸	0.832	0.916	0.636	0.700	0.605	0.666
甘氨酸+丝氨酸		1.100		0.840		0.800
缬氨酸	0.624	0.696	0.477	0.532	0.454	0.506
异亮氨酸	0.585	0.652	0.447	0.498	0.425	0.474
亮氨酸	1.008	1.100	0.770	0.840	0.733	0.800
组氨酸	0.202	0.220	0.154	0.168	0.147	0.160
苯丙氨酸	0.533	0.594	0.407	0.454	0.388	0.432
苯丙氨酸+酪氨酸	0.995	1.100	0.760	0.840	0.723	0.800

注：[1]为输入值，其他为计算值。

第二节　猪营养需要计算

　　猪的很多营养体系中包含营养需要的计算方法，如 NRC（1998）、荷兰 CVB、英国 ARC、巴西 UFV 等，本书使用的是 NRC（2012）（《猪营养需要》，美国国家科学院科学研究委员会，2012）中的方法。NRC（2012）提供了计算生长育肥猪（5～135kg 体重）、妊娠母猪和泌乳母猪营养需要的计算模型（公式），这些模型（公式）具有"规律性、动态性和确定性"的特点。本节内容给大家提供了模型（公式）的逐步展开，直至得到营养需要结果的使用形式，主要参考内容是原书第一章"能量"、第二章"蛋白质和氨基酸"、第八章"猪营养需要量估测模型"中的内容。

一、猪营养需要计算公式（NRC，2012）

表3-36中列出了3个模型的计算公式，其在英文原版和中文译版中的错误部分已经被修改（见说明一列）。

表3-36 NRC（2012）中猪营养需要计算公式及说明

公式用途	原书公式编号	公式	说明
体组成公式	公式8-1	空腹体重（EBW，kg）＝体蛋白量 BP＋体脂肪量 BL＋机体总水分量＋机体总灰分量	
	公式8-2	机体总水分量（kg）＝（4.322＋0.004 4×Pd_{Max})×$P^{0.855}$	原书中"$P^{0.855}$"的"P"，应为"BP"，即体蛋白量
	公式8-3	机体总灰分（kg）＝0.189×体蛋白量	
	公式8-4	肠道内容物（kg）＝0.277×$BW^{0.612}$	BW（体重，kg）
	公式8-5	肠道内容物（kg）＝0.304 3×$EBW^{0.597\ 7}$	
	公式8-6	BL/BP（初始体重）＝（0.305－0.000 875×Pd_{Max})×$BW^{0.45}$	此处使用迭代计算；Pd_{max}，体蛋白质沉积曲线的最高值（g/d）
	公式8-7	探头背膘厚（mm）＝－5＋12.3×BL/BP＋0.13×BP	背膘厚：光学探头在已屠宰热胴体倒数第三、四根肋骨距背中线 7cm 测得；BL，体脂肪量（kg）
	公式8-8	NPPC胴体无脂瘦肉含量％＝62.073＋0.030 8×胴体重－1.010 1×探头背膘厚＋0.007 74×（探头背膘厚）[2]	NPPC（美国全国猪肉生产商理事会，2000），体重 25～125kg；NRC（1998）主要以胴体无脂瘦肉代表不同品种，而 NRC（2012）是以体蛋白沉积表示品种差异。在 NRC（1998）中胴体无脂瘦肉日增重和体蛋白日增重的比例是 2.55，NRC（2012）认为此值对 Pd_{Max} 较高的猪会低估无脂瘦肉组织增重
能量摄入量	公式8-9	参考代谢能摄入量（kcal/d）＝10 563×$\{1-\exp[-\exp(-4.04)\times BW]\}$	不包括浪费的饲料，相当于 NRC（1998）建议值的 83.6％。基于 Bridges 函数建立的，相当于小母猪和阉公猪摄入量的平均值。可以代表实际生产条件下典型日粮采食量水平（另需＋5％浪费）。公式可用于体重 20～120kg 的猪
	公式8-10	小母猪代谢能摄入量（kcal/d）＝10 967×$\{1-\exp[-\exp(-3.803)\times BW^{0.907\ 2}]\}$	

（续）

公式用途	原书公式编号	公　式	说　明
能量摄入量	公式 8-11	阉公猪代谢能摄入量$(\mathrm{kcal/d}) = 10\ 447 \times \{1 - \exp[-\exp(-4.283) \times BW^{1.084\ 3}]\}$	
	公式 8-12	未阉公猪代谢能摄入量$(\mathrm{kcal/d}) = 10\ 638 \times \{1 - \exp[-\exp(-3.803) \times BW^{0.907\ 2}]\}$	未阉公猪的能量摄入量是小母猪的 97%
温度	公式 8-13	最低临界温度$(LCT,℃) = 17.9 - 0.037\ 5 \times BW$	温度是有效温度，取一个假定值 $UCT = LCT + 3℃$，当高于 $LCT + 3℃$ 时代谢能（ME）摄入降低，当低于 LCT 值时 ME 摄入增加。公式 8-14 适用于高温条件。根据原文的描述笔者自定了低温的线性公式，此公式符合 25kg 和 90kg 体重猪代谢能摄入量和有效温度间的线性关系，即：25kg 时每低于 LCT 1℃，ME 摄入量就增加 1.5%；90kg 时每低于 LCT 1℃，ME 摄入量就增加 3%
	公式 8-14	代谢能摄入量百分数（高于 UCT）$= 1 - 0.012\ 914 \times [T - (LCT + 3)] - 0.001\ 179 \times [T - (LCT + 3)]^2$	
	参考原书自定	每低于 LCT 1℃ 影响的 ME 摄入量变化$(\%) = (0.923\ 1 + 0.023\ 1 \times BW) \div 100$	
密度	公式 8-15	代谢能摄入最大时的最小地板面积$(\mathrm{m}^2/头) = 0.033\ 6 \times BW^{0.667}$	地板面积每降低 1%，预计最大代谢能摄入量降低 0.252%（Gonyou 等，2006）
最大采食	公式 8-16	最大日采食量$(\mathrm{g/d}) = 111 \times BW^{0.803} + 111 \times BW^{0.803} \times (LCT - T) \times 0.025$	生长仔猪摄食能力有限，不会超过此公式所得结果。当温度低于 LCT 时，物理性采食量增加，且幅度较大。结合式 8-15，则最大采食量的两个影响因素（温度和密度）可量化，量化后的结果与真实的（参考 ME＋浪费＋温度影响）采食量比较后选用较低值
Bridges 式	公式 8-17	观测代谢能摄入量＋浪费量$(\mathrm{kcal/d}) = a\{1 - \exp[-\exp(b) \times BW^c]\}$	定义代谢能摄入量曲线的两个公式（具体见能量摄入量公式）
多项式	公式 8-18	观测代谢能摄入量＋浪费量$(\mathrm{kcal/d}) = a + b \times BW + c \times BW^2 + d \times BW^3$	
维持 ME 需要	公式 8-19	标准维持代谢能需要$(\mathrm{kcal/d}) = 197 \times BW^{0.60}$	生长育肥猪维持代谢能需要的范围为 191~216kcal/kg $BW^{0.6}$，此处取平均值
	公式 8-20	生热代谢能需要$(\mathrm{kcal/d}) = 0.074\ 25 \times (LCT - T) \times 标准维持代谢能需要$	温度低于 LCT 时能量需要增加，每降低 1℃ 标准维持 ME 需要增加 7.4%，总 ME 需要约增加 2.5%
	公式 8-21	维持代谢能需要量$(\mathrm{kcal/d}) = 标准维持代谢能需要＋生热代谢能需要量＋活动量增加或品种差异的校正代谢能需要$	公式用于计算总的维持代谢能需要，因活动产生的维持 ME 的计算有：①步行，每千米消耗 1.67kcal ME/kg；②站立，每站立 10min 产热 6.5kcal/kg $BW^{0.75}$；③采食，每采食 1kg 饲料消耗 ME 24~35kcal，此处取均值 30

（续）

公式用途	原书公式编号	公 式	说 明
体蛋白沉积计算方法1	公式8-22	小母猪蛋白质沉积（g/d）=（137）×（0.706 6+0.013 289×BW-0.000 131 20×BW^2+2.862 7×10^{-7}×BW^3）	蛋白质沉积：小母猪137g/d（胴体无脂瘦肉生长率350g/d）、阉公猪133g/d（胴体无脂瘦肉生长率340g/d）、未阉公猪151g/d（胴体无脂瘦肉生长率385g/d）。胴体无脂瘦肉生长率=蛋白质沉积×2.55，适用于25～125kg体重的猪。通过输入蛋白质沉积的平均值来计算不同体重时猪的蛋白沉积量，据此可制作一个体蛋白沉积曲线
	公式8-23	阉公猪蛋白质沉积（g/d）=（133）×（0.707 8+0.013 764×BW-0.000 142 11×BW^2+3.269 8×10^{-7}×BW^3）	
	公式8-24	未阉公猪蛋白质沉积（g/d）=（151）×（0.655 8+0.012 740×BW-0.000 103 90×BW^2+1.640 01×10^{-7}×BW^3）	
体蛋白计算方法2	公式8-25	体蛋白（BP）（kg）=$BP_{初始}$+{[（$BP_{末期}$-$BP_{初始}$）×（BW/a）^{b}]/[1+（BW/a）^{b}]}	采用广义米氏动力学函数，依据体重变化计算日蛋白沉积量
	公式8-26	蛋白质沉积（Pd）（g/d）=a+b×BW+c×BW^2+d×BW^3	运用多项式给出了蛋白沉积和体增重之间的关系
	公式8-27	成熟时体蛋白（kg）=（Pd_{Max}开始下降时体重的BP）×2.718 2	假定猪的最大日蛋白质沉积恒定，在某个体重（W）到达顶点后下降。那么在体重小于W时，蛋白沉积量由能量摄入量决定；在体重大于W时，采用Gompertz（龚帕兹）公式来表示随着体蛋白的增加蛋白质沉积量下降的趋势
	公式8-28	速率常数=[Pd_{Max}/（成熟时体蛋白×1 000）]×2.718 2	
	公式8-29	Pd_{Max}开始下降的体重以后的最大Pd（g/d）=（当前体重下的BP）×1 000×速率常数×ln（成熟时的BP/当前体重下的BP）	
体蛋白方法3	公式8-30	依据能量摄入量生成的蛋白质沉积量（g/d）={30+[21+20×exp$^{(-0.021×BW)}$]×（代谢能摄入量-1.3×维持代谢需要量）/1 000×（Pd_{Max}或平均蛋白质沉积/125）×[1+0.015×（20-T）]}×校正系数	能量摄入量与蛋白质沉积量之间呈线性关系，这个关系的斜率随着猪体重的增长而变小。这个数学方程也表明，当能量摄入量低于维持能量时，生长猪会通过动用体脂肪来沉积体蛋白，这一推论也与试验发现一致（Black等，1986）。此公式因子包括：体重、能量摄入量、维持能量（1.3倍，考虑了温度和活动等）、品种（蛋白沉积）、温度等，可适用于以上3个确定蛋白质沉积曲线的方法。使用时如果能量摄入量设定的蛋白质沉积量低于使用者设定的蛋白质沉积量，则假定真实的蛋白质沉积量等于根据能量摄入量生成的蛋白质沉积量（注：这样合理，可参考原书图8-3）。从图8-3可大致看出，在生长前期，约500kcal ME/d摄入等于20g体蛋白增重（51g日增重），生长后期摄入 ME 变为1 000kcal/d。500kcal ME相当于160g饲料/d。因此，每天多采食100g饲料，日增重约增加30g。校正系数在计算时定为1，温度为18℃

（续）

公式用途	原书公式编号	公 式	说 明
脂肪沉积	公式 8-31	体脂肪沉积（g/d）=（ME 摄入量－总维持 ME 需要量－Pd×10.6)/12.5	蛋白质沉积消耗的 ME 为 10.6kal/g，脂肪沉积消耗的 ME 为 12.5kcal/g。此处的总维持 ME 包括基础维持、温度影响、活动需要等
SID 赖氨酸需要量计算	公式 8-40	基础内源性胃肠道赖氨酸损失（g/d）= 采食量(kg)×0.417÷0.88×1.1	全胃肠道损失计算时包括回肠末端收集的基础内源赖氨酸损失量和大肠（占回肠 10%）损失。回肠末端估测的必然损失为 0.417g/kg 干物质采食量。1kg 饲料含 0.88kg 干物质。此公式中文版有误，中英文版中都是乘以 0.88（计算干物质采食量），应为除以 0.88。英文版中采食量单位是 g/d。
	公式 8-41	表皮赖氨酸损失（g/d）= 0.004 5× $BW^{0.75}$	表皮赖氨酸损失以代谢体重的函数形式表示
	公式 8-42	胃肠道加表皮损失的 SID 赖氨酸需要量（g/d）=（式 8-40＋式 8-41)÷[0.75+0.002×(Pd 最大值－147.7)]	SID 赖氨酸用于二者的利用效率为 0.75［假定最低＋必然氨基酸分解代谢量占到 SID 赖氨酸摄入量的 25%，数值来自单个饲养猪只和严格控制的连续屠宰试验，猪只体重为 30～70kg（Bikker 等，1994；Moehn 等，2000)]。最大蛋白质沉积量每增加 1g，小母猪和阉公猪的最低＋必然赖氨酸分解代谢值与典型平均值相比会降低 0.002（Moehn 等，2004）。147.7 可能源于前文小母猪和阉公猪的日蛋白质沉积平均值
	公式 8-43	蛋白质沉积中赖氨酸存留量（g/d）=非 RAC 介导的蛋白质沉积×7.10/100+RAC 介导的蛋白质沉积×8.22/100	蛋白质沉积中的赖氨酸含量为 7.10%，而 RAC（莱克多巴胺）介导的蛋白质沉积中赖氨酸含量为 8.22%。在我国无需计算 RAC 沉积
	公式 8-44	Pd 所需的 SID 赖氨酸需要量（g/d）= Pd 中赖氨酸沉积量÷[0.75+0.002×(最大 Pd－147.7)]×(1+0.054 7+0.002 215×BW)	为与实证赖氨酸需要量研究得到的估测 SID 赖氨酸需要量匹配，超过维持需要的 SID 赖氨酸进食量的边际利用效率被人为地从 0.75 调低了，这个效率与体重的线性关系为：0.054 7+0.002 215×BW。即在 20kg 时效率为 0.682［赖氨酸需增加 9.9% =（0.75－0.682)/0.682]，在 120kg 时效率为 0.568［赖氨酸需增加32.05% =（0.75-0.568)/0.568]，把体重输入上个线性关系公式，得出同样增加比例
	公式 8-45	总的 SID 赖氨酸需要量（g/d）=肠道和表皮损失需要量＋Pd 需要量	原书表 2-5、表 2-7、表 2-8 和表 2-12 用于计算其他氨基酸，但应使用和 SID 赖氨酸同样的计算方法与步骤

（续）

公式用途	原书公式编号	公　式	说　明
苏氨酸利用效率校正	公式 8-46	可发酵 SID 苏氨酸损失（g/d）=（采食量/1 000）×日粮发酵纤维含量×（4.2÷1 000）	以原书表 2-12 中数据计算的苏氨酸值会低些，结合此公式后的结果才是实际的苏氨酸需要量
STTD磷需要量计算	公式 8-47	机体磷含量（g）= 1.161 3＋26.012×BP＋0.229 9×BP^2	BP 的估测使用无脂瘦肉含量公式计算（公式 8-8）
	公式 8-48	STTD 磷需要量（g/d）= 0.85×[整个机体磷的最大沉积量/0.77＋0.19×饲料干物质摄入量＋0.007×BW]	基础内源性胃肠道磷损失估计为 190mg 磷/kg 摄入饲料干物质。每天最小尿磷损失量为 7mg/kgBW。摄入 STTD 磷沉积的边际效率估计为 0.77。假定猪在最大生长性能时磷需要量是机体磷最大沉积时磷需要量的 0.85。钙＝STTD磷×2.15
母猪体组成	公式 8-49	母体 EBW（kg）=0.96×母体体重	
	公式 8-50	母体 BL 含量（kg）=－26.4＋0.221×母体 EBW＋1.331×$P2$ 点背膘厚	
	公式 8-51	母体 BP 含量（kg）=2.28＋0.178×母体 EBW－0.333×$P2$ 点背膘厚	
	公式 8-52	母体 EBW（kg）=119.457＋4.524 9×母体 BP－6.022 6×母体 BL	
	公式 8-53	$P2$ 背膘厚（mm）=16.76－0.711 7×母体 BP＋0.573 2×母体 BL	
妊娠猪蛋白质沉积	公式 8-54	孕体重（g）= exp[8.621－21.02×exp（－0.053×t）＋0.114×ls]	t，妊娠天数；ls，预期窝产仔数。下同
	公式 8-55	孕体能量含量（kcal）= {exp[11.72－8.62×exp（－0.013 8×t）＋0.093 2×ls]}/4.184	同原书中的公式 1-18
	公式 8-56	胎儿蛋白质含量（g）=exp[8.729－12.543 5×exp（－0.014 5×t）＋0.086 7×ls]	
	公式 8-57	每个胎盘及羊水蛋白质含量（g）=[38.5×（t/54.969）$^{7.503\ 6}$]/[1＋（t/54.969）$^{7.503\ 6}$]	此公式是计算每个胎盘和羊水的蛋白质含量，总蛋白质含量的需乘以预期产仔数，这样可以和原书图 2-1C 符合，日增量可以和原书图 8-5 符合
	公式 8-58	比值 =（ls×平均仔猪初生重，g）/1.12×exp{[9.095－17.69exp（－0.030 5×114）＋0.087 8×ls]}	根据仔猪实际初生窝重与预期初生窝重的比值，对以上 4 个（公式 8-54 至 8-57）计算模型用平均仔猪初生重校正后用于预测平均仔猪初生重

（续）

公式用途	原书公式编号	公　式	说　明
	公式8-59	子宫蛋白质含量（g）＝ exp[6.636 1－2.413 2×exp（－0.010 1×t）]	
	公式8-60	乳腺组织蛋白质含量（g）＝exp{8.482 7－7.178 6×exp[－0.015 3×（t－29.18）]}	
妊娠猪蛋白质沉积	公式8-61	时间依赖性母体蛋白含量（g）＝{1 522.48×[（56－t）/36]$^{2.2}$}/{1+[（56－t）/36]$^{2.2}$}	代表在氮平衡研究中观察到的，不能归入其他任何蛋白库的剩余蛋白质沉积，仅仅发生在妊娠初期（至妊娠第 56 天）。妊娠 56d 后的时间依赖性母体蛋白质沉积值强制设定为 0，中文版公式有误。而且中英版中同一公式所生成的原图 8-5 和原图 2-2 不符，此处采用英文原版。且将中文版中的"蛋白沉积"改为"蛋白含量"，这样计算的体蛋白日增量可与原图 8-5 符合
	公式8-62和8-63	依赖能量摄入的母体蛋白质沉积（g/d）＝a×（ME 摄入量－母猪妊娠第 1 天维持代谢能需要量，kcal/d）×校正值。式中，a＝（2.75－0.5×胎次）×校正值（a＞0）	依赖能量摄入的母体蛋白沉积量与妊娠第 1 天高于维持需要量的代谢能摄入量呈线性关系，其斜率 a 随着胎次增加而降低，这样不同胎次母猪母体变化的实际观测值与估计值能匹配。使用时可以调整这个线性关系的斜率，以使母猪体重变化及背膘厚度变化的观测值与预测值相匹配（注：可通过校正值调整斜率）。计算时根据原图 8-5 中的 Pd（能量摄入量）调整了校正值
妊娠母猪摄入 ME 的分配	公式8-64	标准维持代谢能需要（kcal/d）＝100×$BW^{0.75}$（BW 指体重，单位为 kg）	根据验证时的计算结果看，100 这个值可调整的
	其他	①站立：超出 4h 后，每增加 1min，维持 ME 需要量增加 0.071 7（kcal/d）×$BW^{0.75}$（kg）；②单独饲喂：LCT 为 20℃，每低于 LCT 1℃维持代谢能需要量增加 4.3kcal/d×$BW^{0.75}$（kg）；③群体饲喂：LCT 为 16℃，若有垫草则降低 4℃；每低于 LCT 1℃维持代谢能需要量增加 2.39kcal/d×$BW^{0.75}$（kg）	
	公式8-65	母体脂肪沉积量（g/d）＝（ME 摄入量－维持 ME 需要量－孕体能量沉积/0.5－母体 Pd×10.6）/12.5	孕体能量沉积由公式 8-55 推算而来。用此公式计算的妊娠期脂肪总沉积量和由蛋白质公式计算的蛋白沉积量与猪体组成公式（8-49 至 8-53）计算的体脂肪和体蛋白增加量差异较大。当母体脂肪被用于 ME 来源时，其效率为 0.8

（续）

公式用途	原书公式编号	公 式	说 明
妊娠母猪氨基酸需要量		基础内源性胃肠道赖氨酸损失（g/d）＝采食量 kg×（0.505 3）÷0.88×1.1 表皮赖氨酸损失（g/d）=0.004 5×$BW^{0.75}$ 蛋白质库：母体、胎儿、子宫、胎盘＋羊水、乳腺	
	公式 8-66	用于赖氨酸沉积的 SID 赖氨酸需要量（g/d）＝（总赖氨酸沉积）÷0.75×1.589	使用原书表2-5、表2-11、表2-12中的数据。此公式由公式8-44调整得来
妊娠母猪钙和磷的需要量	其他	①基础内源性肠道磷损失（g/d）：饲料干物质采食量（kg）×0.19×1.1；②尿磷损失（g/d）：体重×0.007	
	公式 8-67	胎儿磷含量（g）＝exp{4.591－6.389×exp[－0.023 98×（t－45）]}＋0.089 7×ls	
	公式 8-68	胎盘磷含量（g）＝0.009 6×胎盘及羊水中蛋白质含量	中英文版中0.009 6均为0.096，按原书上下文确定为0.009 6
	公式 8-69	母体磷沉积量（g/d）＝0.009 6×母体蛋白沉积量＋胎次依赖性骨组织中磷日沉积量	母体磷日沉积量：1 胎，2g/d；2 胎，1.6g/d；3 胎，1.2g/d；4 胎及以上，0.8g/d。钙：$STTD$磷＝2.3：1。计算$STTD$磷需要量时用此公式值除以0.77
泌乳母猪产乳	公式 8-70	平均奶中能量产出量（kcal/d）＝4.92×平均窝增重（g/d）－90×ls	平均窝增重：设定28日龄的平均体重后推算而来
	公式 8-71	平均奶中氮产出量（g/d）＝0.025 7×平均窝增重（g/d）＋0.42×ls	
	公式 8-72	奶中能量或氮产出量（某一特定泌乳日，t）＝平均产出量×（2.763－0.014×泌乳时间）×exp（－0.025t）×exp[－exp（0.5－0.1×t）]	单位：kcal/d 或 g/d
	日产乳量	每日产乳量（kg）＝每日奶中氮产出量（g/d）÷8	假设奶中含氮量为8.0g/kg
泌乳母猪摄入 ME 的分配	公式 8-73	经产母猪预测 ME 摄入量（kcal/d）＝4 921＋（28 000－4 921）×（d/4.898）$^{1.612}$÷（1＋（d/4.898）$^{1.612}$）	①NRC（2012）对泌乳母猪的 ME 日摄入量计算给出了两种计算方法：一是如左的预测方程，一是使用者输入。②对于初产母猪其预测的 ME 摄入量为经产母猪的90%。③高于 UCT（高临界温度，22℃）基础上每提高1℃，每日 ME 摄入量减少：22～25℃内减少1.6%，大于25℃减少3.67%。由高温的计算结果看，夏季日 ME 摄入降低30%很容易。④泌乳母猪 LCT 为15℃，低温对泌乳母猪不是大问题

（续）

公式用途	原书公式编号	公　式	说　明
泌乳母猪摄入 ME 的分配	公式 8－74	标准维持 ME 需要量（kcal/d）＝100×$(BW)^{0.75}$（BW 指体重，单位为 kg）	基于两个假设：①摄入的 ME 优先用于满足维持和产乳；②产乳量对能量摄入不敏感
	公式 8－75	产乳 ME 需要量（kcal/d）＝每日奶中能量产出量÷0.7	
	体脂肪损失	体脂肪损失（g/d）＝（ME 摄入量－标准维持 ME－产乳 ME 需要）÷0.87×0.9÷12.5	体能量损失中 90% 源于体脂肪，10% 源于体蛋白；体能量用于奶能量产出的效率为 0.87。1g 体蛋白能量为 10.6kcal，1g 体脂肪能量为 12.5kcal。由此二公式结果计算体重损失
	体蛋白损失	体蛋白损失（g/d）＝（ME 摄入量－标准维持 ME－产乳 ME 需要）÷0.87×0.1÷10.6	
泌乳母猪赖氨酸需要量	公式 8－76	用于产乳的 SID 赖氨酸需要量（g/d）＝（每日奶中氮产出量×6.38×0.070 1－母体蛋白动员量×0.067 4÷0.868）÷0.75×1.119 7	6.38：奶中氮与蛋白质系数；0.75/1.119 7＝0.67（对 0.75 的校正）
	赖氨酸维持需要	指内源胃肠道赖氨酸损失与表皮赖氨酸损失之和，计算方法与妊娠母猪的相同，但泌乳母猪每千克日粮胃肠道赖氨酸损失假定为 0.282 7g	
泌乳母猪 STTD 磷	STTD 磷	泌乳母猪 STTD 磷需要量（g/d）＝奶中的氮×0.195 5÷0.77＋日采食干物质×0.19＋0.007×体重－0.009 6×日体蛋白损失	
	钙	钙的需要量（g/d）＝STTD 磷需要量×2	
断奶仔猪（20kg 内）	公式 8－77	ME 摄入量（kcal/d）＝－783.5＋315.9×BW－5.768 5×BW^2（BW 指体重，单位为 kg，可取值为 5～20	
	公式 8－78	SID 赖氨酸需要量（%，日粮）＝1.871－0.22×ln BW	方法简单，未考虑猪的生长潜力、健康、性别、温度、密度等因素
		生长需要 SID 赖氨酸（g/d）＝日粮 SID 赖氨酸（%）×日采食量（g）－维持需要的 SID 赖氨酸（g/d）	维持需要的 SID 赖氨酸计算见公式 8－40 至公式 8－42，其他 SID 氨基酸据原表 2－5、表 2－8、表 2－12 计算
	公式 8－79	STTD 磷需要量（%，日粮）＝0.641 8－0.108 3×ln BW（BW 指体重，单位为 kg）	
	公式 8－80	钙的需要量（%，日粮）＝STTD 磷需要量×（1.548＋0.197 6×ln BW）	中、英文版公式中的 0.917 6 应为 0.197 6

（续）

公式用途	原书公式编号	公　　式	说　明
矿物质和维生素需要量	公式8-81	5～135kg猪使用统一的公式，营养需要量（g/d）＝a＋b×ln BW（BW指体重，单位为kg）	系数a、b见原书表8-2
氮、碳、磷平衡	公式8-82	碳含量（g/kg）＝粗蛋白质（g/kg）×0.53＋粗脂肪（g/kg）×0.76＋淀粉（g/kg）×0.44＋糖（g/kg）×0.42＋其他有机物（g/kg）×0.45	
		氮＝粗蛋白质（g/kg）×0.16	
		碳沉积＝蛋白质沉积量×0.53＋粗脂肪沉积量×0.76	
		哺乳仔猪每100g增重沉积15.3g蛋白质、16.5g脂肪和0.003 9g磷	
能值间转换	5～25kg小猪	NE：有效 ME：有效 DE＝1：0.72：0.96	
	25～135kg生长育肥猪	NE：有效 ME：有效 DE＝1：0.75：0.97	参见原书第一章
	母猪	NE：有效 ME：有效 DE＝1：0.763：0.974	

二、生长育肥猪营养需要量计算

生长育肥猪按性别分为小母猪、阉公猪和未阉公猪，本书以小母猪为例介绍营养需要的计算过程。

（一）小母猪能量摄入量和采食量计算

使用公式8-9至8-16，主要步骤包括：

（1）根据体重使用公式8-10计算"小母猪代谢能摄入量"　初始体重（20kg）为输入的起始体重值，加上计算的日增重后为下一日龄时的体重（后续有"日增重"的计算）。

（2）根据体重和公式8-13计算低临界温度LCT值　NRC（2012）认为，在LCT和LCT＋3℃之间，有效环境温度不会影响代谢能的摄入量。当有效温度高于LCT＋3℃时，代谢能摄入量随着有效环境温度的升高而降低，降低的程度见公式8-14。公式8-14的结果可有效评估高温对小母猪的影响，但评估低温对小母猪的影响不太合适。当猪体重超过90kg时，公式8-14也变得不太敏感。但通过公式8-13和公式8-14仍可以较为有效地评估温度对生长育肥猪（特别是体重20～90kg的猪）采食量的影响。

（3）地板空间（饲喂密度）的影响　公式8-15的计算结果与实际地板面积的差再除

以公式 8-15 的结果，然后乘以 0.252%（当地板面积每减少 1% 时，代谢能的摄入量将降低 0.252%）来计算"最大代谢摄入"的降低量。此处"最大代谢能摄入量"是公式 8-16 的计算结果，公式 8-16 根据体重和温度计算"最大日采食量"。从结果来看，由公式 8-16 计算出的最大日采食量明显高于"公式 8-9 计算结果除以饲料浓度所得的日采食量结果"。

（4）结果 小母猪的日代谢能摄入量和日采食量是"最大日采食量"（考虑温度和密度影响后由公式 8-15 计算）和"小母猪代谢能摄入量"（考虑温度后由公式 8-10 计算）两者间的较小值。

（5）主要计算过程与结果 具体见表 3-37 到表 3-39。限于篇幅，仅列出 20~50kg 体重阶段结果。

表 3-37 中根据公式 8-10 计算了小母猪有效代谢能的日摄入量和日采食量（无浪费和 5% 浪费）。在笔者出版的《饲料企业核心竞争力构建指南》一书中，介绍了 NRC (1998) 及其他计算生长育肥猪日采食量的公式，并选取了以维持需要倍数的方法来计算生长育肥猪的日采食量，即：日采食量（kg）$= 0.1 \times$ 体重$^{0.75}$（维持需要：$0.033 \times$ 体重$^{0.75}$，因此日采食量为维持需要的 3 倍），这是表 3-37 中"3 倍维持日采食量"的来源。

表 3-37 小母猪代谢能日摄入量、日采食量计算与比较

体重 (kg)	ME 摄入 (kcal/d)	ME 摄入量+5%浪费 (kcal/d)	日采食量 (无浪费, kg)	实际日采食 (+5%浪费, kg)	3倍维持日采食量 (kg)	3倍维持-实际日采食 (kg)
20	3 143.9	3 301.1	0.938	0.985	0.946	−0.040
20.52	3 205.4	3 365.7	0.957	1.005	0.964	−0.041
21.04	3 267.3	3 430.6	0.975	1.024	0.982	−0.042
21.57	3 329.5	3 496.0	0.994	1.044	1.001	−0.043
22.11	3 392.1	3 561.7	1.013	1.063	1.020	−0.043
22.66	3 455.0	3 627.7	1.031	1.083	1.039	−0.044
23.22	3 518.1	3 694.1	1.050	1.103	1.058	−0.045
23.79	3 581.6	3 760.7	1.069	1.123	1.077	−0.045
24.36	3 645.3	3 827.6	1.088	1.143	1.097	−0.046
24.95	3 709.3	3 894.8	1.107	1.163	1.116	−0.046
25.54	3 773.5	3 962.1	1.126	1.183	1.022	−0.160
26.14	3 837.8	4 029.7	1.146	1.203	1.040	−0.162
26.75	3 902.4	4 097.5	1.165	1.223	1.059	−0.165
27.37	3 967.1	4 165.4	1.184	1.243	1.077	−0.167
27.99	4 031.9	4 233.5	1.204	1.264	1.095	−0.168
28.63	4 096.8	4 301.7	1.223	1.284	1.073	−0.211
29.27	4 161.8	4 369.9	1.242	1.304	1.091	−0.213

（续）

体重 （kg）	ME 摄入 （kcal/d）	ME 摄入量+5%浪费（kcal/d）	日采食量 （无浪费，kg）	实际日采食（+5%浪费，kg）	3 倍维持日采食量（kg）	3 倍维持-实际日采食（kg）
29.92	4 226.9	4 438.3	1.262	1.325	1.109	−0.216
30.58	4 292.0	4 506.7	1.281	1.345	1.127	−0.218
31.24	4 357.2	4 575.1	1.301	1.366	1.146	−0.220
31.92	4 422.4	4 643.5	1.320	1.386	1.164	−0.222
32.60	4 487.5	4 711.9	1.340	1.407	1.183	−0.224
33.29	4 552.6	4 780.2	1.359	1.427	1.202	−0.225
33.99	4 617.6	4 848.5	1.378	1.447	1.220	−0.227
34.70	4 682.6	4 916.7	1.398	1.468	1.239	−0.228
35.41	4 747.4	4 984.8	1.417	1.488	1.258	−0.230
36.13	4 812.2	5 052.8	1.436	1.508	1.278	−0.231
36.86	4 876.8	5 120.6	1.456	1.529	1.297	−0.232
37.59	4 941.2	5 188.3	1.475	1.549	1.316	−0.232
38.34	5 005.5	5 255.8	1.494	1.569	1.336	−0.233
39.09	5 069.6	5 323.1	1.513	1.589	1.355	−0.234
39.84	5 133.4	5 390.1	1.532	1.609	1.375	−0.234
40.61	5 197.1	5 456.9	1.551	1.629	1.395	−0.234
41.38	5 260.5	5 523.5	1.570	1.649	1.414	−0.234
42.15	5 323.6	5 589.8	1.589	1.669	1.434	−0.234
42.94	5 386.5	5 655.8	1.608	1.688	1.454	−0.234
43.73	5 449.0	5 721.5	1.627	1.708	1.474	−0.234
44.53	5 511.3	5 786.8	1.645	1.727	1.494	−0.233
45.33	5 573.2	5 851.9	1.664	1.747	1.515	−0.232
46.14	5 634.8	5 916.6	1.682	1.766	1.535	−0.231
46.95	5 696.1	5 980.9	1.700	1.785	1.555	−0.230
47.77	5 756.9	6 044.8	1.718	1.804	1.576	−0.229
48.60	5 817.5	6 108.3	1.737	1.823	1.596	−0.227
49.43	5 877.6	6 171.5	1.754	1.842	1.616	−0.226
50.27	5 937.3	6 234.2	1.772	1.861	1.637	−0.224

注：1. 假设饲料代谢能 3 350kcal/kg。

2. 表中 3 倍维持指在体重为 20～25kg 时的 3 倍维持需要，26～50kg 时为 2.7 倍。

表 3-38 中计算了 20～50kg 体重猪的临界温度，以及假设当有效温度为 15℃时温度对代谢能摄入量比例的影响。

表 3-38　20～50kg 体重猪临界温度的计算及温度对采食量的影响

体重 （kg）	LCT 公式计算的 上、下限值（℃）		高温造成的 ME 变化（ME 摄入量的倍数）	低温造成的 ME 变化（ME 摄入量的倍数）	环境温度 （℃）
20	17.2	20.2	1.000	1.030	15
20.52	17.1	20.1	1.000	1.030	15
21.04	17.1	20.1	1.000	1.030	15
21.57	17.1	20.1	1.000	1.030	15
22.11	17.1	20.1	1.000	1.030	15
22.66	17.1	20.1	1.000	1.030	15
23.22	17.0	20.0	1.000	1.030	15
23.79	17.0	20.0	1.000	1.030	15
24.36	17.0	20.0	1.000	1.030	15
24.95	17.0	20.0	1.000	1.029	15
25.54	16.9	19.9	1.000	1.029	15
26.14	16.9	19.9	1.000	1.029	15
26.75	16.9	19.9	1.000	1.029	15
27.37	16.9	19.9	1.000	1.029	15
27.99	16.9	19.9	1.000	1.029	15
28.63	16.8	19.8	1.000	1.029	15
29.27	16.8	19.8	1.000	1.029	15
29.92	16.8	19.8	1.000	1.029	15
30.58	16.8	19.8	1.000	1.029	15
31.24	16.7	19.7	1.000	1.028	15
31.92	16.7	19.7	1.000	1.028	15
32.60	16.7	19.7	1.000	1.028	15
33.29	16.7	19.7	1.000	1.028	15
33.99	16.6	19.6	1.000	1.028	15
34.70	16.6	19.6	1.000	1.028	15
35.41	16.6	19.6	1.000	1.027	15
36.13	16.5	19.5	1.000	1.027	15
36.86	16.5	19.5	1.000	1.027	15
37.59	16.5	19.5	1.000	1.027	15
38.34	16.5	19.5	1.000	1.026	15
39.09	16.4	19.4	1.000	1.026	15
39.84	16.4	19.4	1.000	1.026	15
40.61	16.4	19.4	1.000	1.026	15

（续）

体重 （kg）	LCT 公式计算的 上、下限值（℃）		高温造成的 ME 变化（ME 摄入量的倍数）	低温造成的 ME 变化（ME 摄入量的倍数）	环境温度 （℃）
41.38	16.3	19.3	1.000	1.025	15
42.15	16.3	19.3	1.000	1.025	15
42.94	16.3	19.3	1.000	1.025	15
43.73	16.3	19.3	1.000	1.024	15
44.53	16.2	19.2	1.000	1.024	15
45.33	16.2	19.2	1.000	1.024	15
46.14	16.2	19.2	1.000	1.023	15
46.95	16.1	19.1	1.000	1.023	15
47.77	16.1	19.1	1.000	1.022	15
48.60	16.1	19.1	1.000	1.022	15
49.43	16.0	19.0	1.000	1.022	15
50.27	16.0	19.0	1.000	1.021	15

表 3-39 中是最大采食量、养殖密度影响下的计算结果，以及温度和密度影响下的"真正日采食量"。

表 3-39　在最大采食量、温度、密度影响下的真正日采食量

体重 （kg）	最大日采 食量（g）	能量摄入最 大时的最小 面积要求 （m²/头）	面积影响的 采食量变化 （g/d）	实际最大 日采食量 （考虑温度、 密度，kg）	考虑温度的 日采食量 （+5%浪 费，kg）	与实际最大 采食量比较 后选用的真 正日采食量 （kg）	小母猪实际 ME 摄入 （+5%浪费， kcal/d）
20.00	1 297	0.25	0.00	1.297	1.015	1.015	3 399
20.52	1 323	0.25	0.00	1.323	1.035	1.035	3 466
21.04	1 349	0.26	0.00	1.349	1.055	1.055	3 533
21.57	1 376	0.26	0.00	1.376	1.075	1.075	3 600
22.11	1 403	0.26	0.00	1.403	1.095	1.095	3 667
22.66	1 430	0.27	0.00	1.430	1.115	1.115	3 735
23.22	1 458	0.27	0.00	1.458	1.135	1.135	3 803
23.79	1 485	0.28	0.00	1.485	1.156	1.156	3 872
24.36	1 513	0.28	0.00	1.513	1.176	1.176	3 941
24.95	1 542	0.29	0.00	1.542	1.197	1.197	4 009
25.54	1 570	0.29	0.00	1.570	1.217	1.217	4 079
26.14	1 599	0.30	0.00	1.599	1.238	1.238	4 148
26.75	1 628	0.30	0.00	1.628	1.259	1.259	4 217

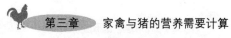

（续）

体重（kg）	最大日采食量（g）	能量摄入最大时的最小面积要求（m²/头）	面积影响的采食量变化（g/d）	实际最大日采食量（考虑温度、密度，kg）	考虑温度的日采食量（+5%浪费，kg）	与实际最大采食量比较后选用的真正日采食量（kg）	小母猪实际ME摄入（+5%浪费，kcal/d）
27.37	1 657	0.31	0.00	1.657	1.280	1.280	4 287
27.99	1 686	0.31	0.00	1.686	1.300	1.300	4 356
28.63	1 716	0.31	0.00	1.716	1.321	1.321	4 426
29.27	1 746	0.32	0.00	1.746	1.342	1.342	4 496
29.92	1 776	0.32	0.00	1.776	1.363	1.363	4 566
30.58	1 806	0.33	0.00	1.806	1.384	1.384	4 635
31.24	1 837	0.33	0.00	1.837	1.405	1.405	4 705
31.92	1 867	0.34	0.00	1.867	1.425	1.425	4 775
32.60	1 898	0.34	0.00	1.898	1.446	1.446	4 844
33.29	1 929	0.35	0.00	1.929	1.467	1.467	4 914
33.99	1 960	0.35	0.00	1.960	1.488	1.488	4 983
34.70	1 992	0.36	0.00	1.992	1.508	1.508	5 052
35.41	2 023	0.36	0.00	2.023	1.529	1.529	5 121
36.13	2 055	0.37	0.00	2.055	1.549	1.549	5 190
36.86	2 087	0.37	0.00	2.087	1.570	1.570	5 259
37.59	2 118	0.38	0.00	2.118	1.590	1.590	5 327
38.34	2 151	0.38	0.00	2.151	1.610	1.610	5 395
39.09	2 183	0.39	0.00	2.183	1.631	1.631	5 462
39.84	2 215	0.39	0.00	2.215	1.651	1.651	5 530
40.61	2 248	0.40	0.00	2.248	1.671	1.671	5 597
41.38	2 280	0.40	0.00	2.280	1.691	1.691	5 663
42.15	2 313	0.41	0.00	2.313	1.710	1.710	5 730
42.94	2 346	0.41	0.00	2.346	1.730	1.730	5 795
43.73	2 379	0.42	0.00	2.379	1.750	1.750	5 861
44.53	2 412	0.42	0.00	2.412	1.769	1.769	5 926
45.33	2 445	0.43	0.00	2.445	1.788	1.788	5 990
46.14	2 478	0.43	0.00	2.478	1.807	1.807	6 054
46.95	2 511	0.44	0.00	2.511	1.826	1.826	6 118
47.77	2 544	0.44	0.00	2.544	1.845	1.845	6 181
48.60	2 578	0.45	0.00	2.578	1.864	1.864	6 243
49.43	2 611	0.45	3.09	2.608	1.882	1.882	6 305
50.27	2 645	0.46	8.07	2.637	1.900	1.900	6 366

注：假设养殖密度为0.45m²/头。

动物基础营养之动态配方体系建设（家禽与猪）

（二）小母猪维持代谢能需要量（以 20～50kg 体重阶段为例）

根据公式 8-21，猪的总维持代谢能需要量是标准维持代谢能需要量、生热代谢能需要量、活动量增加或品种差异的校正代谢能需要量的和。因此，需分别将以上 3 种代谢能需要计算后进行合计（表 3-40 和表 3-41），计算所需的数据见公式 8-21 的说明部分（表 3-36）。从表 3-41 可知，在 20～50kg 体重阶段，当有效温度为 15℃时，约 40％的饲料采食量用于猪的维持代谢能需要。

表 3-40　小母猪标准维持代谢能需要量和生热代谢能需要量

| 体重 (kg) | 标准维持代谢能需要量 | | | 生热代谢能需要量 | | | |
	标准维持 ME (kcal/d)	ME 实际摄入量 (+5％浪费) (kcal/d)	维持/摄入 ME	生热 ME 需要量 (kcal/d)	有效温度 (℃)	饲料 ME (kcal/kg)	生热所需饲料 (kg/d)
20.00	1 189	3 399	0.35	189.8	15	3 350	0.057
20.52	1 207	3 466	0.35	191.0	15	3 350	0.057
21.04	1 225	3 533	0.35	192.1	15	3 350	0.057
21.57	1 244	3 600	0.35	193.1	15	3 350	0.058
22.11	1 263	3 667	0.34	194.1	15	3 350	0.058
22.66	1 281	3 735	0.34	195.0	15	3 350	0.058
23.22	1 300	3 803	0.34	195.9	15	3 350	0.058
23.79	1 319	3 872	0.34	196.7	15	3 350	0.059
24.36	1 338	3 941	0.34	197.4	15	3 350	0.059
24.95	1 357	4 009	0.34	198.0	15	3 350	0.059
25.54	1 377	4 079	0.34	198.5	15	3 350	0.059
26.14	1 396	4 148	0.34	199.0	15	3 350	0.059
26.75	1 415	4 217	0.34	199.3	15	3 350	0.060
27.37	1 435	4 287	0.33	199.6	15	3 350	0.060
27.99	1 454	4 356	0.33	199.8	15	3 350	0.060
28.63	1 474	4 426	0.33	199.9	15	3 350	0.060
29.27	1 494	4 496	0.33	199.9	15	3 350	0.060
29.92	1 514	4 566	0.33	199.8	15	3 350	0.060
30.58	1 534	4 635	0.33	199.7	15	3 350	0.060
31.24	1 554	4 705	0.33	199.4	15	3 350	0.060
31.92	1 574	4 775	0.33	199.0	15	3 350	0.059
32.60	1 594	4 844	0.33	198.5	15	3 350	0.059
33.29	1 614	4 914	0.33	197.9	15	3 350	0.059
33.99	1 634	4 983	0.33	197.2	15	3 350	0.059

（续）

体重 (kg)	标准维持代谢能需要量			生热代谢能需要量			
	标准维持 ME (kcal/d)	ME 实际摄入量 (+5%浪费) (kcal/d)	维持/摄入 ME	生热 ME 需要量 (kcal/d)	有效温度 (℃)	饲料 ME (kcal/kg)	生热所需饲料 (kg/d)
34.70	1 654	5 052	0.33	196.4	15	3 350	0.059
35.41	1 675	5 121	0.33	195.5	15	3 350	0.058
36.13	1 695	5 190	0.33	194.5	15	3 350	0.058
36.86	1 715	5 259	0.33	193.3	15	3 350	0.058
37.59	1 736	5 327	0.33	192.1	15	3 350	0.057
38.34	1 756	5 395	0.33	190.7	15	3 350	0.057
39.09	1 777	5 462	0.33	189.2	15	3 350	0.056
39.84	1 798	5 530	0.33	187.6	15	3 350	0.056
40.61	1 818	5 597	0.32	185.9	15	3 350	0.055
41.38	1 839	5 663	0.32	184.1	15	3 350	0.055
42.15	1 859	5 730	0.32	182.1	15	3 350	0.054
42.94	1 880	5 795	0.32	180.1	15	3 350	0.054
43.73	1 901	5 861	0.32	177.8	15	3 350	0.053
44.53	1 921	5 926	0.32	175.5	15	3 350	0.052
45.33	1 942	5 990	0.32	173.1	15	3 350	0.052
46.14	1 963	6 054	0.32	170.5	15	3 350	0.051
46.95	1 984	6 118	0.32	167.8	15	3 350	0.050
47.77	2 004	6 181	0.32	165.0	15	3 350	0.049
48.60	2 025	6 243	0.32	162.0	15	3 350	0.048
49.43	2 046	6 305	0.32	158.9	15	3 350	0.047
50.27	2 067	6 366	0.32	155.7	15	3 350	0.046

表 3-41　小母猪每日活动代谢能需要量和总维持代谢能需要量

体重 (kg)	活动代谢能需要量				总维持代谢能合计			
	日步行 1km (kcal/d)	日站立 100min (kcal/d)	采食耗能 (kcal/d)	每天活动耗能合计 (kcal)	维持能量总需要量 (kcal/d)	总维持 ME/小母猪 ME 实际摄入量	总维持所需饲料 (kg/d)	维持总 ME/标准维持 ME
20.00	33.4	61.5	30.4	125.3	1 503.8	0.44	0.45	1.27
20.52	34.3	62.7	31.0	128.0	1 525.9	0.44	0.46	1.26
21.04	35.1	63.9	31.6	130.6	1 548.1	0.44	0.46	1.26
21.57	36.0	65.1	32.2	133.3	1 570.4	0.44	0.47	1.26
22.11	36.9	66.3	32.8	136.1	1 592.8	0.43	0.48	1.26

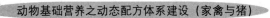

（续）

体重（kg）	活动代谢能需要量				总维持代谢能合计			
	日步行 1km（kcal/d）	日站立 100min（kcal/d）	采食耗能（kcal/d）	每天活动耗能合计（kcal）	维持能量总需要量（kcal/d）	总维持 ME/小母猪 ME 实际摄入量	总维持所需饲料（kg/d）	维持总 ME/标准维持 ME
22.66	37.8	67.5	33.5	138.8	1 615.2	0.43	0.48	1.26
23.22	38.8	68.8	34.1	141.6	1 637.7	0.43	0.49	1.26
23.79	39.7	70.0	34.7	144.4	1 660.2	0.43	0.50	1.26
24.36	40.7	71.3	35.3	147.3	1 682.8	0.43	0.50	1.26
24.95	41.7	72.6	35.9	150.1	1 705.4	0.43	0.51	1.26
25.54	42.7	73.8	36.5	153.0	1 728.1	0.42	0.52	1.26
26.14	43.7	75.1	37.1	155.9	1 750.8	0.42	0.52	1.25
26.75	44.7	76.5	37.8	158.9	1 773.6	0.42	0.53	1.25
27.37	45.7	77.8	38.4	161.9	1 796.3	0.42	0.54	1.25
27.99	46.7	79.1	39.0	164.9	1 819.1	0.42	0.54	1.25
28.63	47.8	80.4	39.6	167.9	1 841.9	0.42	0.55	1.25
29.27	48.9	81.8	40.3	170.9	1 864.7	0.41	0.56	1.25
29.92	50.0	83.2	40.9	174.0	1 887.5	0.41	0.56	1.25
30.58	51.1	84.5	41.5	177.1	1 910.4	0.41	0.57	1.25
31.24	52.2	85.9	42.1	180.2	1 933.2	0.41	0.58	1.24
31.92	53.3	87.3	42.8	183.4	1 955.9	0.41	0.58	1.24
32.60	54.4	88.7	43.4	186.5	1 978.7	0.41	0.59	1.24
33.29	55.6	90.1	44.0	189.7	2 001.5	0.41	0.60	1.24
33.99	56.8	91.5	44.6	192.9	2 024.2	0.41	0.60	1.24
34.70	57.9	92.9	45.2	196.1	2 046.9	0.41	0.61	1.24
35.41	59.1	94.4	45.9	199.3	2 069.6	0.40	0.62	1.24
36.13	60.3	95.8	46.5	202.6	2 092.1	0.40	0.62	1.23
36.86	61.6	97.2	47.1	205.9	2 114.7	0.40	0.63	1.23
37.59	62.8	98.7	47.7	209.2	2 137.2	0.40	0.64	1.23
38.34	64.0	100.1	48.3	212.5	2 159.6	0.40	0.64	1.23
39.09	65.3	101.6	48.9	215.8	2 182.0	0.40	0.65	1.23
39.84	66.5	103.1	49.5	219.1	2 204.3	0.40	0.66	1.23
40.61	67.8	104.6	50.1	222.5	2 226.5	0.40	0.66	1.22
41.38	69.1	106.0	50.7	225.9	2 248.7	0.40	0.67	1.22

（续）

体重 (kg)	活动代谢能需要量				总维持代谢能合计			
	日步行 1km (kcal/d)	日站立 100min (kcal/d)	采食耗能 (kcal/d)	每天活动耗能合计 (kcal)	维持能量总需要量 (kcal/d)	总维持ME/小母猪ME实际摄入量	总维持所需饲料 (kg/d)	维持总ME/标准维持ME
42.15	70.4	107.5	51.3	229.2	2 270.8	0.40	0.68	1.22
42.94	71.7	109.0	51.9	232.6	2 292.8	0.40	0.68	1.22
43.73	73.0	110.5	52.5	236.0	2 314.6	0.39	0.69	1.22
44.53	74.4	112.0	53.1	239.5	2 336.5	0.39	0.70	1.22
45.33	75.7	113.6	53.6	242.9	2 358.2	0.39	0.70	1.21
46.14	77.1	115.1	54.2	246.3	2 379.8	0.39	0.71	1.21
46.95	78.4	116.6	54.8	249.8	2 401.2	0.39	0.72	1.21
47.77	79.8	118.1	55.3	253.2	2 422.6	0.39	0.72	1.21
48.60	81.2	119.6	55.9	256.7	2 443.9	0.39	0.73	1.21
49.43	82.6	121.2	56.5	260.2	2 465.0	0.39	0.74	1.20
50.27	84.0	122.7	57.0	263.7	2 486.1	0.39	0.74	1.20

（三）蛋白质沉积和依据代谢能摄入量的蛋白质沉积

动物摄入的代谢能超过维持需要的部分用于体蛋白和体脂肪沉积，这是计算猪日增重的重要逻辑基础。

与 NRC（1998）相同，输入一个代表品种和性别的平均蛋白质沉积量（酮体无脂瘦肉增重），结合公式 8-22 可以得到小母猪的蛋白质沉积曲线，曲线的横坐标是体重（kg）。与 NRC（1998）不同，NRC（2012）提供了依据能量摄入量生成蛋白质沉积量的公式。此公式表明蛋白质沉积量受能量摄入量的限制，当能量摄入不足时，蛋白质沉积量会降低，从而达不到曲线所示潜力值。根据测算，对小母猪来讲，130 日龄体重约达到 74kg 时，依据能量摄入量的蛋白质沉积量才能完全实现蛋白质沉积的潜力，体重越轻对受能量摄入量影响的蛋白质沉积量影响越大（与其蛋白质沉积潜力相比）。因此，对于 20～50kg 的小母猪来说，饲料采食量（能量摄入）是影响其日增重和料重比的十分重要的现实因素。

当确立了蛋白质沉积的量及所耗用的能量以后，就可以使用公式 8-31 来计算体脂肪的日沉积量，这样就很容易计算日增重和其他生长性能数据。

1. 小母猪蛋白质日沉积量和依据代谢能摄入量的蛋白质日沉积量计算 根据公式 8-22 计算的小母猪日平均体蛋白沉积量和根据公式 8-30 计算的依据能量摄入量获得的日体蛋白沉积量见表 3-42，其中根据公式 8-30 计算的"满足小母猪最大蛋白沉积需要的 ME 摄入量"计算结果受公式中校正系数的影响较大。

表 3-42　小母猪蛋白质沉积潜力和依据能量摄入量计算的蛋白质沉积量

体重（kg）	日平均体蛋白沉积为135g的小母猪蛋白沉积			依据能量摄入量计算的蛋白质沉积量（g/d）							
	体蛋白沉积量（g/d）	无脂瘦肉沉积量（g/d）	满足小母猪最大蛋白沉积需要的ME摄入量计算（据公式8-30推算，kcal/d）	假设的日代谢能摄入量（kcal）							
	135（输入值）	344.25		2 000	4 000	4 100	4 500	5 000	5 500	6 000	6 400
20.00	124.5	317.5	3929	48.0	127.3						
20.52	125.1	318.9	3978	47.0	126.0	129.9					
21.04	125.7	320.4	4 027	46.0	124.6	128.5	144.3				
21.57	126.2	321.9	4 076	45.0	123.3	127.2	142.8	162.4			
22.11	126.8	323.4	4 126	44.0	121.9	125.8	141.4	160.9	180.4		
22.66	127.4	324.9	4 176	43.0	120.6	124.5	140.0	159.4	178.8		
23.22	128.0	326.4	4 226	42.0	119.2	123.1	138.6	157.9	177.2	196.5	212.0
23.79	128.6	327.8	4 277	41.0	117.9	121.8	137.1	156.4	175.6	194.9	210.2
24.36	129.1	329.3	4 328	40.0	116.6	120.4	135.7	154.9	174.0	193.2	208.5
24.95	129.7	330.8	4 380	39.0	115.2	119.1	134.3	153.4	172.4	191.5	206.8
25.54	130.3	332.3	4 432	38.0	113.9	117.7	132.9	151.9	170.9	189.8	205.0
26.14	130.9	333.7	4 484	37.0	112.6	116.4	131.5	150.4	169.3	188.2	203.3
26.75	131.4	335.2	4 536	36.0	111.3	115.0	130.1	148.9	167.7	186.5	201.6
27.37	132.0	336.6	4 589	35.0	109.9	113.7	128.7	147.4	166.1	184.8	199.8
27.99	132.6	338.1	4 642	34.1	108.6	112.4	127.3	145.9	164.6	183.2	198.1
28.63	133.1	339.5	4 696	33.1	107.3	111.0	125.9	144.4	163.0	181.5	196.4
29.27	133.7	340.9	4 749	32.1	106.0	109.7	124.5	143.0	161.4	179.9	194.7
29.92	134.2	342.3	4 803	31.2	104.7	108.4	123.1	141.5	159.9	178.3	193.0
30.58	134.8	343.7	4 857	30.2	103.4	107.1	121.7	140.0	158.3	176.6	191.3
31.24	135.3	345.1	4 911	29.3	102.1	105.8	120.4	138.6	156.7	175.0	189.6
31.92	135.9	346.5	4 965	28.3	100.9	104.5	119.0	137.1	155.3	173.4	187.9
32.60	136.4	347.8	5 020	27.4	99.6	103.2	117.6	135.7	153.7	171.8	186.2
33.29	136.9	349.1	5 074	26.5	98.3	101.9	116.3	134.2	152.2	170.2	184.5
33.99	137.4	350.4	5 129	25.6	97.1	100.6	114.9	132.8	150.7	168.6	182.9
34.70	137.9	351.7	5 183	24.6	95.8	99.4	113.6	131.4	149.2	167.0	181.2
35.41	138.4	353.0	5 238	23.7	94.6	98.1	112.3	130.0	147.7	165.4	179.6
36.13	138.9	354.2	5 293	22.8	93.3	96.9	111.0	128.6	146.2	163.8	177.9
36.86	139.4	355.4	5 348	21.9	92.1	95.6	109.6	127.2	144.7	162.3	176.3
37.59	139.9	356.6	5 402	21.0	90.9	94.4	108.3	125.8	143.3	160.7	174.7

（续）

体重 （kg）	日平均体蛋白沉积 为135g的小母猪蛋白质沉积			依据能量摄入量计算的蛋白质沉积量（g/d）							
	体蛋白 沉积量 （g/d）	无脂 瘦肉沉积 量（g/d）	满足小母 猪最大蛋 白沉积需 要的ME摄 入量计算 （据公式8-30 推算，kcal/d）	假设的日代谢能摄入量（kcal）							
	135 （输入值）	344.25		2 000	4 000	4 100	4 500	5 000	5 500	6 000	6 400
38.34	140.3	357.8	5 457	20.2	89.7	93.2	107.1	124.4	141.8	159.2	173.1
39.09	140.8	358.9	5 511	19.3	88.5	91.9	105.8	123.1	140.4	157.7	171.5
39.84	141.2	360.1	5 566	18.4	87.3	90.7	104.5	121.7	138.9	156.2	169.9
40.61	141.6	361.1	5 620	17.5	86.1	89.5	103.2	120.4	137.5	154.7	168.4
41.38	142.0	362.2	5 674	16.7	84.9	88.3	102.0	119.0	136.1	153.2	166.8
42.15	142.4	363.2	5 728	15.8	83.8	87.2	100.7	117.7	134.7	151.7	165.3
42.94	142.8	364.2	5 782	15.0	82.6	86.0	99.5	116.4	133.3	150.2	163.7
43.73	143.2	365.2	5 835	14.2	81.5	84.8	98.3	115.1	131.9	148.8	162.2
44.53	143.6	366.1	5 888	13.3	80.3	83.7	97.1	113.8	130.6	147.3	160.7
45.33	143.9	367.0	5 941	12.5	79.2	82.5	95.9	112.5	129.2	145.9	159.2
46.14	144.3	367.9	5 994	11.7	78.1	81.4	94.7	111.3	127.9	144.5	157.7
46.95	144.6	368.7	6 046	10.9	77.0	80.3	93.5	110.0	126.5	143.0	156.3
47.77	144.9	369.5	6 098	10.1	75.9	79.2	92.3	108.8	125.2	141.7	154.8
48.60	145.2	370.2	6 150	9.3	74.8	78.1	91.2	107.5	123.9	140.3	153.4
49.43	145.5	370.9	6 201	8.5	73.7	77.0	90.0	106.3	122.6	138.9	151.9
50.27	145.7	371.6	6 252	7.7	72.6	75.9	88.9	105.1	121.3	137.6	150.5

2. 根据表3-39中"小母猪实际ME摄入（kcal/d）"计算的蛋白质实际日沉积量

表3-43中列出了根据"小母猪实际ME摄入（kcal）"（表3-39）计算的体蛋白日沉积量，与体蛋白理论日沉积（最大沉积或沉积潜力）相比取较小值，作为"实际体蛋白日沉积量"。

表3-43　根据小母猪实际ME摄入量计算的蛋白质实际日沉积量

日龄	体重（kg）	体蛋白理论日 沉积量（g）	根据ME摄入量计算的 体蛋白日沉积量（g）	实际体蛋白日 沉积量（g）	实际ME日 摄入量（kcal）
57	20.00	124.5	97.1	97.1	3 399.4
58	20.52	125.1	98.4	98.4	3 465.8
59	21.04	125.7	99.6	99.6	3 532.7
60	21.57	126.2	100.9	100.9	3 599.9
61	22.11	126.8	102.2	102.2	3 667.4

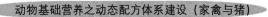

（续）

日龄	体重（kg）	体蛋白理论日沉积量（g）	根据 ME 摄入量计算的体蛋白日沉积量（g）	实际体蛋白日沉积量（g）	实际 ME 日摄入量（kcal）
62	22.66	127.4	103.4	103.4	3 735.3
63	23.22	128.0	104.7	104.7	3 803.5
64	23.79	128.6	105.9	105.9	3 871.9
65	24.36	129.1	107.1	107.1	3 940.6
66	24.95	129.7	108.3	108.3	4 009.5
67	25.54	130.3	109.5	109.5	4 078.6
68	26.14	130.9	110.7	110.7	4 147.8
69	26.75	131.4	111.9	111.9	4 217.3
70	27.37	132.0	113.0	113.0	4 286.8
71	27.99	132.6	114.2	114.2	4 356.4
72	28.63	133.1	115.3	115.3	4 426.1
73	29.27	133.7	116.4	116.4	4 495.9
74	29.92	134.2	117.5	117.5	4 565.7
75	30.58	134.8	118.6	118.6	4 635.4
76	31.24	135.3	119.7	119.7	4 705.1
77	31.92	135.9	120.7	120.7	4 774.8
78	32.60	136.4	121.7	121.7	4 844.4
79	33.29	136.9	122.7	122.7	4 913.8
80	33.99	137.4	123.7	123.7	4 983.1
81	34.70	137.9	124.7	124.7	5 052.3
82	35.41	138.4	125.6	125.6	5 121.3
83	36.13	138.9	126.6	126.6	5 190.0
84	36.86	139.4	127.5	127.5	5 258.5
85	37.59	139.9	128.4	128.4	5 326.8
86	38.34	140.3	129.2	129.2	5 394.8
87	39.09	140.8	130.1	130.1	5 462.5
88	39.84	141.2	130.9	130.9	5 529.8
89	40.61	141.6	131.7	131.7	5 596.6
90	41.38	142.0	132.5	132.5	5 663.4
91	42.15	142.4	133.2	133.2	5 729.7
92	42.94	142.8	134.0	134.0	5 795.5
93	43.73	143.2	134.7	134.7	5 860.9
94	44.53	143.6	135.4	135.4	5 925.8
95	45.33	143.9	136.0	136.0	5 990.2
96	46.14	144.3	136.7	136.7	6 054.2

（续）

日龄	体重（kg）	体蛋白理论日沉积量（g）	根据 ME 摄入量计算的体蛋白日沉积量（g）	实际体蛋白日沉积量（g）	实际 ME 日摄入量（kcal）
97	46.95	144.6	137.3	137.3	6 117.7
98	47.77	144.9	137.9	137.9	6 180.6
99	48.60	145.2	138.5	138.5	6 243.0
100	49.43	145.5	139.1	139.1	6 304.8
101	50.27	145.7	139.6	139.6	6 366.0

注：表中的起始日龄"57"需输入。

（四）小母猪生长性能计算

当确立了蛋白质日沉积量后，就可以使用公式 8 - 31 来计算体脂肪的日沉积量。为了反映能量摄入量对小母猪生长性能的影响，笔者分别计算了体脂肪的理论沉积量和实际沉积量（与表 3 - 43 的体蛋白理论沉积量和实际沉积量相对应）。NRC（2012）中表 8 - 1 "模型估测的小母猪、阉公猪、未阉公猪（20～130kg 体重）的典型生长性能"列出了小母猪的生长性能数据，包括体蛋白日沉积、体脂肪日沉积、日增重、料重比、期末体重、期末时背膘厚等，笔者根据 NRC（1998）的方法同样计算了主要的生长性能，包括日增重、日采食量和料重比（表 3 - 44 体脂肪日沉积和小母猪主要生长性能计算）。表 3 - 44 中的生长性能数据可以部分解释保育猪饲喂试验中生长性能的差异。

表 3 - 44　体脂肪日沉积和小母猪主要生长性能计算

日龄（d）	体重（kg）	蛋白理论沉积（g/d）	实际蛋白沉积（g/d）	理论体脂肪沉积（g/d）	实际体脂肪沉积（g/d）	理论日增重（g）	实际日增重（蛋白沉积因 ME 摄入变化，g）	与实际最大采食量比较后选用的真正日采食量（g）	料重比（理论）	料重比（实际）
57	20.00	124.5	97.1	33	56	615	516	1 015	1.65	1.97
58	20.52	125.1	98.4	36	59	621	524	1 035	1.67	1.97
59	21.04	125.7	99.6	39	61	627	533	1 055	1.68	1.98
60	21.57	126.2	100.9	42	63	633	541	1 075	1.70	1.99
61	22.11	126.8	102.2	44	65	639	550	1 095	1.71	1.99
62	22.66	127.4	103.4	47	68	645	558	1 115	1.73	2.00
63	23.22	128.0	104.7	50	70	651	567	1 135	1.74	2.00
64	23.79	128.6	105.9	53	72	657	575	1 156	1.76	2.01
65	24.36	129.1	107.1	56	75	664	584	1 176	1.77	2.01
66	24.95	129.7	108.3	59	77	670	592	1 197	1.79	2.02
67	25.54	130.3	109.5	62	80	676	601	1 217	1.80	2.03

（续）

日龄 （d）	体重 （kg）	蛋白理 论沉积 （g/d）	实际蛋 白沉积 （g/d）	理论体 脂肪沉积 （g/d）	实际体 脂肪沉积 （g/d）	理论日 增重（g）	实际日增 重（蛋白 沉积因 ME 摄入变 化，g）	与实际最 大采食量 比较后选 用的真正 日采食量 （g）	料重比 （理论）	料重比 （实际）
68	26.14	130.9	110.7	65	82	682	609	1 238	1.82	2.03
69	26.75	131.4	111.9	68	85	688	617	1 259	1.83	2.04
70	27.37	132.0	113.0	71	87	694	626	1 280	1.84	2.04
71	27.99	132.6	114.2	74	90	701	634	1 300	1.86	2.05
72	28.63	133.1	115.3	77	92	707	642	1 321	1.87	2.06
73	29.27	133.7	116.4	80	95	713	650	1 342	1.88	2.06
74	29.92	134.2	117.5	83	97	719	658	1 363	1.90	2.07
75	30.58	134.8	118.6	86	100	725	667	1 384	1.91	2.08
76	31.24	135.3	119.7	89	102	731	674	1 405	1.92	2.08
77	31.92	135.9	120.7	92	105	737	682	1 425	1.93	2.09
78	32.60	136.4	121.7	95	108	743	690	1 446	1.95	2.10
79	33.29	136.9	122.7	98	110	749	698	1 467	1.96	2.10
80	33.99	137.4	123.7	101	113	755	706	1 488	1.97	2.11
81	34.70	137.9	124.7	104	115	761	713	1 508	1.98	2.11
82	35.41	138.4	125.6	107	118	767	721	1 529	1.99	2.12
83	36.13	138.9	126.6	110	121	773	728	1 549	2.00	2.13
84	36.86	139.4	127.5	113	123	779	735	1 570	2.02	2.13
85	37.59	139.9	128.4	116	126	784	743	1 590	2.03	2.14
86	38.34	140.3	129.2	119	129	790	750	1 610	2.04	2.15
87	39.09	140.8	130.1	122	131	796	757	1 631	2.05	2.15
88	39.84	141.2	130.9	125	134	801	764	1 651	2.06	2.16
89	40.61	141.6	131.7	128	137	807	771	1 671	2.07	2.17
90	41.38	142.0	132.5	131	139	812	777	1 691	2.08	2.17
91	42.15	142.4	133.2	134	142	817	784	1 710	2.09	2.18
92	42.94	142.8	134.0	137	145	823	790	1730	2.10	2.19
93	43.73	143.2	134.7	140	147	828	797	1 750	2.11	2.20
94	44.53	143.6	135.4	143	150	833	803	1 769	2.12	2.20
95	45.33	143.9	136.0	146	152	838	809	1 788	2.13	2.21
96	46.14	144.3	136.7	149	155	843	815	1 807	2.14	2.22
97	46.95	144.6	137.3	151	158	848	821	1 826	2.15	2.22
98	47.77	144.9	137.9	154	160	852	827	1 845	2.16	2.23
99	48.60	145.2	138.5	157	163	857	833	1 864	2.17	2.24
100	49.43	145.5	139.1	160	165	862	838	1 882	2.18	2.24
101	50.27	145.7	139.6	163	168	866	844	1 900	2.19	2.25

（五）小母猪日蛋白质需要量和饲料中粗蛋白质浓度计算

NRC（2012）中计算的是总氮需要量，总氮×6.25 即是蛋白质需要量。计算时需用到原表2-5、表2-8和表2-12中的数据（表3-45至表3-47），依次计算胃肠道内源蛋白质损失（g/d）、表皮蛋白质损失（g/d）、胃肠道和表皮损失所需蛋白质（g/d）、体蛋白存留所需的蛋白质量（g/d）。小母猪每天所需的蛋白质量（g/d）是胃肠道和表皮损失所需蛋白质（g/d）与体蛋白存留所需的蛋白质量（g/d）的和，除以日采食量即为饲料中粗蛋白质浓度（%）。计算结果见表3-48。

表3-45　肠道和皮毛中损失的蛋白质的氨基酸组成［NRC（2012）中表2-5］

氨基酸	肠道损失				皮毛损失	
	每100g 赖氨酸的含量（g）	g/kg DMI			每100g 氨基酸的含量（g）	mg/kg $BW^{0.75}$
		生长育肥猪	妊娠母猪	哺乳母猪		
精氨酸	116.4	0.485	0.608	0.340	0	0
组氨酸	48.7	0.203	0.254	0.142	27.9	1.26
异亮氨酸	91.9	0.383	0.480	0.268	55.8	2.51
亮氨酸	125.9	0.525	0.657	0.368	116.3	5.23
赖氨酸	100	0.417	0.522	0.292	100	4.5
蛋氨酸	27.3	0.114	0.14	0.080	23.3	1.05
蛋氨酸＋胱氨酸	78.1	0.326	0.408	0.228	127.9	5.76
苯丙氨酸	82.2	0.343	0.429	0.240	67.4	3.03
苯丙氨酸＋酪氨酸	150.4	0.627	0.785	0.439	109.3	4.92
苏氨酸	145.1	0.605	0.757	0.424	74.4	3.35
色氨酸	31.8	0.133	0.166	0.093	20.9	0.94
缬氨酸	129.8	0.541	0.678	0.379	83.7	3.77
氮×6.25	3 370.4	14.05	17.59	9.84	2 325.6	104.7

注：DMI，干物质采食量。

表3-46　生长育肥猪增重的整体蛋白中和莱克多巴胺诱导增重的整体蛋白中赖氨酸及其他氨基酸含量［NRC（2012）中表2-8］

氨基酸	整体蛋白增重	诱导的整体蛋白增重
	赖氨酸（每100g 整体蛋白增重，g）	
	7.1	8.24
	氨基酸（每100g 赖氨酸中的含量，g）	
精氨酸	90.2	79.4
组氨酸	45.2	37.5
异亮氨酸	50.8	56.6
亮氨酸	100	93.7

（续）

氨基酸	整体蛋白增重	诱导的整体蛋白增重
	赖氨酸（每100g整体蛋白增重，g）	
	7.1	8.24
	氨基酸（每100g赖氨酸中的含量，g）	
赖氨酸	100	100
蛋氨酸	27.9	30.2
蛋氨酸＋胱氨酸	41.8	44.1
苯丙氨酸	52.2	49.5
苯丙氨酸＋酪氨酸	89.9	89.7
苏氨酸	53.1	54.4
色氨酸	12.8	14.3
缬氨酸	66.2	64.2

表 3-47　生长育肥猪、妊娠母猪和哺乳母猪用于维持、蛋白沉积及奶蛋白产出的日粮回肠标准可消化氨基酸的利用效率 ［NRC（2012）中表 2-12］

氨基酸	维持			沉积		
	生长育肥猪	妊娠母猪	哺乳母猪	生长育肥猪	妊娠母猪	哺乳母猪
精氨酸	1.47	1.47	0.914	1.27	0.96	0.816
组氨酸	1	0.973	0.808	0.864	0.636	0.722
异亮氨酸	0.76	0.751	0.781	0.657	0.491	0.698
亮氨酸	0.751	0.9	0.81	0.649	0.588	0.723
赖氨酸	0.75	0.75	0.75	0.648	0.49	0.67
蛋氨酸	0.73	0.757	0.755	0.631	0.495	0.675
蛋氨酸＋胱氨酸	0.603	0.615	0.741	0.521	0.402	0.662
苯丙氨酸	0.671	0.83	0.82	0.58	0.542	0.733
苯丙氨酸＋酪氨酸	0.746	0.822	0.789	0.645	0.537	0.705
苏氨酸[1]	0.78	0.807	0.855	0.671	0.527	0.764
色氨酸	0.61	0.714	0.755	0.527	0.467	0.674
缬氨酸	0.8	0.841	0.653	0.691	0.549	0.583
氮×6.25	0.85	0.85	0.85	0.735	0.555	0.759

注：[1]苏氨酸的利用效率适用于可发酵纤维含量为 0 的日粮。随着日粮中可发酵纤维百分含量的增加，苏氨酸的利用效率下降（公式 8-46）。

表 3 - 48　小母猪日蛋白质需要量和饲料中粗蛋白质浓度计算

体重 (kg)	与实际最大采食量比较后选用的真正日采食量 (kg)	胃肠道内源蛋白质损失 (g/d)	表皮蛋白质损失 (g/d)	胃肠道＋表皮需要的蛋白质 (g/d)	蛋白质存留量 (g/d)	体蛋白存留所需的蛋白质量 (g/d)	总的蛋白质需要量 (g/d)	饲料中粗蛋白质 (%)
20.00	1.01	17.82	0.99	22.19	97.07	125.86	148.05	14.59
20.52	1.03	18.17	1.01	22.63	98.35	127.65	150.28	14.53
21.04	1.05	18.52	1.03	23.06	99.63	129.44	152.51	14.46
21.57	1.07	18.87	1.05	23.50	100.90	131.23	154.73	14.40
22.11	1.09	19.23	1.07	23.94	102.16	133.02	156.96	14.34
22.66	1.12	19.58	1.09	24.39	103.41	134.80	159.18	14.28
23.22	1.14	19.94	1.11	24.83	104.66	136.57	161.40	14.22
23.79	1.16	20.30	1.13	25.28	105.89	138.34	163.61	14.16
24.36	1.18	20.66	1.15	25.73	107.11	140.09	165.82	14.10
24.95	1.20	21.02	1.17	26.18	108.32	141.84	168.02	14.04
25.54	1.22	21.38	1.19	26.63	109.52	143.58	170.21	13.98
26.14	1.24	21.75	1.21	27.08	110.71	145.31	172.40	13.92
26.75	1.26	22.11	1.23	27.54	111.88	147.03	174.57	13.87
27.37	1.28	22.47	1.25	27.99	113.04	148.74	176.73	13.81
27.99	1.30	22.84	1.27	28.45	114.19	150.43	178.88	13.76
28.63	1.32	23.20	1.30	28.90	115.32	152.11	181.01	13.70
29.27	1.34	23.57	1.32	29.36	116.43	153.77	183.13	13.65
29.92	1.36	23.94	1.34	29.82	117.52	155.42	185.24	13.59
30.58	1.38	24.30	1.36	30.28	118.60	157.05	187.33	13.54
31.24	1.40	24.67	1.38	30.73	119.67	158.67	189.40	13.49
31.92	1.43	25.03	1.41	31.19	120.71	160.26	191.45	13.43
32.60	1.45	25.40	1.43	31.65	121.74	161.84	193.49	13.38
33.29	1.47	25.76	1.45	32.10	122.74	163.40	195.50	13.33
33.99	1.49	26.12	1.47	32.56	123.73	164.94	197.50	13.28
34.70	1.51	26.49	1.50	33.01	124.70	166.46	199.47	13.23
35.41	1.53	26.85	1.52	33.47	125.64	167.96	201.43	13.18
36.13	1.55	27.21	1.54	33.92	126.57	169.44	203.36	13.13
36.86	1.57	27.57	1.57	34.37	127.48	170.90	205.27	13.08
37.59	1.59	27.93	1.59	34.82	128.36	172.33	207.15	13.03
38.34	1.61	28.28	1.61	35.27	129.23	173.74	209.01	12.98
39.09	1.63	28.64	1.64	35.72	130.07	175.13	210.85	12.93
39.84	1.65	28.99	1.66	36.16	130.90	176.50	212.66	12.88

（续）

体重 （kg）	与实际最大 采食量比较 后选用的真 正日采食量 （kg）	胃肠道内源 蛋白质损失 （g/d）	表皮蛋白质 损失（g/d）	胃肠道＋ 表皮需要 的蛋白质 （g/d）	蛋白质存 留量 （g/d）	体蛋白存 留所需的 蛋白质量 （g/d）	总的蛋白 质需要量 （g/d）	饲料中粗 蛋白质 （%）
40.61	1.67	29.34	1.68	36.60	131.70	177.84	214.44	12.84
41.38	1.69	29.69	1.71	37.04	132.47	179.16	216.20	12.79
42.15	1.71	30.04	1.73	37.48	133.23	180.45	217.93	12.74
42.94	1.73	30.38	1.76	37.92	133.97	181.72	219.64	12.70
43.73	1.75	30.73	1.78	38.35	134.68	182.97	221.31	12.65
44.53	1.77	31.07	1.80	38.78	135.37	184.19	222.97	12.60
45.33	1.79	31.40	1.83	39.21	136.04	185.38	224.59	12.56
46.14	1.81	31.74	1.85	39.63	136.69	186.55	226.18	12.52
46.95	1.83	32.07	1.88	40.05	137.31	187.70	227.75	12.47
47.77	1.84	32.40	1.90	40.47	137.91	188.82	229.29	12.43
48.60	1.86	32.73	1.93	40.89	138.50	189.91	230.80	12.38
49.43	1.88	33.05	1.95	41.30	139.05	190.98	232.28	12.34
50.27	1.90	33.37	1.98	41.70	139.59	192.03	233.73	12.30

（六）小母猪回肠末端可消化赖氨酸（SID 赖氨酸）日需要量和饲料中 SID 赖氨酸浓度计算

与总氮日需要量的计算方式相同，使用公式 8-40 至公式 8-45 和表 3-45 至表 3-47 中的数据，先计算 SID 赖氨酸的日需要量，再计算饲料中 SID 赖氨酸的浓度，过程与结果见表 3-49。

表 3-49 小母猪 SID 赖氨酸日需要量和饲料中 SID 赖氨酸浓度计算

体重 （kg）	与实际最 大采食量 比较后选 用的真正 日采食量 （kg）	胃肠道内 源赖氨 酸损失 （g/d）	表皮赖氨 酸损失（g/d）	胃肠道＋表 皮需要的 SID 赖氨 酸（g/d）	蛋白质中 赖氨酸存 留量（g/d）	体蛋白存 留所需的 SID 赖氨酸 量（g/d）	总 SID 赖氨酸需 要量（g/d）	饲料 SID 赖氨酸 （%）
20.00	1.01	0.53	0.04	0.76	6.89	10.13	10.90	1.07
20.52	1.03	0.54	0.04	0.78	6.98	10.28	11.05	1.07
21.04	1.05	0.55	0.04	0.79	7.07	10.42	11.21	1.06
21.57	1.07	0.56	0.05	0.81	7.16	10.56	11.37	1.06
22.11	1.09	0.57	0.05	0.82	7.25	10.71	11.53	1.05
22.66	1.12	0.58	0.05	0.84	7.34	10.85	11.69	1.05

（续）

体重 （kg）	与实际最大采食量比较后选用的真正日采食量（kg）	胃肠道内源赖氨酸损失（g/d）	表皮赖氨酸损失（g/d）	胃肠道＋表皮需要的SID赖氨酸（g/d）	蛋白质中赖氨酸存留量（g/d）	体蛋白存留所需的SID赖氨酸量（g/d）	总SID赖氨酸需要量（g/d）	饲料SID赖氨酸（%）
23.22	1.14	0.59	0.05	0.86	7.43	10.99	11.85	1.04
23.79	1.16	0.60	0.05	0.87	7.52	11.14	12.01	1.04
24.36	1.18	0.61	0.05	0.89	7.60	11.28	12.16	1.03
24.95	1.20	0.62	0.05	0.90	7.69	11.42	12.32	1.03
25.54	1.22	0.63	0.05	0.92	7.78	11.56	12.48	1.02
26.14	1.24	0.65	0.05	0.93	7.86	11.70	12.63	1.02
26.75	1.26	0.66	0.05	0.95	7.94	11.84	12.78	1.02
27.37	1.28	0.67	0.05	0.96	8.03	11.97	12.94	1.01
27.99	1.30	0.68	0.05	0.98	8.11	12.11	13.09	1.01
28.63	1.32	0.69	0.06	1.00	8.19	12.24	13.24	1.00
29.27	1.34	0.70	0.06	1.01	8.27	12.38	13.39	1.00
29.92	1.36	0.71	0.06	1.03	8.34	12.51	13.54	0.99
30.58	1.38	0.72	0.06	1.04	8.42	12.64	13.69	0.99
31.24	1.40	0.73	0.06	1.06	8.50	12.77	13.83	0.98
31.92	1.43	0.74	0.06	1.07	8.57	12.90	13.98	0.98
32.60	1.45	0.75	0.06	1.09	8.64	13.03	14.12	0.98
33.29	1.47	0.76	0.06	1.11	8.71	13.15	14.26	0.97
33.99	1.49	0.78	0.06	1.12	8.78	13.28	14.40	0.97
34.70	1.51	0.79	0.06	1.14	8.85	13.40	14.54	0.96
35.41	1.53	0.80	0.07	1.15	8.92	13.52	14.67	0.96
36.13	1.55	0.81	0.07	1.17	8.99	13.64	14.81	0.96
36.86	1.57	0.82	0.07	1.18	9.05	13.76	14.94	0.95
37.59	1.59	0.83	0.07	1.20	9.11	13.87	15.07	0.95
38.34	1.61	0.84	0.07	1.22	9.18	13.99	15.20	0.94
39.09	1.63	0.85	0.07	1.23	9.24	14.10	15.33	0.94
39.84	1.65	0.86	0.07	1.25	9.29	14.21	15.45	0.94
40.61	1.67	0.87	0.07	1.26	9.35	14.32	15.58	0.93
41.38	1.69	0.88	0.07	1.28	9.41	14.42	15.70	0.93
42.15	1.71	0.89	0.07	1.29	9.46	14.53	15.82	0.92
42.94	1.73	0.90	0.08	1.31	9.51	14.63	15.93	0.92
43.73	1.75	0.91	0.08	1.32	9.56	14.73	16.05	0.92
44.53	1.77	0.92	0.08	1.34	9.61	14.83	16.16	0.91

（续）

体重（kg）	与实际最大采食量比较后选用的真正日采食量（kg）	胃肠道内源赖氨酸损失（g/d）	表皮赖氨酸损失（g/d）	胃肠道+表皮需要的 SID 赖氨酸（g/d）	蛋白质中赖氨酸存留量（g/d）	体蛋白存留所需的 SID 赖氨酸量（g/d）	总 SID 赖氨酸需要量（g/d）	饲料 SID 赖氨酸（%）
45.33	1.79	0.93	0.08	1.35	9.66	14.92	16.27	0.91
46.14	1.81	0.94	0.08	1.37	9.70	15.02	16.38	0.91
46.95	1.83	0.95	0.08	1.38	9.75	15.11	16.49	0.90
47.77	1.84	0.96	0.08	1.40	9.79	15.20	16.59	0.90
48.60	1.86	0.97	0.08	1.41	9.83	15.29	16.70	0.90
49.43	1.88	0.98	0.08	1.42	9.87	15.37	16.80	0.89
50.27	1.90	0.99	0.08	1.44	9.91	15.46	16.90	0.89

（七）小母猪其他 SID 氨基酸日需要量和饲料中浓度计算

与 SID 赖氨酸计算方式一样，总的公式是：（其他 SID 氨基酸与 SID 赖氨酸的比例×SID 赖氨酸肠道损失量＋其他 SID 氨基酸与 SID 赖氨酸的比例×SID 赖氨酸皮毛损失量）÷维持利用效率＋（其他 SID 氨基酸与 SID 赖氨酸的比例×SID 赖氨酸沉积量）÷沉积利用效率。NRC（2012）提供了精氨酸、组氨酸、异亮氨酸、亮氨酸、蛋氨酸、蛋氨酸＋胱氨酸、苯丙氨酸、苯丙氨酸＋酪氨酸、苏氨酸、色氨酸、缬氨酸的相关数据（表3-45至表3-47），以计算这些回肠末端可消化氨基酸的日需要量。计算结果见表3-50。

表 3-50　小母猪其他 SID 氨基酸日需要量和饲料中浓度计算（一）

体重（kg）	SID 蛋氨酸 日需要量（g）	SID 蛋氨酸 饲料（%）	SID 蛋氨酸+胱氨酸 日需要量（g）	SID 蛋氨酸+胱氨酸 饲料（%）	SID 苏氨酸 日需要量（g）	SID 苏氨酸 饲料（%）	SID 色氨酸 日需要量（g）	SID 色氨酸 饲料（%）	SID 缬氨酸 日需要量（g）	SID 缬氨酸 饲料（%）	SID 精氨酸 日需要量（g）	SID 精氨酸 饲料（%）
20	3.12	0.31	6.05	0.6	6.71	0.66	1.89	0.19	7.19	0.71	5.07	0.5
20.52	3.16	0.31	6.14	0.59	6.81	0.66	1.92	0.19	7.3	0.71	5.15	0.5
21.04	3.21	0.3	6.23	0.59	6.92	0.66	1.94	0.18	7.41	0.7	5.22	0.5
21.57	3.25	0.3	6.32	0.59	7.02	0.65	1.97	0.18	7.51	0.7	5.3	0.49
22.11	3.3	0.3	6.41	0.59	7.13	0.65	2	0.18	7.62	0.7	5.37	0.49
22.66	3.34	0.3	6.5	0.59	7.23	0.65	2.03	0.18	7.73	0.69	5.45	0.49
23.22	3.39	0.3	6.59	0.58	7.33	0.65	2.06	0.18	7.83	0.69	5.52	0.49
23.79	3.43	0.3	6.68	0.58	7.44	0.64	2.09	0.18	7.94	0.69	5.59	0.48
24.36	3.48	0.3	6.77	0.58	7.54	0.64	2.11	0.18	8.05	0.68	5.67	0.48
24.95	3.52	0.29	6.86	0.57	7.64	0.64	2.14	0.18	8.15	0.68	5.74	0.48
25.54	3.57	0.29	6.95	0.57	7.75	0.64	2.17	0.18	8.26	0.68	5.81	0.48

（续）

体重（kg）	SID 蛋氨酸		SID 蛋氨酸＋胱氨酸		SID 苏氨酸		SID 色氨酸		SID 缬氨酸		SID 精氨酸	
	日需要量（g）	饲料（%）	日需要量（g）	饲料（%）	日需要量（g）	饲料（%）	日需要量（g）	饲料（%）	日需要量（g）	饲料（%）	日需要量（g）	饲料（%）
26.14	3.61	0.29	7.04	0.57	7.85	0.63	2.2	0.18	8.36	0.68	5.89	0.48
26.75	3.66	0.29	7.12	0.57	7.95	0.63	2.23	0.18	8.47	0.67	5.96	0.47
27.37	3.7	0.29	7.21	0.56	8.05	0.63	2.25	0.18	8.57	0.67	6.03	0.47
27.99	3.74	0.29	7.3	0.56	8.15	0.63	2.28	0.18	8.67	0.67	6.1	0.47
28.63	3.79	0.29	7.38	0.56	8.26	0.62	2.31	0.17	8.78	0.66	6.17	0.47
29.27	3.83	0.29	7.47	0.56	8.36	0.62	2.34	0.17	8.88	0.66	6.24	0.47
29.92	3.87	0.28	7.56	0.55	8.45	0.62	2.36	0.17	8.98	0.66	6.31	0.46
30.58	3.91	0.28	7.64	0.55	8.55	0.62	2.39	0.17	9.08	0.66	6.38	0.46
31.24	3.96	0.28	7.72	0.55	8.65	0.62	2.42	0.17	9.18	0.65	6.45	0.46
31.92	4	0.28	7.81	0.55	8.75	0.61	2.44	0.17	9.28	0.65	6.52	0.46
32.6	4.04	0.28	7.89	0.55	8.84	0.61	2.47	0.17	9.37	0.65	6.58	0.46
33.29	4.08	0.28	7.97	0.54	8.94	0.61	2.49	0.17	9.47	0.65	6.65	0.45
33.99	4.12	0.28	8.05	0.54	9.04	0.61	2.52	0.17	9.57	0.64	6.72	0.45
34.7	4.16	0.28	8.13	0.54	9.13	0.61	2.54	0.17	9.66	0.64	6.78	0.45
35.41	4.2	0.27	8.21	0.54	9.22	0.6	2.57	0.17	9.75	0.64	6.84	0.45
36.13	4.23	0.27	8.29	0.53	9.31	0.6	2.59	0.17	9.85	0.64	6.91	0.45
36.86	4.27	0.27	8.36	0.53	9.41	0.6	2.62	0.17	9.94	0.63	6.97	0.44
37.59	4.31	0.27	8.44	0.53	9.5	0.6	2.64	0.17	10.03	0.63	7.03	0.44
38.34	4.35	0.27	8.52	0.53	9.58	0.6	2.67	0.17	10.12	0.63	7.09	0.44
39.09	4.38	0.27	8.59	0.53	9.67	0.59	2.69	0.16	10.2	0.63	7.15	0.44
39.84	4.42	0.27	8.66	0.52	9.76	0.59	2.71	0.16	10.29	0.62	7.21	0.44
40.61	4.45	0.27	8.73	0.52	9.84	0.59	2.74	0.16	10.38	0.62	7.27	0.44
41.38	4.49	0.27	8.81	0.52	9.93	0.59	2.76	0.16	10.46	0.62	7.33	0.43
42.15	4.52	0.26	8.88	0.52	10.01	0.59	2.78	0.16	10.54	0.62	7.38	0.43
42.94	4.56	0.26	8.94	0.52	10.09	0.58	2.8	0.16	10.62	0.61	7.44	0.43
43.73	4.59	0.26	9.01	0.52	10.18	0.58	2.82	0.16	10.7	0.61	7.49	0.43
44.53	4.62	0.26	9.08	0.51	10.26	0.58	2.84	0.16	10.78	0.61	7.54	0.43
45.33	4.65	0.26	9.14	0.51	10.33	0.58	2.86	0.16	10.86	0.61	7.6	0.42
46.14	4.68	0.26	9.21	0.51	10.41	0.58	2.89	0.16	10.93	0.61	7.65	0.42
46.95	4.71	0.26	9.27	0.51	10.49	0.57	2.91	0.16	11.01	0.6	7.7	0.42
47.77	4.74	0.26	9.33	0.51	10.56	0.57	2.93	0.16	11.08	0.6	7.75	0.42
48.6	4.77	0.26	9.39	0.5	10.64	0.57	2.94	0.16	11.15	0.6	7.79	0.42
49.43	4.8	0.26	9.45	0.5	10.71	0.57	2.96	0.16	11.22	0.6	7.84	0.42
50.27	4.83	0.25	9.51	0.5	10.78	0.57	2.98	0.16	11.29	0.59	7.89	0.42

表 3 - 50　小母猪其他 SID 氨基酸日需要量和饲料中浓度计算（二）

体重 (kg)	SID 组氨酸		SID 异亮氨酸		SID 亮氨酸		SID 苯丙氨酸		SID 苯丙氨酸＋酪氨酸	
	日需要量 (g)	饲料 (%)	日需要量 (g)	饲料 (%)	日需要量 (g)	饲料 (%)	日需要量 (g)	饲料 (%)	日需要量 (g)	饲料 (%)
20	3.7	0.36	5.75	0.57	11.07	1.09	6.61	0.65	10.29	1.01
20.52	3.76	0.36	5.84	0.56	11.24	1.09	6.7	0.65	10.44	1.01
21.04	3.81	0.36	5.92	0.56	11.4	1.08	6.8	0.65	10.59	1
21.57	3.86	0.36	6.01	0.56	11.56	1.08	6.9	0.64	10.75	1
22.11	3.92	0.36	6.09	0.56	11.72	1.07	7	0.64	10.9	1
22.66	3.97	0.36	6.18	0.55	11.89	1.07	7.09	0.64	11.05	0.99
23.22	4.03	0.35	6.26	0.55	12.05	1.06	7.19	0.63	11.2	0.99
23.79	4.08	0.35	6.35	0.55	12.21	1.06	7.29	0.63	11.35	0.98
24.36	4.13	0.35	6.43	0.55	12.37	1.05	7.39	0.63	11.51	0.98
24.95	4.19	0.35	6.52	0.54	12.53	1.05	7.48	0.63	11.66	0.97
25.54	4.24	0.35	6.6	0.54	12.69	1.04	7.58	0.62	11.81	0.97
26.14	4.29	0.35	6.68	0.54	12.85	1.04	7.67	0.62	11.95	0.97
26.75	4.34	0.35	6.77	0.54	13.01	1.03	7.77	0.62	12.1	0.96
27.37	4.4	0.34	6.85	0.54	13.16	1.03	7.86	0.61	12.25	0.96
27.99	4.45	0.34	6.93	0.53	13.32	1.02	7.96	0.61	12.4	0.95
28.63	4.5	0.34	7.01	0.53	13.47	1.02	8.05	0.61	12.54	0.95
29.27	4.55	0.34	7.1	0.53	13.63	1.02	8.14	0.61	12.69	0.95
29.92	4.6	0.34	7.18	0.53	13.78	1.01	8.23	0.6	12.83	0.94
30.58	4.65	0.34	7.26	0.52	13.93	1.01	8.32	0.6	12.97	0.94
31.24	4.7	0.33	7.33	0.52	14.08	1	8.41	0.6	13.11	0.93
31.92	4.75	0.33	7.41	0.52	14.23	1	8.5	0.6	13.25	0.93
32.6	4.8	0.33	7.49	0.52	14.37	0.99	8.59	0.59	13.39	0.93
33.29	4.85	0.33	7.57	0.52	14.52	0.99	8.68	0.59	13.53	0.92
33.99	4.89	0.33	7.64	0.51	14.66	0.99	8.77	0.59	13.66	0.92
34.7	4.94	0.33	7.72	0.51	14.8	0.98	8.85	0.59	13.8	0.91
35.41	4.99	0.33	7.79	0.51	14.94	0.98	8.94	0.58	13.93	0.91
36.13	5.03	0.32	7.87	0.51	15.08	0.97	9.02	0.58	14.06	0.91
36.86	5.08	0.32	7.94	0.51	15.22	0.97	9.1	0.58	14.19	0.9
37.59	5.12	0.32	8.01	0.5	15.35	0.97	9.18	0.58	14.31	0.9
38.34	5.17	0.32	8.08	0.5	15.49	0.96	9.26	0.58	14.44	0.9
39.09	5.21	0.32	8.15	0.5	15.62	0.96	9.34	0.57	14.56	0.89
39.84	5.25	0.32	8.22	0.5	15.75	0.95	9.42	0.57	14.69	0.89

（续）

体重 （kg）	SID 组氨酸		SID 异亮氨酸		SID 亮氨酸		SID 苯丙氨酸		SID 苯丙氨酸＋ 酪氨酸	
	日需要 量（g）	饲料 （%）	日需要 量（g）	饲料 （%）	日需要 量（g）	饲料 （%）	日需要 量（g）	饲料 （%）	日需要 量（g）	饲料 （%）
40.61	5.29	0.32	8.29	0.5	15.87	0.95	9.5	0.57	14.81	0.89
41.38	5.34	0.32	8.35	0.49	16	0.95	9.57	0.57	14.92	0.88
42.15	5.38	0.31	8.42	0.49	16.12	0.94	9.65	0.56	15.04	0.88
42.94	5.42	0.31	8.48	0.49	16.24	0.94	9.72	0.56	15.16	0.88
43.73	5.46	0.31	8.55	0.49	16.36	0.94	9.79	0.56	15.27	0.87
44.53	5.49	0.31	8.61	0.49	16.48	0.93	9.87	0.56	15.38	0.87
45.33	5.53	0.31	8.67	0.48	16.59	0.93	9.94	0.56	15.49	0.87
46.14	5.57	0.31	8.73	0.48	16.7	0.92	10	0.55	15.6	0.86
46.95	5.61	0.31	8.79	0.48	16.82	0.92	10.07	0.55	15.7	0.86
47.77	5.64	0.31	8.85	0.48	16.92	0.92	10.14	0.55	15.8	0.86
48.6	5.68	0.3	8.9	0.48	17.03	0.91	10.2	0.55	15.9	0.85
49.43	5.71	0.3	8.96	0.48	17.13	0.91	10.26	0.55	16	0.85
50.27	5.74	0.3	9.01	0.47	17.23	0.91	10.33	0.54	16.1	0.85

（八）小母猪饲料中总钙和全消化道标准可消化磷（STTD磷）计算

根据公式 8-47 和公式 8-48 计算 STTD 磷的日需要量，所得结果除以日采食量即得饲料中 STTD 磷的浓度，饲料中钙的浓度是 STTD 磷浓度的 2.15 倍。计算过程和结果见表 3-51。

表 3-51　小母猪饲料中总钙和全消化道标准可消化磷（STTD磷）浓度的计算

体重 （kg）	体蛋白 含量（kg）	机体磷 含量（g）	与实际最大 采食量比较 后选用的真 正日采食量 （kg）	期间日均 增重（g）	期间生长 天数 （d）	期间磷沉 积量（g/d）	STTD 磷 需要量 （g/d）	饲料中 STTD 磷 （%）	饲料中总 钙（%）
20.00	3.40	92.26	1.01						
20.52	3.49	94.68	1.03	519.91	0.99	2.44	3.00	0.29	0.63
21.04	3.58	97.14	1.05	528.44	0.99	2.48	3.05	0.29	0.63
21.57	3.67	99.65	1.07	536.98	0.99	2.53	3.11	0.29	0.63
22.11	3.76	102.20	1.09	545.52	0.99	2.57	3.16	0.29	0.63
22.66	3.85	104.79	1.12	554.06	0.99	2.61	3.22	0.29	0.63
23.22	3.95	107.43	1.14	562.58	0.99	2.66	3.27	0.29	0.63
23.79	4.04	110.12	1.16	571.09	0.99	2.70	3.33	0.29	0.62
24.36	4.14	112.84	1.18	579.58	0.99	2.75	3.39	0.29	0.62

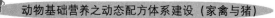
（续）

体重 （kg）	体蛋白 含量（kg）	机体磷含 量（g）	与实际最大 采食量比较 后选用的真 正日采食量 （kg）	期间日均 增重（g）	期间生长 天数 （d）	期间磷沉 积量（g/d）	STTD磷 需要量 （g/d）	饲料中 STTD磷 （%）	饲料中总 钙（%）
24.95	4.24	115.62	1.20	588.05	0.99	2.79	3.44	0.29	0.62
25.54	4.34	118.43	1.22	596.49	0.99	2.84	3.50	0.29	0.62
26.14	4.44	121.30	1.24	604.89	0.99	2.88	3.56	0.29	0.62
26.75	4.55	124.20	1.26	613.27	0.99	2.93	3.61	0.29	0.62
27.37	4.65	127.16	1.28	621.60	0.99	2.97	3.67	0.29	0.62
27.99	4.76	130.15	1.30	629.88	0.99	3.02	3.73	0.29	0.62
28.63	4.87	133.20	1.32	638.12	0.99	3.06	3.78	0.29	0.62
29.27	4.98	136.28	1.34	646.30	0.99	3.11	3.84	0.29	0.62
29.92	5.09	139.42	1.36	654.43	0.99	3.15	3.90	0.29	0.62
30.58	5.20	142.59	1.38	662.50	0.99	3.20	3.95	0.29	0.62
31.24	5.31	145.81	1.40	670.50	0.99	3.24	4.01	0.29	0.62
31.92	5.43	149.08	1.43	678.44	0.99	3.28	4.07	0.29	0.62
32.60	5.54	152.39	1.45	686.30	0.99	3.33	4.12	0.29	0.62
33.29	5.66	155.74	1.47	694.09	0.99	3.37	4.18	0.29	0.62
33.99	5.78	159.14	1.49	701.80	0.99	3.42	4.24	0.29	0.62
34.70	5.90	162.58	1.51	709.43	0.99	3.46	4.29	0.29	0.62
35.41	6.02	166.07	1.53	716.98	0.99	3.50	4.35	0.29	0.62
36.13	6.14	169.60	1.55	724.44	0.99	3.55	4.41	0.29	0.62
36.86	6.27	173.17	1.57	731.81	0.99	3.59	4.46	0.29	0.62
37.59	6.39	176.79	1.59	739.08	1.00	3.63	4.52	0.29	0.61
38.34	6.52	180.45	1.61	746.26	1.00	3.68	4.57	0.29	0.61
39.09	6.64	184.15	1.63	753.35	1.00	3.72	4.63	0.29	0.61
39.84	6.77	187.89	1.65	760.33	1.00	3.76	4.68	0.29	0.61
40.61	6.90	191.68	1.67	767.22	1.00	3.80	4.74	0.29	0.61
41.38	7.03	195.51	1.69	774.00	1.00	3.84	4.79	0.28	0.61
42.15	7.17	199.38	1.71	780.67	1.00	3.89	4.84	0.28	0.61
42.94	7.30	203.29	1.73	787.23	1.00	3.93	4.90	0.28	0.61
43.73	7.43	207.24	1.75	793.69	1.00	3.97	4.95	0.28	0.61
44.53	7.57	211.23	1.77	800.03	1.00	4.01	5.00	0.28	0.61
45.33	7.71	215.26	1.79	806.27	1.00	4.05	5.05	0.28	0.61
46.14	7.84	219.33	1.81	812.39	1.00	4.09	5.11	0.28	0.61
46.95	7.98	223.44	1.83	818.39	1.00	4.13	5.16	0.28	0.61
47.77	8.12	227.59	1.84	824.28	1.00	4.16	5.21	0.28	0.61
48.60	8.26	231.78	1.86	830.05	1.00	4.20	5.26	0.28	0.61
49.43	8.40	236.00	1.88	835.70	1.00	4.24	5.31	0.28	0.61
50.27	8.55	240.27	1.90	841.24	1.00	4.28	5.36	0.28	0.61

（九）断奶仔猪（5～20kg 体重）生长性能和营养需要计算

使用公式 8-77 至公式 8-80、公式 8-22、公式 8-30 等计算断奶仔猪（5～20kg 体重）的生长性能和营养需要量，计算时需输入 5kg 体重时的日龄、饲料代谢能（3 600kcal/kg）等。计算过程和结果分别见表 3-52 至表 3-54。

表 3-52　断奶仔猪生长性能计算结果（公、母各半）

日龄 (d)	体重 (kg)	理论蛋白沉积 (g/d)	蛋白沉积（根据ME摄入量计算）(g/d)	实际蛋白沉积 (g/d)	ME摄入量（+5%浪费）(kcal/d)	总维持ME (kcal/kg)	理论体脂肪沉积 (g/d)	理论日增重 (g)	实际体脂肪沉积 (g/d)	实际日增重（蛋白沉积因ME变化，g）	日采食量 (g，含浪费)	实际料重比	理论料重比
17	5.00	103.4	29.1	29.1	684.4	354.4	−63.9	474.4	−0.9	153.8	190.1	1.24	0.40
18	5.15	103.6	30.3	30.3	725.9	362.6	−61.6	478.4	0.6	161.8	201.6	1.25	0.42
19	5.32	103.9	31.5	31.5	769.3	371.1	−59.2	482.7	2.2	170.1	213.7	1.26	0.44
20	5.49	104.2	32.8	32.8	814.6	380.0	−56.7	487.1	3.9	178.8	226.3	1.27	0.46
21	5.66	104.5	34.1	34.1	861.9	389.2	−54.0	491.7	5.6	187.9	239.4	1.27	0.49
22	5.85	104.8	35.4	35.4	911.1	398.8	−51.3	496.5	7.5	197.3	253.1	1.28	0.51
23	6.05	105.1	36.9	36.9	962.3	408.9	−48.5	501.6	9.3	207.2	267.3	1.29	0.53
24	6.26	105.4	38.3	38.3	1 015.6	419.3	−45.5	506.8	11.3	217.4	282.1	1.30	0.56
25	6.47	105.7	39.9	39.9	1 070.9	430.2	−42.5	512.2	13.4	227.9	297.5	1.31	0.58
26	6.70	106.1	41.5	41.5	1 128.3	441.5	−39.3	517.9	15.5	238.9	313.4	1.31	0.61
27	6.94	106.5	43.1	43.1	1 187.8	453.3	−36.1	523.8	17.7	250.2	329.9	1.32	0.63
28	7.19	106.9	44.8	44.8	1 249.4	465.5	−32.7	529.8	20.0	261.9	347.1	1.33	0.66
29	7.45	107.3	46.5	46.5	1 313.0	478.1	−29.2	536.1	22.3	273.9	364.7	1.33	0.68
30	7.73	107.7	48.3	48.3	1 378.7	491.3	−25.6	542.6	24.8	286.3	383.0	1.34	0.71
31	8.01	108.1	50.1	50.1	1 446.3	504.8	−21.9	549.3	27.3	299.0	401.8	1.34	0.73
32	8.31	108.6	52.0	52.0	1 515.9	518.9	−18.1	556.2	29.9	312.0	421.1	1.35	0.76
33	8.62	109.1	53.9	53.9	1 587.4	533.3	−14.2	563.3	32.5	325.3	440.9	1.36	0.78
34	8.95	109.5	55.9	55.9	1 660.7	548.5	−10.2	570.6	35.3	338.8	461.3	1.36	0.81
35	9.29	110.1	57.8	57.8	1 735.6	564.0	−6.2	578.0	38.1	352.4	482.1	1.37	0.83
36	9.64	110.6	59.8	59.8	1 812.1	579.9	−2.1	585.7	41.0	366.6	503.4	1.37	0.86
37	10.01	111.1	61.8	61.8	1 890.1	596.4	2.1	593.5	43.9	380.7	525.0	1.38	0.88
38	10.39	111.7	63.8	63.8	1 969.3	613.3	6.3	601.4	46.8	394.9	547.0	1.39	0.91
39	10.78	112.2	65.9	65.9	2 049.7	630.7	10.5	609.4	49.9	409.3	585.6	1.43	0.96
40	11.19	112.8	67.9	67.9	2 130.9	648.6	14.8	617.6	52.9	423.6	608.8	1.44	0.99
41	11.62	113.4	69.9	69.9	2 212.9	666.9	19.1	625.8	56.0	437.9	632.3	1.44	1.01
42	12.05	114.0	71.9	71.9	2 295.4	685.7	23.3	634.1	59.1	452.1	655.8	1.45	1.03
43	12.51	114.6	73.8	73.8	2 378.1	704.9	27.6	642.4	62.2	466.2	679.4	1.46	1.06

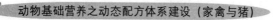
（续）

日龄(d)	体重(kg)	理论蛋白沉积（根据ME摄入量计算）(g/d)	实际蛋白沉积(g/d)	ME摄入量（+5%浪费）(kcal/d)	总维持ME(kcal/kg)	理论体脂肪沉积(g/d)	理论日增重(g)	实际体脂肪沉积(g/d)	实际日增重（蛋白沉积因ME变化,g）	日采食量(g,含浪费)	实际料重比	理论料重比
44	12.97	115.3	75.7	75.7	2 460.7	724.5	31.8	650.8	65.3	480.1	703.1	1.47	1.08
45	13.45	115.9	77.6	77.6	2 543.1	744.5	35.9	659.1	68.4	493.7	726.6	1.47	1.10
46	13.95	116.6	79.4	79.4	2 624.9	764.9	39.9	667.4	71.4	506.9	750.0	1.48	1.12
47	14.45	117.3	81.2	81.2	2 705.9	785.7	43.9	675.6	74.5	519.8	773.1	1.49	1.14
48	14.97	117.9	82.8	82.8	2 785.6	806.8	47.7	683.7	77.4	532.2	795.9	1.50	1.16
49	15.50	118.6	84.4	84.4	2 863.9	828.2	51.4	691.6	80.3	544.1	818.2	1.50	1.18
50	16.05	119.3	85.9	85.9	2 940.3	849.9	54.9	699.4	83.2	555.3	840.1	1.51	1.20
51	16.60	120.0	87.3	87.3	3 014.6	871.9	58.2	707.0	85.9	565.0	861.1	1.52	1.22
52	17.17	120.7	88.6	88.6	3 086.5	894.1	61.3	714.4	88.5	575.5	881.9	1.53	1.23
53	17.75	121.4	89.7	89.7	3 155.7	916.5	64.2	721.5	91.0	584.9	901.6	1.54	1.25
54	18.33	122.1	90.8	90.8	3 221.9	939.0	66.8	728.4	93.4	593.2	920.5	1.55	1.26
55	18.92	122.8	91.7	91.7	3 284.7	961.7	69.2	734.9	95.6	600.5	938.5	1.56	1.28
56	19.52	123.5	92.4	92.4	3 344.0	984.5	71.3	741.1	97.7	607.0	955.4	1.57	1.29
57	20.13	124.2	93.0	93.0	3 399.5	1 007.4	73.1	746.9	99.5	612.5	971.3	1.59	1.30

表 3-53　断奶仔猪 SID 赖氨酸、钙、磷计算

日龄(d)	体重(kg)	仔猪日采食量(kg)	饲料SID赖氨酸(%)	基础内源性胃肠道赖氨酸损失(g/d)	表皮赖氨酸损失(g/d)	胃肠道+表皮损失的SID赖氨酸需要量(g/d)	生长需要的SID赖氨酸量(g/d)	饲料STTD磷(%)	饲料总钙(%)
17	5.00	0.19	1.52	0.099	0.015	0.152	2.73	0.47	0.87
18	5.15	0.20	1.51	0.105	0.015	0.161	2.88	0.46	0.87
19	5.32	0.21	1.50	0.111	0.016	0.170	3.04	0.46	0.87
20	5.49	0.23	1.50	0.118	0.016	0.179	3.21	0.46	0.86
21	5.66	0.24	1.49	0.125	0.017	0.188	3.38	0.45	0.86
22	5.85	0.25	1.48	0.132	0.017	0.198	3.55	0.45	0.85
23	6.05	0.27	1.47	0.139	0.017	0.209	3.73	0.45	0.85
24	6.26	0.28	1.47	0.147	0.018	0.220	3.92	0.44	0.85
25	6.47	0.30	1.46	0.155	0.018	0.231	4.11	0.44	0.84
26	6.70	0.31	1.45	0.163	0.019	0.243	4.31	0.44	0.84
27	6.94	0.33	1.44	0.172	0.019	0.255	4.51	0.43	0.83
28	7.19	0.35	1.44	0.181	0.020	0.268	4.72	0.43	0.83
29	7.45	0.36	1.43	0.190	0.020	0.281	4.93	0.42	0.83

（续）

日龄 (d)	体重 (kg)	仔猪日 采食量 (kg)	饲料 SID 赖氨酸 (%)	基础内源 性胃肠道 赖氨酸损失 (g/d)	表皮赖氨 酸损失 (g/d)	胃肠道＋ 表皮损失 的 SID 赖氨 酸需要量 (g/d)	生长需要 的 SID 赖氨 酸量 (g/d)	饲料 STTD 磷 (%)	饲料总钙 (%)
30	7.73	0.38	1.42	0.200	0.021	0.294	5.15	0.42	0.82
31	8.01	0.40	1.41	0.209	0.021	0.308	5.37	0.42	0.82
32	8.31	0.42	1.41	0.219	0.022	0.322	5.59	0.41	0.81
33	8.62	0.44	1.40	0.230	0.023	0.337	5.82	0.41	0.81
34	8.95	0.46	1.39	0.240	0.023	0.352	6.06	0.40	0.80
35	9.29	0.48	1.38	0.251	0.024	0.367	6.29	0.40	0.80
36	9.64	0.50	1.37	0.262	0.025	0.383	6.53	0.40	0.79
37	10.01	0.53	1.36	0.274	0.025	0.399	6.76	0.39	0.79
38	10.39	0.55	1.36	0.285	0.026	0.415	7.00	0.39	0.78
39	10.78	0.59	1.35	0.305	0.027	0.443	7.45	0.38	0.78
40	11.19	0.61	1.34	0.317	0.028	0.460	7.70	0.38	0.77
41	11.62	0.63	1.33	0.330	0.028	0.477	7.94	0.38	0.76
42	12.05	0.66	1.32	0.342	0.029	0.495	8.18	0.37	0.76
43	12.51	0.68	1.32	0.354	0.030	0.512	8.42	0.37	0.75
44	12.97	0.70	1.31	0.366	0.031	0.530	8.66	0.36	0.75
45	13.45	0.73	1.30	0.379	0.032	0.547	8.89	0.36	0.74
46	13.95	0.75	1.29	0.391	0.032	0.565	9.12	0.36	0.74
47	14.45	0.77	1.28	0.403	0.033	0.582	9.34	0.35	0.73
48	14.97	0.80	1.28	0.415	0.034	0.599	9.55	0.35	0.73
49	15.50	0.82	1.27	0.427	0.035	0.616	9.76	0.34	0.72
50	16.05	0.84	1.26	0.438	0.036	0.632	9.96	0.34	0.72
51	16.60	0.86	1.25	0.449	0.037	0.648	10.14	0.34	0.71
52	17.17	0.88	1.25	0.460	0.038	0.664	10.32	0.33	0.70
53	17.75	0.90	1.24	0.470	0.039	0.679	10.49	0.33	0.70
54	18.33	0.92	1.23	0.480	0.040	0.693	10.64	0.33	0.69
55	18.92	0.94	1.22	0.489	0.041	0.707	10.78	0.32	0.69
56	19.52	0.96	1.22	0.498	0.042	0.720	10.91	0.32	0.68
57	20.13	0.97	1.21	0.506	0.043	0.732	11.03	0.32	0.68

表 3-54　断奶仔猪其他 SID 氨基酸和总氮日需要量计算（g）

日龄 (d)	体重 (kg)	SID 蛋氨酸需要	SID 精氨酸需要	SID 组氨酸需要	SID 异亮氨酸需要	SID 亮氨酸需要	SID 蛋氨酸+胱氨酸需要	SID 苯丙氨酸需要	SID 苯丙氨酸+酪氨酸需要	SID 苏氨酸需要	SID 色氨酸需要	SID 缬氨酸需要	总氮
17	5.00	0.82	1.34	0.98	1.50	2.92	1.58	1.73	2.69	1.67	0.49	1.87	5.87
18	5.15	0.87	1.41	1.03	1.58	3.08	1.67	1.83	2.84	1.76	0.51	1.98	6.20
19	5.32	0.92	1.49	1.09	1.67	3.25	1.76	1.93	3.00	1.86	0.54	2.09	6.54
20	5.49	0.97	1.57	1.15	1.76	3.43	1.85	2.03	3.16	1.96	0.57	2.20	6.89
21	5.66	1.02	1.65	1.21	1.86	3.61	1.95	2.14	3.33	2.06	0.60	2.32	7.26
22	5.85	1.07	1.74	1.27	1.95	3.80	2.05	2.25	3.50	2.17	0.63	2.44	7.64
23	6.05	1.13	1.83	1.34	2.05	3.99	2.16	2.37	3.68	2.28	0.67	2.56	8.03
24	6.26	1.18	1.92	1.41	2.16	4.19	2.27	2.49	3.87	2.40	0.70	2.69	8.43
25	6.47	1.24	2.02	1.47	2.26	4.40	2.38	2.61	4.06	2.52	0.73	2.82	8.84
26	6.70	1.30	2.11	1.55	2.37	4.61	2.49	2.73	4.25	2.64	0.77	2.96	9.27
27	6.94	1.36	2.21	1.62	2.48	4.82	2.61	2.86	4.45	2.77	0.81	3.10	9.71
28	7.19	1.43	2.32	1.69	2.60	5.05	2.73	3.00	4.66	2.90	0.84	3.24	10.16
29	7.45	1.49	2.42	1.77	2.72	5.28	2.85	3.13	4.87	3.03	0.88	3.39	10.62
30	7.73	1.56	2.53	1.85	2.84	5.51	2.98	3.27	5.09	3.16	0.92	3.54	11.09
31	8.01	1.62	2.64	1.93	2.96	5.75	3.11	3.41	5.31	3.30	0.96	3.69	11.57
32	8.31	1.69	2.75	2.01	3.09	5.99	3.24	3.56	5.53	3.45	1.00	3.85	12.06
33	8.62	1.76	2.86	2.09	3.21	6.24	3.37	3.70	5.76	3.59	1.04	4.01	12.56
34	8.95	1.83	2.98	2.18	3.34	6.49	3.51	3.85	5.99	3.74	1.09	4.17	13.06
35	9.29	1.90	3.09	2.26	3.47	6.74	3.65	4.00	6.23	3.88	1.13	4.34	13.57
36	9.64	1.98	3.21	2.35	3.61	7.00	3.78	4.15	6.46	4.03	1.17	4.50	14.09
37	10.01	2.05	3.33	2.43	3.74	7.25	3.92	4.31	6.70	4.19	1.22	4.67	14.61
38	10.39	2.12	3.45	2.52	3.87	7.51	4.07	4.46	6.94	4.34	1.26	4.84	15.13
39	10.78	2.26	3.67	2.68	4.12	7.99	4.33	4.75	7.39	4.62	1.34	5.15	16.10
40	11.19	2.33	3.79	2.77	4.26	8.26	4.47	4.91	7.64	4.78	1.39	5.32	16.64
41	11.62	2.41	3.92	2.86	4.40	8.53	4.62	5.07	7.88	4.93	1.43	5.49	17.18
42	12.05	2.48	4.04	2.95	4.54	8.79	4.76	5.22	8.13	5.09	1.48	5.66	17.71
43	12.51	2.56	4.16	3.04	4.67	9.05	4.90	5.38	8.37	5.25	1.52	5.83	18.24
44	12.97	2.63	4.28	3.12	4.81	9.31	5.04	5.53	8.61	5.40	1.56	6.00	18.76
45	13.45	2.70	4.39	3.21	4.94	9.57	5.18	5.68	8.85	5.55	1.61	6.17	19.28
46	13.95	2.77	4.51	3.29	5.07	9.81	5.32	5.83	9.08	5.70	1.65	6.33	19.78
47	14.45	2.84	4.62	3.37	5.19	10.06	5.45	5.98	9.30	5.84	1.69	6.49	20.27
48	14.97	2.90	4.73	3.45	5.32	10.29	5.58	6.12	9.52	5.98	1.73	6.64	20.74

（续）

日龄(d)	体重(kg)	SID蛋氨酸需要	SID精氨酸需要	SID组氨酸需要	SID异亮氨酸需要	SID亮氨酸需要	SID蛋氨酸+胱氨酸需要	SID苯丙氨酸需要	SID苯丙氨酸+酪氨酸需要	SID苏氨酸需要	SID色氨酸需要	SID缬氨酸需要	总氮
49	15.50	2.97	4.83	3.53	5.43	10.52	5.70	6.25	9.73	6.12	1.77	6.79	21.20
50	16.05	3.03	4.93	3.60	5.55	10.73	5.82	6.38	9.94	6.25	1.81	6.93	21.64
51	16.60	3.09	5.02	3.67	5.66	10.94	5.93	6.51	10.13	6.38	1.84	7.06	22.06
52	17.17	3.14	5.11	3.73	5.76	11.14	6.04	6.62	10.31	6.49	1.88	7.19	22.45
53	17.75	3.19	5.20	3.79	5.85	11.32	6.14	6.73	10.48	6.61	1.91	7.31	22.83
54	18.33	3.24	5.28	3.85	5.94	11.49	6.24	6.84	10.64	6.71	1.94	7.42	23.18
55	18.92	3.29	5.35	3.91	6.03	11.65	6.33	6.93	10.79	6.81	1.97	7.53	23.50
56	19.52	3.33	5.42	3.95	6.10	11.80	6.41	7.02	10.93	6.90	1.99	7.62	23.79
57	20.13	3.36	5.48	4.00	6.17	11.93	6.48	7.10	11.05	6.98	2.01	7.71	24.06

（十）断奶仔猪和生长育肥猪营养需要计算时需输入的因子

1. 断奶仔猪营养需要计算时输入的因子　见表3-55。

表3-55　断奶仔猪营养需要计算时输入的因子

项　目	数　值
保育初始体重（kg）	5
保育初始日龄（d）	17
保育饲料有效代谢能（kcal/kg，体重为5～11kg）	3 600
饲料采食比例（含浪费）	1.05
环境有效温度（℃）	22
蛋白沉积校正系数	1
保育饲料有效代谢能（kcal/kg，体重为11～20kg）	3 500
保育饲料净能（kcal/kg，体重为5～11kg）	2 592
保育饲料净能（kcal/kg，体重为11～20kg）	2 520
农场实际ME日摄入量倍数	1

　　注："农场实际ME日摄入量倍数"用于根据农场实际采食量校正由公式得到的采食量数据，"饲料采食比例（含浪费）"用于调整浪费数据。

2. 小母猪生长育肥期营养需要计算时输入的因子 见表3－56。

表3－56 小母猪生长育肥期营养需要计算时输入的因子

项　目	数　值
初始体重（kg）	20
初始日龄（d）	57
生长育肥猪饲料有效代谢能（kcal/kg，体重为20～50kg）	3 350
饲料采食比例（含浪费）	1.05
环境有效温度（℃）	15
平均密度（m²/头，体重为20～50kg）	0.45
平均密度（m²/头，体重为50～135kg）	0.8
小母猪日平均体蛋白沉积（g）	135
阉公猪日平均体蛋白沉积（g）	133
未阉公猪日平均体蛋白沉积（g）	151
群中小母猪比例（输入）	0.5
群中阉公猪比例（计算）	0.5
生长育肥猪饲料有效代谢能（kcal/kg，体重为50～80kg）	3 250
生长育肥猪饲料有效代谢能（kcal/kg，体重为80～100kg）	3 250
生长育肥猪饲料有效代谢能（kcal/kg，体重为100kg以后）	3 250
饲料净能（kcal/kg，体重为20～50kg）	2 512.5
饲料净能（kcal/kg，体重为50～80kg）	2 437.5
饲料净能（kcal/kg，体重为80～100kg）	2 437.5
饲料净能（kcal/kg，体重为100kg以上）	2 437.5
农场 ME 日摄入量倍数	1

（十一）生长猪生长性能与营养需要计算汇总

根据以上步骤可以计算阉公猪的生长性能、营养需要量和饲料营养浓度。在假设群中公、母各半的情况下，得到的生长猪群的主要生长性能、饲料中营养浓度的结果见表3－57和表3－58。

表3－57 生长育肥猪主要生长性能和饲料中的钙、磷浓度

日龄（d）	体重（kg）	日采食量（含浪费）（g）	体蛋白沉积（g/d）	体脂肪沉积（g/d）	日增重（g）	料重比	饲料钙（%）	饲料STTD磷（%）
17	5.00	190.1	29.1	－0.9	153.8	1.24	0.87	0.47
18	5.15	201.6	30.3	0.6	161.8	1.25	0.87	0.46
19	5.32	213.7	31.5	2.2	170.1	1.26	0.87	0.46
20	5.49	226.3	32.8	3.9	178.8	1.27	0.86	0.46

（续）

日龄 (d)	体重 (kg)	日采食量 (含浪费) (g)	体蛋白沉积 (g/d)	体脂肪沉积 (g/d)	日增重 (g)	料重比	饲料钙 (%)	饲料 STTD 磷（%）
21	5.66	239.4	34.1	5.6	187.9	1.27	0.86	0.45
22	5.85	253.1	35.4	7.5	197.3	1.28	0.85	0.45
23	6.05	267.3	36.9	9.3	207.2	1.29	0.85	0.45
24	6.26	282.1	38.3	11.3	217.4	1.30	0.85	0.44
25	6.47	297.5	39.9	13.4	227.9	1.31	0.84	0.44
26	6.70	313.4	41.5	15.5	238.9	1.31	0.84	0.44
27	6.94	329.9	43.1	17.7	250.2	1.32	0.83	0.43
28	7.19	347.1	44.8	20.0	261.9	1.33	0.83	0.43
29	7.45	364.7	46.5	22.3	273.9	1.33	0.83	0.42
30	7.73	383.0	48.3	24.8	286.3	1.34	0.82	0.42
31	8.01	401.8	50.1	27.3	299.0	1.34	0.82	0.42
32	8.31	421.1	52.0	29.9	312.0	1.35	0.81	0.41
33	8.62	440.9	53.9	32.5	325.3	1.36	0.81	0.41
34	8.95	461.3	55.9	35.3	338.8	1.36	0.80	0.40
35	9.29	482.1	57.8	38.1	352.6	1.37	0.80	0.40
36	9.64	503.4	59.8	41.0	366.6	1.37	0.79	0.40
37	10.01	525.0	61.8	43.9	380.7	1.38	0.79	0.39
38	10.39	547.0	63.8	46.8	394.9	1.39	0.78	0.39
39	10.78	585.6	65.9	49.9	409.3	1.43	0.78	0.38
40	11.19	608.8	67.9	52.9	423.6	1.44	0.77	0.38
41	11.62	632.3	69.9	56.0	437.9	1.44	0.76	0.38
42	12.05	655.8	71.9	59.1	452.1	1.45	0.76	0.37
43	12.51	679.4	73.8	62.2	466.2	1.46	0.75	0.37
44	12.97	703.1	75.7	65.3	480.1	1.47	0.75	0.36
45	13.45	726.6	77.6	68.4	493.7	1.47	0.74	0.36
46	13.95	750.0	79.4	71.4	506.9	1.48	0.74	0.36
47	14.45	773.1	81.2	74.5	519.8	1.49	0.73	0.35
48	14.97	795.9	82.8	77.4	532.2	1.50	0.73	0.35
49	15.50	818.2	84.4	80.3	544.1	1.50	0.72	0.34
50	16.05	840.1	85.9	83.2	555.3	1.51	0.72	0.34
51	16.60	861.3	87.3	85.9	565.9	1.52	0.71	0.34
52	17.17	881.9	88.6	88.5	575.8	1.53	0.70	0.33
53	17.75	901.6	89.7	91.0	584.9	1.54	0.70	0.33

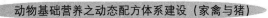

（续）

日龄 (d)	体重 (kg)	日采食量 （含浪费） (g)	体蛋白沉积 (g/d)	体脂肪沉积 (g/d)	日增重 (g)	料重比	饲料钙 (%)	饲料STTD 磷（%）
54	18.33	920.5	90.8	93.4	593.2	1.55	0.69	0.33
55	18.92	938.5	91.7	95.6	600.5	1.56	0.69	0.32
56	19.52	955.4	92.4	97.7	607.0	1.57	0.68	0.32
57	20.00	1 011.6	96.2	56.3	511.5	1.98	0.63	0.29
58	20.51	1 033.0	97.7	58.8	521.2	1.98	0.63	0.29
59	21.03	1 054.6	99.1	61.3	531.0	1.99	0.63	0.29
60	21.56	1 076.4	100.6	63.8	540.8	1.99	0.63	0.29
61	22.10	1 098.5	102.1	66.4	550.7	1.99	0.63	0.29
62	22.66	1 120.7	103.6	69.0	560.7	2.00	0.63	0.29
63	23.22	1 143.1	105.1	71.7	570.6	2.00	0.62	0.29
64	23.79	1 165.7	106.5	74.4	580.6	2.01	0.62	0.29
65	24.37	1 188.4	108.0	77.1	590.6	2.01	0.62	0.29
66	24.96	1 211.3	109.5	79.9	600.6	2.02	0.62	0.29
67	25.56	1 234.3	110.9	82.7	610.7	2.02	0.62	0.29
68	26.17	1 257.5	112.3	85.5	620.7	2.03	0.62	0.29
69	26.79	1 280.7	113.8	88.4	630.7	2.03	0.62	0.29
70	27.42	1 304.1	115.2	91.3	640.7	2.04	0.62	0.29
71	28.06	1 327.6	116.6	94.2	650.7	2.04	0.62	0.29
72	28.71	1 351.2	118.0	97.2	660.6	2.05	0.62	0.29
73	29.37	1 374.9	119.4	100.1	670.6	2.05	0.62	0.29
74	30.04	1 398.6	120.7	103.2	680.4	2.06	0.62	0.29
75	30.72	1 422.4	122.1	106.2	690.3	2.06	0.62	0.29
76	31.41	1 446.2	123.4	109.3	700.0	2.07	0.62	0.29
77	32.11	1 470.0	124.7	112.3	709.7	2.07	0.62	0.29
78	32.82	1 493.9	126.0	115.4	719.4	2.08	0.62	0.29
79	33.54	1 517.7	127.3	118.6	728.9	2.08	0.62	0.29
80	34.27	1 541.6	128.5	121.7	738.4	2.09	0.62	0.29
81	35.01	1 565.4	129.8	124.8	747.8	2.09	0.62	0.29
82	35.76	1 589.2	131.0	128.0	757.1	2.10	0.62	0.29
83	36.51	1 612.9	132.1	131.2	766.1	2.11	0.62	0.29
84	37.28	1 636.6	132.8	134.8	773.5	2.12	0.62	0.29
85	38.05	1 660.1	133.5	138.3	780.8	2.13	0.62	0.29
86	38.84	1 683.5	134.1	141.9	788.0	2.14	0.62	0.29

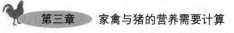

（续）

日龄 （d）	体重 （kg）	日采食量 （含浪费） （g）	体蛋白沉积 （g/d）	体脂肪沉积 （g/d）	日增重 （g）	料重比	饲料钙 （%）	饲料 STTD 磷（%）
87	39.62	1 706.7	134.7	145.4	795.1	2.15	0.61	0.29
88	40.42	1 729.8	135.4	148.9	802.1	2.16	0.61	0.29
89	41.22	1 752.7	136.0	152.4	809.0	2.17	0.61	0.28
90	42.03	1 775.5	136.5	155.8	815.8	2.18	0.61	0.28
91	42.85	1 798.0	137.1	159.3	822.4	2.19	0.61	0.28
92	43.67	1 820.4	137.7	162.7	829.0	2.20	0.61	0.28
93	44.50	1 842.6	138.2	166.1	835.5	2.21	0.61	0.28
94	45.33	1 864.6	138.7	169.5	841.8	2.21	0.61	0.28
95	46.17	1 886.3	139.2	172.8	848.0	2.22	0.61	0.28
96	47.02	1 907.8	139.7	176.1	854.1	2.23	0.61	0.28
97	47.88	1 929.2	140.1	179.4	860.1	2.24	0.61	0.28
98	48.74	1 950.2	140.6	182.6	866.0	2.25	0.60	0.28
99	49.60	2 003.0	141.0	185.7	871.6	2.30	0.60	0.28
100	50.47	2 024.0	141.4	188.9	877.2	2.30	0.60	0.28
101	51.35	2 044.7	141.8	192.0	882.7	2.31	0.59	0.27
102	52.23	2 094.6	142.1	195.1	887.9	2.36	0.59	0.27
103	53.12	2 115.0	142.5	198.1	893.1	2.37	0.58	0.27
104	54.01	2 135.2	142.8	201.1	898.2	2.38	0.58	0.27
105	54.91	2 155.0	143.1	204.1	903.1	2.38	0.58	0.27
106	55.82	2 174.6	143.4	207.0	907.9	2.39	0.58	0.27
107	56.72	2 193.9	143.7	209.9	912.6	2.40	0.58	0.27
108	57.64	2 212.9	143.9	212.8	917.1	2.41	0.58	0.27
109	58.55	2 231.6	144.1	215.6	921.5	2.42	0.58	0.27
110	59.48	2 250.1	144.3	218.3	925.7	2.43	0.58	0.27
111	60.40	2 268.2	144.5	221.0	929.8	2.44	0.58	0.27
112	61.33	2 286.0	144.7	223.7	933.8	2.45	0.58	0.27
113	62.26	2 303.5	144.9	226.3	937.6	2.45	0.58	0.27
114	63.20	2 320.7	145.0	228.9	941.3	2.46	0.58	0.27
115	64.14	2 337.6	145.1	231.4	944.8	2.47	0.58	0.27
116	65.09	2 354.1	145.2	233.9	948.2	2.48	0.58	0.27
117	66.04	2 370.4	145.3	236.4	951.5	2.49	0.58	0.27
118	66.99	2 386.3	145.4	238.7	954.6	2.50	0.58	0.27
119	67.94	2 402.0	145.4	241.1	957.6	2.51	0.58	0.27

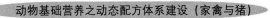

（续）

日龄 (d)	体重 (kg)	日采食量 （含浪费） (g)	体蛋白沉积 (g/d)	体脂肪沉积 (g/d)	日增重 (g)	料重比	饲料钙 (%)	饲料 STTD 磷（%）
120	68.90	2 417.3	145.4	243.4	960.4	2.51	0.58	0.27
121	69.86	2 432.3	145.5	245.6	963.1	2.52	0.58	0.27
122	70.82	2 446.9	145.5	247.8	965.7	2.53	0.58	0.27
123	71.79	2 461.3	145.4	250.0	968.1	2.54	0.58	0.27
124	72.76	2 475.3	145.4	252.1	970.4	2.55	0.58	0.27
125	73.73	2 489.1	145.3	254.1	972.6	2.56	0.58	0.27
126	74.70	2 502.5	145.3	256.1	974.6	2.57	0.58	0.27
127	75.68	2 516.1	145.2	258.1	976.5	2.57	0.58	0.27
128	76.65	2 530.3	145.1	260.0	978.3	2.58	0.58	0.27
129	77.63	2 544.2	144.9	261.9	979.9	2.59	0.58	0.27
130	78.61	2 557.8	144.7	263.9	981.1	2.61	0.58	0.27
131	79.59	2 571.3	144.4	265.8	982.1	2.62	0.58	0.27
132	80.57	2 585.6	144.1	267.7	983.0	2.63	0.57	0.27
133	81.56	2 599.6	143.8	269.5	983.8	2.64	0.57	0.27
134	82.54	2 613.5	143.5	271.3	984.5	2.65	0.57	0.27
135	83.52	2 627.1	143.2	273.1	985.1	2.66	0.57	0.27
136	84.51	2 640.4	142.9	274.8	985.6	2.68	0.57	0.27
137	85.49	2 653.6	142.5	276.5	985.9	2.69	0.57	0.27
138	86.48	2 666.5	142.1	278.1	986.2	2.70	0.57	0.26
139	87.47	2 679.2	141.7	279.7	986.3	2.71	0.57	0.26
140	88.45	2 691.6	141.3	281.3	986.3	2.73	0.57	0.26
141	89.44	2 703.9	140.9	282.9	986.2	2.74	0.57	0.26
142	90.43	2 716.0	140.5	284.4	986.1	2.75	0.57	0.26
143	91.41	2 727.8	140.1	285.9	985.8	2.77	0.57	0.26
144	92.40	2 739.4	139.6	287.3	985.4	2.78	0.56	0.26
145	93.38	2 750.8	139.1	288.8	984.9	2.79	0.56	0.26
146	94.37	2 762.1	138.7	290.2	984.3	2.80	0.56	0.26
147	95.35	2 773.1	138.2	291.5	983.6	2.82	0.56	0.26
148	96.34	2 783.9	137.7	292.9	982.9	2.83	0.56	0.26
149	97.32	2 794.6	137.1	294.2	982.0	2.84	0.56	0.26
150	98.30	2 805.0	136.6	295.4	981.1	2.86	0.56	0.26
151	99.28	2 815.3	136.1	296.7	980.0	2.87	0.56	0.26
152	100.26	2 825.3	135.5	297.9	978.9	2.88	0.56	0.26
153	101.24	2 835.2	135.0	299.1	977.7	2.90	0.56	0.26
154	102.22	2 844.9	134.4	300.2	976.4	2.91	0.56	0.26

（续）

日龄 (d)	体重 (kg)	日采食量 （含浪费） (g)	体蛋白沉积 (g/d)	体脂肪沉积 (g/d)	日增重 (g)	料重比	饲料钙 (%)	饲料 STTD 磷（%）
155	103.20	2 854.5	133.8	301.4	975.1	2.93	0.55	0.26
156	104.17	2 863.8	133.2	302.5	973.6	2.94	0.55	0.26
157	105.14	2 873.0	132.6	303.6	972.1	2.95	0.55	0.26
158	106.12	2 882.0	132.0	304.6	970.5	2.97	0.55	0.26
159	107.09	2 890.9	131.4	305.7	968.9	2.98	0.55	0.26
160	108.06	2 899.6	130.7	306.7	967.1	3.00	0.55	0.26
161	109.02	2 908.1	130.1	307.7	965.3	3.01	0.55	0.26
162	109.99	2 916.5	129.4	308.6	963.5	3.03	0.55	0.25
163	110.95	2 924.7	128.8	309.6	961.5	3.04	0.55	0.25
164	111.91	2 932.8	128.1	310.5	959.5	3.06	0.55	0.25
165	112.87	2 940.7	127.4	311.4	957.5	3.07	0.55	0.25
166	113.83	2 948.5	126.7	312.3	955.4	3.08	0.54	0.25
167	114.79	2 956.1	126.1	313.1	953.2	3.10	0.54	0.25
168	115.74	2 963.6	125.4	314.0	951.0	3.12	0.54	0.25
169	116.69	2 971.0	124.7	314.8	948.7	3.13	0.54	0.25
170	117.64	2 978.2	124.0	315.6	946.4	3.15	0.54	0.25
171	118.58	2 985.3	123.2	316.4	944.0	3.16	0.54	0.25
172	119.53	2 992.2	122.5	317.1	941.6	3.18	0.54	0.25
173	120.47	2 999.0	121.8	317.8	939.1	3.19	0.54	0.25
174	121.41	3 005.7	121.1	318.6	936.6	3.21	0.54	0.25
175	122.35	3 012.3	120.3	319.3	934.0	3.22	0.54	0.25
176	123.28	3 018.8	119.6	320.0	931.4	3.24	0.53	0.25
177	124.21	3 025.1	118.9	320.6	928.8	3.26	0.53	0.25
178	125.14	3 031.3	118.1	321.3	926.1	3.27	0.53	0.25
179	126.07	3 037.4	117.4	321.9	923.4	3.29	0.53	0.25
180	126.99	3 043.4	116.6	322.5	920.6	3.30	0.53	0.25
181	127.91	3 049.3	115.9	323.1	917.8	3.32	0.53	0.25
182	128.83	3 055.0	115.1	323.7	915.0	3.34	0.53	0.25
183	129.74	3 060.7	114.3	324.3	912.2	3.35	0.53	0.25
184	130.65	3 066.3	113.6	324.8	909.3	3.37	0.53	0.24
185	131.56	3 071.7	112.8	325.4	906.4	3.39	0.53	0.24
186	132.47	3 077.1	112.0	325.9	903.5	3.41	0.52	0.24
187	133.37	3 082.4	111.3	326.4	900.5	3.42	0.52	0.24
188	134.27	3 087.5	110.5	326.9	897.5	3.44	0.52	0.24
189	135.17	3 092.6	109.7	327.4	894.5	3.46	0.52	0.24

表3-58 生长育肥猪饲料中粗蛋白质和SID氨基酸浓度（％）

日龄(d)	体重(kg)	饲料中粗蛋白质	SID赖氨酸	SID蛋氨酸	SID蛋氨酸+胱氨酸	SID苏氨酸	SID色氨酸	SID缬氨酸	SID精氨酸	SID组氨酸	SID异亮氨酸	SID亮氨酸	SID苯丙氨酸	SID苯丙氨酸+酪氨酸
17	5.00	19.29	1.52	0.43	0.83	0.88	0.26	0.98	0.70	0.51	0.79	1.53	0.91	1.42
18	5.15	19.20	1.51	0.43	0.83	0.87	0.25	0.98	0.70	0.51	0.79	1.53	0.91	1.41
19	5.32	19.12	1.50	0.43	0.82	0.87	0.25	0.98	0.70	0.51	0.78	1.52	0.90	1.40
20	5.49	19.03	1.50	0.43	0.82	0.87	0.25	0.97	0.69	0.51	0.78	1.51	0.90	1.40
21	5.66	18.95	1.49	0.43	0.82	0.86	0.25	0.97	0.69	0.51	0.78	1.51	0.89	1.39
22	5.85	18.86	1.48	0.42	0.81	0.86	0.25	0.96	0.69	0.50	0.77	1.50	0.89	1.38
23	6.05	18.77	1.47	0.42	0.81	0.85	0.25	0.96	0.68	0.50	0.77	1.49	0.89	1.38
24	6.26	18.67	1.47	0.42	0.80	0.85	0.25	0.95	0.68	0.50	0.76	1.48	0.88	1.37
25	6.47	18.58	1.46	0.42	0.80	0.85	0.25	0.95	0.68	0.50	0.76	1.48	0.88	1.36
26	6.70	18.49	1.45	0.42	0.80	0.84	0.25	0.94	0.67	0.49	0.76	1.47	0.87	1.36
27	6.94	18.39	1.44	0.41	0.79	0.84	0.24	0.94	0.67	0.49	0.75	1.46	0.87	1.35
28	7.19	18.29	1.44	0.41	0.79	0.83	0.24	0.93	0.67	0.49	0.75	1.45	0.86	1.34
29	7.45	18.19	1.43	0.41	0.78	0.83	0.24	0.93	0.66	0.48	0.74	1.45	0.86	1.34
30	7.73	18.10	1.42	0.41	0.78	0.83	0.24	0.92	0.66	0.48	0.74	1.44	0.85	1.33
31	8.01	18.00	1.41	0.40	0.77	0.82	0.24	0.92	0.66	0.48	0.74	1.43	0.85	1.32
32	8.31	17.90	1.41	0.40	0.77	0.82	0.24	0.91	0.65	0.48	0.73	1.42	0.84	1.31
33	8.62	17.80	1.40	0.40	0.77	0.81	0.24	0.91	0.65	0.47	0.73	1.41	0.84	1.31
34	8.95	17.69	1.39	0.40	0.76	0.81	0.24	0.90	0.65	0.47	0.72	1.41	0.83	1.30
35	9.29	17.59	1.38	0.40	0.76	0.81	0.23	0.90	0.64	0.47	0.72	1.40	0.83	1.29
36	9.64	17.49	1.37	0.39	0.75	0.80	0.23	0.89	0.64	0.46	0.72	1.39	0.83	1.28
37	10.01	17.39	1.36	0.39	0.75	0.80	0.23	0.89	0.63	0.46	0.71	1.38	0.82	1.28
38	10.39	17.29	1.36	0.39	0.74	0.79	0.23	0.88	0.63	0.46	0.71	1.37	0.82	1.27
39	10.78	17.18	1.35	0.39	0.74	0.79	0.23	0.88	0.63	0.46	0.70	1.37	0.81	1.26
40	11.19	17.08	1.34	0.38	0.73	0.78	0.23	0.87	0.62	0.46	0.70	1.36	0.81	1.25
41	11.62	16.98	1.33	0.38	0.73	0.78	0.23	0.87	0.62	0.45	0.70	1.35	0.80	1.25
42	12.05	16.88	1.32	0.38	0.73	0.78	0.23	0.86	0.62	0.45	0.69	1.34	0.80	1.24
43	12.51	16.78	1.32	0.38	0.72	0.77	0.22	0.86	0.61	0.45	0.69	1.33	0.79	1.23
44	12.97	16.68	1.31	0.37	0.72	0.77	0.22	0.85	0.61	0.44	0.68	1.32	0.79	1.22
45	13.45	16.58	1.30	0.37	0.71	0.76	0.22	0.85	0.60	0.44	0.68	1.32	0.78	1.22
46	13.95	16.48	1.29	0.37	0.71	0.76	0.22	0.84	0.60	0.44	0.68	1.31	0.78	1.21
47	14.45	16.38	1.28	0.37	0.70	0.76	0.22	0.84	0.60	0.44	0.67	1.30	0.77	1.20
48	14.97	16.29	1.28	0.36	0.70	0.75	0.22	0.83	0.59	0.43	0.67	1.29	0.77	1.20
49	15.50	16.19	1.27	0.36	0.70	0.75	0.22	0.83	0.59	0.43	0.66	1.29	0.76	1.19

（续）

日龄 (d)	体重 （kg）	饲料 中粗 蛋白质	SID 赖 氨酸	SID 蛋 氨酸	SID 蛋氨 酸＋胱 氨酸	SID 苏 氨酸	SID 色 氨酸	SID 缬 氨酸	SID 精 氨酸	SID 组 氨酸	SID 异 亮氨酸	SID 亮 氨酸	SID 苯 丙氨酸	SID 苯 丙氨 酸＋酪 氨酸
50	16.05	16.10	1.26	0.36	0.69	0.74	0.22	0.82	0.59	0.43	0.66	1.28	0.76	1.18
51	16.60	16.00	1.25	0.36	0.69	0.74	0.21	0.82	0.58	0.43	0.66	1.27	0.76	1.18
52	17.17	15.91	1.25	0.36	0.69	0.74	0.21	0.82	0.58	0.42	0.65	1.26	0.75	1.17
53	17.75	15.82	1.24	0.35	0.68	0.73	0.21	0.81	0.58	0.42	0.65	1.26	0.75	1.16
54	18.33	15.73	1.23	0.35	0.68	0.73	0.21	0.81	0.57	0.42	0.65	1.25	0.74	1.16
55	18.92	15.65	1.22	0.35	0.67	0.73	0.21	0.80	0.57	0.42	0.64	1.24	0.74	1.15
56	19.52	15.56	1.22	0.35	0.67	0.72	0.21	0.80	0.57	0.41	0.64	1.23	0.73	1.14
57	20.00	14.53	1.07	0.31	0.59	0.66	0.19	0.71	0.50	0.36	0.56	1.09	0.65	1.01
58	20.51	14.48	1.06	0.30	0.59	0.66	0.18	0.70	0.50	0.36	0.56	1.08	0.65	1.01
59	21.03	14.42	1.06	0.30	0.59	0.65	0.18	0.70	0.49	0.36	0.56	1.08	0.64	1.00
60	21.56	14.36	1.06	0.30	0.59	0.65	0.18	0.70	0.49	0.36	0.56	1.07	0.64	1.00
61	22.10	14.31	1.05	0.30	0.58	0.65	0.18	0.69	0.49	0.36	0.56	1.07	0.64	0.99
62	22.66	14.25	1.05	0.30	0.58	0.65	0.18	0.69	0.49	0.36	0.55	1.06	0.64	0.99
63	23.22	14.20	1.04	0.30	0.58	0.65	0.18	0.69	0.49	0.35	0.55	1.06	0.63	0.99
64	23.79	14.14	1.04	0.30	0.58	0.64	0.18	0.69	0.48	0.35	0.55	1.06	0.63	0.98
65	24.37	14.09	1.03	0.30	0.58	0.64	0.18	0.68	0.48	0.35	0.55	1.05	0.63	0.98
66	24.96	14.04	1.03	0.29	0.57	0.64	0.18	0.68	0.48	0.35	0.54	1.05	0.63	0.97
67	25.56	13.98	1.03	0.29	0.57	0.64	0.18	0.68	0.48	0.35	0.54	1.04	0.62	0.97
68	26.17	13.93	1.02	0.29	0.57	0.63	0.18	0.68	0.48	0.35	0.54	1.04	0.62	0.97
69	26.79	13.88	1.02	0.29	0.57	0.63	0.18	0.67	0.47	0.35	0.54	1.03	0.62	0.96
70	27.42	13.83	1.01	0.29	0.56	0.63	0.18	0.67	0.47	0.34	0.54	1.03	0.62	0.96
71	28.06	13.78	1.01	0.29	0.56	0.63	0.18	0.67	0.47	0.34	0.54	1.03	0.61	0.95
72	28.71	13.73	1.00	0.29	0.56	0.63	0.18	0.67	0.47	0.34	0.53	1.02	0.61	0.95
73	29.37	13.67	1.00	0.29	0.56	0.62	0.17	0.66	0.47	0.34	0.53	1.02	0.61	0.95
74	30.04	13.62	1.00	0.28	0.56	0.62	0.17	0.66	0.46	0.34	0.53	1.01	0.61	0.94
75	30.72	13.57	0.99	0.28	0.55	0.62	0.17	0.66	0.46	0.34	0.53	1.01	0.60	0.94
76	31.41	13.52	0.99	0.28	0.55	0.62	0.17	0.66	0.46	0.34	0.52	1.01	0.60	0.94
77	32.11	13.47	0.98	0.28	0.55	0.62	0.17	0.65	0.46	0.33	0.52	1.00	0.60	0.93
78	32.82	13.42	0.98	0.28	0.55	0.61	0.17	0.65	0.46	0.33	0.52	1.00	0.60	0.93
79	33.54	13.37	0.98	0.28	0.55	0.61	0.17	0.65	0.45	0.33	0.52	0.99	0.59	0.93
80	34.27	13.33	0.97	0.28	0.54	0.61	0.17	0.65	0.45	0.33	0.52	0.99	0.59	0.92
81	35.01	13.28	0.97	0.28	0.54	0.61	0.17	0.64	0.45	0.33	0.51	0.99	0.59	0.92
82	35.76	13.23	0.96	0.28	0.54	0.61	0.17	0.64	0.45	0.33	0.51	0.98	0.59	0.92

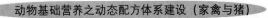

（续）

日龄(d)	体重(kg)	饲料中粗蛋白质	SID赖氨酸	SID蛋氨酸	SID蛋氨酸+胱氨酸	SID苏氨酸	SID色氨酸	SID缬氨酸	SID精氨酸	SID组氨酸	SID异亮氨酸	SID亮氨酸	SID苯丙氨酸	SID苯丙氨酸+酪氨酸
83	36.51	13.18	0.96	0.27	0.54	0.60	0.17	0.64	0.45	0.33	0.51	0.98	0.58	0.91
84	37.28	13.09	0.95	0.27	0.53	0.60	0.17	0.63	0.44	0.32	0.51	0.97	0.58	0.91
85	38.05	13.01	0.95	0.27	0.53	0.60	0.17	0.63	0.44	0.32	0.50	0.96	0.58	0.90
86	38.84	12.93	0.94	0.27	0.53	0.59	0.16	0.63	0.44	0.32	0.50	0.96	0.57	0.89
87	39.62	12.85	0.93	0.27	0.52	0.59	0.16	0.62	0.44	0.32	0.50	0.95	0.57	0.89
88	40.42	12.77	0.93	0.27	0.52	0.59	0.16	0.62	0.43	0.32	0.49	0.95	0.57	0.88
89	41.22	12.70	0.92	0.26	0.52	0.58	0.16	0.61	0.43	0.31	0.49	0.94	0.56	0.88
90	42.03	12.63	0.92	0.26	0.51	0.58	0.16	0.61	0.43	0.31	0.49	0.93	0.56	0.87
91	42.85	12.56	0.91	0.26	0.51	0.58	0.16	0.61	0.42	0.31	0.48	0.93	0.56	0.87
92	43.67	12.49	0.90	0.26	0.51	0.58	0.16	0.60	0.42	0.31	0.48	0.92	0.55	0.86
93	44.50	12.42	0.90	0.26	0.51	0.57	0.16	0.60	0.42	0.31	0.48	0.92	0.55	0.86
94	45.33	12.35	0.89	0.26	0.50	0.57	0.16	0.60	0.42	0.30	0.48	0.91	0.55	0.85
95	46.17	12.29	0.89	0.25	0.50	0.57	0.16	0.59	0.41	0.30	0.47	0.91	0.54	0.85
96	47.02	12.23	0.88	0.25	0.50	0.56	0.16	0.59	0.41	0.30	0.47	0.90	0.54	0.84
97	47.88	12.17	0.88	0.25	0.50	0.56	0.16	0.59	0.41	0.30	0.47	0.90	0.54	0.84
98	48.74	12.11	0.87	0.25	0.49	0.56	0.15	0.58	0.41	0.30	0.47	0.89	0.53	0.83
99	49.60	11.91	0.86	0.25	0.48	0.55	0.15	0.57	0.40	0.29	0.46	0.88	0.53	0.82
100	50.47	11.85	0.85	0.24	0.48	0.55	0.15	0.57	0.40	0.29	0.46	0.87	0.52	0.81
101	51.35	11.80	0.85	0.24	0.48	0.55	0.15	0.57	0.40	0.29	0.45	0.87	0.52	0.81
102	52.23	11.59	0.83	0.24	0.47	0.54	0.15	0.56	0.39	0.28	0.45	0.85	0.51	0.80
103	53.12	11.54	0.83	0.24	0.47	0.54	0.15	0.56	0.39	0.28	0.44	0.85	0.51	0.79
104	54.01	11.49	0.82	0.24	0.47	0.53	0.15	0.55	0.39	0.28	0.44	0.84	0.51	0.79
105	54.91	11.44	0.82	0.23	0.46	0.53	0.15	0.55	0.38	0.28	0.44	0.84	0.50	0.78
106	55.82	11.39	0.82	0.23	0.46	0.53	0.15	0.55	0.38	0.28	0.44	0.83	0.50	0.78
107	56.72	11.35	0.81	0.23	0.46	0.53	0.14	0.55	0.38	0.28	0.44	0.83	0.50	0.78
108	57.64	11.30	0.81	0.23	0.46	0.53	0.14	0.54	0.38	0.27	0.43	0.83	0.50	0.77
109	58.55	11.25	0.81	0.23	0.46	0.52	0.14	0.54	0.38	0.27	0.43	0.82	0.49	0.77
110	59.48	11.21	0.80	0.23	0.45	0.52	0.14	0.54	0.37	0.27	0.43	0.82	0.49	0.77
111	60.40	11.17	0.80	0.23	0.45	0.52	0.14	0.54	0.37	0.27	0.43	0.82	0.49	0.76
112	61.33	11.12	0.79	0.23	0.45	0.52	0.14	0.54	0.37	0.27	0.43	0.81	0.49	0.76
113	62.26	11.08	0.79	0.23	0.45	0.52	0.14	0.53	0.37	0.27	0.43	0.81	0.49	0.76
114	63.20	11.04	0.79	0.23	0.45	0.52	0.14	0.53	0.37	0.27	0.42	0.81	0.48	0.76
115	64.14	11.00	0.78	0.22	0.45	0.51	0.14	0.53	0.37	0.27	0.42	0.80	0.48	0.75

（续）

日龄 (d)	体重 (kg)	饲料中粗蛋白质	SID 赖氨酸	SID 蛋氨酸	SID 蛋氨酸+胱氨酸	SID 苏氨酸	SID 色氨酸	SID 缬氨酸	SID 精氨酸	SID 组氨酸	SID 异亮氨酸	SID 亮氨酸	SID 苯丙氨酸	SID 苯丙氨酸+酪氨酸
116	65.09	10.96	0.78	0.22	0.44	0.51	0.14	0.53	0.37	0.27	0.42	0.80	0.48	0.75
117	66.04	10.92	0.78	0.22	0.44	0.51	0.14	0.53	0.36	0.26	0.42	0.80	0.48	0.75
118	66.99	10.88	0.78	0.22	0.44	0.51	0.14	0.52	0.36	0.26	0.42	0.79	0.48	0.74
119	67.94	10.84	0.77	0.22	0.44	0.51	0.14	0.52	0.36	0.26	0.42	0.79	0.48	0.74
120	68.90	10.81	0.77	0.22	0.44	0.51	0.14	0.52	0.36	0.26	0.41	0.79	0.47	0.74
121	69.86	10.77	0.77	0.22	0.44	0.50	0.14	0.52	0.36	0.26	0.41	0.78	0.47	0.74
122	70.82	10.73	0.76	0.22	0.44	0.50	0.14	0.52	0.36	0.26	0.41	0.78	0.47	0.73
123	71.79	10.70	0.76	0.22	0.43	0.50	0.14	0.51	0.36	0.26	0.41	0.78	0.47	0.73
124	72.76	10.66	0.76	0.22	0.43	0.50	0.14	0.51	0.35	0.26	0.41	0.78	0.47	0.73
125	73.73	10.63	0.75	0.22	0.43	0.50	0.14	0.51	0.35	0.26	0.41	0.77	0.46	0.73
126	74.70	10.60	0.75	0.21	0.43	0.50	0.14	0.51	0.35	0.26	0.41	0.77	0.46	0.72
127	75.68	10.56	0.75	0.21	0.43	0.50	0.13	0.51	0.35	0.26	0.40	0.77	0.46	0.72
128	76.65	10.52	0.75	0.21	0.43	0.49	0.13	0.51	0.35	0.25	0.40	0.76	0.46	0.72
129	77.63	10.48	0.74	0.21	0.42	0.49	0.13	0.50	0.35	0.25	0.40	0.76	0.46	0.72
130	78.61	10.44	0.74	0.21	0.42	0.49	0.13	0.50	0.35	0.25	0.40	0.76	0.46	0.71
131	79.59	10.40	0.74	0.21	0.42	0.49	0.13	0.50	0.34	0.25	0.40	0.75	0.45	0.71
132	80.57	10.35	0.73	0.21	0.42	0.49	0.13	0.50	0.34	0.25	0.40	0.75	0.45	0.71
133	81.56	10.31	0.73	0.21	0.42	0.49	0.13	0.49	0.34	0.25	0.39	0.75	0.45	0.70
134	82.54	10.26	0.72	0.21	0.42	0.48	0.13	0.49	0.34	0.25	0.39	0.74	0.45	0.70
135	83.52	10.22	0.72	0.21	0.41	0.48	0.13	0.49	0.34	0.25	0.39	0.74	0.45	0.70
136	84.51	10.17	0.72	0.20	0.41	0.48	0.13	0.49	0.34	0.24	0.39	0.74	0.44	0.69
137	85.49	10.13	0.71	0.20	0.41	0.48	0.13	0.49	0.33	0.24	0.39	0.73	0.44	0.69
138	86.48	10.08	0.71	0.20	0.41	0.48	0.13	0.48	0.33	0.24	0.38	0.73	0.44	0.69
139	87.47	10.04	0.71	0.20	0.41	0.47	0.13	0.48	0.33	0.24	0.38	0.72	0.44	0.68
140	88.45	9.99	0.70	0.20	0.40	0.47	0.13	0.48	0.33	0.24	0.38	0.72	0.43	0.68
141	89.44	9.95	0.70	0.20	0.40	0.47	0.13	0.48	0.33	0.24	0.38	0.72	0.43	0.68
142	90.43	9.90	0.70	0.20	0.40	0.47	0.13	0.47	0.33	0.24	0.38	0.71	0.43	0.67
143	91.41	9.86	0.69	0.20	0.40	0.47	0.13	0.47	0.32	0.24	0.38	0.71	0.43	0.67
144	92.40	9.82	0.69	0.20	0.40	0.47	0.13	0.47	0.32	0.23	0.37	0.71	0.43	0.67
145	93.38	9.77	0.69	0.20	0.40	0.46	0.12	0.47	0.32	0.23	0.37	0.70	0.42	0.66
146	94.37	9.73	0.68	0.19	0.39	0.46	0.12	0.47	0.32	0.23	0.37	0.70	0.42	0.66
147	95.35	9.68	0.68	0.19	0.39	0.46	0.12	0.46	0.32	0.23	0.37	0.70	0.42	0.66
148	96.34	9.64	0.67	0.19	0.39	0.46	0.12	0.46	0.32	0.23	0.37	0.69	0.42	0.65

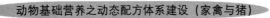

（续）

日龄 (d)	体重 (kg)	饲料 中粗 蛋白质	SID赖 氨酸	SID蛋 氨酸	SID 蛋氨 酸+胱 氨酸	SID苏 氨酸	SID色 氨酸	SID缬 氨酸	SID精 氨酸	SID组 氨酸	SID异 亮氨酸	SID亮 氨酸	SID苯 丙氨酸	SID苯 丙氨 酸+酪 氨酸
149	97.32	9.60	0.67	0.19	0.39	0.46	0.12	0.46	0.31	0.23	0.37	0.69	0.42	0.65
150	98.30	9.55	0.67	0.19	0.39	0.45	0.12	0.46	0.31	0.23	0.36	0.69	0.41	0.65
151	99.28	9.51	0.66	0.19	0.38	0.45	0.12	0.45	0.31	0.23	0.36	0.68	0.41	0.64
152	100.26	9.47	0.66	0.19	0.38	0.45	0.12	0.45	0.31	0.22	0.36	0.68	0.41	0.64
153	101.24	9.43	0.66	0.19	0.38	0.45	0.12	0.45	0.31	0.22	0.36	0.68	0.41	0.64
154	102.22	9.38	0.65	0.19	0.38	0.45	0.12	0.45	0.31	0.22	0.36	0.67	0.41	0.63
155	103.20	9.34	0.65	0.19	0.38	0.45	0.12	0.45	0.30	0.22	0.35	0.67	0.40	0.63
156	104.17	9.30	0.65	0.18	0.38	0.44	0.12	0.44	0.30	0.22	0.35	0.67	0.40	0.63
157	105.14	9.25	0.64	0.18	0.37	0.44	0.12	0.44	0.30	0.22	0.35	0.66	0.40	0.63
158	106.12	9.21	0.64	0.18	0.37	0.44	0.12	0.44	0.30	0.22	0.35	0.66	0.40	0.62
159	107.09	9.17	0.64	0.18	0.37	0.44	0.12	0.44	0.30	0.22	0.35	0.65	0.40	0.62
160	108.06	9.13	0.63	0.18	0.37	0.44	0.12	0.44	0.30	0.22	0.35	0.65	0.39	0.62
161	109.02	9.08	0.63	0.18	0.37	0.43	0.12	0.43	0.30	0.21	0.34	0.65	0.39	0.61
162	109.99	9.04	0.63	0.18	0.37	0.43	0.12	0.43	0.29	0.21	0.34	0.64	0.39	0.61
163	110.95	9.00	0.62	0.18	0.36	0.43	0.12	0.43	0.29	0.21	0.34	0.64	0.39	0.61
164	111.91	8.96	0.62	0.18	0.36	0.43	0.11	0.43	0.29	0.21	0.34	0.64	0.39	0.60
165	112.87	8.91	0.62	0.18	0.36	0.43	0.11	0.42	0.29	0.21	0.34	0.63	0.38	0.60
166	113.83	8.87	0.61	0.17	0.36	0.43	0.11	0.42	0.29	0.21	0.34	0.63	0.38	0.60
167	114.79	8.83	0.61	0.17	0.36	0.42	0.11	0.42	0.29	0.21	0.33	0.63	0.38	0.59
168	115.74	8.79	0.61	0.17	0.35	0.42	0.11	0.42	0.28	0.21	0.33	0.62	0.38	0.59
169	116.69	8.75	0.60	0.17	0.35	0.42	0.11	0.42	0.28	0.20	0.33	0.62	0.38	0.59
170	117.64	8.70	0.60	0.17	0.35	0.42	0.11	0.41	0.28	0.20	0.33	0.62	0.37	0.59
171	118.58	8.66	0.60	0.17	0.35	0.42	0.11	0.41	0.28	0.20	0.33	0.61	0.37	0.58
172	119.53	8.62	0.59	0.17	0.35	0.42	0.11	0.41	0.28	0.20	0.33	0.61	0.37	0.58
173	120.47	8.58	0.59	0.17	0.35	0.41	0.11	0.41	0.28	0.20	0.32	0.61	0.37	0.58
174	121.41	8.54	0.59	0.17	0.34	0.41	0.11	0.41	0.27	0.20	0.32	0.60	0.37	0.57
175	122.35	8.49	0.58	0.17	0.34	0.41	0.11	0.40	0.27	0.20	0.32	0.60	0.36	0.57
176	123.28	8.45	0.58	0.17	0.34	0.41	0.11	0.40	0.27	0.20	0.32	0.60	0.36	0.57
177	124.21	8.41	0.58	0.16	0.34	0.41	0.11	0.40	0.27	0.20	0.32	0.59	0.36	0.56
178	125.14	8.37	0.57	0.16	0.34	0.41	0.11	0.40	0.27	0.19	0.32	0.59	0.36	0.56
179	126.07	8.33	0.57	0.16	0.34	0.40	0.11	0.40	0.27	0.19	0.31	0.59	0.36	0.56
180	126.99	8.29	0.57	0.16	0.33	0.40	0.11	0.39	0.27	0.19	0.31	0.58	0.35	0.55
181	127.91	8.25	0.56	0.16	0.33	0.40	0.11	0.39	0.26	0.19	0.31	0.58	0.35	0.55

（续）

日龄(d)	体重(kg)	饲料中粗蛋白质	SID赖氨酸	SID蛋氨酸	SID蛋氨酸+胱氨酸	SID苏氨酸	SID色氨酸	SID缬氨酸	SID精氨酸	SID组氨酸	SID异亮氨酸	SID亮氨酸	SID苯丙氨酸	SID苯丙氨酸+酪氨酸
182	128.83	8.20	0.56	0.16	0.33	0.40	0.11	0.39	0.26	0.19	0.31	0.58	0.35	0.55
183	129.74	8.16	0.56	0.16	0.33	0.40	0.10	0.39	0.26	0.19	0.31	0.57	0.35	0.55
184	130.65	8.12	0.55	0.16	0.33	0.40	0.10	0.39	0.26	0.19	0.31	0.57	0.35	0.54
185	131.56	8.08	0.55	0.16	0.33	0.39	0.10	0.38	0.26	0.19	0.30	0.57	0.34	0.54
186	132.47	8.04	0.55	0.16	0.32	0.39	0.10	0.38	0.26	0.19	0.30	0.56	0.34	0.54
187	133.37	8.00	0.54	0.16	0.32	0.39	0.10	0.38	0.25	0.19	0.30	0.56	0.34	0.53
188	134.27	7.96	0.54	0.15	0.32	0.39	0.10	0.38	0.25	0.18	0.30	0.56	0.34	0.53
189	135.17	7.92	0.54	0.15	0.32	0.39	0.10	0.37	0.25	0.18	0.30	0.55	0.34	0.53

三、妊娠母猪营养需要量计算

妊娠期母猪摄入的营养除了满足自身维持、生长和胎儿生长需要外，还需要一定的背膘增长以弥补哺乳期的损失，因此在计算妊娠母猪母体生长时要特别关注体脂肪的增重，以使之满足背膘厚的增长需求。

计算妊娠母猪营养需要时要输入阶段平均日采食量、胎次、开始体重、预期产仔数、预期初生重、环境有效温度和饲料中代谢能含量等（表3-59）；在NRC（2012）妊娠母猪模型中，蛋白质的需要分为胎儿、胎盘和羊水、子宫、乳腺组织、时间依赖性的母体蛋白沉积和能量摄入依赖性的母体蛋白沉积等6个蛋白库；摄入的代谢能则先满足母体维持、孕体生长和母体蛋白质沉积所需，剩余的用于母体脂肪沉积。

表3-59　妊娠母猪营养需要量计算时输入的数据

1. 基础数据			
胎次*	1	环境有效温度*（℃）	15
开始体重*（kg）	140	妊娠饲料ME*（kcal/kg）	3 100
预期产仔数*	12.5	妊娠饲料NE*（kcal/kg）	2 365.3
预期初生重*（kg）	1.4	泌乳饲料ME*（kcal/kg）	3 300
站立超过4h的时间*（min）	30	泌乳饲料NE*（kcal/kg）	2 517.9

2. 饲喂程序*与体脂日增重		
妊娠时间	日采食量（kg）	期间体脂日增重（g）
		低	高
第1~5天	2	45	49
第6~22天	2.4	119	144
第23~90天	2.7	70	192
第90~114天	3.1	139	196

（续）

3. 根据主要体成分数据调整饲喂程序			
项目	累计值（kg）	日均增重（g）	根据 P2（mm）增加目标计算的日均增重（g）
总增重	71.7	628.9	654.4
母体增重	49.8	436.4	
孕体增重	21.9	192.5	
母体蛋白增重	6.67	58.5	95.5
母体脂肪增重	16.00	140.3	179.8

注：* 该项目为输入值，其他为计算结果。通过调整饲喂程序，可以通过"体脂肪增重"监控背膘厚 P2 变化与预期目标相近。

（一）根据"孕体生长和蛋白库"公式计算妊娠母猪蛋白质总沉积量

"孕体生长和蛋白库"包括公式 8-54 到公式 8-63，分别计算 6 个蛋白库的蛋白沉积量后计和得到妊娠期间每天的蛋白质总沉积量，蛋白质总沉积量再用于摄入代谢能的分配计算。蛋白质总沉积量的计算过程和结果见表 3-60（以配种时体重为 140kg 的 1 胎母猪为例）。

表 3-60　根据孕体生长和蛋白库公式计算妊娠母猪的蛋白质沉积量（一）

胎次	妊娠时间（d）	预期产仔数	仔猪初生重（kg）	孕体重（g）	孕体日增重（g）	孕体能量含量（kcal）	孕体能量日增量（kcal）	胎儿蛋白质含量（g）	胎儿蛋白日增重（g）	胎盘和羊水蛋白含量（g）	胎盘和羊水蛋白日增重（g）	比值
1	0	12.5	1.4	1.7E-05		17.01		0.07		0		1.01
1	1	12.5	1.4	5.1E-05	3.4E-05	19.14	2.13	0.08	0.01	4.2E-11	4.2E-11	1.01
1	2	12.5	1.4	1.4E-04	9.1E-05	21.51	2.37	0.09	0.02	7.7E-09	7.6E-09	1.01
1	3	12.5	1.4	3.8E-04	2.3E-04	24.13	2.62	0.11	0.02	1.6E-07	1.5E-07	1.01
1	4	12.5	1.4	9.5E-04	5.7E-04	27.02	2.90	0.13	0.02	1.4E-06	1.2E-06	1.01
1	5	12.5	1.4	2.3E-03	1.3E-03	30.22	3.20	0.16	0.03	7.4E-06	6.0E-06	1.01
1	6	12.5	1.4	5.3E-03	3.0E-03	33.74	3.52	0.19	0.03	2.9E-05	2.2E-05	1.01
1	7	12.5	1.4	0.01	6.3E-03	37.62	3.88	0.22	0.03	9.3E-05	6.4E-05	1.01
1	8	12.5	1.4	0.02	1.3E-02	41.88	4.26	0.26	0.04	2.5E-04	1.6E-04	1.01
1	9	12.5	1.4	0.05	0.03	46.55	4.67	0.30	0.04	6.1E-04	3.6E-04	1.01
1	10	12.5	1.4	0.10	0.05	51.67	5.12	0.35	0.05	1.3E-03	7.4E-04	1.01
1	11	12.5	1.4	0.18	0.09	57.27	5.60	0.41	0.06	2.8E-03	1.4E-03	1.01
1	12	12.5	1.4	0.34	0.15	63.39	6.12	0.48	0.06	5.3E-03	2.5E-03	1.01
1	13	12.5	1.4	0.60	0.26	70.06	6.67	0.56	0.08	9.6E-03	4.4E-03	1.01

（续）

胎次	妊娠时间(d)	预期产仔数	仔猪初生重(kg)	孕体重(g)	孕体日增重(g)	孕体能量含量(kcal)	孕体能量日增量(kcal)	胎儿蛋白质含量(g)	胎儿蛋白日增重(g)	胎盘和羊水蛋白含量(g)	胎盘和羊水蛋白日增重(g)	比值
1	14	12.5	1.4	1.04	0.44	77.33	7.27	0.65	0.09	1.7E−02	7.2E−03	1.01
1	15	12.5	1.4	1.74	0.70	85.24	7.91	0.76	0.10	0.03	0.01	1.01
1	16	12.5	1.4	2.84	1.10	93.84	8.59	0.87	0.12	0.05	0.02	1.01
1	17	12.5	1.4	4.52	1.68	103.16	9.32	1.01	0.13	0.07	0.03	1.01
1	18	12.5	1.4	7.02	2.50	113.26	10.10	1.16	0.15	0.11	0.04	1.01
1	19	12.5	1.4	10.67	3.64	124.20	10.93	1.34	0.17	0.17	0.06	1.01
1	20	12.5	1.4	15.86	5.19	136.01	11.82	1.53	0.20	0.24	0.08	1.01
1	21	12.5	1.4	23.09	7.24	148.77	12.76	1.75	0.22	0.35	0.11	1.01
1	22	12.5	1.4	32.98	9.89	162.52	13.75	2.00	0.25	0.50	0.15	1.01
1	23	12.5	1.4	46.25	13.27	177.33	14.81	2.29	0.28	0.70	0.20	1.01
1	24	12.5	1.4	63.73	17.48	193.26	15.93	2.60	0.32	0.96	0.26	1.01
1	25	12.5	1.4	86.39	22.65	210.37	17.11	2.95	0.35	1.30	0.34	1.01
1	26	12.5	1.4	115.26	28.88	228.73	18.36	3.35	0.40	1.74	0.44	1.01
1	27	12.5	1.4	151.53	36.26	248.41	19.68	3.79	0.44	2.31	0.57	1.01
1	28	12.5	1.4	196.40	44.88	269.47	21.06	4.28	0.49	3.03	0.72	1.01
1	29	12.5	1.4	251.18	54.78	291.99	22.52	4.83	0.55	3.94	0.91	1.01
1	30	12.5	1.4	317.18	66.00	316.05	24.06	5.44	0.61	5.07	1.13	1.01
1	31	12.5	1.4	395.74	78.55	341.72	25.67	6.11	0.67	6.46	1.39	1.01
1	32	12.5	1.4	488.14	92.40	369.08	27.36	6.86	0.75	8.17	1.71	1.01
1	33	12.5	1.4	595.63	107.49	398.21	29.13	7.69	0.82	10.25	2.08	1.01
1	34	12.5	1.4	719.36	123.73	429.19	30.98	8.60	0.91	12.75	2.51	1.01
1	35	12.5	1.4	860.37	141.01	462.11	32.92	9.60	1.00	15.75	3.00	1.01
1	36	12.5	1.4	1 019.55	159.19	497.05	34.94	10.70	1.10	19.31	3.56	1.01
1	37	12.5	1.4	1 197.65	178.10	534.09	37.05	11.91	1.21	23.50	4.19	1.01
1	38	12.5	1.4	1 395.21	197.56	573.33	39.24	13.24	1.33	28.40	4.90	1.01
1	39	12.5	1.4	1 612.60	217.39	614.86	41.53	14.69	1.45	34.08	5.68	1.01
1	40	12.5	1.4	1 849.99	237.39	658.76	43.90	16.28	1.59	40.61	6.53	1.01
1	41	12.5	1.4	2 107.33	257.34	705.13	46.37	18.01	1.73	48.05	7.44	1.01
1	42	12.5	1.4	2 384.38	277.05	754.06	48.93	19.89	1.89	56.46	8.41	1.01
1	43	12.5	1.4	2 680.70	296.33	805.65	51.59	21.95	2.05	65.87	9.41	1.01
1	44	12.5	1.4	2 995.69	314.98	859.99	54.33	24.18	2.23	76.31	10.44	1.01
1	45	12.5	1.4	3 328.54	332.85	917.16	57.18	26.60	2.42	87.77	11.46	1.01

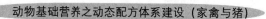

（续）

胎次	妊娠时间（d）	预期产仔数	仔猪初生重（kg）	孕体重（g）	孕体日增重（g）	孕体能量含量（kcal）	孕体能量日增量（kcal）	胎儿蛋白质含量（g）	胎儿蛋白日增重（g）	胎盘和羊水蛋白含量（g）	胎盘和羊水蛋白日增重（g）	比值
1	46	12.5	1.4	3 678.32	349.78	977.28	60.12	29.22	2.62	100.24	12.46	1.01
1	47	12.5	1.4	4 043.94	365.62	1 040.43	63.15	32.06	2.84	113.65	13.41	1.01
1	48	12.5	1.4	4 424.21	380.27	1 106.72	66.28	35.12	3.07	127.94	14.28	1.01
1	49	12.5	1.4	4 817.83	393.62	1 176.23	69.51	38.43	3.31	142.99	15.05	1.01
1	50	12.5	1.4	5 223.44	405.61	1 249.06	72.83	42.00	3.57	158.68	15.70	1.01
1	51	12.5	1.4	5 639.62	416.18	1 325.31	76.25	45.84	3.84	174.88	16.19	1.01
1	52	12.5	1.4	6 064.91	425.29	1 405.07	79.76	49.96	4.13	191.41	16.53	1.01
1	53	12.5	1.4	6 497.84	432.93	1 488.45	83.37	54.39	4.43	208.11	16.70	1.01
1	54	12.5	1.4	6 936.94	439.10	1 575.52	87.07	59.14	4.75	224.83	16.71	1.01
1	55	12.5	1.4	7 380.76	443.82	1 666.39	90.87	64.23	5.09	241.38	16.56	1.01
1	56	12.5	1.4	7 827.87	447.11	1 761.14	94.76	69.67	5.44	257.64	16.26	1.01
1	57	12.5	1.4	8 276.90	449.03	1 859.88	98.73	75.49	5.82	273.46	15.82	1.01
1	58	12.5	1.4	8 726.53	449.63	1 962.68	102.80	81.70	6.21	288.74	15.27	1.01
1	59	12.5	1.4	9 175.49	448.96	2 069.64	106.96	88.31	6.62	303.37	14.63	1.01
1	60	12.5	1.4	9 622.60	447.11	2 180.83	111.20	95.36	7.05	317.29	13.92	1.01
1	61	12.5	1.4	10 066.74	444.14	2 296.36	115.53	102.85	7.49	330.45	13.16	1.01
1	62	12.5	1.4	10 506.88	440.14	2 416.29	119.93	110.81	7.96	342.81	12.37	1.01
1	63	12.5	1.4	10 942.07	435.19	2 540.72	124.43	119.26	8.45	354.38	11.56	1.01
1	64	12.5	1.4	11 371.43	429.36	2 669.71	128.99	128.22	8.96	365.14	10.76	1.01
1	65	12.5	1.4	11 794.19	422.76	2 803.35	133.64	137.71	9.49	375.11	9.97	1.01
1	66	12.5	1.4	12 209.63	415.44	2 941.72	138.36	147.75	10.04	384.32	9.21	1.01
1	67	12.5	1.4	12 617.14	407.51	3 084.87	143.15	158.36	10.61	392.79	8.48	1.01
1	68	12.5	1.4	13 016.18	399.03	3 232.88	148.01	169.56	11.20	400.58	7.78	1.01
1	69	12.5	1.4	13 406.27	390.09	3 385.82	152.94	181.37	11.82	407.70	7.13	1.01
1	70	12.5	1.4	13 787.01	380.75	3 543.75	157.93	193.82	12.45	414.22	6.52	1.01
1	71	12.5	1.4	14 158.10	371.08	3 706.72	162.98	206.93	13.11	420.17	5.95	1.01
1	72	12.5	1.4	14 519.24	361.15	3 874.81	168.08	220.72	13.79	425.59	5.42	1.01
1	73	12.5	1.4	14 870.26	351.01	4 048.05	173.25	235.21	14.49	430.52	4.93	1.01
1	74	12.5	1.4	15 210.99	340.73	4 226.51	178.46	250.41	15.21	435.01	4.49	1.01
1	75	12.5	1.4	15 541.34	330.35	4 410.22	183.72	266.36	15.95	439.09	4.08	1.01
1	76	12.5	1.4	15 861.27	319.93	4 599.24	189.02	283.08	16.71	442.80	3.71	1.01
1	77	12.5	1.4	16 170.77	309.49	4 793.60	194.36	300.58	17.50	446.17	3.37	1.01

（续）

胎次	妊娠时间（d）	预期产仔数	仔猪初生重（kg）	孕体重（g）	孕体日增重（g）	孕体能量含量（kcal）	孕体能量日增量（kcal）	胎儿蛋白质含量（g）	胎儿蛋白日增重（g）	胎盘和羊水蛋白含量（g）	胎盘和羊水蛋白日增重（g）	比值
1	78	12.5	1.4	16 469.86	299.10	4 993.35	199.74	318.89	18.31	449.23	3.06	1.01
1	79	12.5	1.4	16 758.63	288.77	5 198.50	205.16	338.02	19.13	452.02	2.78	1.01
1	80	12.5	1.4	17 037.17	278.54	5 409.10	210.60	358.00	19.98	454.54	2.53	1.01
1	81	12.5	1.4	17 305.60	268.43	5 625.17	216.07	378.85	20.85	456.84	2.30	1.01
1	82	12.5	1.4	17 564.08	258.48	5 846.73	221.56	400.59	21.74	458.93	2.09	1.01
1	83	12.5	1.4	17 812.79	248.71	6 073.80	227.07	423.23	22.64	460.82	1.90	1.01
1	84	12.5	1.4	18 051.91	239.12	6 306.39	232.59	446.80	23.57	462.55	1.73	1.01
1	85	12.5	1.4	18 281.66	229.74	6 544.52	238.13	471.32	24.52	464.12	1.57	1.01
1	86	12.5	1.4	18 502.24	220.59	6 788.19	243.67	496.80	25.48	465.55	1.43	1.01
1	87	12.5	1.4	18 713.90	211.66	7 037.41	249.22	523.25	26.46	466.86	1.30	1.01
1	88	12.5	1.4	18 916.87	202.97	7 292.17	254.76	550.71	27.46	468.05	1.19	1.01
1	89	12.5	1.4	19 111.39	194.52	7 552.48	260.30	579.18	28.47	469.13	1.08	1.01
1	90	12.5	1.4	19 297.72	186.33	7 818.31	265.84	608.68	29.50	470.12	0.99	1.01
1	91	12.5	1.4	19 476.11	178.39	8 089.67	271.36	639.23	30.55	471.03	0.90	1.01
1	92	12.5	1.4	19 646.82	170.71	8 366.54	276.86	670.83	31.61	471.85	0.83	1.01
1	93	12.5	1.4	19 810.09	163.28	8 648.88	282.35	703.51	32.68	472.61	0.76	1.01
1	94	12.5	1.4	19 966.20	156.10	8 936.70	287.81	737.28	33.77	473.30	0.69	1.01
1	95	12.5	1.4	20 115.37	149.18	9 229.94	293.25	772.15	34.87	473.94	0.63	1.01
1	96	12.5	1.4	20 257.88	142.51	9 528.59	298.65	808.12	35.98	474.52	0.58	1.01
1	97	12.5	1.4	20 393.97	136.08	9 832.62	304.02	845.22	37.10	475.05	0.53	1.01
1	98	12.5	1.4	20 523.87	129.90	10 141.97	309.36	883.46	38.23	475.54	0.49	1.01
1	99	12.5	1.4	20 647.84	123.96	10 456.62	314.65	922.83	39.37	475.99	0.45	1.01
1	100	12.5	1.4	20 766.09	118.26	10 776.52	319.90	963.35	40.52	476.41	0.41	1.01
1	101	12.5	1.4	20 878.87	112.78	11 101.62	325.10	1 005.03	41.68	476.79	0.38	1.01
1	102	12.5	1.4	20 986.39	107.52	11 431.87	330.25	1 047.88	42.84	477.14	0.35	1.01
1	103	12.5	1.4	21 088.87	102.48	11 767.21	335.34	1 091.89	44.01	477.46	0.32	1.01
1	104	12.5	1.4	21 186.53	97.65	12 107.60	340.38	1 137.08	45.19	477.76	0.30	1.01
1	105	12.5	1.4	21 279.56	93.03	12 452.96	345.36	1 183.45	46.37	478.03	0.27	1.01
1	106	12.5	1.4	21 368.17	88.61	12 803.23	350.28	1 231.00	47.55	478.28	0.25	1.01
1	107	12.5	1.4	21 452.54	84.37	13 158.36	355.13	1 279.73	48.74	478.52	0.23	1.01
1	108	12.5	1.4	21 532.87	80.33	13 518.26	359.91	1 329.66	49.92	478.74	0.22	1.01
1	109	12.5	1.4	21 609.32	76.46	13 882.88	364.61	1 380.76	51.11	478.94	0.20	1.01

（续）

胎次	妊娠时间（d）	预期产仔数	仔猪初生重（kg）	孕体重（g）	孕体日增重（g）	孕体能量含量（kcal）	孕体能量日增量（kcal）	胎儿蛋白质含量（g）	胎儿蛋白日增重（g）	胎盘和羊水蛋白含量（g）	胎盘和羊水蛋白日增重（g）	比值
1	110	12.5	1.4	21 682.08	72.76	14 252.13	369.25	1 433.06	52.29	479.12	0.19	1.01
1	111	12.5	1.4	21 751.32	69.23	14 625.93	373.81	1 486.54	53.48	479.29	0.17	1.01
1	112	12.5	1.4	21 817.18	65.86	15 004.22	378.29	1 541.20	54.66	479.45	0.16	1.01
1	113	12.5	1.4	21 879.83	62.65	15 386.91	382.69	1 597.04	55.84	479.60	0.15	1.01
1	114	12.5	1.4	21 939.41	59.58	15 773.91	387.00	1 654.06	57.02	479.74	0.14	1.01

注："1.7E－05"是数值的科学记数法形式，等于"1.7×10^{-5}"。

表 3-60　根据孕体生长和蛋白库公式计算妊娠母猪的蛋白质沉积量（二）

胎次	妊娠时间（d）	子宫蛋白质含量（g）	子宫蛋白日增重（g）	乳腺蛋白含量（g）	乳腺蛋白日增重（g）	时间依赖性母体蛋白含量（g）	时间依赖性母体蛋白日增重（g）	a 值（90d 时有变化）	依据 ME 的蛋白质日沉积量（g）	校正值（90d 变化）	总的蛋白日沉积量（g）
1	0	68.23		0.06		1 104.60		0.20	37.11	0.088	37.1
1	1	69.91	1.67	0.08	0.01	1 092.47	12.13	0.20	37.11	0.088	50.9
1	2	71.60	1.70	0.09	0.01	1 079.91	12.56	0.20	37.11	0.088	51.4
1	3	73.33	1.72	0.11	0.02	1 066.89	13.02	0.20	37.11	0.088	51.9
1	4	75.07	1.75	0.13	0.02	1 053.40	13.49	0.20	37.11	0.088	52.4
1	5	76.84	1.77	0.15	0.02	1 039.42	13.98	0.20	37.11	0.088	52.9
1	6	78.63	1.79	0.17	0.03	1 024.94	14.48	0.16	36.10	0.069	52.4
1	7	80.45	1.82	0.20	0.03	1 009.94	15.00	0.16	36.10	0.069	53.0
1	8	82.29	1.84	0.24	0.03	994.40	15.54	0.16	36.10	0.069	53.5
1	9	84.15	1.86	0.27	0.04	978.32	16.09	0.16	36.10	0.069	54.1
1	10	86.03	1.88	0.32	0.04	961.66	16.65	0.16	36.10	0.069	54.7
1	11	87.94	1.91	0.37	0.05	944.43	17.23	0.16	36.10	0.069	55.4
1	12	89.87	1.93	0.43	0.06	926.60	17.83	0.16	36.10	0.069	56.0
1	13	91.82	1.95	0.49	0.06	908.16	18.44	0.16	36.10	0.069	56.6
1	14	93.79	1.97	0.56	0.07	889.10	19.06	0.16	36.10	0.069	57.3
1	15	95.79	2.00	0.65	0.08	869.40	19.69	0.16	36.10	0.069	58.0
1	16	97.81	2.02	0.74	0.09	849.07	20.33	0.16	36.10	0.069	58.7
1	17	99.85	2.04	0.85	0.11	828.09	20.98	0.16	36.10	0.069	59.4
1	18	101.91	2.06	0.97	0.12	806.46	21.63	0.16	36.10	0.069	60.1
1	19	103.99	2.08	1.10	0.13	784.18	22.28	0.16	36.10	0.069	60.8
1	20	106.09	2.10	1.25	0.15	761.24	22.94	0.16	36.10	0.069	61.6

（续）

胎次	妊娠时间（d）	子宫蛋白质含量（g）	子宫蛋白日增重（g）	乳腺蛋白含量（g）	乳腺蛋白日增重（g）	时间依赖性母体蛋白含量（g）	时间依赖性母体蛋白日增重（g）	a 值（90d 时有变化）	依据 ME 的蛋白质日沉积量（g）	校正值（90d 变化）	总的蛋白日沉积量（g）
1	21	108.21	2.12	1.41	0.17	737.66	23.58	0.16	36.10	0.069	62.3
1	22	110.36	2.14	1.60	0.19	713.44	24.22	0.16	36.10	0.069	63.0
1	23	112.52	2.16	1.81	0.21	688.60	24.84	0.14	34.83	0.06	62.5
1	24	114.70	2.18	2.04	0.23	663.16	25.44	0.14	34.83	0.06	63.3
1	25	116.91	2.20	2.29	0.26	637.14	26.02	0.14	34.83	0.06	64.0
1	26	119.13	2.22	2.58	0.28	610.58	26.56	0.14	34.83	0.06	64.7
1	27	121.37	2.24	2.89	0.31	583.52	27.06	0.14	34.83	0.06	65.5
1	28	123.64	2.26	3.23	0.34	556.00	27.52	0.14	34.83	0.06	66.2
1	29	125.92	2.28	3.61	0.38	528.08	27.92	0.14	34.83	0.06	66.9
1	30	128.22	2.30	4.03	0.42	499.81	28.26	0.14	34.83	0.06	67.6
1	31	130.53	2.32	4.49	0.46	471.29	28.53	0.14	34.83	0.06	68.2
1	32	132.87	2.34	4.99	0.50	442.57	28.71	0.14	34.83	0.06	68.9
1	33	135.22	2.35	5.54	0.55	413.77	28.81	0.14	34.83	0.06	69.5
1	34	137.59	2.37	6.14	0.60	384.97	28.80	0.14	34.83	0.06	70.1
1	35	139.98	2.39	6.79	0.65	356.28	28.69	0.14	34.83	0.06	70.6
1	36	142.38	2.40	7.50	0.71	327.83	28.45	0.14	34.83	0.06	71.1
1	37	144.80	2.42	8.28	0.77	299.73	28.10	0.14	34.83	0.06	71.6
1	38	147.24	2.44	9.12	0.84	272.12	27.61	0.14	34.83	0.06	72.0
1	39	149.69	2.45	10.03	0.91	245.15	26.98	0.14	34.83	0.06	72.4
1	40	152.16	2.47	11.02	0.99	218.94	26.21	0.14	34.83	0.06	72.7
1	41	154.64	2.48	12.08	1.07	193.65	25.29	0.14	34.83	0.06	72.9
1	42	157.14	2.50	13.23	1.15	169.41	24.24	0.14	34.83	0.06	73.1
1	43	159.66	2.51	14.47	1.24	146.37	23.04	0.14	34.83	0.06	73.2
1	44	162.18	2.53	15.81	1.33	124.68	21.70	0.14	34.83	0.06	73.2
1	45	164.73	2.54	17.24	1.43	104.44	20.23	0.14	34.83	0.06	73.1
1	46	167.28	2.56	18.78	1.54	85.80	18.64	0.14	34.83	0.06	72.8
1	47	169.85	2.57	20.43	1.65	68.85	16.95	0.14	34.83	0.06	72.4
1	48	172.43	2.58	22.20	1.77	53.69	15.16	0.14	34.83	0.06	71.9
1	49	175.03	2.59	24.09	1.89	40.39	13.30	0.14	34.83	0.06	71.2
1	50	177.63	2.61	26.11	2.02	28.99	11.39	0.14	34.83	0.06	70.3
1	51	180.25	2.62	28.27	2.15	19.53	9.46	0.14	34.83	0.06	69.3
1	52	182.88	2.63	30.56	2.29	12.02	7.52	0.14	34.83	0.06	68.2
1	53	185.52	2.64	33.00	2.44	6.41	5.61	0.14	34.83	0.06	66.9

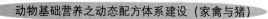

（续）

胎次	妊娠时间（d）	子宫蛋白质含量（g）	子宫蛋白日增重（g）	乳腺蛋白含量（g）	乳腺蛋白日增重（g）	时间依赖性母体蛋白含量（g）	时间依赖性母体蛋白日增重（g）	a值（90d时有变化）	依据ME的蛋白质日沉积量（g）	校正值（90d变化）	总的蛋白日沉积量（g）
1	54	188.18	2.65	35.60	2.60	2.63	3.77	0.14	34.83	0.06	65.5
1	55	190.84	2.66	38.35	2.76	0.57	2.06	0.14	34.83	0.06	64.2
1	56	193.52	2.67	41.28	2.92	0.00	0.57	0.14	34.83	0.06	62.9
1	57	196.20	2.68	44.37	3.10			0.14	34.83	0.06	62.5
1	58	198.89	2.69	47.65	3.27			0.14	34.83	0.06	62.5
1	59	201.60	2.70	51.11	3.46			0.14	34.83	0.06	62.5
1	60	204.31	2.71	54.76	3.65			0.14	34.83	0.06	62.4
1	61	207.03	2.72	58.62	3.85			0.14	34.83	0.06	62.3
1	62	209.76	2.73	62.68	4.06			0.14	34.83	0.06	62.2
1	63	212.50	2.74	66.95	4.27			0.14	34.83	0.06	62.1
1	64	215.24	2.74	71.44	4.49			0.14	34.83	0.06	62.0
1	65	217.99	2.75	76.17	4.72			0.14	34.83	0.06	62.0
1	66	220.75	2.76	81.12	4.95			0.14	34.83	0.06	62.0
1	67	223.52	2.77	86.31	5.19			0.14	34.83	0.06	62.1
1	68	226.29	2.77	91.75	5.44			0.14	34.83	0.06	62.2
1	69	229.07	2.78	97.44	5.69			0.14	34.83	0.06	62.4
1	70	231.85	2.78	103.39	5.95			0.14	34.83	0.06	62.7
1	71	234.64	2.79	109.61	6.21			0.14	34.83	0.06	63.1
1	72	237.44	2.79	116.09	6.48			0.14	34.83	0.06	63.5
1	73	240.23	2.80	122.85	6.76			0.14	34.83	0.06	64.0
1	74	243.04	2.80	129.90	7.04			0.14	34.83	0.06	64.6
1	75	245.85	2.81	137.23	7.33			0.14	34.83	0.06	65.2
1	76	248.66	2.81	144.85	7.62			0.14	34.83	0.06	65.9
1	77	251.47	2.81	152.77	7.92			0.14	34.83	0.06	66.7
1	78	254.29	2.82	161.00	8.23			0.14	34.83	0.06	67.5
1	79	257.11	2.82	169.53	8.53			0.14	34.83	0.06	68.3
1	80	259.93	2.82	178.38	8.85			0.14	34.83	0.06	69.2
1	81	262.76	2.83	187.54	9.16			0.14	34.83	0.06	70.2
1	82	265.58	2.83	197.02	9.48			0.14	34.83	0.06	71.2
1	83	268.41	2.83	206.83	9.81			0.14	34.83	0.06	72.3
1	84	271.24	2.83	216.96	10.14			0.14	34.83	0.06	73.4

（续）

胎次	妊娠时间（d）	子宫蛋白质含量（g）	子宫蛋白日增重（g）	乳腺蛋白含量（g）	乳腺蛋白日增重（g）	时间依赖性母体蛋白含量（g）	时间依赖性母体蛋白日增重（g）	a 值（90d 时有变化）	依据 ME 的蛋白质日沉积量（g）	校正值（90d 变化）	总的蛋白日沉积量（g）
1	85	274.07	2.83	227.43	10.47			0.14	34.83	0.06	74.5
1	86	276.90	2.83	238.23	10.80			0.14	34.83	0.06	75.7
1	87	279.74	2.83	249.37	11.14			0.14	34.83	0.06	76.9
1	88	282.57	2.83	260.85	11.48			0.14	34.83	0.06	78.1
1	89	285.40	2.83	272.67	11.82			0.14	34.83	0.06	79.4
1	90	288.23	2.83	284.83	12.16			0.15	58.56	0.065	104.4
1	91	291.06	2.83	297.34	12.51			0.15	58.56	0.065	105.7
1	92	293.89	2.83	310.20	12.86			0.15	58.56	0.065	107.0
1	93	296.72	2.83	323.40	13.20			0.15	58.56	0.065	108.4
1	94	299.54	2.83	336.96	13.55			0.15	58.56	0.065	109.8
1	95	302.37	2.82	350.86	13.90			0.15	58.56	0.065	111.2
1	96	305.19	2.82	365.11	14.25			0.15	58.56	0.065	112.6
1	97	308.01	2.82	379.71	14.60			0.15	58.56	0.065	114.0
1	98	310.83	2.82	394.66	14.95			0.15	58.56	0.065	115.5
1	99	313.64	2.81	409.96	15.30			0.15	58.56	0.065	116.9
1	100	316.45	2.81	425.60	15.65			0.15	58.56	0.065	118.4
1	101	319.26	2.81	441.59	15.99			0.15	58.56	0.065	119.9
1	102	322.06	2.80	457.93	16.34			0.15	58.56	0.065	121.4
1	103	324.86	2.80	474.61	16.68			0.15	58.56	0.065	122.9
1	104	327.66	2.80	491.63	17.02			0.15	58.56	0.065	124.4
1	105	330.45	2.79	508.98	17.36			0.15	58.56	0.065	125.9
1	106	333.24	2.79	526.67	17.69			0.15	58.56	0.065	127.4
1	107	336.02	2.78	544.70	18.02			0.15	58.56	0.065	128.9
1	108	338.79	2.78	563.05	18.35			0.15	58.56	0.065	130.4
1	109	341.57	2.77	581.73	18.68			0.15	58.56	0.065	131.9
1	110	344.33	2.77	600.73	19.00			0.15	58.56	0.065	133.4
1	111	347.09	2.76	620.04	19.32			0.15	58.56	0.065	134.9
1	112	349.85	2.75	639.68	19.63			0.15	58.56	0.065	136.4
1	113	352.59	2.75	659.62	19.94			0.15	58.56	0.065	137.8
1	114	355.34	2.74	679.86	20.25			0.15	58.56	0.065	139.3

注：表中校正值根据 NRC（2012）中图 8-5 推算而来，有一定的误差。

（二）妊娠母猪摄入代谢能分配和日增重计算

结果见表3-61。

表3-61　妊娠母猪代谢能分配与日增重计算（一）

胎次	温度 (℃)	妊娠时间 (d)	体重 (kg)	饲料ME (kcal/kg)	饲料采食量 (kg/d)	标准维持ME需要量 (kcal/d)	站立超4h时间 (min)	站立维持ME (kcal/d)	单独饲喂：维持ME (20℃) (kcal/d)	群饲：维持ME (无草) (16℃) (kcal/d)	群饲：维持ME (有草) (12℃) (kcal/d)	单独饲喂：总维持ME (kcal/d)
1	15	0	140.00	3 100	2	4 070.0	30	87.5	875.1	97.3	−291.8	5 032.6
1	15	1	140.29	3 100	2	4 076.4	30	87.7	876.4	97.4	−292.3	5 040.5
1	15	2	140.59	3 100	2	4 082.8	30	87.8	877.8	97.6	−292.7	5 048.5
1	15	3	140.88	3 100	2	4 089.3	30	88.0	879.2	97.7	−293.2	5 056.4
1	15	4	141.18	3 100	2	4 095.7	30	88.1	880.6	97.9	−293.7	5 064.4
1	15	5	141.48	3 100	2	4 102.2	30	88.2	882.0	98.0	−294.1	5 072.4
1	15	6	141.89	3 100	2.4	4 111.2	30	88.4	883.9	98.3	−294.8	5 083.5
1	15	7	142.30	3 100	2.4	4 120.1	30	88.6	885.8	98.5	−295.4	5 094.6
1	15	8	142.72	3 100	2.4	4 129.1	30	88.8	887.8	98.7	−296.1	5 105.7
1	15	9	143.13	3 100	2.4	4 138.1	30	89.0	889.7	98.9	−296.7	5 116.8
1	15	10	143.55	3 100	2.4	4 147.1	30	89.2	891.6	99.1	−297.3	5 128.0
1	15	11	143.96	3100	2.4	4 156.1	30	89.4	893.6	99.3	−298.0	5 139.1
1	15	12	144.38	3 100	2.4	4 165.2	30	89.6	895.5	99.5	−298.6	5 150.3
1	15	13	144.80	3 100	2.4	4 174.3	30	89.8	897.5	99.8	−299.3	5 161.5
1	15	14	145.22	3 100	2.4	4 183.4	30	90.0	899.4	100.0	−299.9	5 172.8
1	15	15	145.64	3 100	2.4	4 192.5	30	90.2	901.4	100.2	−300.6	5 184.0
1	15	16	146.07	3 100	2.4	4 201.6	30	90.4	903.3	100.4	−301.3	5 195.4
1	15	17	146.49	3 100	2.4	4 210.7	30	90.6	905.3	100.6	−301.9	5 206.7
1	15	18	146.92	3100	2.4	4 220.0	30	90.8	907.3	100.9	−302.6	5 218.1
1	15	19	147.35	3 100	2.4	4 229.3	30	91.0	909.3	101.1	−303.2	5 229.6
1	15	20	147.79	3 100	2.4	4 238.6	30	91.2	911.3	101.3	−303.9	5 241.1
1	15	21	148.22	3 100	2.4	4 248.0	30	91.4	913.3	101.5	−304.6	5 252.7
1	15	22	148.66	3 100	2.4	4 257.4	30	91.6	915.3	101.8	−305.3	5 264.4
1	15	23	149.19	3 100	2.7	4 268.8	30	91.8	917.5	102.0	−306.1	5 278.4
1	15	24	149.72	3 100	2.7	4 280.2	30	92.1	920.2	102.3	−306.9	5 292.5
1	15	25	150.26	3 100	2.7	4 291.7	30	92.3	922.7	102.6	−307.7	5 306.8
1	15	26	150.81	3 100	2.7	4 303.4	30	92.6	925.2	102.9	−308.6	5 321.2
1	15	27	151.36	3 100	2.7	4 315.2	30	92.8	927.8	103.1	−309.4	5 335.8
1	15	28	151.92	3 100	2.7	4 327.2	30	93.1	930.4	103.4	−310.3	5 350.7

（续）

胎次	温度（℃）	妊娠时间（d）	体重（kg）	饲料 *ME*（kcal/kg）	饲料采食量（kg/d）	标准维持 *ME* 需要量（kcal/d）	站立超 4h 时间（min）	站立维持 *ME*（kcal/d）	单独饲喂：维持 ME（20℃）（kcal/d）	群饲：维持 ME（无草）（16℃）（kcal/d）	群饲：维持 ME（有草）（12℃）（kcal/d）	单独饲喂：总维持 ME（kcal/d）
1	15	29	152.49	3 100	2.7	4 339.4	30	93.3	933.0	103.7	−311.1	5 365.8
1	15	30	153.07	3 100	2.7	4 351.9	30	93.6	935.7	104.0	−312.0	5 381.1
1	15	31	153.67	3 100	2.7	4 364.5	30	93.9	938.4	104.3	−312.9	5 396.8
1	15	32	154.28	3 100	2.7	4 377.5	30	94.2	941.2	104.6	−313.9	5 412.8
1	15	33	154.90	3 100	2.7	4 390.7	30	94.4	944.0	104.9	−314.8	5 429.1
1	15	34	155.53	3 100	2.7	4 404.2	30	94.7	946.9	105.3	−315.8	5 445.8
1	15	35	156.18	3 100	2.7	4 418.0	30	95.0	949.9	105.6	−316.8	5 462.9
1	15	36	156.85	3 100	2.7	4 432.1	30	95.3	952.9	105.9	−317.8	5 480.4
1	15	37	157.53	3 100	2.7	4 446.6	30	95.6	956.0	106.3	−318.8	5 498.2
1	15	38	158.23	3 100	2.7	4 461.4	30	96.0	959.2	106.6	−319.9	5 516.5
1	15	39	158.94	3 100	2.7	4 476.4	30	96.3	962.4	107.0	−321.0	5 535.2
1	15	40	159.67	3 100	2.7	4 491.8	30	96.6	965.7	107.4	−322.1	5 554.2
1	15	41	160.42	3 100	2.7	4 507.5	30	97.0	969.1	107.7	−323.2	5 573.6
1	15	42	161.17	3 100	2.7	4 523.5	30	97.3	972.5	108.1	−324.3	5 593.3
1	15	43	161.94	3 100	2.7	4 539.7	30	97.6	976.0	108.5	−325.5	5 613.4
1	15	44	162.73	3 100	2.7	4 556.1	30	98.0	979.6	108.9	−326.7	5 633.7
1	15	45	163.52	3 100	2.7	4 572.7	30	98.4	983.1	109.3	−327.9	5 654.2
1	15	46	164.32	3 100	2.7	4 589.6	30	98.7	986.8	109.7	−329.1	5 675.0
1	15	47	165.13	3 100	2.7	4 606.5	30	99.1	990.4	110.1	−330.3	5 696.0
1	15	48	165.95	3 100	2.7	4 623.5	30	99.5	994.1	110.5	−331.5	5 717.1
1	15	49	166.77	3 100	2.7	4 640.7	30	99.9	997.7	110.9	−332.7	5 738.2
1	15	50	167.59	3 100	2.7	4 657.8	30	100.2	1 001.4	111.3	−334.0	5 759.5
1	15	51	168.41	3 100	2.7	4 675.0	30	100.6	1 005.1	111.7	−335.2	5 780.7
1	15	52	169.24	3 100	2.7	4 692.2	30	100.9	1 008.8	112.1	−336.4	5 801.9
1	15	53	170.06	3 100	2.7	4 709.3	30	101.3	1 012.5	112.6	−337.7	5 823.1
1	15	54	170.88	3 100	2.7	4 726.3	30	101.7	1 016.2	113.0	−338.9	5 844.1
1	15	55	171.70	3 100	2.7	4 743.2	30	102.0	1 019.8	113.4	−340.1	5 865.0
1	15	56	172.51	3 100	2.7	4 760.1	30	102.4	1 023.4	113.8	−341.3	5 885.9
1	15	57	173.32	3 100	2.7	4 776.8	30	102.7	1 027.0	114.2	−342.5	5 906.6
1	15	58	174.13	3 100	2.7	4 793.5	30	103.1	1 030.6	114.6	−343.7	5 927.2
1	15	59	174.94	3 100	2.7	4 810.2	30	103.5	1 034.2	115.0	−344.9	5 947.8
1	15	60	175.74	3 100	2.7	4 826.7	30	103.8	1 037.7	115.4	−346.1	5 968.3

（续）

胎次	温度（℃）	妊娠时间（d）	体重（kg）	饲料ME（kcal/kg）	饲料采食量（kg/d）	标准维持ME需要量（kcal/d）	站立超4h时间（min）	站立维持ME（kcal/d）	单独饲喂：维持ME（20℃）（kcal/d）	群饲：维持ME（无草）（16℃）（kcal/d）	群饲：维持ME（有草）（12℃）（kcal/d）	单独饲喂：总维持ME（kcal/d）
1	15	61	176.54	3 100	2.7	4 843.1	30	104.2	1 041.3	115.8	−347.3	5 988.6
1	15	62	177.33	3 100	2.7	4 859.4	30	104.5	1 044.8	116.1	−348.4	6 008.7
1	15	63	178.11	3 100	2.7	4 875.5	30	104.9	1 048.2	116.5	−349.6	6 028.6
1	15	64	178.89	3 100	2.7	4 891.5	30	105.2	1 051.7	116.9	−350.7	6 048.3
1	15	65	179.66	3 100	2.7	4 907.2	30	105.6	1 055.0	117.3	−351.8	6 067.8
1	15	66	180.42	3 100	2.7	4 922.8	30	105.9	1 058.4	117.7	−353.0	6 087.0
1	15	67	181.17	3 100	2.7	4 938.1	30	106.2	1 061.7	118.0	−354.1	6 106.0
1	15	68	181.91	3 100	2.7	4 953.2	30	106.5	1 064.9	118.4	−355.1	6 124.7
1	15	69	182.63	3 100	2.7	4 968.1	30	106.9	1 068.1	118.7	−356.2	6 143.1
1	15	70	183.35	3 100	2.7	4 982.7	30	107.2	1 071.3	119.1	−357.3	6 161.2
1	15	71	184.06	3 100	2.7	4 997.1	30	107.5	1 074.4	119.4	−358.3	6 178.9
1	15	72	184.75	3 100	2.7	5 011.2	30	107.8	1 077.4	119.8	−359.3	6 196.4
1	15	73	185.44	3 100	2.7	5 025.1	30	108.1	1 080.4	120.1	−360.3	6 213.6
1	15	74	186.11	3 100	2.7	5 038.7	30	108.4	1 083.3	120.4	−361.3	6 230.5
1	15	75	186.77	3 100	2.7	5 052.1	30	108.7	1 086.2	120.7	−362.2	6 247.0
1	15	76	187.41	3 100	2.7	5 065.3	30	109.0	1 089.0	121.1	−363.2	6 263.2
1	15	77	188.05	3 100	2.7	5 078.1	30	109.2	1 091.8	121.4	−364.1	6 279.2
1	15	78	188.67	3 100	2.7	5 090.8	30	109.5	1 094.5	121.7	−365.0	6 294.8
1	15	79	189.29	3 100	2.7	5 103.1	30	109.8	1 097.2	122.0	−365.9	6 310.1
1	15	80	189.89	3 100	2.7	5 115.3	30	110.0	1 099.8	122.3	−366.8	6 325.1
1	15	81	190.47	3 100	2.7	5 127.2	30	110.3	1 102.3	122.5	−367.6	6 339.8
1	15	82	191.05	3 100	2.7	5 138.8	30	110.5	1 104.9	122.8	−368.5	6 354.2
1	15	83	191.62	3 100	2.7	5 150.3	30	110.8	1 107.3	123.1	−369.3	6 368.4
1	15	84	192.18	3 100	2.7	5 161.5	30	111.0	1 109.7	123.4	−370.1	6 382.2
1	15	85	192.72	3 100	2.7	5 172.5	30	111.3	1 112.1	123.6	−370.9	6 395.8
1	15	86	193.26	3 100	2.7	5 183.3	30	111.5	1 114.4	123.9	−371.6	6 409.1
1	15	87	193.78	3 100	2.7	5 193.8	30	111.7	1 116.7	124.1	−372.4	6 422.2
1	15	88	194.30	3 100	2.7	5 204.2	30	111.9	1 118.9	124.4	−373.1	6 435.0
1	15	89	194.81	3 100	2.7	5 214.4	30	112.2	1 121.1	124.6	−373.9	6 447.6
1	15	90	195.56	3 300	3.1	5 229.6	30	112.5	1 124.4	125.0	−375.0	6 466.4
1	15	91	196.31	3 300	3.1	5 244.6	30	112.8	1 127.6	125.3	−376.0	6 485.0
1	15	92	197.05	3 300	3.1	5 259.4	30	113.1	1 130.8	125.7	−377.1	6 503.3

（续）

胎次	温度（℃）	妊娠时间（d）	体重（kg）	饲料 *ME*（kcal/kg）	饲料采食量（kg/d）	标准维持 *ME* 需要量（kcal/d）	站立超 4h 时间（min）	站立维持 *ME*（kcal/d）	单独饲喂：维持 *ME*（20℃）（kcal/d）	群饲：维持 *ME*（无草）（16℃）（kcal/d）	群饲：维持 *ME*（有草）（12℃）（kcal/d）	单独饲喂：总维持 *ME*（kcal/d）
1	15	93	197.78	3 300	3.1	5 274.0	30	113.4	1 133.9	126.0	−378.1	6 521.4
1	15	94	198.51	3 300	3.1	5 288.5	30	113.8	1 137.0	126.4	−379.2	6 539.2
1	15	95	199.22	3 300	3.1	5 302.7	30	114.1	1 140.1	126.7	−380.2	6 556.9
1	15	96	199.92	3 300	3.1	5 316.8	30	114.4	1 143.1	127.1	−381.2	6 574.3
1	15	97	200.62	3 300	3.1	5 330.7	30	114.7	1 146.1	127.4	−382.2	6 591.5
1	15	98	201.31	3 300	3.1	5 344.5	30	115.0	1 149.1	127.7	−383.2	6 608.5
1	15	99	202.00	3 300	3.1	5 358.1	30	115.3	1 152.0	128.1	−384.2	6 625.3
1	15	100	202.67	3 300	3.1	5 371.5	30	115.5	1 154.9	128.4	−385.1	6 641.9
1	15	101	203.34	3 300	3.1	5 384.8	30	115.8	1 157.7	128.7	−386.1	6 658.4
1	15	102	204.00	3 300	3.1	5 398.0	30	116.1	1 160.6	129.0	−387.0	6 674.6
1	15	103	204.66	3 300	3.1	5 411.0	30	116.4	1 163.3	129.3	−388.0	6 690.7
1	15	104	205.31	3 300	3.1	5 423.9	30	116.7	1 166.1	129.6	−388.9	6 706.7
1	15	105	205.96	3 300	3.1	5 436.6	30	116.9	1 168.9	129.9	−389.8	6 722.5
1	15	106	206.59	3 300	3.1	5 449.3	30	117.2	1 171.6	130.2	−390.7	6 738.1
1	15	107	207.23	3 300	3.1	5 461.8	30	117.5	1 174.3	130.5	−391.6	6 753.6
1	15	108	207.86	3 300	3.1	5 474.2	30	117.8	1 177.0	130.8	−392.5	6 768.9
1	15	109	208.48	3 300	3.1	5 486.6	30	118.0	1 179.6	131.1	−393.4	6 784.1
1	15	110	209.10	3 300	3.1	5 498.7	30	118.3	1 182.2	131.4	−394.3	6 799.2
1	15	111	209.71	3 300	3.1	5 510.8	30	118.5	1 184.8	131.7	−395.1	6 814.2
1	15	112	210.32	3 300	3.1	5 522.8	30	118.8	1 187.4	132.0	−396.0	6 829.0
1	15	113	210.93	3 300	3.1	5 534.7	30	119.1	1 190.0	132.3	−396.8	6 843.8
1	15	114	211.53	3 300	3.1	5 546.6	30	119.3	1 192.5	132.6	−397.7	6 858.4

表 3-61 妊娠母猪代谢能分配与日增重计算（二）

体重（kg）	孕体沉积能量所需 *ME*（kcal/d）	母体蛋白沉积所需 *ME*（kcal/d）	母体脂肪日沉积量（g）	母体脂肪期间总沉积量（g）	母体蛋白日沉积量（g）	母体日增重（g）	母体＋孕体总日增重（g）
140.00	0	393.4	61.9		37		
140.29	4.3	539.8	49.2	49	51	294	294
140.59	4.7	544.7	48.2	48	51	295	295
140.88	5.2	549.8	47.1	47	52	296	296
141.18	5.8	555.1	46.0	46	52	297	297
141.48	6.4	560.5	44.9	45	53	298	298

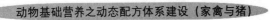

（续）

体重（kg）	孕体沉积能量所需 ME（kcal/d）	母体蛋白沉积所需 ME（kcal/d）	母体脂肪日沉积量（g）	母体脂肪期间总沉积量（g）	母体蛋白日沉积量（g）	母体日增重（g）	母体＋孕体总日增重（g）
141.89	7.0	555.4	143.5	144	52	412	412
142.30	7.8	561.2	142.1	142	53	413	413
142.72	8.5	567.2	140.7	141	54	414	414
143.13	9.3	573.3	139.2	139	54	415	415
143.55	10.2	579.6	137.8	138	55	416	416
143.96	11.2	586.1	136.3	136	55	417	417
144.38	12.2	592.7	134.8	135	56	418	418
144.80	13.3	599.5	133.3	133	57	419	419
145.22	14.5	606.4	131.7	132	57	420	421
145.64	15.8	613.4	130.1	130	58	421	422
146.07	17.2	620.6	128.6	129	59	423	424
146.49	18.6	627.8	126.9	127	59	424	426
146.92	20.2	635.1	125.3	125	60	425	428
147.35	21.9	642.4	123.7	124	61	427	430
147.79	23.6	649.7	122.1	122	61	428	433
148.22	25.5	656.9	120.4	120	62	429	436
148.66	27.5	664.1	118.7	119	63	430	440
149.19	29.6	657.6	192.4	192	62	514	528
149.72	31.9	664.5	190.5	190	63	515	533
150.26	34.2	671.0	188.6	189	63	516	538
150.81	36.7	677.3	186.8	187	64	516	545
151.36	39.4	683.2	184.9	185	64	517	553
151.92	42.1	688.5	183.1	183	65	517	562
152.49	45.0	693.4	181.3	181	65	517	572
153.07	48.1	697.6	179.5	179	66	517	583
153.67	51.3	701.0	177.7	178	66	516	594
154.28	54.7	703.6	175.9	176	66	515	607
154.90	58.3	705.3	174.2	174	67	514	621
155.53	62.0	706.0	172.5	172	67	512	636
156.18	65.8	705.5	170.9	171	67	510	651
156.85	69.9	703.8	169.3	169	66	507	666
157.53	74.1	700.9	167.7	168	66	504	682
158.23	78.5	696.6	166.3	166	66	500	698

（续）

体重 （kg）	孕体沉积能 量所需 ME （kcal/d）	母体蛋白沉 积所需 ME （kcal/d）	母体脂肪日 沉积量（g）	母体脂肪期 间总沉积量 （g）	母体蛋白日 沉积量（g）	母体日 增重（g）	母体＋孕体 总日增重 （g）
158. 94	83. 1	690. 8	164. 9	165	65	496	714
159. 67	87. 8	683. 6	163. 6	164	64	492	729
160. 42	92. 7	674. 9	162. 3	162	64	486	744
161. 17	97. 9	664. 8	161. 1	161	63	481	758
161. 94	103. 2	653. 2	160. 0	160	62	474	770
162. 73	108. 7	640. 1	159. 0	159	60	467	782
163. 52	114. 4	625. 8	158. 0	158	59	460	793
164. 32	120. 2	610. 2	157. 2	157	58	452	802
165. 13	126. 3	593. 6	156. 3	156	56	444	809
165. 95	132. 6	576. 0	155. 5	156	54	435	815
166. 77	139. 0	557. 8	154. 8	155	53	426	820
167. 59	145. 7	539. 0	154. 1	154	51	417	823
168. 41	152. 5	520. 0	153. 3	153	49	408	824
169. 24	159. 5	501. 1	152. 6	153	47	399	824
170. 06	166. 7	482. 6	151. 8	152	46	390	823
170. 88	174. 1	464. 8	151. 0	151	44	381	820
171. 70	181. 7	448. 5	150. 0	150	42	373	817
172. 51	189. 5	434. 6	148. 8	149	41	366	813
173. 32	197. 5	430. 5	146. 8	147	41	361	810
174. 13	205. 6	432. 5	144. 4	144	41	359	809
174. 94	213. 9	434. 5	141. 9	142	41	357	806
175. 74	222. 4	436. 7	139. 4	139	41	355	802
176. 54	231. 1	438. 9	136. 9	137	41	353	797
177. 33	239. 9	441. 2	134. 4	134	42	351	792
178. 11	248. 9	443. 5	131. 9	132	42	349	785
178. 89	258. 0	445. 9	129. 4	129	42	348	777
179. 66	267. 3	448. 4	126. 9	127	42	346	768
180. 42	276. 7	451. 0	124. 4	124	43	344	759
181. 17	286. 3	453. 6	121. 9	122	43	342	750
181. 91	296. 0	456. 2	119. 4	119	43	340	739
182. 63	305. 9	459. 0	117. 0	117	43	339	729
183. 35	315. 9	461. 8	114. 5	114	44	337	718
184. 06	326. 0	464. 6	112. 0	112	44	335	706

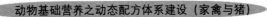

（续）

体重 （kg）	孕体沉积能 量所需 ME （kcal/d）	母体蛋白沉 积所需 ME （kcal/d）	母体脂肪日 沉积量（g）	母体脂肪期 间总沉积量 （g）	母体蛋白日 沉积量（g）	母体日 增重（g）	母体＋孕体 总日增重 （g）
184.75	336.2	467.6	109.6	110	44	334	695
185.44	346.5	470.5	107.1	107	44	332	683
186.11	356.9	473.6	104.7	105	45	330	671
186.77	367.4	476.7	102.3	102	45	329	659
187.41	378.0	479.8	99.9	100	45	327	647
188.05	388.7	483.0	97.5	98	46	326	636
188.67	399.5	486.3	95.2	95	46	325	624
189.29	410.3	489.5	92.8	93	46	323	612
189.89	421.2	492.9	90.5	90	46	322	601
190.47	432.1	496.3	88.1	88	47	321	589
191.05	443.1	499.7	85.8	86	47	319	578
191.62	454.1	503.1	83.5	84	47	318	567
192.18	465.2	506.6	81.3	81	48	317	556
192.72	476.3	510.1	79.0	79	48	316	546
193.26	487.3	513.7	76.8	77	48	315	536
193.78	498.4	517.3	74.6	75	49	314	526
194.30	509.5	520.9	72.4	72	49	313	516
194.81	520.6	524.5	70.2	70	49	312	506
195.56	531.7	779.7	196.2	196	74	572	758
196.31	542.7	783.3	193.5	194	74	571	749
197.05	553.7	787.0	190.9	191	74	569	740
197.78	564.7	790.7	188.3	188	75	568	731
198.51	575.6	794.3	185.7	186	75	566	722
199.22	586.5	798.0	183.1	183	75	565	714
199.92	597.3	801.7	180.5	181	76	563	706
200.62	608.0	805.4	178.0	178	76	562	698
201.31	618.7	809.0	175.5	176	76	560	690
202.00	629.3	812.7	173.0	173	77	559	683
202.67	639.8	816.4	170.6	171	77	558	676
203.34	650.2	820.0	168.1	168	77	557	669
204.00	660.5	823.6	165.7	166	78	555	663
204.66	670.7	827.2	163.3	163	78	554	656
205.31	680.8	830.7	160.9	161	78	553	650

（续）

体重 (kg)	孕体沉积能 量所需 ME (kcal/d)	母体蛋白沉 积所需 ME (kcal/d)	母体脂肪日 沉积量（g）	母体脂肪期 间总沉积量 （g）	母体蛋白日 沉积量（g）	母体日 增重（g）	母体＋孕体 总日增重 （g）
205.96	690.7	834.3	158.6	159	79	552	645
206.59	700.6	837.8	156.3	156	79	550	639
207.23	710.3	841.3	154.0	154	79	549	633
207.86	719.8	844.7	151.7	152	80	548	628
208.48	729.2	848.1	149.5	149	80	547	623
209.10	738.5	851.4	147.3	147	80	546	618
209.71	747.6	854.7	145.1	145	81	544	614
210.32	756.6	858.0	142.9	143	81	543	609
210.93	765.4	861.2	140.8	141	81	542	605
211.53	774.0	864.4	138.7	139	82	541	601

注：维持需要使用"单独饲喂时总维持 ME"值。

（三）根据母猪体组成公式计算体成分和体增重以满足 P2 增加需要

在表中输入预期的妊娠期间 P2 增加值（输入值为 4mm），然后使用公式 8-49 至公式 8-53 计算母体每天体蛋白、体脂肪和体重增重，将之与第二步表 3-61 中所得体成分和体重增长相比较，结果见表 3-59 中"根据主要体成分数据调整饲喂程序"一栏。本文使用这种粗略的方法来监控阶段饲喂量是否满足 P2 的增长所需（表 3-62）。

表 3-62　P2 背膘厚与母体蛋白和体脂肪关系计算

胎次	妊娠 时间 (d)	体重 (kg)	空腹 体重 (kg)	P2 点背膘厚 （测定值） (mm)	体脂肪 含量计算 (kg)	体脂 肪日沉积 (g)	体蛋白 含量计算 (kg)	体蛋白 日沉积量 (g)	使用生长育 肥猪 P2 公式 计算的 P2 值 (mm)
1	0	140.00	134.40	13.00	20.61		21.87		11.24
1	1	140.29	134.68	13.04	20.71	109.02	21.91	38.51	11.28
1	2	140.59	134.96	13.07	20.82	109.21	21.95	38.66	11.31
1	3	140.88	135.25	13.11	20.93	109.41	21.99	38.82	11.35
1	4	141.18	135.53	13.14	21.04	109.62	22.03	38.99	11.38
1	5	141.48	135.82	13.18	21.15	109.84	22.07	39.17	11.41
1	6	141.89	136.21	13.21	21.29	134.11	22.13	58.72	11.45
1	7	142.30	136.61	13.25	21.42	134.30	22.19	58.87	11.49
1	8	142.72	137.01	13.28	21.56	134.49	22.24	59.03	11.53
1	9	143.13	137.41	13.32	21.69	134.70	22.30	59.19	11.56
1	10	143.55	137.81	13.35	21.83	134.92	22.36	59.37	11.60

（续）

胎次	妊娠时间（d）	体重（kg）	空腹体重（kg）	P2 点背膘厚（测定值）（mm）	体脂肪含量计算（kg）	体脂肪日沉积（g）	体蛋白含量计算（kg）	体蛋白日沉积量（g）	使用生长育肥猪 P2 公式计算的 P2 值（mm）
1	11	143.96	138.21	13.39	21.96	135.16	22.42	59.56	11.64
1	12	144.38	138.61	13.42	22.10	135.41	22.48	59.76	11.67
1	13	144.80	139.01	13.46	22.23	135.67	22.54	59.98	11.71
1	14	145.22	139.41	13.49	22.37	135.96	22.60	60.21	11.74
1	15	145.64	139.82	13.53	22.50	136.28	22.66	60.46	11.78
1	16	146.07	140.23	13.56	22.64	136.62	22.72	60.74	11.81
1	17	146.49	140.63	13.60	22.78	137.01	22.79	61.05	11.85
1	18	146.92	141.05	13.63	22.91	137.45	22.85	61.41	11.89
1	19	147.35	141.46	13.67	23.05	137.96	22.91	61.82	11.92
1	20	147.79	141.87	13.70	23.19	138.55	22.97	62.30	11.96
1	21	148.22	142.29	13.74	23.33	139.24	23.03	62.85	11.99
1	22	148.66	142.71	13.77	23.47	140.05	23.10	63.50	12.03
1	23	149.19	143.22	13.81	23.63	158.64	23.18	78.47	12.06
1	24	149.72	143.73	13.84	23.79	159.70	23.25	79.33	12.10
1	25	150.26	144.25	13.88	23.95	160.94	23.34	80.32	12.14
1	26	150.81	144.77	13.91	24.11	162.37	23.42	81.48	12.17
1	27	151.36	145.30	13.95	24.28	164.02	23.50	82.80	12.21
1	28	151.92	145.84	13.98	24.44	165.88	23.58	84.31	12.24
1	29	152.49	146.39	14.02	24.61	167.97	23.67	85.99	12.28
1	30	153.07	146.95	14.05	24.78	170.29	23.76	87.86	12.32
1	31	153.67	147.52	14.09	24.95	172.82	23.85	89.90	12.35
1	32	154.28	148.10	14.12	25.13	175.56	23.94	92.10	12.39
1	33	154.90	148.70	14.16	25.31	178.48	24.03	94.46	12.43
1	34	155.53	149.31	14.19	25.49	181.57	24.13	96.94	12.46
1	35	156.18	149.94	14.23	25.67	184.78	24.23	99.53	12.50
1	36	156.85	150.58	14.26	25.86	188.08	24.33	102.19	12.54
1	37	157.53	151.23	14.30	26.05	191.44	24.44	104.89	12.57
1	38	158.23	151.90	14.33	26.25	194.80	24.55	107.60	12.61
1	39	158.94	152.59	14.37	26.45	198.13	24.66	110.28	12.65
1	40	159.67	153.29	14.40	26.65	201.37	24.77	112.89	12.68
1	41	160.42	154.00	14.44	26.85	204.48	24.88	115.40	12.72
1	42	161.17	154.73	14.47	27.06	207.43	25.00	117.77	12.76
1	43	161.94	155.47	14.51	27.27	210.17	25.12	119.98	12.79

（续）

胎次	妊娠时间（d）	体重（kg）	空腹体重（kg）	P2点背膘厚（测定值）（mm）	体脂肪含量计算（kg）	体脂肪日沉积（g）	体蛋白含量计算（kg）	体蛋白日沉积量（g）	使用生长育肥猪P2公式计算的P2值（mm）
1	44	162.73	156.22	14.54	27.48	212.67	25.24	121.99	12.83
1	45	163.52	156.98	14.58	27.70	214.89	25.37	123.78	12.86
1	46	164.32	157.75	14.61	27.91	216.82	25.49	125.33	12.90
1	47	165.13	158.53	14.65	28.13	218.43	25.62	126.63	12.94
1	48	165.95	159.31	14.68	28.35	219.71	25.75	127.67	12.97
1	49	166.77	160.10	14.72	28.57	220.67	25.88	128.43	13.01
1	50	167.59	160.89	14.75	28.79	221.29	26.00	128.94	13.04
1	51	168.41	161.68	14.79	29.02	221.60	26.13	129.18	13.08
1	52	169.24	162.47	14.82	29.24	221.59	26.26	129.18	13.11
1	53	170.06	163.26	14.86	29.46	221.30	26.39	128.94	13.15
1	54	170.88	164.05	14.89	29.68	220.75	26.52	128.50	13.18
1	55	171.70	164.83	14.93	29.90	219.99	26.65	127.89	13.21
1	56	172.51	165.61	14.96	30.12	219.11	26.78	127.18	13.24
1	57	173.32	166.39	15.00	30.34	218.64	26.90	126.80	13.28
1	58	174.13	167.16	15.04	30.56	218.34	27.03	126.56	13.31
1	59	174.94	167.94	15.07	30.77	217.77	27.15	126.10	13.34
1	60	175.74	168.71	15.11	30.99	216.95	27.28	125.44	13.37
1	61	176.54	169.47	15.14	31.21	215.90	27.40	124.59	13.40
1	62	177.33	170.23	15.18	31.42	214.63	27.53	123.57	13.43
1	63	178.11	170.99	15.21	31.63	213.17	27.65	122.40	13.47
1	64	178.89	171.73	15.25	31.85	211.53	27.77	121.08	13.50
1	65	179.66	172.47	15.28	32.05	209.73	27.89	119.63	13.52
1	66	180.42	173.20	15.32	32.26	207.79	28.01	118.06	13.55
1	67	181.17	173.92	15.35	32.47	205.73	28.13	116.40	13.58
1	68	181.91	174.63	15.39	32.67	203.55	28.24	114.65	13.61
1	69	182.63	175.33	15.42	32.87	201.29	28.35	112.82	13.64
1	70	183.35	176.02	15.46	33.07	198.94	28.46	110.94	13.67
1	71	184.06	176.70	15.49	33.27	196.54	28.57	109.00	13.69
1	72	184.75	177.36	15.53	33.46	194.09	28.68	107.03	13.72
1	73	185.44	178.02	15.56	33.65	191.60	28.79	105.02	13.75
1	74	186.11	178.66	15.60	33.84	189.10	28.89	103.00	13.77
1	75	186.77	179.30	15.63	34.03	186.58	28.99	100.97	13.80
1	76	187.41	179.92	15.67	34.21	184.05	29.09	98.94	13.83

（续）

胎次	妊娠时间(d)	体重(kg)	空腹体重(kg)	P2点背膘厚（测定值）(mm)	体脂肪含量计算(kg)	体脂肪日沉积(g)	体蛋白含量计算(kg)	体蛋白日沉积量(g)	使用生长育肥猪P2公式计算的P2值(mm)
1	77	188.05	180.53	15.70	34.40	181.54	29.19	96.92	13.85
1	78	188.67	181.13	15.74	34.57	179.04	29.28	94.90	13.88
1	79	189.29	181.71	15.77	34.75	176.56	29.37	92.91	13.90
1	80	189.89	182.29	15.81	34.93	174.11	29.46	90.94	13.93
1	81	190.47	182.86	15.84	35.10	171.70	29.55	88.99	13.95
1	82	191.05	183.41	15.88	35.27	169.33	29.64	87.08	13.98
1	83	191.62	183.96	15.91	35.43	167.00	29.73	85.21	14.00
1	84	192.18	184.49	15.95	35.60	164.72	29.81	83.37	14.02
1	85	192.72	185.01	15.98	35.76	162.49	29.89	81.57	14.05
1	86	193.26	185.53	16.02	35.92	160.31	29.97	79.82	14.07
1	87	193.78	186.03	16.05	36.08	158.19	30.05	78.12	14.09
1	88	194.30	186.53	16.09	36.24	156.13	30.12	76.45	14.11
1	89	194.81	187.01	16.12	36.39	154.13	30.20	74.84	14.14
1	90	195.56	187.74	16.16	36.60	207.61	30.32	117.92	14.16
1	91	196.31	188.46	16.19	36.80	205.60	30.43	116.29	14.19
1	92	197.05	189.17	16.23	37.01	203.64	30.55	114.72	14.21
1	93	197.78	189.87	16.26	37.21	201.75	30.66	113.20	14.23
1	94	198.51	190.57	16.30	37.41	199.92	30.77	111.72	14.26
1	95	199.22	191.25	16.33	37.61	198.15	30.88	110.29	14.28
1	96	199.92	191.93	16.37	37.80	196.43	30.99	108.91	14.30
1	97	200.62	192.60	16.40	38.00	194.77	31.10	107.58	14.33
1	98	201.31	193.26	16.44	38.19	193.17	31.21	106.29	14.35
1	99	202.00	193.92	16.47	38.38	191.63	31.31	105.04	14.37
1	100	202.67	194.57	16.51	38.57	190.14	31.42	103.84	14.39
1	101	203.34	195.21	16.54	38.76	188.70	31.52	102.69	14.42
1	102	204.00	195.84	16.58	38.95	187.31	31.62	101.57	14.44
1	103	204.66	196.47	16.61	39.13	185.98	31.72	100.49	14.46
1	104	205.31	197.10	16.65	39.32	184.69	31.82	99.46	14.48
1	105	205.96	197.72	16.68	39.50	183.45	31.92	98.46	14.50
1	106	206.59	198.33	16.72	39.68	182.25	32.02	97.49	14.52
1	107	207.23	198.94	16.75	39.87	181.10	32.11	96.57	14.54
1	108	207.86	199.54	16.79	40.05	179.99	32.21	95.67	14.56
1	109	208.48	200.14	16.82	40.22	178.92	32.30	94.81	14.58

（续）

胎次	妊娠时间（d）	体重（kg）	空腹体重（kg）	P2点背膘厚（测定值）（mm）	体脂肪含量计算（kg）	体脂肪日沉积（g）	体蛋白含量计算（kg）	体蛋白日沉积量（g）	使用生长育肥猪P2公式计算的P2值（mm）
1	110	209.10	200.73	16.86	40.40	177.89	32.40	93.98	14.61
1	111	209.71	201.32	16.89	40.58	176.90	32.49	93.18	14.63
1	112	210.32	201.91	16.93	40.76	175.95	32.58	92.41	14.65
1	113	210.93	202.49	16.96	40.93	175.02	32.67	91.67	14.67
1	114	211.53	203.07	17.00	41.10	174.14	32.76	90.96	14.69
	累计（g）					20 499.03		10 890.42	
	平均日增重（g）					179.82		95.53	
	日增重（g）						654.41		
	母体总增重（kg）						74.60		

（四）妊娠母猪 SID 氨基酸需要量和饲料中 SID 氨基酸浓度计算

1. 妊娠母猪 SID 赖氨酸需要量和饲料中 SID 赖氨酸浓度计算　妊娠母猪 SID 氨基酸的计算需使用 NRC（2012）表 2-5（本书表 3-45）、表 2-11（本书表 3-63）和表 2-12（本书表 3-47）中的数据；用于赖氨酸沉积的 SID 赖氨酸需要量根据公式 8-66 计算，式中总赖氨酸沉积是母体、胎儿、子宫、胎盘＋羊水和乳房中赖氨酸沉积量的和；妊娠母猪日 SID 赖氨酸需要量＝赖氨酸沉积的 SID 赖氨酸需要量＋肠道内源损失与皮毛损失所需的 SID 赖氨酸需要量。计算过程和结果见表 3-64。

表 3-63　母体和胎儿蛋白质增重，以及胎盘、子宫、羊水、乳房和奶中赖氨酸及其他氨基酸组成 [NRC（2012）表 2-11]

氨基酸	母体	胎儿	子宫	胎盘＋羊水	乳房	奶
	赖氨酸（每100g粗蛋白质中的含量，g）					
	6.74	4.99	6.92	6.39	6.55	7.01
	氨基酸（每100g赖氨酸中的含量，g）					
精氨酸	105	113	103	101	84	69
组氨酸	47	36	35	42	35	43
异亮氨酸	54	50	52	52	24	56
亮氨酸	101	118	116	122	123	120
赖氨酸	100	100	100	100	100	100
蛋氨酸	29	32	25	25	23	27
蛋氨酸＋胱氨酸	45	54	50	50	51	50
苯丙氨酸	55	60	63	68	63	58
苯丙氨酸＋酪氨酸	97	102	—	—	—	115

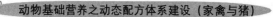

（续）

氨基酸	母体	胎儿	子宫	胎盘＋羊水	乳房	奶
	赖氨酸（每100g粗蛋白质中的含量，g）					
	6.74	4.99	6.92	6.39	6.55	7.01
	氨基酸（每100g赖氨酸中的含量，g）					
苏氨酸	55	56	61	66	80	61
色氨酸	13	19	15	19	24	18
缬氨酸	69	73	75	83	88	71

注："—"表示无数据。

表3-64 1胎妊娠母猪SID赖氨酸需要量和饲料SID赖氨酸浓度计算（一）

妊娠时间（d）	体重（kg）	日采食量（kg）	胃肠道内源赖氨酸损失（g/d）	表皮赖氨酸损失（g/d）	胃肠道＋表皮需要的SID赖氨酸（g/d）	母体总赖氨酸需要（g/d）	胎儿总赖氨酸需要（g/d）	子宫总赖氨酸需要（g/d）
0	140.00	2	1.26	0.18	1.93	2.50	0.00	0.00
1	140.29	2	1.26	0.18	1.93	3.32	0.00	0.12
2	140.59	2	1.26	0.18	1.93	3.35	0.00	0.12
3	140.88	2	1.26	0.18	1.93	3.38	0.00	0.12
4	141.18	2	1.26	0.18	1.93	3.41	0.00	0.12
5	141.48	2	1.26	0.18	1.93	3.44	0.00	0.12
6	141.89	2.4	1.52	0.19	2.27	3.41	0.00	0.12
7	142.30	2.4	1.52	0.19	2.27	3.44	0.00	0.13
8	142.72	2.4	1.52	0.19	2.27	3.48	0.00	0.13
9	143.13	2.4	1.52	0.19	2.27	3.52	0.00	0.13
10	143.55	2.4	1.52	0.19	2.27	3.56	0.00	0.13
11	143.96	2.4	1.52	0.19	2.27	3.59	0.00	0.13
12	144.38	2.4	1.52	0.19	2.27	3.63	0.00	0.13
13	144.80	2.4	1.52	0.19	2.27	3.68	0.00	0.14
14	145.22	2.4	1.52	0.19	2.27	3.72	0.00	0.14
15	145.64	2.4	1.52	0.19	2.27	3.76	0.01	0.14
16	146.07	2.4	1.52	0.19	2.27	3.80	0.01	0.14
17	146.49	2.4	1.52	0.19	2.27	3.85	0.01	0.14
18	146.92	2.4	1.52	0.19	2.27	3.89	0.01	0.14
19	147.35	2.4	1.52	0.19	2.27	3.94	0.01	0.14
20	147.79	2.4	1.52	0.19	2.28	3.98	0.01	0.15
21	148.22	2.4	1.52	0.19	2.28	4.02	0.01	0.15
22	148.66	2.4	1.52	0.19	2.28	4.07	0.01	0.15

（续）

妊娠时间（d）	体重（kg）	日采食量（kg）	胃肠道内源赖氨酸损失（g/d）	表皮赖氨酸损失（g/d）	胃肠道＋表皮需要的SID赖氨酸（g/d）	母体总赖氨酸需要（g/d）	胎儿总赖氨酸需要（g/d）	子宫总赖氨酸需要（g/d）
23	149.19	2.7	1.71	0.19	2.53	4.02	0.01	0.15
24	149.72	2.7	1.71	0.19	2.53	4.06	0.02	0.15
25	150.26	2.7	1.71	0.19	2.53	4.10	0.02	0.15
26	150.81	2.7	1.71	0.19	2.53	4.14	0.02	0.15
27	151.36	2.7	1.71	0.19	2.53	4.17	0.02	0.16
28	151.92	2.7	1.71	0.19	2.53	4.20	0.02	0.16
29	152.49	2.7	1.71	0.20	2.53	4.23	0.03	0.16
30	153.07	2.7	1.71	0.20	2.53	4.25	0.03	0.16
31	153.67	2.7	1.71	0.20	2.54	4.27	0.03	0.16
32	154.28	2.7	1.71	0.20	2.54	4.28	0.04	0.16
33	154.90	2.7	1.71	0.20	2.54	4.29	0.04	0.16
34	155.53	2.7	1.71	0.20	2.54	4.29	0.05	0.16
35	156.18	2.7	1.71	0.20	2.54	4.28	0.05	0.17
36	156.85	2.7	1.71	0.20	2.54	4.27	0.06	0.17
37	157.53	2.7	1.71	0.20	2.54	4.24	0.06	0.17
38	158.23	2.7	1.71	0.20	2.54	4.21	0.07	0.17
39	158.94	2.7	1.71	0.20	2.54	4.17	0.07	0.17
40	159.67	2.7	1.71	0.20	2.54	4.11	0.08	0.17
41	160.42	2.7	1.71	0.20	2.54	4.05	0.09	0.17
42	161.17	2.7	1.71	0.20	2.55	3.98	0.10	0.17
43	161.94	2.7	1.71	0.20	2.55	3.90	0.10	0.17
44	162.73	2.7	1.71	0.21	2.55	3.81	0.11	0.17
45	163.52	2.7	1.71	0.21	2.55	3.71	0.12	0.18
46	164.32	2.7	1.71	0.21	2.55	3.60	0.13	0.18
47	165.13	2.7	1.71	0.21	2.55	3.49	0.14	0.18
48	165.95	2.7	1.71	0.21	2.55	3.37	0.15	0.18
49	166.77	2.7	1.71	0.21	2.55	3.24	0.17	0.18
50	167.59	2.7	1.71	0.21	2.55	3.12	0.18	0.18
51	168.41	2.7	1.71	0.21	2.55	2.98	0.19	0.18
52	169.24	2.7	1.71	0.21	2.56	2.85	0.21	0.18
53	170.06	2.7	1.71	0.21	2.56	2.73	0.22	0.18
54	170.88	2.7	1.71	0.21	2.56	2.60	0.24	0.18
55	171.70	2.7	1.71	0.21	2.56	2.49	0.26	0.18

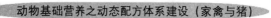

（续）

妊娠时间（d）	体重（kg）	日采食量（kg）	胃肠道内源赖氨酸损失（g/d）	表皮赖氨酸损失（g/d）	胃肠道＋表皮需要的SID赖氨酸（g/d）	母体总赖氨酸需要（g/d）	胎儿总赖氨酸需要（g/d）	子宫总赖氨酸需要（g/d）
56	172.51	2.7	1.71	0.21	2.56	2.39	0.27	0.19
57	173.32	2.7	1.71	0.21	2.56	2.35	0.29	0.19
58	174.13	2.7	1.71	0.22	2.56	2.35	0.31	0.19
59	174.94	2.7	1.71	0.22	2.56	2.35	0.33	0.19
60	175.74	2.7	1.71	0.22	2.56	2.35	0.36	0.19
61	176.54	2.7	1.71	0.22	2.56	2.35	0.38	0.19
62	177.33	2.7	1.71	0.22	2.57	2.35	0.40	0.19
63	178.11	2.7	1.71	0.22	2.57	2.35	0.43	0.19
64	178.89	2.7	1.71	0.22	2.57	2.35	0.45	0.19
65	179.66	2.7	1.71	0.22	2.57	2.35	0.48	0.19
66	180.42	2.7	1.71	0.22	2.57	2.35	0.51	0.19
67	181.17	2.7	1.71	0.22	2.57	2.35	0.54	0.19
68	181.91	2.7	1.71	0.22	2.57	2.35	0.57	0.19
69	182.63	2.7	1.71	0.22	2.57	2.35	0.60	0.19
70	183.35	2.7	1.71	0.22	2.57	2.35	0.63	0.19
71	184.06	2.7	1.71	0.22	2.57	2.35	0.66	0.19
72	184.75	2.7	1.71	0.23	2.57	2.35	0.70	0.19
73	185.44	2.7	1.71	0.23	2.58	2.35	0.73	0.19
74	186.11	2.7	1.71	0.23	2.58	2.35	0.77	0.19
75	186.77	2.7	1.71	0.23	2.58	2.35	0.80	0.19
76	187.41	2.7	1.71	0.23	2.58	2.35	0.84	0.19
77	188.05	2.7	1.71	0.23	2.58	2.35	0.88	0.19
78	188.67	2.7	1.71	0.23	2.58	2.35	0.92	0.19
79	189.29	2.7	1.71	0.23	2.58	2.35	0.97	0.20
80	189.89	2.7	1.71	0.23	2.58	2.35	1.01	0.20
81	190.47	2.7	1.71	0.23	2.58	2.35	1.05	0.20
82	191.05	2.7	1.71	0.23	2.58	2.35	1.10	0.20
83	191.62	2.7	1.71	0.23	2.58	2.35	1.14	0.20
84	192.18	2.7	1.71	0.23	2.58	2.35	1.19	0.20
85	192.72	2.7	1.71	0.23	2.58	2.35	1.24	0.20
86	193.26	2.7	1.71	0.23	2.58	2.35	1.29	0.20
87	193.78	2.7	1.71	0.23	2.59	2.35	1.33	0.20
88	194.30	2.7	1.71	0.23	2.59	2.35	1.38	0.20

（续）

妊娠时间（d）	体重（kg）	日采食量（kg）	胃肠道内源赖氨酸损失（g/d）	表皮赖氨酸损失（g/d）	胃肠道＋表皮需要的SID赖氨酸（g/d）	母体总赖氨酸需要（g/d）	胎儿总赖氨酸需要（g/d）	子宫总赖氨酸需要（g/d）
89	194.81	2.7	1.71	0.23	2.59	2.35	1.44	0.20
90	195.56	3.1	1.96	0.24	2.92	3.95	1.49	0.20
91	196.31	3.1	1.96	0.24	2.93	3.95	1.54	0.20
92	197.05	3.1	1.96	0.24	2.93	3.95	1.59	0.20
93	197.78	3.1	1.96	0.24	2.93	3.95	1.65	0.20
94	198.51	3.1	1.96	0.24	2.93	3.95	1.70	0.20
95	199.22	3.1	1.96	0.24	2.93	3.95	1.76	0.20
96	199.92	3.1	1.96	0.24	2.93	3.95	1.81	0.20
97	200.62	3.1	1.96	0.24	2.93	3.95	1.87	0.20
98	201.31	3.1	1.96	0.24	2.93	3.95	1.93	0.19
99	202.00	3.1	1.96	0.24	2.93	3.95	1.99	0.19
100	202.67	3.1	1.96	0.24	2.93	3.95	2.04	0.19
101	203.34	3.1	1.96	0.24	2.93	3.95	2.10	0.19
102	204.00	3.1	1.96	0.24	2.93	3.95	2.16	0.19
103	204.66	3.1	1.96	0.24	2.94	3.95	2.22	0.19
104	205.31	3.1	1.96	0.24	2.94	3.95	2.28	0.19
105	205.96	3.1	1.96	0.24	2.94	3.95	2.34	0.19
106	206.59	3.1	1.96	0.25	2.94	3.95	2.40	0.19
107	207.23	3.1	1.96	0.25	2.94	3.95	2.46	0.19
108	207.86	3.1	1.96	0.25	2.94	3.95	2.52	0.19
109	208.48	3.1	1.96	0.25	2.94	3.95	2.58	0.19
110	209.10	3.1	1.96	0.25	2.94	3.95	2.64	0.19
111	209.71	3.1	1.96	0.25	2.94	3.95	2.70	0.19
112	210.32	3.1	1.96	0.25	2.94	3.95	2.76	0.19
113	210.93	3.1	1.96	0.25	2.94	3.95	2.82	0.19
114	211.53	3.1	1.96	0.25	2.94	3.95	2.88	0.19

表 3-64 1 胎妊娠母猪 SID 赖氨酸需要量和饲料 SID 赖氨酸浓度计算（二）

妊娠时间（d）	体重（kg）	胎盘＋羊水总赖氨酸需要（g/d）	乳房总赖氨酸需要（g/d）	总赖氨酸沉积（g/d）	用于赖氨酸沉积的SID赖氨酸需要量（g/d）	妊娠母猪日SID赖氨酸需要量（g）	饲料SID赖氨酸含量（%）
0	140.00						
1	140.29	2.7E-12	7.9E-04	3.44	7.28	9.21	0.46

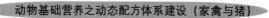

（续）

妊娠时间（d）	体重（kg）	胎盘＋羊水总赖氨酸需要（g/d）	乳房总赖氨酸需要（g/d）	总赖氨酸沉积（g/d）	用于赖氨酸沉积的 SID 赖氨酸需要量（g/d）	妊娠母猪日 SID 赖氨酸需要量（g）	饲料 SID 赖氨酸含量（%）
2	140.59	4.9E−10	9.2E−04	3.47	7.35	9.28	0.46
3	140.88	9.9E−09	1.1E−03	3.50	7.42	9.35	0.47
4	141.18	7.9E−08	1.2E−03	3.53	7.49	9.42	0.47
5	141.48	3.9E−07	1.4E−03	3.57	7.56	9.49	0.47
6	141.89	1.4E−06	1.7E−03	3.54	7.49	9.76	0.41
7	142.30	4.1E−06	1.9E−03	3.57	7.57	9.84	0.41
8	142.72	1.0E−05	2.2E−03	3.61	7.65	9.92	0.41
9	143.13	2.3E−05	2.5E−03	3.65	7.74	10.00	0.42
10	143.55	4.8E−05	2.9E−03	3.69	7.82	10.09	0.42
11	143.96	9.1E−05	3.3E−03	3.73	7.91	10.18	0.42
12	144.38	1.6E−04	3.7E−03	3.78	8.00	10.27	0.43
13	144.80	2.8E−04	4.2E−03	3.82	8.09	10.36	0.43
14	145.22	4.6E−04	4.8E−03	3.86	8.19	10.46	0.44
15	145.64	7.4E−04	5.4E−03	3.91	8.28	10.56	0.44
16	146.07	1.1E−03	6.1E−03	3.96	8.38	10.66	0.44
17	146.49	1.7E−03	6.9E−03	4.00	8.48	10.76	0.45
18	146.92	2.5E−03	7.8E−03	4.05	8.58	10.86	0.45
19	147.35	3.6E−03	8.7E−03	4.10	8.69	10.96	0.46
20	147.79	5.0E−03	9.8E−03	4.15	8.79	11.07	0.46
21	148.22	7.0E−03	0.01	4.20	8.90	11.17	0.47
22	148.66	9.5E−03	0.01	4.25	9.00	11.28	0.47
23	149.19	0.01	0.01	4.21	8.92	11.45	0.42
24	149.72	0.02	0.02	4.26	9.03	11.56	0.43
25	150.26	0.02	0.02	4.31	9.13	11.66	0.43
26	150.81	0.03	0.02	4.36	9.23	11.77	0.44
27	151.36	0.04	0.02	4.41	9.34	11.87	0.44
28	151.92	0.05	0.02	4.45	9.43	11.97	0.44
29	152.49	0.06	0.02	4.50	9.53	12.06	0.45
30	153.07	0.07	0.03	4.54	9.62	12.16	0.45
31	153.67	0.09	0.03	4.58	9.71	12.25	0.45
32	154.28	0.11	0.03	4.63	9.80	12.34	0.46
33	154.90	0.13	0.04	4.66	9.88	12.42	0.46
34	155.53	0.16	0.04	4.70	9.96	12.50	0.46

（续）

妊娠时间（d）	体重（kg）	胎盘＋羊水总赖氨酸需要（g/d）	乳房总赖氨酸需要（g/d）	总赖氨酸沉积（g/d）	用于赖氨酸沉积的SID赖氨酸需要量（g/d）	妊娠母猪日SID赖氨酸需要量（g）	饲料SID赖氨酸含量（%）
35	156.18	0.19	0.04	4.73	10.03	12.57	0.47
36	156.85	0.23	0.05	4.76	10.09	12.63	0.47
37	157.53	0.27	0.05	4.79	10.15	12.69	0.47
38	158.23	0.32	0.06	4.82	10.20	12.74	0.47
39	158.94	0.37	0.06	4.84	10.24	12.79	0.47
40	159.67	0.42	0.06	4.85	10.28	12.82	0.47
41	160.42	0.48	0.07	4.86	10.30	12.85	0.48
42	161.17	0.54	0.08	4.87	10.31	12.86	0.48
43	161.94	0.61	0.08	4.87	10.31	12.86	0.48
44	162.73	0.67	0.09	4.86	10.29	12.84	0.48
45	163.52	0.74	0.09	4.84	10.26	12.81	0.47
46	164.32	0.81	0.10	4.82	10.21	12.76	0.47
47	165.13	0.87	0.11	4.79	10.14	12.69	0.47
48	165.95	0.92	0.12	4.74	10.05	12.60	0.47
49	166.77	0.97	0.12	4.69	9.93	12.48	0.46
50	167.59	1.01	0.13	4.62	9.79	12.35	0.46
51	168.41	1.05	0.14	4.55	9.63	12.19	0.45
52	169.24	1.07	0.15	4.46	9.45	12.01	0.44
53	170.06	1.08	0.16	4.37	9.26	11.82	0.44
54	170.88	1.08	0.17	4.27	9.06	11.61	0.43
55	171.70	1.07	0.18	4.18	8.85	11.41	0.42
56	172.51	1.05	0.19	4.09	8.66	11.22	0.42
57	173.32	1.02	0.20	4.05	8.58	11.14	0.41
58	174.13	0.99	0.21	4.05	8.58	11.14	0.41
59	174.94	0.95	0.23	4.04	8.56	11.12	0.41
60	175.74	0.90	0.24	4.03	8.54	11.10	0.41
61	176.54	0.85	0.25	4.02	8.51	11.07	0.41
62	177.33	0.80	0.27	4.00	8.48	11.05	0.41
63	178.11	0.75	0.28	3.99	8.45	11.02	0.41
64	178.89	0.69	0.29	3.98	8.43	11.00	0.41
65	179.66	0.64	0.31	3.97	8.41	10.98	0.41
66	180.42	0.59	0.32	3.96	8.40	10.97	0.41
67	181.17	0.55	0.34	3.96	8.39	10.96	0.41

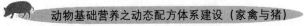

（续）

妊娠时间（d）	体重（kg）	胎盘+羊水总赖氨酸需要（g/d）	乳房总赖氨酸需要（g/d）	总赖氨酸沉积（g/d）	用于赖氨酸沉积的SID赖氨酸需要量（g/d）	妊娠母猪日SID赖氨酸需要量（g）	饲料SID赖氨酸含量（%）
68	181.91	0.50	0.36	3.96	8.40	10.97	0.41
69	182.63	0.46	0.37	3.97	8.41	10.98	0.41
70	183.35	0.42	0.39	3.98	8.43	11.00	0.41
71	184.06	0.38	0.41	3.99	8.46	11.03	0.41
72	184.75	0.35	0.42	4.01	8.50	11.07	0.41
73	185.44	0.32	0.44	4.03	8.55	11.12	0.41
74	186.11	0.29	0.46	4.06	8.60	11.18	0.41
75	186.77	0.26	0.48	4.09	8.67	11.24	0.42
76	187.41	0.24	0.50	4.12	8.74	11.32	0.42
77	188.05	0.22	0.52	4.16	8.82	11.40	0.42
78	188.67	0.20	0.54	4.20	8.90	11.48	0.43
79	189.29	0.18	0.56	4.25	9.00	11.58	0.43
80	189.89	0.16	0.58	4.29	9.10	11.68	0.43
81	190.47	0.15	0.60	4.34	9.20	11.78	0.44
82	191.05	0.13	0.62	4.40	9.31	11.89	0.44
83	191.62	0.12	0.64	4.45	9.43	12.01	0.44
84	192.18	0.11	0.66	4.51	9.55	12.13	0.45
85	192.72	0.10	0.69	4.57	9.68	12.26	0.45
86	193.26	0.09	0.71	4.63	9.81	12.39	0.46
87	193.78	0.08	0.73	4.69	9.94	12.53	0.46
88	194.30	0.08	0.75	4.76	10.08	12.66	0.47
89	194.81	0.07	0.77	4.82	10.22	12.81	0.47
90	195.56	0.06	0.80	6.49	13.75	16.68	0.54
91	196.31	0.06	0.82	6.56	13.90	16.83	0.54
92	197.05	0.05	0.84	6.63	14.05	16.98	0.55
93	197.78	0.05	0.86	6.70	14.20	17.13	0.55
94	198.51	0.04	0.89	6.78	14.36	17.29	0.56
95	199.22	0.04	0.91	6.85	14.52	17.45	0.56
96	199.92	0.04	0.93	6.93	14.68	17.61	0.57
97	200.62	0.03	0.96	7.00	14.84	17.77	0.57
98	201.31	0.03	0.98	7.08	15.00	17.93	0.58
99	202.00	0.03	1.00	7.16	15.17	18.10	0.58
100	202.67	0.03	1.02	7.24	15.33	18.27	0.59

（续）

妊娠时间（d）	体重（kg）	胎盘＋羊水总赖氨酸需要（g/d）	乳房总赖氨酸需要（g/d）	总赖氨酸沉积（g/d）	用于赖氨酸沉积的SID赖氨酸需要量（g/d）	妊娠母猪日SID赖氨酸需要量（g）	饲料SID赖氨酸含量（%）
101	203.34	0.02	1.05	7.32	15.50	18.43	0.59
102	204.00	0.02	1.07	7.39	15.67	18.60	0.60
103	204.66	0.02	1.09	7.47	15.83	18.77	0.61
104	205.31	0.02	1.11	7.55	16.00	18.94	0.61
105	205.96	0.02	1.14	7.63	16.17	19.11	0.62
106	206.59	0.02	1.16	7.71	16.34	19.28	0.62
107	207.23	0.02	1.18	7.79	16.51	19.45	0.63
108	207.86	0.01	1.20	7.87	16.68	19.62	0.63
109	208.48	0.01	1.22	7.95	16.85	19.79	0.64
110	209.10	0.01	1.24	8.03	17.02	19.96	0.64
111	209.71	0.01	1.27	8.11	17.19	20.13	0.65
112	210.32	0.01	1.29	8.19	17.35	20.30	0.65
113	210.93	0.01	1.31	8.27	17.52	20.46	0.66
114	211.53	0.01	1.33	8.35	17.69	20.63	0.67

注："7.9E-04"是数值的科学记数法形式，等于"7.9×10^{-4}"。

2. 妊娠母猪其他SID氨基酸日需要量计算　其他SID氨基酸日需要量的计算方法是：（肠道损失＋皮毛损失）÷维持利用率＋（母体沉积量＋胎儿沉积量＋子宫沉积量＋胎盘和羊水沉积量＋乳房沉积量）÷沉积效率，计算结果见表3-65。

表3-65　妊娠母猪其他SID氨基酸日需要量计算（一）

妊娠时间（d）	体重（kg）	妊娠母猪日SID蛋氨酸需要量（g）	妊娠母猪日SID蛋氨酸＋胱氨酸需要量（g）	妊娠母猪日SID苏氨酸需要量（g）	妊娠母猪日SID色氨酸需要量（g）	妊娠母猪日SID缬氨酸需要量（g）	妊娠母猪日SID精氨酸需要量（g）
0	140.00	1.98	4.79	6.09	1.31	5.28	3.74
1	140.29	2.52	5.85	7.08	1.58	6.46	4.76
2	140.59	2.53	5.88	7.11	1.59	6.50	4.79
3	140.88	2.55	5.92	7.15	1.60	6.55	4.83
4	141.18	2.57	5.96	7.18	1.61	6.59	4.86
5	141.48	2.59	6.00	7.22	1.62	6.63	4.90
6	141.89	2.67	6.28	7.85	1.72	6.98	5.07
7	142.30	2.69	6.33	7.89	1.73	7.03	5.11
8	142.72	2.71	6.37	7.93	1.74	7.08	5.15
9	143.13	2.73	6.42	7.97	1.75	7.13	5.19

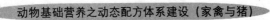

（续）

妊娠时间（d）	体重（kg）	妊娠母猪日SID蛋氨酸需要量（g）	妊娠母猪日SID蛋氨酸＋胱氨酸需要量（g）	妊娠母猪日SID苏氨酸需要量（g）	妊娠母猪日SID色氨酸需要量（g）	妊娠母猪日SID缬氨酸需要量（g）	妊娠母猪日SID精氨酸需要量（g）
10	143.55	2.76	6.46	8.02	1.76	7.18	5.23
11	143.96	2.78	6.51	8.06	1.78	7.23	5.28
12	144.38	2.81	6.56	8.11	1.79	7.29	5.33
13	144.80	2.83	6.61	8.15	1.80	7.34	5.37
14	145.22	2.86	6.66	8.20	1.81	7.40	5.42
15	145.64	2.88	6.71	8.25	1.83	7.46	5.47
16	146.07	2.91	6.77	8.30	1.84	7.52	5.52
17	146.49	2.94	6.82	8.35	1.85	7.58	5.58
18	146.92	2.97	6.88	8.40	1.87	7.64	5.63
19	147.35	2.99	6.93	8.45	1.88	7.70	5.68
20	147.79	3.02	6.99	8.50	1.90	7.77	5.73
21	148.22	3.05	7.05	8.56	1.91	7.83	5.79
22	148.66	3.08	7.10	8.61	1.93	7.89	5.84
23	149.19	3.13	7.31	9.07	2.00	8.14	5.95
24	149.72	3.16	7.36	9.12	2.02	8.21	6.01
25	150.26	3.18	7.42	9.18	2.03	8.27	6.06
26	150.81	3.21	7.48	9.23	2.05	8.33	6.11
27	151.36	3.24	7.53	9.28	2.06	8.40	6.16
28	151.92	3.27	7.59	9.34	2.08	8.46	6.21
29	152.49	3.29	7.64	9.39	2.09	8.52	6.26
30	153.07	3.32	7.70	9.44	2.11	8.58	6.31
31	153.67	3.34	7.75	9.49	2.12	8.64	6.35
32	154.28	3.36	7.80	9.54	2.14	8.70	6.40
33	154.90	3.38	7.85	9.59	2.15	8.76	6.44
34	155.53	3.40	7.90	9.63	2.17	8.81	6.48
35	156.18	3.42	7.94	9.68	2.18	8.86	6.51
36	156.85	3.43	7.98	9.72	2.20	8.91	6.54
37	157.53	3.45	8.02	9.76	2.21	8.96	6.57
38	158.23	3.46	8.06	9.79	2.23	9.01	6.59
39	158.94	3.46	8.09	9.83	2.24	9.05	6.61
40	159.67	3.47	8.12	9.86	2.26	9.08	6.63
41	160.42	3.47	8.14	9.89	2.27	9.12	6.64
42	161.17	3.47	8.16	9.91	2.28	9.14	6.64

（续）

妊娠时间（d）	体重（kg）	妊娠母猪日SID蛋氨酸需要量（g）	妊娠母猪日SID蛋氨酸+胱氨酸需要量（g）	妊娠母猪日SID苏氨酸需要量（g）	妊娠母猪日SID色氨酸需要量（g）	妊娠母猪日SID缬氨酸需要量（g）	妊娠母猪日SID精氨酸需要量（g）
43	161.94	3.46	8.17	9.93	2.29	9.16	6.64
44	162.73	3.45	8.18	9.94	2.30	9.17	6.62
45	163.52	3.44	8.17	9.94	2.31	9.17	6.60
46	164.32	3.42	8.16	9.93	2.31	9.16	6.57
47	165.13	3.39	8.13	9.91	2.32	9.14	6.53
48	165.95	3.36	8.09	9.88	2.31	9.10	6.48
49	166.77	3.33	8.05	9.84	2.31	9.05	6.42
50	167.59	3.29	7.98	9.79	2.30	8.99	6.35
51	168.41	3.24	7.91	9.72	2.29	8.91	6.26
52	169.24	3.19	7.82	9.64	2.27	8.81	6.17
53	170.06	3.13	7.73	9.55	2.25	8.70	6.07
54	170.88	3.08	7.63	9.46	2.23	8.59	5.96
55	171.70	3.02	7.53	9.36	2.21	8.47	5.85
56	172.51	2.97	7.43	9.27	2.18	8.36	5.75
57	173.32	2.95	7.39	9.23	2.17	8.31	5.72
58	174.13	2.95	7.39	9.23	2.18	8.30	5.71
59	174.94	2.95	7.39	9.22	2.17	8.29	5.70
60	175.74	2.95	7.38	9.21	2.17	8.27	5.69
61	176.54	2.94	7.37	9.19	2.17	8.25	5.68
62	177.33	2.94	7.35	9.17	2.16	8.23	5.67
63	178.11	2.94	7.34	9.16	2.16	8.20	5.65
64	178.89	2.93	7.33	9.14	2.16	8.18	5.64
65	179.66	2.93	7.33	9.13	2.15	8.17	5.63
66	180.42	2.93	7.32	9.12	2.15	8.16	5.63
67	181.17	2.94	7.33	9.12	2.15	8.15	5.63
68	181.91	2.94	7.33	9.12	2.16	8.15	5.63
69	182.63	2.95	7.34	9.13	2.16	8.15	5.64
70	183.35	2.96	7.36	9.14	2.17	8.16	5.65
71	184.06	2.97	7.38	9.15	2.18	8.18	5.66
72	184.75	2.98	7.41	9.18	2.18	8.21	5.68
73	185.44	3.00	7.44	9.20	2.20	8.24	5.71
74	186.11	3.01	7.48	9.23	2.21	8.27	5.74
75	186.77	3.03	7.53	9.27	2.22	8.31	5.77

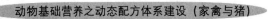

（续）

妊娠时间（d）	体重（kg）	妊娠母猪日SID 蛋氨酸需要量（g）	妊娠母猪日SID 蛋氨酸+胱氨酸需要量（g）	妊娠母猪日SID 苏氨酸需要量（g）	妊娠母猪日SID 色氨酸需要量（g）	妊娠母猪日SID 缬氨酸需要量（g）	妊娠母猪日SID 精氨酸需要量（g）
76	187.41	3.06	7.57	9.31	2.24	8.36	5.81
77	188.05	3.08	7.63	9.36	2.26	8.41	5.85
78	188.67	3.11	7.68	9.41	2.28	8.47	5.89
79	189.29	3.13	7.74	9.46	2.30	8.53	5.94
80	189.89	3.16	7.81	9.51	2.32	8.59	5.99
81	190.47	3.19	7.87	9.57	2.34	8.66	6.05
82	191.05	3.23	7.95	9.64	2.36	8.74	6.10
83	191.62	3.26	8.02	9.70	2.39	8.81	6.16
84	192.18	3.29	8.10	9.77	2.41	8.89	6.23
85	192.72	3.33	8.18	9.84	2.44	8.98	6.29
86	193.26	3.37	8.26	9.92	2.47	9.06	6.36
87	193.78	3.41	8.35	9.99	2.50	9.15	6.43
88	194.30	3.44	8.43	10.07	2.53	9.25	6.50
89	194.81	3.48	8.52	10.15	2.56	9.34	6.57
90	195.56	4.55	10.73	12.57	3.14	11.84	8.59
91	196.31	4.60	10.82	12.65	3.17	11.94	8.67
92	197.05	4.64	10.92	12.74	3.21	12.04	8.75
93	197.78	4.68	11.01	12.82	3.24	12.14	8.83
94	198.51	4.73	11.11	12.91	3.27	12.24	8.91
95	199.22	4.77	11.21	13.00	3.30	12.35	8.99
96	199.92	4.82	11.31	13.09	3.34	12.45	9.07
97	200.62	4.86	11.42	13.18	3.37	12.56	9.15
98	201.31	4.91	11.52	13.28	3.40	12.67	9.24
99	202.00	4.96	11.62	13.37	3.44	12.78	9.32
100	202.67	5.00	11.73	13.46	3.47	12.89	9.41
101	203.34	5.05	11.83	13.56	3.51	13.00	9.49
102	204.00	5.10	11.94	13.65	3.54	13.11	9.58
103	204.66	5.14	12.05	13.75	3.58	13.22	9.67
104	205.31	5.19	12.15	13.84	3.61	13.34	9.75
105	205.96	5.24	12.26	13.94	3.65	13.45	9.84
106	206.59	5.29	12.37	14.03	3.68	13.56	9.93
107	207.23	5.34	12.47	14.13	3.72	13.67	10.02
108	207.86	5.38	12.58	14.22	3.75	13.79	10.10

（续）

妊娠时间（d）	体重（kg）	妊娠母猪日SID蛋氨酸需要量（g）	妊娠母猪日SID蛋氨酸＋胱氨酸需要量（g）	妊娠母猪日SID苏氨酸需要量（g）	妊娠母猪日SID色氨酸需要量（g）	妊娠母猪日SID缬氨酸需要量（g）	妊娠母猪日SID精氨酸需要量（g）
109	208.48	5.43	12.69	14.32	3.79	13.90	10.19
110	209.10	5.48	12.79	14.41	3.82	14.01	10.28
111	209.71	5.53	12.90	14.50	3.86	14.12	10.37
112	210.32	5.58	13.01	14.60	3.89	14.23	10.45
113	210.93	5.62	13.11	14.69	3.93	14.34	10.54
114	211.53	5.67	13.22	14.78	3.96	14.45	10.63

表 3－65　妊娠母猪其他 SID 氨基酸日需要量计算（二）

妊娠时间（d）	体重（kg）	妊娠母猪日SID组氨酸需要量（g）	妊娠母猪日SID异亮氨酸需要量（g）	妊娠母猪日SID亮氨酸需要量（g）	妊娠母猪日SID苯丙氨酸需要量（g）	妊娠母猪日SID苯丙氨酸＋酪氨酸需要量（g）	妊娠母猪日蛋白质需要量（g）
0	140.00	2.53	4.43	6.30	3.94	7.07	122
1	140.29	3.20	5.46	7.94	4.90	8.77	147
2	140.59	3.22	5.49	7.99	4.94	8.83	148
3	140.88	3.25	5.53	8.05	4.97	8.89	149
4	141.18	3.27	5.56	8.11	5.00	8.95	150
5	141.48	3.30	5.60	8.17	5.04	9.01	150
6	141.89	3.40	5.88	8.47	5.26	9.41	160
7	142.30	3.43	5.92	8.53	5.30	9.48	161
8	142.72	3.46	5.96	8.60	5.34	9.55	162
9	143.13	3.49	6.00	8.67	5.38	9.62	163
10	143.55	3.51	6.05	8.74	5.42	9.70	164
11	143.96	3.55	6.09	8.81	5.46	9.77	165
12	144.38	3.58	6.14	8.88	5.51	9.85	166
13	144.80	3.61	6.19	8.96	5.55	9.93	167
14	145.22	3.64	6.24	9.04	5.60	10.01	169
15	145.64	3.67	6.29	9.12	5.64	10.10	170
16	146.07	3.71	6.34	9.20	5.69	10.18	171
17	146.49	3.74	6.39	9.28	5.74	10.27	172
18	146.92	3.78	6.44	9.37	5.79	10.35	174
19	147.35	3.81	6.49	9.45	5.84	10.44	175
20	147.79	3.85	6.55	9.54	5.89	10.53	176
21	148.22	3.88	6.60	9.63	5.94	10.62	178
22	148.66	3.92	6.65	9.71	5.99	10.71	179

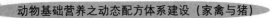

（续）

妊娠时间（d）	体重（kg）	妊娠母猪日SID组氨酸需要量（g）	妊娠母猪日SID异亮氨酸需要量（g）	妊娠母猪日SID亮氨酸需要量（g）	妊娠母猪日SID苯丙氨酸需要量（g）	妊娠母猪日SID苯丙氨酸＋酪氨酸需要量（g）	妊娠母猪日蛋白质需要量（g）
23	149.19	3.99	6.85	9.92	6.15	11.00	186
24	149.72	4.02	6.90	10.01	6.20	11.09	187
25	150.26	4.06	6.95	10.10	6.25	11.18	188
26	150.81	4.09	7.00	10.18	6.30	11.26	190
27	151.36	4.13	7.06	10.27	6.35	11.35	191
28	151.92	4.16	7.10	10.36	6.41	11.44	192
29	152.49	4.19	7.15	10.44	6.46	11.52	193
30	153.07	4.22	7.20	10.53	6.51	11.60	195
31	153.67	4.25	7.24	10.61	6.55	11.68	196
32	154.28	4.28	7.29	10.69	6.60	11.76	197
33	154.90	4.30	7.33	10.77	6.65	11.83	198
34	155.53	4.32	7.36	10.84	6.69	11.90	199
35	156.18	4.35	7.40	10.91	6.74	11.96	200
36	156.85	4.36	7.43	10.98	6.78	12.02	201
37	157.53	4.38	7.45	11.05	6.82	12.07	202
38	158.23	4.39	7.47	11.11	6.85	12.12	203
39	158.94	4.40	7.49	11.17	6.89	12.16	204
40	159.67	4.41	7.50	11.22	6.92	12.20	204
41	160.42	4.41	7.51	11.27	6.95	12.22	205
42	161.17	4.40	7.51	11.30	6.97	12.24	205
43	161.94	4.39	7.50	11.33	6.99	12.24	205
44	162.73	4.38	7.49	11.35	7.00	12.23	205
45	163.52	4.36	7.46	11.35	7.00	12.21	205
46	164.32	4.34	7.43	11.34	6.99	12.17	204
47	165.13	4.30	7.38	11.31	6.98	12.12	204
48	165.95	4.26	7.33	11.26	6.95	12.04	203
49	166.77	4.21	7.26	11.19	6.91	11.95	202
50	167.59	4.16	7.18	11.10	6.86	11.84	200
51	168.41	4.10	7.09	11.00	6.79	11.71	198
52	169.24	4.03	6.99	10.87	6.71	11.56	196
53	170.06	3.96	6.88	10.72	6.63	11.40	194
54	170.88	3.88	6.77	10.57	6.53	11.23	192
55	171.70	3.80	6.66	10.41	6.44	11.05	189

（续）

妊娠时间（d）	体重（kg）	妊娠母猪日SID组氨酸需要量（g）	妊娠母猪日SID异亮氨酸需要量（g）	妊娠母猪日SID亮氨酸需要量（g）	妊娠母猪日SID苯丙氨酸需要量（g）	妊娠母猪日SID苯丙氨酸+酪氨酸需要量（g）	妊娠母猪日蛋白质需要量（g）
56	172.51	3.73	6.55	10.26	6.34	10.89	187
57	173.32	3.70	6.51	10.20	6.30	10.83	186
58	174.13	3.70	6.49	10.19	6.30	10.83	186
59	174.94	3.69	6.48	10.17	6.28	10.81	186
60	175.74	3.68	6.46	10.15	6.27	10.79	186
61	176.54	3.67	6.44	10.12	6.25	10.77	186
62	177.33	3.66	6.42	10.09	6.22	10.75	186
63	178.11	3.64	6.39	10.07	6.20	10.73	185
64	178.89	3.63	6.37	10.04	6.18	10.71	185
65	179.66	3.62	6.36	10.02	6.17	10.69	185
66	180.42	3.61	6.34	10.01	6.16	10.68	185
67	181.17	3.61	6.33	10.00	6.15	10.68	186
68	181.91	3.61	6.32	10.01	6.15	10.69	186
69	182.63	3.60	6.32	10.02	6.15	10.70	186
70	183.35	3.61	6.32	10.04	6.15	10.72	187
71	184.06	3.61	6.32	10.06	6.17	10.75	187
72	184.75	3.62	6.33	10.10	6.18	10.78	188
73	185.44	3.63	6.34	10.15	6.20	10.83	189
74	186.11	3.64	6.36	10.20	6.23	10.88	190
75	186.77	3.65	6.38	10.26	6.26	10.94	191
76	187.41	3.67	6.40	10.33	6.30	11.00	193
77	188.05	3.69	6.43	10.41	6.34	11.08	194
78	188.67	3.71	6.46	10.49	6.38	11.15	195
79	189.29	3.73	6.49	10.58	6.43	11.24	197
80	189.89	3.76	6.53	10.67	6.48	11.33	199
81	190.47	3.79	6.57	10.78	6.53	11.42	200
82	191.05	3.81	6.61	10.88	6.59	11.52	202
83	191.62	3.84	6.66	10.99	6.65	11.63	204
84	192.18	3.87	6.70	11.11	6.72	11.74	206
85	192.72	3.91	6.75	11.23	6.78	11.85	208
86	193.26	3.94	6.80	11.36	6.85	11.97	210
87	193.78	3.98	6.85	11.49	6.92	12.09	213
88	194.30	4.01	6.91	11.62	6.99	12.21	215

（续）

妊娠时间（d）	体重（kg）	妊娠母猪日SID组氨酸需要量（g）	妊娠母猪日SID异亮氨酸需要量（g）	妊娠母猪日SID亮氨酸需要量（g）	妊娠母猪日SID苯丙氨酸需要量（g）	妊娠母猪日SID苯丙氨酸＋酪氨酸需要量（g）	妊娠母猪日蛋白质需要量（g）
89	194.81	4.05	6.97	11.75	7.07	12.34	217
90	195.56	5.39	9.09	14.99	9.02	15.82	272
91	196.31	5.43	9.15	15.14	9.09	15.95	275
92	197.05	5.47	9.21	15.28	9.17	16.09	277
93	197.78	5.51	9.27	15.43	9.26	16.22	279
94	198.51	5.55	9.34	15.58	9.34	16.36	282
95	199.22	5.60	9.40	15.73	9.42	16.51	284
96	199.92	5.64	9.47	15.89	9.51	16.65	287
97	200.62	5.68	9.53	16.04	9.59	16.79	290
98	201.31	5.72	9.60	16.20	9.68	16.94	292
99	202.00	5.77	9.67	16.36	9.77	17.09	295
100	202.67	5.81	9.73	16.52	9.85	17.24	298
101	203.34	5.86	9.80	16.68	9.94	17.39	300
102	204.00	5.90	9.87	16.84	10.03	17.54	303
103	204.66	5.94	9.94	17.00	10.12	17.69	306
104	205.31	5.99	10.01	17.16	10.21	17.84	308
105	205.96	6.03	10.08	17.32	10.30	17.99	311
106	206.59	6.08	10.15	17.49	10.39	18.14	314
107	207.23	6.12	10.22	17.65	10.48	18.29	317
108	207.86	6.17	10.29	17.81	10.57	18.44	319
109	208.48	6.21	10.36	17.98	10.66	18.60	322
110	209.10	6.26	10.43	18.14	10.75	18.75	325
111	209.71	6.30	10.50	18.30	10.84	18.75	327
112	210.32	6.35	10.57	18.46	10.93	19.05	330
113	210.93	6.39	10.64	18.62	11.02	19.20	333
114	211.53	6.44	10.71	18.78	11.10	19.35	335

（五）妊娠母猪钙和 STTD 磷需要量的计算

使用公式 8-67 到公式 8-69 和 NRC（2012）中相关说明计算妊娠母猪钙和 STTD 磷需要量的过程及结果见表 3-66。

表 3-66　妊娠母猪 STTD 磷和钙需要量计算（一）

胎次	体重 (kg)	妊娠时间 (d)	预期产仔数	日采食量 (kg)	胎儿胎盘和羊水蛋白含量 (g)	母体蛋白沉积量 (g/d)	基础内源性肠道磷损失 (g/d)	最低尿磷损失 (g/d)	胎儿磷含量 (g)	胎儿磷沉积量 (g/d)
1	140.00	0	12.5	2	0	37.1	0.43	0.98	2.1E-06	
1	140.29	1	12.5	2	4.2E-11	50.9	0.43	0.98	3.2E-06	1.2E-06
1	140.59	2	12.5	2	7.7E-09	51.4	0.43	0.98	5.0E-06	1.8E-06
1	140.88	3	12.5	2	1.6E-07	51.9	0.43	0.99	7.7E-06	2.6E-06
1	141.18	4	12.5	2	1.4E-06	52.4	0.43	0.99	1.2E-05	3.9E-06
1	141.48	5	12.5	2	7.4E-06	52.9	0.43	0.99	1.7E-05	5.8E-06
1	141.89	6	12.5	2.4	2.9E-05	52.4	0.52	0.99	2.6E-05	8.4E-06
1	142.30	7	12.5	2.4	9.3E-05	52.9	0.52	1.00	3.8E-05	1.2E-05
1	142.72	8	12.5	2.4	2.5E-04	53.5	0.52	1.00	5.5E-05	1.7E-05
1	143.13	9	12.5	2.4	6.1E-04	54.1	0.52	1.00	8.0E-05	2.5E-05
1	143.55	10	12.5	2.4	1.3E-03	54.7	0.52	1.00	1.1E-04	3.4E-05
1	143.96	11	12.5	2.4	2.8E-03	55.3	0.52	1.01	1.6E-04	4.8E-05
1	144.38	12	12.5	2.4	5.3E-03	55.9	0.52	1.01	2.3E-04	6.6E-05
1	144.80	13	12.5	2.4	9.6E-03	56.6	0.52	1.01	3.2E-04	9.1E-05
1	145.22	14	12.5	2.4	1.7E-02	57.2	0.52	1.02	4.4E-04	1.2E-04
1	145.64	15	12.5	2.4	2.8E-02	57.9	0.52	1.02	6.1E-04	1.7E-04
1	146.07	16	12.5	2.4	4.6E-02	58.5	0.52	1.02	8.3E-04	2.2E-04
1	146.49	17	12.5	2.4	7.2E-02	59.2	0.52	1.03	1.1E-03	2.9E-04
1	146.92	18	12.5	2.4	0.1	59.9	0.52	1.03	1.5E-03	3.9E-04
1	147.35	19	12.5	2.4	0.2	60.6	0.52	1.03	2.0E-03	5.1E-04
1	147.79	20	12.5	2.4	0.2	61.3	0.52	1.03	2.7E-03	6.6E-04
1	148.22	21	12.5	2.4	0.4	62.0	0.52	1.04	3.5E-03	8.5E-04
1	148.66	22	12.5	2.4	0.5	62.6	0.52	1.04	4.6E-03	1.1E-03
1	149.19	23	12.5	2.7	0.7	62.0	0.58	1.04	6.0E-03	1.4E-03
1	149.72	24	12.5	2.7	1.0	62.7	0.58	1.05	7.8E-03	1.8E-03
1	150.26	25	12.5	2.7	1.3	63.3	0.58	1.05	1.0E-02	2.2E-03
1	150.81	26	12.5	2.7	1.7	63.9	0.58	1.06	1.3E-02	2.8E-03
1	151.36	27	12.5	2.7	2.3	64.4	0.58	1.06	1.6E-02	3.4E-03
1	151.92	28	12.5	2.7	3.0	65.0	0.58	1.06	2.0E-02	4.2E-03
1	152.49	29	12.5	2.7	3.9	65.4	0.58	1.07	2.6E-02	5.2E-03
1	153.07	30	12.5	2.7	5.1	65.8	0.58	1.07	3.2E-02	6.4E-03
1	153.67	31	12.5	2.7	6.5	66.1	0.58	1.08	4.0E-02	7.7E-03
1	154.28	32	12.5	2.7	8.2	66.4	0.58	1.08	4.9E-02	9.4E-03

（续）

胎次	体重 (kg)	妊娠时间 (d)	预期产仔数	日采食量 (kg)	胎儿胎盘和羊水蛋白含量 (g)	母体蛋白沉积量 (g/d)	基础内源性肠道磷损失 (g/d)	最低尿磷损失 (g/d)	胎儿磷含量 (g)	胎儿磷沉积量 (g/d)
1	154.90	33	12.5	2.7	10.2	66.5	0.58	1.08	6.0E-02	1.1E-02
1	155.53	34	12.5	2.7	12.8	66.6	0.58	1.09	7.4E-02	1.4E-02
1	156.18	35	12.5	2.7	15.8	66.6	0.58	1.09	9.0E-02	1.6E-02
1	156.85	36	12.5	2.7	19.3	66.4	0.58	1.10	0.109 074 3	1.9E-02
1	157.53	37	12.5	2.7	23.5	66.1	0.58	1.10	0.131 615	2.3E-02
1	158.23	38	12.5	2.7	28.4	65.7	0.58	1.11	0.158 108 5	2.6E-02
1	158.94	39	12.5	2.7	34.1	65.2	0.58	1.11	0.189 111 4	3.1E-02
1	159.67	40	12.5	2.7	40.6	64.5	0.58	1.12	0.225 235 9	3.6E-02
1	160.42	41	12.5	2.7	48.1	63.7	0.58	1.12	0.267 152 1	4.2E-02
1	161.17	42	12.5	2.7	56.5	62.7	0.58	1.13	0.315 590 1	4.8E-02
1	161.94	43	12.5	2.7	65.9	61.6	0.58	1.13	0.371 341 5	5.6E-02
1	162.73	44	12.5	2.7	76.3	60.4	0.58	1.14	0.435 260 8	6.4E-02
1	163.52	45	12.5	2.7	87.8	59.0	0.58	1.14	0.508 266 2	7.3E-02
1	164.32	46	12.5	2.7	100.2	57.6	0.58	1.15	0.591 34	8.3E-02
1	165.13	47	12.5	2.7	113.7	56.0	0.58	1.16	0.685 528 4	9.4E-02
1	165.95	48	12.5	2.7	127.9	54.3	0.58	1.16	0.79	0.11
1	166.77	49	12.5	2.7	143.0	52.6	0.58	1.17	0.91	0.12
1	167.59	50	12.5	2.7	158.7	50.9	0.58	1.17	1.05	0.13
1	168.41	51	12.5	2.7	174.9	49.1	0.58	1.18	1.20	0.15
1	169.24	52	12.5	2.7	191.4	47.3	0.58	1.18	1.36	0.17
1	170.06	53	12.5	2.7	208.1	45.5	0.58	1.19	1.55	0.19
1	170.88	54	12.5	2.7	224.8	43.9	0.58	1.20	1.76	0.21
1	171.70	55	12.5	2.7	241.4	42.3	0.58	1.20	1.98	0.23
1	172.51	56	12.5	2.7	257.6	41.0	0.58	1.21	2.24	0.25
1	173.32	57	12.5	2.7	273.5	40.6	0.58	1.21	2.51	0.28
1	174.13	58	12.5	2.7	288.7	40.8	0.58	1.22	2.81	0.30
1	174.94	59	12.5	2.7	303.4	41.0	0.58	1.22	3.14	0.33
1	175.74	60	12.5	2.7	317.3	41.2	0.58	1.23	3.50	0.36
1	176.54	61	12.5	2.7	330.4	41.4	0.58	1.24	3.89	0.39
1	177.33	62	12.5	2.7	342.8	41.6	0.58	1.24	4.32	0.42
1	178.11	63	12.5	2.7	354.4	41.8	0.58	1.25	4.77	0.46
1	178.89	64	12.5	2.7	365.1	42.1	0.58	1.25	5.27	0.49
1	179.66	65	12.5	2.7	375.1	42.3	0.58	1.26	5.80	0.53

（续）

胎次	体重 （kg）	妊娠 时间 （d）	预期 产仔 数	日采 食量 （kg）	胎儿胎盘 和羊水蛋 白含量 （g）	母体蛋白 沉积量 （g/d）	基础内源 性肠道磷 损失 （g/d）	最低尿磷 损失 （g/d）	胎儿磷含 量（g）	胎儿磷沉 积量 （g/d）
1	180.42	66	12.5	2.7	384.3	42.5	0.58	1.26	6.37	0.57
1	181.17	67	12.5	2.7	392.8	42.8	0.58	1.27	6.98	0.61
1	181.91	68	12.5	2.7	400.6	43.0	0.58	1.27	7.63	0.65
1	182.63	69	12.5	2.7	407.7	43.3	0.58	1.28	8.32	0.70
1	183.35	70	12.5	2.7	414.2	43.6	0.58	1.28	9.06	0.74
1	184.06	71	12.5	2.7	420.2	43.8	0.58	1.29	9.85	0.79
1	184.75	72	12.5	2.7	425.6	44.1	0.58	1.29	10.68	0.83
1	185.44	73	12.5	2.7	430.5	44.4	0.58	1.30	11.56	0.88
1	186.11	74	12.5	2.7	435.0	44.7	0.58	1.30	12.49	0.93
1	186.77	75	12.5	2.7	439.1	45.0	0.58	1.31	13.47	0.98
1	187.41	76	12.5	2.7	442.8	45.3	0.58	1.31	14.50	1.03
1	188.05	77	12.5	2.7	446.2	45.6	0.58	1.32	15.58	1.08
1	188.67	78	12.5	2.7	449.2	45.9	0.58	1.32	16.72	1.13
1	189.29	79	12.5	2.7	452.0	46.2	0.58	1.32	17.91	1.19
1	189.89	80	12.5	2.7	454.5	46.5	0.58	1.33	19.15	1.24
1	190.47	81	12.5	2.7	456.8	46.8	0.58	1.33	20.44	1.29
1	191.05	82	12.5	2.7	458.9	47.1	0.58	1.34	21.79	1.35
1	191.62	83	12.5	2.7	460.8	47.5	0.58	1.34	23.19	1.40
1	192.18	84	12.5	2.7	462.6	47.8	0.58	1.35	24.64	1.46
1	192.72	85	12.5	2.7	464.1	48.1	0.58	1.35	26.15	1.51
1	193.26	86	12.5	2.7	465.6	48.5	0.58	1.35	27.72	1.56
1	193.78	87	12.5	2.7	466.9	48.8	0.58	1.36	29.33	1.62
1	194.30	88	12.5	2.7	468.0	49.1	0.58	1.36	31.00	1.67
1	194.81	89	12.5	2.7	469.1	49.5	0.58	1.36	32.72	1.72
1	195.56	90	12.5	3.1	470.1	73.6	0.67	1.37	34.49	1.77
1	196.31	91	12.5	3.1	471.0	73.9	0.67	1.37	36.31	1.82
1	197.05	92	12.5	3.1	471.9	74.2	0.67	1.38	38.18	1.87
1	197.78	93	12.5	3.1	472.6	74.6	0.67	1.38	40.10	1.92
1	198.51	94	12.5	3.1	473.3	74.9	0.67	1.39	42.07	1.97
1	199.22	95	12.5	3.1	473.9	75.3	0.67	1.39	44.08	2.01
1	199.92	96	12.5	3.1	474.5	75.6	0.67	1.40	46.14	2.06
1	200.62	97	12.5	3.1	475.1	76.0	0.67	1.40	48.24	2.10
1	201.31	98	12.5	3.1	475.5	76.3	0.67	1.41	50.39	2.15

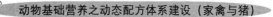

（续）

胎次	体重 (kg)	妊娠时间 (d)	预期产仔数	日采食量 (kg)	胎儿胎盘和羊水蛋白含量 (g)	母体蛋白沉积量 (g/d)	基础内源性肠道磷损失 (g/d)	最低尿磷损失 (g/d)	胎儿磷含量 (g)	胎儿磷沉积量 (g/d)
1	202.00	99	12.5	3.1	476.0	76.7	0.67	1.41	52.57	2.19
1	202.67	100	12.5	3.1	476.4	77.0	0.67	1.42	54.80	2.23
1	203.34	101	12.5	3.1	476.8	77.4	0.67	1.42	57.06	2.26
1	204.00	102	12.5	3.1	477.1	77.7	0.67	1.43	59.36	2.30
1	204.66	103	12.5	3.1	477.5	78.0	0.67	1.43	61.70	2.34
1	205.31	104	12.5	3.1	477.8	78.4	0.67	1.44	64.07	2.37
1	205.96	105	12.5	3.1	478.0	78.7	0.67	1.44	66.47	2.40
1	206.59	106	12.5	3.1	478.3	79.0	0.67	1.45	68.90	2.43
1	207.23	107	12.5	3.1	478.5	79.4	0.67	1.45	71.36	2.46
1	207.86	108	12.5	3.1	478.7	79.7	0.67	1.45	73.84	2.48
1	208.48	109	12.5	3.1	478.9	80.0	0.67	1.46	76.35	2.51
1	209.10	110	12.5	3.1	479.1	80.3	0.67	1.46	78.88	2.53
1	209.71	111	12.5	3.1	479.3	80.6	0.67	1.47	81.43	2.55
1	210.32	112	12.5	3.1	479.5	80.9	0.67	1.47	84.01	2.57
1	210.93	113	12.5	3.1	479.6	81.2	0.67	1.48	86.60	2.59
1	211.53	114	12.5	3.1	479.7	81.5	0.67	1.48	89.20	2.61

注："4.2E−11"是数值的科学计算形式，等于"4.2×10⁻¹¹"，"2.1E−06"则等于"2.1×10⁻⁶"。

表 3 - 66　妊娠母猪 STTD 磷和钙需要量计算（二）

胎次	体重 (kg)	胎盘磷含量 (g)	胎盘磷日沉积量 (g)	母体磷沉积量 (g/d)	STTD磷需要量 (g/d)	饲料 STTD 磷（%）	饲料总钙（%）
1	140.00	0		2.36	4.89	0.24	0.56
1	140.29	5.1E−12	5.1E−12	2.49	5.07	0.25	0.58
1	140.59	9.2E−10	9.1E−10	2.49	5.08	0.25	0.58
1	140.88	1.9E−08	1.8E−08	2.50	5.09	0.25	0.58
1	141.18	1.7E−07	1.5E−07	2.50	5.09	0.25	0.59
1	141.48	8.9E−07	7.2E−07	2.51	5.10	0.26	0.59
1	141.89	3.5E−06	2.6E−06	2.50	5.21	0.22	0.50
1	142.30	1.1E−05	7.6E−06	2.51	5.22	0.22	0.50
1	142.72	3.0E−05	1.9E−05	2.51	5.23	0.22	0.50
1	143.13	7.3E−05	4.3E−05	2.52	5.25	0.22	0.50
1	143.55	1.6E−04	8.8E−05	2.52	5.26	0.22	0.50
1	143.96	3.3E−04	1.7E−04	2.53	5.27	0.22	0.50
1	144.38	6.3E−04	3.0E−04	2.54	5.28	0.22	0.51

（续）

胎次	体重（kg）	胎盘磷含量（g）	胎盘磷日沉积量（g）	母体磷沉积量（g/d）	STTD磷需要量（g/d）	饲料STTD磷（%）	饲料总钙（%）
1	144.80	1.2E－03	5.2E－04	2.54	5.29	0.22	0.51
1	145.22	2.0E－03	8.6E－04	2.55	5.31	0.22	0.51
1	145.64	3.4E－03	1.4E－03	2.56	5.32	0.22	0.51
1	146.07	5.5E－03	2.1E－03	2.56	5.33	0.22	0.51
1	146.49	8.7E－03	3.2E－03	2.57	5.35	0.22	0.51
1	146.92	1.3E－02	4.6E－03	2.58	5.36	0.22	0.51
1	147.35	2.0E－02	6.7E－03	2.58	5.37	0.22	0.52
1	147.79	2.9E－02	9.4E－03	2.59	5.39	0.22	0.52
1	148.22	4.2E－02	1.3E－02	2.59	5.41	0.23	0.52
1	148.66	6.0E－02	1.8E－02	2.60	5.43	0.23	0.52
1	149.19	8.4E－02	2.4E－02	2.60	5.52	0.20	0.47
1	149.72	0.11	3.1E－02	2.60	5.54	0.21	0.47
1	150.26	0.16	4.1E－02	2.61	5.57	0.21	0.47
1	150.81	0.21	5.3E－02	2.61	5.59	0.21	0.48
1	151.36	0.28	6.8E－02	2.62	5.63	0.21	0.48
1	151.92	0.36	8.6E－02	2.62	5.66	0.21	0.48
1	152.49	0.47	0.11	2.63	5.70	0.21	0.49
1	153.07	0.61	0.14	2.63	5.75	0.21	0.49
1	153.67	0.78	0.17	2.63	5.80	0.21	0.49
1	154.28	0.98	0.21	2.64	5.86	0.22	0.50
1	154.90	1.23	0.25	2.64	5.93	0.22	0.51
1	155.53	1.53	0.30	2.64	6.01	0.22	0.51
1	156.18	1.89	0.36	2.64	6.09	0.23	0.52
1	156.85	2.32	0.43	2.64	6.19	0.23	0.53
1	157.53	2.82	0.50	2.63	6.29	0.23	0.54
1	158.23	3.41	0.59	2.63	6.41	0.24	0.55
1	158.94	4.09	0.68	2.63	6.54	0.24	0.56
1	159.67	4.87	0.78	2.62	6.67	0.25	0.57
1	160.42	5.77	0.89	2.61	6.82	0.25	0.58
1	161.17	6.78	1.01	2.60	6.97	0.26	0.59
1	161.94	7.90	1.13	2.59	7.13	0.26	0.61
1	162.73	9.16	1.25	2.58	7.30	0.27	0.62
1	163.52	10.53	1.38	2.57	7.46	0.28	0.64
1	164.32	12.03	1.50	2.55	7.62	0.28	0.65

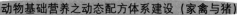

（续）

胎次	体重（kg）	胎盘磷含量（g）	胎盘磷日沉积量（g）	母体磷沉积量（g/d）	STTD磷需要量（g/d）	饲料STTD磷（%）	饲料总钙（%）
1	165.13	13.64	1.61	2.54	7.77	0.29	0.66
1	165.95	15.35	1.71	2.52	7.90	0.29	0.67
1	166.77	17.16	1.81	2.51	8.03	0.30	0.68
1	167.59	19.04	1.88	2.49	8.13	0.30	0.69
1	168.41	20.99	1.94	2.47	8.22	0.30	0.70
1	169.24	22.97	1.98	2.45	8.28	0.31	0.71
1	170.06	24.97	2.00	2.44	8.31	0.31	0.71
1	170.88	26.98	2.01	2.42	8.33	0.31	0.71
1	171.70	28.97	1.99	2.41	8.32	0.31	0.71
1	172.51	30.92	1.95	2.39	8.29	0.31	0.71
1	173.32	32.82	1.90	2.39	8.26	0.31	0.70
1	174.13	34.65	1.83	2.39	8.22	0.30	0.70
1	174.94	36.40	1.76	2.39	8.16	0.30	0.70
1	175.74	38.07	1.67	2.40	8.10	0.30	0.69
1	176.54	39.65	1.58	2.40	8.03	0.30	0.68
1	177.33	41.14	1.48	2.40	7.96	0.29	0.68
1	178.11	42.53	1.39	2.40	7.89	0.29	0.67
1	178.89	43.82	1.29	2.40	7.82	0.29	0.67
1	179.66	45.01	1.20	2.41	7.76	0.29	0.66
1	180.42	46.12	1.11	2.41	7.70	0.29	0.66
1	181.17	47.14	1.02	2.41	7.65	0.28	0.65
1	181.91	48.07	0.93	2.41	7.60	0.28	0.65
1	182.63	48.92	0.86	2.42	7.57	0.28	0.64
1	183.35	49.71	0.78	2.42	7.54	0.28	0.64
1	184.06	50.42	0.71	2.42	7.52	0.28	0.64
1	184.75	51.07	0.65	2.42	7.51	0.28	0.64
1	185.44	51.66	0.59	2.43	7.51	0.28	0.64
1	186.11	52.20	0.54	2.43	7.51	0.28	0.64
1	186.77	52.69	0.49	2.43	7.52	0.28	0.64
1	187.41	53.14	0.45	2.43	7.54	0.28	0.64
1	188.05	53.54	0.40	2.44	7.56	0.28	0.64
1	188.67	53.91	0.37	2.44	7.59	0.28	0.65
1	189.29	54.24	0.33	2.44	7.63	0.28	0.65
1	189.89	54.55	0.30	2.45	7.67	0.28	0.65

（续）

胎次	体重（kg）	胎盘磷含量（g）	胎盘磷日沉积量（g）	母体磷沉积量（g/d）	STTD磷需要量（g/d）	饲料STTD磷（%）	饲料总钙（%）
1	190.47	54.82	0.28	2.45	7.71	0.29	0.66
1	191.05	55.07	0.25	2.45	7.75	0.29	0.66
1	191.62	55.30	0.23	2.46	7.80	0.29	0.66
1	192.18	55.51	0.21	2.46	7.86	0.29	0.67
1	192.72	55.69	0.19	2.46	7.91	0.29	0.67
1	193.26	55.87	0.17	2.47	7.97	0.30	0.68
1	193.78	56.02	0.16	2.47	8.03	0.30	0.68
1	194.30	56.17	0.14	2.47	8.08	0.30	0.69
1	194.81	56.30	0.13	2.48	8.14	0.30	0.69
1	195.56	56.41	0.12	2.71	8.62	0.28	0.64
1	196.31	56.52	0.11	2.71	8.68	0.28	0.64
1	197.05	56.62	0.10	2.71	8.74	0.28	0.65
1	197.78	56.71	0.09	2.72	8.81	0.28	0.65
1	198.51	56.80	0.08	2.72	8.87	0.29	0.66
1	199.22	56.87	0.08	2.72	8.93	0.29	0.66
1	199.92	56.94	0.07	2.73	8.99	0.29	0.67
1	200.62	57.01	0.06	2.73	9.05	0.29	0.67
1	201.31	57.07	0.06	2.73	9.11	0.29	0.68
1	202.00	57.12	0.05	2.74	9.17	0.30	0.68
1	202.67	57.17	0.05	2.74	9.22	0.30	0.68
1	203.34	57.21	0.05	2.74	9.28	0.30	0.69
1	204.00	57.26	0.04	2.75	9.33	0.30	0.69
1	204.66	57.30	0.04	2.75	9.38	0.30	0.70
1	205.31	57.33	0.04	2.75	9.43	0.30	0.70
1	205.96	57.36	0.03	2.76	9.48	0.31	0.70
1	206.59	57.39	0.03	2.76	9.53	0.31	0.71
1	207.23	57.42	0.03	2.76	9.57	0.31	0.71
1	207.86	57.45	0.03	2.76	9.61	0.31	0.71
1	208.48	57.47	0.02	2.77	9.65	0.31	0.72
1	209.10	57.49	0.02	2.77	9.69	0.31	0.72
1	209.71	57.52	0.02	2.77	9.72	0.31	0.72
1	210.32	57.53	0.02	2.78	9.75	0.31	0.72
1	210.93	57.55	0.02	2.78	9.78	0.32	0.73
1	211.53	57.57	0.02	2.78	9.81	0.32	0.73

注："5.1E-12"是数值的科学计算形式，等于"5.1×10^{-12}"。

四、泌乳母猪营养需要量和哺乳仔猪生长性能计算

泌乳母猪的营养需要应满足母体（正负平衡）和乳汁分泌的营养需要，计算时需输入的因子见表 3-67。NRC（2012）中，因初产母猪和经产母猪（2 胎及以上）的代谢能采食量不同，因此应分开计算；当计算得到的代谢能采食量与输入的代谢能摄入量（日采食量×饲料能值）不同时，系统选取较大值。通过计算体蛋白和体脂肪的增重，可以得到哺乳期增重或失重数据。使用其他文献或资料中的公式、经验数据，结合乳中所提供的营养物质，可以计算哺乳乳猪的生长情况。

表 3-67 泌乳母猪营养需要计算时需输入的因子

项目	初产母猪	经产母猪
母猪初始体重（kg）	175	210
胎次	1	2
乳猪出生重（kg）	1.3	1.3
预期 28 日龄体重（kg）	7.5	8.5
仔猪平均日增重（g）	221.4	257.1
活仔数	11	11.5
温度（高温，℃）	22	22
饲料 ME（kcal/kg）	3 300	3 300
饲料 NE（kcal/kg）	2 517.9	2 517.9

实际日采食量输入（含 5%浪费，kg）		
泌乳天数（d）	初产母猪	经产母猪
1	2	2.5
2	2.5	3
3	3	3.5
4	3.5	4
5	4	4.5
6	4.5	5
7	5	5.5
8	5.5	6
9	5.5	6
10	5.5	6
11	5.5	6
12	5.5	6
13	5.5	6

（续）

项目	初产母猪	经产母猪
实际日采食量输入（含 5% 浪费，kg）		
泌乳天数（d）	初产母猪	经产母猪
14	5.5	6
15	5.5	6
16	5.5	6
17	5.5	6
18	5.5	6
19	5.5	6
20	5.5	6
21	5.5	6
22	5.5	6
23	5.5	6
24	5.5	6
25	5.5	6
26	5.5	6
27	5.5	6
28	5.5	6

现以初产母猪为例，介绍泌乳母猪营养需要的计算。

（一）初产母猪代谢能分配、体组成变化与哺乳仔猪生长情况计算

初产母猪代谢能分配、体组成变化使用了公式 8 - 70 到公式 8 - 75，体蛋白和体脂肪的计算方法基本与生长育肥猪相同，计算时假设体能量损失中 90% 是体脂肪，10% 是体蛋白。根据文献资料，此处哺乳仔猪生长速度与产乳量的比例为 1∶4。计算过程和结果分别见表 3 - 68。

表 3 - 68　初产母猪代谢能分配、体组织变化和乳猪生长情况计算（一）

胎次	泌乳天数（d）	平均窝增重（g/d）	乳中平均能量（总能）产出量（kcal/d）	乳中平均氮产出量（g/d）	某天的乳中能量产出量（kcal）	某天的乳中氮产出量（g/d）	初产母猪预测 ME 摄入量（kcal/d）	高温造成的 ME 摄入减少比例（%）	初产母猪标准维持 ME 需要量（kcal/d）
1	1	2 436	10 994	67	6 631	41	6 286	0	4 787
1	2	2 436	10 994	67	7 416	45	8 395	0	4 766
1	3	2 436	10 994	67	8 182	50	10 912	0	4 749
1	4	2 436	10 994	67	8 917	55	13 134	0	4 736
1	5	2 436	10 994	67	9 612	59	14 987	0	4 725
1	6	2 436	10 994	67	10 257	63	16 498	0	4 716
1	7	2 436	10 994	67	10 846	66	17 724	0	4 709

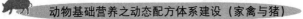
（续）

胎次	泌乳天数（d）	平均窝增重（g/d）	乳中平均能量（总能）产出量（kcal/d）	乳中平均氮产出量（g/d）	某天的乳中能量产出量（kcal）	某天的乳中氮产出量（g/d）	初产母猪预测 ME 摄入量（kcal/d）	高温造成的 ME 摄入减少比例（%）	初产母猪标准维持 ME 需要量（kcal/d）
1	8	2 436	10 994	67	11 375	70	18 720	0	4 702
1	9	2 436	10 994	67	11 842	72	19 535	0	4 695
1	10	2 436	10 994	67	12 245	75	20 207	0	4 689
1	11	2 436	10 994	67	12 585	77	20 766	0	4 683
1	12	2 436	10 994	67	12 863	79	21 236	0	4 678
1	13	2 436	10 994	67	13 081	80	21 633	0	4 672
1	14	2 436	10 994	67	13 243	81	21 972	0	4 667
1	15	2 436	10 994	67	13 353	82	22 264	0	4 663
1	16	2 436	10 994	67	13 413	82	22 517	0	4 659
1	17	2 436	10 994	67	13 428	82	22 737	0	4 655
1	18	2 436	10 994	67	13 403	82	22 930	0	4 653
1	19	2 436	10 994	67	13 341	82	23 100	0	4 651
1	20	2 436	10 994	67	13 246	81	23 251	0	4 650
1	21	2 436	10 994	67	13 121	80	23 386	0	4 650
1	22	2 436	10 994	67	12 972	79	23 506	0	4 651
1	23	2 436	10 994	67	12 800	78	23 614	0	4 653
1	24	2 436	10 994	67	12 609	77	23 712	0	4 656
1	25	2 436	10 994	67	12 402	76	23 800	0	4 661
1	26	2 436	10 994	67	12 182	74	23 881	0	4 666
1	27	2 436	10 994	67	11 950	73	23 954	0	4 673
1	28	2 436	10 994	67	11 709	72	24 021	0	4 681

表 3-68 初产母猪代谢能分配、体组织变化和哺乳仔猪生长情况计算（二）

泌乳天数（d）	产乳 ME 需要量（kcal/d）	体组织提供的 ME（kcal/d）	体蛋白损失（g/d）	母体脂肪损失（g/d）	体重损失（kg/d）	体重累计损失（kg）	日产乳量（kg）
1	9 473	−7 974	−86	−660	−1.18	−1.18	5.07
2	10 594	−6 964	−76	−576	−1.03	−2.21	5.67
3	11 688	−5 525	−60	−457	−0.82	−3.03	6.25
4	12 739	−4 341	−47	−359	−0.64	−3.67	6.82
5	13 731	−3 469	−38	−287	−0.51	−4.18	7.35
6	14 652	−2 870	−31	−238	−0.42	−4.61	7.84
7	15 494	−2 479	−27	−205	−0.37	−4.98	8.29

（续）

泌乳天数（d）	产乳ME需要量（kcal/d）	体组织提供的ME（kcal/d）	体蛋白损失（g/d）	母体脂肪损失（g/d）	体重损失（kg/d）	体重累计损失（kg）	日产乳量（kg）
8	16 250	−2 232	−24	−185	−0.33	−5.31	8.69
9	16 917	−2 078	−23	−172	−0.31	−5.61	9.05
10	17 493	−1 975	−21	−163	−0.29	−5.91	9.36
11	17 978	−1 895	−21	−157	−0.28	−6.19	9.62
12	18 375	−1 817	−20	−150	−0.27	−6.45	9.83
13	18 687	−1 727	−19	−143	−0.26	−6.71	10.00
14	18 919	−1 614	−18	−134	−0.24	−6.95	10.12
15	19 075	−1 474	−16	−122	−0.22	−7.17	10.21
16	19 161	−1 304	−14	−108	−0.19	−7.36	10.25
17	19 183	−1 102	−12	−91	−0.16	−7.52	10.26
18	19 147	−870	−9	−72	−0.13	−7.65	10.24
19	19 058	−609	−7	−50	−0.09	−7.74	10.20
20	18 922	−321	−3	−27	−0.05	−7.79	10.12
21	18 745	−9	0	−1	0.00	−7.79	10.03
22	18 531	324	4	27	0.05	−7.74	9.91
23	18 285	676	7	56	0.10	−7.64	9.78
24	18 013	1 043	11	86	0.15	−7.49	9.64
25	17 717	1 423	15	118	0.21	−7.28	9.48
26	17 402	1 812	20	150	0.27	−7.01	9.31
27	17 071	2 210	24	183	0.33	−6.68	9.13
28	16 727	2 612	28	216	0.39	−6.30	8.95

表 3-68　初产母猪代谢能分配、体组织变化和哺乳仔猪生长情况计算（三）

泌乳天数（d）	仔猪窝增重（kg/d）	每头仔猪增重（kg/d）	累计窝重（kg）	哺乳仔猪体重（kg/头）
1	1.27	0.12	15.57	1.42
2	1.42	0.13	16.98	1.54
3	1.56	0.14	18.55	1.69
4	1.70	0.15	20.25	1.84
5	1.84	0.17	22.09	2.01
6	1.96	0.18	24.05	2.19
7	2.07	0.19	26.12	2.37
8	2.17	0.20	28.29	2.57
9	2.26	0.21	30.56	2.78

（续）

泌乳天数 (d)*	仔猪窝增重 (kg/d)	每头仔猪增重 (kg/d)	累计窝重 (kg)	哺乳仔猪体重 (kg/头)
10	2.34	0.21	32.90	2.99
11	2.40	0.22	35.30	3.21
12	2.46	0.22	37.76	3.43
13	2.50	0.23	40.26	3.66
14	2.53	0.23	42.79	3.89
15	2.55	0.23	45.34	4.12
16	2.56	0.23	47.90	4.35
17	2.57	0.23	50.47	4.59
18	2.56	0.23	53.03	4.82
19	2.55	0.23	55.58	5.05
20	2.53	0.23	58.11	5.28
21	2.51	0.23	60.61	5.51
22	2.48	0.23	63.09	5.74
23	2.45	0.22	65.54	5.96
24	2.41	0.22	67.95	6.18
25	2.37	0.22	70.32	6.39
26	2.33	0.21	72.65	6.60
27	2.28	0.21	74.93	6.81
28	2.24	0.20	77.17	7.02

注：哺乳仔猪日平均增重和 28 日龄体重低于输入值，主要受哺乳乳猪生长速度与产乳量比例的影响。当比例调整为 3.7 时，即哺乳仔猪吮吸 3.7kg 奶体重增加 1kg 时，乳猪日增重和 28 日龄终体重与输入值相同。

（二）初产泌乳母猪 SID 氨基酸需要量计算

泌乳母猪摄入的 SID 氨基酸用于维持、产乳需要，不足部分由体蛋白分解补充。初产泌乳母猪 SID 赖氨酸需要量的计算过程和结果见表 3-69。

表 3-69 初产泌乳母猪 SID 赖氨酸需要量计算

泌乳天数 (d)	某天的乳中氮产出量 (g/d)	日采食量 (kg)	母体蛋白损失 (g/d)	胃肠道内源赖氨酸损失 (g/d)	表皮氨基酸损失 (g/d)	胃肠道+表皮需要的 SID 赖氨酸 (g/d)	用于产乳的 SID 赖氨酸需要量 (g/d)	总 SID 赖氨酸需要量 (g/d)	饲料中 SID 赖氨酸 (%)
1	40.54	1.90	86.47	0.67	0.22	1.18	17.05	18.23	0.96
2	45.34	2.54	75.52	0.90	0.21	1.48	21.52	23.22	0.91
3	50.03	3.31	59.91	1.17	0.21	1.84	26.46	28.51	0.86
4	54.52	3.98	47.07	1.41	0.21	2.16	30.95	33.32	0.84

（续）

泌乳天数（d）	某天的乳中氮产出量（g/d）	日采食量（kg）	母体蛋白损失（g/d）	胃肠道内源赖氨酸损失（g/d）	表皮氨基酸损失（g/d）	胃肠道＋表皮需要的SID赖氨酸（g/d）	用于产乳的SID赖氨酸需要量（g/d）	总SID赖氨酸需要量（g/d）	饲料中SID赖氨酸（%）
5	58.77	4.54	37.62	1.60	0.21	2.42	34.88	37.51	0.83
6	62.71	5.00	31.13	1.77	0.21	2.64	38.26	41.11	0.82
7	66.31	5.37	26.88	1.90	0.21	2.81	41.16	44.19	0.82
8	69.55	5.67	24.21	2.00	0.21	2.95	43.63	46.80	0.82
9	72.40	5.92	22.53	2.09	0.21	3.07	45.73	49.01	0.83
10	74.87	6.12	21.42	2.16	0.21	3.17	47.51	50.88	0.83
11	76.95	6.29	20.55	2.22	0.21	3.25	48.99	52.45	0.83
12	78.64	6.44	19.70	2.27	0.21	3.31	50.23	53.75	0.84
13	79.98	6.56	18.72	2.32	0.21	3.37	51.23	54.81	0.84
14	80.97	6.66	17.50	2.35	0.21	3.42	52.04	55.66	0.83
15	81.64	6.75	15.98	2.38	0.21	3.46	52.66	56.33	0.83
16	82.01	6.82	14.13	2.41	0.21	3.49	53.12	56.82	0.83
17	82.10	6.89	11.95	2.43	0.21	3.53	53.44	57.17	0.83
18	81.95	6.95	9.43	2.46	0.21	3.55	53.62	57.39	0.83
19	81.57	7.00	6.60	2.47	0.21	3.58	53.70	57.48	0.82
20	80.99	7.05	3.48	2.49	0.21	3.60	53.67	57.48	0.82
21	80.23	7.09	0.10	2.50	0.21	3.62	53.56	57.38	0.81
22	79.31	7.12	0.00	2.52	0.21	3.64	52.96	56.80	0.80
23	78.26	7.16	0.00	2.53	0.21	3.65	52.25	56.11	0.78
24	77.09	7.19	0.00	2.54	0.21	3.66	51.48	55.35	0.77
25	75.83	7.21	0.00	2.55	0.21	3.68	50.63	54.52	0.76
26	74.48	7.24	0.00	2.56	0.21	3.69	49.73	53.63	0.74
27	73.06	7.26	0.00	2.57	0.21	3.70	48.78	52.70	0.73
28	71.59	7.28	0.00	2.57	0.21	3.71	47.80	51.72	0.71

其他 SID 氨基酸的计算方法与生长育肥猪的相同，计算结果见初产泌乳母猪营养需要的汇总表格。

（三）初产泌乳母猪 STTD 磷和钙需要量计算

计算过程和结果见表 3-70。

表 3-70　初产泌乳母猪 STTD 磷和钙需要量计算

泌乳天数（d）	某天的乳中氮产出量（g/d）	母体蛋白损失（g/d）	日采食量（kg）	基础内源消化道磷损失量（g/d）	尿磷损失量（g/d）	产乳需要的磷量（g/d）	体蛋白动员时提供的磷量（g/d）	STTD磷需要量（g/d）	饲料中STTD磷（%）	饲料中钙（%）
1	40.54	86.47	1.90	0.41	1.22	10.29	0.83	11.09	0.58	1.16
2	45.34	75.52	2.54	0.55	1.21	11.51	0.72	12.55	0.49	0.99
3	50.03	59.91	3.31	0.71	1.20	12.70	0.58	14.04	0.42	0.85
4	54.52	47.07	3.98	0.86	1.20	13.84	0.45	15.45	0.39	0.78
5	58.77	37.62	4.54	0.98	1.20	14.92	0.36	16.74	0.37	0.74
6	62.71	31.13	5.00	1.08	1.19	15.92	0.30	17.90	0.36	0.72
7	66.31	26.88	5.37	1.16	1.19	16.84	0.26	18.93	0.35	0.70
8	69.55	24.21	5.67	1.22	1.19	17.66	0.23	19.84	0.35	0.70
9	72.40	22.53	5.92	1.28	1.19	18.38	0.22	20.63	0.35	0.70
10	74.87	21.42	6.12	1.32	1.18	19.01	0.21	21.31	0.35	0.70
11	76.95	20.55	6.29	1.36	1.18	19.54	0.20	21.88	0.35	0.70
12	78.64	19.70	6.44	1.39	1.18	19.97	0.19	22.35	0.35	0.69
13	79.98	18.72	6.56	1.42	1.18	20.31	0.18	22.72	0.35	0.69
14	80.97	17.50	6.66	1.44	1.18	20.56	0.17	23.00	0.35	0.69
15	81.64	15.98	6.75	1.46	1.17	20.73	0.15	23.21	0.34	0.69
16	82.01	14.13	6.82	1.47	1.17	20.82	0.14	23.33	0.34	0.68
17	82.10	11.95	6.89	1.49	1.17	20.85	0.11	23.39	0.34	0.68
18	81.95	9.43	6.95	1.50	1.17	20.81	0.09	23.39	0.34	0.67
19	81.57	6.60	7.00	1.51	1.17	20.71	0.06	23.33	0.33	0.67
20	80.99	3.48	7.05	1.52	1.17	20.56	0.03	23.22	0.33	0.66
21	80.23	0.10	7.09	1.53	1.17	20.37	0.00	23.07	0.33	0.65
22	79.31	0.00	7.12	1.54	1.17	20.14	0.00	22.85	0.32	0.64
23	78.26	0.00	7.16	1.55	1.17	19.87	0.00	22.59	0.32	0.63
24	77.09	0.00	7.19	1.55	1.17	19.57	0.00	22.30	0.31	0.62
25	75.83	0.00	7.21	1.56	1.17	19.25	0.00	21.98	0.30	0.61
26	74.48	0.00	7.24	1.56	1.18	18.91	0.00	21.65	0.30	0.60
27	73.06	0.00	7.26	1.57	1.18	18.55	0.00	21.30	0.29	0.59
28	71.59	0.00	7.28	1.57	1.18	18.18	0.00	20.93	0.29	0.58

（四）初产泌乳母猪饲料营养浓度汇总

分别见表 3-71。

表 3-71 初产泌乳母猪饲料营养浓度（一）

泌乳天数（d）	ME（kcal/kg）	NE（kcal/kg）	粗蛋白质（%）	总钙（%）	STTD磷（%）	SID赖氨酸（%）	SID蛋氨酸（%）	SID蛋氨酸+胱氨酸（%）	SID苏氨酸（%）
1	3 300	2 517.9	13.26	1.16	0.58	0.96	0.25	0.54	0.62
2	3 300	2 517.9	12.40	0.99	0.49	0.91	0.24	0.50	0.58
3	3 300	2 517.9	11.65	0.85	0.42	0.86	0.22	0.46	0.54
4	3 300	2 517.9	11.27	0.78	0.39	0.84	0.22	0.45	0.53
5	3 300	2 517.9	11.09	0.74	0.37	0.83	0.22	0.44	0.52
6	3 300	2 517.9	11.03	0.72	0.36	0.82	0.22	0.44	0.52
7	3 300	2 517.9	11.02	0.70	0.35	0.82	0.22	0.43	0.52
8	3 300	2 517.9	11.04	0.70	0.35	0.82	0.22	0.44	0.52
9	3 300	2 517.9	11.07	0.70	0.35	0.83	0.22	0.44	0.52
10	3 300	2 517.9	11.10	0.70	0.35	0.83	0.22	0.44	0.52
11	3 300	2 517.9	11.13	0.70	0.35	0.83	0.22	0.44	0.52
12	3 300	2 517.9	11.15	0.69	0.35	0.84	0.22	0.44	0.52
13	3 300	2 517.9	11.16	0.69	0.35	0.84	0.22	0.44	0.52
14	3 300	2 517.9	11.16	0.69	0.35	0.84	0.22	0.44	0.52
15	3 300	2 517.9	11.14	0.69	0.34	0.83	0.22	0.44	0.52
16	3 300	2 517.9	11.11	0.68	0.34	0.83	0.22	0.44	0.52
17	3 300	2 517.9	11.07	0.68	0.34	0.83	0.22	0.44	0.52
18	3 300	2 517.9	11.02	0.67	0.34	0.83	0.22	0.43	0.52
19	3 300	2 517.9	10.95	0.67	0.33	0.82	0.22	0.43	0.51
20	3 300	2 517.9	10.88	0.66	0.33	0.82	0.22	0.43	0.51
21	3 300	2 517.9	10.80	0.65	0.33	0.81	0.22	0.42	0.51
22	3 300	2 517.9	10.65	0.64	0.32	0.80	0.21	0.42	0.50
23	3 300	2 517.9	10.49	0.63	0.32	0.78	0.21	0.41	0.49
24	3 300	2 517.9	10.32	0.62	0.31	0.77	0.21	0.40	0.48
25	3 300	2 517.9	10.14	0.61	0.30	0.76	0.20	0.40	0.48
26	3 300	2 517.9	9.96	0.60	0.30	0.74	0.20	0.39	0.47
27	3 300	2 517.9	9.77	0.59	0.29	0.73	0.19	0.38	0.46
28	3 300	2 517.9	9.58	0.58	0.29	0.71	0.19	0.37	0.45

表 3-71 头胎泌乳母猪饲料营养浓度（二）

泌乳天数（d）	SID色氨酸（%）	SID缬氨酸（%）	SID精氨酸（%）	SID组氨酸（%）	SID异亮氨酸（%）	SID亮氨酸（%）	SID苯丙氨酸（%）	SID苯丙氨酸+酪氨酸（%）
1	0.20	0.83	0.40	0.36	0.54	1.16	0.53	1.15
2	0.19	0.78	0.42	0.35	0.51	1.07	0.50	1.06
3	0.17	0.74	0.44	0.33	0.48	0.99	0.47	0.99
4	0.16	0.71	0.44	0.33	0.47	0.95	0.46	0.95
5	0.16	0.70	0.45	0.33	0.46	0.93	0.45	0.93
6	0.16	0.70	0.46	0.33	0.46	0.92	0.45	0.92
7	0.16	0.70	0.46	0.33	0.46	0.92	0.45	0.92
8	0.16	0.70	0.47	0.33	0.46	0.92	0.45	0.92
9	0.16	0.71	0.47	0.33	0.46	0.93	0.45	0.92
10	0.16	0.71	0.47	0.33	0.46	0.93	0.45	0.93
11	0.16	0.71	0.47	0.33	0.46	0.93	0.45	0.93
12	0.16	0.71	0.48	0.33	0.46	0.93	0.45	0.93
13	0.16	0.71	0.48	0.33	0.46	0.93	0.45	0.93
14	0.16	0.71	0.48	0.33	0.46	0.93	0.45	0.93
15	0.16	0.71	0.48	0.33	0.46	0.93	0.45	0.93
16	0.16	0.71	0.48	0.33	0.46	0.93	0.45	0.93
17	0.16	0.71	0.48	0.33	0.46	0.93	0.45	0.92
18	0.15	0.70	0.48	0.33	0.46	0.92	0.45	0.92
19	0.15	0.70	0.48	0.33	0.46	0.91	0.44	0.91
20	0.15	0.70	0.47	0.33	0.45	0.91	0.44	0.90
21	0.15	0.69	0.47	0.32	0.45	0.90	0.44	0.90
22	0.15	0.68	0.47	0.32	0.44	0.89	0.43	0.88
23	0.15	0.67	0.46	0.31	0.44	0.87	0.42	0.87
24	0.14	0.66	0.45	0.31	0.43	0.86	0.42	0.85
25	0.14	0.65	0.44	0.30	0.42	0.84	0.41	0.84
26	0.14	0.63	0.43	0.30	0.41	0.82	0.40	0.82
27	0.14	0.62	0.43	0.29	0.40	0.81	0.39	0.81
28	0.13	0.61	0.42	0.28	0.40	0.79	0.39	0.79

（五）哺乳仔猪生长情况汇总及补充代乳料后的生长性能计算

假设哺乳仔猪 10 日龄开始饲喂代乳料，日采食量（g）使用公式：$0.004 \times$ 日龄$^{2.8}$ 计算，并假定代乳料的料重比为 1：1，则计算补充代乳料后哺乳仔猪的生长性能见表 3-72。

表 3-72　哺乳仔猪生长汇总及补充代乳料后的生长性能

| 泌乳天数
(d) | 哺乳仔猪生长汇总（初产） | | | | 采食代乳料后的生长性能 | | | | |
	窝增重 (kg/d)	头增重 (kg/d)	累计窝重 (kg)	乳猪体重 (kg/头)	代乳料补 充量（g/d）	代乳料累 计量（g）	乳猪体重 (kg/头)	累计窝重 (kg)	头增重 (kg/d)
1	1.27	0.12	15.57	1.42			1.42	15.57	0.12
2	1.42	0.13	16.98	1.54			1.54	16.98	0.13
3	1.56	0.14	18.55	1.69			1.69	18.55	0.14
4	1.70	0.15	20.25	1.84			1.84	20.25	0.15
5	1.84	0.17	22.09	2.01			2.01	22.09	0.17
6	1.96	0.18	24.05	2.19			2.19	24.05	0.18
7	2.07	0.19	26.12	2.37			2.37	26.12	0.19
8	2.17	0.20	28.29	2.57			2.57	28.29	0.20
9	2.26	0.21	30.56	2.78			2.78	30.56	0.21
10	2.34	0.21	32.90	2.99	2.78	2.78	2.99	32.93	0.22
11	2.40	0.22	35.30	3.21	3.63	6.40	3.22	35.37	0.22
12	2.46	0.22	37.76	3.43	4.63	11.03	3.44	37.88	0.23
13	2.50	0.23	40.26	3.66	5.79	16.81	3.68	40.44	0.23
14	2.53	0.23	42.79	3.89	7.12	23.94	3.91	43.05	0.24
15	2.55	0.23	45.34	4.12	8.64	32.58	4.15	45.70	0.24
16	2.56	0.23	47.90	4.35	10.35	42.93	4.40	48.37	0.24
17	2.57	0.23	50.47	4.59	12.27	55.19	4.64	51.07	0.25
18	2.56	0.23	53.03	4.82	14.40	69.59	4.89	53.79	0.25
19	2.55	0.23	55.58	5.05	16.75	86.34	5.14	56.53	0.25
20	2.53	0.23	58.11	5.28	19.33	105.67	5.39	59.27	0.25
21	2.51	0.23	60.61	5.51	22.16	127.84	5.64	62.02	0.25
22	2.48	0.23	63.09	5.74	25.25	153.09	5.89	64.78	0.25
23	2.45	0.22	65.54	5.96	28.60	181.68	6.14	67.54	0.25
24	2.41	0.22	67.95	6.18	32.21	213.89	6.39	70.30	0.25
25	2.37	0.22	70.32	6.39	36.11	250.01	6.64	73.07	0.25
26	2.33	0.21	72.65	6.60	40.31	290.32	6.89	75.84	0.25
27	2.28	0.21	74.93	6.81	44.80	335.12	7.15	78.61	0.25
28	2.24	0.20	77.17	7.02	49.60	384.72	7.40	81.40	0.25

结 束 语

　　本书历经 3 年的闭门式准备，8 个月的努力，近 1 年的修改，终于与读者朋友见面了。它是继笔者《饲料企业核心竞争力构建指南》和《猪的生长性能影响因素全解析》这两本书的发展脉络，基本完成了两大初始目标之一的"建立以动物营养需要为基础的配方技术服务体系"的要求（本书发展为"以动物生长性能为基础的动态配方体系"）。

　　正如在前言中所述，本书是"以问题导向"为基本思路层层展开的，重要在于应用。同时也列出了下列 40 个"动物营养实用之问"（主要指猪），希望读者朋友在使用本书时，以这 40 个问题为向导，以对 40 个问题的回答作为评分依据（如每题 2.5 分，满分 100），评估自己的生产实践能力。

　　1. 饲料六大营养素及其对应的猪体成分有哪些？

　　2. 营养需要如何评估？

　　3. 常用的营养体系有哪些？

　　4. 水有哪些营养？

　　5. 蛋白质如何消化、吸收与代谢？

　　6. 碳水化合物如何消化、吸收与代谢？

　　7. 脂质如何消化、吸收与代谢？

　　8. 维生素如何代谢与发挥作用？

　　9. 矿物质如何代谢与发挥作用？

　　10. 猪的生长发育及体成分有哪些变化？

　　11. 猪的繁殖与营养需要是什么？

　　12. 饲料（浓度）与采食量有哪些关系？

　　13. 能量是什么？其作用是什么？

　　14. 能量体系的发展及应用包含哪些方面？

　　15. 如何深入理解粗蛋白质？

　　16. 氨基酸平衡的发展与应用包含哪些方面？

　　17. 如何评估原料与新原料的开发？

　　18. 常用饲料添加剂的生理作用机理及其效果评价包含哪些方面？

　　19. 饲料中的霉菌毒素有哪些影响？

　　20. 饲料的加工及对动物的影响包含哪些方面？

　　21. 油脂对猪生长和繁殖的影响包含哪些方面？

　　22. 影响猪生长的因素及营养建议包含哪些方面？

　　23. 影响猪繁殖性能的因素及营养建议包含哪些方面？

　　24. 乳猪生理及其对营养和饲料的要求包含哪些方面？

　　25. 母猪泌乳量与乳猪对饲料的需求评估包含哪些方面？

　　26. 断奶仔猪的生理及其对营养和饲料的要求包含哪些方面？

27. 生长育肥猪的饲喂程序及其建立方法是什么？

28. 后备母猪的饲喂程序及其建立方法是什么？

29. 妊娠母猪的饲喂程序及其建立方法是什么？

30. 哺乳母猪的饲喂程序及其建立方法是什么？

31. 初产母猪的营养需要及饲喂程序是什么？

32. 公猪的饲喂程序及其建立方法是什么？

33. 营养对健康和免疫力有哪些影响？

34. 营养与应激（高温、冷、疾病等）的关系是怎样的？

35. 营养对肉质的影响包括哪些方面？

36. 营养对泌乳的影响包括哪些方面？

37. 营养对养分排泄和环境的影响及对应方案包括哪些方面？

38. 营养素缺乏与影响包括哪些方面？

39. 原理与现象（营养部分）包括哪些方面？

40. 现在与未来营养（动态营养体系中的确定性与不确定性）的关联如何？

附录

英中文对照

3HAO	3 - hydroxyanthranilic acid 3, 4 - dioxidase	3 -羟基邻氨基苯甲酸 3，4 -双氧化酶
5 - ALA	5 - aminolevulinic acid	5 -氨基乙酰丙酸
5′- NT	5′- nucleotidase	5′-核苷酸酶
5 - VOT	5 - vinyl - 2 - thiadiazolidinone	5 -乙烯基-2 -硫代唑烷酮
AA	Amino acid（s）	氨基酸
AAT	Amino acid transporter	氨基酸转运蛋白
ABCG	ATP - binding cassette transporters	ATP 结合盒（ABC）转运蛋白
AC	Acetic acid	乙酸
ACC	Acetyl coA carboxylase	乙酰辅酶 A 羧化酶
ACE	Angiotensin converting enzyme	血管紧张素转换酶
ACMS	2 - amino - 3 - carboxylic mucofruvic acid hemialdehyde	2 -氨基-3 -羧基黏糠酸半醛
ACP	Acyl carrier protein	酰基载体蛋白
ADF	Acid detergent fiber	酸性洗涤纤维
ADH	Alcohol dehydrogenase	乙醇脱氢酶
ADL	Acid detergent lignin	酸性洗涤木质素
ADP	Adenosine diphosphate	腺苷二磷酸
AF	Aflatoxins	黄曲霉毒素
ALAD	Aminolevulinate dehydrogenase	氨基乙酰丙酸脱氢酶
ALDH	Aldehyde dehydrogenase	乙醛脱氢酶
AMEn	Nitrogen corrects for apparent metabolizable energy in poultry	零氮平衡校正禽表观代谢能
AMP	Adenosine monophosphate	腺苷一磷酸
AMSC	Amilorid sensitive sodium channel	阿米洛利敏感钠离子通道
AOX	Aldehyde oxidase	醛氧化酶

（续）

APAO	Acetylpolyamine oxidase	乙酰多胺氧化酶
APF	Acid – pepsin treated fiber	酸-胃蛋白酶处理纤维
apo	Apolipoprotein	载脂蛋白
AP	Alkaline phosphatase	碱性磷酸酶
APs	Aminopeptidase	氨肽酶
ARC	The Agricultural Research Council	农业研究委员会（英国）
ASH	Ash	灰分（粗）
ASL	Argininosuccinate lyase	精氨基琥珀酸裂解酶
ASS	Argininosuccinate synthetase	精氨基琥珀酸合成酶
AST	Aspartate aminotransferase	天门冬氨酸氨基转移酶
ATOX – 1	Antioxidant protein – 1	抗氧化蛋白-1
ATP	Adenosine triphosphate	三磷酸腺苷
BCAA	Branched – chain amino acid	支链氨基酸
BH4	Tetrahydrogen folic acid	四氢叶酸
BL	Body – lipid	体脂肪量
BP	Body – protein	体蛋白量
BPG	2，3 – diphosphoglycerate	2，3-二磷酸甘油酸
BW	Body weight	体重
BU	Butyric acid	丁酸
BV	Biological value	生物价
CA	Carbonic anhydrase	碳酸酐酶
CACC	Calcium activated chlorine channels	钙激活的氯通道
CaM	Calmodulin	钙调蛋白
CAM	Cell adhesion molecules	细胞黏附分子
cAMP	Cyclic adenosine monophosphate	环磷酸腺苷
CAST	The Council for Agricultural Science and Technology	美国农业科学技术理事会
CAT	Catalase	过氧化氢酶
CaT – 1	Calcium transporter – 1	钙转运蛋白-1
CCS	Copper chaperone for superoxide	超氧化物歧化酶铜伴侣蛋白
CDP	Cytidine diphosphate	胞苷二磷酸
CER（Cp)	Ceruloplasmin	铜蓝蛋白
CF	Crude fiber	粗纤维
CF_DI	Correction factor for disaccharides	双糖的校正因子
CFAT	Crude fat	粗脂肪
CFAT$_h$	Acid hydrolyzes crude fat	酸水解粗脂肪

（续）

CFTR	Cystic fibrosis transmembrane regulator	囊性纤维化跨膜传导调节剂
cGMP	Cyclic guanosine monophosphate	环磷酸鸟苷
CM	Chylomicron	乳糜微粒
CMP	Cytidine monophosphate	胞苷一磷酸
CNCPS	Cornell Netcarbohydrate and Protein System	康奈尔净碳水化合物和蛋白质体系
CNNM4	Conserved domain proteins 4	古老的保守结构域蛋白4（保守结构域蛋白4）
CoA	Coenzyme A	辅酶A
COX	Cyclooxygenase	环氧化酶
Cox-17	Cytochrome oxidase-17	细胞色素氧化酶-17
CP	Crude protein	粗蛋白质
CP（A/B）	Carboxypeptidases（A/B）	羧肽酶（A/B）
CPK	Creatine phosphokinase	肌酸磷酸转移酶
CRIP	Cysteine-rich intracellular protein	富含半胱氨酸的细胞内蛋白质
CTP	Cytidine triphosphate	胞苷三磷酸
CTR1	Copper transporter-1	铜转运蛋白-1
CVB	The Centraal veevoederbureau	荷兰动物饲料产品委员会
Cygb	Cytoglobin	细胞珠蛋白
Cyt	Cytochrome	细胞色素
DA	Dopareine	多巴胺
DADF	Digestible ADF	可消化酸性洗涤纤维
DAG	Diacylglycerol	二酰基甘油
DAHP	3-deoxy-D-arabino-heptulosonate-7-phosp hate	3-脱氧-D-阿拉伯庚酮糖酸-7-磷酸
DAS	Diacetoxyscirpenol	双乙酸基草烯醇
DBH	Dopamine β-hydroxylase	多巴胺β-羟化酶
DCAD	Dietary cation anion difference	阴阳离子差
DCP	Digestible crude protein	可消化粗蛋白质
DCFAT	Digestible crude fat	可消化粗脂肪
DCT-1	Divalent cationic transporter-1	二价阳离子转运蛋白-1
DCYTB	Duodenal cytochrome B	十二指肠细胞色素b（十二指肠铁还原酶）
DE	Digestible energy	消化能
dE	Digestibility of gross energy	总能消化率
dEB	Dietary electrolyte balance	电解质平衡
DEE	Digestible ether extract	可消化醚提取物

（续）

DEE$_h$	Digestible acid – hydrolyzed ether extract	可消化的酸水解后粗脂肪
Deoxy – RNDP	Deoxy ribonucleotide diphosphate	脱氧核糖核苷酸二磷酸
DCFAT$_h$	Digestible acid – hydrolyzed crude fat	可消化酸水解粗脂肪
DFP	Diisopropyl phosphoryl fluorid	二异丙基磷酰氟
DHA	Docosahexaenoic acid	5，8，11，14，17，20 –二十二碳六烯酸
DIs	Iodothyronine deiodinase	碘甲腺原氨酸脱碘酶
DIT	Diiodothyrosine	二碘酪氨酸
DM	Dry matter	干物质
DMI	Dry matter intake	干物质采食量
DMSO	Dimethyl sulfoxide	二甲基亚砜
dN	Digestibility of nitrogen	氮消化率
DNA	Deoxyribonucleic acid	脱氧核糖核酸
DNFB	2，4 – dinitrofluorobenzene	2，4–二硝基氟苯
DNFE	Digestible NFE	可消化无氮浸出物
DNSP	Digestible NSP	可消化非淀粉多糖
DOM	Digestible organic matter	可消化有机物
DON	Deoxynivalenol	脱氧雪腐镰孢烯醇
DRES/DRes	Digestible residue	可消化残渣
E4P	Erythritos – 4 – phosphate	赤藓糖–4–磷酸
EAA	Essential amino acid	必需氨基酸
EBW	Empty body weight	空腹体重
EE	Ether extraction	醚浸提物
EEd	Ether extraction digestibility	醚提取物消化率
EMC	Equilibrium moisture concentration	平衡水分浓度
EPA	Eicosapentaenoic acid	二十碳五烯酸
EPN	Epinephrine	肾上腺素
ERK1/2	Extracellular signal – regulated kinase	细胞外信号调节激酶
ERH	Equilibrium relative humidity	平衡相对湿度
ETH	Ethyl alcohol	乙醇
Euri	Urinary energy	尿能
FAD	Flavin adenine dinucleotide	黄素腺嘌呤二核苷酸
FAO	The Food and Agriculture Organization of the United Nations	联合国粮农组织
FB	Fusarium	烟曲霉毒素

（续）

FCH	Fermentative degradable carbohydrates	可发酵碳水化合物
FDA	The Food and Drug Administration	食品及药物管理局（美国）
FFA	Free fatty acid	游离脂肪酸
FEX	Fluoride exportation protein	氟化物输出蛋白
Fluc	Fluoride carrier	氟化物载体
FMN	Lavin mononucleotide	黄素单核苷酸
Gas6	Growth arrest – specific gene 6	生长停滞特异性基因 6 蛋白
GC	Guanylate cyclase	鸟苷酸环化酶
GDP	Guanosine diphosphate	鸟苷二磷酸
GE	Gross energy	总能
GGT	Gamma – glutamyl transferase	谷氨酰转移酶
GLDH（GDH）	Glutamate dehydrogenase	谷氨酸脱氢酶
GLO	Glyoxalase	乙二醛酶
Glu	Glucose	葡萄糖
Gls	Glucosinolates	硫代葡萄糖苷
GLUT	Glucose transporter	葡萄糖转运蛋白
GMA	Glucomannan polymer	葡甘聚糖聚合物
GOT	Glutamic oxalacetic transaminase	谷草转氨酶
GOS	Oligosaccharide	寡糖
GPC	Glyceryl phosphoryl choline	甘油磷酰胆碱
GPT	Glutamic – pyruvic transaminase	谷丙转氨酶
GS	Glutamine synthetase	谷氨酰胺合成酶
GSH	Glutathione	还原型谷胱甘肽
GSH – Px	Glutathione peroxidase	谷胱甘肽过氧化酶
GSSG	Oxidized glutathione	氧化型谷胱甘肽
GTP	Guanosine triphosphate	三磷酸鸟苷
Hb	Hemoglobin	血红蛋白
HC	Haptocorrin	钴胺素蛋白
HCP1	Heme carrier protein	血红素载体蛋白-1
HDL	High – density lipoprotein	高密度脂蛋白
heme – R	Heme receptor	血红素受体
HG	Hemoglobin	血红蛋白
HJV	Hemojuvelin	铁调素调节蛋白
HMB	β – hydroxy – β – methylbutyric acid	β-羟基-β-甲基丁酸
HMG 辅酶 A	β – hydroxyl – β – methylglutarate monoacyl coenzyme A	β-羟-β-甲基戊二酸单酰辅酶 A

Hp	Hephaestin	膜铁转运辅助蛋白
HPLC	High performance liquid chromatography	高效液相色谱法
HSCAs	Hydrated sodium calcium aluminosilicates	水合钠钙铝硅酸盐（水合铝矽酸钠钙）
IDL	Intermediate density lipoprotein	中密度脂蛋白
IDO	Indoleamine2，3 - dioxygenase	吲哚胺2，3-双加氧酶
IF	Intrinsic factor	胃内在因子
INF - γ	Interferon - γ	干扰素-γ
INRA	TheFrench National Institute for Agricultural Research	法国农业科学研究院
IP	Inositol hexaphosphate phosphorus	植酸磷
IP$_3$	Inositol 1，4，5 - trisphosphate	肌醇-1，4，5-三磷酸
ITC	Isothiocyanate	异硫氰酸盐
IV	Iodine value	碘价
JNK	c - Jun N - terminal kinase	c-Jun 氨基末端激酶
LA	Lactic acid	乳酸
LCT	Lower critical temperature	临界温度低值
LDH（LD）	Lactic dehydrogenase	乳酸脱氢酶
LDL	Low density lipoprotein	低密度脂蛋白
LOX	Lipoxidase	脂肪氧化酶
LOX	Lysyloxidase	赖氨酰氧化酶
LPC	Lysophosphatidyl choline	溶血磷脂酰胆碱
MAO	Monoamine oxidase	单胺氧化酶
Mb	Myohemoglobin	肌红蛋白
ME	Metabolizable energy	代谢能
ME$_{br}$	Metabolizable energy for broilers	肉鸡禽代谢能
ME$_{la}$	Metabolizable energy for layer	产蛋鸡禽代谢能
MEn	Nitrogen correction metabolizable energy	氮校正代谢能
ME$_{po}$	Metabolizable energy for poultry	成年公鸡禽代谢能
MetO	Methionine sulfoxide	蛋氨酸亚砜
MFEs	Molybdo flavoenzymes	钼-黄素蛋白家族
MHb	Methemoglobin	高铁血红蛋白
MIT	Monoiodotyrosine	一碘酪氨酸
MPO	Myeloperoxidase	髓过氧化物酶
mRNA	Messenger RNA	信使核糖核酸
MRP1	Multidrug resistance - associated protein 1	耐多药蛋白1
MSO	Methionine sulfoxide	甲硫氨酸亚砜

（续）

Msrs	Methionine sulfoxide reductase	甲硫氨酸亚砜还原酶
MTs	Metallothionein	金属硫蛋白
MVA	Mevalonic acid	甲羟戊酸
MΦ	Macrophages	巨噬细胞和单核细胞
NaBC1	Na$^+$ driven boron channels 1	Na$^+$ 驱动的硼通道-1
Na$^+$-K$^+$-2Cl$^-$ CT	Na$^+$-K$^+$-2Cl$^-$ cotransporter	Na$^+$-K$^+$-2Cl$^-$ 协同转运蛋白
NaPi2a	Na（+）/Pi cotransporter2a	磷酸钠协同转运蛋白 2a
NaPi2b	Na（+）/Pi cotransporter2b	磷酸钠协同转运蛋白 2b
NaPi2c	Na（+）/Pi cotransporter2c	磷酸钠协同转运蛋白 2c
NAD	Nicotinamide adenine dinucleotide	烟酰胺腺嘌呤二核苷酸
NADH	Nicotinamide adenine dinucleotide reduced	还原型烟酰胺腺嘌呤二核苷酸
NADPH	Nicotinamide adenine dinucleotide phosphate reduced	还原型烟酰胺腺嘌呤二核苷酸磷酸
NaS1/2	Na$^+$-sulfate ion cotransporter 1，2	Na$^+$-硫酸根离子共转运蛋白 1 和 2
NCT	Na$^+$-Cl$^-$ cotransporter	Na$^+$/H$^+$（NHE2/3）和 Cl$^-$/HCO$_3^-$ 介导的电中性的 Na$^+$-Cl$^-$ 的吸收
NDC	Nondigestible carbohydrates	非消化性碳水化合物
NDF	Neutral detergent fibe	中性洗涤纤维
NE	Net energy	净能
NEAA	Non-essential amino acid	非必需氨基酸
NEPN	Norepinephrine	去甲肾上腺素
NFE/EEH	N-free extracts	无氮浸出物
NFE$_h$	N-free extracts，with CFAT$_h$ subtracted	无氮浸出物（酸水解脂肪）
Ngb	Neuroglobin	神经珠蛋白
NHE	Na$^+$/H$^+$ exchanger	Na$^+$/H$^+$ 交换器
NiRs	Nitrite reductase	亚硝酸还原酶
NM	Nitrogen containing metabolites	含氮代谢物
NMDA	N-methyl-D-aspartate receptor	N-甲酰-D-天冬氨酸受体
NOS	NO synthase	NO 合成酶
NPPC	The National Pork Producers Council	美国全国猪肉生产商理事会
NPT	Sodium-dependent phosphate transport protein	磷酸钠协同转运蛋白
NUP	Unfolded protein	无折叠蛋白质
NRC	The National Research Council	美国科学研究委员会
NSBP	Nonspecific binding proteins	非特异性结合蛋白
NSP	Non-starch polysaccharides	非淀粉多糖

（续）

NT	Nucleate	核酸
Nuri	Urinary nitrogen	尿氮
OCT2，3	Organic cation transporters 2，3	有机物阳离子转运蛋白2，3
OMd	Digestibility of organic matter	有机物消化率
OTA	Ochratoxin	赭曲毒素
OTR	Oxidized thioredoxin	氧化型硫氧还蛋白
P5C	Pyrrolin－5－carboxylic acid	吡咯啉－5－羧酸
PA	Polyamine	多胺
PABA	Para aminobenzoic acid	对氨基苯甲酸
PAM	Peptidylglycine alpha amidating monooxygenase	肽酰甘氨酸 α－酰胺化单加氧酶
PAO	Polyamine oxidase	多胺氧化酶
PARP	Poly（ADP－ribose）polymerase	多聚（ADP－核糖）聚合酶
PB	Binding protein	结合蛋白
PBG	Porphobilinogen	卟胆原
PC	Phosphatidylcholine	磷脂酰胆碱
PCFT	Proton coupled folate transporter	质子偶联叶酸转运蛋白
Pd	Protein deposition	蛋白质沉积
PDE	Phosphodiesterase	磷酸二酯酶
PEP	Phosphoenolpyruvic acid	磷酸烯醇式丙酮酸
PEPCK	Phosphoenolpyruvate carboxykinase	磷酸烯醇丙酮酸羧化激酶
PepT1	Peptide transporter 1	H^+梯度驱动的肽转运载体1
PER	Protein efficiency ratio	蛋白质效用比率
PH	Prolyl hydroxylase	脯氨酸羟化酶
PIP_2	Phosphatidylinositol（4，5）bisphosphate	磷脂酰肌醇4，5－二磷酸
PiT1，2	Phosphate ion transporte 1，2	磷酸根离子转运蛋白1，2
PITC	Phenyl isothiocyanate	异硫氰酸苯酯
PKC	Protein kinase C	蛋白激酶C
PLA2	Phospholipase A2	磷脂酶A2
PLD	Prolidase	脯氨酸肽酶
PMR－1P	Plasma membrane－related ATPase－1 protein	锰转运ATP酶（酵母质膜三磷酸苷酶相关蛋白）
PQQ	Pyrroloquinoline quinone	吡咯并喹啉醌
PR	Propionic acid	丙酸
PRPP	Phosphoribosyl pyrophosphate	5－磷酸核糖－1－焦磷酸
RAC	Ractopamine	莱克多巴胺

（续）

RNA	Ribonucleic acid	核糖核酸
RAR	Retinoic acid receptors	视黄酸受体
RBC	Red blood corpuscle	红细胞
RBP	Retinol binding protein	视黄醇结合蛋白
RE	Retained energy	保留的能量
RE	Retinol esters	视黄醇酯
Res	Residue	残渣
RF-1，2	Riboflavin transporter-1，2	核黄素转运蛋白-1，2
RFC-1，2	Reduced folate carrier-1，2	还原型叶酸载体-1，2
RNDP	Ribonucleotide diphosphate	核糖核苷酸二磷酸
RNSP	Remainder NSP fraction	非淀粉多糖残留物
ROS	Reactive oxygen	活性氧
RS	Resistant starch	抗性淀粉
rT3	Reverse triiodothyronine	反三碘甲腺原氨酸（逆-三碘甲状腺原氨酸）
RTR	Reduced thioredoxin	还原型硫氧还蛋白
RXR	Retinoid X receptor	类视黄醇 X 受体
SAM	S-adenosylmethionine	S-腺苷甲硫氨酸
SCFA	Short chain fatty acid	短链脂肪酸
SCN	Sulfocyanide	硫氰酸盐
SCHO	Soluble carbohydrate	可溶性碳水化合物
SDH	Succinodehydrogenase	琥珀酸脱氢酶
Sepp1	Selenoprotein P	硒蛋白 P
SelW	Selenoprotein W	硒蛋白 W
SGLT	Sodium-glucose cotransporter	钠-葡萄糖协同转运载体
SI	Small intestine	小肠
SID	Standard ileum digestible	回肠标准可消化
SMIT1，2	Sodium/myo-inositol cotransporter1，2	Na^+-偶联肌醇转运蛋白 1，2
SMO	Spermine oxidase	精胺氧化酶
SO	Sulfite oxidase	亚硫酸氧化酶
SOD	Superoxide dismutase	超氧化物歧化酶
STA/St/ST	Starch	淀粉
STA_{ew}	Starch determined according to Ewers	淀粉（Ewers 偏振法）
STA_{am}	Starch determined by amyloglucosidase	淀粉（酶法）
$St_{am(ferm)}$/STA_{am-f}	Fermentable digestible starch	可发酵淀粉

（续）

STA$_{amr-e}$	Enzymatically digestible starch	酶可消化淀粉
STEAP3	Six - transmembrane epithelial antigen of the prostate 3	前列腺蛋白-3 跨膜上皮抗原
STTD	Standardized total tract digestible	全消化道可消化
SUG/Sug$_{total}$	Sugars	糖
Sug$_e$/SUG$_{-e}$	Enzymatically digestible sugars	总糖中酶降解部分
Sug$_{ferm}$/SUG$_{-f}$	Fermentable digestible sugars	可发酵糖
SVCT1，2	Sodium - dependent vitamin C transporter 1，2	钠-维生素 C 转运蛋白 1，2
T3	Triiodothyronine	三碘甲腺原氨酸
T4	Tetraiodothyronine	甲状腺素（四碘甲腺原氨酸）
TAG	Triacylglycerol	甘油三酯
TFWQG	The American Water Quality Monitoring Group	美国水质监控专家组
TDF	Total dietary fiber	总膳食纤维
TDO	Tryptophan - 2，3 - dioxygenase	色氨酸 2，3-双加氧酶
TDS	Total soluble solid	总可溶性固形物
TEER	trans epithellal electric resistance	反式上皮电阻
TG	Thyroglobulin	甲状腺球蛋白
TGN	Trans golgi bodies network	反式高尔基体网络
ThTr1，2	Thiaminetransport proteins 1，2	硫胺素转运载体 1，2
TH	Thyroxine	甲状腺素
TMEn	Nitrogen corrected true metabolizable energ	氮校正真代谢能
Tn（Tp）	Troponin	肌钙蛋白
TPI（TIM）	Tripolyphosphate isomerase	三聚磷酸异构酶
TPO	Thyroid peroxidase	甲状腺过氧化物酶
TPP	thiamine pyrophosphate	硫胺素焦磷酸
TRF	Transferrin	转铁蛋白（铁结合蛋白）
tRNA	Transfer RNA	转运核糖核酸
TRPM6	Transient receptor potential melanin - associated protein 6	瞬时受体电位黑素相关蛋白 6
Trx	Thioredoxin	硫氧还蛋白
TrxR	Thioredoxin reductase	硫氧还蛋白还原酶
TSH	Thyroid stimulating hormone	促甲状腺激素
TYR	Tyrosinase	酪氨酸酶
UCT	Upper critical temperature	临界温度高值
UDP	Uridine diphosphate	二磷酸尿苷
UFV	The Federal University of Viçosa	维萨联邦大学
VDRm	Vitamin D membrane receptor	维生素 D 膜受体

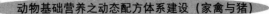

（续）

VDRn	Vitamin D nuclear receptor	维生素 D 核受体
VFA	Volatile fatty acid	挥发性脂肪酸
VLDL	Very low-density lipoprotein	极低密度脂蛋白
XDH	Xanthine dehydrogenase	黄嘌呤脱氢酶
XOR	Xanthine oxidase	黄嘌呤氧化酶
ZEA	Zearalenone	玉米赤霉烯酮/F-2毒素

主要参考文献

李爱科，2012. 中国蛋白质饲料资源 ［M］. 北京：中国农业大学出版社.

美国国家科学院研究委员会，2014. 猪营养需要 ［M］. 第 11 次修订. 北京：科学出版社.

伍国耀，2019. 动物营养学原理 ［M］. 北京：科学出版社.

邹思湘，2012. 动物生物化学 ［M］. 5 版. 北京：中国农业出版社.

Leeson S，Summers J D，2010. 实用家禽营养 ［M］. 3 版. 北京：中国农业出版社.

Sauvant D，Perez J M，Tran G，2005. 饲料成分与营养价值表 ［M］. 北京：中国农业大学出版社.

图书在版编目（CIP）数据

动物基础营养之动态配方体系建设：家禽与猪：以
动物生长性能为基础的营养体系 / 李安军编著. —北京：
中国农业出版社，2022.5
ISBN 978-7-109-29088-4

Ⅰ.①动… Ⅱ.①李… Ⅲ.①猪－饲料－配方－研究
②家禽－饲料－配方－研究 Ⅳ.①S828.5②S83

中国版本图书馆 CIP 数据核字（2022）第 012464 号

中国农业出版社出版

地址：北京市朝阳区麦子店街 18 号楼
邮编：100125
责任编辑：周晓艳
版式设计：王　晨　　责任校对：沙凯霖
印刷：中农印务有限公司
版次：2022 年 5 月第 1 版
印次：2022 年 5 月北京第 1 次印刷
发行：新华书店北京发行所
开本：787mm×1092mm　1/16
印张：26.75　　插页：1
字数：650 千字
定价：168.00 元